"十三五"国家重点出版物出版规划项目
国家科学技术学术著作出版基金资助出版

稀土永磁材料

（上册）

胡伯平　饶晓雷　王亦忠　编著

北　京
冶　金　工　业　出　版　社
2021

内 容 提 要

本书简要回顾了永磁材料的发展历史，对过去五十年来国内外稀土永磁材料相关的研究开发工作和磁体制备技术进行了梳理。全书分上下两册共9章，从稀土永磁材料的理论基础到制备技术，从稀土过渡族合金的相图、晶体结构到稀土永磁材料的内禀磁性、永磁性及其它们之间的关系，均进行了全面的介绍和深入的讨论。本书为上册，内容包括：第1章对永磁材料作一般介绍，包括稀土永磁材料的发展简史，稀土元素和稀土金属的结构和特性以及稀土资源的概况；第2章和第3章介绍稀土永磁材料相关的合金相图和晶体结构；第4章着重论述稀土永磁材料的内禀磁性，并采用双晶格模型、交换和晶场模型深入分析讨论3d电子和4f电子的磁性、磁晶各向异性；第5章介绍主要稀土永磁材料的永磁性能，分析讨论实际应用条件同永磁性参数的关联。

本书适合从事稀土永磁材料科研、生产与应用等相关技术领域的科技人员、管理和销售人员阅读，也可作为大专院校材料科学与工程专业师生的教学参考书。

图书在版编目（CIP）数据

稀土永磁材料. 上册/胡伯平，饶晓雷，王亦忠编著. —北京：
冶金工业出版社，2017.1（2021.8 重印）
"十三五"国家重点出版物出版规划项目
ISBN 978-7-5024-7435-5

Ⅰ.①稀…　Ⅱ.①胡…　②饶…　③王…　Ⅲ.①稀土永磁材料
Ⅳ.①TM273

中国版本图书馆 CIP 数据核字（2017）第 048431 号

出 版 人　苏长永
地　　址　北京市东城区嵩祝院北巷 39 号　邮编　100009　电话　(010)64027926
网　　址　www.cnmip.com.cn　电子信箱　yjcbs@cnmip.com.cn
策划编辑　谭学余　责任编辑　戈　兰　李培禄　美术编辑　彭子赫
版式设计　孙跃红　责任校对　石　静　王永欣　责任印制　李玉山
ISBN 978-7-5024-7435-5
冶金工业出版社出版发行；各地新华书店经销；北京虎彩文化传播有限公司印刷
2017 年 1 月第 1 版，2021 年 8 月第 2 次印刷
787mm×1092mm　1/16；25.75 印张；622 千字；397 页
124.00 元
冶金工业出版社　投稿电话　(010)64027932　投稿信箱　tougao@cnmip.com.cn
冶金工业出版社营销中心　电话　(010)64044283　传真　(010)64027893
冶金工业出版社天猫旗舰店　yjgycbs.tmall.com
（本书如有印装质量问题，本社营销中心负责退换）

序

    经过两年多的辛勤劳作，这本由胡伯平、饶晓雷和王亦忠编著的《稀土永磁材料》终于同读者见面了，在此我谨表示由衷的祝贺！

    20世纪60年代诞生了第一代稀土永磁材料钐钴，其高剩磁和高矫顽力掀开了永磁材料的新篇章；而自20世纪80年代初第三代稀土永磁材料钕铁硼问世以来，优异的性价比确立了其"永磁王"的地位。稀土永磁材料在国际能源、交通、通信、机械、医疗和家电等多个领域得到了广泛应用，并正在绿色能源和工业智能化方面扮演重要角色，已经成为当今社会不可或缺的重要功能材料。

    稀土永磁材料发展五十年，钕铁硼"永磁王"问世三十多年，三环公司也成长了三十年，相伴而行，共同发展。稀土元素具有独特的物理和化学特性，稀土是经济发展的重要资源。我国是全球公认的稀土大国，党和国家领导人对稀土及其应用都给予了极大的关怀，期待我国成为真正的稀土强国。三环公司能够发展到今天的规模，成为我国稀土永磁产业的领头企业，并在国际同行中举足轻重，得益于天时——第三代稀土永磁材料钕铁硼的发现、地利——我国得天独厚的稀土资源、人和——党和国家领导人的关怀、国家和地方政府的支持、国内稀土永磁界的共同奋斗以及三环公司全体员工的勤奋努力。从1986年三环公司在宁波建设中国第一个钕铁硼工厂，到今天全国稀土永磁体的产量占全球产量的85%以上，我国在稀土永磁舞台上发展和业绩令世人瞩目。

    近年来，可持续发展的大势席卷全球，对改善能源结构、发展再生能源、提高能效、节能减排、倡导低碳生活等方面提出了全新的要求，风力发电、新能源汽车、节能家电、工业智能化等低碳经济产业的发展为稀土永磁材料提供了广阔的市场空间，同时对稀土永磁产业本身来讲也面临着巨大的机遇和挑战。为了适应这种发展，帮助我国广大的稀土永磁工作者在供给侧着力，研发、制备和提供满足市场需求的稀土永磁新产品，系统地梳理和总结五十年以来稀土永磁材料的研发成果和制备技术势在必行，本书也应运而生。作为三环研发人员的代表，三位编著者三十多年来一直从事稀土永磁材料的研究开发和产业化，不仅在稀土永磁材料基础理论方面训练有素、造诣深厚，而且在稀土永磁材料制备和产业化方面也有较丰富的经验。这本出自于行业领头企业研发人员之手的专著，系统总结了国内外稀土永磁材料的研究成果，深入讨论了稀土永磁材料的内禀磁性和硬磁性，全面介绍了稀土永磁材料的制备工艺和技术，对于从事稀土永磁材料事业的研究人员和生产一线的技术人员均有很好的参考价值。

我期望三环公司研发人员编著的这本《稀土永磁材料》能够为推动我国稀土永磁材料的进一步发展贡献一份力量。

中国工程院院士　王震西

2016 年 8 月于北京

前　言

　　自20世纪60年代发现稀土永磁材料以来，五十年过去了。在过去的五十年中，稀土永磁材料不断发展，经历了第一代1:5型钐钴永磁材料、第二代2:17型钐钴永磁材料、第三代2:14:1型钕铁硼永磁材料，以及近些年人们研究开发的1:12型钐铁化合物、间隙原子稀土金属间化合物和纳米晶复合永磁材料等。特别是1983年钕铁硼出现以来，由于其优异的性价比，得到了迅猛的发展和广泛的应用。而绿色低碳的应用需求，如新能源汽车、风力发电、节能家电等，又为稀土永磁材料的发展提供了非常广阔的空间。

　　我国稀土资源丰富，稀土永磁材料发展具有得天独厚的条件。伴随钕铁硼的发现和发展，我国稀土永磁材料产业独领风骚，成为了稀土应用的龙头。近几年，在我国的稀土应用中稀土永磁材料占比超过40%，我国稀土永磁体的产量占全球产量的85%以上。中国稀土永磁产业的超常发展，使得全球稀土永磁产业保持了迅猛增长的态势，2005年至2015年的十年间，全球年均增长率为10%左右。

　　进入21世纪后，烧结磁体制备的工艺技术有了长足发展，其中包括采用条片浇铸（SC）、氢破碎（HD）、气流磨（JM）等技术手段，降低了磁体的总稀土含量和成本，同时较大幅度地提高了磁体的性能。近几年发展起来的新技术主要代表有，以优化晶粒边界为目的的晶界扩散方法（GBD）和双合金方法（包括双主相方法）以及为获得高矫顽力为目的的晶粒细化方法等。此外，对氧含量控制技术的广泛采用，使得磁体获得高的磁性能（尤其是高矫顽力）成为可能，同时控氧技术也是保持烧结稀土永磁产品高稳定性和一致性的关键因素。

　　近年来，烧结钕铁硼磁体产品研发主要朝两个方向发展：一是高性能，二是低成本。随着烧结钕铁硼磁体在风力发电、混合动力汽车/纯电动汽车和节能家电/工业电机等低碳经济领域的应用，双高磁性能（高最大磁能积$(BH)_{max}$和高内禀矫顽力H_{cJ}）的烧结钕铁硼磁体成为重大需求。另外，为了促进稀土资源的综合平衡利用，满足低成本的消费市场，以 Ce 和混合稀土合金为重要原料的稀土铁硼磁体已经被开发成功并投放市场。

为了总结过去五十年来国内外稀土永磁材料的研究成果，更好地推动我国稀土永磁材料科研和生产的发展，我们在从事三十多年稀土永磁材料研究和生产的基础上，在繁忙的工作之余用了两年时间完成了本书的编写工作。在编写本书的过程中，我们力求对过去五十年来国内外（包括三环公司）在有关稀土永磁材料的合金相图、晶体结构、内禀磁性、永磁特性、其他物理化学特性和与永磁特性相关的显微结构以及实现这些显微结构的各种工艺技术等方面的研究成果进行全面的介绍。

全书分上下两册共 9 章。第 1 章对永磁材料作一般介绍，包括稀土永磁材料的发展简史，稀土元素和稀土金属的结构和特性，以及稀土资源的概况；第 2 章介绍稀土过渡族元素的二元和多元相图；第 3 章介绍与稀土永磁材料相关的稀土过渡族金属间化合物的晶体结构；第 4 章重点讨论稀土永磁材料的内禀磁性；第 5 章着重介绍稀土永磁材料的永磁性能及其温度稳定性和长时间稳定性；第 6 章介绍稀土永磁材料永磁特性以外的其他物理和化学特性；第 7 章介绍永磁体的磁化和反磁化机制，重点论述了矫顽力理论，特别是运用微磁学理论和显微观察分析讨论稀土永磁材料的矫顽力行为；第 8 章重点讨论各类稀土永磁材料的生产工艺及其与性能之间的关系；第 9 章介绍稀土永磁材料的应用和磁路设计。

本书全面和系统地介绍了稀土永磁材料的相关知识，集晶体理论、磁性理论和微磁学理论与工艺原理和制造技术于一体，是一本阐述永磁材料原理和技术的专著，对从事永磁材料事业的人员，尤其对从事稀土永磁材料研究和生产的技术人员都有很好的参考价值，也可作为大专院校、科研院所磁学和材料专业学生的参考书。

在本书的编著过程中，我们得到了中科三环公司董事长、中国工程院院士王震西先生的积极支持，也得到了中科三环研究院和中科三环公司下属各企业同仁们的大力协助。特别是在成稿过程中，钮萼、陈治安、朱伟、杜飞、蔡道炎、叶选涨、金国顺、刘贵川、梁奕、王谚、秦国超、王湛、陈国安、赵玉刚、姜兵、张瑾等人在研发结果整理、磁测量、显微观察、文字校正、图形绘制、文献查找等方面给予了热情帮助。在此，我们谨表示衷心的感谢！

　　三环公司成立于 1985 年，刚过三十岁生日。三位编著者在三环公司一直从事稀土永磁材料的研究开发和产业化，同三环公司一同成长。这本书，也是我们献给三环公司的三十岁生日礼物。三十岁正值青年，前面的路还很长、很长……。希望三环公司健康发展，永葆青春！

　　由于编著者水平所限，书中不妥之处，敬请读者批评指正。

编著者

2016 年 8 月于北京

总目录

上 册

下 册

目　录

第1章
引 言

作为永磁材料的皇冠，稀土永磁材料是支撑现代社会的一种重要的基础功能材料，与人们的生活息息相关，已被广泛应用于能源、交通、机械、医疗、计算机、家电、航天、航空等领域，深入到国民经济的方方面面。小到手机、照相机、电脑、空调、冰箱、电动自行车，大到医疗设备、汽车、火车、飞机等，稀土永磁材料无所不在。我国稀土资源丰富，发展稀土永磁材料得天独厚。如果说半导体集成电路的发明及应用给现代信息产业安上了大脑，那么高性能稀土永磁材料的应用则赋予了现代信息产业行走的四肢和飞翔的翅膀。正是由于广泛采用了高性能稀土永磁材料，众多电子产品的尺寸进一步缩小，性能大幅度改善，从而适应了当今电子产品轻、薄、小的发展需求；正是各种稀土永磁电机的开发和利用，使自动化向智能化转换，并在提高效率和节约能源方面获得了极大改善，从而支持了绿色经济和环保事业的发展。

1.1　永磁材料的磁性特征

磁性与力、热、声、电、光一样，是物质的基本属性之一。物质的磁性源于原子的磁性，即每个原子的原子磁矩。原子磁矩又可分成原子核磁矩和电子磁矩两部分，原子核磁矩是核磁共振探测信号的承载体，但它的数值远远小于电子磁矩，在磁性材料的研讨中往往忽略不计。而电子磁矩又由它的轨道磁矩和自旋磁矩两部分组成，所以我们通常称的原子磁矩主要是电子的轨道磁矩和自旋磁矩的矢量和。原子磁矩通常以玻尔磁子 μ_B 为单位表示，$1\mu_B = 9.274 \times 10^{-24} J/T$。

物质的磁性根据其不同的特点，可以分为弱磁性和强磁性两大类。弱磁性仅在具有外磁场的情况下才能在微观上建立，并从宏观上表现出来，随着磁场增大而增强，其方向可能与磁场平行（顺磁性）或反平行（抗磁性）。强磁性意味着在无外加磁场时微观上就存在自发磁化，但在一般情况下为了符合能量最低原理，使静磁能最小，物质的自发磁化分布自然地分成若干小区域，同一区域内的自发磁化方向相同，但不同区域的自发磁化方向各异。这些小的区域称为磁畴。在无外加磁场的情况下，各磁畴的自发磁化矢量和为零，系统总的磁矩互相抵消，对外部不呈现磁性；但在外磁场的作用下，由于畴壁的移动或者自发磁化方向的改变，系统的总磁矩不再为零，通常表现出很强的磁性。根据原子磁矩在原子尺度上排列方式的不同，强磁性又可分为铁磁性（近邻原子磁矩平行排列），反铁磁性（近邻原子磁矩大小相同但反平行排列），亚铁磁性（近邻原子磁矩大小不同但反平行排列）和螺磁性（近邻原子磁矩呈螺旋排列）等。除反铁磁性外，这些磁性通常又广义地称为铁磁性。随着温度升高，热扰动会破坏迫使原子磁矩平行或反平行排列的交换相互作用，使热力学平均磁矩逐渐减小甚至接近于零，导致物质的铁磁性消失，铁磁性消失的临界温度称为居里温度（用 T_C 表示）。在居里温度以上，由于热运动强于交换相互作用，物质不再存在自发磁化，从而进入弱磁性状态。铁磁性物质的居里温度越高，其热稳定性越好。反铁磁性物质同样也存在自发磁化为零、反铁磁性消失的临界温度，被称为奈尔温度（用 T_N 表示）。

铁磁性物质的磁性大小和方向通常用磁化强度矢量 $\boldsymbol{M}$ 表示，它代表单位体积内的原子磁矩（矢量和），单位为 A/m（安培/米）[高斯单位制中为 Gs（高斯）]。在同一个磁畴中，磁化强度 $\boldsymbol{M}$ 的数值为 M_S，称为自发磁化强度。对于一块 $\boldsymbol{M}=0$ 的铁磁性物质（原子磁矩矢量和为零），在外加磁场强度 $\boldsymbol{H}$ [单位为 A/m，高斯单位制中为 Oe（奥斯特）] 的作用下，为使相互作用能最小，物质内部畴壁移动或原子磁矩朝 $\boldsymbol{H}$ 方向偏转，随着 $\boldsymbol{H}$ 增大 $\boldsymbol{M}$ 会逐渐趋于 $\boldsymbol{H}$ 方向。外加磁场强度 $\boldsymbol{H}$ 和磁化强度 $\boldsymbol{M}$ 的矢量和被称为磁感应强度（或称磁通密度），用 $\boldsymbol{B}$ 表示，单位为 T（特斯拉）[高斯单位制中为 Gs（高斯）]，则有：

$$\boldsymbol{B} = \mu_0(\boldsymbol{H}+\boldsymbol{M}) = \boldsymbol{B}_0 + \boldsymbol{J} \tag{1-1a}$$

或

$$\boldsymbol{B} = \boldsymbol{H} + 4\pi\boldsymbol{M} = \boldsymbol{H} + \boldsymbol{J} \quad （高斯单位制） \tag{1-1b}$$

式中，$\boldsymbol{B}_0 = \mu_0\boldsymbol{H}$ 为真空磁感应强度，$\mu_0 = 4\pi \times 10^{-7}\,\mathrm{Tm/A}$ 为真空磁导率（高斯单位制中 $\mu_0 = 1\mathrm{Gs/Oe}$，在数值上 $|\boldsymbol{B}_0| = |\boldsymbol{H}|$）；$\boldsymbol{J} = \mu_0\boldsymbol{M}$（高斯单位制中 $\boldsymbol{J} = 4\pi\boldsymbol{M}$）为磁极化强度，单位也为 T 或 Gs（高斯单位制）。

具有铁磁性的材料通常被称为磁性材料。磁性材料的最大特征就是具有磁滞行为，即磁化强度 $\boldsymbol{M}$ 随外磁场 $\boldsymbol{H}$ 变化的滞后行为。当 $\boldsymbol{H}$ 从某个状态回到零时 $\boldsymbol{M}$ 还保持一定的大小，具有剩余磁化强度，只有在反方向施加磁场到某个磁场强度值时才会将 $\boldsymbol{M}$ 降到零，从而 $\boldsymbol{M}$ 随 $\boldsymbol{H}$ 的往复变化呈回线，而非单一的穿越原点的曲线。图 1-1 给出了典型磁滞回线的示意图，其中的 $\mu_0 M$-H 为磁极化强度磁滞回线，B-H 为磁感应强度磁滞回线，B 和 $\mu_0 M$ 的关系由式（1-1a）相关联。描述磁滞回线特征的主要参数是：

（1）外加磁场 $H=0$ 时，剩余磁感应强度 B_r、剩余磁极化强度 $J_r = \mu_0 M_r$ 或剩余磁化强度 M_r 均简称为剩磁；它们关系式为 $B_r = J_r = \mu_0 M_r$。

（2）矫顽力 H_{cB}，是磁通密度 $B=0$ 时反磁化场的数值。

（3）内禀矫顽力 H_{cJ}，是磁极化强度 $J=0$ 时反磁化场的数值。

（4）最大磁能积 $(BH)_{max}$，是饱和退磁曲线（B-H 磁滞回线第二象限部分）上磁感应强度 B 和反磁化场数值 H 乘积（磁能积）的最大值。由于很少谈及退磁曲线上其他点的磁能积，因此最大磁能积也常被直接称为磁能积。$(BH)_{max}$ 的单位是 $\mathrm{J/m^3}$，即

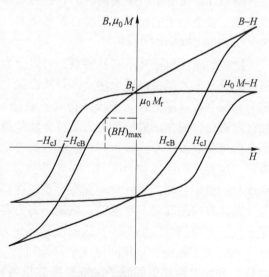

图 1-1　磁滞回线示意图

能量体密度［高斯单位制中为 GOe（高斯奥斯特，或高奥）］。最大磁能积与剩磁 B_r 或 M_r 有如下关系式：$(BH)_{max} \leqslant B_r^2/(4\mu_0) = \mu_0 M_r^2/4 \leqslant \mu_0 M_S^2/4$（理论极限值）。

具有不同磁滞回线的磁性材料用于不同的应用领域。通常以内禀矫顽力 H_{cJ} 的大小将磁性材料划分为两大类：一类是 H_{cJ} 较小的软磁材料（$H_{cJ} < 100\text{A/m}$），另一类是 H_{cJ} 较大的永磁材料（也称硬磁材料，$H_{cJ} > 1000\text{A/m}$）。

永磁体的特征是在受外磁场磁化后，撤去外场仍能长时间稳定地保持磁性。永磁材料性能的好坏，最全面的判据是在各种外界条件（外磁场——包括电流冲击、温度、时间、辐射、振动等）下的退磁曲线，但为了简便起见，通常只用上面提到的（1）、（3）和（4）三个参数及其在外界条件下的稳定性来衡量。最大磁能积 $(BH)_{max}$ 的大小表征永磁体提供静磁场能量的能力，在满足同样空间范围的相同磁场值的情况下，$(BH)_{max}$ 大的材料用量少；剩磁 B_r 越大，磁体可能向空间提供的磁场强度越大；而内禀矫顽力 H_{cJ} 大的材料，抗干扰能力强。所以，上述三个参数越高，永磁体磁性能越好。永磁材料的温度稳定性主要是指其剩磁 B_r 或内禀矫顽力 H_{cJ} 的温度系数和不可逆损失。温度系数是指温度从室温改变时，B_r 或 H_{cJ} 的变化率（百分比）与温度差的比值。不可逆损失是指在上述外界条件作用后再撤除外界影响，开路磁通相对于作用前的变化率。由于最常见和最受关注的因素是温度，所以它通常就是指因温度变化而产生的不可逆损失，即磁体在室温磁化后，在高温或低温放置一段时间后再回到室温，其开路磁通的变化率。温度系数和不可逆损失可正可负，对绝大多数应用而言，永磁材料的温度系数和不可逆损失的绝对值越小越好。

1.2　永磁材料的发展简史

磁性材料及其应用，已为人所知达两千多年之久。中国古代许多史料都有关于磁性的记载[1,2]，"慈石招铁，或引之也"（吕不韦《吕氏春秋·精通》，公元前 239 年），"司南之杓，投之于地，其柢指南"（王充《论衡·是应》，公元 27～97 年）。这里的司南就是指南针，它是我国古代人民使用天然磁石（主要成分为 Fe_3O_4）制成的。图 1-2 给出了我国古代指南针的一个典型例子：古代司南，它是磨成勺状的磁石，其尾端指向南方。在欧洲"磁石（magnet）"一词最早出现于公元前 800 年，起因于在希腊一个叫 Magnesia 省的地方有些石头显示出很强的互相吸引的现象[3,4]。

历史记载中最早的人造永磁体约在 10 世纪时产生于我国，人们利用地磁场的磁化作用来制作指南针。"鱼法用薄铁叶剪裁，长二寸，阔五分，首

图1-2　古代司南复原品照片

尾锐如鱼形，置碳火中烧之，候通赤，以铁钤钤鱼首出火，以尾正对子位，蘸水盆中，浸尾数分则止，以密器收之。用时置水碗于无风处，平放鱼在水面令浮，其首常南向午也。"（曾公亮《武经总要·前集卷15》，北宋，1044 年）。

在 19 世纪末，人们开发出了能大量生产的永磁材料碳钢。在 1900 年前后钨钢（Fe-W-C）制成的永磁体性能又稍有改进。日本的本多光太郎（Honda）将 Fe-W-C 钢中 Fe 的 20% 用 Co 代替而得到 KS 钢，使永磁性有很大的提高，由于钴比铁昂贵，所以这种新型永磁材料的应用进展缓慢。接下来是三岛德七（Mishima）发明的 MK 钢，一种含 Fe、Ni、Co、Al 的合金。MK 钢的价格只有本多钢的三分之一，而永磁性能却更好。MK 钢磁性的改进主要是由一种特殊的热处理所生成的特殊微结构来实现的。

1936 年，人们就发现了四方结构的 CoPt 合金，由于其磁晶各向异性很强而具有很大的矫顽力，但因为价格太贵而没有获得广泛应用。同年发明了著名的 Ticonal Ⅱ。实际上，MK 钢可以看做是 Ticonal Ⅱ 的先驱，Ticonal Ⅱ 合金系的成分和热处理范围很宽，所以有一个如何使磁性最佳的问题，成分和工艺优化的研究导致两年后 Ticonal G 的出现。Ticonal G 的微结构不再像 Ticonal Ⅱ 合金那样是各向同性的，而是各向异性的，制作中的关键一步是在磁场中进行热处理。还有一种特殊方法使 Ticonal 熔体定向凝固以改进性能，它可以使晶粒在 [100] 方向优先生长成细长形状的晶粒，并在此方向排列取向。这种晶粒生长和排列择优取向的铸锭再经磁场热处理就得到所谓的 Ticonal XX 永磁材料，即我们今天熟知的铝镍钴（Alnico）类永磁体。它的磁各向异性来源于微结构中富铁脱溶物的特殊形状（形状各向异性）。该工作花了差不多 10 年，到 1949 年才趋于完善。

1952 年荷兰的飞利浦公司的 Went 等人在系统研究钡铁氧体制备和磁性的基础上发现了一种基于高磁晶各向异性的钡铁氧体永磁材料[5]。11 年后的 1963 年，Cochardt 发现了比钡铁氧体的各向异性更高、密度更低且更容易制备的锶铁氧体永磁材料[6]。钡和锶铁氧体是一种分子式为 $MO(Fe_2O_3)_6$ 的氧化物，其中 M 表示一种或一种以上的二价金属，如 Ba、Sr 或 Pb 等。铁氧体具有亚铁磁性，含有磁矩大小不等且反平行排列的铁次晶格，因此其磁化强度较低，但由于它有较高的矫顽力且成本低廉，制备简单，自问世以来产量稳步增长，是目前产量最大的永磁材料，被广泛应用于各个领域。

50 年代末 60 年代初，研究发现具有 $CaCu_5$ 结构的稀土-钴化合物 RCo_5（六角对称性）是一种很有希望的永磁材料。1959 年 E. A. Nesbitt 等人[7]及 1960 年 W. M. Hubbard 等人[8]先后报道了 $GdCo_5$ 具有超常的永磁性。1966 年 Hoffer 等人发现具有大磁晶各向异性场、高居里温度和高饱和磁化强度的 YCo_5 化合物[9]。1967 年 Strnat 采用粉末法制造出第一块 YCo_5 永磁体[10]。接着 Strnat 等人[11]又用同样的方法研制出 $SmCo_5$ 永磁体。1968 年 Velge 等人[12]采用制粉法、Buschow 等人[13]采用等静压工艺，1969 年 Das[14]采用粉末冶金工艺，均以 $SmCo_5$ 为原料制做成稀土永磁体，其性能比铝镍钴提高数倍，磁能积为 127.4 ~ 159.2kJ/m³（16 ~ 20MGOe）[14]。至此，第一代稀土永磁材料问世。

为了进一步提高稀土永磁的性能，人们将目光转向了比 RCo_5 的 Co 含量更大、磁化强度更高的 R_2Co_{17} 化合物。R_2Co_{17} 化合物的晶体结构可以通过用 Co 原子对（通常称为哑铃对）去有序置换 RCo_5 结构中三分之一的稀土原子而得到，包括 Y 在内的所有稀土元素 R 都可以生成该化合物，可惜的是，R_2Co_{17} 化合物的 Co 次晶格不再是单轴各向异性。尽管 Sm_2Co_{17} 具有很强的单轴各向异性，但也难以在合金中直接获得高矫顽力。人们发现在成分大致为 $SmCo_{7.7}$ 的合金中控制脱溶反应的动力学过程，最后实现了 Sm_2Co_{17} 的高饱和磁化强度和 $SmCo_5$ 的高硬磁性的相互结合，办法是用铁和少量铜和锆等替换 $SmCo_{7.7}$ 中的钴，采用脱溶硬化处理手段使合金中生成2:17相双棱锥晶粒（富铁和钴的相）和1:5相（铜和锆相对富集）片状物构成的胞状微结构，从而得到高剩磁和高矫顽力。该磁体高矫顽力的成因，是片状物对畴壁移动的强钉扎作用。1977年，日本TDK公司Ojima等人在2:17型钐钴永磁体的研制方面取得重大成功，磁能积达到了239kJ/m³（30MGOe）[15]，宣告了第二代稀土永磁体的诞生。

上面提及的两代稀土永磁材料的主要成分钐和钴价格都较贵，尤其是Co的产地在当时政局稳定性较差的非洲，所以在20世纪70年代，人们做了很多努力去发掘稀土–铁基化合物实现硬磁性的可能性。但很遗憾，具有CaCu₅结构的二元R-Fe化合物不存在，虽然与R_2Co_{17}同结构的R_2Fe_{17}型化合物是存在的，但其居里温度较低（小于476K），并且在室温均呈现为平面各向异性，不能满足实际的永磁体应用。1983年，日本住友特殊金属公司佐川真人（Sagawa M）等人[16]和美国通用汽车公司Croat等人[17]分别报道了一个含有钕(Nd)、铁(Fe)和硼（B）的新型永磁体的制备和性能，标志着第三代稀土永磁材料——钕铁硼的诞生。钕铁硼永磁材料的主相为$Nd_2Fe_{14}B$，其晶体结构是四方对称。有两个非常重要的特性与该新化合物相伴：第一是基于原子磁矩大、资源丰富、价格便宜的铁；第二是该化合物的晶体结构使得铁次晶格呈现单轴各向异性，且轻稀土钕和镨而不是钐具有很强的单轴各向异性，不仅适合永磁性的开发，并且钕和镨在稀土储量中的丰度比钐高，资源更丰富。钕铁硼磁体的磁能积理论值为509kJ/m³（64MGOe），2006年实验室样品已达到474kJ/m³（59.6MGOe）[18]，工业产品已超过438kJ/m³（55MGOe）。图1-3给出了永磁材料发展示意图。从图中可以看出，随着三代稀土永磁体的出现和发展，永磁体的最大磁能积随时间呈S形增长趋势。

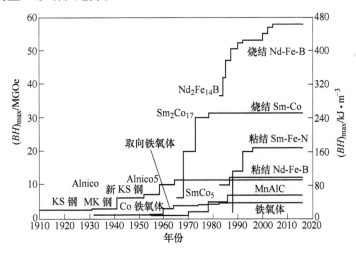

图1-3　永磁材料最大磁能积$(BH)_{max}$的进展

为了呈现三代稀土永磁材料突出的磁性能，将它们的典型磁性能参数和B-H退磁曲线分别展示于表1-1和图1-4中，并将其他常用的一些永磁材料的磁性能参数和退磁曲线一并展示，以便进行比较。从表1-1和图1-4中可看到，在稀土永磁材料出现前，所有永磁材料的最大磁能积$(BH)_{max}$和内禀矫顽力H_{cJ}都远远地低于三代稀土永磁材料中的任何一种，仅铝镍钴和铁铬钴的剩磁B_r和最高使用温度T_w可与三代稀土永磁材料的相比，但它们的H_{cJ}太低，应用受到极大的限制。

表 1-1 一些永磁材料的典型磁性能[19~23]

永磁材料 名称	主相或合金成分	B_r /T	H_{cB} /kA·m^{-1}	H_{cJ} /kA·m^{-1}	$(BH)_{max}$ /kJ·m^{-3}	T_w /℃	文献
钴钢	36% Co①	1.04	16	18	7.8	150	[19]
锶铁氧体	$SrFe_{12}O_{19}$	0.39	265	275	28	400	[19]
Alnico5	$Fe_{51}Al_8Ni_{14}Co_{24}Cu_3$①	1.28	52	54	43	550	[19]
Fe-Cr-Co	$Fe_{45}Co_{23}Cr_{31}Si$①	1.25	52	54	42	400	[19]、[20]
Mn-Al-C	$Mn_{70}Al_{29.5}C_{0.5}$①	0.56	180	—	44	120	[19]
PtCo	$Pt_{50}Co_{50}$①	0.64	384	400	73.6	550	[19]、[21]
$SmCo_5$	$SmCo_5$	1.01	755	995	200	250	[20]
$Sm_2(CoCuFeZr)_{17}$	Sm_2Co_{17}	1.12	730	800	240	300	[20]
$Sm(CoCuFeZr)_7$	Sm_2Co_{17}	0.86	637	2035	135	550	[22]
Nd-Fe-B	$Nd_2Fe_{14}B$	1.47	915	875	415	50	[20]
Nd-Fe-B	$Pr_{2.8}Nd_{8.7}Tb_{1.9}Dy_{0.3}(Cu, Al, Ga)_{0.6}$ $Co_{1.5}Fe_{bal}B_{5.7}$	1.28	—	2803	322	230	[23]

①为质量百分比,其他为原子比或原子百分比。

从比较可得知,稀土永磁体的最突出优点是具有高 B_r、高 H_{cJ}、高 $(BH)_{max}$ 和 B-H 退磁曲线的直线性,以及低的回复磁导率 μ_{rec}。高 $(BH)_{max}$ 意味着在不消耗外界能源下它可提供较高的磁场,也意味着相同应用功能的器件只需用很小体积或重量的磁体,从而实现器件的小型化和轻型化。图 1-5 是不同种类永磁体最大磁能积 $(BH)_{max}$ 的倒数,表示提供单位磁能积不同种类永磁体所需的体积。从图中可以看到,稀土永磁体(编号为 5~7)比其他磁体的体积小得多。

稀土永磁体的另一个突出优点是具有高的内禀矫顽力,这意味着它可抵抗大的退磁场,从而可适应在大动态场(强退磁环境)下工作的各种动力机械的需要;另外,高的矫顽力也为薄型器件的集成化奠定了基础。人们正是利用了上述两个优点,设计出许多过去无法实现的一些新器件和新装置,最典

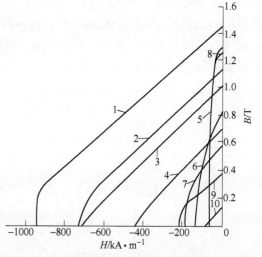

图 1-4 永磁材料的 B-H 典型退磁曲线[19,20]
1—Nd-Fe-B; 2—Sm(CoCuFeZr)$_{7.4}$;
3—SmCo$_5$; 4—粘结 Nd-Fe-B; 5—Alnico5;
6—Alnico8; 7—MnAlC; 8—FeCrCo;
9—永磁铁氧体; 10—粘结永磁铁氧体

型的例子是音圈电机、磁轴承、各种工业无刷电机、发电机和致动器等,大大促进了当代科学技术的发展和社会的进步。与稀土永磁体高内禀矫顽力密切关联的另一个特征,就是 $\mu_0 M$-H 退磁曲线为斜率接近于 0 的直线,使得 B-H 退磁曲线几乎为一条直线,回复磁导率 $\mu_{rec} \approx B_r/\mu_0 H_{cB} \approx 1$。这意味着磁体在静态和动态应用时便保持几乎一样的磁化状态,可极大地简化或方便磁体应用设计者的设计。

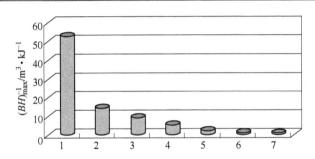

图 1-5　具有相同磁能积的不同磁体的体积高度比较（数据来源见表 1-1）

1—Co 钢；2—永磁铁氧体；3—Alnico；4—PtCo；5—SmCo$_5$；

6—Sm$_2$Co$_{17}$；7—烧结 Nd-Fe-B

1.3　稀土永磁材料的发展现状

直至 20 世纪 80 年代中期，人们普遍使用的永磁材料是永磁铁氧体、铝镍钴、铁铬钴和锰铝碳等磁体。虽然在 20 世纪六七十年代已经发现并开发出高性能的 Sm-Co 磁体，但由于 Sm 和 Co 两种金属都是资源稀缺元素，价格都比较贵，前二代稀土永磁材料 SmCo$_5$ 和 Sm$_2$(CoCuFeZr)$_{17}$ 磁体仅在不计成本的国防、航空航天和尖端技术上获得应用，但这些应用是很有限的。自从 20 世纪 80 年代第三代稀土永磁材料 Nd-Fe-B 问世以后，一方面由于它价廉物美，Nd-Fe-B 磁体得到了普遍的推广和使用，稀土永磁产业发展迅猛；另一方面也在世界范围内激发了人们对于新型多元铁基稀土合金探索的热情。

稀土永磁材料是稀土最大应用领域，最近十几年中我国稀土永磁材料占我国整个稀土应用的 30%，近几年超过了 40%。2013 年的统计数据表明（参见图 1-6），在我国稀土应用中新材料领域占 63%，而在新材料应用领域中稀土永磁材料占 65%，也就是说，在我国的整个稀土应用中稀土永磁材料占 40% 的份额。所以，稀土永磁材料的发展对整个稀土应用至关重要。

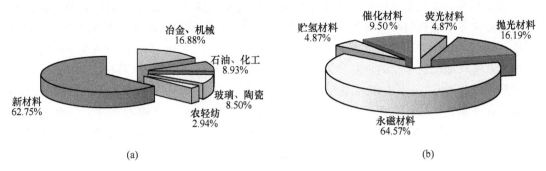

(a)　　　　　　　　　　　　　　　(b)

图 1-6　稀土在中国的应用

（a）2013 年中国稀土应用；（b）2013 年中国稀土在新材料领域的应用

1.3.1　稀土永磁材料的研发现状

1.3.1.1　新材料探索

1983 年 Nd$_2$Fe$_{14}$B 的发现突破了稀土过渡族元素二元体系和热平衡相体系的局限，人们广泛深入地探索了三元和多元稀土铁基稳态和亚稳态化合物的结构和磁性，又陆续发现了多种很有希望成为新型稀土永磁材料的稀土-铁基化合物。它们包括：1987 年由 Ohashi 等人[24]发现的 1:12 型结构的 $SmFe_{11}Ti$，1989 年由 Coehoorn 等人[25]发现、并由 Kneller 等人[26]分析阐述的以亚稳态软磁相 Fe_3B 为基、辅以硬磁 $Nd_2Fe_{14}B$ 相的双相纳米晶复合交换弹性磁体 $Fe_3B/Nd_2Fe_{14}B$，以及 1990 年由 Coey 和孙弘[27]发现的 2:17 型 $Sm_2Fe_{17}N_3$ 稀土铁基间隙原子化合物。

在 1990 年发现 $Sm_2Fe_{17}N_3$ 后，接着又发现了另外三种具有永磁体开发前景的稀土铁基间隙原子化合物，它们是：1991 年由杨应昌等人[28]发现的 1:12 型 $Nd(Fe,M)_{12}N$，同年由 M. Katter 等人[29]发现的 1:7 型 $Sm(Fe,M)_7N$，以及 1993 年由杨伏明等人[30]报道的 3:29 型 $Sm_3(Fe,M)_{29}N$。尽管这些稀土铁基间隙原子化合物都有与 $Nd_2Fe_{14}B$ 接近的内禀磁性，但它们在 600℃ 附近会发生分解，因而不能采用传统的粉末冶金工艺来制备成烧结磁体，只能作为粘结磁体磁粉的候选材料。除了由快淬急冷合金 $Sm(Fe,M)_7$ 制备的各向同性氮化物磁粉外，包括熔炼合金制备的 $Sm_2Fe_{17}N_3$ 在内的其他氮化物粉末，其粒度需达到 $1\mu m$ 左右才显现出较高的内禀矫顽力 H_{cJ}，造成粘结磁体中的磁粉体积填充比偏低，所制备的粘结磁体的永磁性能远逊于 Nd-Fe-B 粘结磁体，因此这些氮化物只能在以 Nd-Fe-B 主导的粘结稀土永磁材料家族中扮演配角。

1988 年 Coehoorn 等人[25]发现 $Fe_3B/Nd_2Fe_{14}B$ 或 $Nd_4Fe_{77}B_{19}$ 后，1991 年 Kneller 和 Hawig[26]阐明了硬磁-软磁双相纳米晶复合永磁材料中呈现单一硬磁性相特征的磁化、反磁化机制，并命名这类磁体为交换弹性（或"交换弹簧"）（Exchange Spring）磁体。交换弹性磁体最引人注目的特点是剩磁增强效应，人们寄希望获得高磁能积的永磁材料。在稀土-铁基双相纳米晶复合材料中，除了低钕高硼的 $Nd_4Fe_{77}B_{19}$ 合金外，还有如下两种：1993 年由 Manaf 等人[31]报道的以软磁相 α-Fe 和硬磁相 $Nd_2Fe_{14}B$ 或 $Pr_2Fe_{14}B$ 双相复合的低稀土低硼 R-Fe-B 合金，即 α-Fe/$Nd_2Fe_{14}B$ 或 α-Fe/$Pr_2Fe_{14}B$，以及 1993 年由丁军等人[32]报道的 α-Fe 和 $Sm_2Fe_{17}N_3$ 双相纳米复合 $SmFe_9N_x$ 合金氮化物（Fe 含量高于 Sm_2Fe_{17} 正分含量）。目前，制备双相纳米晶复合材料的主要方法是快淬法和机械合金化法，由此获得的稀土-铁基的双相纳米晶复合材料通常是磁各向同性的，且不能制备烧结磁体，因此其最大磁能积无法与烧结 Nd-Fe-B 磁体相比。1993 年 Skomski 和 Coey[33]提出了各向异性双相纳米晶磁体模型，有可能改变双相纳米复合体系磁性能偏低的状况。该模型计算指出，如果在完全取向的硬磁相 $Sm_2Fe_{17}N_3$ 中镶入相互分离的直径 3nm 以下的球形 $Fe_{65}Co_{35}$ 颗粒，该纳米复合体系在硬磁相的体积比为 9% 时就可望获得高达 $1090kJ/m^3$（137MGOe）的 $(BH)_{max}$，而由 2.4nm 的 $Sm_2Fe_{17}N_3$ 和 9nm 的 $Fe_{65}Co_{35}$ 依次排列且前者完全取向的多层膜纳米晶复合体系，$(BH)_{max}$ 也可以达到 $1000kJ/m^3$（126MGOe）。为此，许多永磁工作者积极投入这方面的实验研究，采用不同的技术手段设法制备这种磁体。在 2006 年，刘世强等人[34]在富 Nd 的 Nd-Fe-B 快淬粉上采用直流溅射技术涂覆 α-Fe 或 Fe-Co 薄膜层后，再利用热压和热变形技术所制备的 $Nd_{14}Fe_{79.5}Ga_{0.5}B_6$/Fe-Co 纳米晶复合磁体获得了最大磁能积 $(BH)_{max}$ 高达 $437.7kJ/m^3$（55MGOe），剩磁 B_r 为 1.508T（15.08kGs），内禀矫顽力 H_{cJ} 为 1153kA/m（14.49kOe）的高性能。在该两相纳米晶复合磁体中软磁性相 Fe-Co 的含量较少（约 3%），如果增加 Fe-Co 含量到 20%~30%，同时改善 $Nd_2Fe_{14}B$ 晶粒的完美程度以维持这个矫顽力水平，则该两相复合磁体的剩磁可望进一步提高，从而大幅度提高最大磁能积。这样，两相纳米晶复合磁体的 $(BH)_{max}$ 超过烧结 Nd-Fe-B 磁体或许可能实现。但问题就在于软磁相 Fe-Co 含量增大以后，热变形的润滑性变差，从而影响颗粒的分散性和硬磁相的取向度。因此，需要找到适合制备高 Fe-Co 含量的热变形新工艺。

当前制备各向同性纳米晶体颗粒或纳米结构复合材料的方法中，除了上述快淬法和机械合金化法以外，还有薄膜技术和表面活性剂辅助球磨法。后者在 1990 年首先由 Kacz-marek 等人[35]发明，后来由 Wang 等人[36]发展起来。各向异性双相纳米晶复合磁体的主要制备方法有热压/热变形技术和薄膜技术两种。显然目前的薄膜技术对于制备永磁体材料来说效率太低，并不适合制备块体永磁材料，但不能否定这种薄膜工艺在制备永磁体方面的探索性。薄膜技术正在不断地发展中，有可能在不远的将来会发展到可在原子尺度上快速实现晶体结构的理想操作和堆积，到那时，人们也许可以看到 $(BH)_{max} = 800\text{kJ/m}^3$（100MGOe）甚至更高的超高磁能积两相复合纳米晶磁体。

进入 21 世纪以来，为了寻找新一代的高磁能积永磁材料，人们又开始探索无稀土的新颖永磁材料。针对单轴各向异性高磁矩 α''-Fe$_{16}$N$_2$ 薄膜材料寻找批量生产的新方法[37,38]；在高磁矩的立方结构 Fe-Co 合金中添加少量的第三元 X，然后采用非平衡技术使得三元 Fe-Co-X 合金产生保持高磁矩的单轴结构材料[39]；通过低温长时间扩散，制备具有单轴各向异性和 L1$_0$ 结构的 Fe-Ni 合金[40]；像 Alnico 那样利用针状 Fe-Co 纳米颗粒的形状各向异性，直接热压带有非磁性包覆物的针状 Fe-Co 纳米颗粒，使之成为高磁能积的致密磁体。

前面已经提到，对于永磁材料来说，除了有足够高的居里温度外，只有具有高的饱和磁化强度才有可能获得高的最大磁能积。但是，要实现这一目标，足够大的各向异性是不可或缺的必要条件。对于一种永磁材料，它的室温各向异性能量密度通常表达为 $E_a = K_1 \sin^2\theta$，其中 $K_1 > 0$，称为单轴各向异性常数，θ 为自发磁化强度与易磁化轴的夹角（参见第 4 章）。E_a 反映了当磁矩偏离易磁化方向时所增加的能量，K_1 越大意味着该种永磁材料中自发磁化强度越倾向于沿易磁化轴方向，从而等价于一个作用在易磁化轴方向的磁场——单轴各向异性场 $H_a = 2K_1/\mu_0 M_S$。永磁材料内禀矫顽力 H_{cJ} 的理论上限值就是 H_a（参见第 7 章）。Kneller 和 Hawig[26]在研究交换弹性磁体时提出了一个无量纲参数 κ_{KH}，即各向异性常数 K_1 与最大磁能积的理论极限 $\mu_0 M_S^2/4$ 之比（如式（1-2a）所示），以判断磁性材料的硬磁或软磁倾向：当 $\kappa \gg 1$ 时，单轴各向异性主导磁性材料的磁特性，该材料显示硬磁特性（k-材料），可以成为实际的永磁材料；而 $\kappa \ll 1$ 的磁特性由静磁场能主导，该材料显示软磁特性（m-材料）。基于同样的考虑，Skomski 和 Coey[41,42]提出了另一个无量纲参数 κ_{SC}（如式（1-2b）所示），当 $\kappa_{SC} > 1$ 时，单轴各向异性磁性材料可以成为实际的永磁材料。上面两个参数 κ_{KH} 和 κ_{SC} 的关系为 $\kappa_{KH} = 4\kappa_{SC}^2$ 或 $\kappa_{SC} = \kappa_{KH}^{1/2}/2$。

$$\kappa_{KH} = 4K_1/\mu_0 M_S^2 \tag{1-2a}$$

$$\kappa_{SC} = (K_1/\mu_0 M_S^2)^{1/2} \tag{1-2b}$$

下面我们简单讨论一下 κ_{KH} 和 κ_{SC} 所对应的物理图像以及一些典型磁性材料相应的数值。如图 1-7 所示，单轴各向异性磁体的理想磁滞回线为矩形，它的剩磁 $B_r = J_r = \mu_0 M_r = \mu_0 M_S$，内禀矫顽力 $H_{cJ} = 2K_1/\mu_0 M_S$（参见第 7 章），根据 H_{cJ} 与 B_r 在数值上的比较可分为四种不同的状态：（1）$\mu_0 H_{cJ} < B_r/2 = J_r/2$（或 $H_{cJ} < M_r/2$），$H_{cB} = H_{cJ}$，$(BH)_{max} = \mu_0 (M_S -$

H_{cB}) $H_{cB} < \mu_0 M_S^2/4$。此时由于 $H_{cB} = H_{cJ}$ 太小，第二象限 B-H 曲线在获得最大磁能积 $\mu_0 M_S^2/4$ 之前出现弯折，意味着永磁体不能充分对外提供静磁能，而且当磁体工作点处于 B-H 曲线弯折区时会产生较大的不可逆损失（详见第 5 章的分析）。（2） $B_r/2 \leqslant \mu_0 H_{cJ} < B_r$ （或 $M_r/2 \leqslant H_{cJ} < M_r$）， $H_{cB} = H_{cJ}$， $(BH)_{max} = \mu_0 M_S^2/4$。此时虽然第二象限 B-H 曲线仍存在弯折，但已经能完全容纳对应 $(BH)_{max}$ 的矩形，只是弯折仍可能导致不可逆损失。（3） $B_r \leqslant \mu_0 H_{cJ} < 2B_r$ （或 $M_r \leqslant H_{cJ} < 2M_r$）， $H_{cB} = M_r = M_S$， $(BH)_{max} = \mu_0 M_S^2/4$。第二象限 B-H 曲线为直线，但在第三象限出现弯折，如果存在强大的反向外磁场将磁体的动态工作点推到第三象限的弯折区，磁体就会产生不可逆损失。（4） $\mu_0 H_{cJ} \geqslant 2B_r$ （或 $H_{cJ} \geqslant 2M_r$），同（3）一样有 $H_{cB} = M_r = M_S$， $(BH)_{max} = \mu_0 M_S^2/4$。第二、第三象限 B-H 曲线都保持直线状态，直到 H_{cJ} 时发生跳转，不存在弯折。上述四种状态对应三个临界点，如图 1-7 中 （a）、（b） 和 （c） 所示，图 1-7 （a） 对应的临界条件是 $\mu_0 H_{cJ} = \mu_0 M_r/2 = \mu_0 M_S/2$，结合 $H_{cJ} = 2K_1/\mu_0 M_S$，通过式 （1-2） 可以算出 $\kappa_{KH}(a) = 1$， $\kappa_{SC}(a) = 1/2$，且 $K_1(a) = (BH)_{max}$；图 1-7 （b） 对应于 $\mu_0 H_{cJ} = \mu_0 H_{cB} = \mu_0 M_S$，可以同样推导出 $\kappa_{KH}(b) = 2$， $\kappa_{SC}(b) = \sqrt{2}/2$，且 $K_1(b) = 2(BH)_{max}$；图 1-7 （c） 对应于 $\mu_0 H_{cJ} = 2\mu_0 M_S$， $\mu_0 H_{cB} = \mu_0 M_S$， $\kappa_{KH}(c) = 4$， $\kappa_{SC}(c) = 1$，且 $K_1(c) = 4(BH)_{max}$。因此，在理想情况下， $\kappa_{KH} > 1$ 或 $\kappa_{SC} > 1/2$ 是永磁材料的单轴各向异性能可以满足其提供最大磁能积的基本要求； $\kappa_{KH} > 2$ 或 $\kappa_{SC} > \sqrt{2}/2$ 是永磁材料在第二象限稳定工作的必要条件，无外场源的磁路和大多数有源磁路都属于这种情形；如果 H_{cJ} 提高到满足 $\kappa_{KH} > 4$ 或 $\kappa_{SC} > 1$ 的条件，则永磁材料甚至在第三象限都可以稳定工作，足以抵抗很强的外磁场干扰。所以 $\kappa_{KH} > 1$ 约定的是优良永磁材料的基本条件，而 $\kappa_{SC} > 1$ 则是优异永磁材料的理想状况。

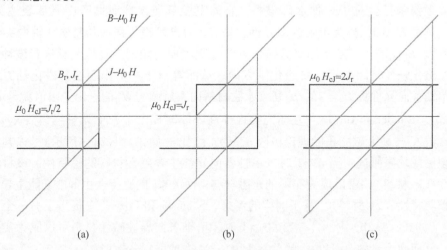

图 1-7　H_{cJ} 与 M_S 相对大小各异的理想永磁体磁滞回线

（a） 对应的临界条件是 $H_{cJ} = M_r/2 = M_S/2$；（b） 对应于 $H_{cJ} = H_{cB} = M_S$；（c） 对应于 $H_{cJ} = 2M_S$

表 1-2 列出了一些典型磁性化合物或合金的内禀磁性及其 κ_{KH} 值和 κ_{SC} 值。从表中可以看到，所列磁性材料中仅 Alnico5、$Fe_{16}N_2$ 和 Fe_3C 的 $\kappa_{KH} < 1$，其余材料均有 $\kappa_{KH} > 1$。但是 Alnico5 的情况比较特殊，它的晶粒具有针状形状各向异性，所以 Alnico5 的 K_1 为形状各向异性常数而非磁晶各向异性常数。Alnico5 的 $\kappa_{SC} = 0.66 > 1/2$，满足了最基本硬磁性条件

的要求。从图 1-4 中 Alnico5 的 B-H 退磁曲线可知，它的矫顽力 H_{cB} 约为 60kA/m(750 Oe)，相对其他永磁材料而言是很低的，但可以通过磁路设计来弥补 H_{cJ} 和 H_{cB} 偏低的弱点，充分发挥其居里温度高、剩磁温度系数小的优势，使其在实际应用中占据应有的、不可替代的地位。$Fe_{16}N_2$ 的 $\kappa_{KH} = 0.86$（<1）和 $\kappa_{SC} = 0.46$（<1/2），虽然其饱和磁极化强度 $\mu_0 M_s = 2.41T$，为表 1-2 所列各类材料之冠，但由于磁各向异性过低，所以要成为满足实际应用的永磁材料有一定的困难。Fe_3C 的 $\kappa_{KH} = 1.21$（>1）和 $\kappa_{KH} = 0.55$（>1/2），作为实际应用的永磁材料也很勉强。$L1_0$ 结构的 Fe-Ni 合金的 $\kappa_{KH} = 2.55$（>1）和 $\kappa_{KH} = 0.80$（>1/2），勉强可以作为开发永磁材料的候选者，但由于成相困难，要成为实际应用的永磁材料前景渺茫。在 $\kappa_{KH} > 1$ 的无稀土磁性材料中，FePt 的综合性能最佳，但由于材料成本高，用途受到很大限制；其余的几种 Mn 基材料的最大磁能积都较低。总而言之，稀土金属间化合物依然是最好的永磁材料候选者，但在众多的新型稀土磁性合金或化合物中，虽然具有优良内禀磁性的对象不在少数，迄今为止却仅有个别材料有少量应用，如 Sm-Fe-N 和 Nd-Fe-M-N，而大多远未达到实际应用的程度。三十多年过去了，第三代稀土永磁材料钕铁硼用时间证明，它仍然具有旺盛的生命力，称雄于永磁材料之林。

表 1-2 一些典型化合物和合金的室温内禀磁性和计算的相应 κ_{KH} 值和 κ_{SC} 值

化合物	T_c /K	$\mu_0 M_s$ /T	K_1 /MJ·m^{-3}	$\mu_0 M_s^2/4$ /kJ·m^{-3}	κ_{KH} >4	κ_{KH} <4	κ_{SC} >1	κ_{SC} <1	参考文献
Alnico5①	1210	1.41	0.68	394		1.73		0.66	[42]
$BaFe_{12}O_{19}$	740	0.48	0.33	45.4	7.27		1.35		[42]
CoPt	840	1.01	4.9	201	24.37		2.47		[42]
FePt	750	1.43	6.6	408	16.17		2.01		[42]
$SmCo_5$	1000	1.14	11	259	42.55		3.26		[42]，表4-22
Sm_2Co_{17}	1193	1.25	3.2	311	10.29		1.60		[42]，表4-22
$Nd_2Fe_{14}B$	586	1.60	4.3	509	8.44		1.45		[42]，表4-22
$Sm(Fe_{11}Ti)$	584	1.14	4.8	259	18.57		2.15		[42]，表4-22
$Sm_2Fe_{17}N_3$	749	1.54	8.6	472	18.23		2.13		[42]，表4-22
$NdFe_{11}TiN_{1.5}$	740	1.48	4.7	436	10.79		1.64		[42]，表4-22
$Sm_3(Fe,Mo)_{29}N_4$	750	1.34	6.8	357	19.04		2.18		[42]，表4-22
MnAl	650	0.75	1.7	113	15.03		1.94		[42]
MnBi	628	0.73	0.90	106	8.52		1.46		[42]
Mn_2Ga	770	0.59	2.35	69	33.86		2.91		[42]
$Fe_{16}N_2$	810	2.41	1.0	1158		0.86		0.46	[42]
Fe_3C	756	1.37	0.45	373		1.21		0.55	[42]
$L1_0$ Fe-Ni	593	1.60	1.3	509		2.55		0.80	[40]

① 表示形状各向异性。

1.3.1.2 制备工艺技术改进及磁体研发[43]

经过三十多年的研究、开发和应用，上述三代稀土永磁材料无论在内禀磁性理论方面、微磁学理论方面，还是在稀土永磁体的工艺技术和磁性能方面，都取得了长足的进步。随着科学技术的日益发展，各种先进的微观检测分析手段也都应用于永磁材料的研究，对稀土永磁材料的磁化和反磁化机理的理解更加深入，促使人们创造了多种制备高性能磁体的新工艺和新方法，推动了磁体生产设备的不断改进和升级换代，使稀土永磁材料磁性能参数的记录不断被打破，它们的综合磁性能越来越高。

进入 21 世纪后，烧结磁体制备的工艺技术有了长足发展，其中包括采用片铸（有时亦称铸片、铸带或速凝薄片）（Strip Casting, SC）、氢破碎（Hydrogen Decrepitation, HD）、气流磨（Jet Milling, JM）等技术手段来降低磁体的总稀土含量，较大程度地提高了磁体的性能，同时降低了磁体的成本。新技术主要有以优化晶粒边界为目的的晶界扩散方法（Grain Boundary Diffusion, GBD）和双合金方法（包括双主相方法）的深入应用，以及为达到近单畴颗粒高矫顽力目标的晶粒细化方法。此外，对氧含量控制技术的广泛采用，使得磁体获得高的磁性能（尤其是高矫顽力）成为可能，同时控氧技术也是批量生产获得高稳定性和一致性的关键因素[43]。

对于 Sm-Co 磁体而言，兼有高磁能积（或高剩磁）和高矫顽力的 2:17 型烧结磁体已经被成功开发和生产，其室温磁性能为：$B_r = 1.133T$（11.33kOe），$H_{cJ} = 2.61MA/m$（32.83kOe），$(BH)_{max} = 242kJ/m^3$（30.4MGOe）[44]。无论在磁性能方面还是在性价比方面，该 Sm-Co 磁体都可与添加大量 Tb 或 Dy 的超高矫顽力 Nd-Fe-B 磁体相媲美。另外，最高工作温度高达 550℃ 的高温 Sm-Co 磁体也已被开发和生产，其室温磁性能为：$B_r = 0.85T$（8.5kOe），$H_{cJ} = 2.02MA/m$（25.4kOe），$(BH)_{max} = 127kJ/m^3$（16.0MGOe），H_{cJ} 在 550℃ 高温时仍能达到 504.5kA/m（6.34kOe）[45]。

近年来，烧结钕铁硼磁体研发主要分两个方向：一是高性能；二是低成本。随着烧结钕铁硼磁体在风力发电、混合动力汽车/纯电动汽车和节能家电等低碳经济领域中的应用，双高磁性能磁体（高磁能积 $(BH)_{max}$ 和高内禀矫顽力 H_{cJ}）成为一个重要的研发方向。对于烧结 Nd-Fe-B 磁体而言，在采用上述的 SC、HD、双合金和 GBD 等新工艺后，双高烧结 Nd-Fe-B 磁体已经被成功开发和生产，其室温磁性能参数为：$B_r = 1.29T$（12.9kOe），$H_{cJ} = 2.80MA/m$（35.2kOe），$(BH)_{max} = 321kJ/m^3$（40.4MGOe）。通常 H_{cJ} 和 $(BH)_{max}$ 或 B_r 呈此消彼长的趋势，H_{cJ} 越高，$(BH)_{max}$ 或 B_r 越低，但制造技术的发展总是使 H_{cJ} 与 $(BH)_{max}$ 或 B_r 的数值求和越来越大，引入品质因子 $Q = H_{cJ} + (BH)_{max}$ 就能反映永磁材料综合性能的高低，Q 值越大意味着永磁体的综合磁性能越高。对上述双高磁体而言，在高斯单位制下 $Q = 35.2(kOe) + 40.4(MGOe) = 75.6$ [21]，而第一篇烧结 Nd-Fe-B 文章的数据对应 Q 值仅为 $48.50(12.06(kOe) + 36.44(MGOe))$ [16]。朱明刚等人[46]利用双主相方法成功获得较高性价比的 Ce 置换 Pr-Nd 烧结 Nd-Fe-B 磁体，当 Ce 替代 Pr-Nd 的相对质量百分比为 30% 时，其室温磁性能为 $H_{cJ} = 758kA/m$（9.53kOe），$(BH)_{max} = 347kJ/m^3$（43.6MGOe）。钮萼等人[47]用白云鄂博矿的混合稀土金属替代 20% 的 Pr-Nd 制成烧结 Nd-Fe-B 磁体，其室温磁性能为 $H_{cJ} = 851kA/m$（10.7kOe），$(BH)_{max} = 270kJ/m^3$（34.0MGOe）。由于 Ce 元素的地壳储量大、应用领域相对较窄，目前 Ce 金属的价格仅为 $Pr_{20}Nd_{80}$ 合金价格的十分之一左右，添加 Ce 的烧结 Nd-Fe-B 磁体具有很好的成本优势，已在低端市场（如儿童玩具、箱包扣等）中获得大量应用。

利用热压/热变形工艺可将纳米晶磁粉（如快淬 Nd-Fe-B 磁粉）制备成各向同性的致

密磁体（如 MQ-Ⅱ磁体）和各向异性的致密磁体（如 MQ-Ⅲ磁体）。钕铁硼快淬磁粉可以通过缓慢而大幅度的热压变形诱发类似的晶体择优取向，制成优异的全密度各向异性磁体，而且很适合制造辐射取向薄壁磁环[48]。在采用背挤压热变形压制方法时，磁粉在上下压头的压力作用下在底部形成取向织构，并均匀地转换成侧壁的径向取向，所以这是制造辐射取向薄壁圆环较为理想的方法。在同等 H_{cJ} 条件下，MQ-Ⅲ的 Dy 含量比烧结磁体低 2%~3%（质量分数，磁体绝对含量），以往的加工成本劣势被缩减 Dy 含量的优势冲抵，在汽车电动助力转向（EPS）和工业伺服电机中得到了广泛的应用。我国北京钢铁研究总院和中科院宁波材料所，近年来在国内率先进行了 MQ-Ⅲ技术的开发，成功制备出了 $(BH)_{max} = 334kJ/m^3（42MGOe）$ 的辐射取向环。日本大同电子在 2010 年开发出兼具高性能和高耐热性的省 Dy 型辐射环 ND-43SHR，$(BH)_{max} = 342kJ/m^3（43MGOe）$，并申请了相关专利[49]。

对于粘结稀土永磁体而言，高性能各向同性钕铁硼磁粉的国产化进程在加快，产品已经面市；成本及耐蚀性更优的快淬 Sm-Fe-N 磁粉也在大力研发之中；HDDR 处理的各向异性钕铁硼磁粉已经商品化。高性价比的各向异性磁体成形技术正在开发，挤出成形工艺制备大直径薄壁环将会满足一些特殊的需求。

1.3.2 稀土永磁材料的产业现状

进入 21 世纪后，以烧结钕铁硼磁体为代表的全球稀土永磁材料产量进入高速增长时期。随着烧结钕铁硼磁体在风力发电、混合动力汽车及纯电动汽车和节能家电等低碳经济领域中的应用，双高磁性能磁体及低成本磁体已成为各国研究的主要目标，以适应烧结钕铁硼在新领域的应用要求和原材料价格上涨的新形势，同时也促进了稀土资源的高效利用。旺盛的市场需求的惯性使得我国烧结钕铁硼磁体毛坯产量保持了持续增长的大格局[50]。图 1-8 给出了全球烧结钕铁硼毛坯磁体产量增长，它反映了全球各地钕铁硼产业的发展情况。从图中可以看出，进入 21 世纪以来，尽管日、美、欧等发达国家稀土永磁产业的发展减缓，但由于中国稀土永磁产业的超常发展，使得全球稀土永磁产业依然保持了迅猛增长的态势。2015 年，我国烧结钕铁硼毛坯产量为 12.6 万吨，年增长 7%，占全球份额的88%。2005 ~ 2015 年的十年间，我国年均增长率为 11.7%，全球年均增长率为 10.6%。

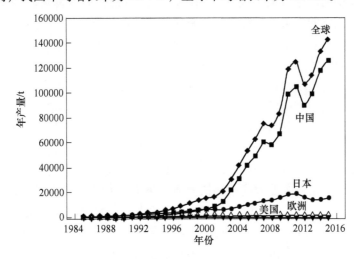

图 1-8　全球烧结钕铁硼毛坯磁体产量的增长

由于我国钕铁硼产业的突飞猛进，国外稀土永磁产业不断整合与调整，目前仅存 4 家大的钕铁硼企业。欧洲一家，德国的真空熔炼公司（VAC），生产工厂在两个地方：一个在德国的 Hanau（VAC 总部），另一个是在芬兰的 Pori（Neorem 公司）。日本有三家，日立金属、TDK 和信越化工。近年来发展趋势是，欧洲和日本的企业均逐步在中国布局。2005 年 1 月，中科三环与 VAC 在北京设立合资公司：三环瓦克华（北京）磁性器件有限公司；2012 年 3 月，日本信越化学工业公司在福建省龙岩市长汀设立独资公司：信越（长汀）科技有限公司；2013 年 5 月，广晟有色、TDK 和东海贸易共同投资三方拟在广东梅州设立合资公司：广东东电化广晟稀土高新材料有限公司已于 2016 年投产；2015 年 6 月，中科三环与日立金属签署了《合资合同》，双方拟在江苏南通市启东市设立合资公司：日立金属三环磁材（南通）有限公司已于 2016 年 9 月取得营业执照，预计在 2017 年年中投产。

中国现有稀土永磁生产企业 170 家左右，主要分布在沪浙地区、京津地区和山西地区。由于钕铁硼磁体的应用日益广泛，市场前景广阔，近年来又有不少投资进入钕铁硼产业。两大稀土原料产地包头和赣州，还有山东，都已形成相当的产业规模。2015 年烧结钕铁硼产量统计表明，浙江地区占 40%，京津地区占 13%，山西地区占 11.5%，内蒙古地区占 7.5%，江西地区占 10%，山东地区占 9%，其他地区占 9%。我国烧结钕铁硼企业中年生产能力 3000t 以上的企业占 10% 左右，年产能 1000 ~ 3000t 的企业占 30% 左右，年产能 1000t 以下的企业占 60% 左右。中科三环是我国最大的稀土永磁材料生产企业，也是全球为数不多的既生产烧结钕铁硼，又生产粘结钕铁硼的企业，2015 年销售额超过 35 亿元，其成立于 1986 年的全资子公司宁波科宁达是我国第一个烧结钕铁硼生产企业。

我国已有 8 家企业获得了日立金属在烧结钕铁硼磁体方面的专利许可，专利覆盖地区包括中国、北美、欧洲、亚洲等大多数国家和地区。中科三环、安泰科技、北京京磁、银钠金科和宁波韵升等 5 家企业，多年来一直拥有日立金属专利许可。2013 年 5 月，除这 5 家企业又全部同日立金属签署了新的专利许可协议外，另外 3 家中国企业烟台正海磁材、宁波金鸡强磁和安徽大地熊也获得了日立金属的专利许可。

虽然粘结钕铁硼产业与烧结钕铁硼同时起步，但相比而言发展较为缓慢。从产量上看，粘结钕铁硼磁体的产量不足烧结钕铁硼磁体产量的十分之一。这里面的原因是多方面的，但是主要的原因有两个：一个是麦格昆磁长期独家拥有钕铁硼快淬磁粉的成分及制备工艺专利，并不向其他制造商授予专利许可，对粘结钕铁硼磁粉拥有绝对控制权，独家生产，垄断定价；二是粘结钕铁硼磁体的磁性能和机械强度较低，应用上受到较大制约，应用范围没有烧结钕铁硼磁体广泛。麦格昆磁于 2000 年将工厂从美国 Indiana 搬到了中国天津，它不仅依靠强大的专利垄断占据了 80% 以上的市场份额，而且以成熟的技术控制着高性能磁粉的供应。近几年，MQ 粉的产量为 5800t 左右，其中的五分之四用于各向同性粘结磁体，五分之一用于热压/热变形磁体。2014 年 7 月以来，由于麦格昆磁持有的主要成分和工艺专利到期，国内企业的高性能快淬 Nd-Fe-B 磁粉纷纷进入市场，目前国内快淬钕铁硼磁粉的年生产能力已超过 1500t。国内传统从事钕铁硼磁粉生产的企业有 15 家左右，代表性厂家有浙江朝日科磁业有限公司、夹江县园通稀土永磁厂、绵阳西磁新材料有限公司和沈阳新橡树磁性材料有限公司等，而高性能快淬磁粉的专利和技术突破又催生了一批磁粉生产企业。

全球粘结钕铁硼磁体的生产能力大部分集中在我国和东南亚国家和地区，国内相关的企业有 30 余家。全球规模较大的代表性企业有成都银河、上海三环（原上海爱普生）、深圳海美格（安泰科技）、宁波韵升、英洛华、广东江粉，日本大同电子、美培亚、美特、户田，中国台湾天越，德国 KMT 等。在硬盘和光盘驱动器主轴电机应用方面，粘结钕铁硼磁体主要由上海三环、成都银河和日本大同三家企业生产。图 1-9 给出了全球粘结钕铁硼磁体产量的年增长情况。在过去 10 年间（2005～2015 年），全球年均增长率为 3.3%，中国年均增长率为 6.7%，中国的粘结钕铁硼磁体产量从占全球产量的 47%，增加到占全球产量的 66%。2011 年，我国粘结钕铁硼产量创历史新高，达到 4400t。近 3 年，我国粘结钕铁硼年产量保持在 4000t 左右（参见图 1-9）。

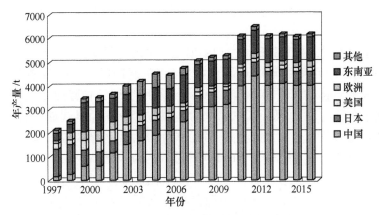

图 1-9　全球粘结钕铁硼磁体产量的增长

虽然钕铁硼磁体物美价廉且应用越来越广泛，但钐钴永磁体（以 2:17 型 Sm-Co 为主）因具有独特的优势，例如工作温度高、温度系数小、抗腐蚀强等，仍然在军工、航空航天等方面占据牢固的地位。由于钐钴磁体的温度系数绝对值远低于钕铁硼磁体，因此在高工作温度环境下钐钴磁体的表现会明显优于钕铁硼磁体。当前市场上的 2:17 型烧结钐钴主要包括高温钐钴永磁体和超低温度系数钐钴磁体。钐钴永磁材料的应用还与 Tb、Dy 价格密切相关，当 Tb、Dy 价格过高时，高矫顽力烧结钕铁硼磁体在成本上同钐钴永磁体相比失去优势。目前，全球烧结钐钴磁体的产量估计在 1000t 左右，其中我国的产量超过 70%。

在热压/热变形钕铁硼磁体产业方面，近几年大同电子 MQ-Ⅲ磁体年产量为 1000t 左右。国内宁波金鸡公司与中科院宁波材料所合作，已经建立了小型生产线；成都银河于 2012 年 3 月开始实施 MQ-Ⅲ项目，已建立起年产 300t 热压钕铁硼磁体生产及后加工的生产线，已有小批量产品投放市场。

综上所述，2015 年全球稀土永磁材料的年产量约为 15.1 万吨，其中 99% 是来自价廉物美的钕铁硼材料。烧结钕铁硼磁体占 94.6%，粘结钕铁硼磁体占 4.1%，热压/热变形钕铁硼磁体占 0.65%，烧结钐钴磁体占 0.65%。

1.3.3　稀土永磁材料的前景展望

稀土永磁材料已经广泛应用于电子信息、汽车工业、医疗设备、能源交通等众多领域，与此同时，随着技术的持续进步，稀土永磁材料在很多新兴领域也展现出广阔的应用前景。特别是在低碳经济席卷全球的大势之下，世界各国都在把环境保护、低碳排放作为关键科技领域给予关注。我国将在 2020 年实现单位 GDP 二氧化碳排放量比 2005 年下降 40%~50%，这对我国在改善能源结构、发展再生能源、提高效率、节能减排、倡导低碳生活等方面提出了新的要求，也为稀土永磁材料在风力发电、新能源汽车、节能家电等低碳经济产业方面提供了广阔的市场空间。

2015 年，全球风电新增装机容量达到 63013MW，年增长 22.4%；中国风电新增装机容量 30500MW，年增长 30.6%；中国风电新增装机容量占全球的 48.4%。如果国外的新增直驱风力发电机的比例同我国相同，即装机容量占新增装机容量的 30% 左右，则 2015 年全球在风力发电机上使用烧结钕铁硼磁体约 12600t，其中绝大部分由中国烧结钕铁硼厂家提供。

随着人民生活水平的提高和环保意识的增强，电动自行车遍布大街小巷，2010 年产量达到了 2954 万辆，近几年的年产量均保持在 2000 万辆以上。以每辆电动自行车需要 0.32kg 烧结钕铁硼磁体估算，2015 年 2300 万辆使用烧结钕铁硼磁体约 7360t。2015 年，我国新能源汽车产量达 34 万辆，其中纯电动车型占 75%，插电式混合动力车型占 25%。2016 年，我国新能源汽车产量预计将翻一番。在我国生产的新能源汽车中，稀土永磁电机的使用量在不断增加。美国特斯拉（Tesla）新型大众版车型 Model 3，预计 2017 年投放市场，截至 2016 年 4 月底预定量已突破 40 万辆。在这款新车型中，将大多采用稀土永磁电机。截至 2016 年 4 月底，丰田汽车公司混合动力汽车的全球累计销量突破 900 万辆，年新增销量超过 100 万辆，为新能源汽车发展树立了标杆。混合动力汽车的动力电机全部采用稀土永磁电机，如果每台电机使用稀土永磁材料平均 2.5kg，则丰田汽车公司混合动力汽车每年稀土永磁材料的用量超过 2500t。

2014 年底，由中国南车株洲所研制的新一代高速列车，采用了稀土永磁同步牵引系统，使中国高铁在世界舞台上更具核心竞争力。试验样车的永磁牵引电机使用的稀土永磁材料是钐钴磁体，但在今后的实际应用中烧结钕铁硼磁体也可能被采用。

丰富的稀土资源，广阔的应用市场，稀土永磁材料前景一片光明。

1.4　稀土元素的特征[51]

元素周期表中原子序数从 57 到 71 的 15 个元素称为镧系元素，它们在元素周期表上只占据一个格子，表明彼此之间的化学性质极为相似，分别称为镧（La）、铈（Ce）、镨（Pr）、钕（Nd）、钷（Pm）、钐（Sm）、铕（Eu）、钆（Gd）、铽（Tb）、镝（Dy）、钬（Ho）、铒（Er）、铥（Tm）、镱（Yb）和镥（Lu）。由于原子序数为 39 的钇（Y）和原子序数为 21 的钪（Sc）与镧系元素原子半径相近，都属于第三副族，其化学性质同镧系相似，且常常与镧系元素共存于矿物中，所以钇和钪也被看成与镧系元素相似的元素。以上 17 个元素总称为稀土元素，常用符号"RE"或"R"表示，有些场合则将镧系元素用"Ln"来表述。钷（Pm）是天然放射性元素（原子量为 147 的 Pm 半衰期是 2.64 年），存在于天然铀矿中，在稀土矿物中还没有被发现，有时被排除在外。

依据原子量的轻重（同时也是 4f 壳层的电子充填不同程度），人们将稀土家族划分成

2 个或 3 个分族。例如，在 2 个分族的划分中，把 La 至 Eu 的 7 个元素称为轻镧系，也称轻稀土，而把 Gd 至 Lu 的 7 个元素称为重镧系，也称重稀土，但有时也把 Gd 划为轻稀土；在 3 个分族的划分中，把 La、Ce、Pr、Nd 称为轻稀土，把位于中间的 Sm、Eu、Gd 称为中稀土，而把 Tb、Dy、Ho、Er、Tm、Yb、Lu 称为重稀土。

为了降低成本，会将未充分分离、物理或化学性质相近的若干稀土元素混合体直接投放市场，称之为混合稀土（Mishmetal，MM），混合稀土的元素和成分往往与稀土矿的原生态密切相关。市场上常见的混合稀土金属，其实应叫做混合稀土合金，是以某种稀土金属主导，与一种或多种其他稀土金属组成的合金。依据含稀土金属种类、含量和用途的不同大致可分为九个品种（所标注的各元素含量皆为质量分数）：

（1）富铈混合稀土金属：相对纯度为 98%~99%，其中含 Ce 为 45%~51%，La 为 23%~28%，Pr 为 5%~7%，Nd 为 12%~17%，非稀土杂质为 1%。

（2）富镧混合稀土金属：含 La 为 40%~90%，非稀土杂质为 1%~1.3%。

（3）不含有钕的混合稀土金属（有的称为镧镨铈 LPC 混合稀土金属）：Ce 为 60%~62%，La 为 30%~32%，Pr 为 6%~8%。

（4）未分离的混合轻稀土金属：Ce 为 45%~50%，La 为 22%~28%，Pr 为 5%~7%，Nd 为 12%~17%，Sm、Eu、Gd、Y 等约为 3%。

（5）不含 Sm 的混合稀土金属：Ce 为 50%，La 为 30%，Pr 为 6%~7%，Nd 为 13%~17%。

（6）提取部分 Ce 和 Nd 后的混合稀土金属：La 为 78%~84%，Pr 为 5%~12%，Ce 为 5%~10%，Nd<1%。

（7）低铁、低锌、低镁电池级（镍-氢电池用）混合稀土金属：稀土金属总量 99.5%，非稀土金属杂质 Fe<0.2%，Zn<0.01%，Mg<0.01%，O<0.05%，C<0.03%。

（8）NdPr 混合稀土金属：含 Nd 为 70%~85%、Pr 为 15%~30%。

（9）富钇稀土金属：Y>75%，其他稀土总量<25%。

稀土金属与其他金属在物理、化学性质上的区别是基于其原子和离子的不同电子结构。因此，在叙述稀土金属特性之前，首先介绍稀土原子和离子的电子构型（电子组态），然后介绍由该电子构型造成的稀土原子或离子的大小、稀土金属的电负性和稀土金属的晶体结构，以及它们的物理和化学性质。

1.4.1 稀土原子和离子的电子构型和半径

根据丹麦物理学家波尔提出的原子结构模型和奥地利物理学家泡利提出的不相容原理所规定的电子填充规则，钪、钇和镧系原子的电子构型可表示如下：

钪原子的电子构型为：$1s^2 2s^2 2p^6 3s^2 3p^6 3d^1 4s^2$；

钇原子的电子构型为：$1s^2 2s^2 2p^6 3s^2 3p^6 3d^{10} 4s^2 4p^6 4d^1 5s^2$；

镧系原子的电子构型为：$1s^2 2s^2 2p^6 3s^2 3p^6 3d^{10} 4s^2 4p^6 4d^{10} 4f^n 5s^2 5p^6 5d^m 6s^2$。

镧系原子的该电子构型也可写成 $[Xe] 4f^n 5d^m 6s^2$，其中的 [Xe] 为氙的电子构型 $1s^2 2s^2 2p^6 3s^2 3p^6 3d^{10} 4s^2 4p^6 4d^{10} 5s^2 5p^6$。从镧系原子的电子构型可看到，从 $1s$ 到 $4d$ 的内部壳

层全部满额，外壳层的 $5s^25p^66s^2$ 态也已填满，但处于 $5s^25p^66s^2$ 态以内的 $4f$ 壳层刚刚开始填充。填满 $4f$ 壳层共需 14 个电子，镧的 $4f$ 态还是空的，从铈开始在 $4f$ 态上填充第一个电子，直到镱和镥才将 $4f$ 态全部填满。

钪、钇和镧系离子的特征价态为 +3，当形成正三价离子时，钪原子失去最外层的 2 个 $4s$ 电子和 1 个 $3d$ 电子；钇原子失去最外层的 2 个 $5s$ 电子和 1 个 $4d$ 电子；对大部分镧系原子（Pr、Nd、Pm、Sm、Eu、Tb、Dy、Ho、Er、Tm 和 Yb）而言，除失去最外层的 2 个 $6s$ 电子外，还失去 1 个内层的 $4f$ 电子；而小部分镧系原子（La、Ce、Gd 和 Lu）则失去最外层的 2 个 $6s$ 电子和 1 个 $5d$ 电子。于是，钪、钇和镧系离子的电子构型分别为：

三价钪离子的电子构型（Sc^{3+}）为：$1s^22s^22p^63s^23p^6$；

三价钇离子的电子构型（Y^{3+}）为：$1s^22s^22p^63s^23p^63d^{10}4s^24p^6$；

三价镧系离子的电子构型（Ln^{3+}）为：$1s^22s^22p^63s^23p^63d^{10}4s^24p^64d^{10}4f^n5s^25p^6$。

由于镧系三价离子的最外层都是 $5s^25p^6$，除 $4f$ 以外的壳层电子结构也一模一样，所以看起来差别很小，所不同的只是随原子序数的增大，原子核中的质子数逐渐增加，也即核电荷数增加，同时在内层 $4f$ 壳层逐一填充电子，其中镧离子（La^{3+}）没有 $4f$ 电子（$4f^0$），至镥离子（Lu^{3+}）时全部填满了 14 个 $4f$ 电子（$4f^{14}$）。由于物质的化学性质主要取决于外层电子，所以镧系元素的化学性质极为类似，常常伴生于同一矿物中，很难用化学方法把它们区分开来；同样，在人们制备镧系合金或化合物，或发现任何新的镧系物质时，基本上也能制备出镧系元素彼此互溶的相同结构固溶体。这个表述也适用于整个稀土元素家族。尽管在外层电子结构上极为相似，但核电荷数和内层 $4f$ 电子数的差异依然不能忽略，除了公知的、下文将要展开叙述的"镧系收缩"会带来结构和相稳定性的微妙变化外，正是 $4f$ 电子的差异使稀土元素呈现出独特而丰富的物理、化学效应，特别是在热、电、磁和光相关的物理应用以及反应催化、结构调整等化学应用上，发挥着独到的作用，从以前作为微量添加剂的"工业味精"发展成独立的稀土功能材料产业。

在合金或金属间化合物中，各合金元素原子和离子大小起着十分重要的作用。比如二元化合物中，两个大小不同的原子可以决定原子堆积的排列类型和晶体结构，尺寸接近的原子彼此固溶度大，尺寸相差悬殊的原子易形成非晶态或亚稳态。所以，人们在设计合金成分时非常关注元素原子和离子的大小。在周期表中镧系的原子半径和离子半径是较大的，具体参数可见表 1-3 和图 1-10[52]。随着原子序数的增大，不同稀土元素在填充内层的 $4f$ 轨道时，质子数和核电荷数也同步增长，由于同一 $4f$ 壳层中的一个电子被另一个电子的屏蔽是不完全的，因此，作用在 $4f$ 电子上的有效核电荷数也增大，导致原子核对 $4f$ 电子的库仑引力加大，$4f$ 壳层半径收缩，这就是人所共知的"镧系收缩"现象，图 1-10 直观地展示了稀土原子半径和三价离子半径随原子序数增大而收缩的"镧系收缩"现象。稀土三价离子的镧系收缩程度比原子半径的更大一些，当原子堆积的配位数为 8 时，从 La^{3+} 到 Lu^{3+}，离子半径约收缩 15.8%，而原子半径仅收缩约 7.6%。其原因是 $4f$ 电子对核电荷的屏蔽系数不同，在原子中 $4f$ 电子的屏蔽系数比离子大，所以镧系收缩在原子中的表现比在离子中要小。从表 1-3 和图 1-10 还可看到，稀土原子的平均半径 $<r>$ 为 0.179nm（不含 Eu 和 Yb），稀土三价离子的平均半径 $<r^{3+}>$ 为 0.106nm（不含 Pm），$<r^{3+}>/<r> =$ 58.9%，与此相对应的稀土三价离子与稀土原子的平均体积比 $<V^{3+}>/<V> = <r^{3+}>^3/<r>^3 = 20.5%$。

表 1-3 稀土的原子半径和三价离子半径[52]

原　子	原子半径/nm	三价离子	离子半径（配位数 8）/nm
La	0.1877	La^{3+}	0.1180
Ce	0.1825	Ce^{3+}	0.1143
Pr	0.1828	Pr^{3+}	0.1126
Nd	0.1821	Nd^{3+}	0.1109
Pm	0.1810	Pm^{3+}	—
Sm	0.1802	Sm^{3+}	0.1079
Eu	0.2042	Eu^{3+}	0.1066
Gd	0.1802	Gd^{3+}	0.1053
Tb	0.1782	Tb^{3+}	0.1040
Dy	0.1773	Dy^{3+}	0.1027
Ho	0.1766	Ho^{3+}	0.1015
Er	0.1757	Er^{3+}	0.1004
Tm	0.1746	Tm^{3+}	0.0994
Yb	0.1940	Yb^{3+}	0.0985
Lu	0.1734	Lu^{3+}	0.0977
Y	0.1801	Y^{3+}	0.1015
Sc	0.1641	Sc^{3+}	0.0870

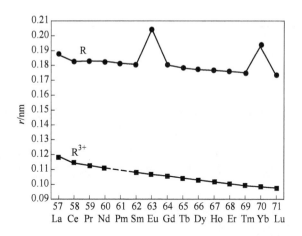

图 1-10 稀土原子（R）半径与三价稀土离子（R^{3+}）
半径 r 随原子序数的变化（镧系收缩）[52]

1.4.2 稀土原子和离子的价态和电负性

稀土元素的最外两层电子组态基本相似，在化学反应中表现为典型的金属性质，大多容易失去三个电子而呈现 +3 价。它们的活泼性仅次于碱土金属，比其他金属的活性都强。在 17 个稀土金属中，镧最活泼，从镧到镥活性递减；反过来说，稀土金属的活性由钪→镥→钇→镧而递增。

三价稀土离子较稳定，但在一定的环境下可呈现混合价，有可能出现四价或二价稀土离子。稀土离子的价态变化有其一定的规律性可循。无 $4f$ 电子的镧（$4f^0$）、$4f$ 轨道半充满的钆（$4f^7$）和全充满的镥（$4f^{14}$）具有最稳定的三价；在其邻近的镧系离子中，越靠近镧（$4f^0$）、钆（$4f^7$）和镥（$4f^{14}$）的离子，变价的倾向越大，如 La 和 Gd 右侧的邻近 Ce 和 Tb 倾向于氧化成高价的 Ce^{4+} 和 Tb^{4+} 离子，而 Gd 和 Lu 左侧的邻近 Eu 和 Yb 倾向于还原成低价的 Eu^{2+} 和 Yb^{2+} 离子。这样，整个镧系可分为 La ~ Gd 和 Gd ~ Lu 两个区域，前一区域元素的变价倾向大于后一区域中相应位置的元素，如 $Ce^{4+} > Tb^{4+}$，$Pr^{4+} > Dy^{4+}$，$Eu^{2+} > Yb^{2+}$，$Sm^{2+} > Tm^{2+}$。

电负性（早期称负电性，又称化学亲和力）是关系两元素间物理化学反应的重要因素。电负性表示构成二元化合物的组元接受电子的能力。电负性大的元素成为负离子，电负性小的成为正离子。活性最高的非金属元素氟和氧的电负性值最高，而活性最强的金属元素钙和铷的电负性最低。组成化合物的两个元素的电负性差值越大，化合物的稳定性越高。反之，组成化合物的两个元素的电负性差值越小，则倾向形成液态溶液或固态溶液（固溶体）。稀土金属的电负性值较小，见表 1-4[53]。镧系元素除铕和镱的电负性略低于 1 以外，它们的电负性彼此相近，都在 1.17 ~ 1.22 之间，而钪元素的电负性较高，为 1.27。

表 1-4 稀土金属的电负性[53]

元 素	Sc	Y	La	Ce	Pr	Nd	Pm	Sm
电负性	1.27	1.20	1.17	1.21	1.19	1.19	1.20	1.18

元 素	Eu	Gd	Tb	Dy	Ho	Er	Yb	Lu
电负性	0.97	1.20	1.21	1.21	1.21	1.22	0.99	1.22

1.4.3 稀土金属的晶体结构和物理化学性质[51,54]

稀土金属室温晶体结构常见的是镁型密排六方结构（hcp），这类结构中的轴比 c/a 接近 1.6。除铕以外的所有稀土元素都具有类似的密排六方结构，见表 1-5[54]。从表可见，除了铕、钬、铒、铥和镥外，其他镧系元素都存在同素异构体，并在高温下具有体心立方结构。但镧、铈、钕属于双-c 密排六方结构（dhcp），其轴比 c_0/a_0 近似为 3.22。钐还有与其他镧系元素不同的完全独特的菱形晶体结构，其 c 轴的长度为一般的六方结构轴长度的 4 倍之多。

室温下三价稀土金属晶体结构随原子序数的增大按下列顺序变化：面心立方 → 双-c 密排六方 → 菱形 → 密排六方。

表 1-5 稀土金属的晶体结构[51,55~57]

稀土金属	同素异构体	温度范围/℃	晶格结构	比尔逊符号	空间群	模型
钪	α-Sc	<1337, RT	hcp	hP2	$P6_3/mmc$	Mg
	β-Sc	1337 ~ m. p.	bcc	cI2	$Im3m$	W
钇	α-Y	<1478, RT	hcp	hP2	$P6_3/mmc$	Mg
	β-Y	1478 ~ m. p.	bcc	cI2	$Im3m$	W
镧	α-La	<310, RT	dhcp	hP2	$P6_3/mmc$	Mg
	β-La	310 ~ 865	fcc	cF4	$Fm3m$	Cu
	γ-La	865 ~ m. p.	bcc	cI2	$Im3m$	W

续表 1-5

稀土金属	同素异构体	温度范围/℃	晶格结构	比尔逊符号	空间群	模型
铈	α	< RT	fcc	cF4	$Fm3m$	Cu
	β	< RT	dhcp	hP4	$P6_3/mmc$	α-La
	γ	<726, RT	fcc	cF4	$Fm3m$	Cu
	δ	726~m. p.	bcc	cI2	$Im3m$	W
镨	α-Pr	<795, RT	dhcp	hP4	$P6_3/mmc$	α-La
	β-Pr	795~m. p.	bcc	cI2	$Im3m$	W
钕	α-Nd	<963, RT	dhcp	hP4	$P6_3/mmc$	α-La
	β-Nd	963~m. p.	bcc	cI2	$Im3m$	W
钷	α-Pm	<890, RT	dhcp	hP4	$P6_3/mmc$	α-La
	β-Pm	890~m. p.	bcc	cI2	$Im3m$	W
钐	α-Sm	<734, RT	rh	hR3	$R3m$	α-Sm
	β-Sm	734~922	hcp	hP2	$P6_3/mmc$	Mg
	γ-Sm	922~m. p.	bcc	cI2	$Im3m$	W
铕	Eu	< m. p., RT	bcc	cI2	$Im3m$	W
钆	α-Gd	<1235, RT	hcp	hP2	$P6_3/mmc$	Mg
	β-Gd	1235~m. p.	bcc	cI2	$Im3m$	W
铽	α-Tb	<1289, RT	hcp	hP2	$P6_3/mmc$	Mg
	β-Tb	1289~m. p.	bcc	cI2	$Im3m$	W
镝	α-Dy	<1381, RT	hcp	hP2	$P6_3/mmc$	Mg
	β-Dy	1381~m. p.	bcc	cI2	$Im3m$	W
钬	Ho	< m. p., RT	hcp	hP2	$P6_3/mmc$	Mg
铒	Er	< m. p., RT	hcp	hP2	$P6_3/mmc$	Mg
铥	Tm	< m. p., RT	hcp	hP2	$P6_3/mmc$	Mg
镱	α-Yb	< -3	hcp	hP2	$P6_3/mmc$	Mg
	β-Yb	-3~795	fcc	cF4	$Fm3m$	Cu
	γ-Yb	RT	bcc	cI2	$Im3m$	W
镥	Lu	795~m. p., < m. p., RT	hcp	hP2	$P6_3/mmc$	Mg

注：fcc—面心立方，bcc—体心立方，hcp—密排六方，dhcp—双-c密排六方，rh—菱形，RT—室温，m. p.—熔点。

　　由于稀土元素具有特殊的 $4f$ 态电子结构，因而含有稀土的化合物或合金显示特殊的物理和化学特性。$4f$ 电子的磁性和磁相互作用将在 4.1.2 节进行较为详细的讨论，在这里仅就稀土金属的磁性和其他一些物理特性做一个简单介绍。表 1-6 列出了稀土金属的磁性数据。从表中可以看出，对于同一种稀土元素来说，具有不同晶体结构的同素异构体的磁性不同。在稀土金属中，稀土元素通常表现为三价离子 R^{3+} 的形式。由于 $4f$ 电子为内层电子，受到周围环境的影响较小，自身的自旋（S）-轨道（L）耦合作用较强，使得 $4f$ 电子的轨道磁矩和自旋磁矩对稀土金属的磁性均有贡献，R^{3+} 离子的轨道磁矩 $\boldsymbol{\mu}_L$ 和自旋磁矩 $\boldsymbol{\mu}_S$

耦合成总磁矩 $\boldsymbol{\mu}_J(\boldsymbol{\mu}_R)$，在顺磁状态下有效磁矩 $\mu_J = g_J \sqrt{J(J+1)}\mu_B$，在铁磁状态下的总磁矩 $\boldsymbol{\mu}_J = -g_J J \mu_B$。稀土金属的磁有序温度（包括居里温度 T_c 和奈尔温度 T_N）是由不同晶位上 R^{3+} 离子 $4f$ 电子自旋之间的交换作用决定的，$4f$ 电子位于离子内层，使不同离子间的 $4f$-$4f$ 交换作用很弱，所以磁有序温度都较低。重稀土金属的磁有序温度普遍高于轻稀土金属的磁有序温度，总自旋最大（$S=7/2$）的 Gd^{3+} 离子具有最高的居里温度 $T_c = 293.4K$。重稀土金属具有较为丰富的和规律的磁结构，而轻稀土金属的磁结构随电子数变化不如重稀土金属那样规律[58]。$4f$ 电子磁性的详细讨论参见第 4 章。

表 1-6 稀土金属的磁性[51,55,57]

稀土金属	$\chi \times 10^6$ (298K) /emu·mol^{-1}	磁 矩				瑞利轴	奈尔温度 T_N/K		居里温度 T_c/K	Q_p/K		
		顺磁（298K）		铁磁（0K）			六边形晶格	立方形晶格		$\parallel c$	$\perp c$	多晶或 a.v.g
		理论	观察	理论	观察							
α-Sc	295.2	—	—	—	—	—	—	—	—	—	—	—
α-Y	187.7	—	—	—	—	—	—	—	—	—	—	—
α-La	95.9	—	—	—	—	—	—	—	—	—	—	—
β-La	105	—	—	—	—	—	—	—	—	—	—	—
γ-Ce	2270	2.54	2.52	2.14	—	—	—	14.4	—	—	—	−50
β-Ce	2500	2.54	2.61	2.14	—	—	13.7	12.5	—	—	—	−41
α-Pr	5530	3.58	3.56	3.20	2.7	a	0.03	—	—	—	—	0
α-Nd	5930	3.62	3.45	3.27	2.2	b	19.9	7.5	—	0	5	3.3
α-Pm	—	2.68	—	2.40	—	—	—	—	—	—	—	—
α-Sm	1278	0.85	1.74	0.71	0.5	a	109	14.0	—	—	—	—
Eu	30900	7.94	8.48	7.0	5.9	<110>	—	90.4	—	—	—	100
α-Gd	185000	7.94	7.98	7.0	7.63	30°-c	—	—	293.4	317	317	317
α-Tb	170000	9.72	9.77	—	—		230.0	—	—	195	239	224
α′-Tb	—	—	—	9.0	9.34	b	—	—	219.5	—	—	—
α-Dy	98000	10.64	10.83	—	—		179.0	—	—	121	169	153
α′-Dy	—	—	—	10.0	10.33	a	—	—	89.0	—	—	—
Ho	729000	10.60	11.2	10.0	10.34	b	132	—	20.0	73.0	88.0	83.0
Er	48000	9.58	9.9	9.0	9.1	30°-c	85	—	20.0	61.7	32.5	42.2
Tm	24700	7.56	7.61	7.0	7.14	c	58	—	32.0	41.0	−17.0	2.3
β-Yb	67	—	—	—	—	—	—	—	—	—	—	—
Lu	182.9	—	—	—	—	—	—	—	—	—	—	—

表 1-7 给出了稀土金属的其他一些物理特性。金属密度取决于原子的质量、半径以及晶体结构。从表中可以看出，随着原子序数增大，由于镧系元素的原子量增大而原子半径或离子半径却减小，所以镧系金属的密度随着原子序数的增大而增大（Eu 除外），从 $d(La)=6.146g/cm^3$ 到 $d(Lu)=9.841g/cm^3$，增大了 60%。再看一看稀土金属的熔点，金属 Y、Sc、Er、Tm 和 Lu 的熔点均超过 1500℃，其中金属 Lu 的熔点最高，为 1663℃。作

为稀土永磁材料常用原料的稀土金属熔点分别为：Ce 768℃，Pr 931℃，Nd 1021℃，Sm 1074℃，Gd 1313℃，Tb 1365℃，Dy 1412℃和 Ho 1474℃。

表 1-7　稀土金属的某些物理性质[51,56,60]

稀土金属	密度/g·cm^{-3}	熔点/℃	比热容（298K）/J·(mol·K)$^{-1}$	熔化热/kJ·mol^{-1}	剪切模量/GPa	杨氏（弹性）模量/GPa
Sc	2.989	1541	25.5	14.1	31.3	79.4
Y	4.469	1522	26.5	11.4	25.8	64.8
La	6.146	918	27.1	6.20	14.9	38.0
Ce	6.770	798	26.9	5.46	12.0	30.0
Pr	6.773	931	27.4	6.89	13.5	32.6
Nd	7.008	1021	27.4	7.14	14.5	38.0
Pm	7.264	1042	-27.3	-7.7	16.6	42.2
Sm	7.520	1074	29.5	8.62	12.7	34.1
Eu	5.244	822	27.7	9.21	5.9	15.2
Gd	7.901	1313	37.1	10.0	22.3	56.2
Tb	8.230	1365	28.9	10.79	22.9	57.5
Dy	8.551	1412	27.7	11.06	25.4	63.2
Ho	8.795	1474	27.2	17.0（估计）	26.7	67.1
Er	9.066	1529	28.1	19.9	29.6	73.4
Tm	9.321	1545	27.0	16.8	30.4	75.5
Yb	6.966	819	26.7	7.66	7.0	17.9
Lu	9.841	1663	26.8	22（估计）	33.8	84.4

　　稀土金属有典型的金属性质，它的化学活性很强，能形成各种各样的化合物，包括氢化物、氯化物、氟化物、碳化物、有机/无机盐和络合物，这是稀土金属在冶金工业中作为净化、除杂、细化变质剂的基础[61]。稀土金属在空气中不稳定，其稳定性随原子序数增大而递增；换言之，原子半径越大的稀土金属，抗氧化能力越弱；轻稀土金属较重稀土金属活泼，即镧是最活泼的，最容易被氧化，而镥、钪是最耐空气氧化的。稀土金属因化学活性强被广泛应用于还原剂，能将铁、钴、镍、铬、钒、铌、钽、锆、钛、硅等元素的氧化物还原成金属。因镧、铈的蒸汽压比钐、铕、镱和铥的小得多，可以用镧或铈将钐、铕、镱和铥从其氧化物中还原出来。但稀土金属的活性低于碱金属和碱土金属，所以在工业上常用锂和钙作为还原剂，将稀土金属从其卤化物中还原出来。

　　如果两种稀土金属在相应温度下的晶体结构相同，它们就可形成连续固溶体；如果两种稀土金属的晶体结构不同，它们只能形成有限固溶体；属于不同副族（铈族和钇族）的两种稀土金属可以形成金属间化合物。钇和钪在合金中的行为与重稀土金属相似，镱在镁合金中的行为与轻稀土相似。稀土金属与过渡金属（铁、锰、镍、金、银、铜、锌）及镁、铝、镓、铟、铊等能形成许多合金，而且在其二元和多元合金中形成很多金属间化合物。这些化合物有的熔点高、硬度大、热稳定性高，有的弥散分布于合金基体或晶界，对抗高温、抗蠕变、提高合金强度起着重要作用。其中不少稀土金属间化合物具有特殊功能而被广泛应用于高新技术产品之中，比如永磁材料$SmCo_5$、Sm_2Co_{17}和$Nd_2Fe_{14}B$，磁致伸缩材料$Tb_{0.27}Dy_{0.73}Fe_2$，贮氢材料$LaNi_5$和$Mg_{15}Ni_2$等。可以期待，将来还会有更多更新更好的金属间化合物新材料陆续被开发问世[60]。稀土金属与钽/铌和钨/钼及其合金的相互作用很小,钽和钼几乎不与稀土金属及其卤化物作用。在真空或惰性气体中,钽可在1700℃下使用,钼可在1400℃下使用,所以它们可被用来作为熔盐电解用的电极和稀土金属或稀土合金的承载坩埚。

1.5　稀　土　资　源[51]

稀土元素在地球上主要以矿物形式存在,通常是以下三种矿物形式:

(1)稀土作为矿物的基本组成元素。稀土以离子化合物的形式依附于矿物晶格中,构成矿物的成分。这类矿物称为稀土矿物,如独居石、氟碳铈矿等。

(2)稀土作为矿物的杂质元素。稀土元素以类质同象置换的形式分散于许多造岩矿物和稀有金属矿物中。这类矿物称为含有稀土元素的矿物,如磷灰石、萤石等。

(3)以离子吸附形式存在。稀土元素以离子状态吸附于矿物表面或颗粒间,因此,这类矿物中的稀土元素很容易提取。这类矿物称为离子吸附型稀土矿,主要是各种黏土矿物和云母类矿物。

稀土矿物通常是以几种矿物复合的形式存在的,目前稀土原矿的品位一般不超过5%RO(以等量稀土氧化物RO计算)。

1.5.1　全球稀土资源

世界稀土资源丰富,其地壳内稀土的含量比人们熟悉的铅、锌多,远远超过金和铂的含量。虽然稀土绝对量很大,但非常分散,在地壳中的平均丰度仅为0.02%,且分布很不均匀。目前世界上已发现的稀土矿物和含稀土元素的矿物约有250种,可供工业开采利用的轻稀土矿物主要是氟碳铈矿、独居石和铈铌钙钛矿,重稀土矿物主要是磷钇矿、褐钇铌矿、离子吸附型稀土矿、钛铀矿等十几种,主要的稀土矿物、分子式、矿物类型、稀土氧化物(RO)最大含量被列于表1-8中[51]。目前世界生产稀土产品所使用的稀土矿物主要有五种:氟碳铈矿、离子吸附型稀土矿、独居石矿、磷钇矿和磷灰石矿,前四种矿占世界稀土开采量的95%以上。氟碳铈矿与独居石中轻稀土含量高;磷钇矿含重稀土和钇,但储量低;离子吸附型稀土矿中重稀土含量高;磷灰石主要是轻稀土。

表1-8　主要稀土矿物、分子式、矿物类型、稀土氧化物(RO)最大含量[51]

稀土矿物名称	分　子　式	矿物类型	RO最大含量/%
氟碳铈矿	$CeFCO_3$	氟碳酸盐	75
钇菱铈钙矿	$(Ce,Y)FCO_3$	氟碳酸盐	50
独居石	$(Ce,Y)PO_4$	磷酸盐	65
磷灰石	$(Ca,Ce)_5[(P,Si)O_4]_3(O,F)$	磷酸盐	12
铈铌钙钛矿磷灰	$(Na,Ca,Y,Ce)(Nb,Ta,Ti)_2O_6$	氧化物	32
钇铌矿	$(Y,Ce,U,Ca)(Nb,Ta,Ti)_2O_6$	氧化物	22
铈硅石	$CaCe_6Si_3O_{13}$	硅酸盐	70

续表 1-8

稀土矿物名称	分 子 式	矿物类型	RO 最大含量/%
氟铈矿	CeF_3	氟化物	70
黑稀金矿	$(Y,Ca,Ce,U)(Nb,Ta,Ti)_2O_6$	氧化物	30
磷钇矿	YPO_4	磷酸盐	62
褐钇铌矿	$(Y,Er,U,Th)(Nb,Ta,Ti)_2O_4$	氧化物	46
钛铀矿	$(U,Ca,Fe,Y,Th)_3(Ti,Si)_5O_{16}$	氧化物	12
硅铍钇矿	$(Y,Ce)_2Fe_2Si_2O_{10}$	硅酸盐	48
离子吸附型稀土矿	—	—	—

稀土矿可分为矿物型稀土矿和风化型稀土矿，如图 1-11 所示[62]。矿物型稀土矿中的稀土矿物主要是氟碳铈矿和独居石，我国白云鄂博铁铌稀土矿是典型的氟碳铈矿和独居石混合矿，而我国四川攀西和山东微山稀土矿是典型的氟碳铈矿。风化型稀土矿主要是风化壳淋积型稀土矿（又称为离子吸附型稀土矿），稀土配分可以分为三种典型类型：轻稀土配分型（寻乌矿）、中重稀土配分型（信丰矿）和重稀土配分型（陇南矿）。

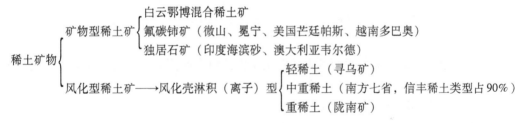

图 1-11　稀土矿物分类示意图[62]

世界稀土资源主要集中在中国、独联体、美国、澳大利亚、印度、加拿大、南非、巴西、马来西亚、斯里兰卡、埃及等国家和地区。美国地质调查局（United States Geological Survey，USGS）公布的 2009 ~ 2011 年度全球稀土资源储量数据如表 1-9 所示[62]。从表中可见，2010 年和 2011 年澳大利亚的稀土资源储量减少，中国的稀土资源储量增加，其他国家的储量没有变化。美国技术金属研究公司（Technology Metals Research，TMR）公布的统计结果指出，截至 2014 年 1 月 16 日，分布于全球 16 个国家 34 个地区的 51 个进展程度较高的稀土项目中，中国以外的稀土资源储量共计 9799.1 万吨，其中包括加拿大（4427.0 万吨，占 45.18%）、格陵兰（4427.0 万吨，占 39.31%）、澳大利亚（431.5 万吨，占 4.40%）、美国（423.6 万吨，占 4.32%）等。从美国地质调查局和美国技术金属研究公司的数据来看，中国以外的稀土资源储量至少为 5500 万吨。

2009 年我国国土资源部公布的稀土基础储量为 1859.1 万吨，低于 2009 年美国地质调查局公布的我国稀土储量 3600 万吨的数字。我国政府 2012 年 6 月发布的《中国的稀土状况与政策》白皮书指出，我国的稀土资源储量占世界的 23%（该比例可以从 2009 年美国地质调查局公布的国外数据 6300 万吨和 2009 年我国稀土基础储量为 1859.1 万吨计算得出）[62]。

表1-9　全球稀土资源储量[62]（以万吨RO计）

国家或组织	2009 年	2010 年	2011 年
美　国	1300	1300	1300
澳大利亚	540	160	160
巴　西	4.8	4.8	4.8
中　国	3600	5500	5500
俄罗斯及周边	1900	1900	1900
印　度	310	310	310
马来西亚	3	3	3
其他国家	2200	2200	2200
总　计	9900	11000	11000

1.5.2　中国稀土资源[51,62]

我国拥有丰富而分布广泛的稀土资源，22个省市自治区都发现有稀土矿藏，而且品种齐全。主要稀土矿有：内蒙古白云鄂博稀土矿，四川冕宁稀土矿，山东微山稀土矿，南方七省的离子吸附型稀土矿，广东、广西和江西磷钇矿，湖南、广东、广西、海南、中国台湾独居石，贵州含稀土的磷砂，长江重庆段淤砂中的钪矿，以及漫长海岸线上的海滨砂矿等。

内蒙古包头白云鄂博是我国最大的稀土矿山。白云鄂博稀土矿与铁铌共生，主要稀土矿物有氟碳铈矿和独居石，其比例为3∶1，都达到了稀土回收品位，故称混合矿。它的稀土储量大，堪称为世界第一大稀土矿。稀土随铁矿采出，生产成本低，同品级稀土精矿的售价比国外低60%。矿石稀土配分形式属于 Ce > La > Nd 富铈族稀土强选择配分型；稀土矿物中的稀土典型配分（RO）如下：La_2O_3 为23.0%，CeO_2 为50.0%，Pr_6O_{11} 为6.6%，Nd_2O_3 为18.5%，Sm_2O_3 为0.8%，Eu_2O_3 为0.2%，Gd_2O_3 为0.7%，Tb_4O_7 为0.1%，Dy_2O_3 为0.1%。

四川冕宁稀土矿的主要矿物为氟碳铈矿，伴生重晶石、萤石等矿物，其中80%稀土氧化物集中在氟碳铈矿内。原矿中平均含4.29%RO，矿物粒度粗，P、Fe、Ca杂质含量低，属于易选稀土矿。矿石稀土配分形式属于 Ce > La > Nd 富铈族稀土强选择配分型；稀土氧化物分布为轻稀土95.60% ~ 96.75%，中稀土2.37% ~ 3.34%，重稀土0.83% ~ 1.04%。

山东微山稀土矿的主要矿物为氟碳铈矿，少量的氟碳铈钙矿、石英、重晶石等矿物。原矿中平均含3.5%~5%RO，适于地下坑采。稀土矿物粒度粗，有害杂质含量低、可选性能好，其资源利用率达到98%。那里的稀土精矿易于深加工分离成单一稀土元素。矿石稀土配分形式也属于 Ce > La > Nd 富铈族稀土强选择配分型；稀土氧化物分布为轻稀土97.28%，中稀土2.29%，重稀土0.44%。

我国南方七省均为离子吸附型稀土矿，主要赋存于花岗岩风化壳中，是我国特有的中重稀土矿，储量大、品位高、类型全。利用我国自主开发的原地浸矿技术，稀土利用率高。在江西寻乌等地的离子型矿中，Sm_2O_3、Eu_2O_3、Gd_2O_3、Tb_2O_3分别比美国芒廷帕斯

氟碳铈矿中含量高 10 倍、5 倍、12 倍和 20 倍。所以，我国南方离子型矿中的中重稀土资
源，无论是资源储量还是稀土元素种类，都是目前世界上任何国家和地区无法相比的。离
子吸附型稀土矿主要有三种类型：富镧钕型、中钇富铕型和高钇型。我国南方离子吸附型
稀土矿中的稀土配分（RO）见表 1-10。

表 1-10　我国南方离子吸附型稀土矿中的稀土配分（RO）　　　　（%）

稀土矿类型	La$_2$O$_3$	CeO$_2$	Pr$_6$O$_{11}$	Nd$_2$O$_3$	Sm$_2$O$_3$	Eu$_2$O$_3$	Gd$_2$O$_3$	Tb$_4$O$_7$
富镧钕型	38	3.5	7.41	30.18	5.32	0.51	4.21	0.46
中钇富铕型	27.56	3.23	5.62	17.55	4.54	0.93	5.96	0.68
高钇型	2.18	<1.09	1.08	3.47	2.37	<0.37	5.69	1.13

稀土矿类型	Dy$_2$O$_3$	Ho$_2$O$_3$	Er$_2$O$_3$	Tm$_2$O$_3$	Yb$_2$O$_3$	Lu$_2$O$_3$	Y$_2$O$_3$	
富镧钕型	1.77	0.27	0.88	0.13	0.62	0.13	10.07	
中钇富铕型	3.71	0.74	2.48	0.27	1.13	0.21	24.26	
高钇型	7.48	1.6	4.26	0.6	3.34	0.47	64.97	

参 考 文 献

[1] 中国古代科学技术大事记 [M]. 北京：人民教育出版社，1997.
[2] 中国古代科技成就 [M]. 北京：中国青年出版社，1998.
[3] Buschow K H J. New Permanent Magnet Materials [J]. Materials Science Rep. , 1986：1~63.
[4] Buschow K H J. New Developments in Hard Magnetic Materials [J]. Rep. Prog. Phys. , 1991, 54：1123.
[5] Went J J, Rathenau G W, Gorter E W, van Oosterhout G W. Ferroxdure, a class of new permanent magnet materials [J]. Philips Technical Review, 1952, 13：194.
[6] Cochardt A. Modified strontium ferrite, a new permanent magnet materials [J]. J. Appl. Phys. , 1963, 34：1273.
[7] Nesbitt E A, Wernick J H, Corenzwit E. Magnetic Moments of Alloys and Compounds of Iron and Cobalt with Rare Earth Metal Additions [J]. J. Appl. Phys. , 1959, 30：365.
[8] Hubbard W M, Adams E, Gilfrich J V. Magnetic moments of alloys of gadolinium with some of the transition elements [J]. J. Appl. Phys. , 1960, 31：S386.
[9] Hoffer G, Strnat K. Magnetocrystalline anisotropy of YCo$_5$ and Y$_2$Co$_{17}$ [J]. IEEE Trans. Mag. , 1966, MAG-7：487.
[10] Strnat K J. Cobalt-rare-earth alloys as promising new permanent-magnetic materials [J]. Cobalt. 1967, 36：133~143.
[11] Strnat K J, Hoffer G, Olsen J C, et al. A Family of New Cobalt-Base Permanent Magnet Materials [J]. J. Appl. Phys. , 1967, 38：1001.
[12] Velge W A J T, Buschow K H J. Magnetic and Crystallographic Properties of Some Rare Earth Cobalt Compounds with CaZn$_5$ Structure [J]. J. Appl. Phys. , 1968, 39：1717.
[13] Buschow K H J, Luiten W, Naastepa P A, et al. Magnet material with a $(BH)_{max}$ of 18.5 million gauss oersteds [J]. Philips Tech. Rev. , 1968, 29：336.
[14] Das D. Twenty million energy product samarium-cobalt magnet [J]. IEEE Trans. Mag. , 1969, MAG-

5： 214.

［15］ Ojima T, Tomisawa S, Yoneyama T, et al. New type rare-earth cobalt magnets with an energy product of 30 MGOe ［J］. Japan J. Appl. Phys. , 1977, 4： 671.

［16］ Sagawa M, Fujimura S, Togawa M, et al. New material for permanent magnets on a base of Nd and Fe ［J］. J. Appl. Phys. , 1984, 55： 2083.

［17］ Croat J J, Herbest J F, Lee R W, et al. Pr-Fe and Nd-Fe-based materials： A new class of high-perform-ance permanent magnets ［J］. J. Appl. Phys. , 1984, 55： 2078.

［18］ Hirosawa S. ［N］. BM News, 2006, 35： 135.

［19］ 钟文定. 铁磁学 ［M］. 北京： 科学出版社, 1987： 424 ~ 426.

［20］ Hilzinger R, Rodewald W. Magnetic materials： fundamentals, products, properties, applications ［M］. Vacuumschmelzepublicis, Germany, 2013： 400 ~ 442.

［21］ Tebble R S, Craik D J. 磁性材料 ［M］. 北京冶金研究所《磁性材料》翻译组译. 北京： 科学出版社, 1979： 489 ~ 491.

［22］ Liu J F, Zhang Y, Dimitrov D, Hadjipanayis G C. Microstructure and high temperature magnetic proper-ties of $Sm(Co,Cu,Fe,Zr)_z$ ($z = 6.7 ~ 9.1$) permanent magnets ［J］. J. Appl. Phys. , 1999, 85： 2800.

［23］ Hu Boping, Niu E, Zhao Yugang, Chen Guoan, Chen Zhian, Jin Guoshun, Zhang Jin, Rao Xiaolei, Wang Zhenxi. Study of sintered Nd-Fe-B magnet with high performance of $H_{CJ}(kOe) + (BH)_{max}(MGOe) > 75$ ［J］. AIP Advances, 2013, 3 (4)： 042136.

［24］ Ohashi K, Yokoyama T, Osugi R, Tawara Y. The magnetic and structural properties of R-Ti-Fe ternary compounds ［J］. IEEE Trans. Mag. , 1987, MAG-23： 3101.

［25］ Coehoorn R, de Mooji D B, Duchateau J P W B, et al. Novel permanent magnetic materials made by rapid quenching ［J］. J. de Phys. C8 Supplemen, 1988, 49： 669.

［26］ Kneller E F, Hawig R. The exchange-spring magnet： a new materials principle permanent magnets ［J］. IEEE Trans. Mag. , 1991, MAG-27： 3588.

［27］ Coey J M D, Sun Hong. Improved Magnetic Properties by Treatment of Iron-Based Rare Earth Intermetallic Compounds in Ammonia ［J］. J. Magn. Magn. Mater. , 1990, 87： L251.

［28］ Yang Y C, Ge S L, Zhang X D, Kong L S, Pan Q. In Proceedings of the Sixth International Symposium on Magnetic Anisotropy and Coercivity in Rare Earth Transition Metal Alloys, edited by S. G. Sankar (Carne-gie Mellon University Press, Pittsburgh, 1990), 190.

［29］ Katter M, Wecker J, Schultz L. Structural and hard magnetic properties of rapidly solidified Sm-Fe-N ［J］. J. Appl. Phys. , 1991, 70： 3188.

［30］ Yang Fuming, Nasunjilegal B, Wang Jianli, Pan Huayong, Qing Weidong, Zhao Ruwen, Hu Boping, Wang Yizhong, Liu Guichuan, Li Hongshuo, Cadogan J M. Magnetic Properties of a Novel $Sm_3(Fe,Ti)_{29}N_y$ Nitride ［J］. J. Appl. Phys. , 1994, 76： 1971 ~ 1973.

［31］ Manaf A, Buckley R A, Davies H A. New nanocrystalline high-remanence Nd-Fe-B by rapid solidification ［J］. J. Magn. Magn. Mater. , 1993, 128： 302.

［32］ Ding J, McCormik P G, Street R. Remanence enhancement in mechanically alloyed isotropic Sm_7Fe_{93} ni-tride ［J］. J. Magn. Magn. Mater. , 1993, 124： L1 ~ 4.

［33］ Skomski R, Coey J M D. Giant energy product in nanostructured two-phase magnets ［J］. Phys. Rev. B, 1993, 48： 15812.

［34］ Liu S, Lee D, Huang M Q, Ashil H, Shen Y H, He Y S, Chen C. Research and development of bulk anisotropic nanograin composite rare earth permanent magnets ［C］. Proc. 19th Int'l. Workshop on REPM & Their Appl. . Beijing： J. Iron Steel Research International Vol. 13, 2006： 123.

［35］ Kaczmarek W A, Bramley R, Calka A, et al. Magnetic properties of $Co_{70.4}Fe_{4.6}Si_{15}B_{10}$ Surfactant Assisted

Ball-Milled amorphous powder [J]. IEEE Trans. Mag., 1990, MAG-26: 1840.

[36] Wang Y P, Li Y, Rong C B, et al. Sm-Co hard magnetic nanoparticles prepared by surfactant assisted ball milling [G] (Nanotech-Web Reported in News on November 22, 2007). Nanotechnology, 2007 (18): 465~701.

[37] Ogawa T, Ogata Y, Gallage R, Kobayashi N, Hayashi N, Kusano Y, Yamamoto S, Kohara K, Doi M, Takano M, Takahashi M. Challenge to the Synthesis of α''-$Fe_{16}N_2$ Compound Nanoparticle with High Saturation Magnetization for Rare Earth Free New Permanent Magnetic Material. Appl. Phys. Lett., 2013, 6: 073007.

[39] Hadjipanayis G C. Moving Beyond Neodymium-Iron Permanent Magnets for Electric Vehicle Motors [C]. Trans-Atlantic Workshop on Rare-Earth Elements and Other Critical Materials for a Clean Energy Future Cambridge. Massachusetts, December 3, 2010.

[40] Makino Akihiro, Sharma Parmanand, Sato Kazuhisa, Takeuchi Akira, Zhang Yan, Takenaka Kana. Artificially Produced Rare-Earth Free Cosmic Magnet [M]. Scientific Reports, 2015, 5: 16627.

[41] Skomski R, Coey J M D. Permanent Magnetism [M]. Bristol: Institute of Physics, 1999.

[42] Coey J M D. Hard Magnetic Materials: A Perspective [J]. IEEE Trans. Mag., 2011, 47: 4671~4681.

[43] 胡伯平. 稀土永磁材料的现状与发展趋势 [J]. 磁性材料与器件, 2014, 45: 66~77.

[44] 朱明刚, 孙威, 方以坤, 李卫. SmCo 基永磁材料的研究进展 [J]. 中国材料进展, 2015, 34: 789.

[45] Liu J F, Payal V, Michael W. Overview of Recent Progress in Sm-Co Based Magnets [C]. In: Luo Y and Li W. Proc. 19th Int'l. Workshop on REPM & Their Appl. Beijing: J. Iron Steel Research International Vol. 13, 2006: 319.

[46] Zhu M G, Han R, Li W, Huang S L, Zheng D W, Song L W, Shi X N. An Enhanced Coercivity for (CeNdPr)-Fe-B Sintered Magnet Prepared by Structure Design [J]. IEEE Trans. Mag., 2015, MAG-51: 2104604.

[47] Niu E, Chen Zhian, Chen Guoan, Zhao Yugang, Zhang Jin, Rao Xiaolei, Hu Boping, Wang Zhen xi. Achievement of high coercivity in sintered R-Fe-B magnets based on misch-metal by dual alloy method [J]. J. Appl. Phys., 2014, 115: 113912.

[48] 闫阿儒, 张弛. 新型稀土永磁材料与永磁电机 [M]. 北京: 科学出版社, 2014: 184~220.

[49] Daido Corporate Research & Development Center. Hot-deformed Nd-Fe-B ring magnet showing world's highest performance and conserving dysprosium [J]. Electric Furnace Steel, 2011, 82: 85.

[50] 胡伯平. 钕铁硼稀土磁体产业发展及市场前景 [J]. 磁性材料与器件, 2012, 43: 1~8.

[51] 刘余九, 唐定镶, 王国珍, 等. 稀土金属基础, 稀土金属材料 [M]. 北京: 冶金工业出版社, 2011: 1~53.

[52] 徐光宪. 稀土 (上) [M]. 2 版. 北京: 冶金工业出版社, 1995: 111~130.

[53] Gschneidner K A, Capenllen Jr, J. Rare Earth Alloys [M]. D. Van Nostrand Co., Princeton, New Jersey-New York-Toronto-London, 1961.

[54] 刘光华, 等. 稀土材料与应用技术化学 [M]. 北京: 化学工业出版社, 2005: 22~23.

[55] Beaudry B J, Gschneidner K A. In Handbook on the Physics and Chemistry of Rare Earth [M]. Amsterdam-New York-Oxford: North-Holland Publishing Co., 1978, 1: 173~211.

[56] Koskenmaki D C. In Handbook on the Physics and Chemistry of Rare Earth [M]. Amsterdam-New York-Oxford: North-Holland Publishing Co., 1978, 1: 337~377.

[57] Legvold S. Ferromagnetic Materials [M]. Amsterdam: Wohlfarth E P, ed. North-Holland Physics Publishing 1980, 1: 183.

[58] 近角聪信. 铁磁性物理 (葛世慧译, 张寿恭校) [M]. 兰州: 兰州大学出版社, 2002.

[59] Mcewen K A. In Handbook on the Physics and Chemistry of Rare Earth ［M］. Gschneidner K A Jr, Erying L, Amsterdam：North-Holland Physics Publishing，1978，1：411.

[60] Beaudry B J, Gschneidner K A. In Handbook on the Physics and Chemistry of Rare Earth ［M］. Amsterdam-New York-Oxford：North-Holland Publishing Co. ，1978，1：212～232.

[61] 杜挺. 杜挺科技文集：冶金、材料及其物理化学 ［M］. 北京：冶金工业出版社，1996：11～14.

[62] 项目编写组. 国内外稀土资源开发总体状况评价即环保对策 ［R］. 稀土资源可持续开发利用战略研究. 北京：冶金工业出版社，2015：3～44.

第2章

稀土过渡族合金相图

稀土元素与过渡族元素间的相图是大量的。本章将详细介绍稀土永磁材料领域中最感兴趣的二元系 R-Co 和 R-Fe 相图、三元系 R-Fe-B 相图，以及四元系 Nd-Fe-B-X（X 为各种添加元素）和五元系 Sm-Co-Cu-Fe-Zr 相图。首先介绍平衡系统的二元、三元和多元的 R-Co 系相图，然后介绍平衡系统的二元和多元的 R-Fe 系相图，最后简单介绍非平衡状态的 Nd-Fe 系和 Sm-Fe 系相图。

2.1 相图与稀土永磁材料的关系

2.1.1 相图[1~4]

相图是由相边界分开的种种不同而又相互关联的单相区或多相区紧密堆砌成的几何图形。它是用图解来阐明平衡系统（体系）中的一些组元（成分）与参数（如温度和压力）之间关系，所以相图也称为状态图。相图的几何图形精确地反映了体系中相平衡的变化关系。利用已有的平衡相图可以了解体系在任意温度下处于平衡状态时存在的相态以及相的组成、结构、相数等情况。因此，人们能从相图中知道体系发生的相变反应，进而对由这些合金或金属间化合物组成的稀土永磁材料进行显微结构的优化设计，以便改善稀土永磁材料的永磁性能。

二元（系）A_xB_{100-x} 相图用二维坐标（成分、温度）表示，即以成分 x 为横坐标、温度 T 为纵坐标给出 T-x 图。在二元相图中以若干温度-成分边界线将二维空间划分为许多单相区和两相共存区。位于温度最上方的边界线是液相线。液相线用"液体（liquid）"的英文缩写 l 或 L 来表示，开始结晶的固相线用"固体（solid）"的英文缩写 s 来表示。依据吉布斯相律，在二元相图中的任何点在平衡时不可能高于三相（液相 l、固相 α 和 β）共存。在三相平衡时，其自由度是零，不仅温度恒定，而且各相成分也固定。在二元相图中，在三相平衡的水平线上可存在共晶、共析、偏晶、偏析、包晶和包析等 6 种相变反应。这 6 种相变反应又可归并为共晶型和包晶型两大类，即一分为二的共晶型分解反应和合二为一的包晶型化合反应。根据冷却过程中所形成的化合物的稳定程度、固溶度等特征，二元相图主要有以下 12 种基本的相图类型[1]：（1）具有最低熔点的简单共晶；（2）具有稳定化合物或称作同分熔点的化合物；（3）具有异分熔点的化合物；（4）具有固相分解的化合物；（5）具有固相晶形转变；（6）具有偏晶反应；（7）形成连续固溶体（匀晶二元相图）；（8）具有最低点或最高点的连续固溶体；（9）具有低共熔点并形成有限固溶体；（10）具有转熔反应并形成有限固溶体（二元包晶相图）；（11）具有共析反应；

（12）具有包析反应。

结晶过程 l→s 会穿过一个 l+s 固-液两相共存区，此时随温度的降低将均匀改变液相和固相的成分。许多金属间化合物从结晶冷却到室温的整个温度范围内有一个很确定的正分成分，在相图中用对应成分处的垂直线来表示，与 $x=0$ 和 $x=100$ 的纯金属 B 和 A 类似，如同分熔点的化合物 $A_mB_n (n=100-m)$。图 2-1 展示了一个典型的同分熔点化合物 A_mB_n 的二元系相图[1,2]。在该相图中，包含一个稳定的化合物 A_mB_n，该化合物把整个体系分解为两个简单的子二元共晶体系 $A\text{-}A_mB_n$ 和 $A_mB_n\text{-}B$，分别具有最低熔点 E_1 和 E_2，此类型的化合物呈现出

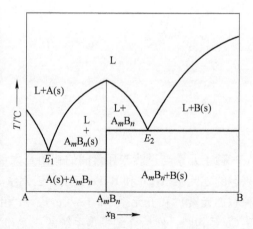

图 2-1 同分熔点化合物的二元系相图[1,2]

一致熔化或一致凝固的特征。但有时化合物可以存在一个有限的成分范围，此时它以窄的单相区域显示在相图中。一致熔化或一致凝固的同分化合物在相图中是比较常见的金属间化合物形式（注：同分熔点是指在熔化平衡时固相和液相的成分是相同的）。

在二元系相图中，在三相平衡的水平线上可能出现的 6 种相变反应中最常见的有两种：共晶反应 e（eutectic reaction）和包晶反应 p（peritectic reaction）。在共晶反应中，液体 l 凝固，同时生成不同成分的两个固体 s_1 和 s_2，即 $l \to s_1 + s_2$；在包晶反应中，液体 l 和固体 s_1 反应产生不同成分的固体 s_2，即 $l + s_1 \to s_2$。

图 2-2 展示了两种典型的共晶二元系相图：简单共晶和有限固溶体共晶二元相图[1,2]。两者的区别在于，前者的共晶产物是相互不溶的纯 A 和纯 B 组元的混合物，而后者的共晶产物是两种组元的有限固溶体 A(s) 相和 B(s) 相的混合物，其中 A(s) 相为 B 在 A 中的固溶体，B(s) 相为 A 在 B 中的固溶体。从图 2-2(a) 可看到，简单共晶相图的构成很简单，仅由三条边界线分隔的四个相区组成：三条边界线的两条是分隔液相 L 与固液混合相

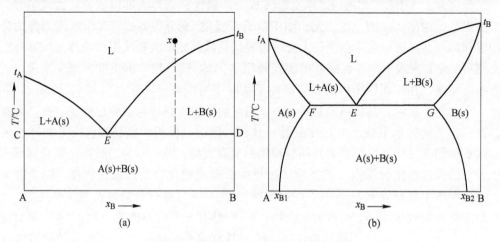

(a)　　　　　　　　　　　　　(b)

图 2-2 两种典型的共晶二元系相图[1,2]

(a) 简单共晶二元相图；(b) 有限固溶体共晶二元相图

（A(s)+L 或 B(s)+L）的液相线 $t_A E$ 和 $t_B E$，另一条边界线是共晶线（或共晶等温线）*CED*，此线表示 A(s)、B(s)、L 三相共存于同一个温度——共晶温度上，*E* 点称为共晶点，是体系中熔点最低点（低共熔点）；在四个相区中，三个是单相区（液相 L、固相 A(s) 和 B(s)），一个为两相区（纯 A 和纯 B 的混合相）。在简单共晶二元相图中，组成为 x 的液相冷却过程中首先析出 B(s) 的固相和剩余的液相；继续冷却，固相量增多，液相量则减少；当温度到达 *E* 点对应的温度时，会发生共晶反应 $l \to s_1 + s_2$，即 $L_E \to A(s) +$ B(s)，同时产生纯 A 和纯 B 的固相，且固相组成不断变化；再继续冷却时，液相消失，固相组成不再变化。

对于在共晶反应中形成有限固溶体共晶二元相图，其构成比简单共晶稍许复杂一些，如在图 2-2（b）中所见那样，增加了两条固相线（$t_A F$、$t_B G$）和两条溶解度线（$x_{B1} F$、$x_{B2} G$）；共晶线从简单共晶相图中的 *CED* 收缩至 *FEG*。在此相图中，组成为 x 的液相冷却过程基本上与简单共晶二元相图的类似，仅共晶产物变为了有限固溶体 A(s) 和 B(s) 的混合物而已。

如果二元体系具有转熔反应并形成有限固溶体，则人们通常将该二元体系的相图称为"包晶"二元系相图。图 2-3 展示了一个典型的转熔（"包晶"）型有限固溶体二元系相图[1,2]。可以看到，与有限固溶体共晶二元系相图一样，在转熔二元系相图中同样存在液相 L、固相 A(s) 和 B(s) 三个单相区，两单相区之间为相应的两相共存区。图中包含转熔点 *D* 的恒温水平线 *EDF* 为转熔线，当与水平转熔线相对应成分的合金冷却时，有 L→L+B(s)，冷却到水平转熔线对应的温度 T_p 时发生转熔（"包晶"）反应 L + B(s)→A(s)。在 *D* 点成分的合金可全部发生包晶反

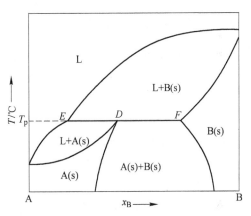

图 2-3　典型的转熔型有限固溶体
（"包晶"）二元系相图[1~3]

应，由液、固两相形成 A(s) 相。但与水平转熔线相对应其他成分的合金，包晶反应不完全，除了生成 A(s) 相以外，在 *D* 点以左的合金有液相过剩，以右的合金有 B(s) 相过剩。

当体系的温度稍高于 T_p 一个极小的 ΔT 时，与 *D* 点对应的固体 A(s) 熔化消失而生成与 *F* 点对应的固体 B(s)，因此称 *D* 点为转熔点（peritectic point），其平衡为转熔反应（peritectic reaction）。当体系的温度稍低于 T_p 一个极小的 ΔT 时，组成为 *E* 的液相就和组成为 *F* 的固相反应，开始转而结晶成为另一个组成为 *D* 的固体。较快速度冷却的转熔型液态合金，由于固相扩散滞后，其断面的金相图形往往呈现层层包裹状，人们依据这种图形把 *D* 点称为"包晶"点，并把该温度下的相变反应称为"包晶"反应。这种用一个较快冷却速度的、非平衡态相图来诠释一个热力学平衡的相变反应显然是不妥当的[3]。

三元相图用三维 $T\text{-}x\text{-}y$ 图来表示，这里的 x 和 y 是三元系 $A_x B_y C_{100-x-y}$ 的两个独立成分变量，在任何温度点 T，成分 $A_x B_y C_{100-x-y}$ 对应着等温平面上由纯 A、纯 B 和纯 C 三点构成的等边成分三角形内一个点，相及其成分随温度变化的特征可以在以成分三角形为底、温度变量为高的等边三棱柱中表述，所以三元系相图是一个温度 T 作为纵坐标和两个成分

x、y 为底面二维横坐标构成的三角棱柱[3,4]。为了在平面上给出三元相图，人们常取等温截面（温度恒定的水平截面）或等值截面（成分 x 和 y 的关系相对固定、温度变化的纵向剖面，如 x 或 y 为常数，或 x/y 为常数等）。另一种常见的表示法是液相面垂直投影图，它展示在液相中含有两个固相的三相（$l+s_1+s_2$）液体在达到平衡时的成分演化过程，双饱和线表示三相相遇点的固凝反应，双饱和线的箭头指示随温度降低液体成分变化的方向。在三元相图中常见的凝固反应有：共晶反应 E，即 $L{\rightarrow}s_1+s_2+s_3$；转熔反应 U，即 $L+s_1{\rightarrow}s_2+s_3$；包晶反应 P，即 $L+s_1+s_2{\rightarrow}s_3$。这些反应均由水平面片段来表示。

四元和四元以上相图是更加复杂的热动力学问题，需用多于三维的图来表示它们的相图。实际上，仅仅一些很特殊的截面能够被表示。

通常，相图中的各种相变位置是通过差热分析（DTA）确定的；而在任何点所呈现的相，是利用冶金学、扫描电镜和 X 射线衍射等手段，通过检测快淬到室温的样品中所存在的相的方法来确定的。在结线点上共存两个相的成分，可依据杠杆定律由端点的相对比例给出。

2.1.2 相图与稀土永磁材料

多年的研究和生产实践表明，永磁材料的三大基本参量剩磁 B_r、内禀矫顽力 H_{cJ} 和最大磁能积 $(BH)_{max}$ 等都是磁体主相内禀磁性和显微结构的敏感参量。在成分基本确定的情况下，材料的主相和显微结构就成为决定永磁体性能好坏的关键。为了确定稀土永磁合金的主相和优化显微结构，首先要了解稀土合金中存在的相，以及它们相互的转变关系。目前，相图是阐明合金中相关系的最有用和最方便的工具。它可以帮助人们系统地了解合金在不同温度（或压力）下可能出现的各种相，以及在温度（或压力）改变时各种相之间可能发生的相变。

从二元相图和三元的垂直截面相图中，人们可以发现各种液-固或固-固反应。正是这些反应产生了材料中的种种相变，从而有可能利用这些相变来获得人们所希望的显微结构。合金的显微结构就是经历相平衡、动力学和热力学过程的结果。磁体内特殊的显微结构是高永磁特性所必需的，也是人们所追求的，这种特殊的显微结构可抑制反向磁畴的形核或造成畴壁钉扎，不仅使磁体具有高 H_{cJ}，还能保障磁体获得高 B_r 和优良的退磁曲线方形度。因此，人们希望利用稀土永磁合金相图来设法调整并控制稀土合金中的相变过程，以便得到理想的显微结构和永磁体的高性能。图 2-4 示意性地描绘了不同工艺制备稀土永磁材料的理想显微结构的典型例子[4]。

图 2-4(a)所示为弥散的硬磁主相晶粒被很薄的、磁性能与主相差异较大的晶间相完全包裹。这是烧结 Nd-Fe-B 磁体的典型显微结构，晶界相为熔点相对较低、对主相具有良好浸润性的合金或金属间化合物。在烧结过程中，晶界相作为烧结液相促成磁体的致密化，并浸润和分割主相；烧结磁体经特定温度的热处理（通常是液相熔点附近），调整液相与主相晶粒的界面，消除界面缺陷，提高磁体的矫顽力。液相烧结能降低界面能，产生高密度材料，并有利于消除晶粒的尖角。

图 2-4(b)所示是一个由尺寸接近或小于单畴临界直径 d_c 的细晶粒组成的团簇，晶粒间无边界相或仅存在少量的边界相。由于晶粒尺寸与单畴临界尺寸相当，不仅单个晶粒处于单畴状态，而且相邻的多个晶粒构成一个畴，畴壁受晶粒边界相的钉扎提高材料的矫顽

力。这种显微结构可通过快淬直接获得，或通过对过淬非晶态的退火处理而获得，或在氢气氛下对铸态合金进行氢化-歧化-脱氢-重组处理（HDDR）也可以将主相大晶粒转化为这种微细晶粒团簇。稀土永磁材料的 d_c 要求微细晶粒的尺寸在 $10 \sim 100nm$ 的量级。

图 2-4(c)所示为薄的板状相散布于主相晶粒内部且与主相相干而形成的两相共存混合物。其中，主相是硬磁性相，板状相（次相）的磁性与主相有显著差异，但在晶体结构上与主相有相容性。次相以细小的析出物弥散在硬磁性主相之间，该析出物至少有一维能同畴壁厚度 δ_w 相比较，它对畴壁移动起到强的钉扎作用。Sm_2Co_{17} 型磁体就是以这种方式析出磁硬化的典型代表。

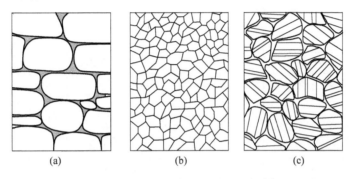

图 2-4 永磁体的一些理想显微结构[4]

2.2 二元系 R-Co 相图

17 个稀土元素与周期表中除超铀族元素、惰性气体和极其稀有的元素以外的其他 60 个左右元素之间的二元合金相图共有 1000 多个。目前已实验测定的稀土二元合金相图有 600 多个，而三元合金相图的数量要比二元合金相图的多得多。稀土金属与其他元素可以形成众多具有特殊性质的金属间化合物，其中包含了众所周知的三代稀土永磁材料：R-Co 系的 $SmCo_5$ 型和 Sm_2Co_{17} 型合金，以及 R-Fe 系的 $Nd_2Fe_{14}B$ 型合金，以及继 $Nd_2Fe_{14}B$ 后的 $RFe_{12-x}M_x$、$R_2Fe_{17}N_{3-\delta}$、$RFe_{12-x}M_xN_{1-\delta}$ 等。为了更好地理解材料的成分、相组成与磁体显微结构变化的关系，有必要首先了解一些重要的稀土过渡族金属二元相图，一个合理的开端就是 R-Co 二元系及其相关的 R-Cu 和 Co-Cu 二元相图。

2.2.1 R-Co 相图

在 17 个稀土元素中，目前已实验测定的 R-Co 二元合金相图有如下 12 个[2,5]：La、Ce、Pr、Nd、Sm、Gd、Tb[2]、Dy、Ho、Er，以及 Y 和 Sc。图 2-5 ~ 图 2-15 分别展示了这些稀土金属（除 Sc 以外）与钴的二元系相图。

从图 2-5 ~ 图 2-15 相图可以看到，不同的稀土金属与 Co 形成的二元相图的形状和生成的化合物的特性相似。表 2-1 总结了不同稀土金属与 Co 形成的各种化合物。它们之间有如下一些共同点：（1）它们所形成的化合物的数目除了 La-Co 系的化合物为 6 个以外，其他 R-Co 系所形成的化合物数目均为 7 ~ 10 个。（2）除了 x 和 y 可变的 R_xCo_y 型化合物外，固定 R 和 Co 比例的 R-Co 系化合物都具有相同的分子式。（3）相同分子式的化合物几乎都有相同的晶体结构，只是个别晶体结构类型如 2:7 和 2:17 存在两种类似的晶体结构，如表 2-2 所示[6]。(4) 多数具有相同分子式的 R-Co 系化合物以同成分一致熔化（或结晶）方式进行液-固相转变，它们大多分布在相图的左右两边，仅极少数出现在中间（见表 2-1 中的带 "①" 标记者），而其余的大部分为异成分熔化（通常称为包晶反应）化合物，仅极个别是共析反应生成物或包析反应生成物。

表 2-1 R-Co 二元系形成的化合物[2,5]

R	3:1	$x:y$	4:3	2:3	1:2	1:3	2:7	5:19	1:5	2:17
Y	Y_3Co	Y_8Co_5	Y_9Co_7	Y_2Co_3	YCo_2	YCo_3	Y_2Co_7	—	YCo_5	Y_2Co_{17}①
La	La_2Co①	—	$La_2Co_{1.7}$	La_2Co_3			La_2Co_7		$LaCo_5$	La_1Co_{13}
Ce	$Ce_{24}Co_{11}$①	—	—		$CeCo_2$	$CeCo_3$	Ce_2Co_7	Ce_5Co_{19}	$CeCo_5$①	Ce_2Co_{17}①
Pr	Pr_3Co①	Pr_7Co_3	$Pr_2Co_{1.7}$		$PrCo_2$	$PrCo_3$	Pr_2Co_7	Pr_5Co_{19}	$PrCo_5$	Pr_2Co_{17}
Nd	Nd_3Co①	Nd_7Co_3	$Nd_2Co_{1.7}$	Nd_2Co_3	$NdCo_2$	$NdCo_3$	Nd_2Co_7	Nd_5Co_{19}	$NdCo_5$	Nd_2Co_{17}
Sm	Sm_3Co①	Sm_9Co_4	—		$SmCo_2$	$SmCo_3$	Sm_2Co_7	—	$SmCo_5$	Sm_2Co_{17}①
Gd	Gd_3Co	Gd_7Co_3	Gd_4Co_3		$GdCo_2$	$GdCo_3$	Gd_2Co_7	—	$GdCo_5$	Gd_2Co_{17}①
Tb	Tb_3Co	$Tb_{12}Co_7$	Tb_4Co_3		$TbCo_2$	$TbCo_3$	Tb_2Co_7	—	$TbCo_5$	Tb_2Co_{17}①
Dy	Dy_3Co	$Dy_{12}Co_7$①	Dy_4Co_3		$DyCo_2$	$DyCo_3$①	Dy_2Co_7	—	$DyCo_{5.2}$	Dy_2Co_{17}①
Ho	Ho_3Co	$Ho_{12}Co_7$①	Ho_4Co_3		$HoCo_2$	$HoCo_3$①	Ho_2Co_7	—	$HoCo_{5.5}$	Ho_2Co_{17}①
Er	Er_3Co	$Er_{12}Co_7$①	Er_4Co_3		$ErCo_2$	$ErCo_3$①	Er_2Co_7	—	$ErCo_6$	Er_2Co_{17}

① 表示此化合物为同成分熔化（即一致熔化）化合物，而其他的化合物在转熔点进行转熔反应（也称作包晶反应），反应后生成异成分熔化化合物。

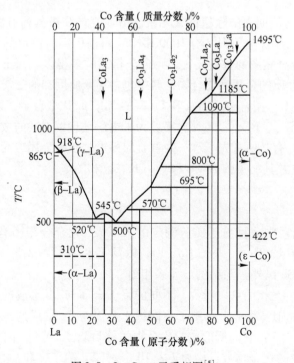

图 2-5 La-Co 二元系相图[5]

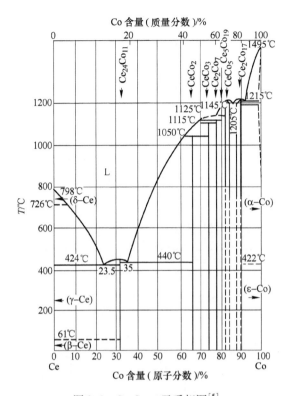

图 2-6　Ce-Co 二元系相图[5]

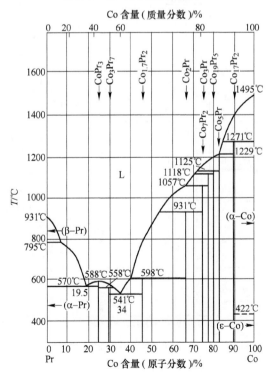

图 2-7　Pr-Co 二元系相图[5]

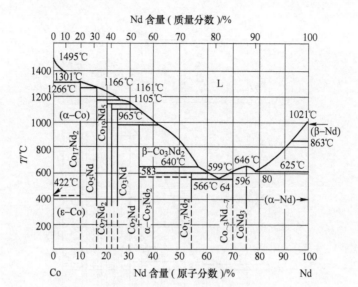

图 2-8 Nd-Co 二元系相图[5]

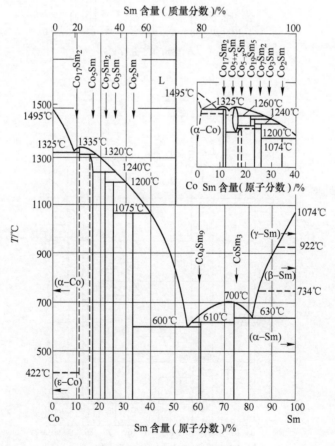

图 2-9 Sm-Co 二元系相图[5]

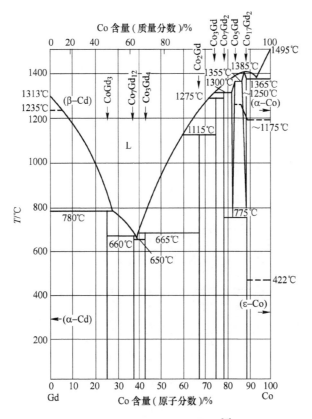

图 2-10 Gd-Co 二元系相图[5]

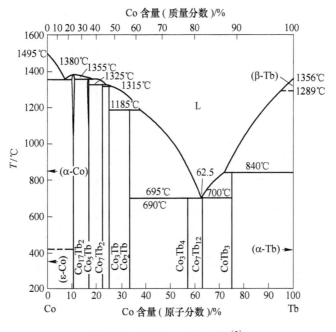

图 2-11 Tb-Co 二元系相图[2]

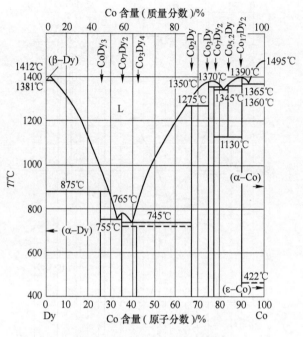

图 2-12 Dy-Co 二元系相图[5]

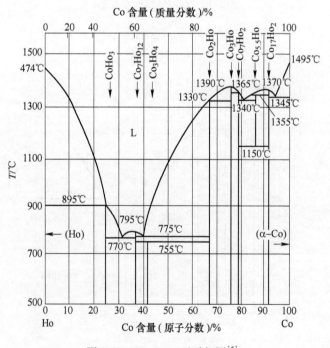

图 2-13 Ho-Co 二元系相图[5]

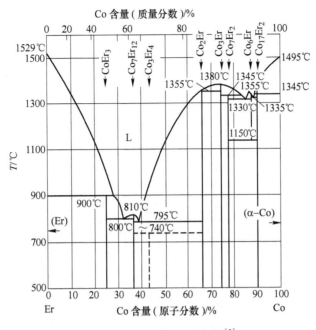

图 2-14 Er-Co 二元系相图[5]

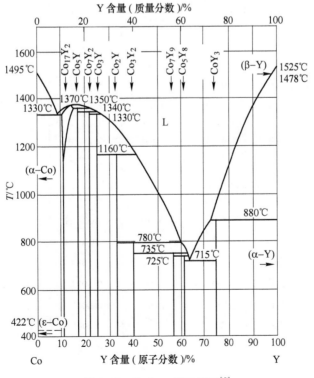

图 2-15 Y-Co 二元系相图[5]

表 2-2 R-Co 化合物的晶体结构[6]

类型	名称	对称性	结构类型	空间群	点阵常数/nm		
					a	b	c
3:1 型	La_3Co	正交	Fe_3C	$Pnma$	0.7277	1.0020	0.6575
	Pr_3Co	正交	Fe_3C	$Pnma$	0.7143	0.9780	0.6410
	Nd_3Co	正交	Fe_3C	$Pnma$	0.7107	0.9750	0.6386
	Sm_3Co	正交	Fe_3C	$Pnma$	0.7055	0.9605	0.6342
	Gd_3Co	正交	Fe_3C	$Pnma$	0.7031	0.9496	0.6302
	Tb_3Co	正交	Fe_3C	$Pnma$	0.6985	0.9390	0.6250
	Dy_3Co	正交	Fe_3C	$Pnma$	0.6965	0.9341	0.6233
	Ho_3Co	正交	Fe_3C	$Pnma$	0.6920	0.9293	0.6213
	Er_3Co	正交	Fe_3C	$Pnma$	0.6902	0.9191	0.6189
	Y_3Co	正交	Fe_3C	$Pnma$	0.7026	0.9454	0.6290
4:3 型	Gd_4Co_3	六角	Ho_4Co_3	$P6_3/m$	1.161		0.4048
	Tb_4Co_3	六角	Ho_4Co_3	$P6_3/m$	1.169		0.4005
	Dy_4Co_3	六角	Ho_4Co_3	$P6_3/m$	1.148		0.3994
	Ho_4Co_3	六角	Ho_4Co_3	$P6_3/m$	1.140		0.3980
	Er_4Co_3	六角	Ho_4Co_3	$P6_3/m$	1.132		0.3967
2:1.7 型	$La_2Co_{1.7}$	六角	$Pr_2Co_{1.7}$	—	0.489		0.431
	$Pr_2Co_{1.7}$	六角	$Pr_2Co_{1.7}$	—	0.481 ± 1		0.409 ± 2
	$Nd_2Co_{1.7}$	六角	$Pr_2Co_{1.7}$	—	0.4795 ± 2		0.408 ± 2
1:2 型	$CeCo_2$	立方	$MgCu_2$	$Fd3m$	0.71602 ± 7		
	$PrCo_2$	立方	$MgCu_2$	$Fd3m$	0.7306 ± 1		
	$NdCo_2$	立方	$MgCu_2$	$Fd3m$	0.7297 ± 2		
	$SmCo_2$	立方	$MgCu_2$	$Fd3m$	0.7260		
	$GdCo_2$	立方	$MgCu_2$	$Fd3m$	0.72561		
	$DyCo_2$	立方	$MgCu_2$	$Fd3m$	0.71956		
	$HoCo_2$	立方	$MgCu_2$	$Fd3m$	0.71738		
	$ErCo_2$	立方	$MgCu_2$	$Fd3m$	0.71748		
	YCo_2	立方	$MgCu_2$	$Fd3m$	0.72206		
1:3 型	$CeCo_3$	菱形	$PuNi_3$	$R\bar{3}m$	0.49579 ± 5		2.4784 ± 7
	$PrCo_3$	菱形	$PuNi_3$	$R\bar{3}m$	0.5066 ± 1		2.477 ± 1
	$NdCo_3$	菱形	$PuNi_3$	$R\bar{3}m$	0.5070 ± 1		2.475 ± 1
	$SmCo_3$	菱形	$PuNi_3$	$R\bar{3}m$	0.5050		2.459
	$GdCo_3$	菱形	$PuNi_3$	$R\bar{3}m$	0.5039		2.452
	$TbCo_3$	菱形	$PuNi_3$	$R\bar{3}m$	0.5011		2.438
	$DyCo_3$	菱形	$PuNi_3$	$R\bar{3}m$	0.4995		2.436
	$HoCo_3$	菱形	$PuNi_3$	$R\bar{3}m$	0.4981		2.429
	$ErCo_3$	菱形	$PuNi_3$	$R\bar{3}m$	0.4972		2.418
	YCo_3	菱形	$PuNi_3$	$R\bar{3}m$	0.5005		2.427

类型	名称	对称性	结构类型	空间群	点阵常数/nm		
					a	b	c
2:7 型	β-La_2Co_7	菱形	Gd_2Co_7	$R\bar{3}m$	0.511 ± 0.01		3.669 ± 0.02
	α-La_2Co_7	六角	Ce_2Ni_7	$P6_3/mmc$	0.5101 ± 0.005		2.4511 ± 0.005
	β-Ce_2Co_7	菱形	Gd_2Co_7	$R\bar{3}m$	0.4940		3.652
	α-Ce_2Co_7	六角	Ce_2Ni_7	$P6_3/mmc$	0.4949 ± 2		2.447 ± 1
	β-Pr_2Co_7	菱形	Gd_2Co_7	$R\bar{3}m$	0.5060		3.652
	α-Pr_2Co_7	六角	Ce_2Ni_7	$P6_3/mmc$	0.5072 ± 3		2.451 ± 1
	β-Nd_2Co_7	菱形	Gd_2Co_7	$R\bar{3}m$	0.5059		3.643
	α-Nd_2Co_7	六角	Ce_2Ni_7	$P6_3/mmc$	0.5063 ± 2		2.445 ± 1
	β-Sm_2Co_7	菱形	Gd_2Co_7	$R\bar{3}m$	0.5041		3.631
	α-Sm_2Co_7	六角	Ce_2Ni_7	$P6_3/mmc$	0.5041		2.433
	β-Gd_2Co_7	菱形	Gd_2Co_7	$R\bar{3}m$	0.5022		3.624
	α-Gd_2Co_7	六角	Ce_2Ni_7	$P6_3/mmc$	0.5022		2.419
	Tb_2Co_7	菱形	Gd_2Co_7	$R\bar{3}m$	0.5008		3.618
	Dy_2Co_7	菱形	Gd_2Co_7	$R\bar{3}m$	0.4992		3.613
	Ho_2Co_7	菱形	Gd_2Co_7	$R\bar{3}m$	0.4977		3.610
	Er_2Co_7	菱形	Gd_2Co_7	$R\bar{3}m$	0.4960		3.607
	Y_2Co_7	菱形	Gd_2Co_7	$R\bar{3}m$	0.5002		3.615
	Th_2Co_7	六角	Ce_2Ni_7	$P6_3/mmc$	0.5030		2.462
1:5 型	$LaCo_5$	六角	$CaCu_5$	$P6/mmm$	0.5100 ± 0.005		0.3968 ± 0.005
	$CeCo_5$	六角	$CaCu_5$	$P6/mmm$	0.49282 ± 8		0.40151 ± 9
	$PrCo_5$	六角	$CaCu_5$	$P6/mmm$	0.5032 ± 2		0.3992 ± 2
	$NdCo_5$	六角	$CaCu_5$	$P6/mmm$	0.5028 ± 1		0.3977 ± 2
	$SmCo_5$	六角	$CaCu_5$	$P6/mmm$	0.5002		0.3964
	$GdCo_5$	六角	$CaCu_5$	$P6/mmm$	0.4973		0.3969
	$TbCo_5$	六角	$CaCu_5$	$P6/mmm$	0.4950		0.3979
	$DyCo_5$	六角	$CaCu_5$	$P6/mmm$	0.4897		0.4007
	$HoCo_5$	六角	$CaCu_5$	$P6/mmm$	0.4881		0.4006
	$ErCo_5$	六角	$CaCu_5$	$P6/mmm$	0.4870		0.4002
	YCo_5	六角	$CaCu_5$	$P6/mmm$	0.4935		0.3964
	$ThCo_5$	六角	$CaCu_5$	$P6/mmm$	0.4990		0.3988
2:17 型	β-Ce_2Co_{17}	六角	Th_2Ni_{17}	$P6_3/mmc$	0.8382 ± 1		0.8130 ± 2
	α-Ce_2Co_{17}	菱形	Th_2Zn_{17}	$R\bar{3}m$	0.8381 ± 1		1.2207 ± 1
	Pr_2Co_{17}	菱形	Th_2Zn_{17}	$R\bar{3}m$	0.8436 ± 2		1.2276 ± 2
	Nd_2Co_{17}	菱形	Th_2Zn_{17}	$R\bar{3}m$	0.8426 ± 2		1.2425 ± 2
	β-Sm_2Co_{17}	六角	Th_2Ni_{17}	$P6_3/mmc$	0.8360		0.8515

续表 2-2

类型	名称	对称性	结构类型	空间群	点阵常数/nm		
					a	b	c
2:17 型	$\alpha\text{-}Sm_2Co_{17}$	菱形	Th_2Zn_{17}	$R\bar{3}m$	0.8395		1.2216
	$\beta\text{-}Gd_2Co_{17}$	六角	Th_2Ni_{17}	$P6_3/mmc$	0.8364		0.8141
	$\alpha\text{-}Gd_2Co_{17}$	菱形	Th_2Zn_{17}	$R\bar{3}m$	0.8367		1.2186
	Tb_2Co_{17}	菱形	Th_2Zn_{17}	$R\bar{3}m$	0.8341		1.2152
	$\beta\text{-}Dy_2Co_{17}$	六角	Th_2Ni_{17}	$P6_3/mmc$	0.8328		0.8125
	$\alpha\text{-}Dy_2Co_{17}$	菱形	Th_2Zn_{17}	$R\bar{3}m$	0.831		1.207
	Ho_2Co_{17}	六角	Th_2Ni_{17}	$P6_3/mmc$	0.8320		0.8113
	Er_2Co_{17}	六角	Th_2Ni_{17}	$P6_3/mmc$	0.8310		0.8113
	Tm_2Co_{17}	六角	Th_2Ni_{17}	$P6_3/mmc$	0.8285		0.8095
	Lu_2Co_{17}	六角	Th_2Ni_{17}	$P6_3/mmc$	0.8247		0.8093
	$\beta\text{-}Y_2Co_{17}$	六角	Th_2Ni_{17}	$P6_3/mmc$	0.8341		0.8125
	$\alpha\text{-}Y_2Co_{17}$	菱形	Th_2Zn_{17}	$R\bar{3}m$	0.8344		1.219

2.2.2 $SmCo_5$ 和 Sm_2Co_{17} 附近区域的二元 Sm-Co 相图

众所周知，$SmCo_5$ 和 Sm_2Co_{17} 两种稀土过渡金属间化合物分别构成了第一代和第二代稀土永磁体的主相。因此，熟悉 $SmCo_5$ 和 Sm_2Co_{17} 两种材料附近区域的相图对于研究和生产稀土永磁体来说都很有必要。

$SmCo_5$ 附近区域的相图展示在图 2-16 中[7]。从此相图可看出：（1）$SmCo_5$ 是包晶反应的产物，包晶反应温度为 1320℃；（2）在高温区 $SmCo_5$ 存在一个向富 Sm 和富 Co 两侧不对称扩展的固溶区，在高温 1240℃ 附近，Co 的溶解度最高达 Sm/Co = 1:5.6，但温度下降到 800℃ 时，Co 的溶解度下降为 1:5 ~ 1:5.1，此时 $SmCo_5$ 的固溶区十分窄；（3）在 750℃ 附近，$SmCo_5$ 发生共析反应，分解成 Sm_2Co_7 和 Sm_2Co_{17}。

研究指出，RCo_5 化合物的熔化温度与共析温度随着 R 原子序数的增加而提高，如图 2-17 所示[8]。影线区是 RCo_5 的稳定区。最上边一条线代表 RCo_5 的熔化温度，下边三条线代表 RCo_5 的共析分解温度。其中 Fe 线和 Al 线是分别指 4% Co 被 Fe 和 Al 取代后的 R(Co,Fe)$_5$ 和 R(Co,Al)$_5$ 化合物的共析分解温度。可以看到 Fe 和 Al 部分取代 Co 后分别使得 RCo_5 的共析分解温度提高和降低。此外，百分之几

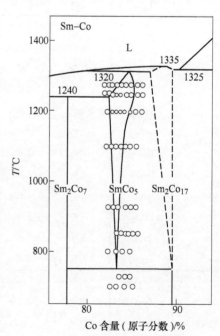

图 2-16 $SmCo_5$ 附近区域的相图[7]

的 Cr、Pt、Mn、Au、Pb、C 等元素均可使得 RCo_5 的共析温度升高，而百分之几的 Si、Ge、Ga、Cu、Ni 等元素可使得 RCo_5 的共析温度降低。可看到，R = La、Ce、Pr、Nd 的 RCo_5 化合物的共析分解温度接近 600℃，R = Sm、Gd、Y 的 RCo_5 化合物的共析分解温度接近 700～750℃，而 $ErCo_6$ 化合物的共析分解温度最高达 1200℃。

图 2-18 展示出 Sm_2Co_{17} 附近区域的相图[9]。从此相图可看出：（1）Sm_2Co_{17} 是固液同成分熔化的产物，熔化温度为 1335℃；（2）在高温区与 $SmCo_5$ 一样存在一个不对称扩展的固溶区，但仅向富 Sm 一侧扩展，在高温 1320℃处，Co 的溶解度不到 $SmCo_5$ 的一半，当温度下降到 800℃时，Co 的溶解度变得十分小，此时 Sm_2Co_{17} 的固溶区同样变得十分窄；（3）Sm_2Co_{17} 具有两种晶体结构，在 1250℃以上的高温区为 Th_2Ni_{17} 型六方结构，而在 1250℃以下为 Th_2Zn_{17} 型菱方结构。

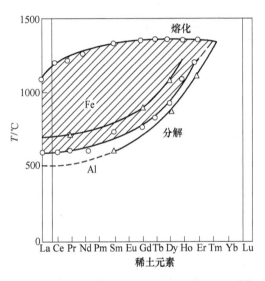

图 2-17 RCo_5 化合物的熔化温度与共析温度[8]

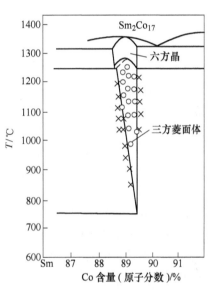

图 2-18 Sm_2Co_{17} 附近区域的相图[9]

2.2.3 R_2Co_{17} 合金多形性的结构相图

20 世纪 60 年代人们已清楚，R_2Co_{17} 合金是由 $CaCu_5$ 型结构的 RCo_5 中三分之一 R 被 Co 哑铃对有序替代的结果，并有两种有序的晶体结构形式：Th_2Ni_{17} 和 Th_2Zn_{17}。但直到 1971 年由 Buschow 等[10]发现无序的 $TbCu_7$ 型后，在 1973 年才由 Khan[11]报道了 R_2Co_{17} 合金多形性的结构相图。图 2-19 展示 R_2Co_{17} 合金在不同温度下的多形性的结构。可看到，Pm、Sm、Gd 和 Tb 存在 $TbCu_7$ 型结构的高温相，以下是 Th_2Zn_{17} 型结构的低温相；除了以上四种稀土元素外，其他稀土元素都不存在 $TbCu_7$ 型结构的高温相。在图 2-19 中，从 Y 到 Lu，稀土元素越靠右侧，Th_2Ni_{17} 型结构的有序度越高。

2.2.4 Sm-Cu 和 Co-Cu 二元系相图

$Sm(Co_{1-x}Cu_x)_z$（$5 \leqslant z \leqslant 8.5$）合金系已发展成一系列有实用意义的永磁材料。对 Sm-Co-Cu 三元系相图的了解将为研究和制造这一类永磁材料打下基础。

三元系相图是由一个以三个二元系 A-B、B-C、C-A 垂直地包围竖立在底边三角形的

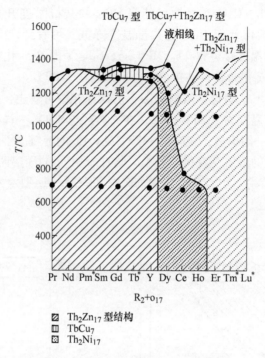

图 2-19　R_2Co_{17} 合金多形性的结构相图[11]

（在线与线中点的数量表示 Th_2Ni_{17} 型结构的有序度）

三个边上，中间填充上不同温度的等温截面图（水平截面图）或不同成分的多温截面图（垂直截面图）所构成的三角棱柱组成的[3]。因此，Sm-Co-Cu 三元相图的基础之一是三个二元系 Sm-Co、Co-Cu 和 Cu-Sm 相图。人们除了需要了解 Sm-Co 二元相图外，亦需了解二元系 Co-Cu 和 Cu-Sm 相图。

　　Cu-Sm 二元相图展示于图 2-20 中[12]。从图中可看到，该二元系能形成 5 种金属间化合物。它们分别是 Cu_6Sm、Cu_5Sm、Cu_4Sm、Cu_2Sm 和 $CuSm$。在这 5 种化合物中，前两种

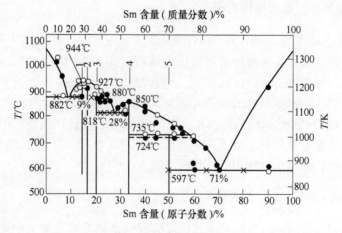

图 2-20　Cu-Sm 二元系相图[12]

（数字 1 ～ 5 分别代表 Cu_6Sm、Cu_5Sm、Cu_4Sm、Cu_2Sm 和 $CuSm$ 等 5 种化合物）

是同成分熔化形成，后三种是包晶反应形成。图 2-21 是 Co-Cu 二元系相图[13]。图中 α 和 β 分别是以 Cu 和 Co 为基的固溶体。Cu 在 Co 中有较大的溶解度，但 Co 在 Cu 中的溶解度较小。它们的溶解度随着温度的下降而下降。在 500℃ 时，Co 在 Cu 中的溶解度小于0.1%（原子分数）。

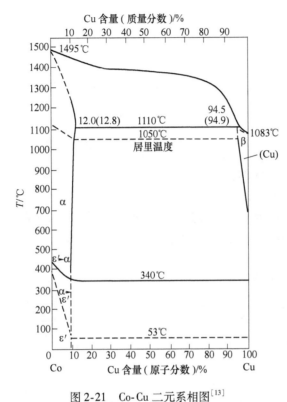

图 2-21　Co-Cu 二元系相图[13]

2.3　Sm-Co 基的多元相图

2.3.1　三元 Sm-Co-Cu 等温截面图

图 2-22 是 Sm-Co-Cu(Sm≤17%（原子分数）) 在 850℃ 的等温截面图[14]。图中 1:5 相为 Sm(Co,Cu)₅ 相，1:6 相为 Sm(Co,Cu)₆ 相，2:17 相为 Sm₂(Co,Cu)₁₇ 相。图中黑色区为单相区。在 850℃ 分别存在 1:5 和 2:17 单相区。右侧顶部的 1:5 单相区有一可观的范围，但右侧中部的 2:17 单相区十分窄小。在图右侧边可以看到，随着 Co 含量的增加，首先进入 Co + 2:17 两相区，然后是窄小的 2:17 单相区，再进入范围宽大的 2:17 + 1:5 两相区，最后是 1:5 单相区。其中范围宽大的 2:17 + 1:5 两相区，正是 2:17 型永磁体的成分区。在该成分区域内，因为在 850℃ 以下的共析分解成 2:17 和 1:5 两相，从而实现了 2:17 型永磁体的析出磁硬化。

从图 2-22 顶部可以看到，在 850℃ 时 SmCo₅ 和 SmCu₅ 是完全互溶的，在 Co-Cu 整个范围内呈现一个由 SmCo₅ 到 SmCu₅ 的连续固溶区。另外从 1200℃ 和 800℃ 的 Sm-Co-Cu 的等温

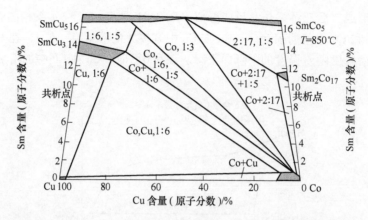

图 2-22 Sm-Co-Cu(Sm≤17%(原子分数)) 在850℃的等温截面图[14]

截面图[15]（分别见图 2-23 的(a)和(b)）也可以看到，在此两个温度下 SmCo₅ 和 SmCu₅ 是完全互溶的。但是在800℃以下，在 $Sm(Co_{1-x}Cu_x)_5$ 合金系列中，与 SmCo₅ 和 SmCu₅ 一样，$Sm(Co_{1-x}Cu_x)_5$ 将发生共析分解，且共析分解温度随着 Cu 含量的增加而降低。当 $x=0$，0.1，0.2 时，合金的共析分解温度分别是 800℃、730℃ 和 615℃。

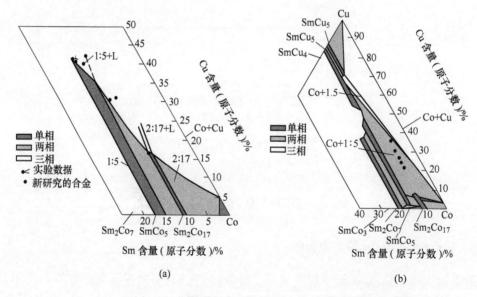

(a)

(b)

图 2-23 1200℃（a）和800℃（b）的 Sm-Co-Cu 的等温截面图[15]

2.3.2 四元 Sm-Co-Cu-Fe 纵截面相图

在工业上得到广泛应用的第二代稀土永磁体是在 Sm-Co-Cu 三元系基础上，添加 Fe 和 Zr 后发展起来的 Sm-Co-Cu-Fe-Zr 系 2:17 型永磁体。由于三元以上的相图构成较麻烦，多数采用固定一些组元所构成的赝二元相图来获得多元系相图的局部纵截面相图。为了详细了解四元或五元的相组成及其相变化情况，人们已详细地研究了在 Sm_2Co_{17} 成分附近的 Cu、Fe 或 Cu、Fe、Zr 成分分别固定下 Sm-Co 系多组元的纵截面相图。

图 2-24[16]和图 2-25[17]两图展示在改变 Cu，固定 Fe 的含量（分别为 Cu > Fe 和 Cu < Fe）情况下两个 Sm-Co-Cu-Fe 系合金的纵截面相图。在图 2-24 中 Sm 含量（原子分数）在 10% ~ 16% 之间，Cu、Fe 固定含量（原子分数）分别是 13% 和 10%（Cu > Fe）。在该纵截面相图内存在四个相：L 为液相；Co 相是 Co 基固溶体；2:17 相有三种类型结构（Th_2Zn_{17}、Th_2Ni_{17} 和 $TbCu_7$ 型）；以及 1:5 相。从该相图可看到，在高温区，2:17 相区向富 Sm 侧扩展；在 1210℃时，2:17 相对 Sm 的溶解度从 Sm-Co 的 10.5%（原子分数）扩大到 Sm-Co-Cu-Fe 的 13%（原子分数）；在此成分范围内，2:17 相的熔点随着 Sm 含量的增加而降低，从约 1237℃降低到 1210℃；在含有 11.9% ~ 12.5%（原子分数）Sm 之间的合金中，在高温下具有 $TbCu_7$ 型结构。

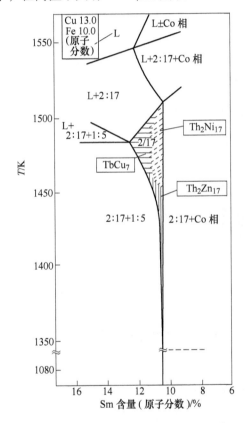

图 2-24　在 Cu > Fe 时 Sm-Co-Cu-Fe 系
合金的纵截面相图[16]

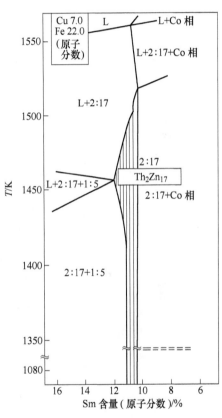

图 2-25　在 Cu < Fe 时 Sm-Co-Cu-Fe 系
合金的纵截面相图[17]

在图 2-25 中 Cu、Fe 固定含量（原子分数）分别是 7% 和 22%（Cu < Fe）。该相图与图 2-24 相似，在高温区，2:17 相区向 Sm 侧扩展；在 1187℃时，2:17 相对 Sm 的溶解度从 Sm-Co 的 10.5%（原子分数）扩大到 Sm-Co-Cu-Fe 的 12.0%（原子分数）；在整个温度范围内，仅有一种 Th_2Zn_{17} 型结构。

2.3.3　五元 Sm-Co-Cu-Fe-Zr 纵截面相图

图 2-26 展示了在 Cu、Fe、Zr 含量（原子分数）固定的情况下 Sm-Co-7% Cu-22% Fe-

2% Zr(Cu < Fe) 合金的纵截面相图[17]。这里除了有与图 2-24 相同的相以外，还有富 Zr 的
2:17 相。Zr 的添加使 2:17 相区同时向富 Co 和富 Sm 两侧扩展；在 1370℃时，2:17 相对
Sm 的溶解度从 Sm-Co 的 9.5%（原子分数）扩大到 Sm-Co-Cu-Fe-Zr 的 13%（原子分数）；
高温相区的结构也有明显的改变，1000℃以下是 Th_2Zn_{17} 型结构，但在 1000℃以上 2:17 相
从 Th_2Zn_{17} 型变为 Th_2Ni_{17} 型结构以及 $TbCu_7$ 型结构；与图 2-24 类似，在含有 11%~13%
（原子分数）Sm 之间的合金中，在高温下具有 $TbCu_7$ 型结构。

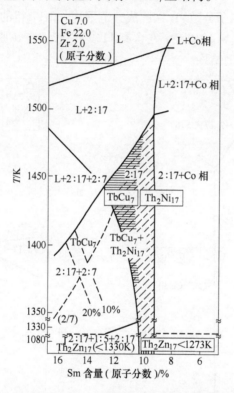

图 2-26 Sm-Co-7% Cu-22% Fe-2% Zr(Cu < Fe) 合金的纵截面相图[17]

2.4 二元系 R-Fe 相图

众所周知，有两类 R-Fe 系间隙化合物：Sm_2Fe_{17} 和 $NdFe_{12-x}M_x$（M = Ti、V、Mo 等）的
氮化物也是很有希望的稀土永磁材料。为了更好地理解这些材料的成分、相关系、磁体显
微结构及其变化的关系，了解 R-Fe 的二元合金的相图是非常必要的。

2.4.1 R-Fe 相图

目前已完成了所有 17 个稀土元素与 Fe 之间的二元相图。这里的稀土元素是：La、
Ce、Pr、Nd、Pm、Sm、Eu、Gd、Tb、Dy、Ho、Er、Tm、Yb、Lu，以及 Y 和 Sc。在这 17
个 R-Fe 二元系相图中，仅 Pm、Eu 和 Yb 三个元素的二元相图是利用一些实验数据经理论
推测后绘制的。图 2-27 ~ 图 2-41 分别展示了除了 Eu 和 Sc 以外的其他稀土金属与 Fe 之间
的二元系相图[5]。

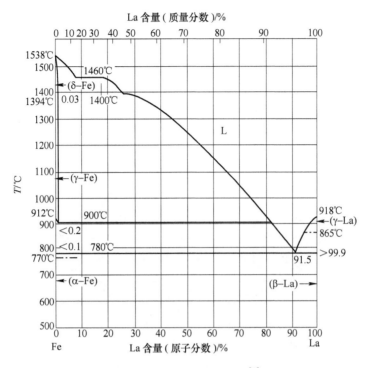

图 2-27 La-Fe 二元系相图[5]

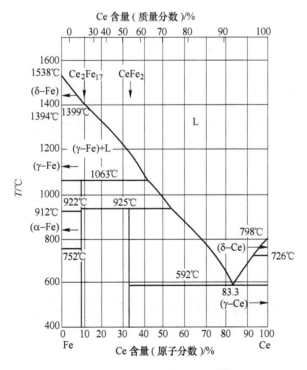

图 2-28 Ce-Fe 二元系相图[5]

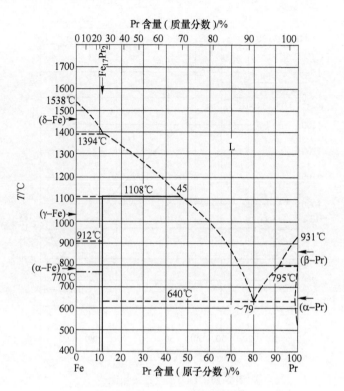

图 2-29   Pr-Fe 二元系相图[5]

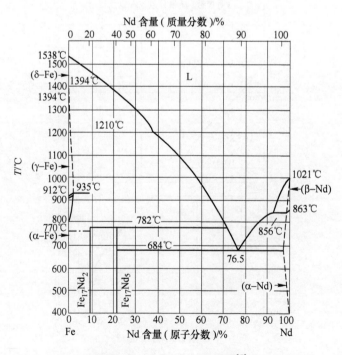

图 2-30   Nd-Fe 二元系相图[5]

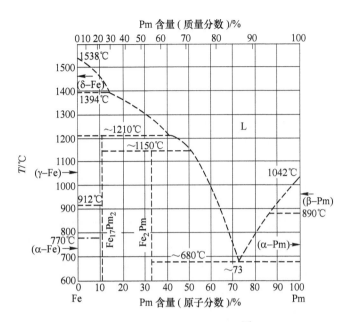

图 2-31　Pm-Fe 二元系相图[5]

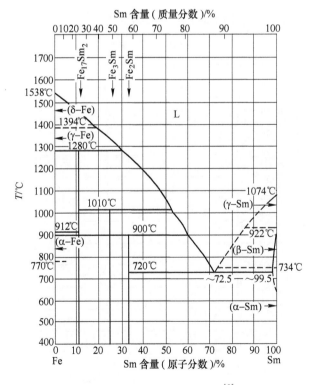

图 2-32　Sm-Fe 二元系相图[5]

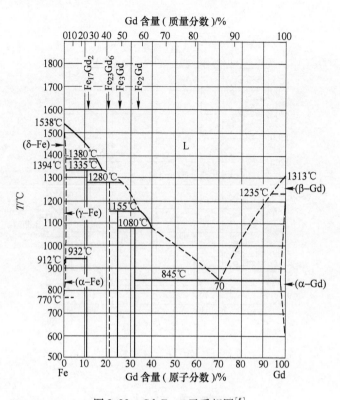

图 2-33　Gd-Fe 二元系相图[5]

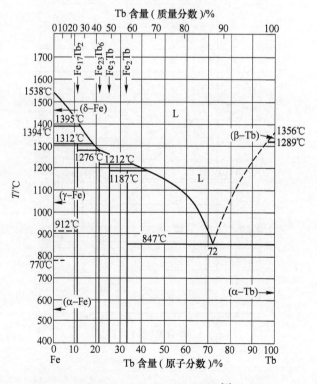

图 2-34　Tb-Fe 二元系相图[5]

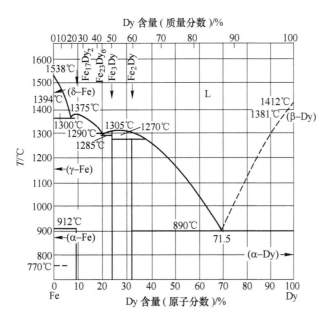

图 2-35 Dy-Fe 二元系相图[5]

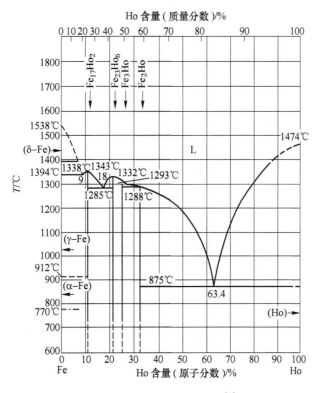

图 2-36 Ho-Fe 二元系相图[5]

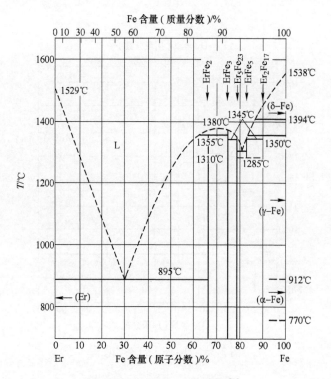

图 2-37 Er-Fe 二元系相图[5]

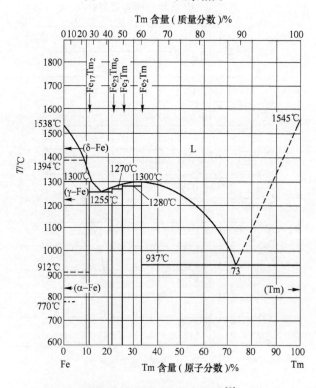

图 2-38 Tm-Fe 二元系相图[5]

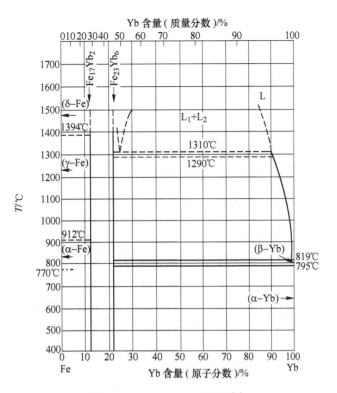

图 2-39 Yb-Fe 二元系相图[5]

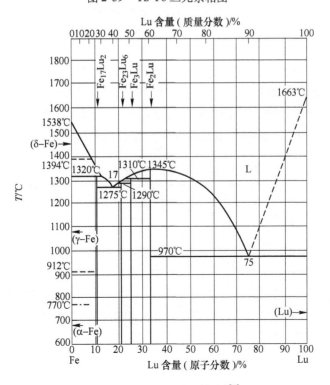

图 2-40 Lu-Fe 二元系相图[5]

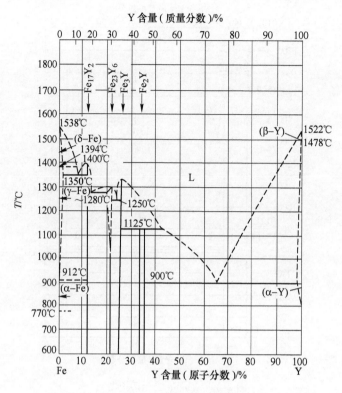

图 2-41 Y-Fe 二元系相图[5]

从这些 R-Fe 系二元相图可以看到，R 与 Fe 形成的化合物种类和数目明显比 R-Co 的要少，而轻稀土与 Fe 形成的化合物数目又比重稀土的少。随着 La 系原子序数的增加，形成的 R-Fe 化合物数目逐渐增多，从 La 的无化合物形成，经 Ce、Pr、Nd 和 Pm 的 1 个或 2 个化合物，再经 Sm 的 3 个化合物，到重稀土与 Fe 间能形成 4 个或 5 个化合物。这些 R-Fe 二元系形成的化合物及其晶体结构总结在表 2-3 和表 2-4 中。

表 2-3 R-Fe 二元系形成的化合物[2,5]

R	1:2	1:3	6:23	5:17/1:5	2:17
La	—	—	—	—	—
Ce	$CeFe_2$	—	—	—	Ce_2Fe_{17}
Pr	—	—	—	—	Pr_2Fe_{17}
Nd	—	—	—	Nd_5Fe_{17}	Nd_2Fe_{17}
Pm	$PmFe_2$	—	—	—	Pm_2Fe_{17}
Sm	$SmFe_2$	$SmFe_3$	—	—	Sm_2Fe_{17}
Gd	$GdFe_2$	$GdFe_3$	Gd_6Fe_{23}	—	Gd_2Fe_{17}
Tb	$TbFe_2$	$TbFe_3$	Tb_6Fe_{23}	—	Tb_2Fe_{17}
Dy	$DyFe_2$	$DyFe_3$①	Dy_6Fe_{23}	—	Dy_2Fe_{17}①
Ho	$HoFe_2$	$HoFe_3$	Ho_6Fe_{23}①	—	Ho_2Fe_{17}①

R	1:2	1:3	6:23	5:17/1:5	2:17
Er	$ErFe_2$ [1]	$ErFe_3$	Er_6Fe_{23}	$ErFe_5$	Er_2Fe_{17}
Tm	$TmFe_2$ [1]	$TmFe_3$	Tm_6Fe_{23}	—	Tm_2Fe_{17}
Yb	$YbFe_2$	—	Yb_6Fe_{23}	—	Yb_2Fe_{17}
Lu	$LuFe_2$ [1]	$LuFe_3$	Lu_6Fe_{23}	—	Lu_2Fe_{17}
Y	YFe_2	YFe_3 [1]	Y_6Fe_{23} [1]	—	Y_2Fe_{17} [1]

[1] 表示此化合物为同成分熔化化合物,而其他的化合物在转熔点进行包晶反应,生成异成分熔化化合物。

表 2-4 R-Fe 二元系的晶体结构及其参数[2,5]

类型	名称	对称性	结构类型	空间群	点阵常数/nm	
					a	c
1:2 型	$CeFe_2$	立方	$MgCu_2$	$Fd3m$	0.7296	
	$PmFe_2$	立方	$MgCu_2$	$Fd3m$	—	
	$SmFe_2$	立方	$MgCu_2$	$Fd3m$	0.7417	
	$GdFe_2$	立方	$MgCu_2$	$Fd3m$	0.7394	
	$TbFe_2$	立方	$MgCu_2$	$Fd3m$	0.7341	
	$DyFe_2$	立方	$MgCu_2$	$Fd3m$	0.7320	
	$HoFe_2$	立方	$MgCu_2$	$Fd3m$	0.7305	
	$ErFe_2$ [1]	立方	$MgCu_2$	$Fd3m$	0.7273	
	$TmFe_2$ [1]	立方	$MgCu_2$	$Fd3m$	0.7230	
	$YbFe_2$	立方	$MgCu_2$	$Fd3m$	0.7239	
	$LuFe_2$ [1]	立方	$MgCu_2$	$Fd3m$	0.7217	
	YFe_2	立方	$MgCu_2$	$Fd3m$	—	
1:3 型	$SmFe_3$	菱形	$PuNi_3$	$R\bar{3}m$	0.5166	2.4070
	$GdFe_3$	菱形	$PuNi_3$	$R\bar{3}m$	0.5187	2.4910
	$TbFe_3$	菱形	$PuNi_3$	$R\bar{3}m$	0.5140	2.4580
	$DyFe_3$ [1]	菱形	$PuNi_3$	$R\bar{3}m$	0.5116	2.4555
	$HoFe_3$	菱形	$PuNi_3$	$R\bar{3}m$	0.5084	2.4450
	$ErFe_3$	菱形	$PuNi_3$	$R\bar{3}m$	0.5096	2.4480
	$TmFe_3$	菱形	$PuNi_3$	$R\bar{3}m$	—	—
	$LuFe_3$	菱形	$PuNi_3$	$R\bar{3}m$	—	—
	YFe_3 [1]	菱形	$PuNi_3$	$R\bar{3}m$	—	—
6:23 型	Gd_6Fe_{23}	立方	Th_6Mn_{23}	$Fm3m$	1.213	
	Tb_6Fe_{23}	立方	Th_6Mn_{23}	$Fm3m$	1.2007	
	Dy_6Fe_{23}	立方	Th_6Mn_{23}	$Fm3m$	1.2060	
	Ho_6Fe_{23} [1]	立方	Th_6Mn_{23}	$Fm3m$	1.2032	
	Er_6Fe_{23}	立方	Th_6Mn_{23}	$Fm3m$	1.2010	
	Tm_6Fe_{23}	立方	Th_6Mn_{23}	$Fm3m$	1.1980	
	Yb_6Fe_{23}	立方	Th_6Mn_{23}	$Fm3m$	1.1944	
	Lu_6Fe_{23}	立方	Th_6Mn_{23}	$Fm3m$	1.195	
	Y_6Fe_{23} [1]	立方	Th_6Mn_{23}	$Fm3m$	—	

类型	名称	对称性	结构类型	空间群	点阵常数/nm	
					a	c
	Ce_2Fe_{17}	菱形	Th_2Zn_{17}	$R\bar{3}m$	0.8491	1.2409
	Ce_2Fe_{17}	六角	Th_2Ni_{17}	$P6_3/mmc$	0.8490	0.8281
	Pr_2Fe_{17}	菱形	Th_2Zn_{17}	$R\bar{3}m$	0.8585	1.2463
	Nd_2Fe_{17}	菱形	Th_2Zn_{17}	$R\bar{3}m$	0.8578	1.2462
	Pm_2Fe_{17}	菱形	Th_2Zn_{17}	$R\bar{3}m$	—	—
	Sm_2Fe_{17}	菱形	Th_2Zn_{17}	$R\bar{3}m$	0.8553	1.2443
	Gd_2Fe_{17}	菱形	Th_2Zn_{17}	$R\bar{3}m$	0.8538	1.2431
	Gd_2Fe_{17}	六角	Th_2Ni_{17}	$P6_3/mmc$	0.8496	0.8345
	Tb_2Fe_{17}	菱形	Th_2Zn_{17}	$R\bar{3}m$	0.853	1.245
2:17 型	Tb_2Fe_{17}	六角	Th_2Ni_{17}	$P6_3/mmc$	0.8473	0.8323
	Dy_2Fe_{17}[①]	六角	Th_2Ni_{17}	$P6_3/mmc$	0.8467	0.8312
	Ho_2Fe_{17}[①]	六角	Th_2Ni_{17}	$P6_3/mmc$	0.8460	0.8277
	Er_2Fe_{17}	六角	Th_2Ni_{17}	$P6_3/mmc$	0.8435	0.8281
	Tm_2Fe_{17}	六角	Th_2Ni_{17}	$P6_3/mmc$	0.8406	0.8291
	Yb_2Fe_{17}	六角	Th_2Ni_{17}	$P6_3/mmc$	0.8414	0.8249
	Lu_2Fe_{17}	菱形	Th_2Zn_{17}	$R\bar{3}m$	—	—
	Lu_2Fe_{17}	六角	Th_2Ni_{17}	$P6_3/mmc$	0.8401	0.8272
	Y_2Fe_{17}[①]	菱形	Th_2Zn_{17}	$R\bar{3}m$	0.8510	1.2384
	Y_2Fe_{17}[①]	六角	Th_2Ni_{17}	$P6_3/mmc$	0.8464	0.8312

①表示此化合物为同成分熔化化合物，而其他的化合物在转熔点进行包晶反应，生成异成分熔化化合物。

可看到，在所有 R-Fe 系相图中，在稀土接近 $x \approx 75\%$ （原子分数）和 $600\text{℃} \leqslant T \leqslant 900\text{℃}$ 呈现一个深共晶点。R_2Fe_{17} 化合物（ψ）出现在从 Ce 到 Lu 的所有稀土中，但在轻稀土和 Fe 之间仅能形成少数几个金属间化合物，La 与 Fe 不形成任何化合物。

与在 R-Co 二元系相图中所形成的化合物相类似：大部分化合物以液固同成分熔化和包晶反应形成，但有极个别的由共析反应生成，相同分子式的化合物有相同的晶体结构类型。下面看一下稀土永磁材料中最值得关注的几个稀土元素的情况[4]：

（1）镨：斜方六面体的 Pr_2Fe_{17} 化合物在镨-铁相图（图 2-29）中是唯一稳定的金属间化合物。它在低于液相温度 300℃ 的 1100℃ 通过包晶反应形成。像其他轻稀土一样，Pr_2Fe_{17} 在稀土侧有一个有限的均匀范围，它相应于在晶体结构中由稀土原子替代一个 Fe_2 哑铃对。三种亚稳相 A_1、A_1' 和 A_3 可在冷却过程中形成，但其成分不清楚。

（2）钕：钕-铁相图可参见图 2-30。在很长一个时期，人们普遍认为仅 Nd_2Fe_{17} 是稳定相，但近期的研究发现，还有另一个相 Nd_5Fe_{17} 以包晶反应形成，并在低于大约 780℃ 下是稳定的。$NdFe_2$ 仅在高压下能形成。

（3）钐：钐-铁相图被展示在图 2-32 中。存在三个 Sm-Fe 金属间化合物：斜方六面体对称的 Sm_2Fe_{17}，斜方六面体对称的 $SmFe_3$，和立方对称的 Laves 相 $SmFe_2$。所有这些相都通过包晶反应形成，且 2:17 相比 Pr 和 Nd 更靠近液相。事实上，这个化合物比较适合与 Dy 和 Ho 互溶。

2.4.2 Nd-B 和 Fe-B 二元系相图

与 Nd-Fe-B 三元系相图相关的是三个二元系 Nd-Fe、Fe-B 和 Nd-B 相图。人们除了需要了解 Nd-Fe 二元相图外，亦需了解二元系 Fe-B 和 Nd-B 相图。

正如在图 2-30 的 Nd-Fe 二元相图中看到的，Nd 和 Fe 之间仅形成一种具有 Th_2Ni_{17} 型结构的 Nd_2Fe_{17} 金属间化合物；Fe 在 α-Nd 中的溶解度约为 4%（原子分数）；Nd_2Fe_{17} 的包晶反应温度为 1190℃；Nd_2Fe_{17} 与 α-Fe 的共晶温度约为 647℃，它的共晶成分（原子分数）为 75% Nd 的 Nd-Fe 合金。由于该共晶温度比 Nd 的熔点低 340℃，与 Fe 的熔点差更大，所以该共晶合金较容易形成非晶态。

图 2-42 给出 Fe-B 二元相图[5]。在 Fe-B 二元系中存在 Fe_3B、Fe_2B 和 FeB 化合物。Fe_2B 以包晶反应形成，其反应温度为 1407℃。Fe_2B 具有四角晶系的 $CuAl_2$ 型结构，其点阵常数为 $a=0.5109nm$，$c=0.4249nm$，$c/a=0.832$。FeB 化合物是同成分一致熔化，熔化温度为 1590℃。FeB 具有约 1% B（原子分数）的成分均匀区。FeB 具有正交晶系的 B_{27} 型结构，其点阵常数为 $a=0.551nm$，$b=0.295nm$，$c=0.406nm$。Fe 在 B 中的溶解度小于 1.5%（原子分数），B 在 γ-Fe 和 α-Fe 中的最大溶解度分别仅有 0.025%（原子分数）和 0.01%（原子分数）。B 在 Fe 中通常沿晶界偏聚，或以硼化物的形式弥散析出。

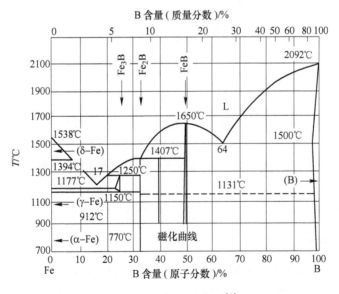

图 2-42　Fe-B 二元相图[5]

图 2-43 展示 Nd-B 二元系相图[5]。从图 2-43 中可看到，在 Nd-B 二元系中存在 NdB_{66}、NdB_6、NdB_4、Nd_2B_5 等化合物。其中仅 NdB_6 为液固同成分一致熔化形成，并具有均相区，其一致熔化温度为 2610℃；而其他三个均为包晶反应生成，NdB_{66}、NdB_4 和 Nd_2B_5 化合物的包晶反应温度分别是 2150℃、2350℃ 和 2000℃。其中，NdB_{66} 化合物具有 YB_{66} 型结构，空间群是 $Fm\bar{3}c$；NdB_4 具有 ThB_4 型结构，空间群是 $P4/mbm$，晶格常数 $a=0.7219nm$，$c=0.4102nm$；NdB_6 具有 CaB_6 型结构，空间群是 $Pm\bar{3}m$，晶格常数 $a=0.4126nm$；而 Nd_2B_5 化

合物的晶体结构尚未测定。另外体系中有两个共晶体，分别在 2092℃ 和 1021℃ 共晶温度下形成 $NdB_{66} + B$ 和 $(\beta\text{-}Nd) + Nd_2B_5$。

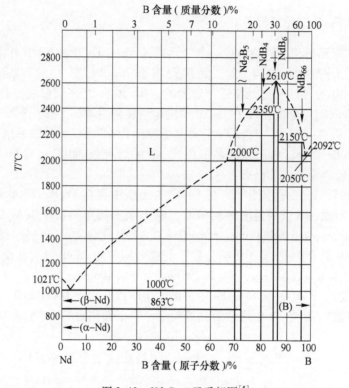

图 2-43　Nd-B 二元系相图[5]

2.5　三元系 R-Fe-B 相图

在 R-Fe-B 三元系中，已经研究过的 R-Fe-B 三元系相图的稀土元素有 R = Nd、Pr、Dy、Tb 等，其中 Nd-Fe-B 三元相图研究得最为详细。不仅有三元的三维立体相图，也有三元的液相线投影图，还有多温截面图（垂直截面图）和等温截面图（水平截面图）。

2.5.1　Nd-Fe-B 相图

在 Nd-Fe-B 永磁体发现前 4 年的 1979 年，苏联的 Chaban 等人[18] 已经测定了部分 Nd-Fe-B 三元相图。图 2-44 就是当时给出的 Nd-Fe-B 三元相图中的等温截面图。该相图由左右侧两个部分组成，左侧为 0～33% Nd（原子分数）区域（贫 Nd 富 Fe）的 600℃ 等温截面，右侧为 33%～100% Nd（原子分数）区域（富 Nd 贫 Fe）的 400℃ 等温截面。结合这两部分等温截面，在 Nd-Fe-B 三元系中，存在三个化合物，即 $Nd_3Fe_{16}B$、$NdFe_4B_4$ 和 Nd_2FeB_3，当时给出的 $Nd_3Fe_{16}B$ 就是后来众所周知的具有四方结构的 $Nd_2Fe_{14}B$ 相。在 1979 年发表这些数据后，由于当时没有继续研究这些化合物的磁性，因而失去了一次重大发现的机会。该三元相图的底边 Fe-Nd 的二元系相图中多出了一个 $NdFe_2$ 相，这个相仅在高压下能形成，在通常的二元相图中不标出。

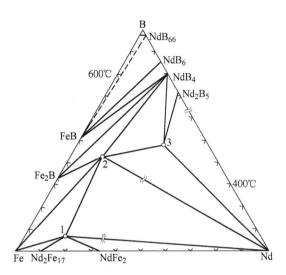

图 2-44 1979 年 Chaban 给出的 Nd-Fe-B 三元相图中的等温截面图[18]

（编号 1 为 $Nd_2Fe_{14}B$，编号 2 为 $NdFe_4B_4$，编号 3 为 $Nd_2Fe_1B_3$）

车广灿等人[19]研究了 B 含量小于 50% B（原子分数）的 Nd-Fe-B 三元系的室温截面图，如图 2-45 所示。可见在室温下，Nd-Fe-B 三元系中确实存在三个三元化合物，即 $Nd_2Fe_{14}B$、$Nd_8Fe_{27}B_{24}$ 和 Nd_2FeB_3。这个相图给出了 Nd-Fe-B 三元系在室温下有 10 个相区。具有高性能的成分为 $Nd_{15}Fe_{77}B_8$ 的烧结 Nd-Fe-B 永磁体正好处在Ⅲ相区内，靠近 $Nd_2Fe_{14}B$ 相处。该三元相图中化合物 $Nd_8Fe_{27}B_{24}$ 的成分与后来公认的富 B 相有些差异，富 B 相通常写为 $Nd_{1+\varepsilon}Fe_4B_4$。

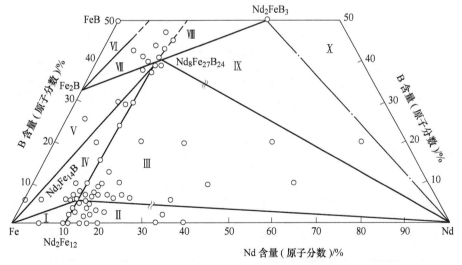

图 2-45 车广灿等人给出的 B 含量（原子分数）小于 50% B 的 Nd-Fe-B 三元系的室温截面图[19]

Ⅰ—α-Fe + Nd_2Fe_{17} + $Nd_2Fe_{14}B$；Ⅱ—$Nd_2Fe_{14}B$ + Nd_2Fe_{17} + Nd；Ⅲ—$Nd_2Fe_{14}B$ + $Nd_8Fe_{27}B_{24}$ + Nd；
Ⅳ—$Nd_2Fe_{14}B$ + $Nd_8Fe_{27}B_{24}$ + α-Fe；Ⅴ—$Nd_8Fe_{27}B_{24}$ + Fe_2B + α-Fe；Ⅵ—Fe_2B + FeB + NdB_4；
Ⅶ—Fe_2B + $Nd_8Fe_{27}B_{24}$ + NdB_4；Ⅷ—Nd_2FeB_3 + NdB_4 + $Nd_8Fe_{27}B_{24}$；
Ⅸ—$Nd_8Fe_{27}B_{24}$ + Nd_2FeB_3 + Nd；Ⅹ—Nd + Nd_2FeB_3 + Nd_2B_5

1988年Buschow等人[20]给出了准确并完整的Nd-Fe-B三元等温截面图，如图2-46所示。该相图由分隔号隔开的左右两侧的两个部分和左上角的局部相图组成。图中左上角是1000℃下的富Fe区的局部相图；三角相图的左侧是贫Nd富Fe的900℃等温截面，右侧则是富Nd贫Fe的600℃等温截面。该Nd-Fe-B三元等温截面图给出了所有Nd-Fe-B三元系的化合物及其结构参数和熔点，其数据列出在表2-5中[21]。

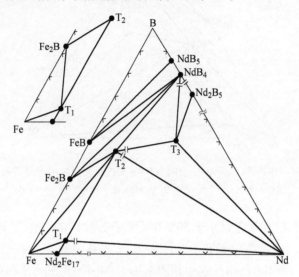

图2-46　Nd-Fe-B三元等温截面图[20]

表2-5　Nd-Fe-B三元系的化合物及其结构参数和熔点[21]

化合物成分	化合物的晶体结构与点阵常数（nm）	化合物的熔点（℃）与生成方式
Nd_2Fe_{17}	Th_2Zn_{17}，$a=0.8178$，$c=1.2462$	1185，包晶反应
Fe_2B	Cu_2Al型（四方结构），$a=0.5110$，$c=0.4183$	1470，包晶反应
FeB	斜方晶体，$a=0.550$，$b=0.2951$，$c=0.2350$	1588，一致熔化
NdB_{66}	YB_{66}型结构（fcc），$a=0.2350$	2150，包晶反应，$L+NdB_6 \to NdB_{66}$
NdB_6	CaB_6型结构（立方晶体），$a=0.4126$	2650，一致熔化
NdB_4	ThB_4型结构（四角晶体），$a=0.884$，$c=0.4102$	2350，包晶反应，$L+NdB_6 \to NdB_4$
Nd_2B_5	—	2000，包晶反应
$Nd_2Fe_{14}B$（T_1）	四角晶体，$a=0.7219$，$c=1.224$	1180，1155，包晶反应
$Nd_{1+\varepsilon}Fe_4B_4$（$T_2$）	四角晶体，$a=0.7110$，$c=0.3895$	1090，一致熔化
$Nd_5Fe_2B_6$（T_3）	—	—

Nd-Fe-B三元系富Fe和富Nd部分（B含量（原子分数）小于50%）的立体相图展示于图2-47中[22]，而反映该三元立体相图的液相线投影图已由Matsuura等人[23]、Schneider等人[24]、Landgraf等人[25]和Knoch等人[26]分别给出。Nd-Fe-B三元系富Fe和富Nd部分的液相面投影图展示于图2-48中[23]。与前面的结果一样，在这一成分范围内存在三个

三元金属间化合物：$Nd_2Fe_{14}B$、$Nd_{1+\varepsilon}Fe_4B_4$ 和 $Nd_5Fe_2B_6$，它们通常分别用 T_1（或 φ）、T_2（或 η）和 T_3（或 ρ）表示。T_1 相在 1180℃ 通过包晶反应生成，即 $L + Fe \rightarrow T_1$，其中 Fe 相是以 Fe 为基的固溶体；T_2 相在 1090℃ 通过固液同成分熔化生成。从图 2-48 可看到，相应于 P_5 点成分的合金冷却到与液面相接触时，要沿着两支单变化曲线变化：一支沿着 P_5U_{11} 线到 U_{11}；而另一支沿着 P_5E_1 线到 E_1。点 e_5 代表了 T_1 与 T_2 之间的膺二元共晶的成分点。该点冷却时沿着两支单变化曲线下降：一支沿着 e_5E_1 线下降到 E_1；另一支沿着 e_5E_2 线下降到 E_2。

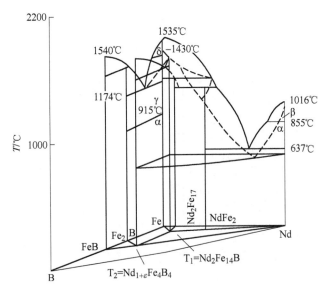

图 2-47　Nd-Fe-B 三元系富 Fe 和富 Nd 部分（B 含量（原子分数）小于 50%）的立体相图[22]

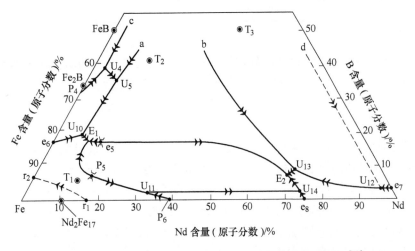

图 2-48　Nd-Fe-B 三元系富 Fe 和富 Nd 部分液相线的投影图[23]

在富 Fe 区，最低的凝固点是共晶点 E_1。在该点从液相结晶出三个固态相：α-Fe、T_1 和 T_2。在富 Nd 区，最低的凝固点是 E_2。在该点从液相结晶出三个固态相：α-Nd、T_1 和 T_2。其中 α-Nd 就是以 Nd 为基的固溶体，也称富 Nd 相。在 E_2 点附近有 5 条单变化曲线。

沿 e_5E_2 线有两个固态相（T_1 和 T_2）与液相共存。沿 $U_{14}E_2$ 线有两个固相（T_1 和 α-Nd）从液相共晶反应生成。沿 E_2U_{13} 线有 T_3 和 T_2 相共晶凝固。沿 $U_{12}U_{13}$ 线有 T_3 和 α-Nd 相共晶凝固。沿 $U_{11}U_{14}$ 线有 T_1 和 Nd_2Fe_{17} 相共存。显示在 Nd-Fe-B 三元系中的各种相的转变反应（相变）列出在表 2-6 中[23,27~29]。

表 2-6 在 Nd-Fe-B 三元系中的相变[23,27~29]

符号	相变类型	反应式	成 分			温度/K	文献
			Nd	Fe	B		
P_4	转熔（peritectic）	$L + FeB \rightleftharpoons Fe_2B$	0	68	32	1680	[27]
P_5	转熔	$L + \gamma \rightleftharpoons T_1$	(14)	(79)	(7)	(1428)	
P_6	转熔	$L + \gamma \rightleftharpoons Nd_2Fe_{17}$	39	61	0	1458	[28]
r_1	再熔（remelting）	$\delta \rightleftharpoons L + \gamma$	17	83	0	1665	[28]
r_2	再熔	$\delta \rightleftharpoons L + \gamma$	0	93	7	1654	[28]
e_5	共晶（eutectic）	$L \rightleftharpoons T_1 + T_2$	(12)	(71)	(17)	(1368)	
e_6	共晶	$L \rightleftharpoons Fe_2B + \gamma$	0	83	17	1450	[28]
e_7	共晶	$(L \rightleftharpoons Nd + Nd_2B_5)$	97	0	3	1275	[29]
e_8	共晶	$L \rightleftharpoons Nd + Nd_2B_{17}$	75	25	0	(963) 913	[28]
U_4	转变（transition）	$L + FeB \rightleftharpoons NdB_4 + Fe_2B$	(3)	(58)	(39)		
U_5	转变	$L + NdB_4 \rightleftharpoons Fe_2B + T_2$	(6)	(57)	(37)		
U_{10}	转变	$L + Fe_2B \rightleftharpoons T_2 + \gamma$	(7)	(74)	(19)	(1403)	
U_{11}	转变	$L + \gamma \rightleftharpoons Nd_2Fe_{17} + T_1$	(32)	(66)	(2)		
U_{12}	转变	$(L + Nd_2B_5 \rightleftharpoons T_3 + Nd)$	(94)	(3)	(3)	(1393)	
U_{13}	转变	$L + T_3 \rightleftharpoons T_2 + Nd$	(68)	(24)	(8)		
U_{14}	转变	$L + Nd_2Fe_{17} \rightleftharpoons T_1 + Nd$	(73)	(25)	(2)	(958)	
E_1	三元共晶（ternary eutectic）	$L \rightleftharpoons T_1 + T_2 + \gamma$	(8)	(74)	(18)	(1363)	
E_2	三元共晶	$L \rightleftharpoons T_1 + T_2 + Nd$	(67)	(26)	(7)	(938)	

注：括号中数据源于文献 [23]。

高性能 Nd-Fe-B 磁体的合金成分均处在图 2-46 三元系相图 T_1-T_2-Nd 三角形靠近 T_1 附近。图 2-49 是 Nd-Fe-B 三元系在富 Fe 角区的 1000℃等温截面[30]。从该图可看到，在 1000℃时在 T_1-T_2-Nd 三角形靠近 T_1 附近的范围内仅存在 L + T_1 + T_2 三相区和 L + T_1 两相区。

对于高性能 Nd-Fe-B 磁体来说，在合金的成分设计时应尽量避免磁体中出现 T_2 相。在高性能 Nd-Fe-B 磁体的制造过程中，相关系和相变与磁体内的显微结构有着紧密的关系。为了深入了解不同成分 Nd-Fe-B 合金在磁体制造过程中的相关系和相变，以便更好地优化合金的显微结构，人们需要了解图 2-50 中通过 T_1 相或其附近的三个纵截面 a、b 和 c 的相图[30]。这些纵截面相图分别示于图 2-51、图 2-52 和图 2-53 中。显然，这些相图均有一部分处于 T_1-T_2-Nd 成分三角形内。

图 2-51 是 Nd-Fe-B 三元系的 $x(Nd):x(B) = 2:1$ 时纵截面图（即图 2-50 中纵截面 a）。由图 2-51 可清楚看到：T_1 相以包晶反应生成。当合金成分在 $Nd_2Fe_{14}B$ 的化学计量成分时，在 1270℃结晶出初次晶 Fe 相；当温度降低到 1180℃时，进行包晶反应形成单一 T_1 相。当合金成分偏离 T_1 相的化学计量成分进入富 Fe 范围时，初次晶 Fe 的结晶温度下降，但包晶

反应温度不变，仍在 1180℃ 时进行包晶反应。当温度下降到 1090℃ 时，发生转晶反应，由 $L+T_1$ 转变成 $L+T_1+T_2$，这表明富 B 相 T_2 是在 1090℃ 时形成的。当温度下降到 655℃ 时，进入三元共晶凝固，产生 T_1、T_2 和 α-Nd 三个固态相。在这里，人们可注意到，当成分偏离更大（约为 $Nd_{15}Fe_{77.5}B_{7.5}$）使得初次晶 Fe 的结晶温度下降到与 T_1 相包晶反应温度 1180℃ 相等时，T_1 相将从熔体中直接结晶出来，初次晶 Fe 将消失，因而在该成分的合金铸锭中不存在 α-Fe。图 2-52 为 Nd-Fe-B 三元系中 80% Fe（原子分数）的纵截面图（即图 2-50 中纵截面 b）。从该图中可看到，当合金中的 Fe 在 80%（原子分数）时，Nd 含量（原子分数）仅在 12%~14% 范围时合金成分才可能进入人们希望的 T_1+T_2+ Nd 三相区域内。否则进入贫 Nd(< 12%（原子分数)）的 $T_1+T_2+Fe_2B$ 三相区域内，或进入富 Nd(>14%（原子分数)）的 $T_1+Nd_2Fe_{17}+$ Nd 三相区域内。图 2-53 为 Nd-Fe-B 三元系中 73.3% Fe（原子分数）的纵截面图（即图 2-50 中纵截面 c）。从该图中可看到，当合金中的 Fe 在 73.3%（原子分数）时，Nd 含量（原子分数）在 11.8%~19.0% 范围时合金成分处于 T_1+T_2+L 三相区域内；仅在 Nd 很窄的范围内，即 19%~20% Nd（相应的 B 含量（原子分数）为 7.7%~6.7%）范围存在 T_1+L 两相区。并且在 Nd 含量（原子分数）在 11.8%~20.0%（相应的 B 含量（原子分数）为 14.8%~6.0%）范围时，合金可以从熔体中直接结晶出 T_1 相，避免初次晶 Fe 的出现。

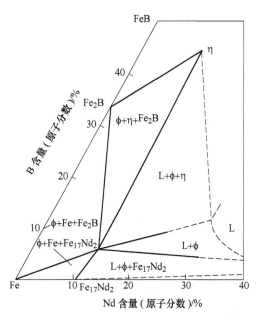

图 2-49 Nd-Fe-B 三元系在富 Fe 角区的 1000℃ 等温截面[30]

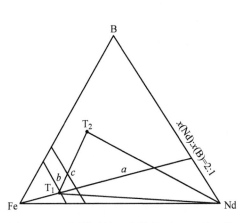

图 2-50 T_1 相附近的三个纵截面 a、b 和 c 的相图的相对位置[30]

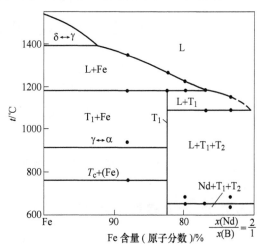

图 2-51 Nd-Fe-B 三元系的 $x(Nd):x(B)=$ 2:1 时纵截面图[30]

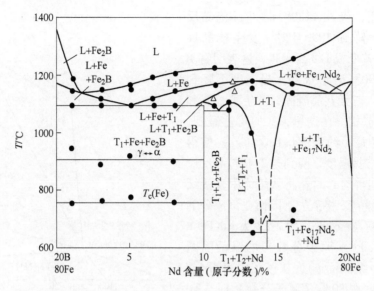

图 2-52 Nd-Fe-B 三元系中 80% Fe（原子分数）的纵截面图[30]

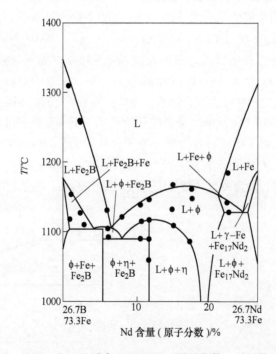

图 2-53 Nd-Fe-B 三元系中 73.3% Fe（原子分数）的纵截面图[30]

2.5.2 Pr-Fe-B 相图

与 $Nd_2Fe_{14}B$ 一样，$Pr_2Fe_{14}B$ 化合物具有永磁材料的基本条件，可以制造出高性能的稀土永磁体。由于 $Pr_2Fe_{14}B$ 化合物不存在像 $Nd_2Fe_{14}B$ 那样在低温下的自旋重取向现象（参见第 4 章），因而它在低温下比 Nd 稀土磁体具有更高的永磁性能，从而在航空航天领域有它的特殊的重要应用。为了制造出 $Nd_2Fe_{14}B$ 型高性能的 Pr-Fe-B 磁体，人们有必要了解

Pr-Fe-B 三元系相图。

图 2-54 给出了 B 含量（原子分数）小于 50% 的 Pr-Fe-B 三元系室温截面图[31]。从该图可看到，在 B 含量（原子分数）小于 50% 的 Pr-Fe-B 三元系相图范围内存在 8 个三相区，其中 Pr 是以 Pr 为基的固溶体，也称为富 Pr 相。与 Nd-Fe-B 三元系相图类似，可简称三个金属间化合物 $Pr_2Fe_{14}B$、$Pr_2Fe_7B_6$ 和 Pr_2FeB_3 分别为 T_1、T_2 和 T_3。图 2-55 是通过 Fe-T_1-Pr 的纵截面图，插图标注了它在 Pr-Fe-B 三元相图中的位置。这个纵截面相图与 Pr-Fe 二元相图十分相似。$Pr_2Fe_{14}B$ 化合物是在 1145℃ 由包晶反应生成。其熔点在 1280℃ 附近。在 T_1-Pr 之间的共晶温度和成分分别为 675℃ 和 $Pr_{85}Fe_{13.6}B_{1.4}$。$Pr_2Fe_{14}B$ 化合物的居里温度为 290℃。图 2-56 是通过 Pr_2Fe_{17}-T_1-T_2 的纵截面图，插图标注了它在 Pr-Fe-B 三元相图中的位置。图中的横坐标是沿着 Pr_2Fe_{17}-T_1 线到 T_2 的富 B 成分（$Pr_{13.4}Fe_{44.8}B_{41.8}$）。$Pr_2Fe_{14}B$ 化合物是在 1145℃ 由包晶反应生成。Pr_2Fe_{17} 和 T_1 的共晶温度和成分分别为 1085℃ 和 $Pr_{10.65}Fe_{83}B_{1.35}$；$T_1$ 和 T_2 的共晶温度和成分分别为 1100℃ 和 $Pr_{12.3}Fe_{71.1}B_{15.7}$。图 2-57 是 Pr ≤ 60%（原子分数）和 B = 6%（原子分数）的 Pr-Fe-B 纵截面图。从该图可看出，在 Pr ≤ 60%（原子分数）的 Pr-Fe-B 三元系相图范围内存在 13 个三相区。当 B = 6%（原子分数）时，Pr 含量大于 13%（原子分数）的合金从液相结晶时，首先析出的固相是 γ-Fe，然后在 1148℃ 以包晶反应生成 T_1 相。在 T_1 相结晶后所剩余的液相推移至 T_1 相和富 B 相的二元共晶线，于是在 676℃ 的共晶线发生二元共晶反应，生成 T_1 相和富 B 相。最后在 640℃ 发生三元共晶转变形成 T_1 相、富 B 相和富 Pr 相。

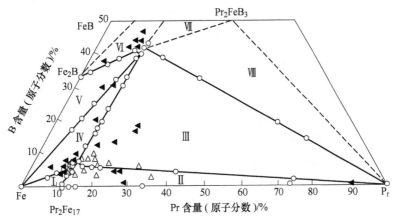

图 2-54　B 含量（原子分数）小于 50% 的 Pr-Fe-B 三元系室温截面图[31]

2.5.3　Tb-Fe-B 和 Dy-Fe-B 相图

在第 4 章将看到，用 Dy 和 Tb 来替代 $Nd_2Fe_{14}B$ 中的 Nd，可以极大地提高 $Nd_2Fe_{14}B$ 结构主相的磁晶各向异性场，从而有效提高烧结磁体的内禀矫顽力（参见第 8 章），因为 $Dy_2Fe_{14}B$ 和 $Tb_2Fe_{14}B$ 的室温磁晶各向异性场分别是 $Nd_2Fe_{14}B$ 的 2 倍和 3 倍[32]。但是，随着重稀土金属添加量的增加，磁化强度将强烈地下降，因此在实用磁体制备中仅用少量 Dy 或 Tb 替代 Nd。了解三元（Dy 或 Tb）-Fe-B 系和四元 Nd-（Dy 或 Tb）-Fe-B 系的相图知识，可以帮助我们认识这些合金中相的形成规律。

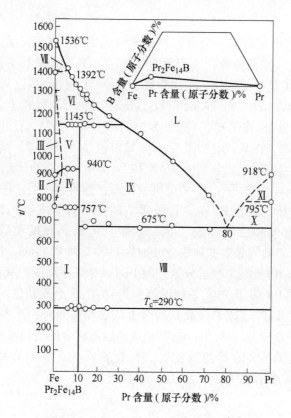

图 2-55 通过 Fe-T_1-Pr 的纵截面图[31]

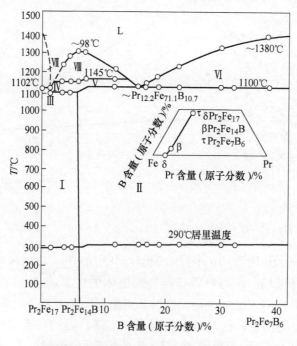

图 2-56 通过 Pr_2Fe_{17}-T_1-T_2 的纵截面图[31]

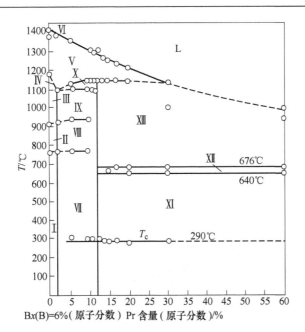

图 2-57　Pr 含量小于等于 60% （原子分数）和 B 含量等于 6% （原子分数）的
Pr-Fe-B 纵截面图[31]

Chernyak 等人[33]在 1983 年就研究过 Dy-Fe-B 三元系相图，给出了 800℃ 的等温截面。他们的研究指出，在 Dy-Fe-B 三元系中存在六个三元化合物：$Dy_3Fe_{16}B$、$DyFe_2B_2$、$DyFe_4B_4$（η）、Dy_2FeB_3、Dy_3FeB_7 和 $DyFeB_4$，与 Nd-Fe-B 三元系的早期研究类似，$Dy_3Fe_{16}B$ 也应该修正为 $Dy_2Fe_{14}B$（ϕ）。

Nd-Fe-B 永磁体发现后，Grieb 等人[34,35]详细地研究了富 Fe 角的 Dy-Fe-B 和 Tb-Fe-B 三元系相图。图 2-58 展示三元系 Dy-Fe-B 的 Scheil 反应图[35]。（Scheil 反应图是由 Scheil 发明并由 Lukas 等评述的可通过不变的和单变的平衡来表示一个三元系统的相关系和相变反应的方法[36]）这个 Scheil 反应图提供了一个示意性的 Dy-Fe-B 三元系相关系的总览，并可以利用它来解释液相线投影图和各种截面图。

图 2-59 是富 Fe 角的 Dy-Fe-B 三元系的液面投影图[35]。从图中可看到，在 Dy_2Fe_{17} 和 ϕ 两个相之间的双饱和曲线上有一个最高温度 1214℃，并且在该温度上有各自的不变的反应：$L + Dy_2Fe_{17} \rightarrow \phi$。在最高临界带线上，两个三相平衡 $L + \phi + Dy_2Fe_{17}$ 开始。在 1190℃（U_1）和 1189℃（U_2）处，析出相与 $DyFe_3$ 或 Fe 反应。在这些不变的反应中，所有的曲线终止：

在 1190℃　　　　　　　　　$L + Dy_2Fe_{17} \longrightarrow \phi + DyFe_3$

在 1189℃　　　　　　　　　$L + Dy_2Fe_{17} \longrightarrow \phi + Fe$

在 1106℃　　　　　　　　　$L + DyFe_3 \longrightarrow \phi + DyFe_2$

在低温下，有一些反应需要插入，如图 2-55 中用虚线所标记的那样。在 800℃ 附近，最简单的相平衡是共晶反应：$L \rightarrow \phi + \eta + DyFe_2$。图 2-60 是 Dy 和 B 的成分固定为 $Dy:B = 2:1$ 时的 Dy-Fe-B 三元系纵截面相图[35]。由图可见，成分为 $Dy_{13.4}Fe_{80}B_{6.6}$ 合金结晶过程为：$L \xrightarrow{1280℃} L + 2:17 L \xrightarrow{1220℃} L + 2:17 + T_1 \xrightarrow{1185℃} L + 1:3 + T_1 \xrightarrow{1106℃} L + 1:2 + T_1$，继续降低温度时，最后形成 $T_1 + T_2 + 1:2$ 相。图 2-61 是成分固定为 78% Fe （原子分数）的 Dy-Fe-B

三元系纵截面相图[35]。成分为 $Dy_{16}Fe_{78}B_6$ 合金的结晶过程为：$L \xrightarrow{1250℃} L + 2{:}17 \quad L \xrightarrow{\sim 1190℃}$ $L + 1{:}3 + T_1 \xrightarrow{\sim 1108℃} L + 1{:}2 + T_1$，到室温时转变为 $T_1 + T_2 + 1{:}2$ 相。以上实验结果表明，$Dy_{13.4}Fe_{80}B_{6.6}$ 和 $Dy_{16}Fe_{78}B_6$ 两种实用磁体的初晶均是 2:17 相。

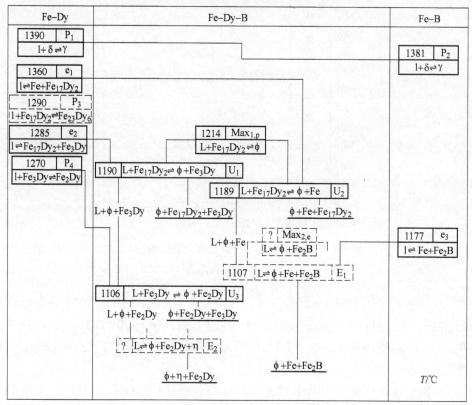

图 2-58　Dy-Fe-B 三元系的 Scheil 反应图解[35]

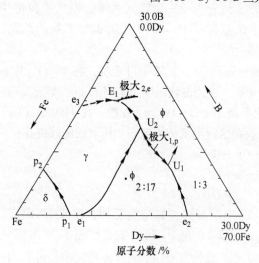

图 2-59　靠近富 Fe 角的 Dy-Fe-B
三元系液面投影图[35]

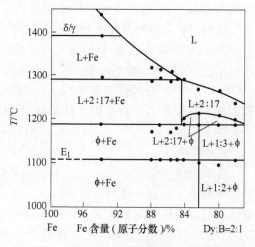

图 2-60　Dy 和 B 的成分固定为 Dy:B = 2:1 时
的 Dy-Fe-B 三元系纵截面相图[35]

图 2-62 和图 2-63 分别是富 Fe 角的 Tb-Fe-B 三元系的 Scheil 反应图解和 Tb 与 B 的成分固定为 Tb:B = 2:1 时的 Tb-Fe-B 三元系纵截面相图[35]。比较 Dy 和 Tb 两种不同重稀土的 Scheil 反应图解图 2-58 和图 2-62，以及它们与 B 的成分固定为 2:1 时的三元系纵截面相图图 2-60 和图 2-63，人们可清楚地看到，除了反应温度有少许差异外，所有的形状和形式都是一样的。从图 2-58、图 2-60、图 2-62 和图 2-63 可看到，重稀土 Tb 和 Dy 一样都能形成 T_1 相，即 $Nd_2Fe_{14}B$ 型结构 $Dy_2Fe_{14}B$ 和 $Tb_2Fe_{14}B$ 化合物，但 $Tb_2Fe_{14}B$ 和 $Dy_2Fe_{14}B$ 化合物的形成方式与 $Nd_2Fe_{14}B$ 略有不同，它们的 φ 相都是通过液相和 2:17 相的包晶反应形成的，而 $Nd_2Fe_{14}B$ 是通过液相和 Fe 相的包晶

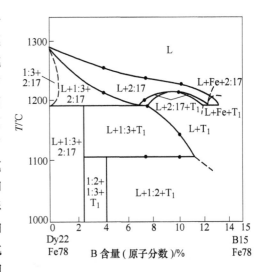

图 2-61 成分固定为 78% Fe（原子分数）的 Dy-Fe-B 三元系纵截面相图[35]

反应形成的；并且 $Tb_2Fe_{14}B$ 和 $Dy_2Fe_{14}B$ 的形成温度（分别为 1218℃和 1214℃）比 $Nd_2Fe_{14}B$ 的 1180℃分别高 38℃和 34℃。与 $Nd_2Fe_{14}B$ 一样，在过热状态冷却时，φ 相的形成将被抑制，包晶反应温度都明显下降，约降低 60～70℃；并且其反应方式也发生变化，需要经历一个亚稳的含有少量 B 的 $R_2Fe_{17}B_x$ 的 x 相，即先形成亚稳的过渡相（Dy 或 Tb）$_2Fe_{14}B_x(x = 3\%$（原

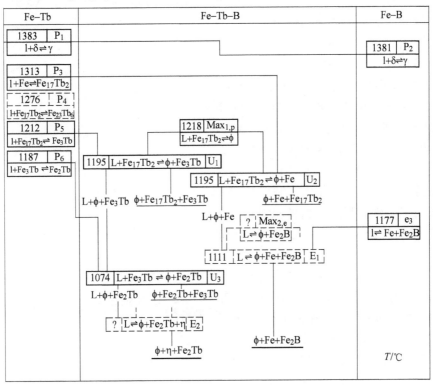

图 2-62 Tb-Fe-B 三元系的 Scheil 反应图解[35]

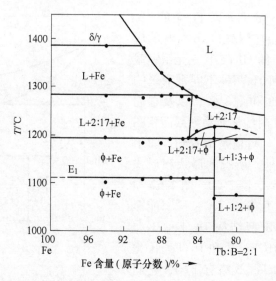

图 2-63　Tb 和 B 的成分固定为 Tb:B = 2:1 时的 Tb-Fe-B 三元系纵截面相图[35]

子分数)),在重新低于 T_1 相形成的温度约
60℃时,通过包晶反应再生成 T_1 相,即 L +
(Dy 或 Tb)$_2$Fe$_{14}$B$_x$→T$_1$ + L′。

2.5.4　Ce-Fe-B 相图

　　为了综合利用稀土资源和降低稀土永磁
体的成本,富 Ce 的混合稀土和 Ce 金属已经
被用来制备中低矫顽力的烧结 Nd-Fe-B 磁体。
由于稀土 Ce 离子的变价行为,烧结 Ce-Fe-B
磁体的成分配比和烧结工艺与烧结 Nd-Fe-B
磁体有很大的差别。为了理解在制备烧结
Ce-Fe-B 磁体过程中所出现的各种现象,人
们有必要借助于 Ce-Fe-B 三元系相图。但因
Ce 离子的复杂变价行为,增大了制作 Ce-Fe-
B 三元系相图的困难程度,到目前为止,还
没有一个完整的 Ce-Fe-B 三元系相图研究
工作。

　　从 Ce-Fe 和 Nd-Fe 二元相图的比较(图
2-28 和图 2-30),以及表 2-3 中 R-Fe 化合物
的清单,人们可以看到,正是由于稀土 Ce 离
子的变价行为,使轻稀土元素中唯一的 1:2
相在 Ce-Fe 体系中出现,这使三元系的 Ce-
Fe-B 相图与 Nd-Fe-B 相图在富 Fe 区域发生
了重大的改变。正如图 2-64 的 Ce-Fe-B 和

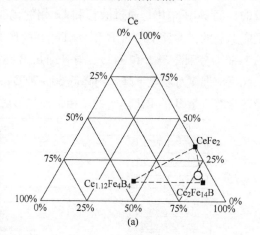

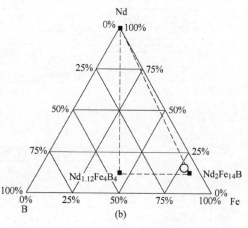

图 2-64　Ce-Fe-B(a) 和 Nd-Fe-B(b)
三元系相图的对比[36]

(图中圆圈对应磁体成分)

Nd-Fe-B 三元相图横截面相组成所示[36]，在烧结 Nd-Fe-B 成分区人们所熟悉的 2:14:1 主相、富 Nd 相和富 B 相 $Nd_{1+\varepsilon}Fe_4B_4$ 三相共存状况，但在 Ce-Fe-B 三元系中变成了 2:14:1 主相、$CeFe_2$ 相和富 B 相三相共存（见图 2-64 (a)）。富 Nd 相对 Nd-Fe-B 液相烧结的促进作用，以及更重要的是对主相晶粒的分割作用极大地提高了矫顽力，然而 $CeFe_2$ 取代了富 Nd 相，必须重新考量 $CeFe_2$ 的影响，因为 $CeFe_2$ 的熔点在 925℃，且倾向于以颗粒状结晶体存在于 Ce-Fe-B 合金中，这预示着纯粹的 Ce-Fe-B 烧结磁体难以达成高密度和高 H_{cJ}，必须通过与其他稀土元素合金化的途径来摆脱富 Ce 相缺失的困境。

2.6 三元系 R-Fe-X 相图

为了理解在 Nd-Fe-B 合金中添加其他元素对烧结 Nd-Fe-B 性能的改善及其作用机制，需要对这些元素进入 Nd、Fe 主导的家族后所产生新相的成分、结构和生成条件有充分的认识，为此人们对 Nd-Fe-Al、Nd-Fe-Cu、Nd-Fe-Ga、Nd-Fe-C 等合金的三元系相图进行了研究。另外，对 $RFe_{12-x}M_x$ 结构中最有希望成为新一代稀土永磁材料的 Sm-Fe-Ti 系三元相图也进行了系统的研究。

2.6.1 Nd-Fe-Al 相图

在烧结 Nd-Fe-B 磁体中适当添加 Al，可以使磁体的矫顽力增加近一倍，而磁化强度和剩磁仅下降几个百分点[37]。矫顽力的增加得益于磁体显微结构的变化，主要原因是形成了新的含 Al 三元稳定相。

Grieb 等人[38~40]详细地研究了 Nd-Fe-Al 三元系相图。图 2-65 展示了 Nd-Fe-Al 三元体系在 580℃的等温截面[38]，它反映了 Nd-Fe-Al 三元合金在低温固态下的平衡条件。从该图可看到，在低 Al 和富 Fe 角区域（<30% Al，原子分数），除了存在 $Nd_2(Fe,Al)_{17}$ 固溶（ψ）相外，还有 δ 相和 μ 相，Al 一部分进入自身的晶位，另一部分会占据 Fe 的晶位，因此在新相中有一定的成分宽容度。δ 相成分为 $Nd_{32.5}Fe_{67.5-x}Al_x$（7% < x < 25%，原子分数），其结构类型为 $La_6Co_{11}Ga_3$，即 $Nd_6Fe_{11}Al_3$ 四方相，室温下呈反铁磁性，

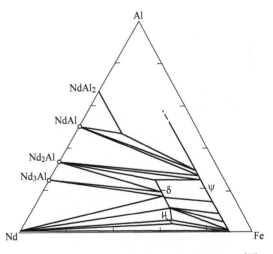

图 2-65 Nd-Fe-Al 三元系 600℃ 的等温截面图[38]

磁化率 $\chi = J/\mu_0 H = 0.05$；在纯 Nd-Fe-B 不存在的 $NdFe_2$ 相，因 Al 的添加以 Fe-Al 固溶的 μ 相 $Nd(Fe,Al)_2$ 出现，成分为 $Nd_{36.5}Fe_{63.5-x}Al_x$（2.5% < x < 5%，原子分数），它在室温表现出铁磁性，磁晶各向异性场 $\mu_0 H_a$ 很高，在 8T 以上，矫顽力比 Nd-Fe-B 磁体高，但磁极化强度仅 0.85T。在 Nd-Fe-Al 三元合金凝固过程的相组成及其变化，可由熔炼合金（冷却速度 200~400K/s）和 DTA 样品（10K/min）的微结构分析导出，并结合差热分析（DTA）获得的转变温度，共同建构 Scheil 反应图解序列和液相投影图。

图 2-66 展示了 Nd-Fe-Al 三元系中富 Nd 部分的 Scheil 反应图解[39]。在 Nd-Fe-Al 三元系中，贫-Al 部分的 Scheil 反应图解是通过两个形成 δ 相和 μ 相的包晶点 P_1 和 P_2 确定的。在这两个反应的每一处，带有液相的两个三相区的温度开始降低。液相的最低温度是 600℃ (E_1)。在 P_1 和 P_2 两个温度以上，以及在这些包晶点（P_1 和 P_2）和共晶点（E_1）之间，若干转变反应发生。部分参与相不能被确定（U_1），仅在较高温度（> 1150℃）的终端反应被测量。在低于 800℃ 时，在具有 Th_2Ni_{17} 型结构的 $Nd_2(Fe,Al)_{17}$ 高温相 ψ_1 和具有 Th_2Zn_{17} 型结构的 $Nd_2(Fe,Al)_{17}$ 相 ψ_2 之间的差别可忽略，由于仅 ψ_2 对于室温才是稳定的[40]。在 700℃ 的 U_5 反应和在 670℃ 的 U_8 反应均是固相反应。图 2-67 展示了 Nd-Fe-Al 三元系液相线投影图[39]。从该图中可看到，液相线的方向朝向贫 Al 和贫 Fe 部分，即朝向富 Nd 角。最低点是在约 7.5% Fe（原子分数）和 12% Al（原子分数）附近。在 900℃ 以上，初晶 Fe、ψ_1、ψ_2 和 NdAl 产生。它们被液相的双重饱和曲线分隔。Fe 的初晶范围是从 Nd-Fe 和 Fe-Al 边界一直到大约 30% Nd（原子分数）和 15% Al（原子分数）附近。在 Fe 区内，对较高 Nd 时存在初晶 ψ_2 区，而对较高 Al 时存在初晶 ψ_1 区。在 ψ_1 和 ψ_2 之间有一个凹槽。

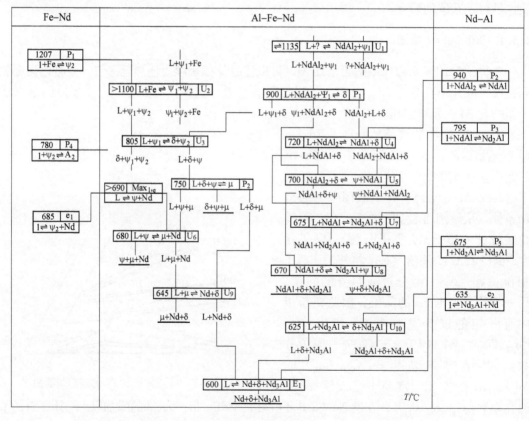

图 2-66　Nd-Fe-Al 三元系的 Scheil 反应图解（仅富 Nd 部分）[39]

P_1 是在 53% Nd（原子分数）和 20% Al（原子分数）处。低于 ψ_1 到 ψ_2 转变点，P_2（750℃）停留在 70% Nd（原子分数）和 5% Al（原子分数）处。所造成的带有液相的三相区与在 U_6 和 U_7 中的 $L+\psi_2+Nd$（来自二元 Nd-Fe）反应成 $L+\delta+Nd$。在 U_6 以上，一个

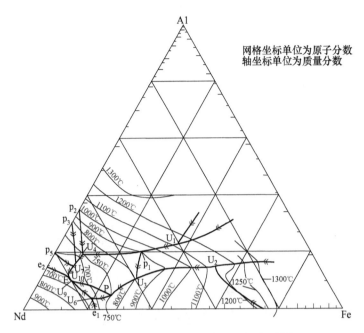

图 2-67 Nd-Fe-Al 三元系液相线投影图[39]

最大值（L→ψ₂ + Nd 或 L←ψ₂ + Nd）是似是而非的，由于在 e₁ 和 U₆ 之间的温度梯度。然而，这个最大值在实验上没有被证实。在 600℃ 的最终共晶点，L + δ + Nd 与 L + δ + Nd₃Al 和 L + Nd + ND₃Al 进行共晶反应。初晶 δ 相的初晶区域是大的，三元 μ 相的初晶区域相对是小的。

两个三元相 δ 和 μ 是通过下列包晶反应形成的：

$$L + Nd(Al,Fe)_2 + Nd_2(Al,Fe)_{17} \longrightarrow \delta（在 900℃）$$

和

$$L + \delta + Nd_2(Al,Fe)_{17} \longrightarrow \mu（在 750℃）$$

唯一的共晶 E₁ 停留在 600℃，那里液相消失。

在 Nd-Fe-B-Al 磁体中均可以观察到 δ 相和 μ 相。图 2-68 和图 2-69 分别展示了 Al 含量（原子分数）为 5% 和 10% 的 Nd-Fe-Al 系温度-成分垂直截面图[40]。从两个图中可看到，它们均以包晶反应方式形成，δ 相的包晶反应温度约为 800℃（见图 2-69），μ 相的包晶反应温度为 750℃（见图 2-68）。δ 相是反铁磁性相，具有四方结构，并有较高的室温磁化率（0.05）。δ 相对磁体的性能影响还不清楚。μ 相是铁磁性相，它的各向异性场 H_A 为 8T，饱和磁极化强度 $M_S = 0.85$T。μ 相的矫顽力比 Nd-Fe-B 磁体高。μ 相的结构不清楚，还在研究之中。在 Nd-Fe-B-Al 磁体中，2:14:1 相晶粒被 μ 相包围着。这是因为 μ 相以包晶反应形成，在 2:14:1 相晶粒表面较容易形核。由于 μ 相的 H_A 高，而且光滑 2:14:1 相晶粒的表面，估计这是添加 Al 的 Nd-Fe-B 磁体具有较高矫顽力的原因之一。Al 添加除了可以替代 2:14:1 相和富 Nd 相中的 Fe 外，在富 Nd 液相中还降低共晶温度[41]。Al 降低液相的表面张力，从而改善微结构[42]。含有 Al 的湿润角明显降低。

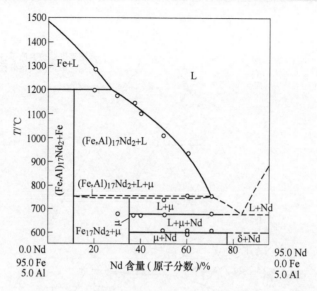

图 2-68 沿 Al 含量 (原子分数) 为 5% 的 Nd-Fe-Al 系温度-成分垂直截面图[38]

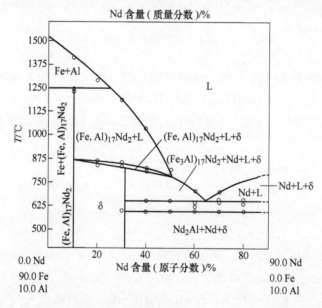

图 2-69 沿 Al 含量 (原子分数) 为 10% 的 Nd-Fe-Al 系温度-成分垂直截面图[38]

2.6.2 Nd-Fe-Cu 相图

Cu 和 Ag 添加到 Nd-Fe-B 中不影响 φ 相, 但与 Nd 相互作用降低富 Nd 相共晶温度[43]。通常的共晶温度是 685℃, 但添加 Cu 后可以下降到 485℃[44], 这极大地促进了热轧 Nd-Fe-B 和 Pr-Fe-B 磁体制备技术的发展[45]。Cu 添加还允许 B 含量 (原子分数) 明显低于传统烧结 Nd-Fe-B 的水平, 比如 5%, 却不形成 R_2Fe_{17} 相[46], 在 Nd-Pr 混合烧结磁体中也证实了低 B 含量的可行性[47]。

另外, Cu 的添加与 Al 和 Ga 一样, 除了在 Nd-Fe-B 磁体中降低富 Nd 相共晶温度外,还增加晶粒间的附加相，从而影响磁体的显微结构，对改善磁体的矫顽力有极大的帮助[48]。一些研究工作指出，这个有益的效果与三元 Nd-Fe-Cu 相的形成有关[49,50]。

很明显，Cu 的添加对烧结和铸造 R-Fe-B 磁体性能的提高都起到了积极的作用，甚至是关键的作用，所以，了解和研究三元 Nd-Fe-Cu 相图对于理解添加 Cu 改善 R-Fe 基磁体的磁性是必需的。

Muller 等人[51]详细地研究了 Nd-Fe-Cu 三元系相图。图 2-70 和图 2-71 分别展示了他们用 DTA、光学显微镜和 EDX 的分析结果所构建的 Nd-Fe-Cu 三元系 Scheil 反应图解和液面投影图[51]。从液相线的投影图可看到，除了一些二元 Nd-Cu 相和 Nd_2Fe_{17} 相外，与 Nd-Fe-Al 三元系一样，也存在一个与四方 $La_6Co_{11}Ga_3$ 结构相关的 δ 相——$Nd_6Fe_{13}Cu$，该化合物的磁有序温度在 190℃，饱和磁极化强度很小，$J_s = 10mT$，但它具有特别强的磁晶各向异性。图 2-72 给出了三元 Nd-Fe-Cu 系在 450℃ 的等温截面图[51]。由于该三元系液相最终反应是共晶析出，其共晶温度为 486℃。所以，该等温截面图展示了温度下降到室温的固态平衡。该图中给出的结果与图 2-70 和图 2-71 中的是一致的。

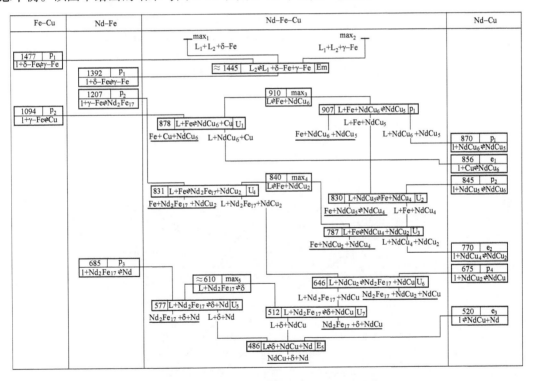

图 2-70　Nd-Fe-Cu 系的 Scheil 反应图解[51]

2.6.3　Nd-Fe-Ga 相图

在高矫顽力、耐腐蚀和耐高温的高性能 Nd-Fe-B 磁体中，Ga 的添加是非常有效的。因此，从相图出发了解 Ga 添加后 Nd-Fe-Ga 三元体系和 Nd-Fe-B-Ga 四元系的相关性是很有意义的。图 2-73 是三元 Nd-Fe-Ga 在 600℃ 的等温截面图[52]。可看到，在三元 Nd-Fe-Ga 相图中不存在 Nd-Fe-Al 三元系中 μ 相，但存在 Nd-Fe-Cu 三元系中的稳定 δ 相，组分也与 $Nd_6Fe_{13}Cu$ 一样，为 $Nd_6Fe_{13}Ga$。含 Cu 或 Ga 的稳定的 δ 相的 Cu 或 Ga 含量明显比 Nd-Fe-Al

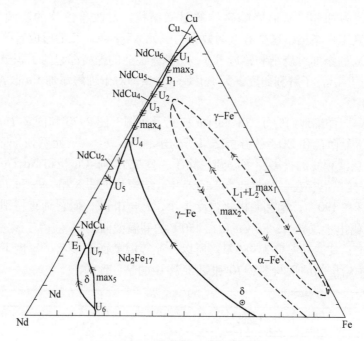

图 2-71 Nd-Fe-Cu 三元相图[51]

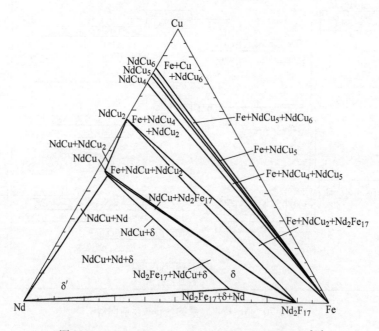

图 2-72 三元 Nd-Fe-Cu 系在 450℃的等温截面图[51]

系中组成为 $Nd_6Fe_{11}Al_3$ 的 δ 相的 Al 含量要少得多。图 2-74 展示出 Li 等人[53] 所给出的比较详细的三元 Nd-Fe-Ga 系在 500℃时的等温截面图。可看到，在三元 Nd-Fe-Ga 相图中存在类似于上面的 δ 相（$Nd_6Fe_{13}Ga$，这里标志为 γ），除了它以外，还有 $NdFe_5Ga_7$（β）和 $NdFe_2Ga_8$（α）。很明显，单相范围是很小，绝大部分属于三相或两相区域。以上三种三元 Nd-Fe-Ga 化合物的晶体结构参数列于表 2-7 中。

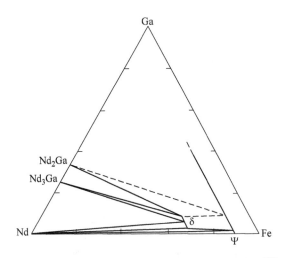

图 2-73　三元 Nd-Fe-Ga 在 600℃下的等温截面图[52]

（δ 相是 Nd$_6$Fe$_{13}$Ga）

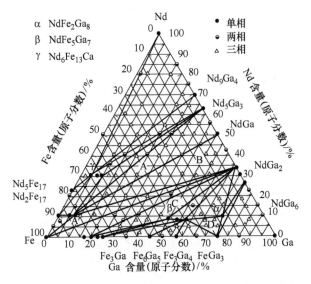

图 2-74　在 500℃时三元 Nd-Fe-Ga 系的等温截面图[53]

表 2-7　Nd-Fe-Ga 三元化合物的晶体结构参数[53]

Nd-Fe-Ga	符号	晶体对称性	空间群	晶体结构类型	晶格参数 （a, b, c)/nm
NdFe$_2$Ga$_8$	α	正交	Pbam	Al$_8$CaCo$_2$	0.8809, 1.2422, 1.2050
NdFe$_5$Ga$_7$	β	四方	I4/mmm	ThMn$_{12}$	0.87358, —, 0.50998
Nd$_6$Fe$_{13}$Ga	γ	四方	I4/mcm	La$_6$Fe$_{11}$Ga$_3$	0.80686, —, 2.2937

2.6.4　Nd-Fe-C 相图

在 Nd$_2$Fe$_{14}$B 中的 B 可以被 C 完全替代，R$_2$Fe$_{14}$C 化合物存在于从 La 到 Lu 的所有稀土元素中。Grieb 等人[54]详细地研究了 Nd-Fe-C 三元系相图。图 2-75 和图 2-76 分别展示了

R-Fe-C 三元液相线投影图和在 850℃温度范围的等温截面图。从这两个相中图可以看到，除了三个纯组元和三个二元化合物 NdC_2、Nd_2C_3、Nd_2Fe_{17} 外，在 R-Fe-C 三元系统中还存在四个三元碳化物：$Nd_2Fe_{14}C$（φ 相）、Nd_2FeC_2（ψ 相）、$Nd_3Fe_5C_6$（ω 相）和 Nd_4FeC_6（χ 相）。在这四个三元碳化物中，仅 ψ 和 χ 两个相可以从熔体直接结晶形成。它们的晶体结构参数被展示于表 2-8 中。在图 2-76 中选择温度在 850℃是为了展示出固态相，尤其是稳定的 $R_2Fe_{14}C$ 碳化物。在较低的温度，两种附加相可以被观察到：（1）碳化物 η 相，它处于 $Nd_2Fe_{17}+φ+ψ$ 的三角区内，在 850℃以下是稳定的；（2）二元化合物 Nd_5Fe_{17}，它在 752℃以下是稳定的。图 2-77 展示了 Nd-Fe-C 三元系的 Scheil 反应图解[54]。它提供了一个示意性的 Nd-Fe-C 三元系相关系的总观察。

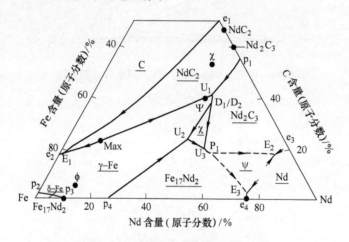

图 2-75 Nd-Fe-C 三元系液相线投影图[54]

（初晶区域已由下划线标志出；相成分由圆点识别；小写字母是二元反应；
大写字母是三元反应；E_3' 是亚稳定的）

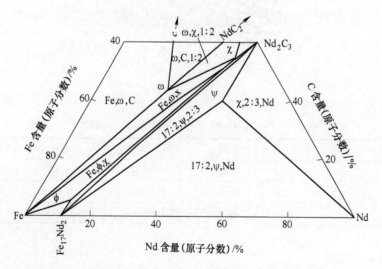

图 2-76 Nd-Fe-C 三元系在 850℃温度范围的等温截面相图[54]

表 2-8 **Nd-Fe-C 三元碳化物的晶体结构参数**[54]

Nd-Fe-C	符号	结构	结构符号	晶格参数/nm	
				a	c
$Nd_2Fe_{14}C$	φ	四方	tP68	0.8809	1.2050
Nd_2FeC_2	ψ	六角	—	0.940	2.402
Nd_4FeC_6	χ	六角	hP44	0.8586	1.0485
$Nd_4Fe_5C_6$	ω	四方	P4	0.7252	0.3206

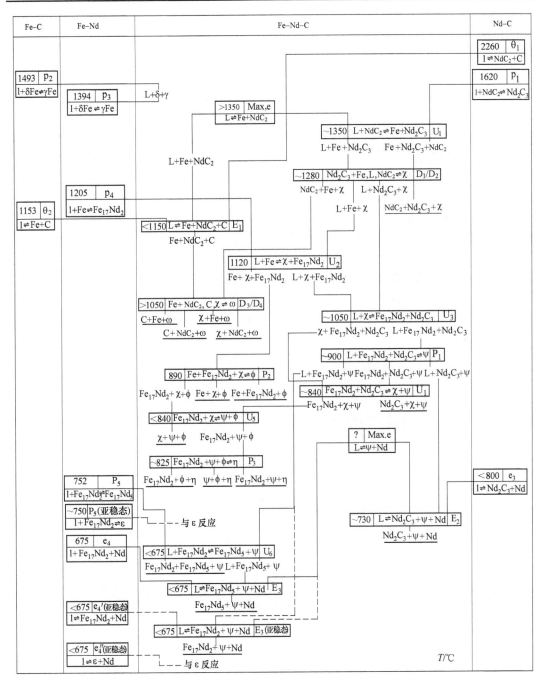

图 2-77 **Nd-Fe-C 相图的 Scheil 反应图解**[54]

在图 2-75Nd-Fe-C 液相线投影图中，富 Fe 合金是被两个大的初晶 Fe 和 Nd_2Fe_{17} 区域所确定。在 Fe 和 NdC_2 内的双重饱和曲线从图中温度最高处的上方开始运行，靠近 $Nd_{15}Fe_{77}C_8$ 的合金可期望由 NdC_2 和 Fe 产生出二级凝固产物，也就是说，离开液相后，$L \rightarrow NdC_2 + Fe$，其方向朝向包晶曲线 $L + \gamma\text{-}Fe \rightarrow Nd_2Fe_{17}$，由于初晶 Fe 的树枝状结晶处于高碳区域，反应的同时，熔体中的碳含量降低，所以，这些合金始终展示初晶 Fe 被 Nd_2Fe_{17} 二级次晶的壳层所包围的状况。在 $L \rightarrow NdC_2 + Fe$ 上靠近富 Nd 侧的温度最高处凝固的合金，将由在 U_1 中形成的第二个 Nd 碳化物所确定。如果熔体没有消耗尽，这将在 D_1/D_2 处接着结晶出三元碳化物 χ。这是一个退化反应，此时双重饱和曲线停止，χ 被局限于 Fe 和 Nd_2C_3 之间的一条线上，以及两者中的任一个上，也就是由 $L + \gamma\text{-}Fe + Nd_2C_3 \rightarrow \chi$ 或 $NdC_2 + \gamma\text{-}Fe + Nd_2C_3 \rightarrow \chi$ 反应减少一个相变为 $\gamma\text{-}Fe + Nd_2C_3 \rightarrow \chi$ 的反应。由初晶 Fe 和次晶 Nd_2Fe_{17} 凝固的合金最终结晶为三个碳化物 χ、Nd_2C_3 和 ψ 中的一个或若干个。这些碳化物分别在 U_2、U_3 和 P_2 处开始结晶。所以在许多富 Fe 合金的晶粒边界中可发现富 Nd 碳化物。

图 2-78 是沿含量比 Fe:C = 14:1 和 Nd < 40%（原子分数）的三元 Nd-Fe-C 系的垂直截面图[54]。从该图可看到，包括 ϕ 相的反应被用虚线展示出，因为不能直接从液相冷却中形成 ϕ 相。在那里仅能看到作为初晶相的 Fe 和 Nd_2Fe_{17} 结晶物。因此，$R_2Fe_{14}C$（ϕ 相）化合物不能由合金铸锭直接形成，而必须由铸锭在 800℃ 附近进行长时间退火，才能以包析反应析出，即 $Fe + \chi(R_4FeC_6) + \psi(R_2Fe_{17}C_x) \rightarrow R_2Fe_{14}C$。$R_2Fe_{17}$ 是该三元系的初次晶，但它含有 C，并以间隙固溶体形式 $R_2Fe_{17}C_x$ 存在。长时间退火导致一个各向同性的胞状微结构，在这些结构中可以包括 $R_2Fe_{14}C$ 和 $R_2Fe_{17}C_x$。转变温度从 Nd 的 880℃ 增加到重稀土金属的 1100℃，并通过添加如 B、Cu 或 Mn 可以获得进一步增加。这是个优点，因为在较高的温度下一旦 ϕ 相与液相处于平衡状态，转变所需要的时间就会显著降低。通过小心控制微结构，直接从热处理 R-Fe-C 铸锭获得高矫顽力材料是可能的。

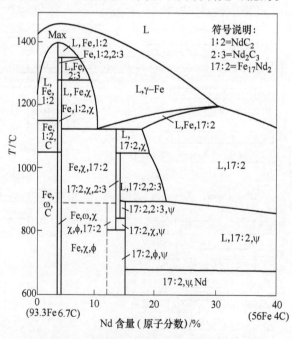

图 2-78　沿含量比 Fe:C = 14:1 和 Nd < 40%（原子分数）的三元 Nd-Fe-C 系的垂直截面图[54]

参考图 2-77 的图解，随着温度的降低，人们可以识别出水平线上的稳定三元反应：U_1、D_1/D_2、E_1、U_2、D_3/D_4、U_3、P_1、(P_2)、U_4、U_5 和亚稳的 E_3' 等。随着温度的降低，这里可能遇到退化反应（D），代表两相平衡的一条垂直线通过上述的水平线，并连续进入包含反应产物相的区域。通常被抑制的 Nd_5Fe_{17}，还有 P_3（η 相形成）所包括的 U_6 和 E_3 反应被从这个等值线上忽略，所以随着温度降低到低于图 2-77 的图解中所指示的温度时，χ 相和共晶 Nd_2Fe_{17} 两者化合物被产出。为了理解低温下邻接 ϕ 相相区结果，必须了解在含量（原子分数）11.8% Nd 的垂直线不仅代表 ϕ 相，也代表 $\phi + \chi + \psi$ 区域的一个边。在这个垂直截面中，它作为一条线已被看到。图 2-79 是沿含量比 $Nd:C = 2:1$ 和 $Nd < 40\%$（原子分数）的三元 Nd-Fe-C 系的垂直截面图[54]。该图展示出三元反应：U_2、U_3、P_1、(P_2)、U_4、U_5 和亚稳定相 E_3' 等。在图 2-77 中描述的退化反应位于这个截面的外部，故在这里看不见。另外，$R_2Fe_{14}C$ 在 900℃ 以上会发生分解，转变成 $R_2Fe_{17}C_x$ 相和液 χ 相。

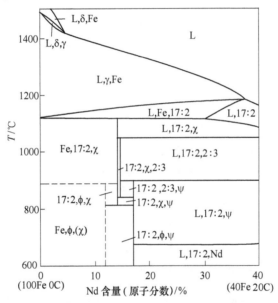

图 2-79 沿含量比 $Nd:C = 2:1$ 和 $Nd < 40\%$（原子分数）的三元 Nd-Fe-C 系的垂直截面图[54]

2.6.5 Sm-Fe-Ti 相图

对这个体系的兴趣莫过于 Schnitzke 等人的报道[55]，他们用机械合金化方法制备出的 $Sm_{20}Fe_{70}Ti_{10}$ 合金，室温 H_{cJ} 高达 50kOe，合金具有四方对称性，但在所有的 R-Fe 二元相图中都没有报道[56,57]。Sm-Fe-Ti 三元系相图已被相当详细研究，原因是 $SmFe_{11}Ti$ 化合物有可能作为潜在的稀土铁永磁体材料。

图 2-80 展示了省略了富 Ti 和很富 Sm 范围的液相投影相图[58]。从该图中可看到，存在许多初晶相（熔液冷却时最初出现的结晶物质）区域。包括 $Sm_2(Fe,Ti)_{17}$（17:2 相）、$Sm(Fe,Ti)_{12}$（12:1 相）、$Sm(Fe,Ti)_{11}$（11:1 相）、$Sm(Fe,Ti)_9$（9:1 相）、$Sm_5(Fe,Ti)_{17}$（17:5 相）、$Sm(Fe,Ti)_3$（3:1 相）、$Sm(Fe,Ti)_2$（2:1 相），以及 Fe（α-Fe 和 γ-Fe）、Fe_2Ti 和 Sm 等组元。作为这些相的一个结果，由 α-Fe 和液相在约 1300℃ 经包晶反应形成的 $Sm(Fe,Ti)_{12}$ 相通常伴随若干个相。在铸态 $Sm(Fe,Ti)_{12}$ 合金中，12:1 相由 Fe_2Ti 和 $Sm(Fe,Ti)_2$ 两个铁磁性

相包围。图 2-81 展示了 Sm-Fe-Ti 系在 1000℃的等温截面相图[58]。从该图中可看到，在 1000℃时，$Sm(Fe,Ti)_{12}$ 相的范围从 $SmFe_{11.3}Ti_{0.7}$ 到 $SmFe_{10.9}Ti_{1.1}$。它与铁磁性的 α-Fe、Fe_2Ti、$Sm(Fe,Ti)_9$ 和 $Sm_2(Fe,Ti)_{17}$ 等相处于相平衡状态。图 2-82 展示了 Sm-Fe-Ti 系在 800℃的等温截面相图[58]。从该图中可看到，在 800℃时 $Sm(Fe,Ti)_9$ 相不存在。此时，Fe_2Ti 相与 $Sm_2(Fe,Ti)_{17}$ 相处于相平衡状态。对于 $Sm_5(Fe,Ti)_{17}$ 相，尽管有高的磁晶各向异性场，但因太低的饱和磁化强度和它的邻近是铁磁性的 $Sm_2(Fe,Ti)_{17}$、$Sm(Fe,Ti)_3$ 和 $Sm(Fe,Ti)_2$ 相，不合适作为磁体应用。具有 $ThMn_{12}$ 结构的 Nd-Fe-M（M = Ti、V、Nb、Mo、W 等）三元系亦已被相当详细研究，由于 $Nd(Fe,M)_{12}N_x$ 间隙化合物有可能作为潜在的稀土铁永磁材料。

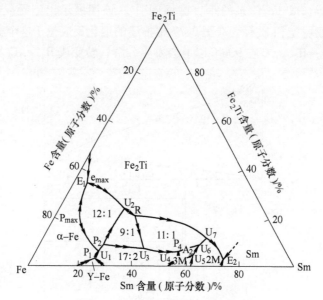

图 2-80　Sm-Fe-Ti 三元系液相投影图[58]

（2M 代表 2/1 相；3M 代表 3/1 相；A_2 代表 17/5 相）

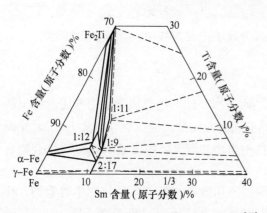

图 2-81　Sm-Fe-Ti 系在 1000℃的等温截面相图[58]

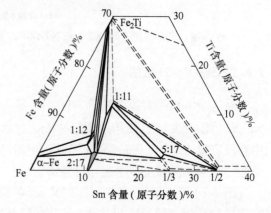

图 2-82　Sm-Fe-Ti 系在 800℃的等温截面相图[58]

2.7　四元系 Nd-R-Fe-B 或 Nd-Fe-B-X 相图

现实中的 Nd-Fe-B 稀土永磁体很少是纯三元构成的，为了提高 Nd-Fe-B 磁体的各种性能，在磁体中需要添加多种元素，另外在制造过程中强氧化的稀土 Nd 不可避免地被氧化，因此，构成实际的 Nd-Fe-B 永磁体至少含有第四个元素——氧。这样，人们了解四元与四元以上的相图是有实际意义的。四元相图需要用四维空间来描述，其构成是很复杂的，实际上没有必要把四元相图完全表达出来，通常只用某些特定成分的纵截面或某些特定温度的横截面来描述人们感兴趣的那部分相平衡和相转变。

许多元素可以被添加到三元 Nd-Fe-B 系统中，可以根据它们是否溶入 φ 相或进入富 Nd 相或形成新的三元化合物来进行分组，因为前者会影响到主相的内禀磁性，而后者更多地是调整磁体的内禀矫顽力。

2.7.1 Nd-Dy-Fe-B 相图

由于 T_1 相存在于从 Ce 到 Lu 的 R-Fe-B 系三元化合物中，所以这些 R 元素都能替代三元 Nd-Fe-B 系统中的 Nd。对于 Nd-Dy(或 Tb)-Fe-B 四元相图，人们主要关心四元系成分接近 $[Nd_{1-x}(Dy 或 Tb)_x]_2Fe_{14}B$ 的截面相图。图 2-83 展示了富 Fe 角 Nd-Dy(或 Tb)-Fe-B 四元相图，人们所关心的 $[Nd_{1-x}(Dy 或 Tb)_x]_2Fe_{14}B$ 截面相图位于该图的 A 截面。Fritz 等人[59]研究了固定成分为 $(Nd_{1-x}Dy_x)_{18.5}Fe_{75}B_{6.5}$ 的稳定态和亚稳定态的温度-浓度截面图。图 2-84 展示了 $(Nd_{18.5}Fe_{75}B_{6.5})_{1-x}(Dy_{18.5}Fe_{75}B_{6.5})_x$ 合金系的平

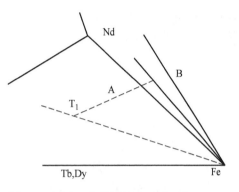

图 2-83　富 Fe 角的 Nd-Dy（或 Tb）-Fe-B 四元相图[59]

衡相图。可看到，由于 Nd 和 Dy 有类似的化学性质，所以在小量 Dy 替代情况下相关系和相平衡条件基本不变。确实，在 Dy 含量（原子分数）小于 50% 时，随 Dy 含量增加液相线温度仅有小量增高。其相关系与三元 Nd-Fe-B 系统的类似，初始相是 φ 相。φ 相的形

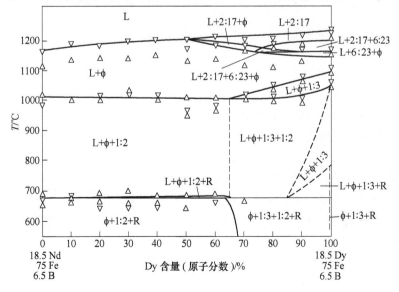

图 2-84　$(Nd_{18.5}Fe_{75}B_{6.5})_{1-x}(Dy_{18.5}Fe_{75}B_{6.5})_x$ 合金系的平衡相图[59]

成温度随 Dy 添加量的增加而增高，但凝固过程与无 Dy 时没有改变。RFe_2 仍然在约 1000℃处形成；在约 670℃处液相凝固。然而，当 Dy 含量（原子分数）高于 50% 时，大量 Dy 的替代导致合金中相关系的显著变化：初始相不再是 φ 相，而是 R_2Fe_{17}；φ 相的形成温度改变到较低的温度（见图 2-84 中右上方 L + 2/17 + φ、L + 2/17 + 6/23 + φ、L + 6/23 + φ 等三个区域）。在 80% ~ 100% Dy 含量（原子分数）范围内，Dy_6Fe_{23} 是稳定的。进一步凝固也被改变，在高于 1000℃处 RFe_3 先相结晶，随后在 1000℃以下 L 和 φ 相转变成 RFe_2 和 RFe_3，最后凝固终结在四元共晶反应点（670℃）：$L \rightleftharpoons R + RFe_2 + RFe_3 + \phi$。

2.7.2   Nd-Fe-B-O 相图

Nd-Fe-B-O 四元相图的某一个截面展示于图 2-85 中[60]。它相应于四面体图中的阴影线三角形的截面部分（见图中右上角），该三角形与 B-O 边的某一点相交。从该图可看到，该四元系存在大量的化合物，其中一些具有金属特性，但其他的已失去金属特性。在

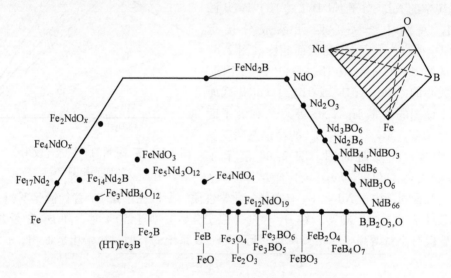

图 2-85   Nd-Fe-B-O 四元系富 Fe 角的截面相图[60]

含有氧的 Nd-Fe-B 系金属熔体中，存在不均匀区，即贫氧区熔体和富氧区熔体，以及一个混熔间隙，如图 2-86 所示。图中 L_1 代表贫氧区的液相，L_2 代表富氧区的液相，M 代表金属特性的化合物，GL_1 代表非晶液相，GL_2 代表非晶富氧的液相，虚线代表非晶区的混熔间隙，G 线代表由液相转变为非晶相的转变温度，M 线代表非晶相分解为金属相（M）和氧化物。在贫氧区存在大量的金属性化合物，在富氧区存在 B 或 Nd 的二元或三元氧化物。氧化物给制造 Nd-Fe-B 系磁体带来许多麻烦。例如，在冶炼 Nd-Fe-B 系合金时，B 可能被氧化，出现

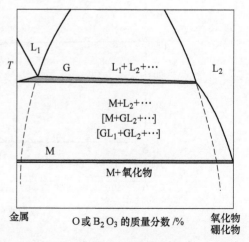

图 2-86   金属-氧或氧化硼多组元相图[60]

B_2O_3，其熔点仅为460℃，它将降低液相的熔点，从而增加了形成非晶相的可能性。另外，B_2O_3的存在还将使 $Nd_2Fe_{14}B$ 相在900℃被氧化，分解为 Fe、Fe_2B 和 Nd_2O_3 混合相，这对磁体的性能十分不利。

2.7.3 Nd-Fe-C-Cu 相图

在 $Nd_2Fe_{14}C$ 化合物中，适当添加 B 可使 $Nd_2Fe_{14}C$（φ）相的形成温度大幅度提高到约1050℃，加速了 Nd_2Fe_{17} 相到 $Nd_2Fe_{14}C$ 相的转变反应，从而极大地缩短了 $Nd_2Fe_{14}C$ 相的形成时间，对于正分成分的 $Nd_2Fe_{14}C$ 合金，在1000℃以上的平衡态时间可在数小时（1h或2h）以内。Cu 的添加在 Nd-Fe-C 系中以另一种方式加速 Nd_2Fe_{17} 相到 φ 相的转变，它在 φ 相形核数量低的情况下可增加晶粒的生长速率，从而能够产生直径约达0.5mm的巨大 φ 相晶粒[57]。通过复合添加适当的 B（高形核速率）和 Cu（高成长速率），可使 Nd_2Fe_{17} 相到 $Nd_2Fe_{14}C$ 相的转变反应时间进一步缩短。另外，Cu 的添加消除了有害的富 Nd 碳化物，替代的是不易腐蚀的 Nd-Cu 化合物。换言之，在 Nd-Fe-C-B-Cu 合金中，φ、NdCu 和 $NdCu_2$ 之间存在一种稳定的平衡。对应高矫顽力成分范围的合金以初晶 Fe 凝固，接着再通过二级次晶 $Nd_2Fe_{17}C_x$ 和一些 φ 相结晶来获得，剩余的熔体作为 NdCu 和 Nd 的共晶而凝固。在膺四元 Nd-Fe-C/B-Cu 系中的平衡可以用四个组元的四面体来表示，这里的 C 和 B 被复合进一个组元，如图2-87所示[54]。φ 相和 Nd-Cu 晶粒边界化合物直接共存的现象，通过微结构观察已被证实，材料中没有碳化物相[38]。一个例子是成分为 $Nd_{9.5}Fe_{68}C_{9.5}B_{0.5}Cu_2$（原子分数，%）的合金，在铸态矫顽力即可达到 $\mu_0H_c = 1T$[61]。在图2-87中可看到，虚线部分展示了 φ 相与二元 NdCu 和 $NdCu_2$ 化合物之间的相关系，也就是说，在虚线部分 φ 相与二元 NdCu 和 $NdCu_2$ 化合物处于平衡状态。这两个二元化合物是低熔的和耐腐蚀的，且非磁性的。在 Nd-Fe-B 磁体中，少量添加 Cu 对改善磁体的磁性和耐腐蚀都是有利的。

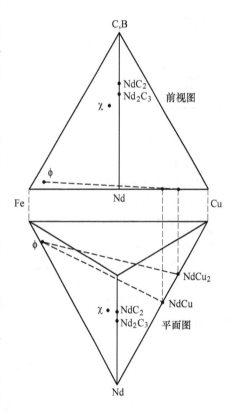

图2-87 Nd-Fe-(C/B)-Cu 四元相图[54]

2.7.4 Nd-Fe-B-Ga 相图

图2-88给出了 Nd-Fe-B-Ga 四元系中富 Fe 角（Nd、B 和 Ga 含量（原子分数）小于40%）的等温截面图，并用点标志出了 φ 相和 δ 相间的区域（平面）[62]。从该图中可看到，除了主相 φ 相外，与三元 Nd-Fe-Ga 相图一样，在四元 Nd-Fe-B-Ga 相图中不存在在 Nd-Fe-Al 相图中出现的 μ 相 Nd$(Fe,Al)_2$，但存在组成为 $Nd_6Fe_{13}Ga$ 稳定的 δ 相。

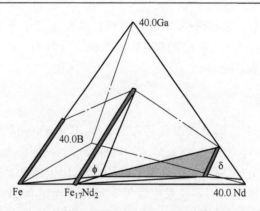

图2-88　Nd-Fe-Ga 四元富 Fe 角（Nd、B 和 Ga 含量（原子分数）小于40%）等温截面图[62]
（用点标志出了在 φ 相和 δ 相之间的区域（平面））

在 Nd-Fe-B-Ga 磁体的制造过程中，如果选择包含 φ 和 δ 两相区域的成分的话，应该得到一个在室温下仅金属间相组成的两相磁体，磁体中的 Ga 含量（原子分数）低于0.4%。在烧结温度（大于1050℃）下，主相 φ 仅与液相处于平衡状态；在从烧结温度冷却的过程中，液相转变成在较低温度下稳定的 φ 相或其他相。冷却期间 φ 相长大，液相（L）与主相（φ）的比率随着温度而改变；当温度下降到900℃时，在两相区域中的合金是 L+φ 的混合物；在900℃附近，准二元包晶反应 L+φ→δ 生成包晶产物 δ 相，这与 Nd-Fe-Al 系的情况类似。包晶产物 δ 相环绕在 φ 相晶粒的表面，有利于主相晶粒间的隔离和内禀矫顽力。

如果样品成分精确地局域在由 φ 和 δ 伸展的两相区域内，则在缓慢冷却的情况下液相将唯一地分解为 φ 相和 δ 相，而快冷将导致液相过冷，形成亚稳相并改变相转变的路径，结果为常规烧结 Nd-Fe-B 磁体中都有的富 Nd 析出相，占用合金中较多的 Nd，以牺牲磁体的主相比例和剩磁为代价。要得到精确的合金成分是困难的，任何的成分偏离将导致附加相或软磁性 Nd_2Fe_{17} 相的出现，使磁体的矫顽力受到损失。

由于 Ga 不溶解于 φ 相，所以全部的 Ga 被局域在晶间的富 Nd 液相区域内。与 Al、Cu 等一样，在富 Nd 液相中它将降低共晶温度[41]，同时也降低液相的表面张力，改善磁体的微结构[42]。实验数据指出，含 Ga 的湿润角明显降低。

2.8　Nd-Fe-B 系合金的非平衡相图

以上讨论的相图均是平衡状态下的相图，然而 Nd-Fe-B 永磁体制备过程中的许多工艺，如烧结磁体用的合金速凝铸锭工艺或粘接磁体用的薄带快淬工艺、烧结磁体的烧结和热处理急冷工艺，都是在较快的冷却速度下进行的，所得到的磁体显微组织和相关系会远离平衡状态。非平衡状态下获得的显微组织与平衡态下得到的是不一样的，因此，有必要研究 Nd-Fe-B 磁体的非平衡相图。

2.8.1　Nd-Fe-B 三元系的非平衡相图

2.8.1.1　熔体快速冷却的非平衡相图

1990 年 Pashkov 等人[63]详细地研究了三元 Nd-Fe-B 磁体的非平衡相图。图 2-89 是 B

含量（原子分数）固定为7%和熔体以5℃/s冷速得到的非平衡Nd-Fe-B三元相图的纵截面图，从该图可看到，在实用磁体成分$Nd_{14}Fe_{79}B_7$合金处（合金3）的位置，平衡态相图图2-51中出现的初次晶Fe已被抑制，在略低于1180℃附近，T_1相直接从熔体中作为初次晶析出；随着液相温度的降低，液相成分沿着图中P_4E_1线变化；当温度降低到e_5E_1线时生成T_1+T_2共晶，残余的富Nd液相成分将沿着e_5E_1线变化；当温度降低到655℃时，残余的富Nd液相成分为68%Nd+32%Fe（原子分数），并在此温度发生三元共晶反应，即$L→T_1+T_2+$富Nd。对富Nd相进行微区成分分析表明，其中含有一定数量的Fe和极少量的B。图2-90是Nd和B的成分固定为$x(Nd):x(B)=2:1$和熔体以5℃/s冷速得到的非平衡Nd-Fe-B三元纵截面图[63]。与平衡态相图（图2-51）相比较后可看到，熔体以5℃/s冷速降温时，对于Nd含量（原子分数）大于13.32%的合金3，初次晶Fe已被抑制，在约1180℃以下，将从合金熔体中直接结晶出T_1相；T_1相的结晶温度随着Nd含量的增加而降低，即结晶温度由Nd含量（原子分数）13.32%的1180℃下降到Nd含量（原子分数）37.72%的1090℃左右。

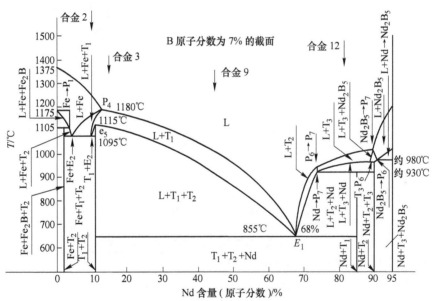

图2-89　B含量固定为7%（原子分数）和熔体以5℃/s冷速得到的非平衡Nd-Fe-B三元纵截面图[63]

2.8.1.2　熔体过热导致的非平衡相图

当合金被加热到超过液相线很高的温度时，合金液体将处于过热状态，此时也是一种非平衡的亚稳定状态。图2-91是成分固定为$x(Nd):x(B)=2:1$和由过热状态的熔体获得的非平衡Nd-Fe-B三元纵截面图[29]。与平衡态相图（图2-51）相比较后可看到，T_2相形成的温度1090℃不变，但T_1相形成的方式和温度均不同，出现初晶Fe的成分和温度范围均有明显扩展。另外，在平衡态相图中从液相只经过一次反应就在1180℃以包晶反应生成了T_1相，而在熔体过热的非平衡态相图中T_1需要经历二次反应$L→L'+Fe→L''+x$相，才能最终在1110℃以包晶反应形成，T_1相的形成温度下降了约70℃。分析表明，x相是含有少量B的$Nd_2Fe_{17}B_x$化合物，是一种亚稳定相。这就是说，T_1相的形成过程是首先形成一

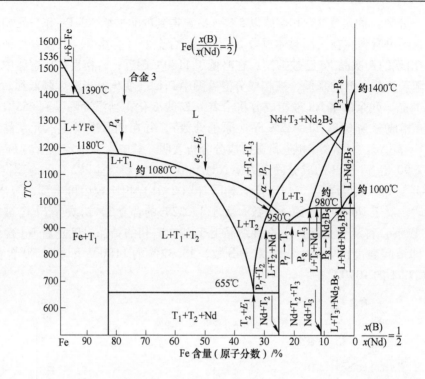

图 2-90 $x(\mathrm{Nd}):x(\mathrm{B})=2:1$ 和熔体以 5℃/s 冷速得到的非平衡 Nd-Fe-B 三元纵截面图[63]

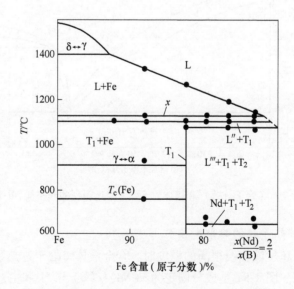

图 2-91 成分固定为 $x(\mathrm{Nd}):x(\mathrm{B})=2:1$ 和由过热状态的熔体获得的
非平衡 Nd-Fe-B 三元纵截面图[29]

个亚稳定的 $\mathrm{Nd_2Fe_{17}B_x}$ 相，然后形成 $\mathrm{T_1}$ 相。初次晶 Fe 出现的 Nd 成分（原子分数）范围从平衡态相图中的 12%～15% 扩展为非平衡态相图中的 12%～18%。

非平衡态与平衡态相图之间上述差异的原因与破坏合金液体中的 $\mathrm{Nd_2Fe_{14}B}$ 结构的短

程序原子团有关。因为在温度稍高于液相线时，合金液体中存在 $Nd_2Fe_{14}B$ 相结构的原子集团，它们作为液态合金结晶为 $Nd_2Fe_{14}B$ 相的核，可以容易地结晶为 $Nd_2Fe_{14}B$ 结构的合金。当合金液体过热后，这些具有 $Nd_2Fe_{14}B$ 结构的原子集团大量减少，从而使 T_1 相结晶的温度明显下降。

从以上分析可以看出，为了抑制铸锭中的初次晶 Fe 的结晶，应严格控制浇铸温度，以防止合金液体过热。

2.8.2 Nd-Dy/Tb-Fe-B 四元合金的非平衡相图

图 2-92 展示了 $(Nd_{18.5}Fe_{75}B_{6.5})_{1-x}(Dy_{18.5}Fe_{75}B_{6.5})_x$ 合金系在过热状态下的非平衡相图[57]。可看到，它与非过热状态下的平衡相图（见图 2-83）有明显的差别，所有成分的初始结晶都是 R_2Fe_{17} 相，而在平衡相图中仅在高于 50% Dy（原子分数）含量时才出现此相。结晶成 φ 相的形成温度相对于稳定态的温度降低了约 100℃。另外，在这个 φ 相的形成温度以下，过热和非过热的凝固机制是相同的。图 2-93 给出了 $(Nd_2Fe_{14}B)_{1-x}(Tb_2Fe_{14}B)_x$ 在亚稳态与稳定态时的两个相图的综合[33]。图中的 b 线是冷却时在稳定态时形成 T_1 相的曲线；其他曲线表示合金液体在过热后冷却时以非稳定的方式形成的各种曲线。从该图可见，在稳定态中形成 T_1 相时，b 曲线的斜率呈现两个区域，在 20% Tb（原子分数）处发生改变，小于 20% Tb（原子分数）时斜率大（约 1K/%），大于 20% Tb（原子分数）时斜率变小（0.31K/%）。从该图还可看到，当合金液体过热后，T_1 相以亚稳态的方式形成，在富 Nd 相一侧，初次晶仍然是 Fe，最后的结晶产物是 α-Fe 被 T_1 相包围；在富 Tb 一侧，初次晶则是 Tb_2Fe_{17}（2:17 相），然后由 L + 2:17→T_1 相。此时形成 T_1 相的反应温度比稳定态的形成温度约低 50~70K。在整个成分区均存在 L + 2:17 相区，这表明了在 Nd-Tb-Fe-B 四元系存在 L + 2:17→T_1 相的亚稳态的形成过程。

从上可看到，在 Nd-Dy/Tb-Fe-B 系合金情况下，只有通过快速冷却才能保留 2:17 相。

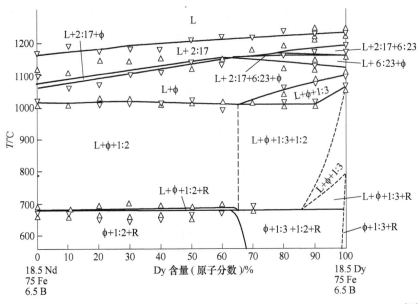

图 2-92 $(Nd_{18.5}Fe_{75}B_{6.5})_{1-x}(Dy_{18.5}Fe_{75}B_{6.5})_x$ 合金系在过热状态下的非平衡相图[59]

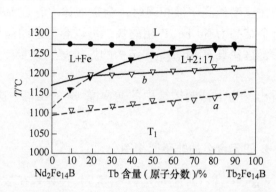

图 2-93　$(Nd_2Fe_{14}B)_{1-x}(Tb_2Fe_{14}B)_x$，$x = 0 \sim 100$ 的亚稳态（a 线）与稳定态（b 线）相图[33]

2.9　Sm-Fe 系合金非平衡相图

与 Nd-Fe-B 永磁体一样，在 Sm-Co 磁体和 Sm-Fe-N 磁粉制备过程中的一些工艺将使用薄带快淬或片铸工艺。这些工艺的冷却速度快，所形成的合金是在非平衡状态下完成的。

1991 年 Katter 等人[64] 在制备熔体旋淬 Sm-Fe 合金及其氮化物 Sm-Fe-N 的过程中，研究了 Sm-Fe 系的非平衡相图，发现快淬 Sm-Fe 合金可以形成 TbCu$_7$ 结构、正分成分为 SmFe$_9$ 的亚稳相。图 2-94 展示了 Sm 含量在 9% ~ 15%（原子分数）之间、快淬轮面线速度 v_s 在 15 ~ 60m/s 之间的 Sm-Fe 系局部非平衡相图，图中对相的标定是以晶格常数之比 c/a 来区分的，并且将 Th$_2$Zn$_{17}$ 有序结构的 Sm$_2$Fe$_{17}$ 晶格常数换算到 TbCu$_7$ 无序结构的 SmFe$_9$ 的以便比较，换算关系为：$a_{1:7} = (1/\sqrt{3})a_{2:17}$，$c_{1:7} = (1/3)c_{2:17}$。实心圆圈对应的主相晶格常数之比 c/a 接近 0.8399，是典型的 Th$_2$Zn$_{17}$ 结构数值；空心圆圈对应的 c/a 接近 0.869，表明主相为 TbCu$_7$ 结构；半实心圆圈的 c/a 介于两者之间，为混合结构。当 $v_s \geqslant 50$m/s 时存在少量的非晶态相，为了使图面整洁而没有标出来。由图 2-94 可以看到，在图中所示的快淬轮面线速度和 Sm 含量范围内，除了在靠近平衡态的低快淬速度（$v_s < 7$m/s）时已出

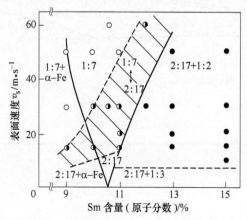

图 2-94　快淬 Sm-Fe 系部分的（9% ≤Sm≤15%）非平衡相图[64]

（实心圆圈对应 Th$_2$Zn$_{17}$ 结构，空心圆圈对应 TbCu$_7$ 结构，半实心圆圈为两者的混合结构）

现的 Th_2Zn_{17} 型结构 Sm_2Fe_{17} 相和 α-Fe 外，还出现了 $TbCu_7$ 型结构的 $SmFe_9$ 和 $MgCu_2$ 型结构的 $SmFe_2$。随着快淬速度的升高，出现 $TbCu_7$ 型结构 1:7 相的范围逐渐增大，尤其明显的是 $TbCu_7$ 型结构 1:7 相的单相范围呈现 V 形（图中左侧向上的实线与虚线组成）扩张。阴影部分是 $TbCu_7$ 型结构 1:7 相和 Th_2Zn_{17} 型结构 2:17 相之间的转变区域。

参 考 文 献

[1] 陆学善. 相图与相变 [M]. 北京：中国科学技术大学出版社，1990.

[2] 戴永年. 二元合金相图集 [M]. 北京：科学出版社，2009：1094.

[3] 张启运，庄鸿寿. 三元合金相图手册 [M]. 北京：机械工业出版社，2011：30.

[4] Knoch K G. Phase Relations, in Rare-earth Iron Permanent Magnets [G]. Ed. Coey J M D, Clarendon Press. Oxford, 1996：159～177.

[5] 郭青蔚. 金属二元系相图手册 [M]. 北京：化学工业出版社，2009：373～622.

[6] 唐与谌，赵淑萍. 新金属材料，1974：52.

[7] Buschow K H J, den Broeder F J A. The cobalt-rich regions of the samarium-cobalt and gadolium-cobalt phase diagrams [J]. J. Less-Common Metals, 1973, 33：191.

[8] Den Broeder F J A, Westerhout G D, Buschow K H J. Influence of the stability of RCo_5 phases on their permanent magnetic properties [J]. Z. Metallkde, 1974, 65：7510.

[9] 周寿增. 稀土永磁材料及其应用 [M]. 北京：冶金工业出版社，1995：43.

[10] Buschow K H J, Van der Goot A S. Composition and crystal structure of hexagonal Cu-rich rare earth-copper compounds [J]. Acta Cryst. B, 1971, 27：1085.

[11] Khan Y. The crystal structures of R_2Co_{17} intermetallic compounds [J]. Acta Cryst. B 29, 1973：2502.

[12] Kuhn K, Perry A J. The constitution of copper-samarium alloys [J]. Metals Science, 1975, 9：339.

[13] Hansen M, Anderko K. Constitution of Binary alloys [M]. McGraw-Hill Book Company, Inc. , New York, 1958：487.

[14] Glardon R, Kurz W. The cobalt-samarium-copper phase diagram [J]. Z. Metallkde, 1979, 70：386.

[15] Stadelmaier H H, Park H K. The system iron-gadolinium-carbon and its ternary carbidideds [J]. Z. Metallkde, 1981, 72：417.

[16] Morita Y, Urneda T, Kimura Y. Phase-transfomation at high-temperatures and coercivity of Sm-Co-Cu-Fe-magnet alloys [J]. Japan. Inst. Metal, 1986, 50：235～241.

[17] Morita Y, Urneda T, Kimura Y. Phase transformation at high temperature and coecivity of Sm(Co, Cu, Fe, Zr)$_{7.9}$ magnet alloys [J]. IEEE Trans. Magn. , 1987, Mag-23：2702.

[18] Chaban N F, Kuz′ma Y B, Byilonyizhko N S, Kachmar O O, Petryiv N B. Ternary [Nd, Sm, Gd]-Fe-B systems [J]. Dopovidi Akademii Nauk Ukrainskoj RSR. A, 1979, 11：873～876.

[19] 车广灿，梁敬魁，王选章. Nd-Fe-B（B≤50at%）三元系相图的研究 [J]. 中国科学 A，1985：909.

[20] Buschow K H J. Permanent Magnetic Materials based on 3d-rich Ternary Compounds [G]. In Ferromagnetic Materials, Vol. 4, Wohlfarth, E. P. eds. , Elevier Science Publishers B. V. , 1988：8.

[21] Fidler J. Analytical microscope studies of sintered Nd-Fe-B magnets [J]. IEEE Trans. Magn. ,1985, MAG-21：1955.

[22] Burzo E, Kirchmayr H R. Physical properties of $R_2Fe_{14}B$-based alloys [G]. Handbook on the Physics and Chemistry of Rare earth, Vol. 12, Gschneidner K A et al. , eds. ELESVIER Science Publisher, B. V. ,

1989：71.

[23] Matsuura Y, Hirosawa S, Yamamoto H, Fujimura S, Sagawa M, Osamura K. Phase diagram of the Nd-Fe-B ternary system [J]. Jap. J. Appl. Phys. , 1985, 24：L635.

[24] Schneider G, Henig E-Th, Petzow G, Stadelmaier H H. Phase relations in the system Fe-Nd-B [J]. Z. Metallkd, 1986, 77：755.

[25] Landgraf F J G, Missell F P, Knoch K G, Grieb B, Henig E-Th. Binary Fe-Nd metastable phases in the solidification of Fe-Nd-B alloys [J]. J. Appl. Phys. , 1991, 70：6107.

[26] Knoch K G, Reinch B, Petzow G. $Nd_2Fe_{14}B$-its rigion of primary solidification [J]. Z. Metallkd, 1994, 85：350.

[27] Pearson W B. A Handbood of Lattice Spacing & Structure of Metals & Alloys Vol. 2 [M]. Pergamon, Oxford, 1967.

[28] Kubaschewski O. Iron Binary Phase Diagrams [M]. Springer Verlag, Berlin, 1982.

[29] Spear K E. Phase Diagrams [M]. Material Science & Technology, Vol. 6-Ⅳ, ed. Alper A M, Academic Press, New York, 1976.

[30] Schneider G, et al. Proc. 5th Inter. Symposium on Magnetic Anisotropy and Coercivity in Rare earth Transition Metal Alloys, Bad sodden FRG, ed. by Deutsche Physikalische Gesellschatt, 1987：347.

[31] 田静华，黄毅英，梁敬魁. Pr-Fe-B 三元系 [J]. 中国科学 A, 1987：159.

[32] Hirosawa S, Matsuura Y, Yamamoto H, Fujimura S, Sagawa M. Magnetization and magnetic anisotropy of $R_2Fe_{14}B$ measured on single crystals [J]. J. Appl. Phys. , 1986；59：873~879.

[33] Chernyak G V, Chaban N F, Kuzma Y B. Ternary systems {Dy, Er} -Fe-B [J]. Poroshkovaya Metallurgiya. 1983, 6：65.

[34] Grieb B, Henig E-Th, Schneider G, et al. Proc. 5th Inter. Symposium on Magnetic Anisotropy and Coercivity in Rare earth Transition Metal Alloys, Bad sodden FRG, ed. by Deutsche Physikalische Gesellschatt. e. v, 1987：395.

[35] Grieb B, Henig E-Th, Schneider G, Petzow G. Phase relations in the systems Fe-Dy-B and Fe-Tb-B [J]. Z. Metallkd. , 1989, 80：95.

[36] Lukas H L, Henig E-Th, Petzow G Z. 50 Years reaction scheme after Erich Scheil [J]. Z. Metallkd, 1986, 77：360.

[37] Zhang M C, Ma D G, Hu Q, Liu S Q. A study on new substituted Nd-Fe-B magnets [C]. In New Frontirs in Rare Earth Science and Applications, Vol Ⅱ, Science Press Beijing, China, 1985：967.

[38] Grieb B, Henig E-Th, Martinek G, Stadelmaier H H, Petzow G. Phase relations and magnetic properties of new phases in the Fe-Nd-Al and Fe-Nd-C systems and their influence on magnets [J]. IEEE Trans. Magn. , 1990, Mag-26：1367.

[39] Grieb B, Henig E-Th. The ternary Al-Fe-Nd system [J]. Z. Metallkd, 1991, 82：560.

[40] Grieb B. Ph. D. Thesis, Univ. of stuttgart, 1991.

[41] Tokunaga M, Nozawa Y, Iwasaki K, et al. Ga added Nd-Fe-B sintered and die-upset magnets [J]. IEEE Trans. Magn. , 1989, Mag-25：3561.

[42] Knoch K G, Grieb B, Henig E-Th, Kronmuller H, Petzow G. Upgraded Nd-Fe-B-AD (AD = Al, Ga) magnets：wettability and microstructure [J]. IEEE Trans. Magn. , 1990, Mag-26：1951.

[43] Chang W C, Paik C K, Nakamira H, Takahasi N, Sugimoto S, Okada M, Homma M. The magnetic properties of hot-rolled $Pr_{17}Fe_{77.5}B_4M_{1.5}$ (M = Cu/Ga/Ag/Al/In/Pb) alloys [J]. IEEE Trans. Magn. , 1990, Mag-26：2684.

[44] Shimoda T, Akioka K, Kobayashi O, Yamagami T. High-energy cast Pr-Fe-B magnets [J].

J. Appl. Phys. , 1988, 84: 5290.

[45] Shimoda T, Akioka K, Kobayashi O, et al. 11th Int. Workshop on Rare Earth Magnets and their Applications, Pittsburgh (USA), 1990: 17.

[46] Kianvash A, Harris I R. Magnetic properties of the sintered magnets produced from a Nd- Fe- B- Cu- type material [J]. J. Appl. Phys. , 1991, 70: 6453.

[47] Krentz J E, Lee R W, Waldo R A. Proc. 5th Joint Magnetism and Magnetic Materials Conf. , Pittsburgh (USA), 1991.

[48] Fidler J. Transmission electron- microscope characterization of cast and hot- worked R- Fe- B- Cu (R = Nd, Pr) permanent- magnets [C]. Conf. Magn. Magn. Mater. , and their Appl. , Section I, La Habana, Cuba, 1991; J. Appl. Phys. , 1991, 70: 6456 ~ 6458.

[49] Kianvash A, Harris I R. The effect of heat treatment on the microstructure and magnetic properties of sintered magnets produced from Nd- Fe- B based alloys with and without Cu substitution [J]. J. Alloy Comp. , 1992, 178: 325.

[50] Knoch K G, Harris I R. Prepraration of a new ternary phase $Nd_{30} Fe_{65} Cu_5$ [J]. Z. Metallkd, 1992, 83: 338.

[51] Muller C, Reinsch B, Petzow G. Phase relations in the system Nd- Fe- Cu [J]. Z. Metallkd, 1992, 83: 845.

[52] Knoch K G. Phase relations [G]. In: Coey J M D ed. Rare- Earth Iron Permanent Magnets. Oxford: Clarendon Press, 1996: 159 ~ 177.

[53] Li J Q, Zhang W H, Yu Y J, Liu F S, Ao W Q, Yana J L. The isothermal section of the Nd-Fe-Ga ternary system at 773K [J]. J. Alloys Comp. , 2009, 487: 116.

[54] Grieb B, Henig E-Th, Reinsch B, et al. The ternary system Fe-Nd-C [J]. Z. Metallkd, 2001, 92: 172.

[55] Schnitzke K, Schultz L, Wecker J, and Katter M. Sm- Fe- Ti magnets with room- temperature coercivities above 50kOe [J]. Appl. Phys. s Lett. , 1990, 56: 587.

[56] Buschow K H J. Intermetallic compounds of rare- earth and 3d transition metals [J]. Rep. Prog. Phys. , 1977, 40: 1179.

[57] Ohashi K, Yokohama T, Osugi R, Tawara Y. The magnetic and structural properties of R- Ti- Fe ternary compounds [J]. IEEE Trans. Magn. , 1987, Mag-23: 3101.

[58] Reinsch B, Grieb B, Henig E-Th, Petzow G. Phase relations in the system Sm-Fe-Ti and the consequences for the production of permanent magnets [J]. IEEE Trans. Magn. , 1992, Mag-28: 2832.

[59] Fritz K, Grieb B, Henig E-Th, Petzow G. The influence of Dy on the phase relations of (Nd,Dy)-Fe-B alloys [J]. Z. Metallkd. , 1992, 83: 157.

[60] Stadelmaier H H, El- Masry N A. Understanding rare earth permanent magnet alloys [C]. Proc. 4th Inter. Symposium on Magnetic Anisotropy and Coercivity in Rare earth Transition Metal Alloys, Dayton, Ohio, ed. by Univ. of Dayton, USA, 1985: 613.

[61] Grieb B, Fritz K, Henig E- Th. As- cast magnet based on Fe- Nd- C [J]. J. Appl. Phys. , 1991, 70: 6447.

[62] Grieb B, Pithan C, Henig E-Th, Petzow G. Replacement of Nd by an intermetallic phase in the intergranular region of Fe-Nd-B sintered magnets [J]. J. Appl. Phys. , 1991, 70: 6354.

[63] Pashkov P P, Pokrovsky D V, Malakhov G V, et al. Some features of ternary Nd-Fe-50 at. % B metastable phase diagram [C]. Proc. 5th Inter. Symposium on Magnetic Anisotropy and Coercivity in Rare earth Transition Metal Alloys, Pittsburgh, Pennsylvania, ed by Carnegie Mellon Unicersity, 1990: 127.

[64] Katter M, Wecker J, Schultz L. Structural hard magnetic properties of rapidly solidified Sm_Fe-N [J]. J. Appl. Phys. 1991, 70: 3188.

第 **3** 章

稀土过渡族金属间化合物的晶体结构

第 2 章介绍了与稀土永磁材料相关的稀土（R）过渡族金属（T）的合金相图，本章关注在这些相图中所出现的与稀土永磁材料相关的稀土过渡族金属间化合物的晶体结构。首先介绍在稀土过渡族合金相图中所出现的二元和三元稀土过渡族金属间化合物，然后介绍在二元稀土过渡族金属间化合物中最基本的 $CaCu_5$ 型结构，即第一代稀土永磁材料 $SmCo_5$ 的晶体结构。随后给出二元稀土过渡族金属间化合物系列间不同类型晶体结构之间的转换关系，并在此基础上，着重介绍已广泛应用的第二代稀土永磁材料 $Sm_2(CoCuFeZr)_{17}$ 的晶体结构：Th_2Zn_{17}、Th_2Ni_{17} 和 $TbCu_7$，也介绍了一些与稀土永磁材料相关的其他二元稀土过渡族金属间化合物的晶体结构。然后介绍第三代稀土永磁材料 $Nd_2Fe_{14}B$ 晶体结构，以及相关的其他三元稀土过渡族金属间化合物的晶体结构。最后，介绍有一定应用潜力的间隙原子稀土过渡族金属间化合物的晶体结构。

3.1　稀土过渡族金属间化合物的晶体结构概述

3.1.1　晶体结构的一般描述

晶体结构就是晶体的微观结构，是指晶体中实际质点（原子、离子或分子）的具体排列情况。这些质点是有规则地排列而成的，它们组成所谓的晶格，它们在晶格中的位置称为晶格的结点，这些结点的集合体称为点阵。在晶格中，总可以选取一定的单元，并将它不断重复地在三维空间中平移，其每次的位移或为 a，或为 b，或为 c，就可以得出整个晶格。这个单元称为晶胞。自然，人们应当选取尽可能小的晶胞，但为了更好地表明晶格的对称性，人们有时宁可选取较大的晶胞。为了便于说明晶格点阵的配置，通常引入一组对称轴线，称为晶轴，然后采用空间三轴坐标系来描述晶胞的晶体结构，即用 a、b、c 分别表示构成晶胞的三个晶轴的基向量，基向量的长度 a、b、c 为晶胞的晶格常数，基向量彼此间的夹角定义如下：α 为 b 和 c 的夹角、β 为 c 和 a 的夹角、γ 为 a 和 b 的夹角，六个晶胞参数 a、b、c、α、β、γ 共同表征晶胞的晶体结构。根据基向量的长短（a、b、c）及其夹角的大小（α、β、γ），在满足欧几里德空间平移和旋转对称性的数学要求下，可以将全部晶体划分为 7 个晶系：三斜晶系、单斜晶系、正交晶系（也称斜方晶系）、四角晶系（也称四方晶系）、立方晶系、六角晶系（也称六方晶系）和三角晶系（也称三方、菱方晶系）。例如，四方晶系的晶胞由三个相互垂直的晶轴组成，且有唯一的高次对称轴（四重轴或四重反轴），通常设定这个高次对称轴为 c-轴，则有 $a = b \neq c$ 和 $\alpha = \beta = \gamma = 90°$。7 个晶系的特征列于表 3-1 中。稀土过渡族金属间化合物大都是以金属晶体形式存在，这 7

个晶系在稀土过渡族金属间化合物中都有可能出现。

表3-1   晶系特征

晶 系	特 征	
三斜晶系	$a \neq b \neq c$	$\alpha \neq \beta \neq \gamma \neq 90°$
单斜晶系	$a \neq b \neq c$	$\alpha = \beta = 90° \neq \gamma$
正交晶系	$a \neq b \neq c$	$\alpha = \beta = \gamma = 90°$
四角晶系	$a = b \neq c$	$\alpha = \beta = \gamma = 90°$
立方晶系	$a = b = c$	$\alpha = \beta = \gamma = 90°$
六角晶系	$a = b \neq c$	$\alpha = \beta = 90°$，$\gamma = 120°$
	四轴坐标系：三个等长轴 a_1，a_2，a_3 在同一平面内作 120°角，第四轴 c 与它们垂直，$c \neq a$	
三角晶系	$a = b = c$	$\alpha = \beta = \gamma \neq 90°$

对于六方晶体而言，为了适应其对称配置，常选用四轴坐标系来描述晶体结构，并用四个数字来标定方向或平面指数，如图 3-1（b）所示。在四轴坐标系中，指定六次对称轴作为 c 轴，以 [0001] 表征，而其他三个坐标轴 a_1、a_2、a_3 在垂直于 c 轴的平面内，轴间的夹角为 120°，三个轴的基向量的大小相等，即 $a_1 = a_2 = a_3 = a$，分别以 [1000]、[0100] 和 [0010] 表征。在三轴坐标系中，同样选用 6 度对称轴为 c 轴，以 [001] 表示，而选用与 c 轴垂直的 (001) 平面上的其他三个等长轴 a_1、a_2、a_3 轴中的二个轴为 a 和 b 轴，分别以 [100] 和 [010] 表示，见图 3-1（a）。显然，在三轴坐标系的 (001) 平面上不能显示六方晶系的六次对称特征。在六方晶体中，除了一个 6 度对称的 c 轴外，还有三个二次对称轴，见六方晶体底面所示的三根细线。通常，人们把与 c 轴垂直的三个等长轴称为 a 轴，而称三个二次对称轴为 b 轴。在图 3-1（a）和（b）中还分别标出了在三轴和四轴坐标系中八个不同晶面（阴影显示）的晶面指数。对比图 3-1（a）和图 3-1（b）可看到，在四轴坐标系中，在外侧面的同样的六个晶面和在底面的三个二次对称轴的指数都规律化了，且在四个指数中，它们均由两个 1 和两个 0 组成，除了第四个指数数字皆为 0 外，其余三个指数数字按其对称的规律而改变其位置及正负符号，见表 3-2。上述指数的这种规律性变化清晰地反映了六方晶体的对称性特征。因此，在六方晶体中利用四

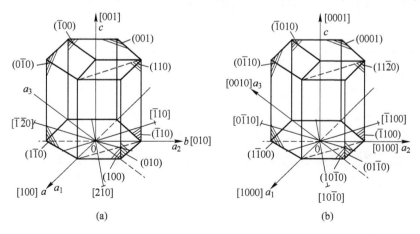

图 3-1   六方晶系的三轴和四轴坐标系

（a）三轴坐标系；（b）四轴坐标系

表 3-2　六方晶系在三轴与四轴坐标系中标定晶面、晶向符号的比较

四轴坐标系	三轴坐标系
$(10\bar{1}0)$	(100)
$(01\bar{1}0)$	(010)
$(\bar{1}100)$	$(\bar{1}10)$
$(\bar{1}010)$	$(\bar{1}00)$
$(0\bar{1}10)$	$(0\bar{1}0)$
$(1\bar{1}00)$	$(1\bar{1}0)$
$[10\bar{1}0]$	$[210]$
$[\bar{1}100]$	$[\bar{1}10]$
$[0\bar{1}10]$	$[\bar{1}20]$

轴坐标系来标定晶格点阵直线和点阵平面的指数，其优越性在于可以消除三轴坐标系标定晶格点阵直线和点阵平面的指数的不规律性。

3.1.2　二元和三元稀土过渡族金属间化合物的晶体结构

由第 2 章可知，在二元、三元和四元系相图中，存在大量的稀土化合物，与三代稀土永磁材料相关的稀土化合物仅存在于稀土过渡族金属间化合物中。表 3-3 和表 3-4 分别给出了一些目前已经研究并确定了晶体结构的二元[1~8]和三元[5,9~14]稀土过渡族金属间化合物。在这两个表中列出了化合物的种类、晶格对称性、空间群、结构类型和可能形成化合物的过渡族金属元素。

表 3-3　二元稀土过渡族金属间化合物概况[1~8]

成　分	对称性	空间群	结构类型	过渡族金属	文献
R_3T	正交	$Pnma$	Al_3Ni	Ni、Co	[1]
R_7T_3	六方	$P6_3mc$	Th_7Fe_3	Ni	[1]
R_4T_3	六方	$P6_3/m$	Ho_4Co_3	Co	[1]
RT	正交	$Pnma/Cmcm$	FeB 或 CrB	Ni	[1]
RT_2	立方	$Fd3m$	$MgCu_2$	Ni、Co、Fe、Mn	[1]
	六方	$P6_3/mmc$	$MgZn_2$	Mn	[1]
RT_3	六方	$P6_3/mmc$	Ce_2Ni_3	Ni	[1]
	菱形	$R\bar{3}m$	$PuNi_3$	Ni、Co、Fe	[1]
R_2T_7	六方	$P6_3/mmc$	Ce_2Ni_7	Ni、Co	[1]
	菱形	$R\bar{3}m$	Gd_2Co_7	Ni、Co	[1]
R_5T_{19}	六方	$P6_3/mmc$	Pr_5Co_{19}	Ni、Co	[1]~[3]
	菱形	$R\bar{3}m$	Ce_5Co_{19}	Co	[4]
R_6T_{23}	立方	$Fm3m$	Th_6Mn_{23}	Fe、Mn	[1]
RT_5	六方	$P6/mmm$	$CaCu_5$	Ni、Co	[1]
RT_7	六方	$P6/mmm$	$TbCu_7$	Co	[5]、[6]
	菱形	$R\bar{3}m$	$CeFe_7$	Fe	[7]
	四方	$P4_2/mnm$	$SmFe_7$	Fe	[8]

成　分	对称性	空间群	结构类型	过渡族金属	文献
R_2T_{17}	六方 菱形	$P6_3/mmc$ $R\bar{3}m$	Th_2Ni_{17} Th_2Zn_{17}	Ni、Co、Fe Co、Fe	[1] [1]
RT_{12}	四方	$14/mmm$	$ThMn_{12}$	Mn	[1]

注：具有六方 $TbCu_7$ 型结构的 RCo_7 相存在于高温环境[6]。

表 3-4　三元稀土过渡族金属间化合物概况[5,9~14]

成　分	对称性	空间群	结构类型	过渡族金属 （T）	其他过渡族或主族 金属或类金属（M）	非金属 （X）	文献
$R(T_{1-x}M_x)_{13}$	立方	$Fm3c$	$NaZn_{13}$	Fe, Co, Ni	Si		[9]
$R(T_{1-x}M_x)_{12}$	四方	$I4/mmm$	$ThMn_{12}$	Fe, Co, Ni, Mn	Ti, V, Cr, Mo, W, Nb, Al, Si		[9]
RT_9M_2	四方	$I4_1/amd$	$BaCd_{11}$	Fe, Co	Si		[9]
$R_3(Fe_{1-x}M_x)_{29}$	单斜	$P2_1/c$ $A2/m$	$Nd_3(Fe,Ti)_{29}$	Fe, Co, Ni	Mn, Ti, V, Cr, Mo		[10]、[11] [12]
$R(T,M)_7$	六方	$P6/mmm$	$TbCu_7$	Fe, Co, Ni	Cu, Ti, Zr, Hf, Si	N	[5]
RT_4M	立方	$F\bar{4}3m$	RNi_4Au	Ni	Au		[9]
$R_5(Fe,Ti)_{17}$	六方	$P6_3/mcm$	Nd_5Fe_{17}	Fe	Ti		[13]、[14]
$R_6T_{11}M_3$	四方	$I4/mcm$	$La_6Co_{11}Ga_3$	Fe, Co	Ga, Al, Si		[9]
$R_2Fe_{17}X_3$	六方 菱形	$P6_3/mmc$ $R\bar{3}m$	Th_2Ni_{17} Th_2Zn_{17}	Ni、Co、Fe Co、Fe		H; N, C H; N, C	[9] [9]
$R_2T_{14}X$	四方	$P4_2/mnm$	$Nd_2Fe_{14}B$	Fe, Co, Ni		B, C	[9]
RT_4X	六方	$P6/mmm$	$CeCo_4B$	Fe, Co, Ni		B	[9]
$R_3T_{11}X_4$	六方	$P6/mmm$	$Ce_3Co_{11}B_4$	Co		B	[9]
$R_2T_7X_3$	六方	$P6/mmm$	$Ce_2Co_7B_3$	Fe, Co		B	[9]
$R_3T_7X_2$	四方	$P6_3/mmm$	$CeNi_3$	Ni		B	[9]
$RT_{12}X_6$	三角	$R\bar{3}m$	$SrNi_{12}B_6$	Fe, Co		B	[9]
$R_2T_{12}X_7$	四方	$P\bar{6}$	$Zr_2Fe_{12}P_7$	Fe, Co		P	[9]
RT_8X_5	正交	$Pmmm$	$LaCo_8P_5$	Co		P	[9]
$R_1T_3X_2$	六方	$P6/mmm$	$CeCo_3B_2$	Co		B	[9]
$R_{1+\varepsilon}T_4X_4$	正交	$Pccn$	$Nd_{1.1}Fe_4B_4$	Fe, Co, Ni, Os, Ir		B	[9]

在表 3-3 的二元稀土过渡族金属间化合物 R-T 系中，存在大量不同类型的化合物，其中多数化合物的结构形式是相互关联的，并均来源于 $CaCu_5$ 型的六方晶体结构[1]。它们可以通过对二元稀土过渡族金属间化合物的基本晶体结构单元——$CaCu_5$ 的简单替代，并伴随层的改变而获得（见 3.3 节）。在二元 R-T 系列中，包含了著名的第一代和第二代稀土

永磁材料 $SmCo_5$ 和 Sm_2Co_{17}。

在表 3-4 的三元化合物中，多数化合物的结构之间是没有关联的，但少数化合物的结构与 $CaCu_5$ 型的六方晶体结构相关。其中，与永磁材料相关的最著名的是第三代稀土永磁材料 $Nd_2Fe_{14}B$，它的发现和大规模的生产和应用，对高新技术和现代人们的日常生活都产生了巨大的影响。目前，Nd-Fe-B 材料已是许多高新技术中不可或缺的功能材料。

除了 $Nd_2Fe_{14}B$ 相外，还有一些受到高度重视和广泛研究的化合物，如 $R_2Fe_{17}X_3$、$R(Fe,M)_{12}$、$R_3(Fe,M)_{29}$（其中 M = Ti、V、Cr、Mo 等）和 $Sm(T,M)_7$（其中 T = Co，Fe 和 M = Zr、Ti 等），它们都与二元的 $CaCu_5$ 型结构密切相关。除了 $R_2Fe_{17}X_3$ 本身在室温下就是稳定相外，其他化合物的稳定均需靠第三元来实现。

许多过渡族金属含量高的稀土过渡族金属间化合物具有很强的磁性，它们是广大磁学工作者所感兴趣的磁性材料，但对于永磁工作者来说，更关注其中具有强单轴磁晶各向异性的那部分化合物。

依据磁学和晶体学理论，具有强单轴磁晶各向异性的材料只能存在于具有非立方对称的晶体结构的化合物中，这些晶体结构往往含有一个高对称性的单轴，譬如六方对称的 $CaCu_5$、Th_2Zn_{17}、Th_2Ni_{17} 和 $TbCu_7$ 型结构中的 [0001] 轴，四方对称的 $ThMn_{12}$ 和 $Nd_2Fe_{14}B$ 型结构中的 [001] 轴等。事实上，第一代 $SmCo_5$ 和第二代 Sm_2Co_{17} 稀土永磁材料都具有六方对称结构，而第三代稀土永磁材料 Nd-Fe-B 磁体的主相 $Nd_2Fe_{14}B$ 具有四方对称结构，在这些结构中都包含了一个独特的高对称轴。另外一些有应用潜力的其他稀土永磁材料，如 $Sm(Co,T)_7$、$Sm_2Fe_{17}N_3$、$NdFe_{11}TiN$ 和 $Sm_3(Fe,T)_{29}N_4$ 等也均为上述两种类型的晶体结构之一，或为两者的结合。

3.2　$CaCu_5$ 型晶体结构

在二元稀土过渡族金属间化合物 R-T 系列中，$CaCu_5$ 型结构是最基本的晶体结构单元。在表 3-3 中，多数化合物均可由 $CaCu_5$ 型晶体结构通过原子的有序替代，同时改变结构单元（原子层）的堆垛顺序而转变得到。

图 3-2 展示了 $CaCu_5$ 型晶体结构的三种不同表现形式。其中，图 3-2 (b) 展示 $CaCu_5$ 型结构的一个晶胞，每个晶胞对应 1 个 $CaCu_5$ 分子式，包含 1 个 Ca 原子和 5 个 Cu 原子，Cu 原子还能分为两个不等价的晶位——与 Ca 在同一层的小空心圆圈和独立于 Ca 层之外的小实心圆圈。在二元稀土过渡族金属间化合物中，稀土原子 R 占据 Ca 原子晶位，过渡金属原子 T 占据 Cu 原子晶位。图 3-2 (a) 给出了更能反映 $CaCu_5$ 型晶体结构对称性的空间图。该图清楚地显示出其六方晶系对称的特点（空间群为 $P6/mmm$），以及具有 6 度对称的 [0001] 晶轴——c 轴。在一个六方对称 $CaCu_5$ 型晶体结构空间图中包含三个 $CaCu_5$ 晶胞，可由图 3-2 (b) 的晶胞旋转 120° 和 240° 而获得。晶胞中 Ca 原子晶位（图中的大空心圆圈）是具有六角点对称 $6/mmm$ 的 $1a$ 晶位；二个 Cu 原子占据 $2c$ 晶位（图中的小空心圆圈），它们与 Ca 原子在同一层内；三个 Cu 原子占据 $3g$ 晶位（图中的小实心圆圈），它们处于两个 Ca-Cu 原子层的中间层上。在三轴坐标系中，三个不等价晶位的坐标分别如下：

Ca 的 $1a$ 晶位：(0, 0, 0)；

Cu 的 2c 晶位: $\left(\dfrac{1}{3},\dfrac{2}{3},0\right)$ 和 $\left(\dfrac{2}{3},\dfrac{1}{3},0\right)$;

Cu 的 3g 晶位: $\left(\dfrac{1}{2},\dfrac{1}{2},\dfrac{1}{2}\right)$、$\left(\dfrac{1}{2},0,\dfrac{1}{2}\right)$ 和 $\left(0,\dfrac{1}{2},\dfrac{1}{2}\right)$。

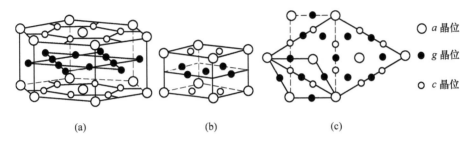

○ a 晶位

● g 晶位

○ c 晶位

(a)　　　　　　(b)　　　　　　(c)

图 3-2　CaCu₅晶体结构

(a) 晶体结构空间图;(b) 一个晶胞的空间图;

(c) 在 (001) 平面上延伸的晶体结构投影图

从图 3-2 (a) 和 (b) 可看到,$z=0$ 的 1a 晶位 Ca 和 2c 晶位 Cu 构成一个 Ca、Cu 混合原子层 A,$z=1/2$ 的 3g 晶位 Cu 构成另一个只含 Cu 的原子层 B,因此,CaCu₅型晶体结构可以看作由 A、B 两个原子层沿着三轴坐标系的 [001] 轴或四轴坐标系的 [0001] 轴交替堆垛而成的,堆垛顺序为 ABABAB…。

图 3-2 (c) 是延伸了的 CaCu₅型晶体结构原子在三轴坐标系 (001) 平面或四轴坐标系 (0001) 平面上的投影图。图中的空心圆圈和实心圆圈分别属于 A 层和 B 层,其中左下方实线所围的小菱形就是 CaCu₅的晶胞基平面,以这个小菱形右上角的 Ca 原子为中心,周边对称排列的另 6 个 Ca 原子及其内部的 Cu 原子构成图 3-2 (a) 的三晶胞空间图,并可见到这三个晶胞的旋转对称关系。图中用实线所围的大菱形代表与 CaCu₅型晶体结构密切相关的 Th₂Ni₁₇或 Th₂Zn₁₇型结构的基平面,用虚线所围的长方形则代表同样与 CaCu₅密切相关的正交晶系晶胞的基平面[13]。从本章后面将展开的叙述可以看到,由最基本的晶体结构单元——CaCu₅型晶体结构,可以衍生出许多相关的晶体结构,它们之间的转换关系可以通过数学公式严格关联。

几乎所有的稀土元素都可以与 Co 和 Ni 生成稳定的 CaCu₅型结构的二元金属间化合物 RT_5(R = 稀土元素,T = Co、Ni),唯独缺的是 RFe_5。R 占据 CaCu₅型结构的 1a 晶位,T 分别占据 CaCu₅型结构的 2c 晶位和 3g 晶位。RCo_5化合物的晶格常数和理论密度参见表 4-24,而 RNi_5化合物相关的晶格参数列于表 3-5 中[1]。众所周知的第一代稀土永磁材料就是从其中的 RCo_5化合物中发展出来的。

表 3-5　RNi₅化合物的晶结常数、晶胞体积和理论密度[1]

化合物	a/nm	c/nm	V/nm^3	$d/g \cdot cm^{-3}$
LaNi₅	0.5014	0.3983	0.8672	8.30
CeNi₅	0.4878	0.4006	0.08255	8.75
PrNi₅	0.4957	0.3976	0.08461	8.55
NdNi₅	0.4952	0.3976	0.08444	8.63

化合物	a/nm	c/nm	V/nm^3	d/g·cm^{-3}
SmNi$_5$	0.4924	0.3974	0.08344	8.86
EuNi$_5$	0.4911	0.3965	0.08281	8.96
GdNi$_5$	0.4906	0.3968	0.08271	9.07
TbNi$_5$	0.4894	0.3966	0.08226	9.16
DyNi$_5$	0.4872	0.3968	0.08157	9.31
HoNi$_5$	0.4872	0.3966	0.08152	9.36
ErNi$_5$	0.4858	0.3965	0.08104	9.46
YbNi$_5$	0.4841	0.3965	0.08047	9.65
YNi$_5$	0.4891	0.3961	0.08206	7.76

3.3 二元 R-T 化合物的晶体结构转变

CaCu$_5$型结构的 R-T 化合物中，不同性质的原子如 R 或 T 并非只能分别进入 Ca 的 $1a$ 晶位或 Cu 的 $2c$ 和 $3g$ 晶位，原子半径较大的 R 原子可以单独进入本应由 T 原子占据的 $2c$ 或 $3g$ 晶位，或者原子半径较小的 T 原子以 T-T 哑铃对的形式由两个 T 原子占据一个 R 应占据的 $1a$ 晶位，因此能生成一些稀土原子数与过渡族金属原子数之比偏离 1/5 的富稀土元素或富过渡族元素的二元 R-T 金属间化合物。在单一 R 原子进入 T 原子晶位的情形中，如果假设在 m 个 RT$_5$分子中有 n 个 T 原子被 n 个 R 原子替代，则它们的成分通式可以表示为 R$_{m+n}$T$_{5m-n}$（$n < m$，m 和 n 均是正整数）。对于富过渡族元素的化合物，如果假设在 m 个 RT$_5$分子中有 n 个 R 原子被 n 个哑铃对 T-T 所替代，则它们的成分通式又可以表示为 R$_{m-n}$T$_{5m+2n}$。依据晶体学的观点，仅简单整数比组分的化合物才易于满足等效点的要求，且衍生化合物的结构与组成该化合物的原晶胞 RT$_5$数目 m 密切相关[15]。

图 3-2(c) 的大菱形实线和长方形虚线意味着，具有六方、菱形、正交结构的衍生化合物与原晶胞 RT$_5$之间存在确定的关系。哑铃对 T-T 原子有序替代某一个位置的 R 原子，在基平面上衍生晶胞的底面积应为原晶胞 RT$_5$底面积的整数倍。因此，通过原子的有序替代和同时改变结构单元（原子层）的堆垛顺序，可以完成从 CaCu$_5$型晶体结构到其他衍生类二元稀土过渡族金属间化合物晶体结构的转变。

图 3-3 展示出一些富过渡族金属的二元稀土过渡族金属间化合物晶体结构在 c 轴方向的堆垛排布[1]。在图中将 CaCu$_5$型晶体结构的晶胞的由一个"日"字形状简化表示，上下两实线代表上下底层，中间虚线代表中间层。

3.3.1 富稀土二元 R$_{m+n}$T$_{5m-n}$化合物的晶体结构转变

在表3-3 汇总的二元稀土过渡族金属间化合物 R$_{m+n}$T$_{5m-n}$类型中，相对于 RT$_5$而言，大多数是的富稀土元素二元 R-T 化合物，如 R$_3$T、R$_7$T$_3$、R$_4$T$_3$、RT、RT$_2$、RT$_3$、R$_2$T$_7$、R$_5$T$_{19}$和 R$_6$T$_{23}$等。在通式 R$_{m+n}$T$_{5m-n}$中，$m+n$ 表示稀土元素的原子数，$5m-n$ 表示过渡族元素的原子数，通过简单变量 m 和 n 的联立方程，可计算出稀土元素和过渡族元素的原子数

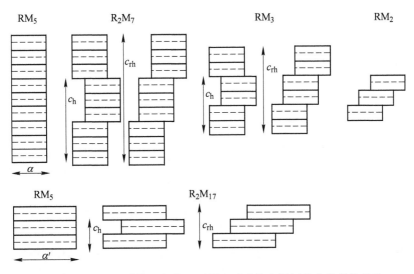

图 3-3 一些富过渡族金属的二元稀土过渡族金属间化合物晶体结构
在 c 轴方向的堆积排布[1]

目为整数 m 和 n 的组合，这些值已列在表 3-6 中。可看到，R_3T、RT、RT_2、RT_3、R_2T_7 和 R_5T_{19} 都具有非常简单的替代关系。下面将分别阐述 RT_5 向 RT_2、RT_3、R_2T_7 和 R_5T_{19} 转变的情况。

表 3-6 富稀土二元 R-T 化合物的稀土-过渡元素原子比与
RT_5 晶胞个数 m 及 T 原子替代数 n 的关系[15]

化合物	R_3T	R_7T_3	R_4T_3	RT	RT_2	RT_3	R_2T_7	R_5T_{19}	R_6T_{23}
N_R	3	7	4	1	1	1	2	5	6
N_T	1	3	3	1	2	3	7	19	23
m	2	5	7	1	1	2	3	4	29
n	7	16	17	2	1	1	1	1	7

3.3.1.1 RT_5 至 RT_2

如表 3-6 所示，RT_2 对应的 $m=1$、$n=1$，即在一个 RT_5 晶胞中减少一个 T，补充一个 R。由 RT_5 结构转变为 RT_2 结构的反应式如下：

$$RT_5 + R - T = 2RT_2 \tag{3-1}$$

但实际的 RT_2 结构并不是在一个 RT_5 晶胞上变换，而是用 3 个 RT_5 晶胞当作基本结构单元，将每一个 RT_5 晶胞的顶面或底面上两个 T 原子中的一个用一个 R 原子来替代，即构成一个新单元 R_2T_4（相应于 RT_2 型化合物的 Laves 相），同时使这个单元沿基平面作相对位移，然后沿 c 轴方向堆垛，3 个 R_2T_4 新单元错位堆垛成的新结构便是 RT_2 型结构。此时的 RT_2 化合物是六方的 $MgZn_2$ 型结构（Laves 相的一种形式），且仅 Mn 具有这种结构（见文献［1］附录表 A1e），这种结构的堆垛情况如图 3-3 中 RT_2 下方所示。实际上，还存在大量的另一种立方 $MgCu_2$ 型结构（见文献［1］附录表 A1a～e）和极少量的六方 $MgNi_2$ 型结构的 Laves 相 RM_2 化合物。

3.3.1.2　RT_5 至 RT_3

RT_3 对应的 $m=2$、$n=1$，即在两个 RT_5 晶胞中减少一个 T，补充一个 R。由 RT_5 结构转变为 RT_3 结构的反应式如下：

$$2RT_5 + R - T = 3RT_3　　或　RT_5 + R_2T_4 = 3RT_3 \tag{3-2}$$

选取 6 个 RT_5 晶胞，并分为 3 组，每 2 个 RT_5 晶胞当作一个基本结构单元，并将每一个单元中第二个 RT_5 晶胞的顶面或底面上两个 T 原子中的一个用一个 R 原子来替代，转换成 R_2T_4，与下面的 RT_5 单元叠加构成了一个新单元 $RT_5 + R_2T_4$，由 3 个新单元沿基平面作相对位移，再沿 c 轴堆垛成的新结构便是 RT_3 型结构。可见，RT_3 化合物可认为由 $CaCu_5$ 和 Laves 相堆垛而成。RT_3 化合物有两种结构类型：一种是由 2 个单元所堆垛成的六方 $CeNi_3$ 型结构，用 1:3H 代表；另一种是由 3 个单元所堆垛成的菱形 $PuNi_3$ 型结构，用 1:3R 代表。两者的差别在于第三个结构单元沿基平面相对位移的方向不同，如在图 3-3 中 RT_3 下方所示，前者是短 c 轴的 ABAB 堆垛，用 c_h 标识；后者则为长 c 轴的 ABCABC 堆垛，用 c_{rh} 标识。能形成 RT_3 型化合物的过渡族金属有 Ni、Co、Fe 等（详见文献 [1] 附录表 A1a~d）。

3.3.1.3　RT_5 至 R_2T_7

R_2T_7 对应的 $m=3$、$n=1$，即在三个 RT_5 晶胞中减少一个 T，补充一个 R。由 RT_5 结构转变为 R_2T_7 结构的反应式如下：

$$3RT_5 + R - T = 2R_2T_7　　或　2RT_5 + R_2T_4 = 2R_2T_7 \tag{3-3}$$

选取 9 个 RT_5 晶胞，也分为 3 组，每 3 个 RT_5 晶胞当作一个基本结构单元，将每一个单元的第三个 RT_5 晶胞的顶面或底面上两个 T 原子中的一个用一个 R 原子来替代，仍然构成单元 R_2T_4，与下层的两个 RT_5 晶胞共同构成新的结构单元 $2RT_5 + R_2T_4$，三个新结构单元依次沿基平面作相对位移，然后在 c 轴方向堆垛，即构成 R_2T_7 型结构。可见，与 RT_3 化合物一样，R_2T_7 化合物也可认为由 $CaCu_5$ 和 Laves 相堆垛而成。R_2T_7 化合物也有两种结构类型：一种是六方的 Ce_2Ni_7 型结构，用 2:7H 代表，空间群为 $P6_3/mmc$，它的一个晶胞由 4 个 R_2T_7 分子组成，共有 36 个原子，其中 8 个是 R 原子，28 个是 T 原子。另一种是菱形的 Gd_2Co_7 型结构，用 2:7R 代表，空间群为 $R\bar{3}m$，它的一个晶胞也由 4 个 R_2T_7 分子组成。六方结构和菱形结构的差别在于，第三个结构单元沿基平面相对位移的方向不同，如图 3-3 中 R_2T_7 下方所示，前者为 ABAB 堆垛，后者为 ABCABC 堆垛，两者的晶格常数 c 之比为 2:3。能形成 R_2T_7 型化合物的过渡族金属有 Ni、Co 等（详见文献 [1] 附录表 A1a~c）。

3.3.1.4　RT_5 至 R_5T_{19}

R_5T_{19} 对应的 $m=4$、$n=1$，即在四个 RT_5 晶胞中减少一个 T，补充一个 R。由 RT_5 结构转变为 R_5T_{19} 结构的反应式如下：

$$4RT_5 + R - T = R_5T_{19}　　或　3RT_5 + R_2T_4 = R_5T_{19} \tag{3-4}$$

选取 12 个 RT_5 晶胞，并分为 3 组。每 4 个 RT_5 晶胞当作一个基本结构单元，将每一个单元的第四个 RT_5 晶胞中的一个 T 原子用一个 R 原子来替代，即构成单元 R_2T_4，与下面的三个 RT_5 晶胞共同构成新的结构单元 $3RT_5 + R_2T_4$，使每一个新结构单元沿基平面作相对位移，再在 c 轴方向堆垛。这样，由 12 个 RT_5 晶胞经过替代后所组成的 3 个新结构单元便可错位并堆垛成 R_5T_{19} 型结构。可见，与 RT_3 和 R_2T_7 化合物一样，R_5T_{19} 化合物也可认为由

CaCu$_5$ 和 Laves 相堆垛而成。R$_5$T$_{19}$ 化合物也有六方和菱形两种结构类型：六方 Pr$_5$Co$_{19}$ 结构用 5:19H 代表，菱形 Ce$_5$Co$_{19}$ 结构用 5:19R 代表。与 RT$_3$ 和 R$_2$T$_7$ 类似，两者的差别在于第三个结构单元沿基平面相对位移的方向不同，如在图 3-3 中 R$_5$T$_{19}$ 下方所示，ABAB 错位堆垛的是 5:19H，ABCABC 错位堆垛的是 5:19R。能形成 R$_5$T$_{19}$ 型化合物的过渡族金属有 Co 和 Ni，其中 Co 可形成六方 Pr$_5$Co$_{19}$ 结构（见文献 [1] 附录表 A1c）和菱形 Ce$_5$Co$_{19}$ 结构[4]，而 Ni 只能形成 Pr$_5$Co$_{19}$ 结构，如 La-Mg-Ni-基的化合物[2,3]。

3.3.2 富过渡族二元 R$_{m-n}$T$_{5m+2n}$ 化合物的晶体结构转变

表3-3 中仅 RT$_7$、R$_2$T$_{17}$ 和 RT$_{12}$ 型化合物相对于 RT$_5$ 是贫稀土但富过渡族元素的，按照 m 个 RT$_5$ 分子中有 n 个 R 原子被 $2n$ 个哑铃对 T-T 替代的假设，这种替代产生的 RT$_5$ 衍生结构的成分通式应表示为 R$_{m-n}$T$_{5m+2n}$，其中 $m-n$ 表示稀土元素的原子数，$5m+2n$ 表示富过渡族元素的原子数，通过简单变量 m 和 n 的联立方程，可以计算出 RT$_7$、R$_2$T$_{17}$ 和 RT$_{12}$ 型化合物分别对应整数对 $(m, n) = (9, 2)$、$(3, 1)$ 和 $(2, 1)$。还有一个常见的二元化合物为 R$_3$T$_{29}$，由上式计算出的 $(m, n) = (5, 2)$。下面将分别阐述 RT$_5$ 向 RT$_7$、R$_2$T$_{17}$、R$_3$T$_{29}$ 和 RT$_{12}$ 转变的情况，与相对于 RT$_5$ 为富稀土金属一样，在进行原子替代的同时，再改变 R 和 T 层的堆垛顺序，就可以获得 CaCu$_5$ 结构中用哑铃对 T-T 替代 R 而衍生出来的新的 R-T 化合物晶体结构。

3.3.2.1 RT$_5$ 至 RT$_7$

RT$_7$ 对应的 $m=9$、$n=2$，即在 9 个 RT$_5$ 晶胞中减少 2 个 R，并补充 2 个 T-T 哑铃对。由 RT$_5$ 结构转变为 RT$_7$ 结构的反应式如下：

$$9RT_5 - 2R + 2 \times 2T = 7RT_7 \tag{3-5}$$

选取一个 RT$_5$ 晶胞，作为一个基本结构单元，用 s 代表；选用另一个 RT$_5$ 晶胞，使它的一个 R 原子被由两个 T 原子组成的哑铃原子对 T-T 所替代，哑铃的"把手"平行于 c 轴，也就是说哑铃对的两个 T 原子沿 c 轴排列，假设替代后的晶胞仍保持 RT$_5$ 结构，并把它作为另一个结构单元，用 s′ 代表。这样，选用 7 个 s 结构单元和 2 个 s′ 结构单元便可堆垛成 RT$_7$ 型结构。常温下不存在 RT$_7$ 型化合物，但在 1300℃ 左右存在 TbCu$_7$ 型结构 RCo$_7$（R = Pm、Sm、Gd 和 Tb）高温相[6]。通过添加第三元 M 能形成在室温下稳定的 TbCu$_7$ 型结构的 RCo$_{7-x}$M$_x$[16~29] 和 RFe$_{7-x}$M$_x$ 化合物[30,31]。这些化合物的晶体结构参数已被收集于表 3-9 中（详见后面 3.4.3 节）。

3.3.2.2 RT$_5$ 至 R$_2$T$_{17}$

R$_2$T$_{17}$ 对应的 $m=3$、$n=1$，在 3 个 RT$_5$ 晶胞中减少 1 个 R，并补充 1 个 T-T 哑铃对，即可由 RT$_5$ 结构转变为 R$_2$T$_{17}$ 结构，其反应式如下：

$$3RT_5 - R + 2T = R_2T_{17} \tag{3-6}$$

结构单元 s 和 s′ 的选取与前面的 RT$_7$ 型结构一样，仅选用两个 s 结构单元和一个 s′ 结构单元便可堆垛成 R$_2$T$_{17}$ 型结构，即哑铃原子对 T-T 替代 RT$_5$ 中三分之一 R 原子便形成 R$_2$T$_{17}$ 型结构。根据 s′s 结构单元堆垛顺序的不同，在两个 s 和一个 s′ 结构单元堆垛时，会使 s′ 结构单元形成三种不同的等效位置，即 s′$_A$、s′$_B$、s′$_C$。当 ss 与 s′$_A$、s′$_B$ 和 s′$_C$ 堆垛顺序不同时，便可得到六方或菱形的 R$_2$T$_{17}$ 型结构。堆垛顺序为

$$sss'_A \quad sss'_B \quad sss'_A \quad sss'_B$$

时，即堆垛顺序是 ABAB，则可得到六方的 Th_2Ni_{17} 型结构；而当堆垛顺序为

$$sss'_A \quad sss'_B \quad sss'_C \quad sss'_A \quad sss'_B \quad sss'_C$$

时，即堆垛顺序是 ABCABC，则可得到菱形的 Th_2Zn_{17} 型结构。能形成 R_2T_{17} 结构的化合物的过渡族金属有 Ni、Co、Fe 等（详见文献 [1] 附录表 A1a ~ d）。

3.3.2.3　RT_5 至 R_3T_{29}

R_3T_{29} 对应的 $m = 5$、$n = 2$，在 5 个 RT_5 晶胞中减少 2 个 R，并补充 2 个 T-T 哑铃对，即可由 RT_5 结构转变为 R_3T_{29} 结构，其反应式如下：

$$5RT_5 - 2R + 2 \times 2T = R_3T_{29} \tag{3-7}$$

结构单元 s 和 s′ 的选取与前面的 RT_7 和 R_2T_{17} 型结构一样，但仅选用 3 个 s 结构单元和 2 个 s′ 结构单元便可堆垛成 R_3T_{29} 型结构。目前还没有发现天然的 R_3T_{29} 结构化合物，但添加第三元 M（M = Ti、V、Cr、Mn、Mo 等）后可以获得此类型稳定的化合物[32~42]。已形成的 Fe 基 $Nd_3(Fe,Ti)_{29}$ 型结构的化合物的晶体结构参数被收集于表 3-21 中（详见后面 3.7.4 节）。

3.3.2.4　RT_5 至 RT_{12}

RT_{12} 对应的 $m = 2$、$n = 1$，在 2 个 RT_5 晶胞中减少 1 个 R，再补充 1 个 T-T 哑铃对，即可由 RT_5 结构转变为 RT_{12} 结构，其反应式如下：

$$2RT_5 - R + 2T = RT_{12} \tag{3-8}$$

结构单元 s 和 s′ 的选取与前面的 RT_7、R_2T_{17} 和 R_3T_{29} 型结构一样，但仅选用一个 s 结构单元和一个 s′ 结构单元便可堆垛成 RT_{12} 型结构。具有 RT_{12} 结构的化合物仅有 T = Mn（详见文献 [1] 附录表 A1e），不能直接形成其他过渡族金属的 RT_{12}（T = Fe、Co、Ni）结构化合物，但经过添加第三元 M（M = Ti、V、Cr、Mo、W、Si 等）后，可形成三元的 $RT_{12-x}M_x$（T = Fe、Co、Ni）化合物[43]（详见文献 [43] 的表 2）。

3.4　R_2T_{17} 化合物的晶体结构

由上节可看到，两种 2:17 相在从 RT_5 型结构转变过来时都有三分之一的稀土原子被哑铃对 T-T 所替代，又因替代的方式不同，造成了两种不同的晶体结构：一种为六方 Th_2Ni_{17} 型结构，由 $m = 6$ 和 $n = 2$ 推导而来的，即 $R_{m-n}T_{5m+2n} = R_{6-2}T_{30+4} = 2R_2T_{17}$；另一种为菱形 Th_2Zn_{17} 型结构，由 $m = 9$ 和 $n = 3$ 推导而来的，即 $R_{m-n}T_{5m+2n} = R_{9-3}T_{45+6} = 3R_2T_{17}$。两者的 $m:n$ 都等于 3:1。

值得指出的是：上述两种 2:17 相的晶体结构都是在哑铃对 T-T 有序地替代 R 位的情况下形成的，哑铃对 T-T 对 R 的替代方式之所以不同，是由稀土原子半径的差异而造成的，通常，原子半径较大的轻稀土形成 Th_2Zn_{17} 结构，而原子半径较小的重稀土形成 Th_2Ni_{17} 结构。R_2T_{17} 化合物的晶体结构参数和磁性详见文献 [1] 附录表 A1a ~ d 中。

另外，在 R_2T_{17} 化合物中，当哑铃对 T-T 无序地替代 R 位时，在室温下将形成亚稳态的 $TbCu_7$ 型结构的 RT_7 相[5]，但在高温（约 1300℃ 以上）下是稳定相[44]。在适当添加第三元素后，室温为亚稳态的 RT_7 相可转变成稳态的 $R(T,M)_7$ 相。

3.4.1 Th₂Ni₁₇型晶体结构

在 Th_2Ni_{17} 结构中，堆垛顺序是 ABAB … 。Th_2Ni_{17} 结构为六方晶系，空间群为 $P6_3/mmc$，每一个晶胞为 2 个分子式，含 4 个 R 原子和 34 个 T 原子。稀土 R 原子占据具有六角点对称 $\bar{6}m2$ 的 $2b$ 和 $2d$ 晶位，过渡族金属 T 原子占据四个晶位，分别为 $6g$、$12j$、$12k$ 和 $4f$，其中 $4f$ 晶位由哑铃对 T-T 占据，Th_2Ni_{17} 的晶体结构晶胞和不等价晶位如图 3-4 所示，图中还示意性地展示了 $4f$ 晶位哑铃对 T-T 替换 $CaCu_5$ 晶体结构中 R 的变化关系。

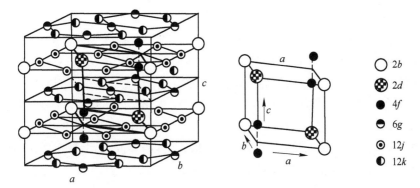

图 3-4　Th_2Ni_{17} 晶体结构和 $CaCu_5$ 晶体结构的关系[84]

（对于 R-T 化合物，在 $CaCu_5$ 晶体结构中展示了 R→2T 取代情形）

各个晶格位置在三轴坐标系中的坐标如下：

$2b$ 晶位：$\left(0,0,\dfrac{1}{2}\right)$，$(0,0,0)$；

$2d$ 晶位：$\left(\dfrac{1}{3},\dfrac{2}{3},0\right)$，$\left(\dfrac{1}{3},\dfrac{2}{3},0\right)$；

$6g$ 晶位：$\left(\dfrac{1}{2},0,\dfrac{1}{2}\right)$，$\left(0,\dfrac{1}{2},\dfrac{1}{4}\right)$，$\left(\dfrac{1}{2},\dfrac{1}{2},\dfrac{1}{4}\right)$，

$\qquad\left(\dfrac{1}{2},0,\dfrac{3}{4}\right)$，$\left(0,\dfrac{1}{2},\dfrac{3}{4}\right)$，$\left(\dfrac{1}{2},\dfrac{1}{2},\dfrac{3}{4}\right)$；

$12j$ 晶位：$\left(\dfrac{1}{3},0,\dfrac{1}{2}\right)$，$\left(0,\dfrac{1}{3},\dfrac{1}{2}\right)$，$\left(\dfrac{2}{3},\dfrac{2}{3},\dfrac{1}{2}\right)$，

$\qquad\left(0,\dfrac{2}{3},\dfrac{1}{2}\right)$，$\left(\dfrac{1}{3},\dfrac{1}{3},\dfrac{1}{2}\right)$，$\left(\dfrac{2}{3},0,\dfrac{1}{2}\right)$，

$\qquad\left(\dfrac{2}{3},0,0\right)$，$\left(0,\dfrac{2}{3},0\right)$，$\left(\dfrac{1}{3},\dfrac{1}{3},0\right)$，

$\qquad\left(0,\dfrac{1}{3},0\right)$，$\left(\dfrac{2}{3},\dfrac{2}{3},0\right)$，$\left(\dfrac{1}{3},0,0\right)$；

$12k$ 晶位：$\left(\dfrac{1}{6},\dfrac{1}{3},\dfrac{1}{4}\right)$，$\left(\dfrac{2}{3},\dfrac{5}{6},\dfrac{1}{4}\right)$，$\left(\dfrac{1}{6},\dfrac{5}{6},\dfrac{1}{4}\right)$，

$\qquad\left(\dfrac{5}{6},\dfrac{2}{3},\dfrac{1}{4}\right)$，$\left(\dfrac{2}{3},\dfrac{1}{6},\dfrac{1}{4}\right)$，$\left(\dfrac{5}{6},\dfrac{1}{6},\dfrac{1}{4}\right)$，

$$\left(\frac{5}{6},\frac{2}{3},\frac{3}{4}\right),\left(\frac{1}{3},\frac{1}{6},\frac{3}{4}\right),\left(\frac{5}{6},\frac{1}{6},\frac{3}{4}\right),$$

$$\left(\frac{1}{6},\frac{1}{3},\frac{3}{4}\right),\left(\frac{2}{3},\frac{5}{6},\frac{3}{4}\right),\left(\frac{1}{6},\frac{5}{6},\frac{3}{4}\right);$$

$4f$ 晶位：$\left(\frac{1}{3},\frac{2}{3},0.36\right),\left(\frac{1}{3},\frac{2}{3},0.64\right),\left(\frac{2}{3},\frac{1}{3},0.14\right),\left(\frac{2}{3},\frac{1}{3},-0.14\right)$。

Th_2Ni_{17} 和 $CaCu_5$ 两者的结构关系可从 x-y 平面上的投影图（见图 3-2（c））中得到理解，即具有晶格参数为 a_0 和 c_0、晶胞体积 $V_0 = (\sqrt{3}/2)a_0^2 c_0$ 的 $CaCu_5$ 晶体结构在 x-y 平面上的延伸。图中左下方实线所围的小菱形相应于原始的 $CaCu_5$ 型晶胞，大圆表示 R 原子，小圆表示 T 原子；两种不同高度的 T 原子分别用空心圆和实心圆区分，空心圆表示 $z = 0$ 平面层的 T 原子，而实心圆表示 $z = 1/2$ 平面层的 T 原子。图中右方实线所围的大菱形相应于 Th_2Ni_{17} 型晶胞，Th_2Ni_{17} 型结构的晶格参数 a 为 $CaCu_5$ 型晶胞的长对角线 $\sqrt{3}\,a_0$。在同一 x-y 平面中，有三个 R 原子，分别占据（0，0）、（1/3，2/3）和（2/3，1/3），但每一个哑铃对 T-T 替代层，仅替代两个位置（1/3，2/3）和（2/3，1/3）中的一个 R 原子，到下一层再替换 R 的另一个晶位，因结构层仅堆垛两次，所以 $c = 2c_0$。于是，Th_2Ni_{17} 结构晶胞的晶格参数 $a \sim \sqrt{3}\,a_0$，$c \sim 2c_0$，晶胞的体积 $V \sim (\sqrt{3}/2)a^2 c = 6(\sqrt{3}/2)a_0^2 c_0 = 6V_0$。

Th_2Ni_{17} 和原始的 $CaCu_5$ 型结构的原子位置之间的关系列在表 3-7 中[6]，并在图 3-4 中作了直观的展示[84]。Th_2Ni_{17} 型结构与原始的 $CaCu_5$ 晶体结构的 Miller 指数关系为[15,84]：

$$\begin{bmatrix} h \\ k \\ l \end{bmatrix}_{2:17h} = \begin{bmatrix} -1 & -2 & 0 \\ 2 & 1 & 0 \\ 0 & 0 & 2 \end{bmatrix} \begin{bmatrix} h_0 \\ k_0 \\ l_0 \end{bmatrix}_{1:5} \tag{3-9}$$

表 3-7 $R_{m-n}T_{5m+2n}$ 衍生物与 RT_5 型结构的关系[15]

$R_{m-n}T_{5m+2n}$	晶体结构	晶胞常数	等价位置和原子参数	备 注
$m=1$，$n=0$ RT_5	$CaCu_5$ $P6/mmm$	$a=a_0$ $c=c_0$ $Z=1$ $V=V_0$	R:$1a$(0, 0, 0) 2T:$2c$(1/3, 2/3, 0) 3T:$3g$(1/2, 0, 1/2)	$CaCu_5$ 结构的点阵常数 $a_0 \sim 0.5$nm $c_0 \sim 0.4$nm $V_0 \sim 8.7$nm^3
$m=9$，$n=2$ RT_7	$TbCu_7$ 无序替代 $P6/mmm$	$a \sim a_0$ $c \sim c_0$ $Z=1$ $V \sim V_0$	(7/9)R:$1a$(0, 0, 0) (2/9)2T:$2e$(0, 0, z) 2T:$2c$(1/3, 2/3, 0) 3T:$3g$(1/2, 0, 1/2)	z 值与哑铃原子对的间距有关
$n/m=1/3$ $m=6$，$n=2$ R_2T_{17}	Th_2Ni_{17}（h） $P6_3/mmc$	$a \sim \sqrt{3}a_0$ $c \sim 2c_0$ $Z=2$ $V \sim 6V_0$	2R:$2b$(0, 0, 1/4) 2R:$2d$(1/3, 2/3, 3/4) 4T:$4f$(1/3, 2/3, z) 12T:$12j$(x, y, 1/4)，x $\sim$ 1/3，y $\sim$ 0 12T:$12k$(x, 2x, z)，x $\sim$ 1/6，z $\sim$ 0 6T:$6g$(1/2, 0, 0)	z 值与哑铃原子对的间距有关

$R_{m-n}T_{5m+2n}$	晶体结构	晶胞常数	等价位置和原子参数	备 注
$n/m=1/3$ $m=9,\ n=3$ R_2T_{17}	$Th_2Zn_{17}(r)$ $R\bar{3}m$	$a\sim\sqrt{3}a_0$ $c\sim2c_0$ $Z=3$ $V\sim9V_0$	6R:$6c(0,0,z)$, $z\sim1/3$ 6T:$6c(0,0,z)$ 18T:$18f(x,0,0)$, $x\sim1/3$ 18T:$18h(x,\bar{x},z)$, $x\sim1/2$, $z\sim1/6$ 9T:$9d(1/2,0,1/2)$	z 值与哑铃原子 对的间距有关
$n/m=1/2$ $m=6,\ n=3$ RT_{12}	$SmZn_{12}(h)$ $P6/mmm$	$a\sim\sqrt{3}a_0$ $c\sim2c_0$ $Z=3$ $V\sim6V_0$	1R:$1a(0,0,0)$ 2R:$2d(1/3,2/3,1/2)$ 2T:$2e(0,0,z_1)$, $z_1\sim1/3$ 4T:$4h(1/3,2/3,z_2)$, $z_2\sim1/6$ 6T:$6j(x,0,0)$, $x\sim1/3$ 6T:$6k(x,0,1/2)$, $x\sim1/3$ 12T:$18o(x,2x,z)$, $x\sim1/6$, $z\sim1/4$ 6T:$9i(1/2,0,z)$, $z\sim1/4$	哑铃原子 对的中心是 $z=1/2,0$；z_1 和 z_2 值与哑铃原子 对的间距有关
$n/m=1/2$ $m=4,\ n=2$ RT_{12}	$ThMn_{12}(t)$ $I4/mmm$	$a\sim\sqrt{3}a_0$ $b=a\sim2c_0$ $c\sim a_0$ $Z=2$ $V\sim4V_0$	2R:$2a(0,0,0)$ $(1/2)$8T:$8i(x,0,0)$, $x\sim1/3$ $(1/2)$8T:$8j(x,1/2,0)$, $x\sim1/4-1/3$ 8T:$8f(1/4,1/4,1/4)$	x 值与哑铃原子对 的间距有关
$n/m=2/5$ $m=10,\ n=4$ $R_3(T,M)_{29}$	$Nd_3(Fe,Ti)_{29}$ (m) $A2/m$	$a\sim\sqrt{4a_0^2+c_0^2}$ $b\sim\sqrt{3}a_0$ $c\sim\sqrt{a_0^2+4c_0^2}$ $\beta\sim$ $\arctan(2a_0/c_0)+$ $\arctan(a_0/2c_0)$ $Z=2$ $V\sim10V_0$	2R:$2a(0,0,0)$ 4R:$4i(x,0,z)$, $x\sim2/5$, $z\sim4/5$ 4T:$4i_1(x,0,z)$, $x\sim1/4$, $z\sim1/2$ 4T:$4i_2(x,0,z)$, $x\sim1/6$, $z\sim1/3$ 8T:$8j_1(x,y,z)$, $x\sim3/5$, $y\sim1/6$, $z\sim2/3$ 8T:$8j_2(x,y,z)$, $x\sim4/5$, $y\sim1/3$, $z\sim1/10$ 4T:$4g(0,y,0)$, $y\sim1/3$ 4T:$4i_3(x,0,z)$, $x\sim0.9$, $z\sim0.3$ 4T:$4i_4(x,0,z)$, $x\sim0.7$, $z\sim0.9$ 8T:$8j_3(x,y,z)$, $x\sim4/5$, $y\sim1/4$, $z\sim1/3$ 8T:$8j_4(x,y,z)$, $x\sim2/5$, $y\sim1/4$, $z\sim0$ 4T:$4e(0,1/4,1/4)$ 2T:$2d(1/2,0,1/2)$	哑铃原子对的 中心位置约在 $y=0$, $x\sim0.2$, $z\sim0.4$ 或 $x\sim0.8$, $z\sim0.6$ 以及 $y=1/2$, $x\sim0.2$, $z\sim0.4$ 或 $x\sim0.8$, $z\sim0.1$ 附近

研究表明，R_2Co_{17} 和 R_2Fe_{17} 化合物在高温下均有 Th_2Ni_{17} 型结构，但在低温下要转变为 Th_2Zn_{17} 型结构。一些 2:17 型化合物的过渡族元素被其他元素替代后，在低温下也具有稳定的 Th_2Ni_{17} 型结构。Th_2Ni_{17} 型结构是稀土永磁化合物最基本的晶体结构之一。

3.4.2 Th_2Zn_{17} 型晶体结构

在 Th_2Zn_{17} 型结构中，堆垛顺序是 ABCABC … 。Th_2Zn_{17} 结构为三方晶系，空间群为 $R\bar{3}m$。每一个晶胞为 3 个分子式，含 6 个 R 原子和 51 个 T 原子。稀土原子占据具有六角点对称

3m 的 $6c$ 晶位；过渡金属 T 原子占据四个晶位，分别为 $6c$、$9d$、$18f$ 和 $18h$，其中 $6c$ 晶位由哑铃对 T-T 占据，如图 3-5 所示。

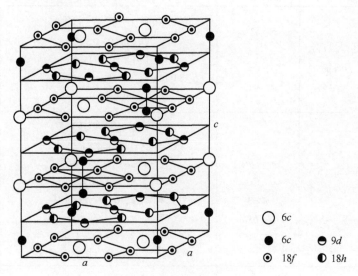

图 3-5　Th_2Zn_{17} 晶体结构

各个晶格位置在三轴坐标系中的坐标如下：

$6c$ 晶位：$\left(0,0,\dfrac{1}{3}\right),\left(\dfrac{1}{3},\dfrac{2}{3},0\right),\left(\dfrac{2}{3},\dfrac{1}{3},\dfrac{2}{3}\right),$

$\left(0,0,\dfrac{2}{3}\right),\left(\dfrac{1}{3},\dfrac{2}{3},\dfrac{1}{3}\right),\left(\dfrac{2}{3},\dfrac{1}{3},0\right);$

$9d$ 晶位：$\left(\dfrac{1}{2},0,\dfrac{1}{2}\right),\left(0,\dfrac{1}{2},\dfrac{1}{2}\right),\left(\dfrac{1}{2},\dfrac{1}{2},\dfrac{1}{2}\right),$

$\left(\dfrac{5}{6},\dfrac{2}{3},\dfrac{1}{6}\right),\left(\dfrac{1}{3},\dfrac{1}{6},\dfrac{1}{6}\right),\left(\dfrac{5}{6},\dfrac{1}{6},\dfrac{1}{6}\right),$

$\left(\dfrac{1}{6},\dfrac{1}{3},\dfrac{5}{6}\right),\left(\dfrac{2}{3},\dfrac{5}{6},\dfrac{5}{6}\right),\left(\dfrac{1}{6},\dfrac{5}{6},\dfrac{5}{6}\right);$

$18f$ 晶位：$\left(\dfrac{1}{3},0,0\right),\left(0,\dfrac{1}{3},0\right),\left(\dfrac{2}{3},\dfrac{2}{3},0\right),$

$\left(\dfrac{2}{3},0,0\right),\left(0,\dfrac{2}{3},0\right),\left(\dfrac{2}{3},\dfrac{2}{3},\dfrac{2}{3}\right),$

$\left(\dfrac{1}{3},\dfrac{1}{3},0\right),\left(\dfrac{1}{3},0,\dfrac{2}{3}\right),\left(0,\dfrac{1}{3},\dfrac{2}{3}\right),$

$\left(0,\dfrac{2}{3},\dfrac{2}{3}\right),\left(\dfrac{1}{3},\dfrac{1}{3},\dfrac{2}{3}\right),\left(\dfrac{2}{3},0,\dfrac{2}{3}\right),$

$\left(0,\dfrac{1}{3},\dfrac{1}{3}\right),\left(\dfrac{2}{3},\dfrac{2}{3},\dfrac{1}{3}\right),\left(\dfrac{1}{3},0,\dfrac{1}{3}\right),$

$\left(\dfrac{1}{3},\dfrac{1}{3},\dfrac{1}{3}\right),\left(\dfrac{2}{3},0,\dfrac{1}{3}\right),\left(0,\dfrac{2}{3},\dfrac{1}{3}\right);$

$18h$ 晶位：$\left(\dfrac{1}{2},\dfrac{1}{2},\dfrac{1}{6}\right),\left(\dfrac{1}{2},0,\dfrac{1}{6}\right),\left(0,\dfrac{1}{2},\dfrac{1}{6}\right),$

$$\left(\frac{1}{2}, \frac{1}{2}, \frac{5}{6}\right), \left(\frac{1}{2}, 0, \frac{5}{6}\right), \left(0, \frac{1}{2}, \frac{5}{6}\right),$$

$$\left(\frac{5}{6}, \frac{1}{2}, \frac{5}{6}\right), \left(\frac{5}{6}, \frac{2}{3}, \frac{5}{6}\right), \left(\frac{1}{3}, \frac{1}{6}, \frac{5}{6}\right),$$

$$\left(\frac{5}{6}, \frac{1}{6}, \frac{1}{2}\right), \left(\frac{5}{6}, \frac{2}{3}, \frac{1}{2}\right), \left(\frac{1}{3}, \frac{1}{6}, \frac{1}{2}\right),$$

$$\left(\frac{1}{6}, \frac{5}{6}, \frac{1}{2}\right), \left(\frac{1}{6}, \frac{1}{3}, \frac{1}{2}\right), \left(\frac{2}{3}, \frac{5}{6}, \frac{1}{2}\right),$$

$$\left(\frac{1}{6}, \frac{5}{6}, \frac{1}{6}\right), \left(\frac{1}{6}, \frac{1}{3}, \frac{1}{6}\right), \left(\frac{2}{3}, \frac{5}{6}, \frac{1}{6}\right);$$

$6c$ 晶位: $(0, 0, 0.097)$, $(0, 0, -0.097)$, $\left(\frac{1}{3}, \frac{2}{3}, \frac{2}{3} + 0.097\right)$,

$$\left(\frac{1}{3}, \frac{2}{3}, \frac{2}{3} - 0.097\right), \left(\frac{2}{3}, \frac{1}{3}, \frac{1}{3} + 0.097\right), \left(\frac{2}{3}, \frac{1}{3}, \frac{1}{3} - 0.097\right)。$$

与 Th_2Ni_{17} 型结构一样,在图 3-2(c)中右方实线所围的大菱形相应于 Th_2Zn_{17} 型晶胞在 x-y 平面上的投影图。因此,Th_2Zn_{17} 型结构的晶格参数 a 也采用原始的 $CaCu_5$ 型晶胞的长对角线 $\sqrt{3} a_0$。与 Th_2Ni_{17} 型结构不同的是,在 x-y 平面中的三个 R 原子晶位:$(0, 0)$、$(1/3, 2/3)$ 和 $(2/3, 1/3)$,均被 T 原子哑铃对 T-T 仅交替替代。由于结构层堆垛了三次,所以 $c = 3c_0$。于是,Th_2Zn_{17} 结构晶胞的晶格参数 $a \sim \sqrt{3} a_0$;$c \sim 3c_0$,因为它由三个结构单元堆垛成的;晶胞的体积 $V \sim 9V_0$。

在 Th_2Zn_{17} 和原始的 $CaCu_5$ 型结构原子位置之间的关系也列出在表 3-7 中。Th_2Zn_{17} 型结构与原始的 $CaCu_5$ 晶体结构的 Miller 指数关系为[15]:

$$\begin{bmatrix} h \\ k \\ l \end{bmatrix}_{2:17r} = \begin{bmatrix} -1 & -2 & 0 \\ 2 & 1 & 0 \\ 0 & 0 & 3 \end{bmatrix} \begin{bmatrix} h_0 \\ k_0 \\ l_0 \end{bmatrix}_{1:5} \tag{3-10}$$

Th_2Zn_{17} 型结构也是稀土永磁化合物的最基本的晶体结构类型之一。R_2Co_{17} 和 R_2Fe_{17} 化合物在低温区多数具有 Th_2Zn_{17} 型结构。Th_2Ni_{17} 和 Th_2Zn_{17} 是同素异构体,两者的结构十分相似。不同 R_2Co_{17} 和 R_2Fe_{17} 化合物的晶体结构的晶格常数和理论密度参见表 4-24,R_2Ni_{17} 化合物相关晶格参数列于表 3-8 中[1]。

表 3-8 R_2Ni_{17} 化合物的晶格常数、晶胞体积和理论密度[1]

化合物	a/nm	c/nm	V/nm³	d/g·cm⁻³
Sm_2Ni_{17}	0.8471	0.8049	0.5002	8.622
Eu_2Ni_{17}	0.8350	0.8060	0.4867	8.883
Gd_2Ni_{17}	0.8431	0.8049	0.4955	8.796
Tb_2Ni_{17}	0.8315	0.8041	0.4815	9.076
Dy_2Ni_{17}	0.8299	0.8037	0.4794	9.165
Ho_2Ni_{17}	0.8298	0.8027	0.4787	9.212

化 合 物	a/nm	c/nm	V/nm^3	$d/g \cdot cm^{-3}$
Er_2Ni_{17}	0.8287	0.8017	0.4768	9.280
Tm_2Ni_{17}	0.8250	0.8010	0.4721	9.396
Yb_2Ni_{17}	0.8280	0.8024	0.4764	9.369
Lu_2Ni_{17}	0.8210	0.7995	0.4667	9.591
Y_2Ni_{17}	0.8307	0.8040	0.4805	8.126

3.4.3　$TbCu_7$型晶体结构

由于 Sm-Co 系磁体，包括 $SmCo_5$ 和 Sm_2Co_{17}，尤其是多元的 2:17 型 Sm-Co 磁体，兼具高的永磁性和高温稳定性，已成为应用于高温环境下不可替代的商业磁体。在 2:17 型 R-T 化合物中，如果 R 被两个 T 原子构成的 T-T 哑铃对无序替代，将形成无序的 1:7 型 R-T 化合物，其晶体结构是 $TbCu_7$ 型结构。

具有 $TbCu_7$ 型结构的 $SmCo_7$ 合金集 $SmCo_5$ 和 Sm_2Co_{17} 两者内禀磁性的优点于一身，同时具备 Sm_2Co_{17} 的高饱和磁化强度和 $SmCo_5$ 的强磁晶各向异性场[45]。$SmCo_7$ 合金还具有工艺制备比较简单和不必经过长时间的均质化处理因而省时的优点[46]，目前具有 $TbCu_7$ 型结构的 $SmCo_7$ 合金的研究已被高温磁体工作者高度重视。

$TbCu_7$ 型结构是由 Buschow 在 1971 年发现的[5]。该结构可视为 $CaCu_5$ 结构中 $1a$ 晶位的 R 元素被一个 T-T 哑铃对无序地替代形成的，其晶体结构如图 3-6 所示。$TbCu_7$ 型结构属于六方晶系，空间群是 $P6/mmm$。每个晶胞为 1 个分子式。稀土 R 原子占据 $1a$ 晶位，过渡族金属 T 原子占据三个晶位，分别为 $2c$、$2e$ 和 $3g$ 晶位。R 原子占据每个晶胞 7/9 的 $1a$ 晶位；而由 T 原子组成的哑铃对 T-T 占据 2/9 的 $1a$ 晶位，相当于 $2e$ 等效晶位，$2e$ 等效晶位所处的高度 z 值依赖于哑铃对 T-T 之间的原子距离。

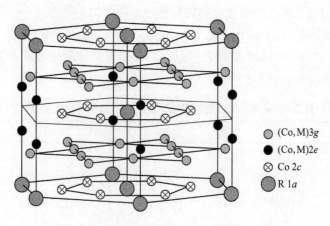

○ $(Co,M)3g$
● $(Co,M)2e$
⊗ $Co\ 2c$
◉ $R\ 1a$

图 3-6　$TbCu_7$型晶体结构

具有 $TbCu_7$ 型结构的 $SmCo_7$ 相是高温相，在高温下是稳定的；但在 1300℃ 以下是不稳定的，属于亚稳态结构[44]，在 1300℃ 以下会分解成 $CaCu_5$ 型结构 $SmCo_5$ 和 Th_2Zn_{17} 型结构 Sm_2Co_{17}[5,46,47]（参见 2.2.3 节）。在室温下，$SmCo_7$ 相是一种亚稳态相。为了提高具有 $TbCu_7$ 型结构的 $SmCo_7$ 合金结构的稳定性，需要借助第三元素 M（M = Ti、Zr、Hf、Nb、Ta、Cu、Ga、Si 等）的添加。研究表明，在 $Sm(Co,M)_7$ 合金中，添加的第三元素 M 不但明显稳定了 $TbCu_7$ 型结构，而且可极大地改善 $Sm(Co,M)_7$ 合金的内禀磁性。例如，添加 Zr[17]、Ti[48] 和 Hf[20] 可使磁晶各向异性场 μ_0H_a 从 9T 分别提高到 16T、17.5T 和 19.2T；添加 Cu[24] 可使居里温度 T_c 从 $SmCo_5$ 的 720℃ 提高到 $Sm(Co,Cu)_7$ 的 850℃。Luo 等人[49] 在大量研制 $SmCo_{7-x}M_x$ 合金（M = Al、Si、Ti、V、Cu、Ge、Zr、Nb、Mo、In、Sn、Hf、Ta、W 和 Re）的基础上，探讨 M 对 $SmCo_{7-x}M_x$ 合金铸锭块的影响，并归纳出 $Sm(Co,M)_7$ 相的形成规律。其实验结果显示，在热力学平衡态下，在上述所采用的元素中，仅 Si、Cu、Ti、Zr、Hf 等元素有稳定 1:7 相作用。Guo 等人[26,50] 企图探讨这些元素对稳定 $Sm(Co,M)_7$ 相的机制，研究分析了主导 $Sm(Co,M)_7$ 合金铸锭块中 $TbCu_7$ 结构形成的主要因素，包含 M 在液态 Sm 与 Co 中的溶解熵（ΔH^0），MCo_5、SmM_5、MCo_7、SmM_7 的形成熵（ΔH^{for}），还有原子半径、电负性和电子组态。他们研究分析指出，在上述因素中，起到稳定 1:7 相的主要因素有两个：一个是 R 与 M 的有效原子半径比（$R_A = r_R/r_M$），另一个是两者的电负性（electronegativity）差（$X_A = X_R - X_M$）。R_A 和 X_A 两者的数值必须分别介于 1.08(5) ~ 1.12(9) 和 -1.04(4) ~ -0.94(4) 之间，才能使得 1:7 相在室温下获得稳定。

然而，上述的限制因素仅适合于平衡状态，在采用机械合金化（高能球磨）和熔体旋淬（单辊快淬）法等制备手段时，合金处于热力学的非平衡状态，除了上述元素外，添加 V[51]、Nb[52]、Ta[22]、B[53]，以及复合添加 ZrC[19]、HfB[54]、HfC[54,55]、$HfSi$[54] 等也能起到稳定 1:7 相的作用。

与 Co 基不同，在室温下不存在 Fe 基的 $SmFe_5$ 相，但添加少量的第三元素可形成稳定的 Fe 基 1:5 相[55]；与 Co 基一样，Fe 基的 1:7 型结构 Sm-Fe 合金在室温下也是不稳定的，也需添加少量的第三元素后才能获得稳定 1:7 相。Fe 基的无序 1:7 相与有序 2:17 相一样是易平面各向异性的，需要经过氮化处理形成间隙氮化物后才能具有永磁材料必需的易单轴各向异性，成为有应用价值的稀土永磁材料。Katter 等人[56] 首先通过熔体旋淬法制备了 Fe 基 1:7 型结构 Sm-Fe-N 氮化物。他们发现，1:7 型结构纳米晶 Sm-Fe 化合物的正分成分约为 Sm_1Fe_9，仅在辊面线速度超过 15m/s 时才能形成；Sm 含量低于正分成分，出现附加的 α-Fe 相，而 Sm 含量高于正分成分，出现附加的 2:17 相。人们发现，采用熔体旋淬和接着的气-固反应（氮化）很容易制备出高性能各向同性的 $TbCu_7$ 型结构的 Sm-(Fe,M)-N 永磁粉[31,57~59]。人们通过添加（Zr、Co）[31] 和（Ti、B）[60] 等元素，获得了稳定性较高的 $TbCu_7$ 型结构的 Sm-Fe 合金，并发现由 $(Sm_{0.75}Zr_{0.25})(Fe_{0.7}Co_{0.3})_9$ 快淬合金粉经过氮化处理所得的 (SmZr)-(FeCo)-N 氮化物的饱和磁极化强度达到 $J_s = 1.7T$[31]，高于 $Nd_2Fe_{14}B$ 的 $J_s = 1.60T$ 和 Th_2Zn_{17} 型结构的 Sm-Fe-N 的 $J_s = 1.54T$。因此，$TbCu_7$ 型的 Sm-Fe-N 合金粉是一种性能优异的永磁粉。

具有 $TbCu_7$ 型结构的不同的 Co 基和 Fe 基的 1:7 相化合物的晶格参数见表 3-9。

表 3-9 TbCu$_7$ 型结构 R(T,M)$_7$ (T = Co 或 Fe) 化合物的晶格常数、晶胞体积和理论密度

成 分	a/nm	c/nm	V/nm^3	d/g·cm^{-3}	参考文献
SmCo$_{7-x}$Ti$_x$					
$x = 0$	0.4940	0.4010	0.08475	11.03	
$x = 0.3$	0.4895	0.4052	0.08408	11.05	
$x = 0.4$	0.4883	0.4073	0.08410	11.03	[16]
$x = 0.5$	0.4876	0.4086	0.08413	11.00	
$x = 0.6$	0.4872	0.4102	0.08432	10.95	
SmCo$_{7-x}$Zr$_x$					
$x = 0$	0.4856	0.4081	0.08334	11.22	
$x = 0.1$	0.4869	0.4079	0.08374	11.23	
$x = 0.2$	0.4916	0.4049	0.08474	11.16	[17]
$x = 0.3$	0.4923	0.4035	0.08469	11.23	
$x = 0.4$	0.4932	0.4040	0.08511	11.23	
$x = 0.5$	0.4947	0.4025	0.08531	11.27	
(Sm$_{1-x}$Pr$_x$)$_{12.5}$Co$_{85.5}$Zr$_2$					
$x = 0$	0.4878	0.4053	0.08352	11.29	
$x = 0.1$	0.4876	0.4073	0.08386	11.23	
$x = 0.2$	0.4881	0.4078	0.08414	11.17	[18]
$x = 0.3$	0.4865	0.4067	0.08336	11.26	
$x = 0.5$	0.4884	0.4073	0.08414	11.12	
$x = 0.8$	0.4887	0.4079	0.08437	11.03	
Sm(Co$_{0.9}$Fe$_{0.1}$)$_{6.8}$Zr$_{0.2}$C$_x$					
$x = 0$	0.4913	0.4058	0.08483	11.10	
$x = 0.03$	0.4910	0.4062	0.08481	11.11	
$x = 0.06$	0.4906	0.4064	0.08471	11.12	[19]
$x = 0.09$	0.4904	0.4066	0.08468	11.12	
$x = 0.12$	0.4900	0.4070	0.08463	11.13	
SmCo$_{6.9}$Hf$_{0.1}$	0.4933	0.4032	0.08495	11.24	[20]
SmCo$_{6.6}$Nb$_{0.4}$	0.4878	0.4082	0.08414	11.38	[21]
SmCo$_{7-x}$Ta$_x$					
$x = 0.1$	0.48792	0.40644	0.08380	11.40	
$x = 0.2$	0.48724	0.40874	0.08404	11.60	[22]
$x = 0.3$	0.48653	0.40939	0.08393	11.86	
SmCo$_{7-x}$Mn$_x$					
$x = 0.2$	0.4862 (1)	0.4064 (1)	0.08320	11.22	[23]
$x = 0.3$	0.4866 (3)	0.4063 (3)	0.08331	11.20	

成　分	a/nm	c/nm	V/nm^3	$d/g \cdot cm^{-3}$	参考文献
$SmCo_{7-x}Cu_x$					
$x = 0$	0.4935	0.401	0.08458	11.05	
$x = 0.1$	0.4967	0.4003	0.08553	10.94	
$x = 0.2$	0.4968	0.406	0.08678	10.79	
$x = 0.3$	0.4974	0.406	0.08699	10.77	[24]
$x = 0.4$	0.4975	0.4009	0.08593	10.91	
$x = 0.5$	0.4978	0.401	0.08606	10.91	
$x = 0.7$	0.4981	0.4011	0.08618	10.91	
$SmCo_{6.9}Ag_{0.1}$	0.4864 (5)	0.4087 (2)	0.08374	11.26	[25]
$SmCo_{7-x}Ga_x$					
$x = 1.0$	0.4955 (0)	0.4071 (0)	0.0999 (5)	9.43	
$x = 1.3$	0.4965 (3)	0.4077 (4)	0.1005 (2)	9.40	[26]
$x = 1.6$	0.4982 (0)	0.4088 (2)	0.1014 (7)	9.34	
$SmCo_{5.85}Si_{0.90}$	0.49218	0.40079	0.08408	10.28	[27]
$SmCo_{6.5}Ge_{0.5}$	0.49071 (5)	0.40605 (6)	0.08467	11.17	[28]
$GdCo_{7-x}Mn_x$					
$x = 0.2$	0.4858 (2)	0.4054 (6)	0.08285	11.40	[23]
$x = 0.4$	0.4864 (3)	0.4057 (3)	0.08312	11.35	
$TbCo_{6.7}Cr_{0.3}$	0.4873 (0)	0.4035 (7)	0.08993 (1)	10.51	[29]
$TbCo_{6.7}Zn_{0.3}$	0.4876 (6)	0.4031 (8)	0.083035 (5)	11.47	[29]
$TbCo_{7-x}Ga_x$					
$x = 0.3$	0.4871 (4)	0.4047 (5)	0.083181 (8)	11.47	[29]
$x = 1.5$	0.4939 (3)	0.4082 (5)	0.086255 (7)	11.31	
$SmFe_{8.43}$	0.4918 (3)	0.419 (1)	0.0878 (2)	11.59	[56]
$SmFe_9$	0.4891 (1)	0.4200 (4)	0.0870 (1)	12.29	
$(Nd_{1-x}Zr_x)Fe_{10}$					
$x = 0.25$	0.486	0.421	0.0861	13.29	[30]
$x = 0.5$	0.484	0.423	0.0858	13.08	
$(Nd_{0.5}Zr_{0.5})(Fe_{1-x}Co_x)_{10}$					
$x = 0$	0.483	0.421	0.0851	13.20	
$x = 0.3$	0.482	0.420	0.0845	13.47	[30]
$x = 0.5$	0.480	0.421	0.0840	13.67	
$Sm_xZr_{0.3}Fe_{9.1-x}Co_{0.6}$					
$x = 0.8$	0.4922	0.4183	0.08776	11.70	
$x = 0.9$	0.4913	0.4195	0.08769	12.42	[31]
$x = 1.0$	0.4915	0.4185	0.08756	12.62	

注：Fe 基的 1:7 相都是在非平衡态下通过熔体旋淬法得到的，辊面线速度 $v_s = 30 \sim 40 m/s^{[30,31,56]}$。

3.5 其他二元 R-T 化合物的晶体结构

在为数众多的二元稀土-过渡金属间化合物中，除了永磁工作者感兴趣的稀土永磁材料外，还存在一些常出现在稀土永磁体中的其他化合物。其中一部分化合物对稀土永磁材料的硬磁性有促进作用，但另一部分则无益，甚至起到负面影响。为了了解这些经常伴随三代稀土永磁材料一起出现的化合物，这里介绍其中一些二元 R-T 的晶体结构：如立方 $MgCu_2$ 型、六方 Ce_2Ni_7 型和菱形 Gd_2Co_7 型结构。

3.5.1 $MgCu_2$ 型晶体结构（Laves 相）

在三代稀土永磁体中，经常出现立方 $MgCu_2$ 型结构的 1:2 型化合物。$MgCu_2$ 型结构化合物占三种类型 Laves 相：$MgCu_2$、$MgZn_2$、$MgNi_2$ 的大部分。由于这种结构的 Fe 或 Co-Laves 相在磁体的使用温度范围内有较强的铁磁性，它的存在会降低稀土永磁体的矫顽力。因此，在磁体制备过程中应该尽量避免它的出现。

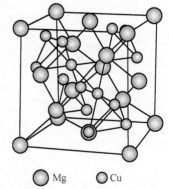

$MgCu_2$ 型晶体结构展示于图 3-7 中[61]。它属于立方晶系，空间群为 $Fd\bar{3}m$，每个晶胞包含 8 个分子式，共有 8 个 Mg 原子和 16 个 Cu 原子，Mg 和 Cu 原子各有 1 个不等价晶位，Mg 原子占据 $8a$ 晶位，Cu 原子占据 $16d$ 晶位。对于在稀土永磁体中出现的 1:2 型 $MgCu_2$ 型结构 Laves 相，R 原子占据 Mg 对应的 $8a(0.125, 0.125, 0.125)$ 晶位，Fe 或 Co 原子占据 Cu 对应的 $16d(0.5, 0.5, 0.5)$ 晶位。不同稀土过渡金属间化合物的 Laves 相 RT_2（T = Ni、Co、Fe、Mn）是大量的。它们的晶体结构和磁性参见文献 [1] 附录表 A1a ~ e。

图 3-7 $MgCu_2$ 型晶体结构[61]

3.5.2 Ce_2Ni_7 和 Gd_2Co_7 型晶体结构

在第一代 1:5 型 Sm-Co 永磁材料的制备过程中，合金在 650 ~ 770℃ 长时间热处理后，观察到磁体中 $SmCo_5$ 晶粒的晶界处出现 Sm_2Co_7 型析出物，并发现 Sm_2Co_7 析出物在高温下具有六方 Ce_2Ni_7 结构，而在低温下具有菱形的 Gd_2Co_7 结构[62]。图 3-8 展示了 2:7 型化合物的两种不同类型的晶体结构：六方 Ce_2Ni_7 型和菱形 Gd_2Co_7 型结构[63]。

六方 Ce_2Ni_7 型结构的空间群为 $P6_3/mmc$。每个晶胞中包含 4 个分子式，共有 8 个 R 原子，28 个 T 原子。在 Ce_2Ni_7 结构的晶胞中，稀土 R 原子有 1 个不等价晶位：$4f$ 晶位；过渡金属族 T 原子有 5 个不等价晶位：$2a$、$4f$、$4c$、$6h$、$12k$ 晶位。而菱形的 Gd_2Co_7 晶体结构的空间群为 $R\bar{3}m$。每个晶胞中包含 6 个分子式，共有 12 个 R 原子，42 个 T 原子。在 Gd_2Co_7 型结构的晶胞中，R 原子有 1 个不等价晶位：$6c$ 晶位；T 原子有 4 个不等价晶位：$3b$、$6c$、$9e$、$18h$ 晶位。

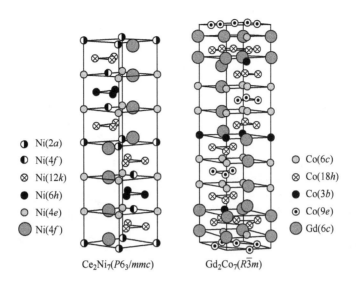

图 3-8 Ce₂Ni₇型和 Gd₂Co₇型晶体结构[63]

关于不同稀土的 R_2T_7(T = Ni、Co) 化合物的晶体结构和磁性，参见文献［1］附录表 A1a ～ c。

3.6 Nd₂Fe₁₄B 型晶体结构

前两代稀土永磁材料是以二元稀土过渡族金属间化合物 SmCo₅ 和 Sm₂Co₁₇ 为基体相（或称主相）的化合物，而第三代稀土永磁材料是以三元稀土过渡族金属间化合物 Nd₂Fe₁₄B 为基体相的化合物。Nd₂Fe₁₄B 化合物的晶体结构和磁结构几乎同时由 Herbst 等人[64]用中子衍射，Givord 等人[65]和 Shoemaker 等人[66]用 X 射线衍射方法独立地确定。Nd₂Fe₁₄B 化合物的对称性与 1:5 和 2:17 结构不同，为四方对称，4 度对称的 c 轴为一特殊对称轴。晶体结构为四方晶系，空间群为 $P4_2/mnm$。晶胞的晶格参数为：$a \sim 0.88$nm 和 $c \sim 1.22$nm，晶胞的晶体结构空间图如图 3-9 所示。Nd₂Fe₁₄B 每一个晶胞为 4 个分子式，含 8 个 R 原子，56 个 Fe 原子和 4 个 B 原子。稀土原子占据具有点对称 mm 的 4f 和 4g 晶位，过渡金属 Fe 原子占据 6 个晶位，分别是 $16k_1$、$16k_2$、$8j_1$、$8j_2$、4e 和 4c，B 原子占据 4g 晶位。

在 Nd₂Fe₁₄B 结构中，Nd 和 B 原子仅分布在 $z = 0$ 和 $z = 0.5$ 的第一和第四两个结构层内，而第二、三、五和六层内仅 Fe 原子分布其中，因此，整个晶体可看作是由两个富 Nd 和富 B 原子层与四个仅含 Fe 的原子层交替堆垛而成的一个层状结构。室温中子衍射实验给出的 Nd₂Fe₁₄B 晶胞中各个晶位的坐标（以点阵常数 a 和 c 为单位）列于表 3-10 中，各个 Fe 晶位上的原子与相邻晶位原子的间距列于表 3-11 中，可看到，Fe-Fe 原子间距从最小的 0.2496nm 变化到最大的 0.2826nm，这个间距差异使各个 Fe 晶位对 Nd₂Fe₁₄B 化合物的磁性和其他物理性能的贡献有所不同。

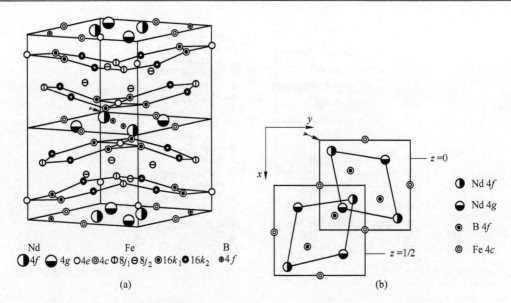

图 3-9 Nd$_2$Fe$_{14}$B 晶体结构图 (a) 和 $z=0$ 与 $z=1/2$ 平面沿 001 方向上的投影 (b)[64]

表 3-10 在室温下由中子衍射实验获得的 Nd$_2$Fe$_{14}$B 晶胞中各个晶位的坐标[64]

（以点阵常数 $a=0.882$nm 和 $c=1.219$nm 为单位）

原 子	晶 位	x	y	z
Nd	4f	0.266	0.266	0.0
Nd	4g	0.139	-0.139	0.0
Fe	16k_1	0.224	0.568	0.128
Fe	16k_2	0.039	0.359	0.176
Fe	8j_1	0.097	0.097	0.205
Fe	8j_2	0.318	0.318	0.247
Fe	4e	0.5	0.5	0.113
Fe	4c	0.0	0.5	0.0
B	4g	0.368	-0.368	0.0

表 3-11 Nd$_2$Fe$_{14}$B 晶胞中各个 Fe 晶位与相邻晶位的原子间距[64]

晶位	原子间距/nm			晶位	原子间距/nm		
					1Nd$_1$	(4f)	0.3143
					1Nd$_2$	(4g)	0.3049
	2Nd$_2$	(4g)	0.3192		1Fe$_1$	(4e)	0.2754
	2B		0.2095		1Fe$_3$	(8j_1)	0.2784
Fe$_1$(4e)	1Fe$_1$	(4e)	0.2826	Fe$_4$(8j_2)	2Fe$_3$	(8j_1)	0.2633
	2Fe$_3$	(8j_1)	0.2491		2Fe$_5$	(16k_1)	0.2748
	2Fe$_7$	(8j_2)	0.2754		2Fe$_5$	(16k_1)	0.2734
	4Fe$_5$	(16k_1)	0.2496		2Fe$_6$	(16k_2)	0.2640
					2Fe$_6$	(16k_2)	0.2662

续表 3-11

晶位	原子间距/nm			晶位	原子间距/nm		
					$1Nd_1$	$(4f)$	0.3006
					$1Nd_2$	$(4g)$	0.3060
					$1B$		0.2096
					$1Fe_1$	$(4e)$	0.2496
	$2Nd_1$	$(4f)$	0.3382		$1Fe_2$	$(4c)$	0.2573
	$2Nd_2$	$(4g)$	0.3118		$1Fe_3$	$(8j_1)$	0.2587
$Fe_2(4c)$	$4Fe_5$	$(16k_1)$	0.2573	$Fe_5(16k_1)$	$1Fe_4$	$(8j_2)$	0.2734
	$4Fe_6$	$(16k_2)$	0.2492		$1Fe_4$	$(8j_2)$	0.2748
					$1Fe_5$	$(16k_1)$	0.2592
					$1Fe_6$	$(16k_2)$	0.2527
					$1Fe_6$	$(16k_2)$	0.2536
					$1Fe_6$	$(16k_2)$	0.2462
					$1Nd_1$	$(4f)$	0.3279
					$1Nd_2$	$(4g)$	0.3069
	$2Nd_1$	$(4f)$	0.3306		$1Fe_2$	$(4c)$	0.2492
	$1Nd_2$	$(4g)$	0.3296		$1Fe_3$	$(8j_1)$	0.2396
	$1Fe_1$	$(4e)$	0.2491		$1Fe_4$	$(8j_2)$	0.2662
	$1Fe_3$	$(8j_1)$	0.2433		$1Fe_4$	$(8j_2)$	0.2640
$Fe_3(8j_1)$	$1Fe_4$	$(8j_2)$	0.2784	$Fe_6(16k_2)$	$1Fe_5$	$(16k_1)$	0.2527
	$2Fe_4$	$(8j_2)$	0.2633		$1Fe_5$	$(16k_1)$	0.2462
	$1Fe_5$	$(16k_1)$	0.2587		$1Fe_6$	$(16k_2)$	0.2536
	$2Fe_6$	$(16k_2)$	0.2396		$1Fe_6$	$(16k_2)$	0.2542
					$1Fe_6$	$(16k_2)$	0.2549

　　在 $Nd_2Fe_{14}B$ 晶体结构中，四方对称的 c 轴（［001］方向）是一个特殊的晶轴。这与前二代稀土永磁体主相 $SmCo_5$ 和 Sm_2Co_{17} 的晶体结构中的六方对称的 c 轴（在四轴坐标系的［0001］方向或三轴坐标系的［001］方向）是类似的，可以期望得到很强的磁晶各向异性。事实上，正是存在了这些独特的晶轴，人们才能获得永磁性能如此出色的三代稀土永磁材料。三代稀土永磁材料的晶体结构的参数总结在表 3-12 中。

表 3-12　$CaCu_5$、Th_2Ni_{17}、Th_2Zn_{17} 和 $Nd_2Fe_{14}B$ 晶体结构的参数

晶体结构	对称性	空间群	Z	a/nm	c/nm	R 晶位	T 晶位
$CaCu_5$	六方	$P6/mmm$	1	0.50	0.40	$1a$	$2c$, $3g$
Th_2Ni_{17}	六方	$P6_3/mmc$	2	0.84	0.82	$2b$, $2d$	$4f$, $6g$, $12j$, $12k$
Th_2Zn_{17}	菱方	$R\overline{3}m$	3	0.84	1.22	$6c_2$	$6c_1$, $9d$, $18f$, $18h$
$Nd_2Fe_{14}B$	四方	$P4_2/mnm$	4	0.88	1.22	$4f$, $4g$	$4c$, $4e$, $8j_1$, $8j_2$, $16k_1$, $16k_2$

注：Z 表示每个晶胞中的分子数，a 和 c 表示晶格常数。

　　比较三代稀土永磁材料的晶体结构，可以发现许多相似之处，前面所述的 $CaCu_5$ 及其衍生的 Th_2Ni_{17} 和 Th_2Zn_{17} 之间的关系自不必说，实际上 $Nd_2Fe_{14}B$ 和 Th_2Zn_{17} 之间也有很强的类比性。首先，两种晶体结构都是由 6 个结构层堆垛而成的，在 $Nd_2Fe_{14}B$ 中，Nd 和 B 原子仅分布在 1、4 两个结构层内，而在 2、3、5、6 四个结构层内都是 Fe 原子；在 Th_2Zn_{17} 结构的 Nd_2Fe_{17} 化合物中，Nd 原子仅分布在 1、3、5 三个结构层内，而在 2、4、6 三个结构层内都是 Fe 原子。

　　另外，在 $Nd_2Fe_{14}B$ 结构的 $z = 0$ 和 0.5 平面（1、4 结构层）上，R 原子排列成菱形，相邻菱形由平移对称性而产生平行四边形连接（如图 3-9(b)所示），而在 $z = 0.3$、0.37、0.63、0.87 平面（2、3、5、6 结构层）上，Fe 原子排列成六边形和三角形网络，相邻 Fe 层（例如 2、3 层或 5、6 层）存在以六边形中心为轴的 30°旋转错位，类似于图 3-2(c)的 $CaCu_5$ 结构中 $2c$ 位和 $3g$ 位的关系。类似地，在 $CaCu_5$、Th_2Zn_{17} 和 Th_2Ni_{17} 结构的富 Fe 结构层中，Fe 原子排列也成六角和三角形网。不同的是，$Nd_2Fe_{14}B$ 结构中的六边形存在畸变，Fe 原子不在一个平面内，且 Fe-Fe 间距也不相等（参见表 3-11）。

　　第三，在 $Nd_2Fe_{14}B$ 结构的 $z = 0.37$ 和 0.63 平面（3、5 结构层）上，Fe 原子形成六角棱柱，稀土原子位于六角棱柱的体心，这与 $CaCu_5$ 结构中 $2c$ 和 $3g$ 晶位的 Cu 原子分别各自形成六角棱柱类似，前者稀土原子在六棱柱的底心，后者在体心。因此，$R_2Fe_{14}B$ 化合物的结构与 $CaCu_5$ 结构是密切相关的。

　　第三代稀土永磁体的主相化合物与前二代不同之处在于 B 的引入。在 $Nd_2Fe_{14}B$ 结构的 $z = 0$ 或 $z = 0.5$ 平面（1、4 结构层）的上、下三个最近邻的 Fe 原子（Fe(e) 和 Fe(k_1)）组成了三角棱柱体，B 原子正好处于这个三角棱柱体的中心，如图 3-10 所示。在许多过渡族金属与类金属的化合物中都能发现这种三角棱柱体[67]。类金属 B 或 C 元素的添加对四方 $Nd_2Fe_{14}B$ 相的形成起到决定性的作用[68,69]，只有半径较小的 B 或 C 原子才能进入由 Fe 原子形成三角棱柱体的中心位置，并引起 Fe 原子六角棱柱的畸变，起到稳定四方 $Nd_2Fe_{14}B$ 相的作用。

　　不同稀土 R 和过渡族金属 Fe、Co 形成的 $Nd_2Fe_{14}B$ 型 $R_2Fe_{14}B$ 和 $R_2Co_{14}B$ 化合物的晶格常数和理论密度参见表 4-24，$R_2Fe_{14}C$ 化合物的相关参数参见表 3-13[70]。

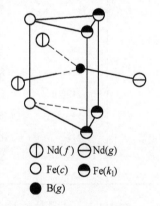

　　⊘ Nd(f)　⊖ Nd(g)
　　○ Fe(c)　⊖ Fe(k_1)
　　● B(g)

图 3-10　在 $Nd_2Fe_{14}B$ 中含有 B 原子的三角棱柱体[67]

表 3-13　$R_2Fe_{14}C$ 化合物的晶格常数、晶胞体积和理论密度[70]

化合物	a/nm	c/nm	V/nm³	d/g·cm⁻³
$LaFe_{14}C$	0.8819	1.2142	0.94434	7.54
$Pr_2Fe_{14}C$	0.8816	1.2044	0.93608	7.63
$Nd_2Fe_{14}C$	0.8809	1.2050	0.93506	7.69
$Sm_2Fe_{14}C$	0.8798	1.1945	0.92460	7.86
$Gd_2Fe_{14}C$	0.8791	1.1893	0.91911	8.01
$Tb_2Fe_{14}C$	0.8770	1.1865	0.91257	8.09
$Dy_2Fe_{14}C$	0.8754	1.1826	0.90626	8.20

续表 3-13

化合物	a/nm	c/nm	V/nm^3	$d/g \cdot cm^{-3}$
$Ho_2Fe_{14}C$	0.8739	1.1797	0.90094	8.28
$Er_2Fe_{14}C$	0.8730	1.1775	0.89741	8.35
$Tm_2Fe_{14}C$	0.8721	1.1749	0.89358	8.41
$Lu_2Fe_{14}C$	0.8709	1.1713	0.88839	8.55

3.7 其他三元 R-T-M 化合物的晶体结构

3.7.1 NdFe₄B₄型晶体结构

在第三代稀土永磁体 Nd-Fe-B 合金的边界相中，有可能出现 $NdFe_4B_4$ 型化合物。这种化合物对 Nd-Fe-B 磁体的永磁性有一定的影响。

$NdFe_4B_4$ 相早在 1979 年已由 Chaban 发现[71]，但其晶体结构的详细研究是在 $Nd_2Fe_{14}B$ 相发现以后。Givord[72] 和 Bezine[73] 分别详细研究了 $NdFe_4B_4$ 型化合物的晶体结构。X 射线分析表明，Fe 的平均亚点阵是简单四角晶体，由沿着 c 轴排列的四面体链组成。而 R 的平均亚点阵是体心四角晶体，由 R 原子沿着 c 轴排列成"一串"的原子组成，$NdFe_4B_4$ 型化合物的晶体结构展示于图 3-11 中。$Nd_5Fe_{18}B_{18}$ 晶体的晶胞结构参数有 $10c_{Nd} = 9c_{Fe-B}$，$a = 0.7117nm$，$c = 3.5071nm$，空间群为 $Pccn$，属于四方晶系。每个晶胞包含四个分子式，共有 20 个 Nd 原子，72 个 Fe 原子和 72 个 B 原子，理论密度为 $7.18g/cm^3$。$Nd_5Fe_{18}B_{18}$ 晶胞内原子坐标和原子间距分别列出在表 3-14 和表 3-15 中。

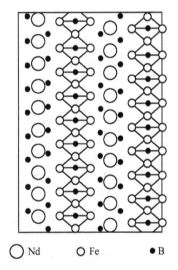

$\bigcirc$ Nd $\circ$ Fe $\bullet$ B

图 3-11 $NdFe_4B_4$ 型化合物的晶体结构[72]

研究表明，这种化合物的分子式应该写成 $Nd_{1+\varepsilon}Fe_4B_4$，其中 ε 是一个小于 1 的小数，且随每种化合物中 R 原子与 Fe 原子的浓度比不同而不同。因此，在 $NdFe_4B_4$ 型化合物中，R 亚点阵的 c_R 和 Fe-B 亚点阵的 c_{Fe-B} 的比值要随着浓度比而变化，即 $c_{Fe-B}/c_R = x = 1 + \varepsilon$。可以看到，这里的轴比不能用一个小的整数来表示。因此，称这种 $Nd_{1+\varepsilon}Fe_4B_4$ 结构为无公度相。这种结构沿着 c 轴有很长的重复周期。

表 3-14 在 $Nd_5Fe_{18}B_{18}$ 型化合物中空间群为 $Pccn$ 的原子坐标[72]

原子坐标	x	y	z_1	z_2	z_3	z_4	z_5	z_6	z_7	z_8	z_9
Nd 4d	0.25	0.75	0.0780	0.1796	0.2774	0.3750	0.4769				
Fe 8e	0.1270	0.1270	0.0169	0.1234	0.2379	0.3471	0.4602	0.5708	0.6817	0.7925	0.9038
B 8e	0.680	0.0680	0.0710	0.1821	0.2932	0.4043	0.5154	0.6265	0.7376	0.8487	0.9598

表 3-15　在 $Nd_5Fe_{18}B_{18}$ 型化合物中原子 Nd_1、Fe_1 和 B_1 与其他原子间的距离[72]　（nm）

元　素		原子的间距	元　素		原子的间距
$Nd_1 =$	Nd_2	0.3567	$Fe_1 =$	Nd_1	0.3545
	Nd_5	0.3570		Nd_5	0.3161
	Fe_1	0.3545		Nd_5	0.2829
	Fe_2	0.3230		Fe_1	0.2834
	Fe_4	0.3848		Fe_1	0.2476
	Fe_5	0.3125		Fe_2	0.3717
	Fe_6	0.2834		Fe_5	0.2679
	Fe_9	0.2889		Fe_6	0.2577
	B_1	0.2621		Fe_9	0.3985
	B_4	0.2676		Fe_9	0.3764
	B_5	0.3423		B_1	0.1970
	B_6	0.3102		B_1	0.3670
	B_8	0.3647		B_1	0.3599
	B_9	0.2935		B_5	0.3620
$B_1 =$	Nd_1	0.2621		B_5	0.2212
	Fe_1	0.1970		B_9	0.2107
	Fe_2	0.1932		B_9	0.2119
	Fe_6	0.2211		B_9	0.3676
	Fe_9	0.2152			
	B_9	0.1744			

$Nd_{1+\varepsilon}Fe_4B_4$ 相在室温是非铁磁性的，但是在低温下，它是铁磁性的[72]。

3.7.2　$Nd_6Fe_{13}Si$ 型晶体结构

为了改善烧结 Nd-Fe-B 磁体的永磁性能，需要复合添加多种不同类型的金属或类金属元素，其中包括 Al、Ga、Si 等，这些元素的一部分可进入 $Nd_2Fe_{14}B$ 主相，而另一部分可与 Nd、Fe 元素形成 $Nd_6Fe_{13}Si$ 结构[74]（1990 年被 Allemand 等发现）的三元 Nd-Fe-M（M = Al、Ga、Si 等）系化合物。它与其他相如硼化物等一起构成烧结 Nd-Fe-B 磁体的晶界相。由于在晶界相中存在 $Nd_6Fe_{13}X$ 相后明显提高矫顽力[75]和改善抗腐蚀性，因而对于 Nd-Fe-B 烧结磁体来说，$Nd_6Fe_{13}Si$ 结构是一种提高永磁体性能的重要三元稀土化合物。

研究表明，$Nd_6Fe_{13}Si$ 结构只是由 Sichevich 在 1985 年已发现的 $La_6Co_{11}Ga_3$ 结构[76]的一种变体，由于 $La_6Co_{11}Ga_3$ 和 $Nd_6Fe_{13}Si$ 结构相似，这里仅介绍与 Fe 相关的 $Nd_6Fe_{13}Si$ 结构。$Nd_6Fe_{13}Si$ 晶体的原子位置参数和各向同性的温度因子被列出在表 3-16 中。

表 3-16　$Nd_6Fe_{13}Si$ 晶体的原子位置参数和各向同性的温度因子[74]

原　子	晶　位	x	y	z	$10^{-2}B(nm^2)$
Nd（1）	$8f$	0	0	0.1104（1）	0.59（4）
Nd（2）	$16l$	0.1663（2）	0.6663	0.1904（1）	0.83（3）

原 子	晶 位	x	y	z	$10^{-2}B(nm^2)$
Fe (1)	4d	0	0.5	0	0.4 (2)
Fe (2)	16l	0.1788 (5)	0.6788	0.0607 (2)	0.46 (18)
Fe (3)	16l	0.3860 (6)	0.8860	0.0966 (3)	0.70 (9)
Fe (4)	16k	0.0666 (7)	0.2079 (7)	0	0.44 (8)
Si (1)	4a	0	0	0.25	0.4 (3)

$Nd_6Fe_{13}Si$ 结构与 $La_6Co_{11}Ga_3$ 一样,属于具有 $I4/mcm$ 空间群的体心四方结构,每个晶胞由两个分子式组成,包含 2 个 R 晶位（$16l$ 和 $8f$）、4 个 Fe 晶位（$16l_1$、$16k$、$16l_2$ 和 $4d$）和 1 个 Si 占据的 $4a$ 晶位,其晶体结构展示于图 3-12 中[80]。可以认为 $Nd_6Fe_{13}Si$ 结构由 3 层 Fe 原子板块与 2 层 R 原子板块交替地沿着 c 轴堆垛而成：Fe 原子板块由三层 Fe 原子构成,位于 $z=0$ 的 $16k$ 和 $4d$ 晶位 Fe 原子组成内层,再由 $16l_1$ 和 $16l_2$ 晶位的 8 个 Fe 原子构成的皱褶环上下夹持内层;R 原子板块则由一系列双帽反金字塔 $[R_{8+2}X]$ 构成,每一个双帽反金字塔由 8 个 $16l$ 晶位的 R 原子和 2 个 $8f$ 晶位的 R 原子组成外框骨架,$4a$ 晶位的 Si 原子位于反金字塔中心。

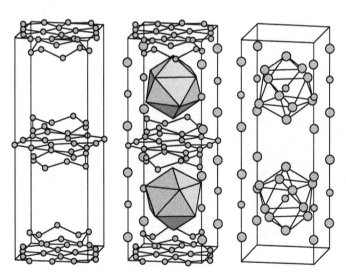

● RE　◐ X　○ Fe

图 3-12　$Nd_6Fe_{13}Si$ 晶体结构[77]

磁测量结果表明 $Nd_6Fe_{13}Si$ 化合物为反铁磁性[74,77]。中子衍射实验证实,在 $Pr_6Fe_{13}Sn$ 合金中 Pr 和 Fe 原子的磁矩呈反平行排列[78]。具有 $Nd_6Fe_{13}Si$ 结构的 $R_6Fe_{13}M$（R = Pr、Nd；M = Ag、Au、Si、Ge、Sn、Pb 等）化合物都显示出反铁磁性,其室温净磁矩为 0 ~ 1 μ_B/(f. u.)。具有 $Nd_6Fe_{13}Si$ 结构的 $R_6Fe_{13}M$ 化合物的晶体结构列于表 3-17[74,78~83]。

表 3-17 $Nd_6Fe_{13}Si$ 型三元化合物的晶格常数、晶胞体积和理论密度

成　分	a/nm	c/nm	V/nm^3	文献
$La_6Fe_{11}Al_3$	0.82228 (16)	2.38205 (88)	1.6106 (9)	[79]
$La_3Nd_3Fe_{11}Al_3$	0.8183	2.349	1.573	[83]
$La_3Gd_3Fe_{11}Al_3$	0.8156	2.336	1.553	[83]
$Ce_6Fe_{11}Al_3$	0.81903 (34)	2.31008 (170)	1.5505 (18)	[79]
$Pr_6Fe_{11}Al_3$	0.81660 (11)	2.31296 (152)	1.5424 (11)	[79]
$Pr_4Sc_2Fe_{11}Al_3$	0.81747 (20)	2.31286 (192)	1.5456 (15)	[79]
$Pr_4Y_2Fe_{11}Al_3$	0.81513 (9)	2.30243 (53)	1.5300 (5)	[79]
$Nd_6Fe_{11}Al_3$	0.81472 (10)	2.30745 (154)	1.5316 (11)	[79]
$Sm_6Fe_{11}Al_3$	0.81143 (24)	2.29949 (74)	1.5140 (10)	[79]
$MM_6Fe_{11}Al_3$	0.81979 (18)	2.31758 (105)	1.5575 (10)	[79]
$Pr_6Fe_{13}Ag$	0.8121 (1)	2.2819 (9)	1.5050 (7)	[80]
$Pr_6Fe_{13}Au$	0.8098 (1)	2.2659 (6)	1.4860 (6)	[80]
$Pr_6Fe_{13}Si$	0.8059 (1)	2.2854 (9)	1.4846 (8)	[80]
$Pr_6Fe_{13}Ge$	0.8064 (2)	2.2933 (8)	1.4914 (9)	[80]
$Pr_6Fe_{13}Sn$	0.8097 (2)	2.3499 (9)	1.5407 (10)	[80]
$Pr_6Fe_{13}Pb$	0.8118 (2)	2.3574 (9)	1.5539 (7)	[80]
$Nd_6Fe_{13}Cu$	0.809	2.226	1.457	[81]
$Nd_{6.4}Fe_{13}Cu_{1.3}$	0.8111	2.230	1.467	[83]
$Nd_{6.4}Fe_{13}Ag_{1.3}$	0.8117	2.276	1.499	[83]
$Nd_6Fe_{13}Ag$	0.8104 (2)	2.2715 (9)	1.4920 (9)	[80]
$Nd_6Fe_{13}Au$	0.8090 (2)	2.22602 (2)	1.4793 (4)	[80]
$Nd_{6.1}Fe_{13}Au$	0.8084	2.2260	1.477	[83]
$Nd_6Fe_{13}Ga$	0.80686	2.2937	1.4933	[58]、[82]
$Nd_6Fe_{13}Si$	0.8034	2.278	1.4703	[74]
$Nd_{6.4}Fe_{13}Si_{1.3}$	0.8054	2.281	1.480	[83]
$Nd_{6.1}Fe_{13}Ga_1$	0.8072	2.295	1.495	[83]
$Nd_{6.1}Fe_{13}Ga_2$	0.8092	2.298	1.504	[83]
$Nd_{6.1}Fe_{12.7}Ga_{1.3}$	0.8077	2.298	1.499	[83]
$Nd_{6.0}Dy_{0.1}Fe_{12.7}Ga_{1.3}$	0.8072	2.296	1.496	[83]
$Nd_{5.9}Dy_{0.2}Fe_{12.7}Ga_{1.3}$	0.8071	2.295	1.495	[83]
$Nd_{5.5}Dy_{0.5}Fe_{12.7}Ga_{1.3}$	0.8071	2.295	1.492	[83]
$Nd_{5.1}Dy_{1.0}Fe_{12.7}Ga_{1.3}$	0.8056	2.286	1.484	[83]
$Pr_6Fe_{13}Ge$	0.80663 (20)	2.29681 (85)	1.4944 (9)	[79]
$Nd_6Fe_{13}Ge$	0.8046 (1)	2.2836 (8)	1.4784 (7)	[80]
$Nd_6Fe_{13}Sn$	0.8089 (1)	2.3354 (9)	1.5282 (7)	[80]
$Nd_6Fe_{13}Pb$	0.8088 (1)	2.3417 (9)	1.5318 (8)	[80]
$La_6Co_{13}Ge$	0.80620 (46)	2.29224 (115)	1.4899 (18)	[79]

3.7.3 ThMn₁₂型晶体结构

稀土过渡族金属通常不能形成稳定的 ThMn₁₂型二元 RFe₁₂化合物，但适当添加第三元素 M(M = Ti、V、Cr、Mo、W、Nb、Si 等) 即可以获得稳定的富 Fe 三元化合物 $RFe_{12-x}M_x$，其中 x 的取值范围一般在 0.5～4 之间[9]。在三元 $RFe_{12-x}M_x$ 化合物中，R = Sm 的具有很强的单轴各向异性，因此，$SmFe_{12-x}M_x$ 化合物是一种具有应用潜力的永磁材料。同样，也不存在稳定的二元 R_3Fe_{29} 化合物，与 1:12 结构 $RFe_{12-x}M_x$ 一样，3:29 相也必须添加少量第三元素 M，以构成稳定的三元 $R_3Fe_{29-x}M_x$ 化合物。

ThMn₁₂结构为四方对称，空间群 $I4/mmm$，每一个晶胞含 2 个分子式单元，2 个 R 原子占据 2a 晶位，24 个 T 原子分别占据 8f、8i 和 8j 三个晶位，如图 3-13 所示。晶格常数 $a = b \sim \sqrt{3}a_0 \sim 2c_0$，$c \sim a_0$，$c/a \sim 1/2(a_0/c_0) \sim 1/\sqrt{3}$，$c_0/a_0 \sim \sqrt{3}/2$，晶胞的体积 $V \sim 6V_0$，其中 a_0 和 c_0 为 CaCu₅结构的晶胞晶格常数，用 a_0 和 c_0 来表达晶格结构参数意味着 ThMn₁₂结构同样与 CaCu₅结构有渊源关系，图 3-13a 中右上角实线分割出来的局部结构，去掉底面和中间层的 T 原子就得到图 3-13(b)[84]，这正是一个哑铃对 T 原子替代一个 R 原子后的结果，与本章 3.2.2 节的描述相符。

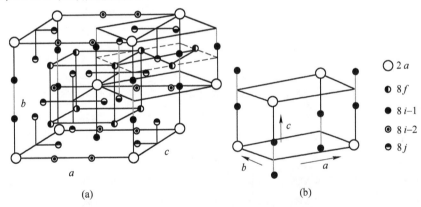

图 3-13　ThMn₁₂晶体结构（a）和 CaCu₅晶体结构（b）的关系[84]
（对于 R-T 化合物，在 CaCu₅晶体结构中展示了 R→2T 取代情形）

图 3-13（a）中虚线所围的菱形平行于四方 ThMn₁₂型晶胞的 a-c 矩形面，也是 CaCu₅晶胞的底面，这样，ThMn₁₂型结构的晶格参数 a 就是原始 CaCu₅晶胞的长对角线 $\sqrt{3}a_0$，晶格参数 c 几乎与原始晶胞的 a_0 一样，而晶格 b 轴与原始晶胞的 c_0 轴方向平行。在 ThMn₁₂型结构中的 b = 0 和 1/2 平面相应于原始晶胞的 z = 0 平面，而 b = 1/4 和 3/4 平面相应于原始晶胞的 z = 1/2 平面，因此 ThMn₁₂和 CaCu₅型结构的 c 轴互相垂直。在 ThMn₁₂和原始 CaCu₅型结构原子位置之间的关系也列出在表 3-7 中，ThMn₁₂型结构与原始 CaCu₅晶体结构之间的 Miller 指数关系为[15,84]：

$$\begin{bmatrix} h \\ k \\ l \end{bmatrix}_{1:12t} = \begin{bmatrix} 1 & -1 & 0 \\ 0 & 0 & 2 \\ -1 & -1 & 0 \end{bmatrix} \begin{bmatrix} h_0 \\ k_0 \\ l_0 \end{bmatrix}_{1:5} \tag{3-11}$$

虽然大多数 $RFe_{12-x}M_x$ 在室温下呈现单轴各向异性，但只有 $SmFe_{12-x}M_x$ 才具有足够大的单轴磁晶各向异性场而成为永磁材料开发的候选者。例如 $SmFe_{11}Ti$ 的居里温度为 584K（与 $Nd_2Fe_{14}B$ 相近），室温饱和磁化强度 $\mu_0 M_s = 1.14T$（比 $Nd_2Fe_{14}B$ 低），室温磁晶各向异性场 $B_a = 10.5T$（比 $Nd_2Fe_{14}B$ 高）。另外，如 $Nd(Fe, Ti)_{12}$ 化合物，虽然它在氮化前的磁各向异性很小，但氮化后的磁各向异性变得很大。因此，类似 $Nd(Fe, Ti)_{12}$ 化合物的氮化物也有可能成为很好的永磁材料。具有 $ThMn_{12}$ 结构的三元稀土过渡族金属间化合物是大量的，它们的晶体结构和磁性详见文献 [9] 中表 3-1。表 3-18 列出一些常见的 $ThMn_{12}$ 型结构化合物 $RFe_{11}Ti$ 和 $RFe_{10.5}Mo_{1.5}$ 的晶体结构参数和理论密度。

表 3-18　$ThMn_{12}$ 型化合物 $RFe_{11}Ti$ 和 $RFe_{10.5}Mo_{1.5}$ 的晶格常数、晶胞体积和理论密度[9]

化 合 物	a/nm	c/nm	V/nm^3	$d/g \cdot cm^{-3}$
$NdFe_{11}Ti$	0.85740	0.49074	0.36076	7.4237
$SmFe_{11}Ti$	0.85572	0.47994	0.35144	7.6785
$GdFe_{11}Ti$	0.85476	0.47988	0.35061	7.7619
$TbFe_{11}Ti$	0.85372	0.48078	0.35041	7.7822
$DyFe_{11}Ti$	0.85212	0.47990	0.34846	7.8598
$HoFe_{11}Ti$	0.85056	0.47986	0.34716	7.9126
$ErFe_{11}Ti$	0.84951	0.47948	0.34603	7.9608
$TmFe_{11}Ti$	0.846	0.477	0.3414	8.0850
$LuFe_{11}Ti$	0.846	0.477	0.3414	8.1437
$YFe_{11}Ti$	0.85028	0.47946	0.34664	7.1960
$CeFe_{10}Mo_2$	0.8567	0.4786	0.35126	8.4192
$PrFe_{10}Mo_2$	0.8634	0.4808	0.35842	8.2584
$NdFe_{10}Mo_2$	0.8606	0.4798	0.35536	8.3607
$SmFe_{10}Mo_2$	0.8590	0.4804	0.35448	8.4387
$GdFe_{10}Mo_2$	0.8581	0.4806	0.35388	8.5176
$TbFe_{10}Mo_2$	0.8546	0.4785	0.34947	8.6411
$DyFe_{10}Mo_2$	0.8538	0.4790	0.34918	8.6822
$HoFe_{10}Mo_2$	0.8523	0.4788	0.34781	8.7397
$ErFe_{10}Mo_2$	0.8517	0.4785	0.3471	8.7798
$TmFe_{10}Mo_2$	0.8513	0.4781	0.34648	8.8114
$LuFe_{10}Mo_2$	0.8511	0.4780	0.34625	8.8753
$YFe_{10}Mo_2$	0.8541	0.4792	0.34957	7.9733

3.7.4　$Nd_3(Fe,Ti)_{29}$ 型晶体结构

在二元稀土过渡族（R-T）金属间化合物系列中，不存在 3:29 型结构的稳定化合物。直到 1992 年，才由 Collcott 等人[85] 在由第三元（M）稳定的三元稀土过渡族 R-(Fe,M)（M = Ti、V、Cr、Mn、Mo、Nb、W、Ta 等）金属间化合物中发现了 3:29 型 $Nd_3(Fe,Ti)_{29}$ 结构。开始，Collcott 等人依据衍射图案将其指标化为六角对称 $TbCu_7$ 型晶胞（$2 \times a$，$4 \times c$）

的超晶格，把该新结构确定为 2:19 型 $Nd_2(Fe,Ti)_{19}$ 化合物。其后的 1993 年，Cadogen 等人[86]指出，这种结构是一种单斜的晶体结构。1994 年，李宏硕等人用 X 射线衍射确定出该新结构并不是 2:19 型，而是一个 R:T 的精确成分为 3:29，且具有单斜的 $Nd_3(Fe,Ti)_{29}$ 型结构，其空间群为 $P2_1/c$[10]。同年，Hu 等人用中子衍射实验也证实该化合物并不是 2:19 型，而是 3:29 的一种单斜的晶体结构[11]。随后，Kalogirou 等人指出，用 $A2/m$ 空间群可更准确地描述这种 3:29 型新结构[12]。

表 3-19 给出了按照 $A2/m$ 空间群精细化处理的粉末 X 射线衍射图所给出的 $Nd_3Fe_{27.5}Ti_{1.5}$ 化合物晶体学数据[12]，同时也给出了按空间群 $P2_1/c$ 精细化处理的数据以作比较。在两种空间群处理中，原子分布的实验误差是一样的。表中同一行表示同一原子在不同空间群中的原子晶位和坐标，反映了两种空间群之间的变换。例如，对于空间群 $P2_1/c$，在 $y=0$ 以及 $x=0$ 或 $z=0$ 处的 $4e$ 等价晶位分别变换为空间群 $A2/m$ 的 $4i$ 或 $4g$。可明显看到，在空间群 $A2/m$ 中 Fe 或 Ti 原子仅用 11 个晶位来描述，但在空间群 $P2_1/c$ 中 Fe 或 Ti 原子需要用 15 个晶位来描述。虽然两者都属于单斜晶系，但前者比后者有更多的消光条件：$k+l=2n$。实际上，空间群 $A2/m$ 是空间群 $P2_1/c$ 的一个最小的非同晶型超群，所以用 $A2/m$ 描述 3:29 型结构比用 $P2_1/c$ 要更加合理。

表 3-19 $Nd_3Fe_{27.5}Ti_{1.5}$ 化合物在空间群 $A2/m$ 中计算的晶体学数据[12]

$P2_1/c$					$A2/m$				
原子	晶位	x	y	z	原子	晶位	x	y	z
Nd_1	$2a$	0	0	0	Nd_1	$2a$	0	0	0
Nd_2	$4e$	0.5925 (4)	0	0.185 (1)	Nd_2	$4i$	0.5975 (3)	0	0.1851 (3)
Fe_1	$2d$	0.5	0	0	Fe_1	$2c$	0.5	0	0.5
Fe_2	$4e_1$	0.8570 (5)	0	0.2141 (1)	Fe_2	$4i$	0.1427 (8)	0	0.2952 (9)
Fe_3	$4e_2$	0.2570 (5)	0	0.0141 (1)	Fe_3	$4i$	0.2526 (9)	0	0.5198 (9)
Fe_4	$4e_3$	0.8	0.785 (1)	0.1	Fe_4	$8j$	0.7981 (6)	0.7806 (5)	0.0904 (8)
Fe_5	$4e_4$	0.8	0.215 (1)	0.1					
Fe_6	$4e_5$	0.628 (1)	0.638 (2)	0.1858 (1)	Fe_5	$8j$	0.6250 (6)	0.6436 (7)	0.1832 (6)
Fe_7	$4e_6$	0.628 (1)	0.362 (2)	0.1858 (1)					
Fe_8	$4e_7$	0	0.853 (2)	0.5	Fe_6	$4g$	0	0.3562 (9)	0
Fe_9	$4e_8$	0.892 (1)	0	0.284 (2)	Fe_7	$4i$	0.8916 (8)	0	0.2801 (9)
Fe_{10}	$4e_9$	0.8	0.25	0.35	Fe_8	$8j$	0.8018 (8)	0.248 (1)	0.3464 (9)
Fe_{11}	$4e_{10}$	0.8	0.75	0.35					
Fe_{12}	$4e_{11}$	0.706 (1)	0.5	0.411 (2)	Fe_9	$4i$	0.707 (1)	0	0.908 (1)
Fe_{13}	$4e_{12}$	0.410 (2)	0.75	0.072 (4)	Fe_{10}	$8j$	0.4037 (6)	0.7466 (8)	0.0633 (7)
Fe_{14}	$4e_{13}$	0.597 (2)	0.75	0.444 (4)					
Fe_{15}	$4e_{14}$	0	0.75	0.25	Fe_{11}	$4e$	0	0.25	0.25

注：为比较给出同一化合物由参考文献［10］在空间群 $P2_1/c$ 中所计算的晶体学数据。

按照空间群 A_2/m 进行精细化处理，已计算出 $Nd_3(Fe,Ti)_{29}$ 型结构所允许的所有晶位参数，由此可以计算出 $Nd_3Fe_{27.5}Ti_{1.5}$ 化合物在空间群 A_2/m 中的原子间键长，这些数值列在表 3-20 中[12]。

表 3-20　$Nd_3Fe_{27.5}Ti_{1.5}$ 化合物在空间群 A_2/m 中原子间的键距[12]　　　　(nm)

$Nd_1 - Fe_4$ ×4 2.991 (6) $- Fe_6$ ×2 3.061 (8) $- Fe_7$ ×2 2.963 (9)	$Nd_2 - Fe_4$ ×2 2.993 (6) $- Fe_5$ ×2 3.076 (6) $- Fe_5$ ×2 2.962 (7) $- Fe_9$ ×1 2.94 (1)	$Fe_1 - Fe_3$ ×2 2.639 (9) $- Fe_5$ ×4 2.545 (6) $- Fe_{10}$ ×4 2.433 (7)	$Fe_2 - Fe_3$ ×1 2.48 (1) $- Fe_4$ ×2 2.730 (7) $- Fe_5$ ×2 2.770 (9) $- Fe_6$ ×2 2.795 (9) $- Fe_7$ ×1 2.68 (1) $- Fe_8$ ×2 2.63 (1) $- Fe_{11}$ ×2 2.55 (1)
$Fe_3 - Fe_4$ ×2 2.694 (6) $- Fe_5$ ×2 2.671 (2) $- Fe_6$ ×2 2.964 (9) $- Fe_7$ ×1 2.48 (1) $- Fe_8$ ×2 2.57 (1) $- Fe_{10}$ ×2 2.693 (9)	$Fe_4 - Fe_5$ ×1 2.365 (9) $- Fe_6$ ×1 2.602 (9) $- Fe_7$ ×1 2.822 (9) $- Fe_8$ ×1 2.51 (1) $- Fe_8$ ×1 2.40 (1) $- Fe_9$ ×1 2.77 (1) $- Fe_{10}$ ×1 2.634 (9) $- Fe_{11}$ ×1 2.665 (7)	$Fe_5 - Fe_4$ ×1 2.468 (9) $- Fe_5$ ×1 2.63 (1) $- Fe_6$ ×1 2.66 (1) $- Fe_7$ ×1 2.578 (9) $- Fe_8$ ×1 2.662 (9) $- Fe_{10}$ ×1 2.773 (9)	$Fe_6 - Fe_6$ ×1 2.47 (1) $- Fe_7$ ×2 2.729 (9) $- Fe_8$ ×2 2.737 (9) $- Fe_{11}$ ×2 2.602 (3)
$Fe_7 - Fe_8$ ×2 2.694 (6) $- Fe_{11}$ ×2 2.671 (2)	$Fe_8 - Fe_9$ ×1 2.46 (1) $- Fe_{10}$ ×1 2.36 (1) $- Fe_{11}$ ×1 2.308 (9)	$Fe_9 - Fe_{10}$ ×2 2.489 (9)	$Fe_{10} - Fe_{10}$ ×1 2.392 (9)

图 3-14 展示 $Nd_3(Fe,Ti)_{29}$ 的晶体结构[87]。$Nd_3(Fe,Ti)_{29}$ 型结构属于单斜晶系，空间群 A_2/m，晶胞包含 2 个分子式，有 6 个 R 原子，58 个 T 原子，6 个 R 原子占据 2 个晶位：2 个 $2a$ 晶位和 4 个 $4i$ 晶位；T 原子占据 11 个晶位：1 个 $2c$ 晶位、1 个 $4g$ 晶位、1 个 $4e$ 晶位、4 个 $4i$ 晶位和 8 个 $8j$ 晶位；稳定元素 M 原子择优地占据部分 T 原子的晶位，如部分 $4i$ 和 $8j$ 晶位。

3.3.2 节曾论述过，与 2:17 相和 1:12 相一样，3:29 相也是 $CaCu_5$ 型结构的富过渡金属衍生物，在通式 $R_{m-n}T_{5+2n}$ 中 $m=5$ 和 $n=2$，由于一个晶胞含两个分子，3:29 相晶胞体积 V 约为 1:5 相晶胞体积 V_0 的 10 倍（$V \sim 10V_0$）（参数详见表 3-5）。图 3-15 展示了由图 3-14 所示的 $R_3(Fe,Ti)_{29}$ 晶体结构与 $CaCu_5$ 结构的关系[15]。图 3-15（a）给出 RT_5 型结构在 $R_3(Fe,Ti)_{29}$ 晶体结构的（110）面上的投影，可见 $CaCu_5$ 结构的 a 轴和 c 轴都在 $R_3(Fe,Ti)_{29}$ 晶体结构的（110）面内，3:29 型结构的 a 轴和 c 轴也在（110）面内。图 3-15（b）给出 3:29 型结构沿 RT_5 型结构的 c 轴的投影，即在与（110）面垂直的平面上的投影，可见 3:29 型结构的 b 轴在该平面内，沿 b 方向的基矢长度是 $\sqrt{3}\, a_0$。为简洁明了起见，本图中仅画出了原胞的 R 原子和替代 R 原子的哑铃对 2T 原子。哑铃对 2T 原子平行于原胞的 c 轴。在两个 R 原子之间或在两个 2T 原子对之间的连接线相应于 [102] 方向，在图 3-15（a）中用虚线表示，虚线的方向即 3:29 型结构的 c 轴。在理想情况下，从图 3-15 可获得 3:29 型结构的晶格参数和它与原始 CaCu$_5$ 结构的关系如下：

$$a_{3:29} = \sqrt{4a_0^2 + c_0^2}$$

$$b_{3:29} = \sqrt{3}\, a_0$$

$$c_{3:29} = \sqrt{a_0^2 + 4c_0^2}$$

$$\beta = \arctan(2a_0/c_0) + \arctan(a_0/2c_0)$$

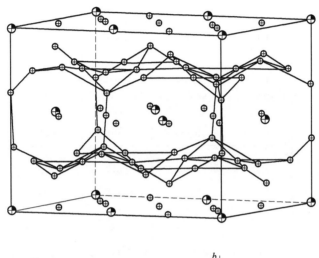

⊕ Nd

⊕ (Fe,Ti)

图 3-14 R$_3$(Fe,Ti)$_{29}$ 晶体结构[88]

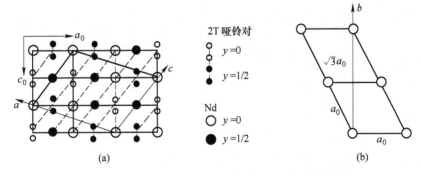

图 3-15 R$_3$(Fe,Ti)$_{29}$ 晶体结构与 CaCu$_5$ 结构的关系[15]

（a）RT$_5$ 型结构在（110）面上的投影；（b）沿 RT$_5$ 型结构 c 轴的投影

　　3:29 相的原子位置和与 CaCu$_5$ 型结构的关系已列于表 3-7 中，与原始晶胞晶体结构的 Miller 指数的关系为[15]：

$$\begin{bmatrix} h \\ k \\ l \end{bmatrix}_{3:29} = \begin{bmatrix} -2 & -2 & 1 \\ 1 & -1 & 0 \\ 1 & 1 & 2 \end{bmatrix} \begin{bmatrix} h_0 \\ k_0 \\ l_0 \end{bmatrix}_{1:5} \tag{3-12}$$

由于 $Sm_3(Fe,M)_{29}$ 化合物的内禀磁性与 Sm_2Fe_{17} 化合物相接近，经间隙原子 N 或 C 的填隙也能获得强的单轴各向异性（见 4.5 节）。表 3-21 给出了具有 $Nd_3(Fe,M)_{29}$ 型结构的三元稀土过渡族金属间化合物的结构参数。

表 3-21 　$Nd_3(Fe,M)_{29}$ 型三元化合物的晶格常数、晶胞体积和理论密度

成　分	a/nm	b/nm	c/nm	$\beta/(°)$	V/nm^3	文献
$Ce_3Fe_{27.4}Ti_{1.6}$	1.056	0.849	0.968	96.7	0.862	[31]
$Pr_3Fe_{29-x}Ti_x$						
$x=1.44$	1.063	0.859	0.974	96.89	0.883	[33]
$x=1.50$	1.064	0.863	0.976	97.1	0.890	[31]
$Nd_3Fe_{29-x}Ti_x$						
$x=1.15$	1.062	0.858	0.973	96.91	0.880	[33]
$x=1.24$	1.06628 (2)	0.86056 (2)	0.97610 (2)	96.996 (1)	0.88900	[11]
$x=1.45$	1.066	0.8571	0.9753	97.85	0.883	[34]
$x=1.6$	1.065	0.859	0.975	96.9	0.886	[32]
$Sm_3Fe_{29-x}Ti_x$						
$x=1.2$	1.063	0.857	0.972	97.0	0.878	[32]
$x=1.94$	1.065	0.8580	0.9720	96.98	0.882	[34]
$x=2.0$	1.062	0.856	0.972	96.97	0.877	[33]
$Gd_3Fe_{28.36}Ti_{0.64}$	1.062	0.851	0.970	97.037	0.870	[35]
$Tb_3Fe_{27.84}Ti_{1.16}$	1.0583 (1)	0.85116 (7)	0.96736 (9)	97.018 (5)	0.8648	[36]
$Y_3Fe_{27.4}V_{1.6}$	1.0560	0.8482	0.9656	97.00	0.8584	[37]
$Ce_3Fe_{27.5}V_{1.5}$	1.0553	0.8495	0.9675	96.72	0.8614	[37]
$Nd_3Fe_{27.0}V_{2.0}$	1.0647	0.8574	0.9738	96.85	0.8826	[37]
$(Nd_{1-x}Ho_x)_3Fe_{20.8}Co_6V_{2.2}$						[38]
$x=0$	1.0556	0.8539	0.9707	96.607	0.8692	
$x=0.1$	1.0556	0.8514	0.9685	96.582	0.8651	
$(Nd_{1-x}Ho_x)_3Fe_{21}Co_6V_{2.0}$						
$x=0.3$	1.0542	0.8522	0.9690	96.696	0.8692	[38]
$x=0.5$	1.0554	0.8488	0.9667	96.736	0.8651	
$x=0.7$	1.0526	0.8477	0.9655	96.900	0.8553	
$(Nd_{1-x}Ho_x)_3Fe_{21.2}Co_6V_{1.8}$						[38]
$x=0.9$	1.0494	0.8443	0.9629	96.649	0.8473	
$Sm_3Fe_{26.7}V_{2.3}$	1.0605	0.8546	0.9708	96.86	0.8735	[39]
$Gd_3Fe_{28.4}V_{0.6}$	1.0601	0.8514	0.9690	97.01	0.8680	[39]
$Tb_3Fe_{28.0}V_{1.0}$	1.0565	0.8482	0.9665	96.90	0.8598	[39]
$Tb_3Fe_{27.2-x}Co_xV_{1.8}$						[39]
$x=0$	1.0557 (1)	0.8497 (1)	0.9669 (1)	96.89	0.8611	
$x=0.1$	1.0545 (1)	0.8496 (1)	0.9672 (1)	96.72	0.8606	
$x=0.2$	1.0537 (1)	0.8490 (1)	0.9669 (1)	96.72	0.8590	
$x=0.3$	1.0519 (1)	0.8476 (1)	0.9658 (1)	96.71	0.8552	
$x=0.4$	1.0511 (1)	0.8461 (1)	0.9645 (1)	96.74	0.8518	

续表 3-21

成 分	a/nm	b/nm	c/nm	β/(°)	V/nm³	文献
$Dy_3Fe_{27.7}V_{1.3}$	1.0561	0.8478	0.9661	96.86	0.8588	[37]
$Y_3Fe_{27.2}Cr_{1.8}$	1.0570	0.8474	0.9653	96.982	0.85822	[37]
$Ce_3Fe_{25.0}Cr_{4.0}$	1.0527	0.8484	0.9668	96.671	0.85757	[37]
$Nd_3Fe_{24.5}Cr_{4.5}$	1.0615	0.8556	0.9714	96.900	0.87586	[37]
$Sm_3Fe_{24.0}Cr_{5.0}$	1.0585	0.8521	0.9684	96.902	0.86713	[37]
$Gd_3Fe_{28.0}Cr_{1.0}$	1.0604	0.8515	0.9686	96.954	0.86823	[37]
$Tb_3Fe_{29-x}Cr_x$						
$x=1.0$	1.058	0.849	0.968	96.92	0.863	
$x=1.5$	1.057	0.849	0.967	96.88	0.861	
$x=2.0$	1.056	0.849	0.967	96.89	0.861	[40]
$x=3.0$	1.056	0.849	0.967	96.85	0.860	
$Dy_3Fe_{27.4}Cr_{1.6}$	1.0556	0.8475	0.9655	96.911	0.85744	[37]
$Nd_3Fe_{18.0}Mn_{10.5}$	1.065	0.861	0.975	96.9	0.888	[41]
$Ce_3Fe_{27.869}Mo_{1.131}$	1.0561	0.8509	0.9707	96.92	0.8660	[42]
$Nd_3Fe_{27.724}Mo_{1.276}$	1.0638	0.8581	0.9748	96.90	0.8834	[42]
$Nd_3Fe_{27.5}Ti_{1.5-y}Mo_y$						
$y=0$	1.06628(2)	0.86056(2)	0.97610(2)	96.996(1)	0.88900	
$y=0.3$	1.0631(1)	0.8586(1)	0.9745(1)	96.86(1)	0.88320	
$y=0.8$	1.0533(1)	0.8587(1)	0.9746(1)	96.87(1)	0.88350	[12]
$y=1.0$	1.06318(9)	0.85852(7)	0.97453(8)	96.96(1)	0.88308	
$y=1.2$	1.0636(2)	0.8589(1)	0.9746(1)	96.90(1)	0.88378	
$Sm_3Fe_{28.014}Mo_{0.986}$	1.0631	0.8568	0.9734	96.90	0.8802	[42]
$Gd_3Fe_{28.246}Mo_{0.754}$	1.0592	0.8529	0.9689	97.00	0.8688	[42]
$Y_3Fe_{28.101}Mo_{0.899}$	1.0568	0.8508	0.9674	97.00	0.8633	[42]

3.8 间隙原子 R-T 化合物的晶体结构

众所周知，H、C、N 元素可以作为间隙原子来改变一些合金的磁特性，在稀土过渡族金属间化合物的晶体结构中，存在一些空间较大的间隙晶位，可容纳上述间隙原子，特别是 Fe 基化合物，其 Fe-Fe 间距往往处于 0.25nm 附近，微小的间距变化会敏感地影响 3d 电子的自旋交换相互作用和能带结构，从而改变 Fe 原子磁矩和化合物的居里温度。最早和最易被引入的间隙原子是 H，因为它的体积最小、化学性质最活泼。自 1985 年始，人们投入了很大的精力来研究 H 与 $R_2Fe_{14}B$ 的相互作用，最初的发现是晶体结构的类型不变，居里温度增加，而磁晶各向异性场减小[88,89]。随后，H 又被引入 R_2Fe_{17} 中，发现仅使居里温度升高。在 1987 年，Gueramian 等人[90]和钟夏平等人[91]在研究 $R_2Fe_{14}C$ 化合物时，发现在它的稳定区以上的高温区内存在 $R_2Fe_{17}C_y$ 相（$y<1.5$），C 原子占据 Th_2Zn_{17} 结构中的 9e 间隙晶位（参见图 3-16），居里温度随着 C 含量的增加而大幅度提高，当 $y=1$ 时

$Sm_2Fe_{17}C$ 的居里温度达到 552K，且室温磁晶各向异性场增大到 5.3T，这意味着它具有永磁应用的开发潜力。1990 年初，爱尔兰都柏林大学 Coey 教授领导的研究小组[92]报道了利用气-固相反应制备 $Sm_2Fe_{17}N_x$ 间隙原子金属间化合物的实验结果，在世界范围内掀起了对稀土过渡族金属间隙原子化合物的研究高潮[93~96]。北京大学杨应昌领导的研究小组[97]在国际上最先报道了将 N 引入具有 $ThMn_{12}$ 结构的 $RFe_{11}Ti$ 化合物中的结果，开辟了另一个稀土-过渡金属氮化物的研究分支。

为了获得恰当的间隙原子介入量和优良的永磁特性，通常采用气-固相反应方法引入间隙原子，为了提高间隙原子的穿透深度和反应速率，气-固相反应处理前需将化合物破碎成粒度数十微米左右的粉末，金属间化合物的制备方法包括氩弧熔炼法（Are-melting method）[98]、熔体旋淬法（Melt-spinning method）[99,100]、机械合金化法（mechanically alloyingmethod）[101]和 HDDR 法[102]等。另外，C 不仅能通过气-固相反应引入，也能通过氩弧熔炼和熔体旋淬法引入[100]，但后者的 C 含量偏低，对应碳化物的内禀磁性相对逊色。

3.8.1　R-Fe-X（X = N 或 C）化合物的 Th_2Zn_{17} 型晶体结构

同 R_2Co_{17} 一样，不同 R 的 R_2Fe_{17} 也可能具有 Th_2Zn_{17} 或 Th_2Ni_{17} 型结构，但在 R = Sm 情况下，Sm_2Fe_{17} 化合物具有 Th_2Zn_{17} 型结构。由于 R_2Fe_{17} 为平面各向异性，不能成为永磁材料。但当引入间隙原子 N 或 C 后，发现 $Sm_2Fe_{17}X_y$（X = N 或 C）具有很强的单轴各向异性，成为潜在的永磁材料[91,92]。

为了理解间隙原子引入后引起结构和磁性的巨大变化的原因，对上述的间隙氮化物和间隙碳化物已用不同的晶体学方法进行了研究。首先研究了间隙碳化物，但后来的工作几乎都集中于间隙氮化物上。利用 X 射线[103]、EXAFS[104]和中子衍射[105]等研究可确定间隙原子在晶体结构中的占位，但基本上由中子衍射研究确立间隙原子的占位状况。图 3-16 中给出了 Th_2Zn_{17} 型结构的间隙原子位置。可看到，Th_2Zn_{17} 型结构的间隙原子位置有两个，

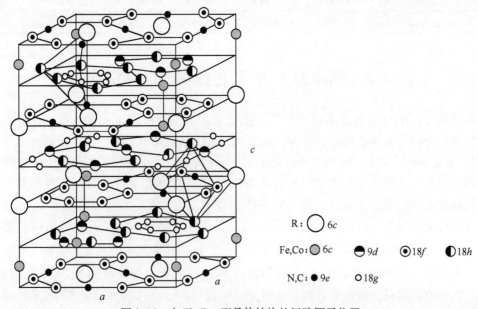

图 3-16　在 Th_2Zn_{17} 型晶体结构的间隙原子位置

分别是 $9e$、$18g$，其中，$9e$ 晶位是由 2 个 R 原子（$6c$ 晶位）和 4 个 Fe 原子（$18f$ 和 $18h$ 晶位各 2 个）构成的八面体的中心，在 Th_2Zn_{17} 型晶胞中有 9 个 e 位八面体，即每个分子式允许引入 3 个 e 晶位间隙氮原子；$18g$ 是由 2 个 R 原子和 2 个 $18h$ 晶位的 Fe 原子构成的四面体中心，在 Th_2Zn_{17} 型晶胞中可形成 18 个 g 晶位四面体，但因在 $18g$ 晶位与上和下的两个 $6c$ 晶位的 R 原子处的氮六角形成密集的一群，又由于在室温以上 $18g$ 晶位的氮原子具有足够的动能从一个 $18g$ 晶位移动到另一个 $18g$ 晶位，从而造成氮化物的亚稳定性和在 $18g$ 晶位上密集的氮原子间的互换性，使得 18 个 g 间隙晶位仅允许容纳 50%，即每个分子式允许引入 3 个 g 晶位间隙氮原子[105]。因此，每个 2:17 分子可允许引入 6 个间隙原子（3 个 e 晶位和 3 个 g 晶位）。在温度 400 ~ 470℃ 和流动的 NH_3 和 H_2 混合气体环境下制备的 $Sm_2Fe_{17}N_y$ 氮化物的实验结果证实了间隙原子数量 y 可到达 6[106,107]。

间隙原子对 Th_2Zn_{17} 型结构的不同的间隙原子晶位不是同等地被占据的。由于环境的不同，有的间隙原子晶位会首先被择优占据。Jaswal 等人[108]报道，氮原子首先填充 $18g$ 晶位，它的限制占据率为 1/6，然后填充占据率限制为 2/3 的 $9e$ 晶位。

间隙原子在 Th_2Ni_{17} 型结构的占位情况可以做类似讨论。

由于引入以上间隙原子的方法不同，对一些稀土化合物的结构和磁性的影响程度也有些差别。一些 $R_2Fe_{17}N_y$ 和 $R_2Fe_{17}C_y$ 间隙化合物的晶体结构参数详见表 3-22[109]。从表中可见，N 或 C 原子进入 R_2Fe_{17} 间隙晶位后使得晶格膨胀，效果最显著的是 $R_2Fe_{17}N_y$ 和 $R_2Fe_{17}C_y$ 化合物，晶格膨胀率 $\Delta V/V$ 大于 8%。

表 3-22　$R_2Fe_{17}N_y$ 和 $R_2Fe_{17}C_y$ 间隙化合物的晶格常数、晶胞体积和晶格膨胀率[109]

化 合 物	a/nm	c/nm	V/nm^3	$(\Delta V/V)/\%$
Ce_2Fe_{17}	0.848	1.238	0.7735	
$Ce_2Fe_{17}N_3$	0.873	1.265	0.834	8.8
Pr_2Fe_{17}	0.857	1.232	0.7907	
$Pr_2Fe_{17}N_3$	0.877	1.264	0.8418	6.5
Nd_2Fe_{17}	0.856	1.244	0.7902	
$Nd_2Fe_{17}N_3$	0.876	1.263	0.8388	6.2
Sm_2Fe_{17}	0.855	1.243	0.7869	
$Sm_2Fe_{17}N_3$	0.873	1.264	0.8337	6.3
Gd_2Fe_{17}	0.851	1.243	0.7794	
$Gd_2Fe_{17}N_3$	0.869	1.266	0.8276	6.2
Tb_2Fe_{17}	0.848	1.241	0.7736	
$Tb_2Fe_{17}N_3$	0.866	1.266	0.8231	6.4
Dy_2Fe_{17}	0.845	0.830	0.5129	
$Dy_2Fe_{17}N_3$	0.864	0.845	0.5459	6.4
Ho_2Fe_{17}	0.844	0.828	0.5107	
$Ho_2Fe_{17}N_3$	0.862	0.845	0.5438	6.5
Er_2Fe_{17}	0.842	0.827	0.5080	

化 合 物	a/nm	c/nm	V/nm^3	$(\Delta V/V)/\%$
$Er_2Fe_{17}N_3$	0.861	0.846	0.5428	6.9
Tm_2Fe_{17}	0.840	0.828	0.5054	
$Tm_2Fe_{17}N_3$	0.858	0.847	0.5406	7.0
Yb_2Fe_{17}	0.841	0.825	0.5057	
$Yb_2Fe_{17}N_3$	0.857	0.850	0.5400	6.5
Lu_2Fe_{17}	0.839	0.824	0.5029	
$Lu_2Fe_{17}N_3$	0.857	0.848	0.5394	7.1
Y_2Fe_{17}	0.848	0.826	0.5143	
$Y_2Fe_{17}N_3$	0.865	0.844	0.5473	6.4
Th_2Fe_{17}	0.857	1.247	0.794	
$Th_2Fe_{17}N_3$	0.880	1.270	0.853	7.3
Ce_2Fe_{17}	0.848	1.238	0.7735	
$Ce_2Fe_{17}C_3$	0.873	1.258	0.830	8.2
Pr_2Fe_{17}	0.857	1.232	0.7907	
$Pr_2Fe_{17}C_3$	0.879	1.263	0.8450	6.8
Nd_2Fe_{17}	0.856	1.244	0.7902	
$Nd_2Fe_{17}C_3$	0.880	1.260	0.8450	6.7
Sm_2Fe_{17}	0.855	1.243	0.7869	
$Sm_2Fe_{17}C_3$	0.873	1.267	0.8360	6.5
Gd_2Fe_{17}	0.851	1.243	0.7794	
$Gd_2Fe_{17}C_3$	0.868	1.269	0.8280	5.9
Tb_2Fe_{17}	0.848	1.241	0.7736	
$Tb_2Fe_{17}C_3$	0.867	1.264	0.8232	6.4
Dy_2Fe_{17}	0.845	0.830	0.5129	
$Dy_2Fe_{17}C_3$	0.865	0.842	0.5452	6.3
Ho_2Fe_{17}	0.844	0.828	0.5107	
$Ho_2Fe_{17}C_3$	0.861	0.843	0.5408	5.9
Er_2Fe_{17}	0.842	0.827	0.5080	
$Er_2Fe_{17}C_3$	0.861	0.844	0.5410	6.5
Tm_2Fe_{17}	0.840	0.828	0.5054	
$Tm_2Fe_{17}C_3$	0.860	0.843	0.5396	6.8
Lu_2Fe_{17}	0.839	0.824	0.5029	
$Lu_2Fe_{17}C_3$	0.857	0.842	0.5354	6.3
Y_2Fe_{17}	0.848	0.826	0.5143	
$Y_2Fe_{17}C_3$	0.864	0.846	0.5470	6.6

3.8.2 Nd-(Fe,M)-N 氮化物的 ThMn$_{12}$ 型晶体结构

因为在具有 ThMn$_{12}$ 结构的三元金属间化合物 RFe$_{12-x}$M$_x$（$x = 0.5 \sim 4$，M = Ti、V、Cr、Mn、Mo、W、Al、Si、Re 和 Nb）中，仅 R = Sm 的三元金属间化合物 RFe$_{12-x}$M$_x$ 才具有足够高的室温磁晶各向异性场，而当 R 为 Nd 和 Pr 等，尽管也有较高的室温饱和磁化强度和居里温度，因为它们的室温磁晶各向异性场很低，不具备高性能永磁材料的必要条件。然而，经过间隙 N 原子引入后，一些化合物如 NdFe$_{12-x}$M$_x$N$_y$（M = Mo、$x = 1.5$、$y \approx 3$）间隙化合物，具有足够高的室温磁晶各向异性场，具备了高性能永磁材料所期望的内禀特性。间隙化合物依然保持原来的四方 ThMn$_{12}$ 结构，但晶格常数增大，引入的间隙 N 原子占据 $2b$ 位置，这个 $2b$ 晶格位置是一个由 2 个 R 原子和 4 个 T 原子所构成的八面体中心。图 3-17 展示了 ThMn$_{12}$ 型间隙化合物的晶体结构示意图。从图可看到，该晶胞包含 2 个 ThMn$_{12}$ 结构的分子式，而在该晶胞中仅存在 2 个八面体，所以，每个 1:12 分子最多只能容纳 1 个间隙原子。

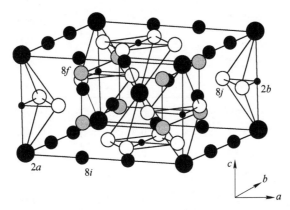

图 3-17　在 ThMn$_{12}$ 型结构的间隙原子位置

采用不同第三元素稳定的三元金属间化合物 RFe$_{12-x}$M$_x$（$x = 0.5 \sim 4$，M = Ti、V、Cr、Mn、Mo、W、Al、Si、Re 和 Nb）及其氮化物或碳化物的晶体结构参数和磁性详见文献 [109] 中表 4-2。表 3-23 给出了典型的 1:12 型结构的 RFe$_{11}$Ti 的氮化物和碳化物的晶体结构参数。从表中可见，N 或 C 原子进入 RFe$_{12-x}$M$_x$ 间隙晶位后也使得晶格膨胀，晶格膨胀率 $\Delta V/V$ 小于 4%，不足 R$_2$Fe$_{17}$N$_y$ 和 R$_2$Fe$_{17}$C$_y$ 化合物晶格膨胀率的一半。这是由于前者单位体积的间隙原子数目比后者少的缘故。

表 3-23　RFe$_{11}$Ti 的氮化物和碳化物的晶格常数、晶胞体积和晶格膨胀率[109]

化合物	a/nm	c/nm	V/nm^3	$(\Delta V/V)$/%
CeFe$_{11}$Ti	0.853	0.478	0.3478	
CeFe$_{11}$TiN	0.862	0.484	0.3596	3.40
PrFe$_{11}$Ti	0.860	0.479	0.3543	
PrFe$_{11}$TiN	0.863	0.487	0.3627	2.38
NdFe$_{11}$Ti	0.856	0.478	0.3503	

续表 3-23

化 合 物	a/nm	c/nm	V/nm^3	$(\Delta V/V)$/%
NdFe$_{11}$TiN	0.862	0.486	0.3611	2.41
SmFe$_{11}$Ti	0.854	0.478	0.3486	
SmFe$_{11}$TiN	0.865	0.482	0.3606	3.06
GdFe$_{11}$Ti	0.850	0.477	0.3446	
GdFe$_{11}$TiN	0.862	0.488	0.3626	3.4
TbFe$_{11}$Ti	0.851	0.477	0.3454	
TbFe$_{11}$TiN	0.865	0.482	0.3606	2.9
DyFe$_{11}$Ti	0.848	0.477	0.3430	
DyFe$_{11}$TiN	0.858	0.481	0.3541	2.9
HoFe$_{11}$Ti	0.847	0.477	0.3422	
HoFe$_{11}$TiN	0.863	0.481	0.3582	2.9
ErFe$_{11}$Ti	0.846	0.477	0.3414	
ErFe$_{11}$TiN	0.857	0.480	0.3525	1.8
YFe$_{11}$Ti	0.851	0.478	0.3462	
YFe$_{11}$TiN	0.861	0.480	0.3558	3.06
NdFe$_{11}$Ti	0.856	0.478	0.3503	
NdFe$_{11}$TiC	0.862	0.482	0.3582	2.0
SmFe$_{11}$Ti	0.854	0.478	0.3486	
SmFe$_{11}$TiC	0.858	0.480	0.3534	0.9
GdFe$_{11}$Ti	0.850	0.477	0.3446	
GdFe$_{11}$TiC	0.858	0.481	0.3541	1.2
TbFe$_{11}$Ti	0.851	0.477	0.3454	
TbFe$_{11}$TiC	0.857	0.481	0.3533	1.7
DyFe$_{11}$Ti	0.848	0.477	0.3430	
DyFe$_{11}$TiC	0.857	0.479	0.3518	2.3
HoFe$_{11}$Ti	0.847	0.477	0.3422	
HoFe$_{11}$TiC	0.855	0.470	0.3436	1.4
ErFe$_{11}$Ti	0.846	0.477	0.3414	
ErFe$_{11}$TiC	0.856	0.479	0.3510	2.0
TmFe$_{11}$Ti	0.846	0.477	0.3414	
TmFe$_{11}$TiC	0.855	0.478	0.3494	1.7
LuFe$_{11}$Ti	0.846	0.477	0.3414	
LuFe$_{11}$TiC	0.855	0.478	0.3494	2.0
YFe$_{11}$Ti	0.851	0.478	0.3462	
YFe$_{11}$TiC	0.857	0.489	0.3592	2.9

3.8.3 $Nd_2Fe_{14}BH_x$ 氢化物的晶体结构

当今的高性能烧结 Nd-Fe-B 磁体生产的制粉工艺中，无不采用氢破碎（HD）工序。经过 HD 工序的 Nd-Fe-B 合金粉，其主相 $Nd_2Fe_{14}B$ 的晶体结构和磁性均发生变化，间隙原子氢的引入使其转变为 $Nd_2Fe_{14}BH_x$ 合金，晶体结构依然是 $Nd_2Fe_{14}B$ 型，四方对称性不变，空间群仍然为 $P4_2/mnm$，但晶格膨胀、晶格参数加大。从内禀磁性参数看，$Nd_2Fe_{14}BH_x$ 的居里温度升高，但室温磁晶各向异性场降低[88,89]。在 $Nd_2Fe_{14}BH_x$ 分子式中，氢含量的上限是 $x = 5.5$[110]，室温高分辨率中子衍射研究[111]给出了不同含氢量 $Nd_2Fe_{14}BH_x$（$x = 1 \sim 4.5$）合金粉的晶格参数，如表 3-24 所示，氢的引入导致晶胞体积的显著增加，在 $x \leqslant 3$ 时近线性增长，平均而言每个 H 原子的晶格膨胀（$\Delta V = (V - V_0)/4x$，其中 V_0 为 $Nd_2Fe_{14}B$ 晶胞体积）约为 $0.0027nm^3$，在较高的 H 含量下，每个 H 原子的晶格膨胀降低到接近 $0.0021nm^3$，说明间隙原子填充趋近饱和。

表 3-24　$Nd_2Fe_{14}BH_x$ 化合物的晶格参数[111]

成　　分	a/nm	c/nm	V/nm^3	$\Delta V(H)/nm^3$
$Nd_2Fe_{14}B$	0.8805	1.2206	0.946	—
$Nd_2Fe_{14}BH$	0.8841	1.2242	0.957	0.00275
$Nd_2Fe_{14}BH_2$	0.8869	1.2294	0.967	0.00263
$Nd_2Fe_{14}BH_3$	0.8906	1.2327	0.978	0.00267
$Nd_2Fe_{14}BH_4$	0.8917	1.2344	0.982	0.00225
$Nd_2Fe_{14}BH_{4.5}$	0.8926	1.2366	0.985	0.00217

$Nd_2Fe_{14}B$ 型四方结构可以分解为一个 σ 型富 Fe 板块和一层含有 Nd 和 B 的（001）平面相互交替堆积而成（见图 3-9）[111]。中子衍射研究发现，在由 Fe 和 B 原子形成的四面体中不允许容纳氢，而由于稀土金属与氢之间有大的电负性差，正如在许多其他金属间化合物中所观察到的那样，引入的氢原子喜欢与稀土原子做近邻。图 3-18 给出了绘有可容纳 H 原子的四面体的 $Nd_2Fe_{14}BH_x$ 晶体结构，这里没有展示含有 Nd 和 B 的（001）-平面[111]。可看到，在 $Nd_2Fe_{14}B$ 型四方结构中，能被间隙 H 原子占据的不等价晶位仅有 4 个，它们分别是 $8j$、$16k_1$、$16k_2$ 和 $4e$ 晶位（Wyckoff 标记），它们都是赝四面体。图 3-18（a）展示了 $8j$ 和 $16k_1$ 两个晶位，其中，$8j$ 四面体是由 3 个 Nd 原子和 1 个处于角上的 Fe 原子构成的，而 $16k_1$ 四面体由 2 个 Nd 原子和 2 个 Fe 原子构成。图 3-18（b）展示了 $16k_2$ 和 $4e$ 两个晶位，其中，$16k_2$ 四面体是由 2 个 Fe 原子和 2 个处于角上的 Nd 原子构成的，而 $4e$ 四面体由 2 个 Nd 原子和 2 个最近邻的 Fe 原子构成。

在不同 H 含量下，间隙 H 原子所占据的不同晶位有不同的百分比（见表 3-25）[111]。可看到，在 $Nd_2Fe_{14}BH_x$ 中，H 原子的占位存在明显的择优特征，氢引入后，首先占据 $8j$ 晶位；随着 H 含量的增加，依次进入 $16k_1$、$16k_2$，最后进入 $4e$ 晶位。

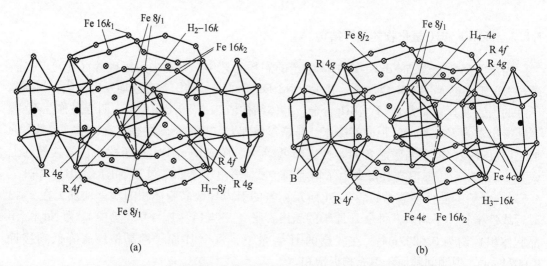

(a)　　　　　　　　　　　　(b)

图 3-18　带有可能被 H 占据的四面体的 $Nd_2Fe_{14}BH_x$ 晶体结构[111]

表 3-25　在不同 H 含量的 $Nd_2Fe_{14}BH_x$($x = 1 \sim 4$) 化合物中 H 原子占据不同晶位的百分比[111]

编号	晶位	与 H 近邻的 R 和 Fe	$x = 1$	$x = 2$	$x = 3$	$x = 4$
H (1)	$8j$	$2x$Nd (2), Nd (1), Fe (5)	50	41	39	24
H (2)	$16k_1$	Nd (2), Nd (1), Fe (3), Fe (5)	1	26	38	48
H (3)	$16k_2$	Nd (2), Nd (1), Fe (3), Fe (1)	0	0	23	49
H (4)	$4e$	$2x$Nd (2), $2x$Fe (5)	0	0	9	37

参 考 文 献

[1] Buschow K H J. Intermetallic compounds of rare-earth and 3d transition metals [J]. Rep. Prog. Phys., 1977, 40: 1179 ~ 1256.

[2] Hayakawal H, Akibal E, Gotohl M, Kohno T. Crystal Structures of La-Mg-Ni$_x$($x = 3 \sim 4$) System Hydrogen Storage Alloys [J]. Materials Transactions, 2005, 46: 1393.

[3] Kitano Y, Ozaki T, Kanemoto M, Komatsu M, Tanase S, Sakai T. Electron Diffraction Study of Layer Structures in La-Mg-Ni Hydrogen Absorption Alloys [J]. Materials Transactions, 2007, 48: 2123.

[4] Zhang Z X, Song X Y, Qiao Y K, Xu W W, Zhang J X, Martin S, Markus R. A nanocrystalline Sm-Co compound for high-temperature permanent magnets [J]. Nanoscale, 2013, 5: 2279.

[5] Buschow K H J, Van der Goot A S. Composition and crystal structure of hexagonal Cu-rich rare earth-copper compounds [J]. Acta Cryst. B, 1971, 27: 1085.

[6] Khan Y. The crystal structures of R$_2$Co$_{17}$ intermetallic compounds [J]. Acta Cryst. B, 1973, 29: 2502.

[7] Ray A E. The crystal structure of CeFe$_7$, PrFe$_7$, NdFe$_7$, and SmFe$_7$ [J]. Acta Cryst., 1966, 21: 426.

[8] Samata H, Satoh Y, Nagata Y, Uchida T, Kai M, Lan M D. New intermetallic compound found in Sm-Fe system [J]. Jpn. J. Appl. Phys., 1997, 36: L476.

[9] Li H S, Coey J M D. Magnetic properties of ternary rare-earth transition-metal compounds [G]. In: Buschow K H J ed. Handbook of Magnetic Materials Vol. 6, Elsevier Science Publishers B. V., 1991: 1 ~ 83.

［10］ Li H S, Cadogen J M, Davis R L. Structural properties of a novel magnetic ternary phase: $Nd_3(Fe_{1-x}Ti_x)_{29}$ （$0.04 \leqslant x \leqslant 0.06$）［J］. Solid State Commun. , 1994, 90: 487.

［11］ Hu Z, Yelon W B. Magnetic and Crystal Structure of the Novel Compound $Nd_3Fe_{29-x}Ti_x$ ［J］. J. Appl. Phys. , 1994, 76: 6147.

［12］ Kalogirou O, Psycharis V, Saettas L, Niarchos D. Existence range, structural and magnetic properties of $Nd_3Fe_{27.5}Ti_{1.5-y}Mo_y$ and $Nd_3Fe_{27.5}Ti_{1.5-y}Mo_yN_x$（$0.0 \leqslant y \leqslant 1.5$）［J］. J. Magn. Magn. Mater. , 1995, 146: 335.

［13］ Moreau J M, Paccard L, Nozieres J P, Missell F P, Schneider G, Villas-Boas V. A Newphase in the Nd-Fe system: crystal structure of Nd_5Fe_{17} ［J］. J. Less-Common Metals, 1990, 163: 245.

［14］ Reinsch B, Grieb B, Henig E-Th, Petzow G. Phase relations in the system Sm-Fe-Ti and the consequences for the production of permanent magnets ［J］. IEEE Trans. Magn. , 1992, MAG-28: 2832.

［15］ Liang J K, Chen X L, Liu Q L, Rao G H. Structures of rare earth-transition metal rich compounds derived from $CaCu_5$ type ［J］. Prog. Natu. Sci. , 2002, 12: 1.

［16］ Jiang C B, Venkatesan M, Gallagher K, Coey J M D. Magnetic and structural properties of $SmCo_{7-x}Ti_x$ magnets ［J］. J. Magn. Magn. Mater. , 2001, 236: 49.

［17］ Huang M Q, Wallace W E, McHenry M, Chen Q, Ma B M. Structure and magnetic properties of $SmCo_{7-x}Zr_x$ alloys （$x = 0 \sim 0.8$）［J］. J. Appl. Phys. , 1998, 83: 6718.

［18］ Tang H, Zhou J A, Sellmyer D J. Mechanically milled nanostructured $(Sm,Pr)_{12.5}Co_{85.5}Zr_2$ magnets with $TbCu_7$ structure ［J］. J. Appl. Phys. , 2002, 91: 8162.

［19］ Du X B, Zhang H W, Rong C B, Zhang J A, Zhang S Y, Shen B G, Yan Y, Jin H M. Magnetic properties of melt-spun $Sm(Co_{0.9}Fe_{0.1})_{6.8}Zr_{0.2}C_x$ ribbons with $TbCu_7$ structure ［J］. J. Phys. D, 2003, 36: 2432.

［20］ Luo J, Liang J K, Guo Y Q, Yang L T, Liu F S, Zhang Y, Liu Q L, Rao G H. Crystal structure and magnetic properties of $SmCo_{7-x}Hf_x$ compounds ［J］. Appl. Phys. Lett. , 2004, 85: 5299.

［21］ 张东涛, 潘利军, 岳明, 张久兴. $SmCo_7$ 块状纳米晶烧结磁体的制备和性能 ［J］. 材料研究学报, 2007, 21: 581.

［22］ Guo Z H, Hsieh C C, Chang H W, Zhu M G, Pan W, Li A H, Chang W C, Li W. Enhancement of coercivity for melt-spun $SmCo_{7-x}Ta_x$ ribbons with Ta addition ［J］. J. Appl. Phys. , 2010, 107: 09A705.

［23］ Gjokaa M, Kalogirouc O, Sarafidisc C, Niarchosb D, Hadjipanayis G C. Structure and magnetic properties of $RCo_{7-x}Mn_x$ alloys （R = Sm, Gd; $x = 0.1 \sim 1.4$）［J］. J. Magn. Magn. Mater. , 2002, 242~245: 844.

［24］ Al-Omari I A, Yeshurun Y, Zhou J, Sellmyer D J. Magnetic and structural properties of $SmCo_{7-x}Cu_x$ alloys ［J］. J. Appl. Phys. , 2000, 87: 6710.

［25］ Liu T, Li W, Li X M, Feng W C, Guo Y Q. Crystal structure and magnetic properties of $SmCo_{7-x}Ag_x$ ［J］. J. Magn. Magn. Mater. , 2007, 310: e632.

［26］ Guo Y Q, Li W, Feng W C, Luo J, Liang J K, He Q J, Yu X J. Structural stability and magnetic properties of $SmCo_{7-x}Ga_x$ ［J］. Appl. Phys. Lett. , 2005, 86: 192513.

［27］ Luo J, Liang J K, Guo Y Q, Liu Q L, Yang L T, Liu F S, Rao G H. Crystal structure and magnetic properties of $SmCo_{5.85}Si_{0.90}$ ［J］. Appl. Phys. Lett. , 2004, 84: 3094.

［28］ Hsieh C C, Chang H W, Zhao X G, Sun A C, Chang W C. Effect of Ge on the magnetic properties and crystal structure of melt-spun $SmCo_{7-x}Ge_x$ ribbons ［J］. J. Appl. Phys. , 2011, 109: 07A730.

［29］ Guo Y Q, Feng W C, Luo J, Liang J K, Yu X J, Li W. Structure and magnetic properties of $TbCo_{7-x}M_x$ ［J］. Phys. Stat. Sol. （A）, 2005, 202: 2028.

[30] Sakurada S, Hirai T, Tsutai A. Potential of iron-rich R-Zr-Fe alloys for use in permanent magnets [J]. J. Magn. Soc. Jpn. , 1997, 21: 181.

[31] Luo Yang, Yu Dunbo, Li Hongwei, Zhuang Weidong, Li Kuoshe, Lü Binbin. Phase and microstructure of TbCu$_7$-type SmFe melt-spun powders [J]. J. Rare Earths, 2013, 31: 381.

[32] Fuerst C D, Pinkerton F E, Herbst J F. Structural and magnetic properties of R$_3$(Fe,T)$_{29}$ compounds [J]. J. Appl. Phys. , 1994, 76: 6144.

[33] Margarian A, Dunlop J B, Collocott S J, Li H S, Cadogan J M, Davis R L [C]. Proc. of the Eighth International Symposium on Magnetic Anisotropy and Coercivity in R-T Alloys, Birmingham, September, 1994.

[34] Hu B P, Liu G C, Wang Y Z, Nasunjilegal B, Tang N, Yang F M, Li H S, Cadogan J M. Magnetic properties of R$_3$(Fe,Ti)$_{29}$C$_y$ carbides (R = Nd, Sm) [J]. J. Phys. : Condens. Matter, 1994, 6: L595.

[35] Nasunjilegal B, Yang F M, Zhu J J, Pan H Y, Wang J L, Qin W D, Tang N, Hu B P, Wang Y Z, Li H S. Cadogean M. Formation and magnetic properties of a novel Gd$_3$(Fe,Ti)$_{29}$N$_y$ nitride [J]. Acta Physica Sinica, 1996, 7: 544.

[36] Ibarrats M R, Morellont L, Blascot J, Paretit L, Algarabelt P A, GarciatJ J, Albertinit F, Paoluzif A, Turillif G. Structural and magnetic characterization of the new ternary phase Tb$_3$(Fe,Ti)$_{29}$ [J]. J. Phys. : Condens. Matter, 1994, 6: L717.

[37] Han X F, Yang F M, Pan H G, Wang Y G, Wang J L, Liu H L, Tang N, Zhao R W, Li H S. Synthesis and magnetic properties of novel compounds R$_3$(Fe,T)$_{29}$(R = Y, Ce, Nd, Sm, Gd, Tb, and Dy; T = V and Cr) [J]. J. Appl. Phys. , 1997, 81: 7450.

[38] Liu B D, Li W X, Wang J L, Wu G H, Yang F M. Structure and magnetic properties of (Nd$_{1-x}$Ho$_x$)$_3$Fe$_{23-y}$Co$_6$V$_y$ compounds [J]. J. Appl. Phys. , 2003, 93: 6927.

[39] Sun J, Shen J A, Qian P. Phase stability and site preference of Tb-Fe-Co-V compounds [J]. Scientific World Journal, 2013: 919182.

[40] Han X F, Pan H G, Liu H L, Yang F M. Syntheses and magnetic properties of Tb$_3$Fe$_{29-x}$Cr$_x$ compounds [J]. Phys. Rev. B, 1997, 56: 8867

[41] Fuerst C D, Pinkerton F E, Herbst J F. Structural and magnetic properties of R$_3$(Fe,T)$_{29}$ compounds [J]. J. Magn. Magn. Mater. , 1994, 129: L115.

[42] Pan H G, Yang F M, Chen C P, Tang N, Han X F, Wang J L, Hu J F, Zhou K W, Zhao R W, Wang Q D. The intrinsic magnetic properties of novel R$_3$(Fe,Mo)$_{29}$ compounds (R = Ce, Nd, Sm, Gd and Y) [J]. Solid State Comm. , 1996, 98: 259.

[43] Buschow K H J, de Mooij D B. Novel ternary Fe-rich rare earth intermetallics [G]. In the Concerted European Action on Magnets, ed. Mitchell I V, Coey J M D, Givord D, Harris I R and Hanitsch R, Elsevier, London, 1989: 63.

[44] Khan Y. The crystal structures of R$_2$Co$_{17}$ intermetallic compounds [J]. Acta Cryst. B, 1973, 29: 2502.

[45] 张晃韦, 张文成. TbCu$_7$型 Sm(Co, M)$_7$永磁合金系统之研究进展 [J]. 台湾磁性技术协会会讯, 2009, 50: 40.

[46] 周寿增. 稀土永磁材料及其应用 [M]. 北京: 冶金工业出版社, 1990.

[47] Al-OmariI A, Zhou J, Sellmyer D J. Magnetic and structural properties of SmCo$_{6.75-x}$Fe$_x$Zr$_{0.25}$ compounds [J]. J. Alloys Compd. , 2000, 298: 295.

[48] Zhou J, Al-Omari I A, Liu J P, Sellmyer D J. Structure and magnetic properties of SmCo$_{7-x}$Ti$_x$ with TbCu$_7$-type structure [J]. J. Appl. Phys. , 2000, 87: 5299.

[49] Luo J, Liang J K, Guo Y Q, Liu Q L, Liu F S, Zhang Y, Yang L T, Rao G H. Effects of the dopping

element on crystal structure and magnetic properties of Sm(Co,M)$_7$ compounds (M = Si, Cu, Ti, Zr, and Hf) [J]. Intermetallics, 2005, 21: 710.

[50] Guo Y Q, Li W, Luo J, Feng W C, Liang J K. Structure and magnetic characteristics of novel SmCo-based hard magnetic alloys [J]. J. Magn. Magn. Mater. , 2006, 303: e367.

[51] Hsieh C C, Chang H W, Chang C W, Guo Z H, Yang C C, Chang W C. Crystal structure and magnetic properties of melt spun Sm(Co,V)$_7$ ribbons [J]. J. Appl. Phys. , 2009, 105: 07A705.

[52] Guo Z H, Chang H W, Chang C W, Hsieh C C, Sun A C, Chang W C, Pan W, Li W. Magnetic properties, phase evolution and structure of melt spun $SmCo_{7-x}Nb_x$ ($x = 0 \sim 0.6$) ribbons [J]. J. Appl. Phys. , 2009, 105: 07A731.

[53] You C, Zhang Z D, Sun X K, Liu W, Zhao X G, Geng D Y. Phase transformation and magnetic properties of $SmCo_{7-x}B_x$ alloys prepared by mechanical alloying [J]. J. Magn. Magn. Mater. , 2001, 234: 395.

[54] Changa H W, Huanga S T, Changa C W, Chiu C H, Chena I W, Changa W C, Sunc A C, Yao Y D. Effect of additives on the magnetic properties and microstructure of melt spun $SmCo_{6.9}Hf_{0.1}M_{0.1}$ (M = B, C, Nb, Si, Ti) ribbons [J]. J. Alloys Compd. , 2008, 455: 506.

[55] Cheung T D, Wickramasekara L, Cadieu F J. Magnetic properties of Ti stabilized Sm (Co,Fe)$_5$ phases directly synthesized by selectively thermalized sputtering. J. Magn. Magn. Mater. , 1986, 54 ~ 57: 1641.

[56] Katter M, Wecker J, Schultz L. Structural hard magnetic properties of rapidly solidified Sm-Fe-N [J]. J. Appl. Phys. 1991, 70: 3188 ~ 3196.

[57] Chang H W, Huang S T, Chang C W, Chiu C H, Chang W C, Sun A C, Yao Y D. Magnetic properties, phase evolution, and microstructure of melt spun $SmCo_{7-x}Hf_xC_y$ ($x = 0 \sim 0.5$; $y = 0 \sim 0.14$) ribbons [J] . J. Appl. Phys. , 2007, 101: 09K508.

[58] Saito T, Kitazima H. Magnetic properties of isotropic Sm-Fe-N magnets produced by compression shearing method [J]. J. Appl. Phys. , 2012, 111: 07A716.

[59] Saito T, Daisuke N H. Magnetic properties of Sm-Fe-N bulk magnets prepared from $Sm_2Fe_{17}N_3$ melt-spun ribbons [J]. J. Appl. Phys. , 2015, 117: 17D130.

[60] Wu R, Liu S Q, Wei J Z, et al. Formation of disordered Th_2Zn_{17}-type Sm_2Fe_{17} with Ti and B additions and hard magnetic properties of their nitrides [J]. IEEE Trans. Mag. , 2013, MAG-49: 3338.

[61] Pearson W B. Laves structures: $MgCu_2$, $MgZn_2$, $MgNi_2$ [J]. Acta Cryst. , 1968, B24: 7.

[62] Pfeiffer I. Electron microscopy studies of the microstructure of RCo_5 magnets (R = rare earth) [J]. Z. Metallkde, 1975, 66: 93.

[63] Fersi R, Mlikia N, Bessaisb L, Guetaria R, Russierc V, Cabied M. Effect of annealing on structural and magnetic properties of Pr_2Co_7 compounds [J]. 2012, 522: 14.

[64] Herbst J, Croat J J, Pinkerton F E, Yelon W B. Relationships between crystal structure and magnetic properties in $Nd_2Fe_{14}B$ [J]. Phys. Rev. B, 1984, 29: 4176.

[65] Givord D, Li H S, Moreau L M. Magnetic properties and crystal structure of $Nd_2Fe_{14}B$ [J]. Solid State Commun. , 1985, 50: 497.

[66] Shoemaker C B, Shoemaker D P, Fruchart R. The structure of a new magnetic phase related to the sigma phase: iron neodymimum borides $Nd_2Fe_{14}B$ [J]. Acta Crystallogsect, 1984, C40: 1665.

[67] Gaskell P H. Similarities in amorphous and crystalline transition metal-metalloid alloy structures [J]. Nature, 1981, 289: 474.

[68] Sagawa M, Fujimura S, Togawa N, et al. New material for permanent magnets on a base of Nd and Fe [J]. J. Appl. Phys. , 1984, 55: 2083.

[69] Hadjipanayis G C, Tao Y F, Lawless K R. Microstructure and magnetic properties of iron-rare-earth mag-

nets [C]. Proc. 8th Inter. Workshop on REMP, Dayton OH USA, 1985: 657.

[70] Buschow K H J. Permanent Magnet Materials Based on 3d-rich Ternary compounds [G]. In: Wohlfath EP and Buschow K H J ed. Handbook of Magnetic Materials Vol. 4. Elsevier Science Publishers B. V. , 1988: 1～139.

[71] Chaban N F, Kuz'ma Y B, Byilonyizhko N S, Kachmar O O, Petryiv N B. Ternary [Nd,Sm,Gd]-Fe-B systems [J]. Dopovidi Akademii Nauk Ukrains'koj RSR. A, 1979, 11: 873～876.

[72] Givord D, Moreau J M, Tenaud P. $Nd_5Fe_{18}B_{18}$ (NdFeB), a new phase structural and magnetic properties [J]. Solid State Commun. , 1985, 55: 303.

[73] Bezine A, Braun H F, Muller J, et al. Tetragonal rare earth (R) iron borides, $R_{1+\varepsilon}Fe_4B_4$ ($\varepsilon \approx 0.1$) with incommensurate rare earth and iron substructures [J]. Solid State Commun. , 1985, 55: 131.

[74] Allemand J, Letant A, Moreau J M, Nozieres J P, de la Bathie R P. A new phase in $Nd_2Fe_{14}B$ magnets crystal structure and magnetic properties of $Nd_6Fe_{13}Si$ [J]. J. Less-Comm. Metals, 1990, 166: 73.

[75] Schrey P, Velicescu M. Influence of Sn additions on the magnetic and microstructural properties of Nd-Dy-Fe-B magnets [J]. J. Magn. Magn. Mater. , 1991, 101: 417.

[76] Sichevich O M, Lapunova R V, Sobolev A N, Grin Y N, Yarmolyuk Y R. Crystal structure of compounds $La_6Ga_3Co_{11}$ and $R_6Ga_3Fe_{11}$ (R = Pr, Nd, Sm) [J]. Kristallografiya, 1985, 30: 1077.

[77] Kajitani T, Nagayama K, Umeda T. Microstructure of Cu-added Pr-Fe-B magnets-crystallination of antiferromagnetic PrFeBCu in the boundery reqion [J]. J. Magn. Magn、Mater, 1992, 117: 379.

[78] Suharyana, Cadogan J M, Rianaris A. Neutron diffraction study on the magnetic structure of $Pr_6Fe_{13}Sn$ [J]. Atom Indonesia, 2010, 36: 31.

[79] Hu Boping, Coey J M D, Klesnar H, Rogl P. Crystal structure, magnetism and [57]Fe Mossbauer spectra of ternary $RE_6Fe_{11}Al_3$ and $RE_6Fe_{13}Ge$ compounds [J]. J. Magn. Magn. Mater. , 1992, 117: 225.

[80] Leithe-Jasperyz A, Skomski R, Qi Q, Coey J M D, Weitzerz F, Rog P. Hydrogen in $RE_6Fe_{13}XH_y$ intermetallic compounds (RE = Pr; Nd; X = Ag, Au, Si, Ge, Sn, Pb) [J]. J. Phys. : Condens. Matter, 1996, 8: 3453.

[81] Knoch K G, Le Calvez A, Qi Q N, Leithe-Jasper A, Coey J M D. Structure and magnetic properties of $Nd_6Fe_{13}Cu$ [J]. J. Appl. Phys. , 1993, 73: 5878.

[82] Li J Q, Zhang W H, Yu Y J, Liu F S, Ao W Q, Yana J L. The isothermal section of the Nd-Fe-Ga ternary system at 773K [J]. J. Alloys Comp. , 2009, 487: 116.

[83] de Groot C H, Buschow K H J, de Boer F R. Magnetic properties of $R_6Fe_{13-x}M_{1+x}$ compounds and their hydrides [J]. Phys. Rev. B, 1998, 57: 11472.

[84] Hu Boping, Li Hongshuo, Coey J M D. Relationship Between $ThMn_{12}$ and Th_2Ni_{17} Structure Types in the $YFe_{11-x}Ti_x$ Alloy Series [J]. J. Appl. Phys. 1990, 67: 4838～4840.

[85] Collocott S J, Day R K, Dunlop J B, Davis R L. Preparation and properties of Fe-rich Nd-Fe-Ti intermetallic compounds and nitrides [C]. In: 7th Inter. Symposium on Mag. Anisotropy and Coercivity in Rare earth ransition Metal alloys, Canberra, Australia, 1992: 437.

[86] Cadogen J M, Li H S, Davis R L, Margarian A, Collocot S J, Dunlop J B, Gwan P B. Structural and magnetic properties of $Nd_2(Fe,Ti)_{19}$ [J]. J. Appl. Phys. , 1994, 75: 7114.

[87] Cadogen J M, Li H S, Margarian A, Dunlop J B, Ryan D H, Collocot S J, Davis R L. New rare-earth intermetallic phases $R_3(Fe,M)_{29}X$(R = Ce, Pr, Nd, Sm, Gd; M = Ti, V, Cr, Mn; and X = H, N, C). J. Appl. Phys. , 1994, 76: 6138.

[88] Pourarian F, Huang M Q, Wallace W E. Influence of hydrogen on the magnetic charcteristics of $R_2Fe_{14}B$ (R = Ce, Pr, Nd, Sm or Y) systems [J]. J. Less-Common Metals, 1986, 120: 68.

［89］ Pareti L, Moze O, Fruchart D, L'heriter P, Yaouanc A. Effects of hydrogen absorption on the 3d and 4f anisotropies in $RE_2Fe_{14}B$(RE = Y, Nd, Ho , Tm) ［J］. J. Less-Common Metals, 1988, 142: 187.

［90］ Gueramian M, Beginge A, Yvon K, et al. Synthesis and magnetic properties of ternary carbides $R_2Fe_{14}C$ (R = Pr, Sm, Gd, Tb, Dy, Ho, Er, Tm, Lu) with $Nd_2Fe_{14}B$ structure type ［J］. Solid State Commun. , 1987, 64: 639.

［91］ Zhong X P, Radwanski R J, de Boer F R, et al. High-Field Study of $R_2Fe_{17}C$ Compounds ［J］. J. Magn. Magn. Mater. , 1990, 83: 143.

［92］ Coey J M D, Sun H. Improved Magnetic Properties by Treatment of Iron-Based Rare earth Intermetallic Compounds in Ammonia ［J］. J. Magn. Magn. Mater. , 1990, 87: L251.

［93］ Buschow K H J, Coehoorn R, de Mooij D B, de Waard K, Jacobs T H. Structure and magnetic properties of $R_2Fe_{17}N_x$ compounds ［J］. J. Magn. Magn. Mater. , 1990, 92: L35.

［94］ Wang K Y, Wang Y Z, Yin L, Song L, Rao X L, Liu G C, Hu B P. $Sm_2Fe_{17}N_x$ powder with high coecivity prepared by high energy ball milling ［J］. Solid State Commu. , 1993, 88: 521.

［95］ Eckert D, Wendhausen P A P, Gebel B, Wolf M, Martinez L M, Muller K H. Magnetization processes in bonded $Sm_2Fe_{17}N_3$ permanent magnets ［C］. 13th Int. Workshop on RE Magnets & their Applications, Birmingham, 1994: 743 ~ 752.

［96］ Hu B P, Rao X L, Xu J M, Liu G C, Wang Y Z, Dong X L, Zhang D X, Cai M. Magnetic properties of sintered $Sm_2Fe_{17}N_y$ magnets ［J］. J. Appl. Phys. , 1993, 74: 489.

［97］ Yang Y C, Zhang X D, Kong L S, et al. Magnetocrystalline anisotropies of $RTiFe_{11}N_x$ compounds ［J］. Appl. Phys. Lett. , 1991, 58: 2042.

［98］ Huang M Q, Zhang L Y, Ma B M, Zheng Y, Elbicki J M, Wallace W E, Sankar S G. Metal-bonded Sm_2Fe_{17}-N-type magnets ［J］. J. Appl. Phys. , 1991, 70: 6027.

［99］ Kong L S, Lei C, Shen B G. Magnetic properties of $Er_2Fe_{17}C$ compounds by melt-spinning. J. Magn. Magn. Mater. , 1992, 115: L137-L142.

［100］ Shen B G, Kong L S, Wang F W, Cao L. Structure and magnetic properties of $Sm_2Fe_{14}Ga_3C_x$(x = 0 ~ 2.5) compounds prepared by arc melting ［J］. Appl. Phys. Lett. , 1993, 63: 2288.

［101］ Ding J, McCormick P G, Street R. Remanence enhancement in mechanically alloyed isotropic Sm_7Fe_{93}-nitride ［J］. J. Magn. Magn. Mater. , 1993, 124: 1.

［102］ Zhou S Z, Yang J, Zhang M C, Ma D G, Li F B, Wang R. The preparation and magnetic properties of $Sm_2(Fe_{1-x}M_x)_{17}N_3$ powder with high performance ［C］. Proc. 12th Int. Workshop on RE Magnets & Their Application, Canberra, Australia, 1992: 44.

［103］ Yang C J, Lee W Y, Shin H S. J. Appl. Phys. , 1993, 74: 6824.

［104］ Coey C M D, Lawler J F, Sun H, Allan J E M. Nitrogenation of R_2Fe_{17}compounds-R = rare-earth ［J］. J. Appl. Phys. , 1991, 69: 3007.

［105］ Yan Q W, Zhang P L, Wei Y N, Sun K, Hu B P, Wang Y Z, Liu G C, Gau C, Chen Y F. Neutron-powder-diffraction study of the structure of $Nd_2Fe_{17}N_{4.5}$ ［J］. Phys. Rev. B, 1993, 48: 2878.

［106］ Iriyama T, Kobayashi I K, Imasaka N, Fukuda T, Kato H, Nakagawa Y. Effect of nitrogen-content on magnetic properties of $Sm_2Fe_{17}N_x$ (0 < x < 6) . Proc. Intermag 1992, St. Louis, MO, USA; IEEE Trans. Mag. , 1992, MAG-28: 2326 ~ 2331.

［107］ Wei Y N, Sun K, Fen Y B, Zhang J X, Hu B P, Wang Y Z, Rao X L, Liu G C. Structure and intrinsic magnetic properties of $Sm_2Fe_{17}N_y$(y = 2 ~ 8) ［J］. J. Alloys Compou. , 1993, 194: 9 ~ 12.

［108］ Jaswal S S, Yelon W B, Hadjipanayis G C, Wang Y Z, Sellmyer D J. Electronic and magnetic structure of the rare-earth compounds, $R_2Fe_{17}N_x$. Appl. Phys. Lett. , 1991, 67: 644.

[109] Fujii H, Sun H. Interstitially modified intermetallics of rare earth and 3d elements [G]. In: Buschow K H J ed. Handbook of Magnetic Materials Vol. 9, Elsevier Science Publishers, B. V. , 1995: 303 ~ 404.

[110] Fruchart D, Bacmann M, de Rango P, Isnard O, Liesert S, Miraglia S, Obbade S, Soubeyroux J L, Tomey E, Wolfers P. Hydrogen in hard magnetic materials [J]. J. Alloys Comp. , 1997, 253 ~ 254: 121.

[111] Isnard O, Yelon W B, Miraglia S, Fruchart D. Neutron-diffraction study of the insertion scheme of hydrogen in $Nd_2Fe_{14}B$ [J]. J. Appl. Phys. , 1995, 78: 1892.

第 **4** 章

稀土永磁材料的内禀磁性

一种好的永磁体应该具有高的居里温度 T_c，高的剩磁 M_r，高的矫顽力 H_c 和高的最大磁能积 $(BH)_{max}$。我们通常将剩磁、矫顽力和最大磁能积称为永磁体的硬磁性指标。组成永磁体主相的磁性，我们称为内禀磁性，它包括居里温度 T_c、饱和磁化强度 M_s 和磁晶各向异性场 H_a 等。一种材料只有具备了优异的内禀磁性，才有可能开发成为高性能的永磁体。居里温度越高，永磁体能保持优良磁性的温度就越高，并且温度稳定性也就越好。饱和磁化强度 M_s 决定了永磁体最大磁能积的理论上限，$(BH)_{max} \leqslant \mu_0 M_r^2/4 \leqslant \mu_0 M_s^2/4$。因此，只有饱和磁化强度高的材料才能被开发成为高磁能积的永磁体。另外，只有高磁晶各向异性场的材料才能制备出高矫顽力的永磁体。然而，具备了高居里温度、高饱和磁化强度和高磁晶各向异性场的材料并非就一定能够被开发成为性能优异的永磁材料，这还要取决于是否有合适的制备工艺来实现高矫顽力和高磁能积。所以永磁材料的研制可分为两大领域，一个是对具有优异内禀磁性的新材料的探索，另一个是永磁体制备工艺的改进和创新。

在元素周期表的所有元素纯物质中，许多都在低温下显示出强铁磁性，但室温下只有铁、钴和镍具有很强的铁磁性（见表 4-1）。它们（特别是铁）具有较大的磁矩。在铁、钴、镍金属及其合金中，其磁矩是由 $3d$ 电子产生的。由于 $3d$ 电子与晶格产生很强的相互作用，使得原子轨道磁矩淬灭，故往往只获得比自由离子低的磁矩和较小的磁晶各向异性场。在金属 Fe 中，原子磁矩为 $2.2\mu_B$；而在 Fe : Co = 7 : 3 的合金中，平均原子磁矩达 $2.5\mu_B$，其室温饱和磁极化强度为 $\mu_0 M_s = 2.64T$。

表 4-1 铁、钴和镍的主要磁性参数[3]

物质	晶体结构	居里温度/K	饱和磁化强度/T		矫顽力/A·m⁻¹	原子磁矩/μ_B	磁晶各向异性常数/kJ·m⁻³（室温）	
			室温	0K	（室温）		K_1	K_2
Fe	立方	1043	2.15	2.19	80	2.22	+42	+15
Co	立方	1403	1.76	1.80	800	1.72	+410	+100
Ni	六角	631	0.61	0.64	60	0.61	−5.7	−2.3

虽然铁、钴和镍具有较高饱和磁化强度和居里温度，但是矫顽力低，只能用作软磁材料。磁晶各向异性是获得矫顽力的一个重要来源。稀土元素的磁矩源于位于原子内壳层的 $4f$ 电子。在金属、合金或化合物的晶体中 $4f$ 电子在很大程度上保留了原子的特性，当其与周围非球对称电磁环境（即稀土原子在晶体中的配位）相互作用时，会使得稀土原子的磁矩仅处于某一特定方向时系统能量才最低（即稀土原子磁矩倾向于沿该方向），从而产生很强的磁晶各向异性。稀土和铁、钴或镍形成的金属间化合物，一方面利用了后者的高

居里温度和高磁矩，另一方面又发挥了前者的强磁晶各向异性。所以稀土过渡族金属间化合物体现了永磁材料内禀磁性的优化组合，是迄今为止所发现的高性能永磁材料的最佳候选者。最先开发出来的稀土永磁材料是稀土和钴组成的合金，由于铁是自然界非常丰富，也是性价比最高的磁性物质，所以稀土铁合金对永磁材料的研制最具吸引力。1983 年，第三代稀土永磁钕铁硼的研制成功，将永磁材料研究推进到了一个崭新的阶段。三十多年来钕铁硼的广泛应用对日常生活和国民经济带来了重大影响。

为了清晰明了地认识稀土永磁材料，详细和透彻地了解稀土永磁材料主相——稀土过渡族金属间化合物的内禀磁性是非常必要的。在本章中，我们将从稀土过渡族金属间化合物的磁性起源开始，一步一步地了解 $3d$ 电子的磁性与相互作用、$4f$ 电子的磁性与相互作用、$3d$-$4f$ 电子的相互作用、晶场相互作用和磁晶各向异性，最后集中梳理主要稀土永磁材料、特别是钕铁硼的内禀磁性。

4.1 稀土过渡族金属间化合物的磁相互作用

稀土永磁材料的主相是稀土（R）过渡族金属（T）间化合物，其内部磁性和相互作用非常复杂，理论解释也远非完备。作为简化处理，我们可以将 R-T 体系分解成两个次晶格，即 R 次晶格和 T 次晶格，R-T 体系的磁性源于 R 次晶格磁性和 T 次晶格磁性之叠加。在 R-T 体系中，通常可以认为有三种主要相互作用：R 和 R 离子之间的 $4f$-$4f$ 电子以其他电子为媒介的间接相互作用，T 和 T 原子之间的 $3d$-$3d$ 电子直接相互作用，以及 R 和 T 之间的 $4f$-$3d$ 电子间接相互作用。在 T = Fe、Co 和 Ni 的 R-T 体系中，T-T 相互作用最强，而 R-R 相互作用最弱。根据过渡族金属 $3d$ 电子和稀土 $4f$ 电子各自的特点，我们可以用不同的近似方法来描述它们的行为。对于具有 N 个局域电子的原子，其电子运动的哈密顿方程为

$$H = \sum_i \frac{P_i^2}{2m} - \sum_i \frac{Ze^2}{r_i} + \frac{1}{2} \sum_{i \neq j} \frac{e^2}{r_{ij}} + \lambda \boldsymbol{L} \cdot \boldsymbol{S} + H_{ex} + H_{cf} \tag{4-1}$$

式中，前四项属于自由原子本身，即电子的动能、电子与原子核的静电能、电子间的静电能以及电子的自旋-轨道耦合能；H_{ex} 和 H_{cf} 描述电子与周边环境的相互作用，分别对应交换和晶场相互作用。根据 $\boldsymbol{L} \cdot \boldsymbol{S}$、$H_{ex}$ 和 H_{cf} 相互作用能大小的不同，需要对它们作完全不同的处理。这些相互作用的相对强度可以通过每种相互作用的能级劈裂大小来比较。

关于磁学和磁性材料的基础理论，可参见文献 [1~6]。

4.1.1 $3d$ 电子的磁性与相互作用

为了获得高的饱和磁化强度 M_s，作为稀土永磁材料主相的 R-T 金属间化合物主要成分为过渡族金属 T，所以 T 次晶格的磁性是 R-T 金属间化合物磁性的主要部分。在过渡族金属中，$3d$ 电子位于原子的次外层，$3d$ 过渡族金属原子的外层电子分布见表 4-2。通常我们用符号 $^{2S+1}L_J$ 来表示原子态（离子态或光谱项），其中 S 为自旋角动量量子数，J 为总角动量量子数，L 为轨道角动量状态，$L = 0, 1, 2, 3, 4\cdots$ 分别对应 $S, P, D, F, \cdots$。多电子体系基态的 S、L 和 J 由洪德（Hund）法则确定：（1）在泡利（Pauli）不相容原理许可的条件下，S 取最大值；（2）在满足条件（1）前提下，L 取最大值；（3）在未满壳层

中，电子数不满半壳层时 $J = |L - S|$，电子数大于或等于半满壳层时 $J = L + S$。例如 Fe 原子，它的外层电子为 $3d^6 + 4s^2$，6 个 $3d$ 电子对应的 $S = 2$，$L = 2$，$J = L + S = 4$，所以原子基态表示为 $^5D_4$。在固体中，外层 s、p 电子作为自由电子，而次外层的 $3d$ 电子同周边环境直接地相互作用，包括自旋轨道耦合 $L \cdot S$、交换作用 H_{ex} 和晶场相互作用 H_{cf} 在内的三者相互作用中，晶场相互作用 H_{cf} 起主导作用：即：

$$H_{cf} > H_{ex}, \lambda L \cdot S \tag{4-2}$$

通常会造成 $3d$ 轨道磁矩淬灭。因此，$3d$ 电子的磁矩主要由自旋贡献，而轨道磁矩可以忽略。由于 $3d$ 电子的非局域性，对于稀土过渡族金属间化合物中的 $3d$ 电子磁性的理论处理是非常困难的。为简化处理，我们可以采用分子场模型，用平均磁矩来描述过渡族金属晶格的磁矩，并假设 T 原子的磁矩仅由 $3d$ 电子自旋的贡献[12~14]，即 $\boldsymbol{\mu}_T = -2\mu_B \boldsymbol{S}_T$。交换相互作用 H_{ex} 源于量子力学的泡利不相容原理和电子交换不变性，它导致了电子自旋在相对取向不同时能量会有所差别，从而使得电子的自旋有序，这也正是邻近原子磁矩间强相互作用的主要来源。

表 4-2　$3d$ 过渡族金属原子的外层电子分布（原子基态由 $^{2S+1}L_J$ 表示）

原子序数	元素名称	原子符号	原子基态	Z_{3s}	Z_{3p}	Z_{3d}	Z_{4s}	Z_{4p}
19	钾	K	$^2S_{1/2}$	2	6		1	
20	钙	Ca	$^1S_0$	2	6		2	
21	钪	Sc	$^2D_{3/2}$	2	6	1	2	
22	钛	Ti	$^3F_2$	2	6	2	2	
23	钒	V	$^4F_{3/2}$	2	6	3	2	
24	铬	Cr	$^7S_3$	2	6	5	1	
25	锰	Mn	$^6S_{5/2}$	2	6	5	2	
26	铁	Fe	$^5D_4$	2	6	6	2	
27	钴	Co	$^4F_{9/2}$	2	6	7	2	
28	镍	Ni	$^3F_4$	2	6	8	2	
29	铜	Cu	$^2S_{1/2}$	2	6	10	1	
30	锌	Zn	$^1S_0$	2	6	10	2	
31	镓	Ga	$^2P_{1/2}$	2	6	10	2	1
32	锗	Ge	$^3P_0$	2	6	10	2	2

一旦过渡族金属形成合金后，$3d$ 电子不再是局域的，而部分地进入导带。$3d$ 电子的波函数与相邻原子的波函数发生很强的重叠，从而导致 $3d$ 电子能量连续分布形成能带，而不是分离的 $3d$ 电子能级。$3d$ 过渡族金属的磁性可以用能带模型来描述，其中比较熟知的是 Stoner 模型[1~5,11]。著名的斯莱特-泡令曲线（Slater-Pauling curve）很好地描述了过渡族金属（或合金）平均原子磁矩的实验值 $<\mu>$ 和化学价（未满外壳层电子数）$Z = Z_{3d} + Z_{4s}$ 的关系[4,5]（见图 4-1）。前面曾经提到，Fe:Co = 7:3 的 Fe-Co 合金具有最大的原子磁矩 $2.5\mu_B$（$Z_{max} = 8.3$），Fe、Co 和 Ni 的原子磁矩 $2.2\mu_B$、$1.7\mu_B$ 和 $0.6\mu_B$ 分别位于该峰值两边的两条 $<\mu> - Z$ 直线上，$3d$ 过渡族金属合金的平均原子磁矩 $<\mu>$ 与化学价 Z 呈线性关系。在 $Z < Z_{max} = 8.3$ 时，$<\mu> = 1.23Z - 7.64$；当 $Z > Z_{max} = 8.3$ 时，$<\mu> = -1.1Z + 11.6$，单位为 μ_B。

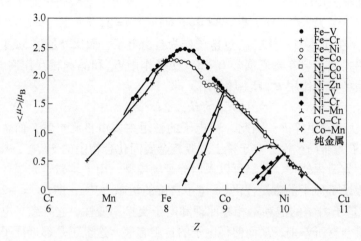

图4-1 斯莱特-泡令曲线（Slater-Pauling curve），平均原子磁矩 $<\mu>$ 随价电子数 $Z = Z_{3d} + Z_{4s}$ 的变化[5]

基于费米面 E_F 以下占优自旋的 $3d^{\uparrow}$ 能带是否全部被占满，可以将铁磁性分为强磁性或弱磁性（参见图4-2）[5]，但这种划分只是出于能带理论的考虑，并不对应原子磁矩的大小。对于 Co 和 Ni，$3d^{\uparrow}$ 能带全部被 5 个 3d 电子占满，所以这两种元素呈现强磁性（图4-2（b））；对于 Fe 而言，$3d^{\uparrow}$ 能带还有空隙存在，还可以容纳新的自旋向上的 3d 电子，所以 Fe 呈现弱磁性（图4-2（a）），即使它具有相对更大的原子磁矩。基于能带结构图像，Williams 等人[15] 和 Malozemoff 等人[16] 提出了磁价模型来解释 3d 过渡金属的原子磁矩。忽略晶体结构环境的影响，并且假设为强磁性，即定义自旋向上的 3d 能带全部在费米面 E_F 之上或全部在费米面 E_F 之下。结合图4-1 斯莱特-泡令曲线，以 $Z = Z_{max} = 8.3$ 曲线顶点划线，在线左侧的元素金属 Fe、Mn、Cr 等或其合金为弱磁性，在线右侧的元素 Co、Ni 等或其合金为强磁性。对于自旋向上的 3d 能带，后 3d 过渡族金属元素（如 Fe、Co、Ni）有 5 个电子贡献，而前过渡族金属元素（如 Ti、V、Cr 等）、稀土元素（如 Y、La 系元素）和类金属（metalloid）元素（如 B、Al、Si 等）有 0 个电子贡献。化学价 Z 与自旋向上电子数 $N^{\uparrow}$ 和自旋向下电子数 $N^{\downarrow}$ 满足 $Z = N^{\uparrow} + N^{\downarrow}$ 的关系，而原子磁矩（单位为 μ_B）$\mu = N^{\uparrow} - N^{\downarrow}$。若 N_{3d} 表示金属或合金中电子对 d 能带的整数贡献，则过渡金属 T 原子的磁价 Z_m^T 的定义为：

$$Z_m^T = 2N_{3d}^{\uparrow} - Z \qquad (4\text{-}3)$$

对于一般情况下的 R-T 化合物而言，例如 $R_x T_{1-x}$，平均原子磁价可由下式计算

$$< Z_m > = (1-x)Z_m^T - xZ_R = (1-x)(2N_{3d}^{\uparrow} - Z) - xZ_R \qquad (4\text{-}4)$$

其中 Z_R 为稀土元素的化学价。平均原子磁矩 $<\mu>$（单位为 μ_B）可简单表达为

$$< \mu > = < Z_m > + 2N_{sp}^{\uparrow} \qquad (4\text{-}5)$$

上式中 $N_{sp}^{\uparrow}$ 为非极化的 s-p 导带的电子数，并且在推导中使用了关系式 $N^{\uparrow} = N_{3d}^{\uparrow} + N_{sp}^{\uparrow}$。假设 $N_{sp}^{\uparrow}$ 在合金中为一个常数，那么 $<\mu>$ 随 $<Z_m>$ 线性变化。对于后 3d 过渡族金属元素，每个原子有 $N_{sp}^{\uparrow} = 0.3$ 电子[15,17]，而对于含有一定量前过渡族金属元素和非金属的固溶体，能带计算结果表明 $N_{sp}^{\uparrow}$ 的数值接近 0.45[18]。在实践中，我们可以画出 $<\mu> =$

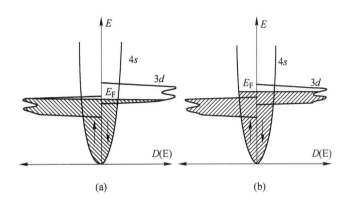

图 4-2 弱磁性（a）和强磁性（b）的能带结构示意图[5]

（↑表示自旋向上，↓表示自旋向下）

$< Z_m > +0.6$ 和 $< \mu > = < Z_m > +0.9$ 两条直线，如果一种合金的平均原子磁矩实验数据位于这两条线之上或之间，则它具有强磁性；如果一种合金的平均原子磁矩实验数据位于直线 $< \mu > = < Z_m > +0.6$ 下，则它具有弱磁性。至今，这种方法已经被成功地用于解释大量的二元合金[15]、过渡金属类金属合金[16]和稀土过渡族金属间化合物[7,9,14,19,20]实验数据（参见图 4-3），重新诠释了斯莱特-泡令曲线。

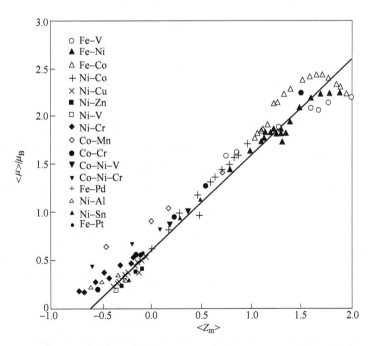

图 4-3 一些过渡族合金的平均原子磁矩 $< \mu >$（实验数据）

随平均磁价 $< Z_m >$ 的变化[15]

图 4-4 给出了一些 Y-T 金属间化合物的平均原子磁矩 $< \mu >$ 随平均磁价 $< Z_m >$ 的变化[9]。在计算中，化学价 Z 取值如下，例如 Y 或 B 为 3，C、Si、Ti 为 4，N、V、Nb 为 5，

Cr、Mo、W 为 6，Fe 为 8，Co 为 9，Ni 为 10。合金中过渡金属原子的平均原子磁矩 $<\mu>$ 根据合金成分和实验数据计算出来。在图中还放入了 Fe、Co 和 Ni 金属作为比较，很显然，Fe 为弱磁性，Co 和 Ni 为强磁性。从图中可以看出，所有 Y-T 化合物均在两条预测线附近，所有 Co 化合物都显示出强磁性，部分 Fe 化合物也显示出强磁性。例如 Y_2Co_{17} 和 $Y_2Co_{14}B$ 为强磁性，而 Y_2Fe_{17}、$Y(Fe_{11}Ti)$、$Y(Fe_{11.35}Nb_{0.65})$ 和 $Y_3(Fe_{27.4}Ti_{1.6})$ 为弱磁性（由于最后两种化合物的坐标点很接近，所以图 4-4 中只标出了前者）。

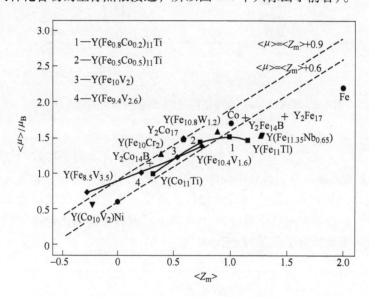

图 4-4 一些 Y-T 金属间化合物的平均原子磁矩 $<\mu>$
（实验数据）随平均磁价 $<Z_m>$ 的变化[9]

在 R-T 金属间化合物中，针对同一种晶体结构的一个系列化合物，可以通过非磁性稀土元素的化合物（如 Y-T、La-T 和 Lu-T 化合物）获得 T 次晶格的磁性数据，包括居里温度 T_c、自发磁化强度 M_T 和磁晶各向异性常数 K_1^T。可以通过中子衍射或核磁共振，获得 R-T 化合物每一个晶位 T 原子的磁矩；也可以通过 R-Fe 化合物 ^{57}Fe 穆斯堡尔谱超精细场 B_{hf}，获得该化合物每一个晶位 Fe 原子的磁矩。表 4-3 列出了在温度 4.2K 下，$Y_2Fe_{14}B$、$Nd_2Fe_{14}B$ 和 $Y_2Co_{14}B$ 化合物中各个晶位 Fe 或 Co 的原子磁矩和各化合物中 Fe 或 Co 的平均原子磁矩 $<\mu>$（单位为 μ_B）。在 $Y_2Fe_{14}B$ 和 $Nd_2Fe_{14}B$ 的穆斯堡尔数据转换中，使用了超精细场 B_{hf} 和 Fe 原子磁矩 μ_{Fe} 的关系式 $B_{hf}/\mu_{Fe}=15.5T/\mu_B$[22]；在 $Y_2Co_{14}B$ 的核磁共振数据转换中，使用了超精细场 B_{hf} 和 Co 原子磁矩 μ_{Co} 的关系式 $B_{hf}/\mu_{Co}=13T/\mu_B$[23]。从表 4-3 中可以看出，不同晶位的 Fe(或 Co) 原子磁矩可能大小不相同，$Y_2Fe_{14}B$ 和 $Nd_2Fe_{14}B$ 中 Fe 的原子磁矩接近金属 Fe 中的原子磁矩 $2.2\mu_B$，而 $Y_2Co_{14}B$ 中 Co 的原子磁矩均小于金属 Co 中的原子磁矩 $1.72\mu_B$。图 4-5 给出了穆斯堡尔谱测出的 $Y(Fe_{11}Ti)$ 金属间化合物的 $8f$、$8i$ 和 $8j$ 晶位 Fe 原子磁矩随温度的变化（$ThMn_{12}$ 型晶体结构参见 3.7.3 节），根据自发磁化强度磁测量数据 $M_s=19.0\mu_B/(f.u.)$，在穆斯堡尔谱数据转换中使用了超精细场 B_{hf} 和 Fe 原子磁矩 μ_{Fe} 的关系式 $B_{hf}/\mu_{Fe}=15.6T/\mu_B$[9,81]。

表4-3 在温度4.2K下，$Y_2Fe_{14}B$、$Nd_2Fe_{14}B$ 和 $Y_2Co_{14}B$ 化合物中各个晶位 Fe 或 Co 的
原子磁矩和各化合物中 Fe 或 Co 的平均原子磁矩 $<\mu>$ (μ_B)

化合物	$4e$	$4c$	$8j_1$	$8j_2$	$16k_1$	$16k_2$	$<\mu>$	实验方法	参考文献
$Y_2Fe_{14}B$	2.15	1.95	2.40	2.80	2.25	2.25	2.32	中子衍射	[21]
	2.28	1.90	2.31	2.43	2.07	2.23	2.20	穆斯堡尔	[22]
$Nd_2Fe_{14}B$	2.10	2.75	2.30	2.85	2.60	2.60	2.57	中子衍射	[21]
	2.28	1.97	2.06	2.43	2.08	2.16	2.16	穆斯堡尔	[22]
$Y_2Co_{14}B$	0.72	1.43	0.93	0.84	1.22	1.26	1.12	核磁共振	[23]

虽然过渡金属的自旋轨道耦合项 $\lambda \boldsymbol{L} \cdot \boldsymbol{S}$ 非常小，但仍然对磁晶各向异性有或多或少的贡献，这在许多金属间化合物中被证实[7,12~14,20]，参见后面4.4节中的实例。

4.1.2 $4f$ 电子的磁性与相互作用

与过渡族金属的 $3d$ 电子不同，稀土的 $4f$ 电子位于稀土离子的内层，几乎不参与化学键。因此，在固体中 $4f$ 电子是完全局域的，不同 R 原子的 $4f$ 电子之间几乎没有什么重叠和直接相互作用，以至于 15 个镧系元素彼此之间的化学特性极为相似，在周期表上共处一格。一般说来，在稀土金属和稀

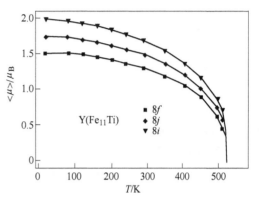

图 4-5 $Y(Fe_{11}Ti)$ 金属间化合物的 $8f$、$8i$ 和 $8j$ 晶位 Fe 原子磁矩随温度的变化[9]

土合金中，稀土原子的 2 个 $6s$ 电子和 1 个 $4f$ 电子（R = Pr、Nd、Pm、Sm、Eu、Tb、Dy、Ho、Er、Tm、Yb）或 1 个 $5d$（R = La、Ce、Gd、Lu）电子进入了导带或在绝缘体中进入价带，成为正三价离子 R^{3+}。随着原子序数由小变大，$4f$ 电子层被逐步填充，这些 R^{3+} 离子呈现出丰富的磁特性。例如的 Sm^{3+} 的磁矩为 $0.71\mu_B$，而 Dy^{3+} 和 Ho^{3+} 的磁矩为 $10\mu_B$。

对于 R-T（T = Fe，Co）系统中稀土离子的 $4f$ 电子，下面的关系式成立：

$$\lambda \boldsymbol{L} \cdot \boldsymbol{S} > H_{ex} > H_{cf} \tag{4-6}$$

最强的相互作用是库仑关联，它使得单个电子的自旋角动量 s_i 耦合在一起，并给出 R^{3+} 总自旋角动量 $\boldsymbol{S} = \sum \boldsymbol{s}_i$，单个电子的轨道角动量 l_i 耦合在一起，给出总轨道角动量 $\boldsymbol{L} = \sum \boldsymbol{l}_i$，$S$ 和 L 通过自旋-轨道的强耦合作用形成总角动量 $\boldsymbol{J} = \boldsymbol{L} + \boldsymbol{S}$。这就是大家熟知的 Russell-Saunders 耦合图像（参见图 4-6）。S 和 L 的电子基态由洪德（Hund）法则确定，对于轻稀土（R = La、Ce、Pr、Nd、Pm、Sm、Eu）（$4f$ 电子未满半壳层）$J = L - S$，对于重稀土（R = Gd、Tb、Dy、

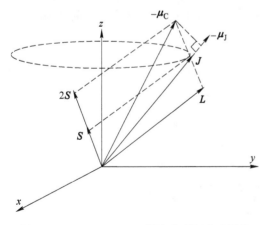

图 4-6 Russell-Saunders 耦合和磁矩合成图像

Ho、Er、Tm、Yb、Lu）（$4f$ 电子大于或等于半壳层）$J = L + S$。总角动量为 J 的系统形成 $2J + 1$ 个 $4f$ 能级的简并态。

与 3d 电子在过渡族金属中不同，由于自旋轨道耦合，4f 电子的自旋磁矩 $\boldsymbol{\mu}_S$ 和轨道磁矩 $\boldsymbol{\mu}_L$ 对稀土离子的耦合磁矩 $\boldsymbol{\mu}_C$ 均有贡献，可表达为：

$$\boldsymbol{\mu}_L = -\mu_B \boldsymbol{L}$$
$$\boldsymbol{\mu}_S = -2\mu_B \boldsymbol{S} \qquad (4\text{-}7)$$
$$\boldsymbol{\mu}_C = -\mu_B(\boldsymbol{L} + 2\boldsymbol{S})$$

由于轨道角动量 $\boldsymbol{L}$ 和自旋角动量 $\boldsymbol{S}$ 不是共线的，使得稀土离子磁矩 $\boldsymbol{\mu}_C = -\mu_B(\boldsymbol{L} + 2\boldsymbol{S})$ 同总角动量 $\boldsymbol{J} = \boldsymbol{L} + \boldsymbol{S}$ 也不共线（参见图 4-6）。由于轨道角动量 $\boldsymbol{L}$ 和自旋角动量 $\boldsymbol{S}$ 均围绕总角动量 $\boldsymbol{J}$ 轴进动，所以矢量 $\boldsymbol{L} + 2\boldsymbol{S}$ 也围绕总角动量 $\boldsymbol{J}$ 轴进动，耦合磁矩 $\boldsymbol{\mu}_C$ 仅有投影在 $-\boldsymbol{J}$ 方向的磁矩才对稀土离子磁矩有贡献，即有稀土离子磁矩

$$\boldsymbol{\mu}_R = \boldsymbol{\mu}_J = -g_J \mu_B \boldsymbol{J} \qquad (4\text{-}8)$$

其中兰德因子

$$g_J = 1 + \frac{J(J+1) + S(S+1) - L(L+1)}{2J(J+1)} \qquad (4\text{-}9)$$

在推导过程中注意，在量子力学中 $\boldsymbol{L}^2$，$\boldsymbol{S}^2$ 和 $\boldsymbol{J}^2$ 应作为算符看待，它们的本征值分别为 $L(L+1)$，$S(S+1)$ 和 $J(J+1)$。

稀土离子磁矩 $\boldsymbol{\mu}_R(\boldsymbol{\mu}_J)$ 的量子态平均值 $[\boldsymbol{\mu}_J \cdot \boldsymbol{\mu}_J]^{1/2}$ 为

$$\mu_J = g_J \sqrt{J(J+1)} \mu_B \qquad (4\text{-}10)$$

它也被称为有效磁矩，可以从 $\boldsymbol{\mu}_R(\boldsymbol{\mu}_J)$ 的热平均值导出[4]。

当我们将 $\boldsymbol{\mu}_L$，$\boldsymbol{\mu}_S$ 和 $\boldsymbol{\mu}_J$ 沿着某指定方向 $\boldsymbol{I}$（单位矢量，$|\boldsymbol{I}| = 1$）投影，我们得到以下关系式

$$\boldsymbol{S} \cdot \boldsymbol{I} = (g_J - 1)\boldsymbol{J} \cdot \boldsymbol{I} \quad 或 \quad \boldsymbol{\mu}_S \cdot \boldsymbol{I} = [2(g_J - 1)/g_J]\boldsymbol{\mu}_J \cdot \boldsymbol{I}$$
$$\boldsymbol{L} \cdot \boldsymbol{I} = (2 - g_J)\boldsymbol{J} \cdot \boldsymbol{I} \quad 或 \quad \boldsymbol{\mu}_L \cdot \boldsymbol{I} = [(2 - g_J)/g_J]\boldsymbol{\mu}_J \cdot \boldsymbol{I} \qquad (4\text{-}11)$$

对于稀土原子或离子来说，如式（4-6）所表述，4f 电子的自旋轨道相互作用通常比交换和晶场相互作用要强得多。同 3d 电子的情况不同，H_{ex} 和 H_{cf} 只能作为 J 本征态的微扰项来处理。主要原因是，由于稀土原子的 5s、5p 外层电子和 5d、6s 传导电子的屏蔽效应，使晶场对 4f 电子的作用变得较弱。图 4-7 显示了 R^{3+} 离子自旋角动量 S、轨道角动量 L、

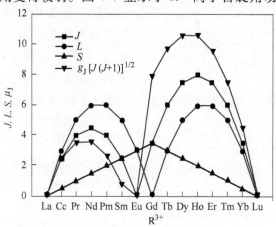

图 4-7 R^{3+} 离子的自旋角动量 S、轨道角动量 L、总角动量 J 和磁矩理论值 $\mu_J = g_J \sqrt{J(J+1)} \mu_B$ 随不同稀土元素 R 的变化

总角动量 J 和有效磁矩 $\mu_J = g_J \sqrt{J(J+1)} \mu_B$ 随不同稀土元素 R 的变化。表 4-4 列出了稀土元素三价离子 R^{3+} 的基本物理参数和由式（4-10）计算出的有效磁矩 μ_J，其中量子数由光谱项的基态决定；实验值是根据稀土顺磁盐的磁化率的实验值确定的[3]。从表 4-4 可以看出，R^{3+} 离子的有效磁矩计算值和实验值符合较好，仅有 Sm^{3+} 和 Eu^{3+} 离子的数值有一些偏离。

表 4-4　稀土元素三价离子 R^{3+} 的物理参数

离子	电子组态	光谱项 $^{2S+1}L_J$	J	L	S	g_J	德吉尼斯因子 $(g_J - 1)^2 J(J+1)$	$\mu_J = g_J [J(J+1)]^{1/2}$ /μ_B	磁矩实验值[3] /μ_B
La^{3+}	$4f^0$	$^1S_0$	0	0	0	—	0.00	0	0 抗磁
Ce^{3+}	$4f^1$	$^2F_{5/2}$	5/2	3	1/2	6/7	0.18	2.54	2.37 ~ 2.77
Pr^{3+}	$4f^2$	$^3H_4$	4	5	1	4/5	0.80	3.58	3.20 ~ 3.51
Nd^{3+}	$4f^3$	$^4I_{9/2}$	9/2	6	3/2	8/11	1.84	3.62	3.45 ~ 3.62
Pm^{3+}	$4f^4$	$^5I_4$	4	6	2	3/5	3.20	2.68	—
Sm^{3+}	$4f^5$	$^6H_{5/2}$	5/2	5	5/2	2/7	4.46	0.84	1.32 ~ 1.63
Eu^{3+}	$4f^6$	$^7F_0$	0	3	3	—	0.00	0	3.6 ~ 3.7
Gd^{3+}	$4f^7$	$^8S_{7/2}$	7/2	0	7/2	2	15.75	7.94	7.81 ~ 8.2
Tb^{3+}	$4f^8$	$^7H_6$	6	3	3/2	10.50	9.72	9.0 ~ 9.8	
Dy^{3+}	$4f^9$	$^6H_{15/2}$	15/2	5	5/2	4/3	7.08	10.63	10.5 ~ 10.9
Ho^{3+}	$4f^{10}$	$^5I_6$	8	6	2	5/4	4.50	10.60	10.3 ~ 10.5
Er^{3+}	$4f^{11}$	$^4I_{15/2}$	15/2	6	3/2	6/5	2.55	9.59	9.4 ~ 9.5
Tm^{3+}	$4f^{12}$	$^3H_6$	6	5	1	7/6	1.17	7.57	7.2 ~ 7.6
Yb^{3+}	$4f^{13}$	$^2F_{7/2}$	7/2	3	1/2	8/7	0.32	4.54	4.0 ~ 4.6
Lu^{3+}	$4f^{14}$	$^1S_0$	0	0	0	—	0.00	0	0 抗磁

在 R-T 系统中，$4f$ 电子的交换相互作用源于不同晶格位置上 R 原子的 $4f$ 电子之间的耦合（$4f$-$4f$ 耦合）和不同晶格位置 R 原子上的 $4f$ 电子与 T 原子的 $3d$ 电子之间的耦合（$4f$-$3d$ 耦合）。由于 $4f$ 电子是局域的，$4f$-$4f$ 重叠可以忽略，所以不存在直接交换作用。我们通常用 RKKY 交换作用模型来描述稀土金属、合金或金属间化合物中稀土离子之间的相互作用[3~5]（Ruderman、Kittel、Kasuya 和 Yosida 四位科学家姓氏字头缩写成 RKKY）。尽管 $4f$ 电子是局域的，但 $5d$ 电子具有巡游特性，$6s$ 电子则完全是自由电子，在 $4f$ 壳层中的局域磁矩通过 $5d/6s$ 导带的电子进行相互作用。原子实自旋 S 和传导电子自旋 s 之间的在位（on-site）相互作用可表达为 $-\mathscr{I}_{sf} S \cdot s$，这里的交换积分 $\mathscr{I}_{sf} \approx 0.2\text{eV}$。RKKY 模型认为，单个磁性杂质实际上在以 r^{-3} 衰减的导带中建立了一个不均匀振荡的自旋极化。这个自旋极化与环绕杂质的电荷密度的 Friedel 振荡相关，该振荡的波长为 π/K_F（Friedel 振荡源于金属或半导体中费米气体或费米液体中的缺陷造成的局域化微扰）。它导致在原子实自旋之间的长程振荡耦合。对于自由电子，电子自旋极化正比于 RKKY 函数（见图 4-8）

$$F(\xi) = (\sin\xi - \xi\cos\xi)/\xi^4 \tag{4-12}$$

式中，$\xi = 2k_F r$，k_F 为费米波矢。这种振荡的自旋极化是由局域磁矩位上的通过 ↑ 和 ↓ 传导电子所见到的不同势能造成的。RKKY 函数 $F(\xi)$ 的第一个零值在 $\xi = 4.5$ 处。在两个局域自旋之间的有效耦合为

$$\mathcal{J}_{\text{eff}} \approx \frac{9\pi \, \mathcal{J}_{\text{sf}}^2 v^2 F(\xi)}{64 \, \varepsilon_{\text{F}}} \qquad (4\text{-}13)$$

式中，v 为每个原子传导电子的数目；ε_{F} 为费米能。由于费米波矢约为 0.1nm^{-1}，所以 $\mathcal{J}_{\text{eff}}$ 符号在纳米量级波动。

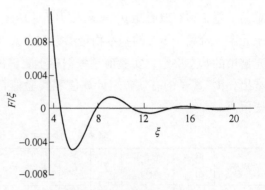

图 4-8　RKKY 函数 $F(\xi)$[4]
（注意在 $\xi < 4$ 时 $F(\xi)$ 变得很大）

在稀土元素中，仅 Gd 的自旋 S 为好量子数，其他稀土元素只有 J 作为它们的量子数，而交换相互作用是自旋耦合。所以，在计算交换耦合时，我们应该用 S 来表达。由于存在关系式 $S \cdot I = (g_{\text{J}} - 1)J \cdot I$（参见式 (4-11)），这样引入了一个因子 $(g_{\text{J}} - 1)^2 J(J+1)$ 进入交换耦合，将自旋 S 映射到总角动量 J。稀土离子之间的交换作用中，有效的耦合是

$$\mathcal{J}_{\text{RKKY}} = G \mathcal{J}_{\text{eff}} \qquad (4\text{-}14)$$

式中，$G = (g_{\text{J}} - 1)^2 J(J+1)$，称为德吉尼斯（de Gennes）因子。稀土元素 R^{3+} 的德吉尼斯因子列于表 4-4，同时参见图 4-9。德吉尼斯因子的本质，就是反映 R^{3+} 离子自旋磁矩对交换作用的贡献。对具有同样导带结构和基本相同的晶格空间的稀土金属间化合物，从 La 到 Lu，$4f$ 电子数从 0 到 14，总自旋 S 从 0 增大到 $7/2\,(\text{Gd}^{3+})$ 再变小到 0（参见表 4-4），磁有序温度随稀土元素的变化应该具有德吉尼斯因子随稀土元素的变化近似的规律，即 Gd 对应的 R-T 化合物有序温度展现出最大值。

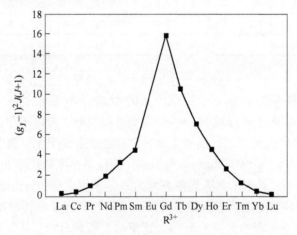

图 4-9　稀土元素 R^{3+} 的德吉尼斯（de Gennes）因子 $G = (g_{\text{J}} - 1)^2 J(J+1)$ 变化图

4.1.3　$3d$-$4f$ 电子的相互作用

在 R-T 系统中，$4f$ 电子的交换作用除了上面提到的不同晶格位置上 R 原子的 $4f$ 电子之间的耦合（$4f$-$4f$ 耦合）外，还有不同晶格位置 R 原子上的 $4f$ 电子与 T 原子的 $3d$ 电子之间的耦合（$4f$-$3d$ 耦合）。同样由于 $4f$ 电子的局域特性，$4f$-$3d$ 重叠也可以忽略，所以 $4f$

电子和 3d 电子之间的相互作用也只能是通过传导电子进行的。可能的机理有如 RKKY 的通过 s 电子的长程相互作用理论[3~5]，还有如 Campbell 提出的晶格点上直接的 4f-5d 交换理论[33]。无论怎样，我们通常都可以采用唯象的分子场模型来处理 R-T 系统中交换作用，即引进正比于自旋的有效分子场。4f 同后 3d 元素（Fe、Co、Ni、Cu、Zn）自旋之间的反平行耦合，被许多实验所证实[12~14,20]。然而，对于后 3d 元素铁磁性过渡族金属（Fe、Co、Ni）母体中的过渡族金属杂质，一般来讲，当杂质是来自于过渡族金属后半族时，母体和杂质的自旋耦合是铁磁性，当杂质是来自于过渡族金属前半族时，母体和杂质的自旋耦合是反铁磁性[34,35]。对于 R-T 系统，局域的 4f 电子和 3d 能带电子交换耦合是间接的相互作用。Campbell 提出，通过原子内部的 4f-5d 交换，4f 电子自旋产生出一个正的局域的 5d 磁矩，这样就引导出象在正常的过渡族金属中的直接的 5d-3d 交换[69]。这种解释也被能带结构计算确认[36,37]。综合考虑 4f-5d 的平行耦合和 5d-3d 的反平行耦合，则间接的 4f-3d 耦合总是反平行的。按照洪德（Hund）法则，轻稀土离子中 4f 电子的总角动量与其总自旋角动量反平行，从而 4f 电子的总磁矩也反平行于它的总自旋磁矩，再结合 4f 与过渡族金属的 3d 自旋磁矩反平行耦合，就可以推出轻稀土总磁矩平行于过渡族金属总磁矩，两者呈铁磁性耦合；而重稀土则相反，其总磁矩与过渡族金属总磁矩成反平行排列，呈亚铁磁性耦合。所以在 R-T 系统中，从轻稀土到重稀土总的 4f 和 3d 磁矩的耦合是从铁磁性变到亚铁磁性〔参见图 4-10，注意关系式 $\boldsymbol{\mu}_L = -\mu_B \boldsymbol{L}$，$\boldsymbol{\mu}_S = -2\mu_B \boldsymbol{S}$ 和 $\boldsymbol{\mu}_J = -g_J\mu_B \boldsymbol{J} = -g_J\mu_B(\boldsymbol{L}+\boldsymbol{S})$〕，也就是说，轻稀土过渡族化合物比重稀土过渡族化合物有更高的饱和磁化强度。

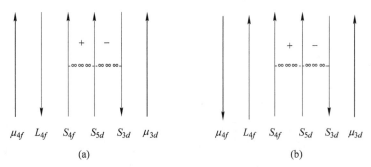

图 4-10 稀土和 3d 元素自旋角动量耦合和磁矩耦合的示意图
（"+"和"－"为自旋-自旋交换作用的符号）
(a) 轻稀土；(b) 重稀土

4.1.4 分子场模型和交换作用

当我们考虑固体中两个分别具有自旋量子数 S_i 和 S_j 但无轨道矩的邻近金属离子的磁耦合时，我们通常可用海森堡交换模型来描述这个系统。此时，自旋之间相互作用能的哈密顿方程为

$$H_{ex} = -\sum_{i \neq j} J_{ij} \boldsymbol{S}_i \cdot \boldsymbol{S}_j \tag{4-15}$$

式中，求和是对于晶格中所有的磁性离子，J_{ij} 为第 i 和第 j 个离子之间的交换积分，$S_{i(j)}$ 是第 i(j) 格点的总自旋。对于铁磁相互作用，两个离子 i 和 j 之间的交换积分 J_{ij} 为正；而对

于反铁磁相互作用，交换积分 J_{ij} 为负，其绝对值随两个相互离子之间距离的增加而快速下降。采用分子场近似，就是除第 i 格点以外的所有自旋的作用用一个平均值来代替，并可看成一个等价的有效场，称为分子场或者交换场。采用这种方法，一个 N-体相互作用问题被化简为 N 个分离单体问题。在 R-T 系统中，三种类型的交换作用可能发生：T-T、T-R 和 R-R。如果用 J_{TT}、J_{TR} 和 J_{RR} 分别表示 T-T、T-R 和 R-R 的交换积分，分别反映了 T-T、T-R 和 R-R 的交换相互作用的强度，则式（4-15）可分离成：

$$H_{ex} = -\sum_T S_T \cdot J_{TT} \sum_{T'} S_{T'} - \sum_R S_R \cdot J_{RT} \sum_T S_T - \sum_R S_R \cdot J_{RR} \sum_{R'} S_{R'} \tag{4-16}$$

式中，T(T′) 和 R(R′) 的求和是分别针对晶格中的 T 和 R 离子，第二项还可等效表达成为另外一种形式 $-\sum_T S_T \cdot J_{TR} \sum_{R'} S_{R'}$。

为了简化多体问题，我们将 R-T 系统分为两套次晶格，即 T 次晶格和 R 次晶格。这种方法称为双次晶格模型，在下面 4.1.5 节中讨论磁晶各向异性时，我们也将采用该模型进行处理。在实际处理问题时，用原子磁矩代替自旋磁矩更为方便。在这里，对于 T 次晶格只考虑自旋磁矩的贡献，$\mu_T = -2\mu_B S_T$，即 $S_T = -\mu_T/(2\mu_B)$；对于 R 次晶格，采用投影关系式 $S_R \cdot I = (g_J - 1)J \cdot I$，$\mu_R = \mu_J = -g_J \mu_B J$（参见 4.1.2 节），即有 $S_R \cdot I = -[(g_J - 1)/g_J \mu_B]\mu_J \cdot I$。在此基础上，采用交换场（分子场）模型来处理 R-T 系统的交换相互作用，变形后的哈密顿方程为：

$$H_{ex} = -\sum_T \mu_T \cdot B_{TT}^{ex} - \sum_R \mu_R \cdot B_{RT}^{ex} - \sum_R \mu_R \cdot B_{RR}^{ex} \tag{4-17}$$

式中求和是对单位体积中所有 T 原子和 R 原子进行。在上式中，交换场可表达为：

$$\begin{aligned}
B_{TT}^{ex} &= n_{TT} M_T = n_{TT} \sum_{T'} \mu_{T'} \\
B_{RT}^{ex} &= -\gamma n_{RT} M_T = -\gamma n_{RT} \sum_T \mu_T \\
B_{RR}^{ex} &= -\gamma^2 n_{RR} M_R = -\gamma^2 n_{RR} \sum_{R'} \mu_{R'}
\end{aligned} \tag{4-18}$$

式中

$$\begin{aligned}
M_T &= -2\mu_B \sum_{T'} S_{T'} = \sum_T \mu_{T'} = N_T \langle \mu_T \rangle \\
M_R &= \sum_R \mu_{J'} = -g_J \mu_B \langle J \rangle = N_R \langle \mu_R \rangle
\end{aligned} \tag{4-19}$$

式中，M_T、M_R 分别为 T 次晶格（过渡族金属只有自旋贡献）和 R 次晶格磁化强度（单位体积的平均磁矩），N_T 和 N_R 分别表示单位体积中过渡族金属和稀土原子的个数。

在式（4-18）中，n_{TT}、n_{RT} 和 n_{RR} 被称为交换场系数，它们同交换积分的关系为

$$\begin{aligned}
n_{TT} &= J_{TT}/(4N_T \mu_B^2) \\
n_{RT} &= -J_{RT}/(4N_T \mu_B^2) \\
n_{RR} &= -J_{RR}/(4N_R \mu_B^2)
\end{aligned} \tag{4-20}$$

在一般情况下，$J_{TT} > 0$，$J_{RT} < 0$，$J_{RR} < 0$[13,39]。为了使得 n_{TT}、n_{RT} 和 n_{RR} 均为正值，所以在 n_{RT} 同 J_{RT} 以及 n_{RR} 同 J_{RR} 两个关系式中出现了负号。

在式（4-18）中，

$$\gamma = 2(g_J - 1)/g_J \tag{4-21}$$

它是由于将稀土离子的自旋变换成了总磁矩时出现的，稀土离子的自旋磁矩 μ_R^S 和总磁矩 μ_J 在某一方向上投影的关系式为（参见式（4-11））：$\mu_R^S = -2\mu_B S_R = -2(g_J - 1)\mu_B J = [2(g_J - 1)/g_J]\mu_J = \gamma\mu_J$。

稀土离子的自旋和总角动量通过 $\gamma = 2(g_J - 1)/g_J$ 相联系（具体数值可将表 4-4 中的

g_J代入获得），对于稀土离子基态J多重态，R-T相互作用图像完全由$\gamma n_{RT}\boldsymbol{\mu}_R \cdot \boldsymbol{M}_T$决定：对于轻稀土，$\gamma < 0$，$\boldsymbol{\mu}_R$与$\boldsymbol{\mu}_T$平行；对于重稀土，$\gamma > 0$，$\boldsymbol{\mu}_R$与$\boldsymbol{\mu}_T$反平行。并且，由于$\gamma$的大小与$J$相关联，所以交换场造成的不同的$J$多重态的能级劈裂也不相同。

如果侧重关注T次晶格，在式（4-17）中的第二项（R-T相互作用项）也可写为$-\sum_T \boldsymbol{\mu}_T \cdot \boldsymbol{B}_{TR}^{ex}$和$\boldsymbol{B}_{TR}^{ex} = -\gamma n_{TR}\boldsymbol{M}_R$（$n_{TR} = -J_{TR}/(4N_R\mu_B^2)$）。综上所述，分别作用在T次晶格和R次晶格的分子场可写为

$$\boldsymbol{B}_T^{mol} = \boldsymbol{B}_{TT}^{ex} + \boldsymbol{B}_{TR}^{ex} = n_{TT}\boldsymbol{M}_T - \gamma n_{TR}\boldsymbol{M}_R$$
$$\boldsymbol{B}_R^{mol} = \boldsymbol{B}_{RT}^{ex} + \boldsymbol{B}_{RR}^{ex} = -\gamma n_{RT}\boldsymbol{M}_T - \gamma^2 n_{RR}\boldsymbol{M}_R \tag{4-22}$$

注意，上式中$<\boldsymbol{\mu}_T> \cdot \boldsymbol{B}_{TR}^{ex} = <\boldsymbol{\mu}_R> \cdot \boldsymbol{B}_{RT}^{ex}$。

上述的交换场系数n_{TT}，n_{TR}和n_{RR}可以用居里温度（T_c）和相关参数表达[39]。根据居里定律，在顺磁状态（$T > T_c$），在外加磁场$\boldsymbol{B}_0 = \mu_0 H$作用的T次晶格和R次晶格的磁化强度为

$$\boldsymbol{M}_T = \chi_T(\boldsymbol{B}_0 + \boldsymbol{B}_T^{mol})$$
$$\boldsymbol{M}_R = \chi_R(\boldsymbol{B}_0 + \boldsymbol{B}_R^{mol}) \tag{4-23}$$

将式（4-22）代入式（4-23），我们得到

$$\boldsymbol{M}_T = \chi_T'(\boldsymbol{B}_0 - \gamma n_{TR}\boldsymbol{M}_R)$$
$$\boldsymbol{M}_R = \chi_R'(\boldsymbol{B}_0 - \gamma n_{RT}\boldsymbol{M}_T) \tag{4-24}$$

式中

$$\chi_T' = \chi_T/(1 - n_{TT}\chi_T)$$
$$\chi_R' = \chi_R/(1 - \gamma^2 n_{RR}\chi_R) \tag{4-25}$$

为交换增强磁化率；χ_T和χ_R为无相互作用的内禀磁化率。当$T = T_c$时，为奇异点，式（4-24）不再满足，以下条件成立：

$$\begin{vmatrix} \chi_T' \gamma n_{RT} & 1 \\ 1 & \chi_R' \gamma n_{RT} \end{vmatrix} = 0 \tag{4-26a}$$

或者

$$1 - \chi_T'\chi_R'\gamma^2 n_{RT}^2 = 0 \tag{4-26b}$$

为了获得居里温度T_c的表达式，对χ_T和χ_R的温度依赖关系有必要作一些假设，认为满足居里定律[2,3]。对于χ_R，关系式为

$$\chi_R = C_R/T; \quad C_R = N_R g_J J(J + 1)\mu_B^2/3k_B \tag{4-27}$$

式中，C_R为居里常数；N_R为单位体积中R原子的个数。

由于T原子$3d$电子巡游性，对C_T不是太明了。基于包括$Nd_2Fe_{14}B$在内的多种T-R金属间化合物的实验结果表明[13,24,143]，可以假设下面关系式

$$\chi_T = C_T/T; \quad C_T = 4N_T S_T^*(S_T^* + 1)\mu_B^2/3k_B \tag{4-28}$$

式中，C_T为有效居里常数；N_T为单位体积中T原子的个数，$2[S_T^*(S_T^* + 1)]^{1/2}\mu_B$是T原子在顺磁状态下的有效磁矩。

将式（4-27）和式（4-28）带入式（4-26），我们可以得到

$$T_c = (1/2)\{T_T + T_R + [(T_T - T_R)^2 + 4T_{RT}^2]^{1/2}\} \tag{4-29}$$

这里T_T、T_{RT}和T_R分别代表了T-T，T-R和R-R交换作用的贡献。它们由下式给出：

$$T_{\mathrm{T}} = n_{\mathrm{TT}} C_{\mathrm{T}}$$

$$T_{\mathrm{RT}} = n_{\mathrm{RT}} |\gamma| (C_{\mathrm{R}} C_{\mathrm{T}})^{1/2} \qquad (4\text{-}30)$$

$$T_{\mathrm{R}} = \gamma^2 n_{\mathrm{RR}} C_{\mathrm{R}}$$

式中 $C_{\mathrm{T}} = [4N_{\mathrm{T}} S^* (S^* + 1)\mu_{\mathrm{B}}^2]/3k_{\mathrm{B}}$ 和 $C_{\mathrm{R}} = [N_{\mathrm{R}} g_{\mathrm{R}}^2 J(J+1)\mu_{\mathrm{B}}^2]/3k_{\mathrm{B}}$ 分别为 T 次晶格的有效居里常数和 R 次晶格的居里常数。N_{T} 和 N_{R} 分别为单位体积的 T 原子数和 R 原子数。

对于给定的 R-T 化合物，n_{TT} 和 n_{RR} 可以分别由同晶体结构非磁性稀土化合物（如 Y-T、La-T 和 Lu-T）和非磁性的或弱磁性的过渡族金属化合物（如 R-Cu、R-Mn、R-Ni 等）的居里温度 T_{T} 和 T_{R} 获得。利用上面的关系式，我们得到

$$n_{\mathrm{RT}} = \sqrt{\frac{(T_{\mathrm{c}} - T_{\mathrm{T}})(T_{\mathrm{c}} - T_{\mathrm{R}})}{\gamma^2 C_{\mathrm{R}} C_{\mathrm{T}}}} \qquad (4\text{-}31)$$

$$T_{\mathrm{RT}} = [(T_{\mathrm{c}} - T_{\mathrm{T}})(T_{\mathrm{c}} - T_{\mathrm{R}})]^{1/2} \qquad (4\text{-}32)$$

由此关系式，我们可以得知 R-T 交换作用的强度。

下面我们就将上面的讨论应用于具体的 R-T 金属间化合物中的 T-T 交换作用，R-R 交换作用和 R-T 交换作用。

4.1.4.1　T-T 交换作用

基于上面的讨论，对于给定的 R-T 化合物，T 次晶格的交换场系数 n_{TT} 可以由同晶体结构非磁性稀土化合物（如 Y-T、La-T 和 Lu-T）的居里温度 T_{c} 获得。根据式（4-28）和式（4-30），我们有

$$n_{\mathrm{TT}} = T_{\mathrm{c}} / [4N_{\mathrm{T}} S_{\mathrm{T}}^* (S_{\mathrm{T}}^* + 1)\mu_{\mathrm{B}}^2 / 3k_{\mathrm{B}}] \qquad (4\text{-}33)$$

根据一系列 Y-Fe 化合物（如 YFe_2、YFe_3、Y_6Fe_{23}、Y_2Fe_{17} 和 $Y_2Fe_{14}B$ 等）的顺磁磁化率，可以得到在顺磁状态下 Fe 原子的有效磁矩 $\mu_{\mathrm{eff}}^{\mathrm{Fe}} = 2[S_{\mathrm{Fe}}^* (S_{\mathrm{Fe}}^* + 1)]^{1/2} \mu_{\mathrm{B}}$ 的值在 $3.0\mu_{\mathrm{B}} \sim 4.1\mu_{\mathrm{B}}$ 范围[143,24]。

但是，由于并非所有我们感兴趣的 R-T 化合物均有顺磁性实验数据，往往使用铁磁性数据比较方便。设若 T 原子的平均原子磁矩 $\mu_{\mathrm{T}} = 2S_{\mathrm{T}}^* \mu_{\mathrm{B}}$，我们将式（4-33）做一下改写：

$$\begin{aligned} T_{\mathrm{c}} &= 4n_{\mathrm{TT}} N_{\mathrm{T}} S_{\mathrm{T}}^* (S_{\mathrm{T}}^* + 1)\mu_{\mathrm{B}}^2 / 3k_{\mathrm{B}} \\ &= n_{\mathrm{TT}} (N_{\mathrm{T}}/3k_{\mathrm{B}}) [(S_{\mathrm{T}}^* + 1)/S_{\mathrm{T}}^*] (2S_{\mathrm{T}}^* \mu_{\mathrm{B}})^2 \\ &= n_{\mathrm{TT}} (N_{\mathrm{T}}/3k_{\mathrm{B}}) [(S_{\mathrm{T}}^* + 1)/S_{\mathrm{T}}^*] \mu_{\mathrm{T}}^2 \end{aligned} \qquad (4\text{-}34)$$

通过此关系式，我们可以分别探讨 Y-T 化合物的居里温度 T_{c} 同单位体积中 T 原子数（即 T 原子浓度）N_{T}、交换场系数 n_{TT} 和 T 原子磁矩 μ_{T}^2 的关系。通过 YFe_2、YFe_3、Y_6Fe_{23}、Y_2Fe_{17} 和 $Y_2Fe_{14}B$ 化合物的铁磁态平均原子磁矩 μ_{Fe} 和顺磁态平均有效原子磁矩 $\mu_{\mathrm{eff}}^{\mathrm{Fe}}(\exp)$ 实验数据比较表明，μ_{Fe} 和 $\mu_{\mathrm{eff}}^{\mathrm{Fe}}(\exp)$ 成正比关系，并且实验值 $\mu_{\mathrm{eff}}^{\mathrm{Fe}}(\exp)$ 是计算值 $\mu_{\mathrm{eff}}^{\mathrm{Fe}}(\mathrm{cal}) = [(S_{\mathrm{T}}^* + 1)/S_{\mathrm{T}}^*]^{1/2} \mu_{\mathrm{Fe}}$ 的 1.34 ~ 1.38 倍。在下面的讨论中，我们将采用上面这些 Y-Fe 化合物的特性来估算其他 Y-T 化合物中 T 原子的有效原子磁矩 $\mu_{\mathrm{eff}}^{\mathrm{T}}$。

图 4-11 给出了 Y-Fe 和 Y-Co 化合物的居里温度 T_{c} 随化合物中随单位体积中 Fe 原子或 Co 原子数 N_{T} 的变化。从图中可以看出，Y-Fe 和 Y-Co 化合物的 T_{c}-N_{T} 依赖关系很不一样。对于 Y-Fe 化合物，T_{c} 随着 N_{T} 的增大而降低；而对于 Y-Co 化合物，T_{c} 随着 N_{T} 的增大而升高。

图 4-12 给出了 Y-Fe 和 Y-Co 化合物的居里温度 T_{c} 随交换场系数 n_{TT} 的变化。在 n_{TT} 的

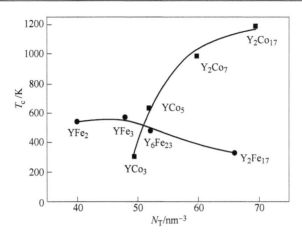

图 4-11 Y-Fe 和 Y-Co 化合物的居里温度 T_c 随单位体积中 Fe 原子或 Co 原子数 N_T 的变化
（数据来源参见文献［143］）

计算中，对于 Y-Fe 化合物，直接采用 μ_{eff}^{Fe} 数值；对于 Y-Co 化合物，采用关系式 $\mu_{eff}^{Fe}/\mu_{Fe} = \mu_{eff}^{Co}/\mu_{Co}$，将 μ_{Co} 数值转换成 μ_{eff}^{Co} 数值使用。从图中可以看出，Y-Fe 和 Y-Co 化合物的 T_c-n_{TT} 依赖关系同图 4-11 中 T_c-N_T 依赖关系不同。对于 Y-Fe 化合物，居里温度 T_c 同交换场系数 n_{TT} 差不多成正比关系；而对于 Y-Co 化合物，居里温度 T_c 随着交换场系数 n_{TT} 的增大而减小。

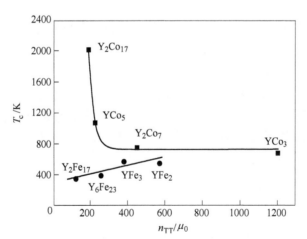

图 4-12 Y-Fe 和 Y-Co 化合物的居里温度 T_c 随交换场系数 n_{TT} 的变化
（数据来源参见文献［143］）

图 4-13 给出了代表性的 Y-Fe 和 Y-Co 化合物的居里温度 T_c 分别随合金中 Fe 原子和 Co 原子的平均原子磁矩的平方 μ_T^2 的变化。从图中可以看出，Y-Fe 和 Y-Co 化合物的 T_c-μ_T^2 依赖关系有很大不同。Y-Fe 化合物的 T_c-μ_{Fe}^2 数据在 300～600K 之间跳跃，Y-Fe 二元化合物居里温度随 μ_{Fe}^2 的增大而下降，可以看出 Y-Fe 化合物的 T_c-μ_{Fe}^2 依赖关系比 Y-Co 化合物的 T_c-μ_{Co}^2 依赖关系要弱很多。Y-Co 化合物的 T_c-μ_{Co}^2 为线性关系，Co 原子磁矩越大 Y-Co 化合物的居里温度越高。1974 年，Givord 和 Lemaire 在一篇有关研究 R_2Fe_{17} 磁性和热膨胀的

文章中，率先讨论了 Y-Fe 和 Y-Co 化合物的 T_c-μ_T^2 依赖关系[25]。虽然 40 年过去了，又有一些新的 Y-Fe 和 Y-Co 化合物被发现，图 4-13 表现出的 Y-Fe 和 Y-Co 化合物的 T_c-μ_T^2 依赖关系依然如故。对于更多的 $Y(Fe_{12-x}M_x)$（M = V、Cr、Ti、W 等）化合物分析表明，T_c 随 μ_{Fe}^2 的变化范围较小[9]。

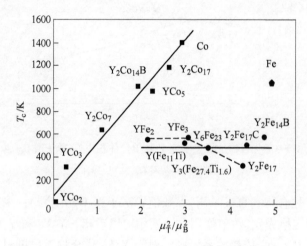

图 4-13　Y-Fe 和 Y-Co 化合物的居里温度 T_c 分别随平均原子磁矩的平方 μ_T^2 的变化

（数据来源参见文献 [9]、[12]、[65]、[143]）

图 4-14 和图 4-15 给出了 Y-Fe 和 Y-Co 化合物的交换场系数 n_{TT} 分别随单位体积中 Fe 原子或 Co 原子数 N_T 的变化和随平均原子磁矩的平方 μ_T^2 的变化。从图中可以看出，Y-Fe 和 Y-Co 化合物的 n_{TT}-N_T 和 n_{TT}-μ_T^2 依赖关系基本相同。随着单位体积中 Fe 原子或 Co 原子浓度的减小或者随着 Fe 原子或 Co 原子平均磁矩的增大，交换场系数 n_{TT} 表现出单调下降趋势。进一步看一看 μ_T^2-N_T 的关系，Y-Fe 和 Y-Co 化合物平均原子磁矩的平方（或原子磁矩）随单位体积中 Fe 原子或 Co 原子数的增大而变大（参见图 4-16）。

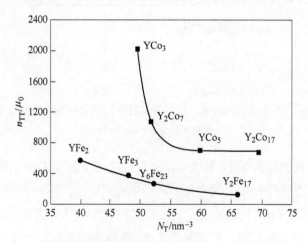

图 4-14　Y-Fe 和 Y-Co 化合物的交换场系数 n_{TT} 随单位体积中 Fe 原子或 Co 原子数 N_T 的变化

（数据来源参见文献 [143]）

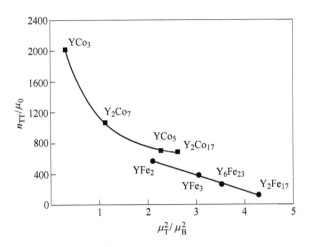

图 4-15　Y-Fe 和 Y-Co 化合物的交换场系数 n_{TT} 随平均原子磁矩的平方 μ_T^2 的变化

（数据来源参见文献［143］）

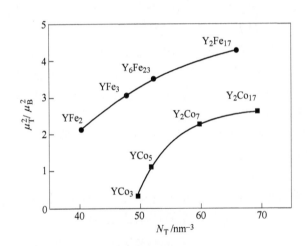

图 4-16　Y-Fe 和 Y-Co 化合物平均原子磁矩的平方 μ_T^2 随单位体积中 Fe 原子或 Co 原子数 N_T 的变化

（数据来源参见文献［143］）

　　综合上面分析讨论，归纳如下：对于 Y-Co 化合物，单位体积的 Co 原子数 N_{Co} 越大，则平均原子磁矩 μ_{Co} 越大，Co-Co 交换作用变弱（n_{CoCo} 变小），居里温度 T_c 升高；对于 Y-Fe 化合物，单位体积的 Fe 原子数 N_{Fe} 越小，则平均原子磁矩 μ_{Fe} 越小，Fe-Fe 交换作用变强（n_{FeFe} 变大），居里温度 T_c 升高。

　　对于 Y-T 化合物，单位体积的 T 原子数越大（T 原子浓度越大），也就是单位体积的 Y 原子数越小（Y 原子浓度越小）。换一个角度看，由于 Y 的原子体积是 Fe 或 Co 的原子体积的三倍左右，如果 Y 原子的浓度增大（Fe 或 Co 原子浓度减少），也就是平均原子体积 $<V_a>$ 的增大。图 4-17 给出了 Y-Fe 和 Y-Co 化合物的居里温度 T_c 随化合物中平均原子体积 $<V_a>$ 的变化。从图中可以看出，Y-Fe 和 Y-Co 化合物的 T_c-$<V_a>$ 依赖关系也很不一样。对于 Y-Fe 化合物，T_c 随着 $<V_a>$ 的增大而升高；而对于 Y-Co 化合物，T_c 随着 $<V_a>$ 的增大而减小。在文献［25］中，Givord 和 Lemaire 提出 Y-Fe 化合物交换作用与

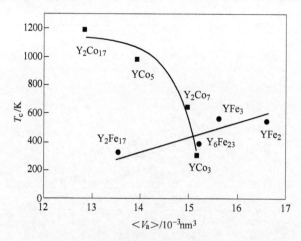

图 4-17 Y-Fe 和 Y-Co 化合物的居里温度 T_c 随平均原子体积 $<V_a>$ 的变化

（数据来源参见文献［143］）

Fe-Fe 原子间距 d_{FeFe} 密切相关，当 $d_{FeFe} > 0.245nm$ 时，Fe-Fe 交换作用为 " + "；当 $d_{FeFe} \leqslant$ $0.245nm$ 时，Fe-Fe 交换作用为 " - "。对于同一种晶体结构的 R-Fe（R = Y、Lu）化合物，Y_2Fe_{17} 化合物的居里温度 T_c 比 Lu_2Fe_{17} 化合物高 40K，前者比后者的晶胞体积大 $\Delta V/V = 2.1\%$，且有 $dT_c/d\lg V \approx 1900K$ [25]。间隙原子 R-T 金属间化合物的发现[14,127]，再一次充分证明，对于同一种晶体结构的 R-Fe 化合物，晶胞体积（亦即平均原子体积或 Fe-Fe 平均间距）越大，居里温度越高。

首先，我们来看一看最具代表性的 R_2Fe_{17} 化合物在 C 原子或 N 原子进入晶格间隙位后，Fe-Fe 次晶格交换作用的变化情况。图 4-18 给出了 $Y_2Fe_{17}C_y$ 化合物的居里温度 T_c 随单胞体积的依赖关系（对于同一种晶体结构的化合物，采用单胞体积即可，不必用平均原子体积概念）。非常清楚可见，随着 C 含量 y 的增大，$Y_2Fe_{17}C_y$ 晶体结构膨胀，居里温度升高，基本上是线性关系。当 $y = 2$ 时，晶格体积膨胀 $\Delta V/V = 7.7\%$，居里温度翻倍升高，

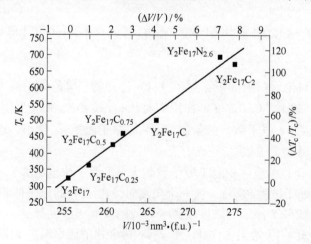

图 4-18 $Y_2Fe_{17}C_y$ 化合物的居里温度 T_c 随单胞体积 V 变化关系，

同时还给出了 $Y_2Fe_{17}N_{2.6}$ 化合物的数据作为比较

（数据来源参见文献［14］、［26］）

相对变化率 $\Delta T_{\mathrm{c}}/T_{\mathrm{c}}=108\%$；$Y_2Fe_{17}C_2$ 的居里温度 T_{c} 达 673K，比 Y_2Fe_{17} 提高了 349K。每个 C 原子使 Y_2Fe_{17} 的体积膨胀 3.8%、使居里温度提高 175K，且有 $\mathrm{d}T_{\mathrm{c}}/\mathrm{dlg}V\approx4530\mathrm{K}$。在图 4-18 中，同时还给出了 $Y_2Fe_{17}N_{2.6}$ 化合物数据作为比较，每个 N 原子使 Y_2Fe_{17} 的体积膨胀 2.7%，使居里温度提高 142K，且有 $\mathrm{d}T_{\mathrm{c}}/\mathrm{dlg}V\approx5230\mathrm{K}$。也就是说，N 原子的晶格膨胀比 C 原子更有效地提高居里温度。

图 4-19 给出了 $Y_2Fe_{17}C_y$ 化合物 Fe 次晶格交换场系数 n_{FeFe}、单位体积中 Fe 原子数 N_{Fe} 和平均 Fe 原子磁矩平方 μ_{Fe}^2 随单胞体积 V 的变化关系。在 n_{FeFe} 的计算中，采用实验数据 $\mu_{\mathrm{eff}}^{\mathrm{Fe}}/\mu_{\mathrm{Fe}}(Y_2Fe_{17})=1.92$ 比例，将所有 $Y_2Fe_{17}C_y$ 化合物的 μ_{Fe} 数值转换成 $\mu_{\mathrm{eff}}^{\mathrm{Fe}}$ 数值使用。由图可见，随着 C 含量 y 的增大，$Y_2Fe_{17}C_y$ 晶体结构膨胀，交换场系数 n_{FeFe} 线性提高，从 $n_{\mathrm{FeFe}}(y=0)=118\mu_0$ 提高到 $n_{\mathrm{FeFe}}(y=2)=282\mu_0$，每个 C 原子使交换场系数 n_{FeFe} 提高 $82.0\mu_0$。与之相比较，$Y_2Fe_{17}N_{2.6}$ 化合物的交换场系数 n_{FeFe} 为 $288\mu_0$，相当于每个 N 原子使交换场系数 n_{FeFe} 提高 $65.4\mu_0$。C 原子或 N 原子进入 Y_2Fe_{17}，使 Fe 原子磁矩略有减小，$Y_2Fe_{17}C_2$ 和 $Y_2Fe_{17}N_{2.6}$ 化合物平均 Fe 原子磁矩 μ_{Fe} 降低 3% 左右（μ_{Fe}^2 降低 6% 左右）。C 原子或 N 原子进入 Y_2Fe_{17}，使晶体结构膨胀，单位体积中 Fe 原子数 N_{Fe} 必定减小，$Y_2Fe_{17}C_2$ 和 $Y_2Fe_{17}N_{2.6}$ 化合物的 N_{Fe} 降低 7% 左右（比体积膨胀率的数值略小）。由于居里温度 T_{c} 同交换场系数 n_{FeFe}、单位体积中 Fe 原子数 N_{Fe} 和平均 Fe 原子磁矩平方 μ_{Fe}^2 三者的乘积相关（参见式 (4-34)），通过上面的数据分析可以得出如下结论：间隙原子 C 或 N 进入 Y_2Fe_{17} 化合物，晶体结构膨胀，使得 Fe-Fe 原子间距增大，提高了 Fe-Fe 原子之间的交换作用强度（交换场系数 n_{FeFe} 增大），从而使得居里温度升高。图 4-20 直观地表现了 $Y_2Fe_{17}C_y$ 和 $Y_2Fe_{17}N_{2.6}$ 化合物的居里温度 T_{c} 随 Fe 次晶格交换场系数 n_{FeFe} 增大而升高的变化关系。

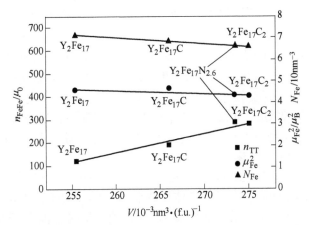

图 4-19　$Y_2Fe_{17}C_y$ 化合物 Fe 次晶格交换场系数 n_{FeFe}、单位体积中 Fe 原子数 N_{Fe} 和平均 Fe 原子磁矩平方 μ_{Fe}^2 随单胞体积 V 的变化，同时还给出了 $Y_2Fe_{17}N_{2.6}$ 化合物的数据作为比较

（数据来源参见文献［14］、［26］）

我们再来看一看其他间隙 R-Fe 化合物的情况。对于具有 $ThMn_{12}$ 晶体结构的 $R(Fe_{12-x}T_x)$（T = Si、Al、Ti、V、Cr、Mo、W、Nb 等）化合物[14,26] 和 $R_3(Fe,T)_{29}$（T = Ti、V、Cr、Mn、Mo 等）化合物[27~29]，在 C 原子或 N 原子进入晶格间隙位后，对 Fe-Fe 次晶格交换作用产生的积极影响同在 R_2Fe_{17} 中的情况相似。例如 $Y(Fe_{11}Ti)$ 化合物，其居里温度 $T_{\mathrm{c}}=$

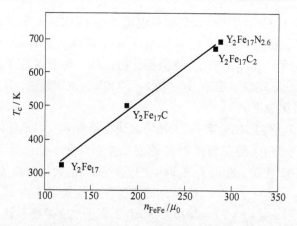

图 4-20　$Y_2Fe_{17}C_y$ 化合物的居里温度 T_c 随 Fe 次晶格交换场系数 n_{FeFe} 的变化，
同时还给出了 $Y_2Fe_{17}N_{2.6}$ 化合物的数据作为比较
（数据来源参见文献 ［14］、［26］）

524K。与 Y_2Fe_{17} 的碳化物和氮化物不同，它的每个分子式只能含有 1 个左右 C 或 N 间隙原子。$Y(Fe_{11}Ti)C_{0.9}$ 化合物，居里温度 678K，晶格体积膨胀 $\Delta V/V = 2.0\%$，居里温度升高 $\Delta T_c/T_c = 29.4\%$；每个 C 原子使 $YFe_{11}Ti$ 的体积膨胀 2.2%、使居里温度提高 154K，且有 $dT_c/dlgV \approx 7000K$。$Y(Fe_{11}Ti)N_{0.8}$ 化合物，居里温度 742K，晶格体积膨胀 $\Delta V/V = 2.1\%$，居里温度升高 $\Delta T_c/T_c = 41.6\%$；每个 N 原子使 $Y(Fe_{11}Ti)$ 的体积膨胀 2.6%、使居里温度提高 218K，且有 $dT_c/dlgV \approx 10380K$。由于 $Y(Fe_{11}Ti)$ 化合物的居里温度比 Y_2Fe_{17} 高 200K 左右，前者的 Fe-Fe 交换作用比后者已有改善，所以间隙原子 C 或 N 的进入分别对 $Y(Fe_{11}Ti)$ 居里温度的提升幅度比 Y_2Fe_{17} 居里温度整体提升幅度小，但单个原子的提高幅度要大。在 n_{FeFe} 的计算中，假设 $\mu_{eff}^{Fe} = 3.7\mu_0$（取 Y-Fe 有效磁矩 μ_{eff}^{Fe} 实验值的中间值[24,143]），并采用 $\mu_{eff}^{Fe}/\mu_{Fe}[Y(Fe_{11}Ti)] = 2.14$ 比值，计算 $Y(Fe_{11}Ti)C_{0.9}$ 和 $Y(Fe_{11}Ti)N_{0.8}$ 化合物的 μ_{eff}^{Fe} 数值。$Y(Fe_{11}Ti)C_{0.9}$ 和 $Y(Fe_{11}Ti)N_{0.8}$ 化合物的自发磁化强度平方比 $Y(Fe_{11}Ti)$ 化合物高出 30% 左右，而交换场系数 n_{FeFe} 的增大小于 9%（$n_{FeFe}[Y(Fe_{11}Ti)] = 231\mu_0$，$n_{FeFe}[Y(Fe_{11}Ti)C_{0.9}] = 251\mu_0$，$n_{FeFe}[Y(Fe_{11}Ti)N_{0.8}] = 234\mu_0$），$N_{Fe}$ 因晶格膨胀而减小 2% 左右，所以 $Y(Fe_{11}Ti)$ 碳化物或氮化物居里温度的提高的主要原因并非 Fe-Fe 交换作用增强，而是由于 Fe 原子磁矩增大 ［参见式 (4-34)］。

又例如 $Y_3(Fe_{28.1}Mo_{0.9})$ 化合物[29]，居里温度 $T_c = 376K$；其氮化物 $Y_3(Fe_{28.1}Mo_{0.9})N_x$（$3.7 \leqslant x \leqslant 4.0$），居里温度 659K，晶格体积膨胀 $\Delta V/V = 5.3\%$，居里温度升高 $\Delta T_c/T_c = 75.3\%$；每个 N 原子使 Y_2Fe_{17} 的体积膨胀 1.4%，使居里温度提高 73K，且有 $dT_c/dlgV \approx 5340K$。间隙原子 N 对 $Y_3(Fe_{28.1}Mo_{0.9})$ 化合物作用效果（体积膨胀和居里温度提升幅度），与对 R_2Fe_{17} 化合物作用效果相近。在 n_{FeFe} 的计算中，采用上面处理 $Y(Fe_{11}Ti)$ 化合物相同方法，假设 $\mu_{eff}^{Fe} = 3.7\mu_0$，并采用 $\mu_{eff}^{Fe}/\mu_{Fe}[Y_3(Fe_{28.1}Mo_{0.9})] = 2.10$ 比值，计算 $Y_3(Fe_{28.1}Mo_{0.9})N_x$ 化合物的 μ_{eff}^{Fe} 数值。$Y_3(Fe_{28.1}Mo_{0.9})N_x$ 化合物的自发磁化强度平方 μ_{Fe}^2 比 $Y_3(Fe_{28.1}Mo_{0.9})$ 化合物高出 28.6%，交换场系数 n_{FeFe} 后者比前者增大 43.4%（前者 $161\mu_0$，后者 $232\mu_0$），而 N_{Fe} 因晶格膨胀而减小 5%，所以 $Y_3(Fe_{28.1}Mo_{0.9})N_x$ 居里温度的提高是 Fe-Fe 交换作用增强和 Fe 原子磁矩增大共同作用的结果 ［参见式 (4-34)］。

$R_2Fe_{14}B$ 没有间隙碳化物的报道，并且间隙氮化物的真实性也无定论[26]。这里我们采

用 $R_2Fe_{14}BH_x$ 间隙氢化物来探讨其 Fe 次晶格的交换作用变化。图 4-21 给出了 $Y_2Fe_{14}BH_y$ 化合物的居里温度 T_c 随晶胞体积 V 的依赖关系。很明显，随着 H 含量 y 的增大，$Y_2Fe_{14}BH_y$ 晶体结构膨胀，居里温度非线性升高。当以 $y=3$ 时，晶格体积膨胀 $\Delta V/V = 2.7\%$，相对变化率 $\Delta T_c/T_c = 12.6\%$；$Y_2Fe_{14}BH_3$ 的居里温度 T_c 达 662K，比 $Y_2Fe_{14}B$ 提高了 74K。每个 C 原子使 $Y_2Fe_{14}B$ 的体积膨胀 0.9%、使居里温度提高 25K 左右，且有 $dT_c/d\lg V \approx 2770K$。可以看出，由于 H 原子比 N 原子或 C 原子的体积小（H 原子体积仅是 N 原子体积的1/16，是 C 原子体积的 1/14），故对晶格膨胀作用弱一些。

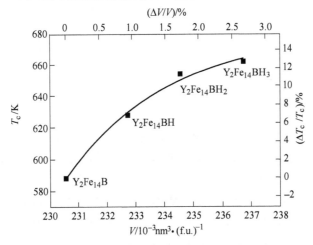

图 4-21 $Y_2Fe_{14}BH_y$ 化合物的居里温度 T_c 随晶胞体积 V 的变化关系

（数据来源参见文献［30］）

图 4-22 给出了 $Y_2Fe_{14}BH_y$ 化合物 Fe 次晶格交换场系数 n_{FeFe}、单位体积中 Fe 原子数 N_{Fe} 和平均 Fe 原子磁矩平方 μ_{Fe}^2 随晶胞体积 V 的变化关系。在 n_{FeFe} 的计算中，对于 $Y_2Fe_{14}B$ 化合物，取值 $\mu_{eff}^{Fe} = 4.0\mu_B$ [24,39]，并采用 $\mu_{eff}^{Fe}/\mu_{Fe}[Y_2Fe_{14}B] = 1.87$ 比值，计算 $Y_2Fe_{14}BH_y$ 化合物的 μ_{eff}^{Fe} 数值。从图中可以看出，随着 H 含量 y 的增大，$Y_2Fe_{14}BH_y$ 化合物的晶体结构膨

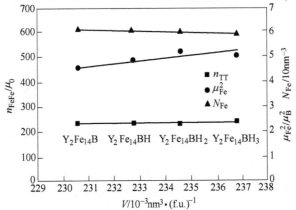

图 4-22 $Y_2Fe_{14}BH_y$ 化合物 Fe 次晶格交换场系数 n_{FeFe}、单位体积中 Fe 原子数 N_{Fe} 和

平均 Fe 原子磁矩平方 μ_{Fe}^2 随 V 的变化关系

（数据来源参见文献［30］）

胀，交换场系数从 $n_{FeFe}(y=0)=232\mu_0$ 到 $n_{FeFe}(y=3)=241\mu_0$，变化很小，而 $Y_2Fe_{14}BH_y$ 平均 Fe 原子磁矩 μ_{Fe} 增大 5.7% 左右（μ_{Fe}^2 增大 11.1% 左右），并且 N_{Fe} 因晶格膨胀而减小 1.7% 左右。所以，间隙原子 H 进入 $Y_2Fe_{14}B$ 化合物，居里温度升高是由于 Fe 原子磁矩增大的贡献［参见式（4-34）］。

4.1.4.2　R-R 交换作用

同研究 T-T 相互作用类似，对于给定的 R-T 化合物，R 次晶格的交换场系数 n_{RR} 可以由同晶体结构非磁性稀土金属间化合物（如 R-Cu、R-Al 等化合物）的磁有序温度 T_c 获得。对于如 $Nd_2Fe_{14}B$ 等许多 R-T 金属间化合物，还没有发现同它们具有相同晶体结构的非磁性稀土金属间化合物，但 $ThMn_{12}$ 结构化合物却有许多相同晶体结构的非磁性稀土金属间化合物，如 RT_4Al_8、RT_6Al_6 等（T = Cu、Mn 和 Cr 等），它们均表现出反铁磁有序。

下面我们以 RCu_4Al_8 系列化合物[31]为例，来考察和研究 R-R 交换相互作用。根据分子场模型，R-R 交换场系数可表达为［参见式（4-30）］：

$$n_{RR} = T_N/\gamma_R^2 C_R \tag{4-35}$$

式中，T_N 为此 R-T 化合物的奈尔（Néel）温度（磁有序温度），$\gamma=2(g_J-1)/g_J$，$C_R=[N_R g_R^2 J(J+1)\mu_B^2]/3k_B$ 为 R 次晶格的居里常数，N_R 为单位体积的 R 原子数。

图 4-23 给出了 $R(Cu_4Al_8)$ 化合物的奈尔（Néel）温度 T_N[31]和相应的 R-R 交换场系数 n_{RR}[9]随不同稀土元素 R 的变化关系。从图 4-23（a）可见，奈尔温度 T_N 随稀土元素的变化规律同德吉尼斯（de Gennes）因子 $G=(g_J-1)^2 J(J+1)$ 变化一致（参见图 4-9）。在 n_{RR} 的计算中，采用了分子式平均体积 0.197nm³/(f.u.)[9]。从图 4-23（b）中可以看出，重稀土元素的 n_{RR} 在 $30\mu_0$ 左右小幅振荡；但轻稀土元素的 n_{RR} 朝着 La 的方向大幅增长。RCu_4Al_8 化合物的 n_{RR} 随稀土元素变化的行为同 RAl_2、RZn 和 RNi_5 的 n_{RR} 变化行为相似，其 n_{RR} 的数值同 RNi_5 的 n_{RR}（$18\mu_0$ 左右）数值比较接近[32]。这种 n_{RR} 随稀土元素变化的行为，可以通过 R^{3+} 离子 4f-5d 电子云重叠加以理解（参见下面 R-T 交换作用部分的讨论）。

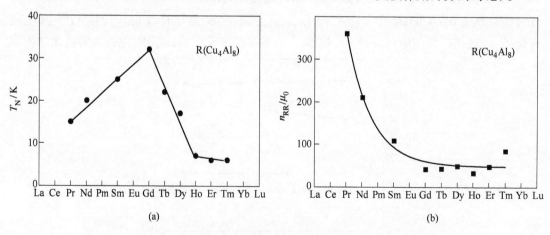

图 4-23　R(Cu_4Al_8) 系列化合物的奈尔（Néel）温度 T_N(a) 和相应的 R-R
交换场系数 n_{RR}（b）随不同稀土元素 R 的变化关系

4.1.4.3　R-T 交换作用

在上面讨论了 T-T 交换作用和 R-R 交换作用的基础上，下面我们研究 R-T 交换作用。

采用式（4-31）计算了 $R_2Fe_{14}B$、R_2Fe_{17}、R_6Fe_{23}、RFe_3、RFe_2 和 RCo_2 金属间化合物的交换场系数 n_{RT}，参见表 4-5[39] 和图 4-24。在计算中，对于 R-Fe 化合物，采用 $\mu_{Fe}=4.0\mu_B$；对于 $R_2Fe_{14}B$ 化合物 Fe 次晶格的居里温度采用 La 和 Lu 化合物居里温度的平均值，对于其他 R-Fe 化合物，其 Fe 次晶格的居里温度采用相同晶体结构的 La-Fe 化合物的居里温度。各种 R-Fe 化合物的 T_R 数值，是通过 R-Ni 化合物推导出的 $n_{RR}=18\mu_0$[32] 计算获得。对于 RCo_2 化合物，当 R 为非磁性元素时 RCo_2 化合物表现为泡利顺磁性，当 R 为磁性元素时 RCo_2 所有化合物的 Co 磁矩为 $1\mu_B$ 左右，所以合理地假设磁化率 $\chi_m=$ 常数，并且 Co 次晶格的交换增强磁化率 $\chi'_{LuCo_2}=1.68\times10^{-3}\mu_0^{-1}$ ［交换增强磁化率定义参见式（4-25）］[39]。

表 4-5　$R_2Fe_{14}B$、R_2Fe_{17}、R_6Fe_{23}、RFe_3、RFe_2 和 RCo_2 金属间化合物-R-T 交换场系数 n_{RT}

R	n_{RT}/μ_0					
	$R_2Fe_{14}B$	R_2Fe_{17}	R_6Fe_{23}	RFe_3	RFe_2	RCo_2
Pr	278	265			305	415
Nd	273	262			285	368
Sm	224	233			315	367
Gd	149	163		177	222	239
Tb	143	163	148	160	206	219
Dy	134	159	132	147	183	202
Ho	130	153	129	131	168	189
Er	127	143	105	135	149	153
Tm	136	106	76	120	77	74

注：数据引自参考文献 [39]，将文献中的数值除以 4π，单位从 $Oecm^3/emu$ 换算成了 μ_0。

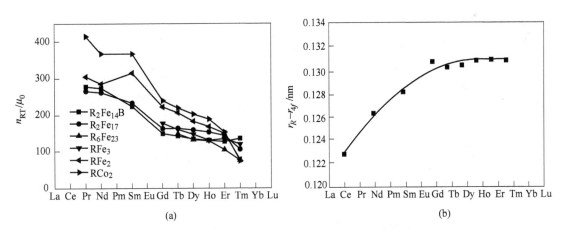

图 4-24　$R_2Fe_{14}B$、R_2Fe_{17}、R_6Fe_{23}、RFe_3、RFe_2 和 RCo_2 金属间化合物的交换场系数 n_{RT}（a）和 $4f$ 和 $5d$ 电子壳层间距 r_R-r_{4f}（b）随不同稀土元素 R 的变化

（数据引自参考文献 [39]，（a）图中将该文献中的数值除以 4π，单位从 $Oecm^3/emu$ 换算成了 μ_0）

下面我们再来看一看具有 $ThMn_{12}$ 晶体结构的 $R(Fe_{12-x}T_x)$（$T=Si$、Al、Ti、V、Cr、Mo、W、Nb 等）化合物的 R-Fe 相互作用情况。对于 $R(Fe_{11}Ti)$ 化合物，Fe 次晶格的磁有序温度采用 $Lu(Fe_{11}Ti)$ 的居里温度 $T_{Fe}=488K$，$\mu_{Fe}=3.7\mu_B$；R 次晶格的磁有序温度采

用 RCu_4Al_8 系列化合物的奈尔温度 T_R，单胞的平均体积 $V = 0.173nm^3$。表 4-6 给出了采用式（4-32）和式（4-30）计算的 $R(Fe_{11}Ti)$ 化合物的 R-Fe 交换作用对居里温度的贡献 T_{RFe} 和交换场系数 n_{RT} 数值[9,80]，同时见图 4-25。采用类似的方法，在计算中，我们同样计算了 $R(Fe_{10}V_2)$ 和 $R(Fe_{11.35}Nb_{0.65})$ 化合物的 R-Fe 交换作用对居里温度的贡献 T_{RFe} 和交换场系数 n_{RT} 数值[9,62]（参见表 4-6 和图 4-25）。作为比较，在表 4-6 中还列出了包含和不包含 R-R 相互作用所对应 n_{RT} 的数值[9]，其中 R = Gd 时二者的相对差异 $\Delta n_{RFe}/n_{RFe}$ 小于 3%。由此说明，在 R-Fe 金属间化合物中，R-R 相互作用是非常小的，往往可以忽略。我们注意到，$R(Fe_{11}Ti)$ 化合物和 $R(Fe_{11.35}Nb_{0.65})$ 化合物的 R-Fe 交换作用对居里温度的贡献 T_{RFe} 和交换场系数 n_{RT} 数值非常接近，也许可以表明在 $R(Fe_{12-x}T_x)$ 中第三添加元素 T = Ti、Nb 等的含量 x 小于 1 后，T 元素的含量对 R-Fe 的交换作用影响不大。

表 4-6 $R(Fe_{11}Ti)$、$R(Fe_{10}V_2)$ 和 $R(Fe_{11.35}Nb_{0.65})$ 金属间化合物 R-Fe 交换场系数 n_{RFe}（包含 R-R 相互作用）和 n'_{RFe}（不包含 R-R 相互作用）[9]　　　　　(μ_0)

化合物	交换场系数	Nd	Sm	Gd	Tb	Dy	Ho	Er	Tm
$R(Fe_{11}Ti)$	n_{RFe}	351	296	178	156	157	163	156	157
	n'_{RFe}	358	303	183	159	159	164	157	158
$R(Fe_{10}V_2)$	n_{RFe}	454	363	198	190	183	196	185	208
	n'_{RFe}	462	371	203	194	186	197	186	209
$R(Fe_{11.35}Nb_{0.65})$	n_{RFe}		292	167	156	157	159	159	
	n'_{RFe}		299	171	160	160	160	160	

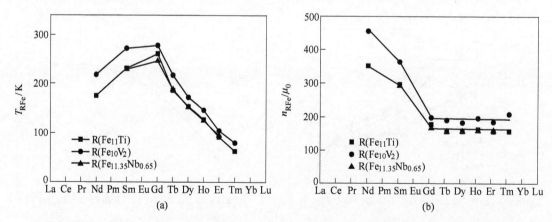

图 4-25　$R(Fe_{11}Ti)$、$R(Fe_{10}V_2)$ 和 $R(Fe_{11.35}Nb_{0.65})$ 金属间化合物 R-Fe 交换作用对居里温度的贡献 T_{RFe}(a) 和交换场系数 n_{RFe}(b)（包含 R-R 相互作用）随不同稀土元素 R 的变化[9]

由图 4-24 和图 4-25 可以看出，所有的 R-T 金属间化合物的交换场系数 n_{RT} 从轻稀土到重稀土的变化趋势相似，重稀土元素的 n_{RT} 数值涨落较小，而轻稀土元素的 n_{RT} 数值朝 La 元素方向大幅度增大，轻稀土元素的 n_{RT} 数值约为重稀土元素 n_{RT} 数值的两倍。这一种同一晶体结构 R-T 化合物 n_{RT} 随不同稀土元素 R 的变化趋势，可以通过 R^{3+} 离子 $4f$-$5d$ 电子云重叠加以理解[39]。R-T 相互作用包含有两种：一是 $5d$ 电子同 $3d$ 电子的直接相互作用，二是

$4f$ 电子通过 $5d$ 电子同 $3d$ 电子的间接相互作用。作为一般的规律，交换作用与间距密切相关（比如我们前面已经讨论过的 Fe-Fe 交换作用）。这样的话，$3d$-$5d$ 相互作用可以认为随间距 $d_1 = d_{RT} - r_{5d} - r_{3d}$ 变化，而 $4f$-$5d$ 相互作用则可以认为随间距 $d_2 = r_{5d} - r_{4f}$ 变化，其中 d_{RT} 是 R 原子同 T 原子的间距，r_{3d}、r_{5d}、r_{4f} 则分别是 $3d$ 电子、$5d$ 电子和 $4f$ 电子的壳层半径。由于 $3d$ 壳层和 $5d$ 壳层为外壳层，我们可以假设 $r_{3d} \approx r_T$ 和 $r_{5d} \approx r_R$，即分别为 T 原子和 R 原子的金属半径；r_{4f} 可以近似为 $[<r_{4f}^2>]^{1/2}$（$<r_{4f}^2>$ 为 R^{3+} 离子 $4f$ 电子半径平方的平均值[64]）。对于密堆积结构的 R-T 金属间化合物，R 原子与 T 原子的间距 $d_{RT} \approx r_{5d} + r_{3d}$，也就意味着对于相同晶体结构但不同稀土元素的同一系列化合物，$3d$ 和 $5d$ 电子壳层的间距 d_1 随 R 的变化实际上可以忽略不计，那么 $3d$-$5d$ 相互作用可以认为几乎不随间距 d_1 变化。另一方面，从 La 至 Lu 系列元素，镧系收缩使 r_{4f} 缩减 30% 左右[64]，而 $r_{5d} \approx r_R$ 缩减仅 5% 左右[38]。这样，总的效果使得 $4f$ 和 $5d$ 电子壳层间距 $d_2 = r_R - r_{4f}$ 随 R 有较大的变化，从 La 至 Lu 增大 10% 左右[39]（参见图 4-25）。这种 $4f$ 电子和 $5d$ 电子壳层间隔增大导致了电子轨道重叠减小，降低了 R 原子内部 $4f$-$5d$ 交换作用，从而使得 R-T 交换场系数 n_{RT} 朝 Lu 方向逐渐变小。该结论也同能带计算结果一致：稀土离子 $4f$ 磁矩和 $5d$ 磁矩的交换积分 $J_{4f\text{-}5d}$ 朝 Lu 元素方向减小，从 $J_{4f\text{-}5d}(\text{Ce}) = 9\text{mRyd}(1420\text{K})$ 到 $J_{4f\text{-}5d}(\text{Yb}) = 6\text{mRyd}(947\text{K})$[37]。

以上讨论表明，稀土过渡族金属间化合物中交换场系数 n_{RT} 和交换场系数 n_{RR} 随 $4f$ 电子的增加（从 La 至 Lu）而减小的现象是由稀土原子 $4f$ 和 $5d$ 电子壳层内禀性质所决定的，因而这种现象应该是稀土过渡族金属间化合物的一个普遍行为。

由图 4-25（a）可以看出，$R(Fe_{11}Ti)$、$R(Fe_{10}V_2)$ 和 $R(Fe_{11.35}Nb_{0.65})$ 金属间化合物 R-Fe 交换作用对居里温度的贡献 T_{RFe} 随不同稀土元素 R 的变化图形，同 RKKY 理论推导的有效交换积分中的德吉尼斯（de Gennes）因子 $G = (g_J - 1)^2 J(J+1)$ 随不同稀土元素 R 的变化图形类似（参见图 4-9），在 Gd 对应的 R-Fe 化合物 T_{RFe} 展现出最大值。

4.2 稀土过渡族金属间化合物的晶场相互作用

晶场相互作用在稀土合金体系的许多物理特性中扮演着非常有意义的角色，比如磁化率、饱和磁化强度、磁晶各向异性、热力学性质、输运性质等。研究稀土过渡族金属间化合物可以帮助我们更好地理解它们丰富的磁性，进而预测何种先进材料具有永磁体的潜在能力。

在前面讨论过渡金属磁性时已经提到，过渡金属原子的外层 s、p 电子作为自由电子，而次外层的 $3d$ 电子同周边环境直接地相互作用，晶场相互作用 H_{cf} 起主导作用，通常会造成 $3d$ 轨道"冻结"或称轨道磁矩"淬灭"（轨道磁矩为零）。因此，在稀土过渡族金属间化合物 R-T 中，晶场相互作用对 T 次晶格的磁晶各向异性贡献较小。对于稀土永磁材料而言，我们所关注的晶场相互作用，主要是对稀土离子的晶场相互作用，因为它是 R-T 化合物磁晶各向异性的主要源泉，因而也是稀土永磁体矫顽力的主要源泉。在本节中，我们主要讨论稀土离子的晶场相互作用。

4.2.1 晶场相互作用的一般表达形式

稀土离子 R^{3+} 电子态的晶场效应，源于非球形 $4f$ 轨道同周围的非球形对称静电场的相

互作用。以一个稀土离子为中心，考虑它的 4f 电子受周边晶位上的原子或离子电荷的库仑（Coulomb）相互作用，我们将受到的这种相互作用等效成一个势场，通常称为晶场（晶体电场）[2]。晶场与晶格的对称性和格点上的离子带电行为相关。以所考虑的稀土离子的原子核为坐标原点，在电荷密度 $\rho(\boldsymbol{R})$（$\boldsymbol{R}$ 的极坐标为 (R, Θ, Φ)）包围中，一个位于 $\boldsymbol{r}_i$（$\boldsymbol{r}_i$ 的角坐标为 (r_i, θ_l, ϕ_i)）的 4f 电子（电荷为 $-|e|$）在晶场电势 $V(\boldsymbol{r}_i) = \dfrac{1}{4\pi\varepsilon_0}\displaystyle\int \dfrac{\rho(\boldsymbol{R})}{|\boldsymbol{r}_i - \boldsymbol{R}|}\mathrm{d}\boldsymbol{R}$ 作用下的库仑相互作用能可表达为

$$W_{\mathrm{c}}(\boldsymbol{r}_i) = -|e|V(\boldsymbol{r}_i) = \frac{-|e|}{4\pi\varepsilon_0}\int\frac{\rho(\boldsymbol{R})}{|\boldsymbol{r}_i - \boldsymbol{R}|}\mathrm{d}\boldsymbol{R} \tag{4-36}$$

如果 $\rho(\boldsymbol{R})$ 全部分布在所考虑的离子的外面，式（4-36）为拉普拉斯（Laplace）方程的一个解，并且可以展开为球谐函数 $Y_{kq}(\theta_l, \phi_i)$ 或者更为方便的归一化球谐函数 $C_k^q(\theta_l, \phi_i)$，二者的关系为

$$C_q^k(\theta_l, \phi_i) = \left(\frac{4\pi}{2k+1}\right)^{1/2}Y_{kq}(\theta_l, \phi_i) \tag{4-37}$$

对于有 w 个 4f 电子的离子，晶场的哈密顿量（Hamiltonian）由下式给出

$$H_{\mathrm{cf}} = \sum_{i=1}^{w}W_{\mathrm{c}}(\boldsymbol{r}_i) = \sum_{i=1}^{w}\sum_{k=0}^{\infty}\sum_{q=-k}^{k}\widetilde{A}_k^q r_i^k C_q^k(\theta_l, \phi_i) \tag{4-38}$$

式中归一化球谐函数 $C_k^q(\theta_l, \phi_i)$ 与第 i 个电子角坐标位置 (θ_l, ϕ_i) 相关，其中

$$\widetilde{A}_k^q = \frac{-|e|}{4\pi\varepsilon_0}\int\frac{\rho(\boldsymbol{R})}{R^{k+1}}C_q^{k*}(\Theta, \Phi)\mathrm{d}\boldsymbol{R} \tag{4-39}$$

式中，$\widetilde{A}_k^q$ 为晶场系数，依赖于晶格结构；$C_q^{k*}(\Theta, \Phi)$ 为 $C_q^k(\Theta, \Phi)$ 的共轭函数。

由于离子（或原子）的电子波函数可以展开为球谐函数，所以晶场哈密顿量基于角动量态 $|lm\rangle$ 的矩阵元可以表达为以下积分形式或者 3-j 符号形式：

$$\langle lm|C_q^k|l'm'\rangle = \left(\frac{4\pi}{2k+1}\right)^{1/2}\int_0^{2\pi}\mathrm{d}\phi\int_0^{\pi}\sin\theta\mathrm{d}\theta Y_{lm}(\theta, \phi)Y_{kq}(\theta, \phi)Y_{l'm'}(\theta, \phi)$$

$$= (-1)^{l-m}\begin{pmatrix} l & k & l' \\ -m & q & m' \end{pmatrix}\langle l\|C^k\|l'\rangle \tag{4-40}$$

式中

$$\langle l\|C^k\|l'\rangle = (-1)^l\left[(2l+1)(2l'+1)\right]^{1/2}\begin{pmatrix} l & k & l' \\ 0 & 0 & 0 \end{pmatrix} \tag{4-41}$$

被称为张量 $\boldsymbol{C}^k$ 的约化矩阵元，相应的 $f(l=3)$ 电子的约化矩阵元数值见表 4-7。

表 4-7 $f(l=3)$ 电子的 C^k 约化矩阵元数值

$\langle 3\|C^0\|3\rangle$	$\langle 3\|C^2\|3\rangle$	$\langle 3\|C^4\|3\rangle$	$\langle 3\|C^6\|3\rangle$
$\sqrt{7}$	$-\left[(2^2\times 7)/(3\times 5)\right]^{1/2}$	$\left[(2\times 7)/11\right]^{1/2}$	$-\left[(2^2\times 5^2\times 7)/(3\times 11\times 13)\right]^{1/2}$

根据 3-j 符号的性质，如果要使式（4-40）不为零，需要满足以下条件[3,40]

$$k = |l-l'|, |l-l'|+2, |l-l'|+4, \cdots, (l+l')-2, (l+l') \tag{4-42}$$

对于 4f 电子，$l=l'$，k 只能取值 0、2、4、6。这是因为角动量 $l=3$ 的电子，当 $k>6$

时，不再具有多极分布。这个最高阶为 6 的上限值，意味着无论环境具有怎样的对称性，更高阶的晶场相互作用项并不影响 4f 电子的轨道状态。所以，对于 $l=3$ 的 4f 电子的晶场相互作用来说，最高阶项为 $k=6$，并且 k 全部为偶数。这就是为什么我们下面在讨论稀土过渡族金属间化合物的磁晶各向异性能时，仅有 $k=2$、4、6 的晶场项对各向异性常数 K_i 有贡献。

另外一个 3-j 符号不为零的条件是 $q=|m-m'|$ 意味着仅有 $|\Delta m|=q$ 角动量态同晶场 $C_q^k(\theta,\phi)$ 分量相关联。

因而 4f 电子的晶场相互作用项是相当有限的，哈密顿量式（4-38）简化为

$$H_{cf} = \sum_{k=0,even}^{6} \sum_{q=-k}^{k} \sum_{i=1}^{w} \widetilde{A}_k^q r_i^k C_q^k(\theta_i,\phi_i) \qquad (4-43)$$

在具体计算中通常 $k=0$（$q=0$）项可以忽略，这是因为它是常数项，对所有的项产生相同的能量变化。

对于实际问题，我们可以采用不同的近似方法来处理式（4-43）的哈密顿量。张量算子方法可以用来处理混合 J 多重态（通常为 J 多重态基态），例如 Sm^{3+} 的情形；Stevens 等效算子方法在处理单一 J 多重态基态情形时非常方便；点电荷近似可以用来估算晶场相互作用，至少可以给出第二阶项（$k=2$）的符号。

4.2.2 Racah 张量算子：混合 J 多重态

在处理含有比基态 J 高的其他 J 多重态时，需要计算晶场哈密顿量作用于不同 J 多重态的矩阵元，通常采用 Racah 张量算子技术[41~43]。

首先我们引进单位不可约张量算子 u^k，

$$u_k^q = C_q^k / < l \| C^k \| l' > \qquad (4-44)$$

它在空间坐标上操作，并且是归一的，即

$$< l \| u^k \| l' > = 1 \qquad (4-45)$$

对于所有满足三角形关系的 l、k 和 l' 成立[44]。

哈密顿量式（4-43）可以写成

$$H_{cf} = \sum_{k=0,even}^{6} \sum_{q=-k}^{k} N_k^q A_k^q < r^k > U_q^k \qquad (4-46)$$

这里 U_q^k 被称为 Racah 张量算子（w 为 4f 电子数），定义如下：

$$U^k = \sum_{i=1}^{w} u^k(i) \qquad (4-47)$$

N_k^q 为归一化因子，由下面公式给出

$$N_k^0 = \kappa_{k0}^{-1} \left(\frac{2k+1}{4\pi} \right)^{1/2} < l \| C^k \| l' >$$

$$N_k^q = \kappa_{kq}^{-1} \left(\frac{2k+1}{4\pi} \right)^{1/2} < l \| C^k \| l' > \qquad (4-48)$$

这里定义的晶场系数 A_k^q 与式（4-38）定义的晶场系数 $\widetilde{A}_k^q$ 的关系为：

$$A_k^0 = \kappa_{k0} \left(\frac{2k+1}{4\pi} \right)^{1/2} \widetilde{A}_k^0$$

$$A_k^q = \sqrt{2}\kappa_{kq}\left(\frac{2k+1}{4\pi}\right)^{1/2}\widetilde{A}_k^q \tag{4-49}$$

式中，常数 κ_{kq} 的数值见表 4-8（参见文献［67］中的 Table-Ⅳ），而 N_k^q 为归一化因子的数值在参考文献［9］、［45］中可以查到。$<r^n>$ 表示 $4f$ 壳层的平均半径，不同 R^{3+} 离子的 $<r^n>$ 数值参见参考文献［46］、［47］、［64］。

表 4-8　式（4-48）和式（4-49）中 κ_{kq} 的常用数值[67]

κ_{20}	$(1/4)(5/\pi)^{1/2}$	κ_{40}	$(3/16)(1/\pi)^{1/2}$	κ_{60}	$(1/32)(13/\pi)^{1/2}$
κ_{22}^{c}	$(1/4)(15/\pi)^{1/2}$	κ_{42}^{c}	$(3/8)(5/\pi)^{1/2}$	κ_{62}^{c}	$(1/64)(2730/\pi)^{1/2}$
		κ_{43}^{c}	$(3/8)(70/\pi)^{1/2}$	κ_{63}^{c}	$(1/32)(2730/\pi)^{1/2}$
		κ_{43}^{s}	$(3/8)(70/\pi)^{1/2}$	κ_{64}^{s}	$(1/32)(13/7\pi)^{1/2}$
		κ_{44}^{c}	$(3/16)(35/\pi)^{1/2}$	κ_{64}^{c}	$(231/64)(26/231\pi)^{1/2}$
		κ_{44}^{s}	$(3/16)(31/\pi)^{1/2}$		

采用不可约张量算子和 Wigner-Eckart 定理[40,43,44]，基于一个具有 w 个 $4f$ 电子的原子或离子的 $|4f^w\alpha, SLJM>$ 态，U_q^k 的矩阵元可以用 3-j 和 6-j 符号来表达：

$$< 4f^w\alpha, SLJM \mid U_q^k \mid 4f^w\alpha, SLJ'M' > = (-1)^{J-M+L+S+J+k}[(2J+1)(2J'+1)]^{1/2}$$

$$\begin{pmatrix} J & k & J' \\ -M & q & M' \end{pmatrix}\begin{Bmatrix} L & L & k \\ J & J' & S \end{Bmatrix}< 4f^w\alpha, L\|U^k\|4f^w\alpha, L > \tag{4-50}$$

大括弧代表 6-j 符号，其数值已被计算列表[48]。最后一项是 Racah 张量算子 U^k 的约化矩阵元，它的数值列表参见参考文献［9］、［45］、［49］。因此，通过使用约化矩阵元、3-j 符号和 6-j 符号，晶场的哈密顿量式（4-46）可以被计算成数值。

4.2.3　Stevens 等效算子：单一 J 多重态

在 U_q^k 的矩阵元表达式（4-50）中，让 $J=J'$，我们就可以将混合 J 多重态简化为单一 J 多重态。但是，作为简化的特殊情况，我们往往采用 Stevens 等效算子来处理[66]。参见 Stevens 1952 年的文章[66] 和 Hutchings 1964 年的文章[67]。Rudowicz 在 1985 年的一篇文章中，对它们的定义和转换性质作了更详细的说明[68]。在本方法中，定义为：

$$\sum_{i=1}^{w} r_i^k Z_{kq}^\alpha(\theta_l, \phi_i) \equiv \kappa_{kq}\sum_{i=1}^{w} f_{kq}^\alpha(x_i, y_i, z_i) = \kappa_{kq}\theta_k < r^k > O_{kq}^\alpha \tag{4-51}$$

其中

$$Z_{k0} \equiv Y_{k0}$$
$$Z_{kq}^c \equiv 1/\sqrt{2}\left[Y_{k-q} + (-1)^q Y_{kq}\right] \qquad (q > 0) \tag{4-52}$$
$$Z_{kq}^s \equiv i/\sqrt{2}\left[Y_{k-q} + (-1)^q Y_{kq}\right]$$

均为实田谐函数（real tesseral harmonics）。由于在式（4-52）中限定了 $q>0$，所以出现了 $\alpha = c$，s 的分类。c 代表余弦（cosine）；s 代表余正弦（sine），相关项仅在低对称性的情况下出现。κ_{kq} 见式（4-48）和式（4-49）。在式（4-51）中，$\theta_k < r^k > O_{kq}^\alpha$ 或 O_{kq}^α 称为 Stevens 等效算子，θ_k 为 Stevens 系数。针对 $4f$ 电子仅关心 $k=2$、4 和 6 的情况，Stevens 系数通常表达为 $\theta_2 = \alpha_J, \theta_4 = \beta_J$ 和 $\theta_6 = \gamma_J$。

哈密顿量式（4-46）可以用 Stevens 等效算子表示为

$$H_{cf} = \sum_{k=0,\text{even}}^{6} \sum_{q=1}^{k} \sum_{\alpha} A_{kq}^{\alpha} \sum_{i=1}^{w} f_{kq}^{\alpha}(x_i, y_i, z_i)$$

$$= \sum_{k=0,\text{even}}^{6} \sum_{q=1}^{k} \sum_{\alpha} \theta_k A_{kq}^{\alpha} <r^k> O_{kq}^{\alpha} \tag{4-53}$$

式中，A_{kq}^{α} 为晶场系数，它仅依赖于晶体结构。通常还表达为

$$H_{cf} = \sum_{k=0,\text{even}}^{6} \sum_{q=1}^{k} \sum_{\alpha} B_{kq}^{\alpha} O_{kq}^{\alpha} \tag{4-54}$$

其中

$$B_{kq}^{\alpha} = \theta_k A_{kq}^{\alpha} <r^k> \tag{4-55}$$

为大家熟知的晶场参数。基于稀土离子 R^{3+} 在晶体中的不同对称性，式（4-53）只有一些项不为零；对称性越高，不为零的项的数目越少。

比较式（4-53）和式（4-46）可以看出，Stevens 等效算子 O_{kq}^{α} 与 Racah 张量算子 $\boldsymbol{U}_q^k$ 的关系为

$$\theta_k O_{k0} = N_k^0 U_0$$
$$\theta_k O_{kq}^c = N_k^q [U_{-q}^k + (-1)^q U_q^k] \tag{4-56}$$
$$\theta_k O_{kq}^s = i N_k^q [U_{-q}^k - (-1)^q U_q^k]$$

采用同样的方式，我们还可以得到式（4-53）中的晶场系数 A_{kq}^{α} 和式（4-46）中 A_k^q 之间的关系式：

$$A_{k0} = A_k^0$$
$$A_{kq}^c = (1/2) [A_k^{-q} + (-1)^q A_q^k] \tag{4-57}$$
$$A_{kq}^s = (1/2i) [A_k^{-q} - (-1)^q A_q^k]$$

O_{kq}^{α}（$\alpha = c, s$）和 θ_k 矩阵元由式（4-50）化简的一般表达式为[9,14]：

$$<J,M| O_{k0} |J,M'> = G_k (-1)^{J-M} \left[\frac{(2J+k+1)!}{(2J-k)!} \right]^{1/2} \begin{pmatrix} J & k & J \\ -M & 0 & M' \end{pmatrix}$$

$$<J,M| O_{kq}^c |J,M'> = G_k (-1)^{J-M} \left[\frac{(2J+k+1)!}{(2J-k)!} \right]^{1/2}$$

$$\left[\begin{pmatrix} J & k & J \\ -M & -q & M' \end{pmatrix} + (-1)^q \begin{pmatrix} J & k & J \\ -M & q & M' \end{pmatrix} \right] (N_k^q / N_k^0)$$

$$<J,M| O_{kq}^s |J,M'> = i G_k (-1)^{J-M} \left[\frac{(2J+k+1)!}{(2J-k)!} \right]^{1/2}$$

$$\left[\begin{pmatrix} J & k & J \\ -M & -q & M' \end{pmatrix} - (-1)^q \begin{pmatrix} J & k & J \\ -M & q & M' \end{pmatrix} \right] (N_k^q / N_k^0)$$

$$\theta_k = G_k^{-1} (-1)^{L+S+J+k} \left[\frac{(2J-k)!}{(2J+k+1)!} \right]^{1/2} (2J+1)$$

$$\begin{Bmatrix} L & L & k \\ J & J' & S \end{Bmatrix} N_k^0 <4f^w \alpha, L| U_q^k |4f^w \alpha, L> \tag{4-58}$$

其中，$G_2 = 1/2$，$G_4 = 1/2$，$G_6 = 1/4$。

Stevens 等效算子方法的精髓在于，采用定义式（4-51），将田谐函数（球谐函数）的展开式用直角坐标表达，然后做角动量算符变换 $x \to J_x$、$y \to J_y$、$z \to J_z$（角动量 J 在直角坐标系中的三个分量）和 $x^2 + y^2 + z^2 = r^2 \to J^2$ 置换。例如，$r^2 Y_{20}$，可以写成 $3z^2 - r^2$，然后表达成 Stevens 等效算子形式 $\alpha_J < r^2 > O_{20} = \alpha_J < r^2 > [3J_z^2 - J(J+1)]$。一些常见的 Stevens 等效算子 O_{kq}^{α} 的表达式参见表 4-9[25,26]。在表中，$J_{\pm} = J_x \pm iJ_y$。$\alpha = c$ 时角标省略，$O_{kq} = O_{kq}^c$。

表 4-9　一些常见的 Stevens 等效算子 O_{kq}^{α} 的角动量表达式[67]　（$J_{\pm} = J_x \pm iJ_y$，$O_{kq} = O_{kq}^c$（$q \neq 0$））

符　号	Stevens 等效算子
O_{20}	$3J_z^2 - J(J+1)$
O_{22}	$\dfrac{1}{2}(J_+^2 + J_-^2)$
O_{40}	$35J_z^4 - 30J(J+1)J_z^2 + 25J_z^2 - 6J(J+1) + 3J^2(J+1)^2$
O_{42}	$\dfrac{1}{4}\{[7J_z^2 - J(J+1) - 5](J_+^2 + J_-^2) + (J_+^2 + J_-^2)[7J_z^2 - J(J+1) - 5]\}$
O_{43}	$\dfrac{1}{4}[J_z(J_+^3 + J_-^3) + (J_+^3 + J_-^3)J_z]$
O_{43}^s	$\dfrac{1}{4}[J_z(J_+^3 - J_-^3) + (J_+^3 - J_-^3)J_z]$
O_{44}	$\dfrac{1}{2}(J_+^4 + J_-^4)$
O_{44}^s	$\dfrac{1}{2}(J_+^4 - J_-^4)$
O_{60}	$231J_z^6 - 315J(J+1)J_z^4 + 735J_z^4 + 105J^2(J+1)^2J_z^2 - 525J(J+1)J_z^2 + 294J_z^2 - 5J^3(J+1)^3 + 40J^2(J+1)^2 - 60J(J+1)$
O_6^2	$\dfrac{1}{4}\{\{33J_z^4 - [18J(J+1) + 123]J_z^2 + J^2(J+1)^2 + 10J(J+1) + 102\}(J_+^2 + J_-^2) + (J_+^2 + J_-^2)(33J_z^4 - etc)\}$
O_6^3	$\dfrac{1}{4}\{[11J_z^3 - 3J(J+1)J_z - 59J_z](J_+^3 + J_-^3) + (J_+^3 + J_-^3)[11J_z^3 - 3J(J+1)J_z - 59J_z]\}$
O_6^4	$\dfrac{1}{4}\{[11J_z^2 - J(J+1) - 38](J_+^4 + J_-^4) + (J_+^4 + J_-^4)[11J_z^2 - J(J+1) - 38]\}$
O_6^6	$\dfrac{1}{2}(J_+^6 + J_-^6)$

不同 R^{3+} 稀土离子的 Stevens 系数 θ_k（$\theta_2 = \alpha_J$，$\theta_4 = \beta_J$ 和 $\theta_6 = \gamma_J$）见表 4-10[25,26]。

对于矩阵元 $< J, M | O_{kq}^{\alpha} | J, M' >$ 的数值计算，式（4-58）给出源于张量算符的一般计算方法。对于单一 J 多重态，采用 Stevens 等效算子直接计算更为简便。Hutchings[67] 对 R^{3+} 的矩阵元 $< J, M | O_{kq}^{\alpha} | J, M' >$ 的数值进行了列表。

在哈密顿量式（4-53）中，仅晶场系数 A_{kq}^{α} 依赖于晶体结构，其他量只与稀土离子 $4f$ 电子相关。表 4-11 中列出了 θ_k（$\theta_2 = \alpha_J$，$\theta_4 = \beta_J$ 和 $\theta_6 = \gamma_J$）和 $\theta_k < r^k > O_{kq}^{\alpha}$ 数值。

表 4-10 R^{3+} 稀土离子 θ_k ($\theta_2 = \alpha_J$, $\theta_4 = \beta_J$ 和 $\theta_6 = \gamma_J$) 的数值

θ_k	Ce^{3+} $4f^{1\,2}F_{5/2}$	Pr^{3+} $4f^{2\,3}H_4$	Nd^{3+} $4f^{3\,4}I_{9/2}$	Pm^{3+} $4f^{4\,5}I_4$	Sm^{3+} $4f^{5\,6}H_{5/2}$	Tb^{3+} $4f^{8\,7}F_6$
$g_J = \langle J\|A\|J\rangle$	$\dfrac{6}{7}$	$\dfrac{4}{5}$	$\dfrac{8}{11}$	$\dfrac{3}{5}$	$\dfrac{2}{7}$	$\dfrac{3}{2}$
$\alpha_J = \langle J\|\alpha\|J\rangle$	$\dfrac{-2}{5\cdot 7}$	$\dfrac{-2^2\cdot 13}{3^2\cdot 5^2\cdot 11}$	$\dfrac{-7}{3^2\cdot 11^2}$	$\dfrac{2\cdot 7}{3\cdot 5\cdot 11^2}$	$\dfrac{13}{3^2\cdot 5\cdot 7}$	$\dfrac{-1}{3^2\cdot 11}$
$\beta_J = \langle J\|\beta\|J\rangle$	$\dfrac{2}{3^2\cdot 5\cdot 7}$	$\dfrac{-2^2}{3^2\cdot 5\cdot 11^2}$	$\dfrac{-2^3\cdot 17}{3^3\cdot 11^3\cdot 13}$	$\dfrac{2^3\cdot 7\cdot 17}{3^3\cdot 5\cdot 11^3\cdot 13}$	$\dfrac{2\cdot 13}{3^3\cdot 5\cdot 7\cdot 11}$	$\dfrac{2}{3^3\cdot 5\cdot 11^2}$
$\gamma_J = \langle J\|\gamma\|J\rangle$	0	$\dfrac{2^4\cdot 17}{3^4\cdot 5\cdot 7\cdot 11^2\cdot 13}$	$\dfrac{-5\cdot 17\cdot 19}{3^3\cdot 7\cdot 11^3\cdot 13^2}$	$\dfrac{2^3\cdot 17\cdot 19}{3^3\cdot 7\cdot 11^2\cdot 13^2}$	0	$\dfrac{-1}{3^4\cdot 7\cdot 11^2\cdot 13}$

θ_k	Dy^{3+} $4f^{9\,6}H_{15/2}$	Ho^{3+} $4f^{10\,5}I_8$	Er^{3+} $4f^{11\,4}I_{15/2}$	Tm^{3+} $4f^{12\,3}H_6$	Yb^{3+} $4f^{13\,2}F_{7/2}$
$g_J = \langle J\|A\|J\rangle$	$\dfrac{4}{3}$	$\dfrac{5}{4}$	$\dfrac{6}{5}$	$\dfrac{7}{6}$	$\dfrac{8}{7}$
$\alpha_J = \langle J\|\alpha\|J\rangle$	$\dfrac{-2}{3^2\cdot 5\cdot 7}$	$\dfrac{-1}{2\cdot 3^2\cdot 5^2}$	$\dfrac{2^2}{3^2\cdot 5^2\cdot 7}$	$\dfrac{1}{3^2\cdot 11}$	$\dfrac{2}{3^2\cdot 7}$
$\beta_J = \langle J\|\beta\|J\rangle$	$\dfrac{-2^3}{3^3\cdot 5\cdot 7\cdot 11\cdot 13}$	$\dfrac{-1}{2\cdot 3\cdot 5\cdot 7\cdot 11\cdot 13}$	$\dfrac{2}{3^2\cdot 5\cdot 7\cdot 11\cdot 13}$	$\dfrac{2^3}{3^4\cdot 5\cdot 11^2}$	$\dfrac{-2}{3\cdot 5\cdot 7\cdot 11}$
$\gamma_J = \langle J\|\gamma\|J\rangle$	$\dfrac{2^2}{3^3\cdot 7\cdot 11^2\cdot 13^2}$	$\dfrac{-5}{3^3\cdot 7\cdot 11^2\cdot 13^2}$	$\dfrac{2^3}{3^3\cdot 7\cdot 11^2\cdot 13^2}$	$\dfrac{-5}{3^4\cdot 7\cdot 11^2\cdot 13}$	$\dfrac{2^2}{3^3\cdot 7\cdot 11\cdot 13}$

表 4-11 R^{3+} 稀土离子 θ_k ($\theta_2 = \alpha_J$, $\theta_4 = \beta_J$ 和 $\theta_6 = \gamma_J$) 和 $\theta_k <r^k> O_{kq}^\alpha$ 的数值[9,14]

R^{3+}	$4f^n$	$^{2S+1}L_J$	S	L	J	g_J	$g_J J$	$\alpha_J \times 10^2$	$\beta_J \times 10^4$	$\gamma_J \times 10^6$	$\alpha_J <r^2>$ O_{20}	$\beta_J <r^4>$ O_{40}	$\gamma_J <r^6>$ O_{60}	γ
Ce	1	$^2F_{5/2}$	1/2	3	5/2	6/7	2.143	−5.714	63.49	0	−0.748	1.51	0	−1/3
Pr	2	$^3H_4$	1	5	4	4/5	3.2	−2.101	−7.346	60.99	−0.713	−2.121	5.893	−1/2
Nd	3	$^4I_{9/2}$	3/2	6	9/2	8/11	3.273	−0.643	−2.922	−37.99	−0.258	−1.281	−8.633	−3/4
Sm	5	$^6H_{5/2}$	5/2	5	5/2	2/7	0.714	4.127	25.01	—	0.398	0.339	0	−5
		$^6H_{7/2}$	7/2		7/2	52/63	2.889	1.651	−2.021	152.5	0.334	−0.192	2.027	−11/26
Eu	6	$^7F_1$	3	3	1	3/2	1.5	−20	0	0	−0.184	0	0	2/3
Tb	8	$^7F_6$	3	3	6	3/2	9	−1.01	1.224	−1.121	−0.548	1.201	−1.278	2/3
Dy	9	$^6H_{15/2}$	5/2	5	15/2	4/3	10	−0.635	−0.592	1.035	−0.521	−1.459	5.639	1/2
Ho	10	$^5I_8$	2	6	8	5/4	10	−0.222	−0.333	−1.294	−0.199	−1.003	−10.03	2/3
Er	11	$^4I_{15/2}$	3/2	6	15/2	6/5	9	0.254	0.444	2.07	0.19	0.924	8.981	1/3
Tm	12	$^3H_6$	1	5	6	7/6	7	1.01	1.633	−5.606	0.454	1.138	−4.047	2/7
Yb	13	$^2F_{7/2}$	1/2	3	7/2	8/7	4	3.175	−17.32	148	0.435	−0.792	0.733	1/4

注：$4f$ 壳层的平均半径 $<r^k>$ 参见参考文献 [64]，$\gamma = 2(g_J - 1)/g_J$。

4.2.4 点电荷近似

如果假设作用于稀土离子 $4f$ 电子的周围电荷完全位于晶格的格点上，则电荷密度函

数可以采用 δ（delta）函数来表述：

$$\rho(\boldsymbol{R}) = Q(\boldsymbol{R}_j)\delta(\boldsymbol{R} - \boldsymbol{R}_j) \tag{4-59}$$

代入式（4-39），我们得到

$$\widehat{A}_k^q = \frac{-|e|}{4\pi\,\varepsilon_0}\sum_j \frac{Q_j}{R_j^{k+1}}C_q^{k*}(\Theta_j, \Phi_j) \tag{4-60}$$

其中 $Q_j = Q(\boldsymbol{R}_j)$ 是位于第 j 个格点上的电荷，j 求和包括所有被考虑的稀土离子周围的格点。我们可以根据具体问题的需要来考虑求和的最大半径 R_{max}，可以是最近邻到 20 个原子层。原子电荷的数值可以采用半经验方法来估算[50~52]。

4.2.5　交换与晶场模型

在稀土（R）过渡族金属（T）间化合物中，将上面讨论过的过渡族金属 T 次晶格的磁性、稀土 R 次晶格的磁性、R 和 T 次晶格之间的交换相互作用，以及稀土 R 次晶格的晶场相互作用相结合来共同描述整个 R-T 化合物的磁性状态，我们称之为交换和晶场模型。该模型已经成功地用于对 $Nd_2Fe_{14}B$ 结构金属间化合物磁结构的诠释[53~57]和对 $ThMn_{12}$ 结构金属间化合物磁结构的诠释[9,58,59]。T 次晶格磁化强度为 M_T，R^{3+} 离子的磁矩为 $\boldsymbol{\mu}_R = -g_J\mu_B\boldsymbol{J}$，R 次晶格磁化强度为 $M_R = N_R\boldsymbol{\mu}_R = -g_J N_R\mu_B\boldsymbol{J}$（参见 4.1.4 节）。

对于 T 次晶格，为在外加磁场 $\boldsymbol{B}_0 = \mu_0\boldsymbol{H}$ 的作用下，其能量可表达为

$$\begin{aligned} E^T &= E_a^T - (\boldsymbol{B}_{TR}^{ex} + \boldsymbol{B}_0)\cdot\boldsymbol{M}_T \\ &= K_1^T\sin^2\theta - (-\gamma n_{TR}\boldsymbol{M}_R + \boldsymbol{B}_0)\cdot\boldsymbol{M}_T \end{aligned} \tag{4-61}$$

其中 $E_a^T = K_1^T\sin^2\theta$（参见 4.3 节）为 T 次晶格的磁晶各向异性能，$\boldsymbol{B}_{TR}^{ex} = -\gamma n_{TR}\boldsymbol{M}_R[\gamma = 2(g_J - 1)/g_J]$ 为作用在 T 次晶格上的交换场（参见 4.1.4 节），交换场系数反映 T 次晶格和 R 次晶格之间的交换作用强度。

对于 R 次晶格，在外加磁场 $\boldsymbol{B}_0 = \mu_0\boldsymbol{H}$ 作用下，第 i 个晶格点上 R^{3+} 离子的哈密顿量可表达为

$$H^R(i) = H_{cf}(i) - (\boldsymbol{B}_{RT}^{ex} + \boldsymbol{B}_0)\cdot\boldsymbol{\mu}_R \tag{4-62}$$

其中 $\boldsymbol{B}_{RT}^{ex} = -\gamma n_{RT}\boldsymbol{M}_T$ 为作用在 R 次晶格上的交换场。这里，我们忽略了 R-R 的相互作用的贡献。对于单一 J 多重态（基态），H_{cf} 可以用 Stevens 等效算子形式表示（参见 4.2.3 节）。

例如，对于具有 $ThMn_{12}$ 结构 R-T（R ≠ Sm）金属间化合物，R 格点的对称性为 $4/mmm$，以 [001]（c 轴）为 z 轴和 [100] 为 x 轴，第 i 个晶格点上 R^{3+} 离子的晶场哈密顿量 H_{cf} 比较简单，可表达为

$$H_{cf}(i) = B_{20}(i)O_{20} + B_{40}(i)O_{40} + B_{44}(i)O_{44} + B_{60}(i)O_{60} + B_{64}(i)O_{64} \tag{4-63}$$

其中对所有项 $\alpha = c$。

对于 R = Sm，通常需要考虑基态和激发态的混合，所以第 i 个晶格点上 Sm^{3+} 离子的哈密顿量 H_{cf} 必须写成一般形式：

$$H^R(i) = H_{cf}(i) + \lambda\boldsymbol{L}\cdot\boldsymbol{S} + 2\mu_B\boldsymbol{S}\cdot\boldsymbol{B}_{SmT}^{ex} + \mu_B(\boldsymbol{L} + 2\boldsymbol{S})\cdot\boldsymbol{B}_0 \tag{4-64}$$

其中 $\boldsymbol{B}_{SmT}^{ex} = -n_{SmFe}\boldsymbol{M}_T$ 为作用在 Sm 次晶格上的交换场。对于 $ThMn_{12}$ 结构，Sm^{3+} 离子的晶场哈密顿量 H_{cf} 需要采用 Racah 张量算子形式：

$$H_{cf}(i) = N_2^0 A_2^0(i) < r^2 > U_0^2 + N_4^0 A_4^0(i) < r^4 > U_0^4 + N_4^4 A_4^4(i) < r^4 > (U_4^4 + U_{-4}^4) +$$
$$N_6^0 A_6^0(i) < r^6 > U_0^6 + N_6^4 A_6^4(i) < r^6 > (U_4^6 + U_{-4}^6) \tag{4-65}$$

在给定的温度 T 和外加磁场 $\boldsymbol{B}_0 = \mu_0 \boldsymbol{H}$ 下，R-T 金属间化合物（R≠Sm）的磁结构由方程（4-61）确定；Sm-T 金属间化合物的磁结构将由方程（4-64）确定。

设若在 R-T 金属间化合物中有 m 个不等价（对称性不同）的 R 晶位，则自由能 F^R 对 m 个 R 求和，包含所有晶位 R^{3+} 的贡献。T 次晶格和 R 次晶格单位体积的总能量为

$$E_{total} = E^T + (N_R/m) \sum_{i=1}^{m} F^R(i) - E^{ex} \tag{4-66}$$

我们通过求解 E_{total} 的极小值，由此确定相关的物理参数和最终的磁结构状态。上式中 N_R 为单位体积中 R 原子的个数。在式（4-66）中，E^T 为 T 次晶格的能量，$E^{ex} = -\gamma n_{RFe} \boldsymbol{M}_T \cdot \boldsymbol{M}_R$ 为 T 次晶格同 R 次晶格之间的交换作用能，在上式中扣除是为了避免重复计算（在 E^T 和 F^R 中均含有此项，但 T 次晶格同 R 次晶格之间的交换作用只应该考虑一次）。$F^R(i)$ 为第 i 个晶格点上 R^{3+} 离子的自由能

$$F^R(i) = -k_B T \ln Z_R(i) \tag{4-67}$$

其中 Z_R 为 R 次晶格的配分函数，

$$Z_R(i) = \sum_n \exp[-E_n^R(i)/(kT)]$$
$$(n = 1, 2, \cdots, 2J+1) \tag{4-68}$$

对于单一 J 多重态（基态），我们可以将矩阵元为 $< JM | \boldsymbol{H}^R(i) | JM >$ 的 $(2J+1) \times (2J+1)$ 矩阵对角化，可以求得本征值 E_n 和本征态 $| \Gamma_n >$：

$$\boldsymbol{H}^R(i) | \Gamma_n > = E_n(i) | \Gamma_n >$$
$$| \Gamma_n > = \sum_{M=-J}^{J} | JM > C_{JM}^n \tag{4-69}$$

对于 Sm-T 金属间化合物，需要考虑 J 混合态情形，上式中的 J 求和中还需增加激发态，需要将更大的矩阵对角化。

在一定温度 T 和外加磁场 $\boldsymbol{B}_0 = \mu_0 \boldsymbol{H}$ 下的 R-T 金属间化合物的磁化强度为 T 次晶格的磁化强度和 R 次晶格的磁化强度之和，其表达式为

$$\boldsymbol{M}(T) = \boldsymbol{M}_T(T) + \boldsymbol{M}_R(T)$$
$$= \boldsymbol{M}_T(T) - \partial[(N_R/m) \sum_{i=1}^{m} F^R(i)]/\partial \boldsymbol{B}_0$$
$$= \boldsymbol{M}_T(T) - (N_R/m) \sum_{i=1}^{m} \sum_n < \Gamma_n | \boldsymbol{\mu}_R(i) | \Gamma_n > \exp[-E_n^R(i)/(kT)]/Z_R(i)$$
$$= \boldsymbol{M}_T(T) - (N_R/m) \sum_{i=1}^{m} \sum_n < \Gamma_n | \boldsymbol{\mu}_R(i) | \Gamma_n > \exp[-E_n^R(i)/(kT)]/$$
$$\sum_n \exp[-E_n^R(i)/(kT)] \tag{4-70}$$

如果忽略对称性不同对的 R^{3+} 离子磁矩的影响，引入 $\boldsymbol{M}_R = N_R \boldsymbol{\mu}_R$，则上式可简化为

$$\boldsymbol{M}(T) = \boldsymbol{M}_T(T) - \sum_n < \Gamma_n | \boldsymbol{M}_R | \Gamma_n > \exp[-E_n^R/(kT)]/\sum_n \exp[-E_n^R/(kT)] \tag{4-71}$$

为了有效应用交换和晶场模型，针对同一种晶体结构的化合物，可以通过非磁性稀土化合物（如 Y-T、La-T 和 Lu-T）获得 T 次晶格的饱和磁化强度 $M_T(T)$ 和磁晶各向异性常数 $K_1^T(T)$ 的实验数据；同时，通过所研究对象化合物的单晶体获得在不同温度下沿不同晶轴方向的磁化曲线（$M_R(T)$ 的实验数据）。引入一组晶场参数 $\{B_{kq}^\alpha\}$ 和交换场系数 n_{RT}，直接使用 $M_{Fe}(T)$ 和 $K_1^{Fe}(T)$ 的实验值，求解方程（4-61）、方程（4-62）和方程（4-71）以获得 $M_R(T)$ 和 $M(T)$ 的计算值，并同实验值比较，同时满足方程（4-66）总能量 E_{total} 极小的条件。通过多次迭代计算，最终确定一组 $\{B_{kq}^\alpha, n_{RT}\}$，使得计算值和实验值最接近。

4.3　稀土过渡族金属间化合物的磁晶各向异性

4.3.1　磁晶各向异性一般描述

对于稀土永磁体，其主相的磁晶各向异性场对内禀矫顽力有着至关重要的贡献。磁晶各向异性起源于自旋轨道耦合和在具有非球对称性电场（即晶场）环境下轨道电子的库仑相互作用。海森堡交换耦合虽然可以成功解释铁磁体的许多性质，但不能帮助我们解释磁晶各向异性，因为交换耦合只依赖相邻自旋的相对取向，而与它们同晶轴的取向无关。Bloch 和 Gentile 在 1931 年首先提出了自旋-轨道耦合与轨道-晶体的静电耦合相关联，提供了磁晶各向异性起源的解释[60]。唯象而言，磁晶各向异性能 E_a 可以表示成各向异性常数 K_i 和磁化强度矢量同晶轴的角度的三角函数的幂级数[2]。

对于以 c 轴为对称轴的单轴体系，如果不考虑垂直于 c 轴的平面内的各向异性，磁晶各向异性能 E_a 表示为

$$E_a = \sum_i K_i \sin^{2i}\theta = K_1 \sin^2\theta + K_2 \sin^4\theta + K_3 \sin^6\theta + \cdots \tag{4-72}$$

式中，θ 为磁化强度矢量同 c 轴的夹角；K_i 为第 $2i$ 级磁晶各向异性常数。当 E_a 在 $\theta = 0°$ 为极小值时，表示磁化强度矢量沿 c 轴，此时我们称 c 轴为易磁化轴（简称易轴）；当 E_a 在 $\theta = 90°$ 为极小值时，表示磁化强度矢量位于 c 平面内的某个晶轴方向，此时我们称 c 平面为易磁化面（简称易面），而 c 轴此时则变为难磁化轴（简称难轴）。当 E_a 在 $0° < \theta < 90°$ 的某一特定 θ 角为极小值时，则磁化强度矢量位于以 c 轴为中心轴、顶角为 2θ 的圆锥面内的某个方向，此时我们称该锥面为易磁化锥面（简称易锥面）。

在讨论 R-T 系统磁晶各向异性时，我们通常采用双晶格模型来处理磁晶各向异性，即 R-T 系统总的磁晶各向异性可化为 R 次晶格的磁晶各向异性和 T 次晶格的磁晶各向异性的叠加。在 R-T 系统中，通常我们只考虑 K_1，K_2 和 K_3。对于 T 次晶格，一般只考虑 K_1^T 的贡献（高于 $2i > 4$ 阶的对称性不影响 $3d$ 电子的轨道状态）；而对于 R 次晶格，只考虑 K_1^R，K_2^R 和 K_3^R 的贡献（高于 $2i > 6$ 阶的对称性不影响 $4f$ 电子的轨道状态，参见 4.2.1 节）（下面 4.3.2 节和 4.3.3 节将分别讨论）。此时，在 K_i 满足不同条件下，磁化强度矢量的方向存在如下三种情况：

$$\theta = 0°，\text{易磁化方向沿 } c \text{ 轴，如果 } K_1 + K_2 + K_3 > 0，K_1 > 0 \tag{4-73}$$
$$\theta = 90°，\text{易磁化方向垂直于 } c \text{ 轴，如果 } K_1 + K_2 + K_3 < 0，\text{且 } K_1 + 2K_2 + 3K_3 < 0$$

$$\tag{4-74}$$

或其他情况时：

$$\sin^2\theta = [-K_2 \pm (K_2^2 - 3K_1K_3)^{1/2}]/3K_3$$

或
$$\sin^2\theta = -K_1/2K_2 \quad (K_3 = 0) \tag{4-75}$$

在外加磁场 $\boldsymbol{H}$ 的作用下，R-T 系统的自由能为两部分之和，一部分是磁晶各向异性能，另一部分是自发磁化强度 $\boldsymbol{M}_s$ 同外加磁场 H 的相互作用能，即

$$
\begin{aligned}
F &= E_a - \mu_0 \boldsymbol{H} \cdot \boldsymbol{M}_s \\
&= K_1 \sin^2\theta + K_2 \sin^4\theta + K_3 \sin^6\theta - \mu_0 \boldsymbol{H} \cdot \boldsymbol{M}_s
\end{aligned} \tag{4-76}
$$

对于 c 轴为易磁化轴系统，在外加磁场 H 垂直于 c 轴时，有 $F = E_a - \mu_0 H M_s \sin\theta$ [H 与 $\boldsymbol{M}_s$ 的夹角为 $(90° - \theta)$]。当 $H = H_a$ 时，$\boldsymbol{M}_s$ 从沿 c 轴方向（$\theta = 0°$）转到 H 方向（$\theta = 90°$），求解 $\mathrm{d}F/\mathrm{d}\theta = 0$，如下关系式成立：

$$H_a = \frac{2(K_1 + 2K_2 + 3K_3)}{\mu_0 M_s} \tag{4-77}$$

对于 c 平面为易磁化面系统，外加磁场 H 沿 c 轴时，$F = E_a - \mu_0 H M_s \cos\theta$（$H$ 与 $\boldsymbol{M}_s$ 的夹角为 θ），当 $H = H_a$ 时，$\boldsymbol{M}_s$ 从垂直于 c 轴方向（$\theta = 90°$）转到沿 $\boldsymbol{H}$ 方向（$\theta = 0°$），求解 $\mathrm{d}F/\mathrm{d}\theta = 0$，如下关系式成立：

$$H_a = \frac{2K_1}{\mu_0 M_S} \tag{4-78}$$

在这里，我们称 H_a 为该系统的磁晶各向异性场。它可以通过单晶或取向的多晶样品在易磁化方向和难磁化方向的磁化曲线推导出。

对于单轴（c 轴）各向异性的 R-T 金属间化合物，通常 R 次晶格在垂直于 c 轴（以 c 轴为法线）的平面内存在各向异性。下面我们以四方体系（如 $Nd_2Fe_{14}B$ 结构和 $ThMn_{12}$ 结构）化合物为例，在讨论自发磁化强度与 c 轴关系的同时也考虑垂直于 c 轴的平面内的各向异性。设 c 轴为 z 轴（$[001]$ 方向），a 轴为 x 轴（$[100]$ 方向），b 轴为 $[110]$ 方向，则自发磁化强度 $\boldsymbol{M}_s$ 与 c 轴夹角为 θ，与 a 轴的夹角为 φ，磁晶各向异性能 E_a 表示为：

$$E_a = E_a^T + E_a^R = (K_1^T + K_1^R)\sin^2\theta + (K_2^R + K_2'^R\cos4\varphi)\sin^4\theta + (K_3^R + K_3'^R\cos4\varphi)\sin^6\theta \tag{4-79}$$

通过前面类似的分析不难发现，在含有 c 轴平面内（仅考虑与 θ 的关系），磁晶各向异性与 K_1^T、$K_i^R(i = 1, 2, 3)$ 和 $K_i'^R(i = 2, 3)$ 均有关系；然而在垂直于 c 轴平面 $[(001)$ 平面] 内，磁晶各向异性仅与 $K_i'^R(i = 2, 3)$ 有关系。K_1^T、K_i^R 和 $K_i'^R$ 的混合效应给出自发磁化强度 $\boldsymbol{M}_s$ 偏离 c 轴的夹角，$K_i'^R$ 则决定 $\boldsymbol{M}_s$ 在 (001) 平面与 a 轴的角度关系。通过求式 $(4-79)$ 的极小值，我们可以得到下列结果[62]：

(1) 当 $K_1^T + K_1^R + K_2^R + K_3^R - |K_2'^R + K_3'^R| > 0$ 和 $K_1^T + K_1^R > 0$ 时，
则 $\theta = 0°$
$$\tag{4-80}$$

(2) 当 $(K_1^T + K_1^R) + (K_2^R + K_2'^R) + (K_3^R + K_3'^R) < 0$
$$(K_1^T + K_1^R) + 2(K_2^R + K_2'^R) + 3(K_3^R + K_3'^R) < 0 \text{ 和 } K_3^R + K_3'^R < 0 \text{ 时}$$
则 $\theta = 90°$，$\varphi = 0°$
$$\tag{4-81}$$

(3) 当 $(K_1^T + K_1^R) + (K_2^R - K_2'^R) + (K_3^R - K_3'^R) < 0$
$$(K_1^T + K_1^R) + 2(K_2^R - K_2'^R) + 3(K_3^R - K_3'^R) < 0 \text{ 和 } K_3^R + K_3'^R > 0 \text{ 时}$$

则 $\theta = 90°$，$\varphi = 45°$ (4-82)

（4）其他情况

$$\sin^2\theta = \{ -(K_2^R + K_2'^R\cos4\varphi) \pm [(K_2^R + K_2'^R\cos4\varphi)^2 - 3(K_1^T + K_1^R)$$
$$(K_3^R + K_3'^R\cos4\varphi)]^{1/2} \}/3(K_3^R + K_3'^R\cos4\varphi) \text{ 和}$$

如果 $K_2'^R + K_3'^R\sin^2\theta < 0$，则 $\varphi = 0°$，或

如果 $K_2'^R + K_3'^R\sin^2\theta > 0$，则 $\varphi = 45°$ (4-83)

（5）或者

当 $K_2'^R + K_3'^R\sin^2\theta = 0$，则

$$\sin^2\theta = \{ -K_2^R \pm [(K_2^R)^2 - 3(K_1^T + K_1^R)K_3^R]^{1/2} \}/3K_3^R$$ (4-84)

对于单轴各向异性的四方体系（如 $Nd_2Fe_{14}B$ 结构和 $ThMn_{12}$ 结构）R-T 金属间化合物，当同时考虑 c 轴和垂直于 c 轴的平面内的各向异性时，对于易 c 轴的多晶取向样品，磁晶各向异性场式（4-77）保持不变；而对于易 c 轴的单晶体，磁晶各向异性场式（4-77）将改写为：

$$H_a = 2[(K_1^T + K_1^R) + 2(K_2^R + K_2'^R) + 3(K_3^R + K_3'^R)]/\mu_0 M_s \qquad (\varphi = 0°) \qquad (4-85)$$

$$H_a = 2[(K_1^T + K_1^R) + 2(K_2^R - K_2'^R) + 3(K_3^R - K_3'^R)]/\mu_0 M_s \qquad (\varphi = 45°) \qquad (4-86)$$

对于易平面的多晶取向样品或易平面的单晶体，磁晶各向异性场式（4-78）保持不变。

4.3.2 过渡族金属次晶格的磁晶各向异性

由于很强的晶场相互作用造成的轨道淬灭，$3d$ 电子几乎没有轨道磁矩，通常过渡族金属的磁晶各向异性场较小。但是，有时候自旋轨道耦合项 $\lambda L \cdot S$ 微扰也能产生出令人吃惊的各向异性，例如 YCo_5 室温下的磁晶各向异性场 $H_a = 10.3MA/m$（130kOe）（$K_1 = 5.5MJ/m^3$）[7,63]，这个强磁晶各向异性场完全来自于 Co 次晶格。通常我们选择在 Y-T、La-T 或 Lu-T 的金属间化合物来获得 T 次晶格的磁性，因为此时 Y^{3+}、La^{3+} 和 Lu^{3+} 的磁矩为零，呈现非磁性，对 R-T 金属间化合物的磁性没有贡献。除磁晶各向异性外，我们还可获得 T 次晶格的交换作用（由 T_c 反映）和饱和磁化强度。

在 R-T 的单轴体系中，T 次晶格的磁晶各向异性能通常表示为

$$E_a^T = K_1^T\sin^2\theta$$ (4-87)

与前面的推导类似，我们有 T 次晶格的磁晶各向异性场

$$H_a^T = \frac{2K_1^T}{\mu_0 M_s^T}$$ (4-88)

其中 K_1^T 为 T 次晶格的磁晶各向异性常数；M_s^T 为 T 次晶格的饱和磁化强度。一般情况下，K_1^T 足以描述 T 次晶格的磁晶各向异性行为。

4.3.3 稀土次晶格的磁晶各向异性

图 4-26 是 R^{3+} 稀土离子的 $4f$ 电子云图[7,70]。可以看出，这些电子云可以按旋转对称轴（z 轴）和 x-y 平面上的分布密度不同分为三类，第一类扁鼓型（Ce、Pr、Nd、Tb、

Dy、Ho）（图4-26左侧部分），第二类长椭球型（Pm、Sm、Er、Tm、Yb）（图4-26中间部分），还有第三类球形（Gd、Lu）（图4-26右侧部分）。

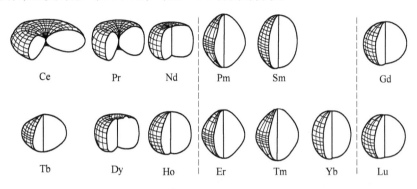

图4-26 R^{3+}稀土离子的$4f$电子云图

由于第一类扁鼓型（Ce、Pr、Nd、Tb、Dy、Ho）和第二类椭球型（Pm、Sm、Er、Tm、Yb）$4f$电子的非球形轨道，在非球对称晶场的相互作用下具有很强的各向异性，导致稀土离子磁矩也表现出很强的各向异性，并通过$4f$-$3d$耦合影响过渡族金属离子的磁矩，所以稀土离子对R-T金属间化合物的磁晶各向异性有很大的贡献。

对于R-T金属间化合物，对于单一J多重态（即基态J），稀土离子的晶场哈密顿量H_{cf}通常采用Stevens等效算子表示。一般性的讨论，参见4.2节。H_{cf}的表达形式与R-T金属间化合物晶体结构的对称性密切相关。对称性破缺越大，磁晶各向异性越大，表达形式越简单；反之，对称性破缺越小，磁晶各向异性越小，表达形式越复杂。下面是一些常见的R-T金属间化合物中R^{3+}离子的晶场哈密顿量H_{cf}表达式：

点对称mm（如$Nd_2Fe_{14}B$结构），

$$H_{cf} = B_{20}O_{20} + B_{22}^s O_{22}^s + B_{40}O_{40} + B_{42}^s O_{42}^s + B_{44}^s O_{44}^s + B_{60}O_{60} + B_{62}^s O_{62}^s + B_{64}^c O_{64}^c + B_{66}^s O_{66}^s$$

(4-89)

点对称$4/mmm$（如$ThMn_{12}$结构），

$$H_{cf} = B_{20}O_{20} + B_{40}O_{40} + B_{44}O_{44} + B_{60}O_{60} + B_{64}O_{64}$$

(4-90)

点对称$6/mmm$或$\bar{6}m2$（如$CaCu_5$和Th_2Ni_{17}结构），

$$H_{cf} = B_{20}O_{20} + B_{40}O_{40} + B_{60}O_{60} + B_{64}O_{64}$$

(4-91)

点对称$3m$（如Th_2Zn_{17}结构），

$$H_{cf} = B_{20}O_{20} + B_{40}O_{40} + B_{43}O_{43} + B_{60}O_{60} + B_{63}O_{63} + B_{66}O_{66}$$

(4-92)

式中，$B_{kq}^\alpha = \theta_k A_{kq}^\alpha <r^k>$为晶场参数（$A_{kq}^\alpha$称为晶场系数），$O_{kq}^\alpha$为Stevens等效算子，并且$B_{kq}^\alpha O_{kq} = O_{kq}^c B_{kq}^c$（$q \neq 0$）。详细讨论参见4.2.3节。

对于$Nd_2Fe_{14}B$结构（参见第3章），R有两个晶位$4f$和$4g$，所以它有18个晶场参数B_{kq}^α（或A_{kq}^α），但是考虑到一些简并情况，18个晶场参数可以减少到12个[53]。

在R-T的单轴体系中，R次晶格的磁晶各向异性能表达如下（这里考虑了垂直于单轴的平面内的各向异性）：

四方体系，如$Nd_2Fe_{14}B$结构和$ThMn_{12}$结构

$$E_a^R = K_1^R \sin^2\theta + [K_2^R + K_2'^R \cos4\varphi]\sin^4\theta + [K_3^R + K_3'^R \cos4\varphi]\sin^6\theta \tag{4-93}$$

六方体系，如 $CaCu_5$ 结构和 Th_2Ni_{17} 结构

$$E_a^R = K_1^R \sin^2\theta + K_2^R \sin^4\theta + [K_3^R + K_3'^R \cos6\varphi]\sin^6\theta \tag{4-94}$$

斜方体系，如 Th_2Zn_{17} 结构

$$E_a^R = K_1^R \sin^2\theta + K_2^R \sin^4\theta + [K_3^R + K_3'^R \cos6\varphi]\sin^6\theta +$$
$$K_2'^R \sin^3\theta\cos\varphi\cos3\varphi + K_3''^R \sin^5\theta\cos\varphi\cos3\varphi \tag{4-95}$$

式中 φ 和 θ 为磁化强度矢量极性角，参照系中 x 轴平行于 [100] 和 z 轴平行于 [001]。唯象宏观的磁晶各向异性常数 K_i 和量子微观的晶场参数 B_{kq} 之间的关系可以由晶场项的旋转对称操作获得[68]。

例如，对于四方晶系，如 $Nd_2Fe_{14}B$ 结构和 $ThMn_{12}$ 结构，R^{3+} 离子的各向异性常数 K_i^R 可以由晶场参数 B_{kq} 表达为：

$$K_1^R = -[(3/2)B_{20} <O_{20}> + 5B_{40} <O_{40}> + (21/2)B_{60} <O_{60}>] \tag{4-96a}$$

$$K_2^R = (7/8)(5B_{40} <O_{40}> + 27B_{60} <O_{60}>) \tag{4-96b}$$

$$K_2'^R = (1/8)(B_{44} <O_{40}> + 5B_{64} <O_{60}>) \tag{4-96c}$$

$$K_3^R = (-231/16)B_{60} <O_{60}> \tag{4-96d}$$

$$K_3'^R = (-11/16)B_{64} <O_{60}> \tag{4-96e}$$

对于六方晶系，如 $CaCu_5$ 结构和 Th_2Ni_{17} 结构，式 (4-96) 调整如下：

$$K_1^R = -[(3/2)B_{20} <O_{20}> + 5B_{40} <O_{40}> O + (21/2)B_{60} <O_{60}> O_{60}] \tag{4-97a}$$

$$K_2^R = (7/8)(5B_{40} <O_{40}> + 27B_{60} <O_{60}>) \tag{4-97b}$$

$$K_3^R = (-231/16)B_{60} <O_{60}> \tag{4-97c}$$

$$K_3'^R = (1/16)B_{66} <O_{60}> \tag{4-97d}$$

对于斜方体系，如 Th_2Zn_{17} 结构，式 (4-96) 调整如下：

$$K_1^R = -[(3/2)B_{20} <O_{20}> + 5B_{40} <O_{40}> O + (21/2)B_{60} <O_{60}> O_{60}] \tag{4-98a}$$

$$K_2^R = (7/8)(5B_{40} <O_{40}> + 27B_{60} <O_{60}>) \tag{4-98b}$$

$$K_2'^R = (1/8)B_{43} <O_{40}> + (1/2)B_{63} <O_{60}> \tag{4-98c}$$

$$K_3^R = (-231/16)B_{60} <O_{60}> \tag{4-98d}$$

$$K_3'^R = (1/16)B_{66} <O_{60}> \tag{4-98e}$$

$$K_3''^R = (-11/16)B_{63} <O_{60}> \tag{4-98f}$$

在上面不同对称性的关系式中，K_1^R、K_2^R 和 K_3^R 的表达式均相同；在一定温度下，$<O_{kq}>$ 为 Stevens 等效算子矩阵元的热平均值。

磁晶各向异性常数 K_i 决定了稀土次晶格的易磁化方向，而 K_i 又取决于 $B_{kq}^\alpha = \theta_k <r^k> A_{kg}^\alpha$，其中晶场系数 A_{kg}^α 反映晶场对 R^{3+} 离子的作用，只与晶体结构有关；$\theta_k <r^k>$ 则与 R^{3+} 离子的 $4f$ 电子云分布相关联。

设若 c 轴为易磁化轴，则 R 次晶格的磁晶各向异性场为（不考虑垂直于单轴的平面内的各向异性）：

$$H_a^R = 2(K_1^R + 2K_2^R + 3K_3^R)/\mu_0 M_s^R \tag{4-99}$$

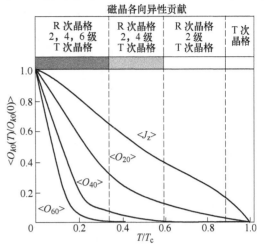

对于稀土过渡族金属间化合物 R-T 系统，在 0 K ~ T_c 的磁有序温度区间，磁晶各向异性可分为 4 个阶段（见图 4-27）[7]。T 次晶格的磁晶各向异性贯穿整个温度区间，其强度随着温度增高而逐步衰减。而 R 次晶格的磁晶各向异性情况则很不一样，随着温度增高而衰减很快，且以高级项的快速衰减为特征：在低温段，$<O_{20}>$、$<O_{40}>$ 和 $<O_{60}>$ 三项均有贡献；在中低温段，$<O_{20}>$ 和 $<O_{40}>$ 两项有贡献；在中高温段，仅 $<O_{20}>$ 项有贡献；到高温段，R 次晶格的磁晶各向异性消失。在低温段，$<O_{k0}(T)>$ 同 R 次晶格磁化强度 $M_R(T)$ 随温度 T 的变化有如下近似关系[70]

图 4-27　稀土过渡族金属间化合物 R-T 系统磁晶各向异性随温度的变化示意图

（图中 O_{k0}（T）曲线是 Er(Fe$_{11}$Ti) 的计算结果）

$$< O_{k0}(T) > / < O_{k0}(0) > = [M_R(T)/M_R(0)]^\alpha = \sigma_R(T)^\alpha \tag{4-100}$$

其中 $\sigma_R(T) = M_R(T)/M_R(0)$ 为 R 次晶格约化磁化强度，$\alpha = k(k+1)/2$。随着温度 T 的增高，仅与 J_z 分量相关的 $<O_{n0}(T)>$（参见表 4-9）快速衰减；在同一个温度 T' 下，第二级、第四级和第六级的降幅比例为 $\sigma_R(T')^3: \sigma_R(T')^{10}: \sigma_R(T')^{21}$。

在室温下，稀土次晶格的各向异性通常主要由第二级项起作用。从式（4-96）、式（4-97）和式（4-98）得知，不同类型晶体结构的稀土离子 K_1^R 表达形式相同。在处理具体的晶场相互作用问题时，我们有时候还会就考虑稀土价电子对 4f 电子造成的屏蔽效应，此时稀土次晶格的二级磁晶各向异性常数 K_1^R 表达形式为[71]：

$$K_1^R = (-3/2)\alpha_J < r^2 > A_{20} < O_{20} > N_R(1 - \sigma_2) \tag{4-101}$$

其中，σ_2 为屏蔽常数；N_R 为单位体积的稀土原子数。

由此可以看到，在决定 R-T 金属间化合物是否具有单轴各向异性中，稀土离子的二级 Stevens 系数 α_J 和稀土晶位的二级晶场系数 A_{20} 扮演着重要角色，仅当该两系数的符号相反时才能满足单轴各向异性所要求的 $K_1 > 0$。于是，对第一类扁鼓型（Ce、Pr、Nd、Tb、Dy、Ho）所有的 R^{3+} 离子，因 $\alpha_J < 0$（参见表 4-5 或表 4-11），我们可以推断，仅当该类稀土晶位的二级晶场系数 $A_{20} > 0$ 时，R-T 金属间化合物才可能具有单轴各向异性；而对第二类长椭球型（Pm、Sm、Er、Tm、Yb）所有的 R^{3+} 离子，因 $\alpha_J > 0$，仅当该类稀土晶位的二级晶场系数 $A_{20} < 0$ 时，R-T 金属间化合物才可能具有单轴各向异性。显然，在同一种稀土过渡族金属间化合物中，由于稀土晶位的二级晶场系数相同，并且第一类与第二类稀土的二级 Stevens 系数的符号相反，所以第一类稀土与第二类稀土次晶格的磁晶各向异性行为正好相反。稀土次晶格各向异性总结如下：

$A_{20} > 0$：Ce、Pr、Nd、Tb、Dy、Ho 次晶格，单轴各向异性（$\alpha_J < 0$，$K_1^R > 0$）；

　　　　　　Pm、Sm、Er、Tm、Yb 次晶格，平面各向异性（$\alpha_J > 0$，$K_1^R < 0$）。

$A_{20} < 0$：Pm、Sm、Er、Tm、Yb 次晶格，单轴各向异性（$\alpha_J > 0$，$K_1^R > 0$）；

Ce、Pr、Nd、Tb、Dy、Ho 次晶格，平面各向异性（$\alpha_J < 0$，$K_1^R < 0$）。

表 4-12 给出了一些典型稀土过渡族金属间化合物的结构、二级 Stevens 系数 α_J、稀土晶位的二级晶场系数 A_{20}，以及稀土次晶格和过渡族金属次晶格的易磁化方向 EMD（Easy Magnetization Direction）。详细的晶场相互作用和磁晶各向异性的讨论参见 4.4 节。

表 4-12　一些稀土过渡族金属间化合物的结构、稀土的二级 Stevens 系数 α_J、稀土晶位的
二级晶场系数 A_{20}（对于 Sm^{3+}，$A_2^0 = A_{20}$），稀土（R）次晶格和
过渡族金属（T）次晶格的室温易磁化方向 EMD

化合物	晶体结构	$\alpha_J \times 10^{-4}$	A_{20}/Ka_0^{-2}	EMD		参考文献
				$4f$	$3d$	
$SmCo_5$	$CaCu_5$	$+412.7$	-169	$// c$	$// c$	[93]
Sm_2Co_{17}	Th_2Ni_{17}	$+412.7$	-113	$// c$	$\perp c$	[100]
$Nd_2Fe_{14}B$	$Nd_2Fe_{14}B$	-64.3	$+304, +308$	$// c$	$// c$	[53]
$Nd_2Co_{14}B$	$Nd_2Fe_{14}B$	-64.3	$+348$	$// c$	$\perp c$	[77]、[78]
$Sm(Fe_{11}Ti)$	$ThMn_{12}$	$+412.7$	-132	$// c$	$// c$	[9]、[86]
$Nd(Fe_{11}Ti)N_{1-\delta}$	$ThMn_{12}$	-64.3	$+170$	$// c$	$// c$	[125]
$Sm_2Fe_{17}N_{3-\delta}$	Th_2Zn_{17}	$+412.7$	-160	$// c$	$\perp c$	[122]
$Sm_3(Fe,Ti)_{29}N_4$	$Nd_3(Fe,Ti)_{29}$	$+412.7$	$-184, -187$	$// c$	$\perp c$	[129]

对于单轴各向异性的 R-T 金属间化合物，在室温下忽略第四级、第六级磁晶各向异性项的贡献，磁晶各向异性场 H_a 可将式（4-77）简化为：

$$H_a = 2K_1/\mu_0 M_s \tag{4-102}$$

其中 $K_1 = K_1^T + K_1^R$ 为 R-T 金属间化合物室温下二级磁晶各向异性常数，$\mu_0 M_s$ 为 R-T 金属间化合物室温下饱和磁极化强度。

4.4　晶场相互作用与磁晶各向异性的典型实例

在前面两节中，我们分别讨论了稀土过渡族金属间化合物的晶场相互作用与磁晶各向异性。可以看出，在稀土过渡族金属间化合物中，R^{3+} 离子与晶场相互作用是磁晶各向异性的源泉。在本节中，我们将采用前面讨论过的交换和晶场模型（参见 4.2.5 节），结合稀土过渡族金属间化合物单晶体在不同温度下沿不同晶轴方向的磁化曲线、自旋重取向（Spin Reorientation Transition）[12~14,20] 和一级磁化异动（First-Order Magnetization Process，即 FOMP）[61,133,134]，来讨论稀土过渡族金属间化合物的晶场相互作用与磁晶各向异性行为。

4.4.1　RCo_5

自第一代稀土永磁材料 $SmCo_5$ 被发现以来，多年来许多研究者对 RCo_5 化合物的磁晶各向异性进行了研究[88~94]，我们下面的讨论主要以参考文献 [93]、[94] 为主要线索。由于 R-R 相互作用比 R-Co 相互作用要弱很多，故在此忽略。

首先从实验数据入手。根据交换和晶场模型，我们首先要获得 Co 次晶格的磁性参数，以及它们随温度的变化情况。首先，让我们通过 YCo₅ 金属间化合物来获得 Co 次晶格的磁性。在4.3.2 节中，我们已经提到由于自旋轨道 $\lambda \boldsymbol{L} \cdot \boldsymbol{S}$ 的微扰，YCo₅ 具有令人吃惊的磁晶各向异性。图4-28 给出了 YCo₅ 单晶体在 4.2K、150K 和 300K 沿 c 轴方向和垂直于 c 轴的磁化曲线[63]。该测量在开路状态进行，测量数据未进行退磁因子修正。

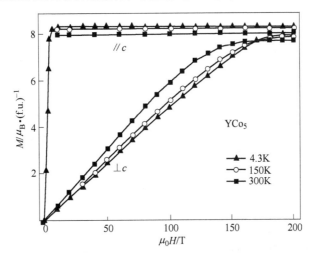

图 4-28   YCo₅ 单晶体在 4.2K、150K 和 300K 沿 c 轴方向和垂直于 c 轴的磁化曲线[63]

根据不同温度下 YCo₅ 单晶体磁化曲线，可以得到 Co 次晶格的基本磁性数据自发磁化强度 M_{Co}^{S} 和磁晶各向异性常数 K_1^{Co} 和 K_2^{Co} 随温度的变化值。值得注意的是，Co 次晶格的交换作用场 B_{RCo}^{ex} 和磁化强度 M_{Co} 是各向异性的，可以表达为[63,91~93]：

$$B_{RCo}^{ex}(\theta_{Co}) = B_{RCo}^{ex}(1 - p'\sin^2\theta_{Co})$$
$$M_{Co}(\theta_{Co}) = M_{Co}^{S}(1 - p\sin^2\theta_{Co}) \tag{4-103}$$

式中，$p = (M_{Co}^{//} - M_{Co}^{\perp})/M_{Co}^{S}$ 为磁化强度各向异性常数；$M_{Co}^{//}$ 为平行于 c 轴方向磁化强度测量值；$M_{Co}^{\perp}$ 为垂直于 c 轴方向磁化强度测量值；M_{Co}^{S} 为饱和磁化强度；p' 为 Co 次晶格交换场各向异性常数；θ_{Co} 是磁化强度 $\boldsymbol{M}_{Co}$ 与 c 轴的夹角。图4-29[63] 给出了 YCo₅ 的自发磁化强度 M_{Co}^{S} 及其各向异性常数 p 随温度的变化，文献 [91]、[92] 则估算了 p'。在温度为 0K 附近时，$M_{Co}^{S}(0K) = 8.3\mu_B/(f.u.)(\mu_0 M_{Co}^{S}(0K) = 1.16T)$，Co 原子平均磁矩 $\mu_{Co} = 1.66\mu_B$，$p(0K) = 0.037, p'(0K) = 0.025$；在温度为 300K 时，$M_{Co}^{S}(300K) = 8.0\mu_B/(f.u.)(\mu_0 M_{Co}^{S}(300K) = 1.12T)$，Co 原子平均磁矩 $\mu_{Co} = 1.60\mu_B$，$p(300K) = 0.040$，$p'(300K) = 0.020$。可见 p、p' 和 M_{Co}^{S} 随温度的变化都较小。

为了获得较为准确的磁晶各向异性常数 K_1^{Co} 和 K_2^{Co} 的数值，可采用 Sucksmith-Thompson 方法[95]，这里用来分析 YCo₅ 的表达式为[63,96]：

$$H/M_{Co}^{mes} = 2K_1^{Co}/(M_{Co}^{S})^2 + N_d + 4K_1^{Co}/(M_{Co}^{S})^4(K_2^{Co}/K_1^{Co} + 2p)(M_{Co}^{mes})^2 \tag{4-104}$$

式中，H 为外加磁场；M_{Co}^{mes} 为沿磁场方向磁化强度的测量值；N_d 为退磁因子。通过 H/M_{Co}^{mes}-$(M_{Co}^{mes})^2$ 曲线中直线部分的截距可以获得 K_1^{Co}，直线部分的斜率可以获得 K_2^{Co}[96]。图4-30 给出了 YCo₅ 的磁晶各向异性常数 K_1^{Co} 和 K_2^{Co} 随温度的变化[63]。在 0~300K 温度区间，K_1^{Co} 为正，

K_2^{Co} 为负；前者的绝对值随温度的增加而减小，而后者的绝对值随温度的增加而增大。在 4.2K 时，$K_1^{Co} = 7.38 \mathrm{MJ/m^3}$，$K_2^{Co} = -0.155 \mathrm{MJ/m^3}$，$|K_2^{Co}|/|K_1^{Co}| = 2\%$；但在 300K 时，$|K_2^{Co}|/|K_1^{Co}| = 7\%$，因此，在较高温度下二阶各向异性常数 K_2^{Co} 的影响不可忽略。

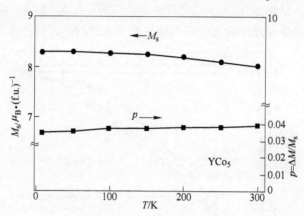

图 4-29　YCo_5 自发磁化强度 M_{Co}^s 及其各向异性常数 p 随温度的变化[63]

基于上面 Co 次晶格磁性数据，可采用交换和晶场模型来分析 RCo_5 的磁性行为。在外加磁场 $B_0 = \mu_0 H$ 作用下，Co 次晶格的能量为 [参见式 (4-61)]：

$$E^{Co} = E_a^{Co} - E^{ex} + B_0 \cdot M_{Co}$$
$$= K_1^{Co}\sin^2\theta - 2n_{CoR}\mu_B S \cdot M_{Co} +$$
$$\mu_0 H \cdot M_{Co} \qquad (4\text{-}105)$$

金属间化合物 RCo_5 的结构为 $CaCu_5$（参见 3.2 节），空间群 $P6/mmm$，R 晶位的点对称性为 D_{6h}，以 c 轴为 z 轴，以 a 轴为 x 轴，R^{3+} 离子的哈密顿量写成 [参见式 (4-64)]：

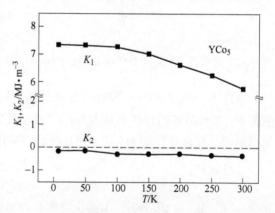

图 4-30　YCo_5 磁晶各向异性常数 K_1^{Co} 和 K_2^{Co} 随温度的变化[63]

$$H^R = H_{cf} + \lambda L \cdot S + 2\mu_B S \cdot B_{RCo}^{ex} + \mu_B(L + 2S) \cdot B_0 \qquad (4\text{-}106)$$

其中，$B_{RCo}^{ex} = -n_{RCo}M_{Co}$ 为作用在 R 次晶格上的交换场。R^{3+} 离子的晶场哈密顿量 H_{cf} 写成 Racah 张量算子形式：

$$H_{cf} = \sum_{k=2,4,6} N_k^0 A_k^0 < r^k > U_0^k + N_6^6 A_6^6 < r^6 > (U_6^6 + U_{-6}^6) \qquad (4\text{-}107)$$

Co 次晶格和 R 次晶格单位体积的总能量为 [参见式 (4-66)]

$$E_{total} = E^{Co} + F^R - E^{ex}$$
$$= K_1^{Co}\sin^2\theta - \mu_0 H \cdot M_{Co} + F^R$$
$$= K_1^{Co}\sin^2\theta - \mu_0 H \cdot M_{Co} - k_B T \ln Z_R \qquad (4\text{-}108)$$

其中，$F^R = -k_B T \ln Z_R$ 为 R^{3+} 离子的自由能；Z_R 为 R 次晶格的配分函数，

$$Z_R = \sum_n \exp[-E_n^R/(kT)]$$

$$（ n = 1,2,\cdots,\sum_{J}（2J + 1）） \tag{4-109}$$

我们将矩阵元为 $< JM \mid H^{R} \mid JM >$ 的 $\sum_{J}（2J + 1）\times \sum_{J}（2J + 1）$ 矩阵对角化,可以求得本征值 E_n 和本征态 $\mid \Gamma_n >$:

$$H^{R} \mid \Gamma_n > = E_n \mid \Gamma_n >$$

$$\mid \Gamma_n > = \sum_{J}\sum_{M = -J}^{J} \mid JM > C_{JM}^{n} \tag{4-110}$$

在对角化时,对于重稀土离子只考虑单一基态 J 多重态;对 Pr^{3+} 和 Nd^{3+} 离子,考虑基态和第一激发态 J 多重态,并且自旋轨道耦合参数 $\lambda（Pr^{3+}）= 610K$ 和 $\lambda（Nd^{3+}）= 536K$;对 Sm^{3+} 离子,考虑基态和两个最低的激发态 J 多重态,并且 $\lambda（Sm^{3+}）= 410K$[93,97]。

化合物 RCo_5 在温度 T 下的磁化强度为

$$\begin{aligned} \boldsymbol{M}（T） &= \boldsymbol{M}_{Co}（T） + \boldsymbol{M}_{R}（T）\\ &= \boldsymbol{M}_{Co}（T） - \sum_{n} < \Gamma_n \mid \boldsymbol{M}_{R} \mid \Gamma_n > \exp[- E_n^{R}/（kT）]/\sum_{n} \exp[- E_n^{R}/（kT）] \end{aligned}$$

$$\tag{4-111}$$

其中

$$\boldsymbol{M}_{R} = 2N_{R}\mu_{B}（\boldsymbol{L} + 2\boldsymbol{S}） \tag{4-112}$$

引入一组晶场参数 $\{A_k^q\}$ 和交换场 B_{RCo}^{ex},直接使用 $M_{Fe}（T）$ 和 $K_1^{Fe}（T）$ 的实验值,求解方程(4-68)、方程(4-106)和方程(4-111)以获得 $\boldsymbol{M}_{R}（T）$ 和 $\boldsymbol{M}（T）$ 的计算值,并同 $\boldsymbol{M}（T）$ 的实验值比较拟合,同时满足方程(4-108)总能量 E_{total} 极小的条件。由于 Y_2Co_5 和 RCo_5 二者的居里温度不同,均采用 T/T_c 进行定标。通过对 RCo_5 的 M-H 曲线、M-T 曲线的拟合(见图4-31~图4-33),同时磁结构的计算结果同实验结果一致(图4-34),获得了一组交换场和晶场系数 $\{2\mu_B B_{RCo}^{ex}, A_k^q\}$ (见表4-13)[93] (注意参考文献[93]中的晶场系数 $（\hat{A}_k^q）$ 定义不同,根据4.2.2 节式(4-49)进行换算:$A_k^0 = \kappa_{k0}[4\pi/（2k + 1）]^{1/2}\hat{A}_k^0/< r^k >$,$A_6^6 = 2^{1/2}\kappa_{60}[4\pi/（2\times6 + 1）]^{1/2}\hat{A}_6^6/< r^6 >$,$\kappa_{k0}$ 数值参见表4-8,R^{3+} 4f 壳层的平均半径 $< r^n >$ 参见文献[64])。交换场 $2\mu_B B_{RCo}^{ex}$ 从 $PrCo_5$ 的1300K 至 $ErCo_5$ 的210K,

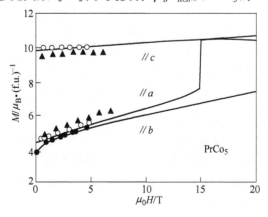

图4-31 在温度4.2K时,$PrCo_5$ 沿 a,b,c 轴的磁化曲线[93]
(散点为实验数据(实心点和空心点取自于不同的文献),实线为拟合曲线)

逐渐变小，变化趋势同其他 R-T 化合物中交换场系数 n_{RT} 变化趋势一致[9,39,62,80]。PrCo$_5$ 化合物的 $|A_2^0|$ 很小，与其他 RCo$_5$ 化合物的 $|A_2^0|$ 相比偏离较大。

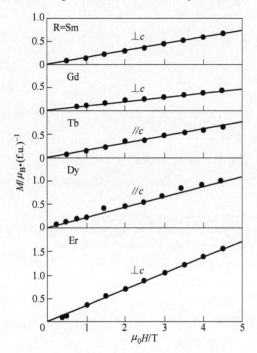

图 4-32　在温度 4.2K 时，RCo$_5$ 的磁化曲线[93]

（Sm、Gd 和 Er 化合物，垂直于 c 轴方向磁化；

Tb 和 Dy 化合物，平行于 c 轴方向磁化，

散点为实验数据，实线为拟合曲线）

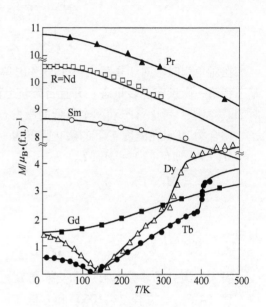

图 4-33　RCo$_5$（Pr、Nd、Sm、Gd、Tb、Dy）

自发磁化强度随温度的变化[93]

（散点为实验数据，实线为拟合曲线）

从图 4-31 可以看出，PrCo$_5$ 化合物处于温度 4.2K 时，在垂直于 c 轴的平面内磁晶各向异性较小（沿 a 轴和 b 轴方向磁化曲线差异小），其自发磁化强度偏离 c 轴（从实验曲线估算，偏离角 θ_c = <M_s, c> = 21°~25°）。理论计算显示，在外场 H 达到 150kOe 时，沿 a 轴方向的磁化曲线发生一级磁化异动（First-Order Magnetization Process，FOMP）[61,134]，自发磁化强度 M_s 从靠近 c 轴的一个方向（<M_s, c> = 21°~25°）跳跃到靠近 a 轴的另一个方向（<M_s, a> = 21°~25°）。而 FOMP 的发生，则是由在外加磁场时系统的总能量式（4-108）决定。简单的物理图像是，总能量在易锥面与 a 轴之间存在位垒，当沿 a 轴方向的外加磁场增大到 $\mu_0 H = \mu_0 H_{cr}$ 时，出现位垒穿透，自发磁化强度 M_s 方向出现跳跃，发生一级磁化异动（FOMP）。如果 M_s 跳跃到 $\mu_0 H$ 方向（饱和磁化），称为第一类一级磁化异动（Type Ⅰ FOMP）；如果 M_s 跳跃后同 $\mu_0 H$ 方向不同（非饱和磁化），称为第二类一级磁化异动（Type Ⅱ FOMP）。PrCo$_5$ 化合物发生的 FOMP 属于 Type Ⅱ FOMP。

对于 SmCo$_5$ 化合物，Sm^{3+} 离子的磁矩计算值为 $0.35\mu_B$（T = 4.2K）和 $0.05\mu_B$（T = 300K）[93]，同实验值 $0.38\mu_B$（T = 4.2K）和 $0.04\mu_B$（T = 300K）很接近[98]（注意，参见表 4-4，Sm^{3+} 离子的基态 J = 5/2 的磁矩为 $0.84\mu_B$）。赵铁松等人[93]的拟合值 $2\mu_B B_{RCo}^{ex} = 440K$ 和 $A_2^0 = -169K/a_0^2$，同他们以前其他研究者的结果比较，交换场数值比较接近，但晶场系

数有一些差别，如 Buschow[99]等人的结果（$2\mu_B B_{RCo}^{ex} = 440K$ 和 $A_2^0 = -92.1K/a_0^2$），Sankar 等人[89]的结果（$2\mu_B B_{RCo}^{ex} = 480K$ 和 $A_2^0 = -431K/a_0^2$）和 Givord 等人[98]的结果（$2\mu_B B_{RCo}^{ex} = 350K$ 和 $A_2^0 = -205K/a_0^2$）（注意，在这些文献中晶场系数的定义不尽相同，参见4.2节的定义进行换算）。

表 4-13　RCo₅ 系列的交换场 $2\mu_B B_{RCo}^{ex}$ 和 R³⁺ 离子的晶场

系数 A_k^q（单位为 K/a_0^k），同时列出了 M_{Co} 和 K_1^{Co}[93]

R^{3+}	$2\mu_B B_{RCo}^{ex}$ /K	A_2^0 /K·a_0^{-2}	A_4^0 /K·a_0^{-4}	A_6^0 /K·a_0^{-6}	A_6^6 /K·a_0^{-6}	M_{Co} /μ_B·(f.u.)$^{-1}$	K_1^{Co} /K·(f.u.)$^{-1}$
Pr	1300	10	-3	0.82	-29.7	7.7	45
Nd	750	-458	0	0.48	5.94	7.7	45
Sm	440	-169	-3	0	0	8.33	45
Gd	290	0	0	0	0	8.55	45
Tb	265	-207	-18	0	0	8.75	44
Dy	235	-271	4	0	0	8.92	42
Ho	220	-413	-24	-0.35	0	9.24	37
Er	210	-246	-10	0	0	9.86	30

从表 4-13 可以看出，在 RCo₅ 化合物中，除 Pr³⁺ 的 $A_2^0 > 0$ 和 Gd³⁺ 的 $A_2^0 = 0$ 外，其他所有 R³⁺ 离子的 A_2^0 均为负值，同 Nd₂Fe₁₄B 结构的化合物中 R³⁺ 离子的 A_2^0 均为正值相反。因此，在室温下 R = Pr($\alpha_J < 0$) 和 R = Sm、Er($\alpha_J > 0$) 的 RCo₅ 化合物为单轴各向异性（参见 4.3.3 节讨论），其他 $\alpha_J < 0$ 的 RCo₅（R = Pr、Nd、Tb、Dy、Ho）化合物则表现出复杂的磁结构，当温度 T 变化到 T_{sr} 临界温度时，自发磁化强度的空间方向发生偏离，从一个空间取向转变到另外一个空间取向，这种现象被称为自旋重取向（Spin Reorientation Transition）[9,11,12]。采用表 4-13 中的交换场和晶场系数，拟合 RCo₅（Pr、Nd、Tb、Dy、Ho）自发磁化强度同 c 轴的夹角 θ_c 随温度的变化，计算值和实验值符合较好，参见表 4-14 和图 4-34[93]。对于 PrCo₅ 而言，室温为单轴易磁化的；但当温度 $T < T_{sr1} = 106K$ 时，易磁化方向转变为锥面；当 T = 4.2K 时，自发磁化强度与 c 轴的夹角计算值 $\theta_c^{cal} = 23.8°$。对于 NdCo₅，当温度 $T < T_{sr2}^{cal} = 237K$ 时，易磁化为垂直于 c 轴的平面（$\theta_c^{cal} = 90°$）；当温度 $T > T_{sr1}^{cal} = 282K$ 时，易磁化方向沿 c 轴方向（$\theta_c^{cal} = 0°$）；当温度 $T_{sr2}^{cal} < T < T_{sr1}^{cal}$ 时，易磁化为锥面。对于 TbCo₅，当温度 $T < T_{sr2}^{cal} = 294K$ 时，易磁化为垂直于 c 轴的平面（$\theta_c^{cal} = 90°$）；当温度 $T > T_{sr1}^{cal} = 412K$ 时，易磁化方向为 c 轴（$\theta_c^{cal} = 0°$）；当温度 $T_{sr2}^{cal} < T < T_{sr1}^{cal}$ 时，易磁化方向位于以 c 轴为对称轴的锥面内。对于 DyCo₅，当温度 $T < T_{sr2}^{cal} = 310K$ 时，易磁化方向位于垂直于 c 轴的平面（$\theta_c^{cal} = 90°$）；当温度 $T > T_{sr1}^{cal} = 361K$ 时，易磁化方向沿 c 轴（$\theta_c^{cal} = 0°$）；当温度 $T_{sr2}^{cal} < T < T_{sr1}^{cal}$ 时，易磁化方向位于锥面内。对于 HoCo₅，当温度 $T < T_{sr1}^{cal} = 183K$ 时，易磁化为锥面；当 T = 4.2K 时，自发磁化强度与 c 轴的夹角计算值 $\theta_c^{cal} = 80.4°$。图 4-35 给出了根据实验值绘出的 RCo₅ 磁结构随温度的变化[93]。

表 4-14　RCo$_5$（R = Pr、Nd、Tb、Dy、Ho）**自旋重取向温度的实验值**（T_{sr1}^{exp}、T_{sr2}^{exp}）**和计算值**（T_{sr1}^{cal}、T_{sr2}^{cal}）[93]　　　　　　　（K）

R	T_{sr1}^{cal}	T_{sr2}^{cal}	T_{sr1}^{exp}	T_{sr2}^{exp}
Pr	106		100 ~ 120	
Nd	282	237	280 ~ 295	235 ~ 241
Tb	412	394	409 ~ 412	396 ~ 400
Dy	361	310	355 ~ 370	300 ~ 325
Ho	183		170 ~ 190	—

注：部分数据参考表 4-24。

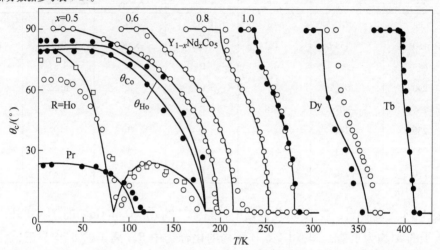

图 4-34　RCo$_5$（Pr、Tb、Dy、Ho）和 Y$_{1-x}$Nd$_x$Co$_5$ 自发磁化强度同 c 轴的夹角 θ_c 随温度的变化[93]

（散点为实验数据，实线为拟合曲线）

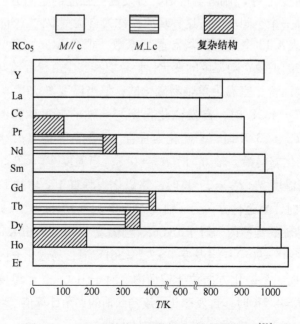

图 4-35　RCo$_5$ 磁结构随温度的变化（实验值）[93]

4.4.2 R_2Co_{17}

在本节中，我们采用 4.4.1 节相类似的交换和晶场模型来分析 R_2Co_{17} 金属间化合物。虽然 R_2Co_{17} 金属间化合物的晶体结构是基于 $CaCu_5$ 结构演变出来的（参见 3.2 节、3.3 节和 3.4 节），但根据哑铃对 Co-Co 原子取代 R 原子的不同方式，R_2Co_{17} 呈现两种晶体结构，一种是 Th_2Zn_{17} 菱形结构，空间群为 $R\bar{3}m$，R 原子占据具有六角点对称 $3m$ 的 $6c$ 晶位，具有该结构的化合物有 Y_2Co_{17}、Nd_2Co_{17}、Sm_2Co_{17} 和 Gd_2Co_{17}；另一种是 Th_2Ni_{17} 六方结构，空间群为 $P6_3/mmc$，R 原子占据具有六角点对称 $\bar{6}m2$ 的 $2b$ 和 $2d$ 晶位，具有该结构的化合物有 Tb_2Co_{17}、Dy_2Co_{17}、Ho_2Co_{17} 和 Er_2Co。哑铃对替代使 RCo_5 中唯一的稀土晶位劈裂成两个磁性不等价晶位 A 和 B，则相应 R^{3+} 离子的晶场哈密顿量 H_{cf} 也分成两个表达式[100]

$$\boldsymbol{H}_{cf}(A) = \sum_{k=2,4,6} N_k^0 A_k^0 <r^k> \boldsymbol{U}_0^k + \sum_{k=4,6} N_k^3 A_k^3 <r^k> (\boldsymbol{U}_3^k + \boldsymbol{U}_{-3}^k) +$$
$$N_6^6 A_6^6 <r^6> (\boldsymbol{U}_6^6 + \boldsymbol{U}_{-6}^6)$$

$$\boldsymbol{H}_{cf}(B) = \sum_{k=2,4,6} N_k^0 A_k^0 <r^k> \boldsymbol{U}_0^k - \sum_{k=4,6} N_k^0 A_k^0 <r^k> (\boldsymbol{U}_3^k + \boldsymbol{U}_{-3}^k) +$$
$$N_6^6 A_6^6 <r^6> (\boldsymbol{U}_6^6 + \boldsymbol{U}_{-6}^6) \tag{4-113}$$

考虑到上面两式中的第二项符号相反，在化合物总能量求和中基本抵消，故我们忽略掉第二项。因此，在 R_2Co_{17} 中 R^{3+} 离子的晶场哈密顿量 H_{cf} 变成与 RCo_5 相同的形式 [参见式 (4-107)][100]：

$$\boldsymbol{H}_{cf} = \sum_{k=2,4,6} N_k^0 A_k^0 <r^k> \boldsymbol{U}_0^k + N_6^6 A_6^6 <r^6> (\boldsymbol{U}_6^6 + \boldsymbol{U}_{-6}^6) \tag{4-114}$$

所以交换和晶场模型计算采用的其他方程式同上面处理 RCo_5 时完全相同。

同样，在计算稀土离子晶场之前，我们首先要获得 Co 次晶格的磁性参数，以及它们随温度的变化情况。在本节的讨论中，我们采用 Y_2Co_{17} 化合物的磁化曲线实验数据来获得 Co 次晶格的自发磁化强度 $M_{Co}^S(T)$ 和磁晶各项异性常数 $K_1^{Co}(T)$。在 $T=4.2K$ 时，外磁场 μ_0H 最高到 25T 的 Y_2Co_{17} 单晶体沿 c 轴方向和 b 轴方向的磁化曲线见图 4-36[101]，为突出低场磁化的特征还插入了 $\mu_0H = 0 \sim 3.0T$ 的局部放大图，实验曲线清楚表明 R_2Co_{17} 化合物的 Co 次晶格为平面各向异性。根据 Y_2Co_{17} 单晶的实验数据[101~104]，Co 次晶格的自发磁化强度 $M_{Co}^S(0) = 27.3 \sim 28.1\mu_B/$(f.u.)（或 $\mu_0 M_{Co}^S(0) = 1.28 \sim 1.33T$），Co 原子的平均磁矩 $\mu_{Co} = 1.61\mu_B \sim 1.65\mu_B$，与 YCo_5 中 Co 原子的平均磁矩 $1.66\mu_B$ 很接近，但它们均低于单质金属 Co 中的原子磁矩 $1.72\mu_B$（参见表 4-1）。磁晶各向异性常数 $K_1^{Co}(0) = -9.94 \sim -6.77K/$(f.u.)（$-0.551 \sim -0.382MJ/m^3$），$|K_2^{Co}|/|K_1^{Co}| = 7\%$。也就是说，$R_2Co_{17}$ 和 RCo_5 的 Co 次晶格的磁晶各向异性常数符号相反，RCo_5 的 Co 次晶为单轴各向异性，而 R_2Co_{17} 的 Co 次晶为平面各向异性；并且 R_2Co_{17} 的 Co 次晶格的磁晶各向异性常数的绝对值比 RCo_5 要小很多，$|K^{Co}(R_2Co_{17})|/|K_1^{Co}(RCo_5)| < 7\%$。因此，具有强单轴各向异性的稀土离子 R^{3+} 有机会超越这个平面易磁化倾向，使 R_2Co_{17} 整体呈现单轴易磁化的状况，Sm_2Co_{17} 就是如此。

通过对 R_2Co_{17} 的 M-T 曲线的拟合（见图 4-37 ~ 图 4-39），获得了一组交换场和晶场系数 $\{2\mu_B B_{RCo}^{ex}, A_k^q\}$（见表 4-15）[100]（参考文献 [93] 中拟合 RCo_5 M-H 曲线的晶场系数 $(\tilde{A}_k^q)$ 定义不同，根据 4.2.2 节式 (4-49) 进行换算，以便于同 R_2Co_{17} 的结果比较：$A_k^0 =$

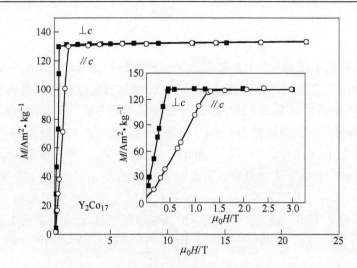

图 4-36 Y_2Co_{17} 单晶体在 4.2K 时沿 c 轴方向和 b 轴方向（易磁化方向）的磁化曲线[101]

（为开路测量，测量数据还未进行退磁因子修正）

$\kappa_{k0}[4\pi/(2k+1)]^{1/2}\hat{A}_k^0/<r^k>$，$A_6^6=2^{1/2}\kappa_{60}[4\pi/(2\times 6+1)]^{1/2}\hat{A}_6^6/<r^6>$，$\kappa_{k0}$ 数值参见表 4-8，$R^{3+}4f$ 壳层的平均半径 $<r^k>$ 参见文献 [64]。交换场 $2\mu_B B_{RCo}^{ex}$ 从 Pr_2Co_{17} 的 600K 至 Tm_2Co_{17} 的 200K，逐渐变小，变化趋势同上面 RCo_5 相似，也同其他 R-T 化合物中交换场系数 n_{RT} 变化趋势一致[9,39,80]。比较 R_2Co_{17} 和 RCo_5 的 A_2^0，符号相同，均为负值（Pr 除外）；RCo_5 的 A_2^0 平均值为 $-294K/a_0^2$，而 R_2Co_{17} 的 A_2^0 平均值为 $-136K/a_0^2$，前者的绝对值超过后者的 2 倍。$SmCo_5$ 的 $A_2^0=-169K/a_0^2$，Sm_2Co_{17} 的 $A_2^0=-113K/a_0^2$，前者的绝对值超过后者的 1.5 倍。Pr_2Co_{17} 和 $PrCo_5$ 的情况相似，其 $|A_2^0|$ 与其他 R_2Co_{17} 化合物的值相比偏离较大，这种现象可能是由于 Pr 离子的价态涨落[100]。

表 4-15 R_2Co_{17} 系列的交换场 $2\mu_B B_{RCo}^{ex}$ 和 R^{3+} 离子的晶场系数 A_k^q（单位为 K/a_0^k），

同时列出了 K_1^{Co} 和 M_{Co}，M_R [100]

R^{3+}	$2\mu_B B_{RCo}^{ex}$ /K	A_2^0 /K·a_0^{-2}	A_4^0 /K·a_0^{-4}	A_6^0 /K·a_0^{-6}	A_6^6 /K·a_0^{-6}	K_1^{Co} /K·(f.u.)$^{-1}$	M_{co} /μ_B·(f.u.)$^{-1}$	M_R /μ_B·(f.u.)$^{-1}$
Pr	600	-33	-9.5	0.03	-14.9	-8.0	27.7	3.10
Nd	500	-112	-11.6	0.12	-22.1	-8.0	27.6	3.13
Sm	350	-113	0	0	-27.0	-8.0	26.9	0.40
Gd	260					-8.0	27.7	7.00
Tb	250	-122	-7.6	0.46	-18.0	-9.0	27.9	8.99
Dy	230	-140	-19.1	0.51	-18.8	-9.0	27.4	10.00
Ho	210	-134	-13.6	0.58	-19.4	-9.0	27.7	9.93
Er	210	-183	-12.8	0.65	-19.7	-9.0	29.6	9.00
Tm	200	-147	-12.8	0.72	-21.9	-9.0	27.6	7.00

从图 4-37 和图 4-38 可以看出，除 Pr_2Co_{17} 化合物外，其他 R_2Co_{17} 化合物在温度 4.2K 时的磁化曲线拟合得都很好。在温度 4.2K 时，Pr_2Co_{17}、Nd_2Co_{17}、Tb_2Co_{17}、Dy_2Co_{17} 和 Ho_2Co_{17} 化合物为平面各向异性，并且在垂直于 c 轴的平面内存在磁晶各向异性，自发磁化

强度 M_s 方向位于 a 轴和 b 轴之间，Pr_2Co_{17} 和 Ho_2Co_{17} 化合物的 M_s 方向更偏向于 b 轴，而 Nd_2Co_{17}、Tb_2Co_{17} 和 Dy_2Co_{17} 化合物的 M_s 方向更偏向于 a 轴。在温度 4.2K 时，Sm_2Co_{17} 和 Er_2Co_{17} 化合物为单轴各向异性。从图 4-37 中 Sm_2Co_{17} 化合物的磁化曲线可以推算，在温度 4.2K 时 Sm_2Co_{17} 化合物的磁晶各向异性场 $\mu_0 H_a = 19T$ 左右。

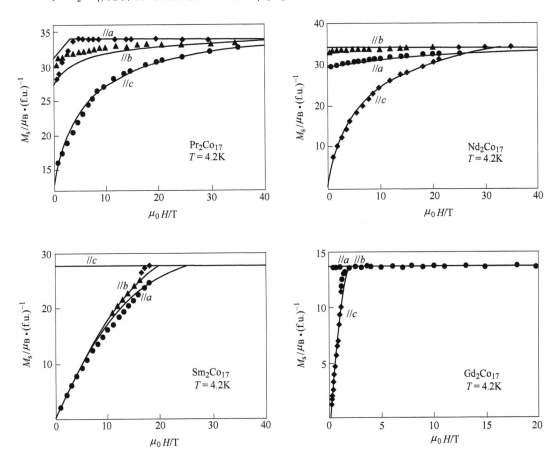

图 4-37　在温度 4.2K 时，R_2Co_{17}（R = Pr、Nd、Sm、Gd）沿 a，b，c 轴的磁化曲线

（散点为实验数据[102,103,105]，实线为拟合曲线[100]）

从图 4-38 可以看出，在温度 4.2K 时，Dy_2Co_{17}、Ho_2Co_{17} 和 Er_2Co_{17} 化合物沿 a 轴或 b 轴方向磁化曲线在高场下（大于 200kOe）发生一级磁化异动（FOMP）。我们知道在重稀土 R_2Co_{17} 化合物中，Co 次晶格的原子磁矩 μ_{Co} 和稀土离子 R^{3+} 的磁矩 μ_R 反平行耦合，在沿易磁化 a 轴或 b 轴外加磁场 $\mu_0 H$ 时，μ_{Co} 和 $\mu_0 H$ 平行，而 μ_R 和 $\mu_0 H$ 反平行；当 $\mu_0 H$ 增大到一个临界场时，μ_{Co} 和 μ_R 反平行耦合将被打破，μ_{Co} 和 μ_R 的夹角从 180° 变为 120°，从一个 a 轴跳跃到另一个 a 轴（Tb_2Co_{17} 和 Dy_2Co_{17}），或者从 b 轴跳跃到另一个 b 轴（Ho_2Co_{17}），满足总能量极小。

图 4-39 给出了 R_2Co_{17}（Pr、Nd、Sm、Gd、Tb、Dy、Ho、Er、Tm）自发磁化强度随温度的变化（$T < 600K$）。可以看出，对于轻稀土元素化合物 R_2Co_{17}（Gd、Pr、Nd、Sm）（M_{Co} 和 M_R 平行耦合），它们的自发磁化强度随温度的升高而单调下降；对于重稀土元素

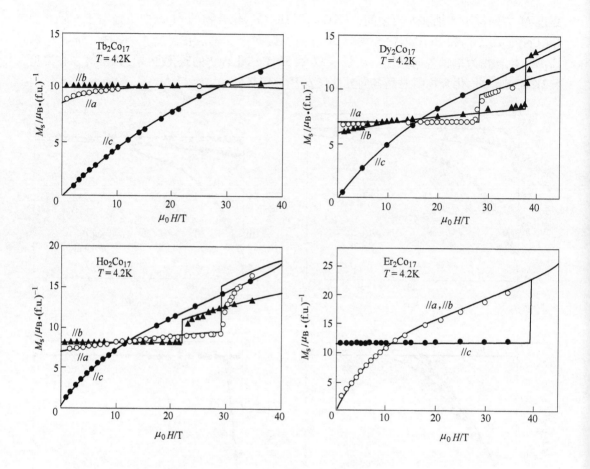

图 4-38   在温度 4.2K 时，R_2Co_{17}（R = Tb、Dy、Ho、Er）沿 a，b，c 轴的磁化曲线

（散点为实验数据[101,102,106,107]，实线为拟合曲线[100]）

化合物 R_2Co_{17}（Gd、Tb、Dy、Ho、Er、Tm）（M_{Co} 和 M_R 反平行耦合），它们的自发磁化强度随温度的升高而单调增加，这是由于随温度的升高 M_R 下降比 M_{Co} 下降快得多[100]。Er_2Co_{17} 化合物在 $T = 400K$ 附近发生自旋重取向，自发磁化强度离开 a 轴和 b 轴所形成的平面而偏向 c 轴（从平面各向异性变成锥面各向异性）。

图 4-40 给出了 R_2Co_{17} 磁结构随温度的变化的实验值[109]。实验结果表明，Y_2Co_{17}、Gd_2Co_{17} 和 Lu_2Co_{17} 化合物（仅 Co 次晶格对磁晶各向异性有贡献）在很宽的温度范围内呈现平面各向异性，但是温度增高至 $T_{sr}(Y) = 1030K$[110,111]，$T_{sr}(Gd) = 940K$[111,112]，Y_2Co_{17} 和 Gd_2Co_{17} 分别从平面各向异性变为单轴各向异性；Lu_2Co_{17} 化合物的行为更复杂，当 $T < T_{sr1}(Lu) = 670K$ 时为平面各向异性，当 $T_{sr1}(Lu) = 670 < T < T_{sr2}(Lu) = 730K$ 时为锥面各向异性，当 $T > T_{sr2}(Lu) = 730K$ 时为平面各向异性[113,114]。Pr_2Co_{17} 和 Nd_2Co_{17} 化合物分别在 $T_{sr}(Pr) = 180K$ 和 $T_{sr}(Nd) = 175K$ 发生自旋重取向[109]。对于大部分 R_2Co_{17} 化合物，第二级晶场项（$A_2^0 < 0$）对磁晶各向异性起着决定性的作用，R_2Co_{17}（R = Sm、Er、Tm）（$\alpha_J > 0$，$K_1^R > 0$）化合物为单轴各向异性，而 R_2Co_{17}（R = Tb、Dy、Ho）（$\alpha_J < 0$，$K_1^R < 0$）化合物则表现出平面各向异性[109,111]。Ce_2Co_{17} 是一个例外，虽然 Ce^{3+} 的 $\alpha_J > 0$，但 $K_1^{Co} + K_1^{Ce} < 0$，因此在整个有序温度区

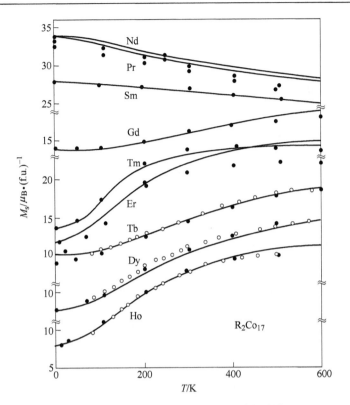

图 4-39 R_2Co_{17} 自发磁化强度随温度的变化

（散点为实验数据[102,106,108]，实线为拟合曲线[100]）

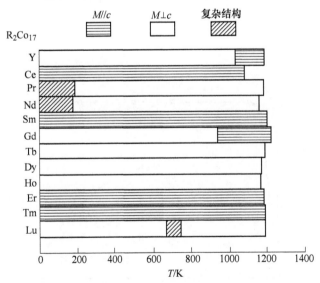

图 4-40 R_2Co_{17} 磁结构随温度的变化（实验值）

（数据来源：参考文献 [109]～[114]）

间表现为平面各向异性，它可能是由于 Ce 的价态涨落的缘故（如 Ce 的 $4f$ 电子和 Co 的 $3d$ 电子杂化[109]），这种现象在 $Ce_2Fe_{14}B$[115] 和其他 Ce 化合物中也普遍存在[116]。

4.4.3 R₂Fe₁₄B

首先从实验数据入手。根据交换和晶场模型，我们首先要获得 Fe 次晶格的磁性参数，以及它们随温度的变化情况。选择 $Y_2Fe_{14}B$ 单晶体，在不同温度下测量沿 [001](c 轴)、[100](a 轴或 x 轴)和[110](b 轴) 三个方向的磁化曲线，图 4-41 给出了 $Y_2Fe_{14}B$ 单晶体在 4.2K 和 300K 的磁化曲线[72]。文献 [134] 中也给出了类似结果。可以明显看出，磁晶各向异性场 H_a 在 300K 时的值大于 4.2K 时的值；沿 [100] 和 [110] 两个方向的磁化曲线重合，表明 Fe 次晶格在垂直于 c 轴的平面内没有各向异性。根据不同温度下 $Y_2Fe_{14}B$ 单晶体的磁化曲线，可以得到 Fe 次晶格的饱和磁化强度 M_{Fe}^S 和磁晶各向异性常数 K_1^{Fe}($=\mu_0 M_{Fe}^S H_a^{Fe}/2$) 随温度的变化值。在温度为 4.2K 时，$M_{Fe}^S(4.2K)=29.5\mu_B/(f.u.)$ $[\mu_0 M_{Fe}^S(4.2K)=1.49T]$，Fe 原子的平均磁矩 $\mu_{Fe}=2.10\mu_B$，$K_1^{Fe}(4.2K)=15.8K/(f.u.)$ $(0.71MJ/m^3)$；在温度为

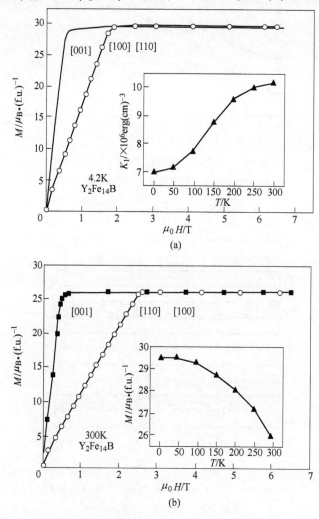

图 4-41 $Y_2Fe_{14}B$ 单晶体在 4.2K(a)和 300K(b)沿[001](c 轴)、[100](x 轴)和[110]三个晶轴方向的磁化曲线[72]

(为开路测量，测量数据尚未进行退磁因子修正)

300K 时，$M_{Fe}^S(300K) = 26.0\mu_B/(f.u.)[\mu_0 M_{Fe}^S(300K) = 1.31T]$，Fe 原子磁矩 $\mu_{Fe} = 1.86\mu_B$，$K_1^{Fe}(300K) = 24.5K/(f.u.)(1.1MJ/m^3)$。

由于 Nd-Fe-B 磁体的优异性能和广泛应用，$R_2Fe_{14}B$ 的磁晶各向异性已被进行了大量的研究[53~56,134]，我们下面的讨论主要以参考文献 [53] 和 [54] 为主要线索。由于 R-R 相互作用比 R-Fe 相互作用要弱很多，故在此忽略 R-R 相互作用。

在一定温度 T 和外加磁场 $B_0 = \mu_0 H$ 作用下，Fe 次晶格的能量为 [参见式 (4-61)]：

$$E^{Fe}(T) = E_a^{Fe}(T) - (B_{TR}^{ex} + B_0) \cdot M_{Fe}(T)$$
$$= K_1^{Fe}(T)\sin^2\theta - [\gamma n_{FeR} M_R(T) + \mu_0 H] \cdot M_{Fe}(T) \tag{4-115}$$

其中 $\gamma = 2(g_J - 1)/g_J$。

对于 $Nd_2Fe_{14}B$ 结构，Nd^{3+} 离子的晶场哈密顿量 H_{cf} 为

$$H_{cf} = B_{20}O_{20} + B_{22}^s O_{22}^s + B_{40}O_{40} + B_{44}^c O_{44}^c + B_{60}O_{60} + B_{64}^c O_{64}^c \tag{4-116}$$

这里略去了不重要的 $B_{42}^s O_{42}^s$、$B_{66}^s O_{66}^s$ 和 $B_{62}^s O_{62}^s$ 三项，以简便计算[53]。同时在计算过程中，还考虑了约束关系 $B_{n0}(z=0) = B_{n0}(z=1/2)$，$B_{n4}^c(z=0) = B_{n4}^c(z=1/2)$ 和 $B_{22}^s(z=0) = B_{22}^s(z=1/2)$。

对于 Nd 次晶格，在外加磁场 $B_0 = \mu_0 H$ 作用下，第 i 个晶格点上 R^{3+} 离子的哈密顿量可表达为 [参见式 (4-62)]

$$H^R(i) = H_{cf}(i) - (B_{RFe}^{ex} + B_0) \cdot \mu_{Nd} \tag{4-117}$$

其中 $B_{RFe}^{ex} = -\gamma n_{RFe} M_{Fe}$ 为作用在 R 次晶格上的交换场。

Fe 次晶格和 Nd 次晶格单位体积的总能量为 [参见式 (4-66)]

$$E_{total} = E^{Fe} + \sum_i F^R(i) - E^{ex}$$
$$= K_1^{Fe}(T)\sin^2\theta - \mu_0 H \cdot M_{Fe}(T) + \sum_i F^R(i) \tag{4-118}$$

其中 $F^R(i)$ 为第 i 个晶格点上 Nd^{3+} 离子的自由能，求和对所考虑 Nd^{3+} 离子进行[53]。

$$F^R(i) = -k_B T \ln Z_R(i) \tag{4-119}$$

其中 Z_R 为 R 次晶格的配分函数，

$$Z_R(i) = \sum_n \exp[-E_n^R(i)/(kT)]$$
$$(n = 1, 2, \cdots, 10) \tag{4-120}$$

对于 Nd^{3+} 离子，只需考虑 $J = 9/2$ 基态，我们将矩阵元为 $<JM | H^R(i) | JM>$ 的 10×10 矩阵对角化，可以求得本征值 E_n 和本征态 $|\Gamma_n>$：

$$H^R(i) |\Gamma_n> = E_n(i) |\Gamma_n>$$
$$|\Gamma_n> = \sum_{M=-J}^{J} |JM> C_{JM}^n \tag{4-121}$$

磁化强度为 $(M_R = N_R \mu_R)$
$$M(T) = M_{Fe}(T) + M_R(T)$$
$$= M_{Fe}(T) - \sum_n <\Gamma_n | M_R | \Gamma_n> \exp[-E_n^R/(kT)] / \sum_n \exp[-E_n^R/(kT)] \tag{4-122}$$

引入一组晶场参数 $\{B_{kq}^\alpha\}$ 和交换场系数 n_{NdFe}，直接使用 $M_{Fe}(T)$ 和 $K_1^{Fe}(T)$ 的实验

值，求解方程（4-115）、方程（4-117）和方程（4-122）以获得 $M_R(T)$ 和 $M(T)$ 的计算值，并同 $M(T)$ 的实验值比较，同时满足方程（4-118）总能量 E_{total} 极小的条件。通过多次迭代计算，最终确定一组 $\{B_{kq}^\alpha, n_{NdFe}\}$，计算值和实验值最接近。由于 $Y_2Fe_{14}B$ 和 $Nd_2Fe_{14}B$ 二者的居里温度不同，采用 T/T_c 进行定标。

在外加磁场 $\mu_0 H$ 作最高达 19T 和温度 4.2K、100K、150K、275K 的条件下，沿 $Nd_2Fe_{14}B$ 单晶体 [001]、[100]、[110] 三个主晶轴方向的磁化曲线如图 4-42 所示[53]。在温度 4.2K、100K 和 150K 时 [100] 和 [110] 两个方向的磁化曲线有差异，表明在垂直于 (001) 的平面内存在各向异性，在 275K 时这种各向异性消失。采用上面描述的交换和晶场模型，对这些实验曲线进行拟合，获得了一组晶场参数 $\{B_{kq}^\alpha\}$（参见表4-16）和交换场系数 $n_{NdFe}=307\mu_0$。在低温段的情况拟合较好，而在高温 275K 时，计算采用的参数的数值比低温下的相应数值低 15%[53]（其中 $B_{kq}^\alpha = \theta_k A_{kq}^\alpha < r^k >$；$\theta_2 = \alpha_J = -0.6428 \times 10^{-2}$，$\theta_4 = \beta_J = -2.911 \times 10^{-4}$ 和 $\theta_6 = \gamma_J = -37.99 \times 10^{-6}$（参见表 4-10）；$Nd^{3+}$ 4f 壳层的平均半径 $< r^2 > = 1.114 a_0^2$，$< r^4 > = 2.910 a_0^4$，$< r^6 > = 15.03 a_0^6$，a_0 为波尔半径[64]）。

表 4-16 $Nd_2Fe_{14}B$ 中 Nd^{3+} 离子的晶场参数 B_{kq}^α 和晶场系数 A_{kq}^α[53]

B_{kq}^α/K	B_{20}	B_{22}^s	B_{40}	B_{44}^c	B_{60}	B_{64}^c
4f 晶位	-2.2	+/-1.4	12.3×10^{-3}	-36.7×10^{-3}	12.5×10^{-4}	189.4×10^{-4}
4g 晶位	-2.2	+/-4.3	10.7×10^{-3}	34.4×10^{-3}	12.5×10^{-4}	72.2×10^{-4}
$A_{kq}^\alpha/K \cdot (a_0^k)^{-1}$	A_{20}	A_{22}^s	A_{40}	A_{44}^c	A_{60}	A_{64}^c
4f 晶位	304	+/-200	-14.5	43	-2.2	-33
4g 晶位	308	+/-600	-12.6	-41	-2.2	-13

实验结果表明，在温度 $T \leqslant T_{sr} = 135K$ 时，$Nd_2Fe_{14}B$ 的自发磁化强度开始偏离 c 轴，发生自旋重取向[53]。当 $T = 4.2K$ 时，自发磁化强度与 c 轴的夹角 $\theta_c = 30°$。采用交换和晶场模型的计算值，自旋重取向温度 $T_{sr} = 138K$，$\theta_c = 28.5°$，与实验值很接近（参见图 4-43）。

实验结果表明，在低温下，当沿着 [100] 方向外加磁场高达临界场时（$\mu_0 H > 16T$），$Nd_2Fe_{14}B$ 的自发磁化强度从难磁化方向 [100] 跳跃到易磁化方向 [001]（参见图4-42），一级磁化异动（FOMP）发生，$Nd_2Fe_{14}B$ 发生的 FOMP 属于 Type I FOMP（参见 4.4.1 节）。

利用上面拟合磁化曲线获得的参数，可以全面的描述 $Nd_2Fe_{14}B$ 的磁化行为，图 4-44 给出了在 4.2K 时 $Nd_2Fe_{14}B$ 的磁结构的计算结果。在一个晶胞中同一个平面中两个晶位（4f 和 4g）有 4 格 Nd^{3+} 离子——$Nd_1^①$、$Nd_1^②$、$Nd_2^①$ 和 $Nd_2^②$，它们的磁矩不共线，但在一个平面内（[001]-[110] 平面，即 (110) 平面）。Nd^{3+} 离子磁矩和 Fe 磁矩的夹角不大于 3°。

利用 $Nd_2Fe_{14}B$ 单晶体 [001]、[100]、[110] 三个主晶轴方向在不同温度下的磁化曲线实验值，还可以推算出磁晶各向异性常数 $\{K_i\}$ 对温度的依赖关系[53]（图 4-45）。$\{K_i\}$ 和晶场参数的关系参见式（4-96），注意 $K_1 = K_1^{Fe} + K_1^{Nd}$。可以看出，在低温下，$K_2(K_2')$ 和 $K_3(K_3')$ 起着非常重要的作用；在 275K 时，磁晶各向异性主要源于 K_1 的贡献和 K_2 的一小点贡献。

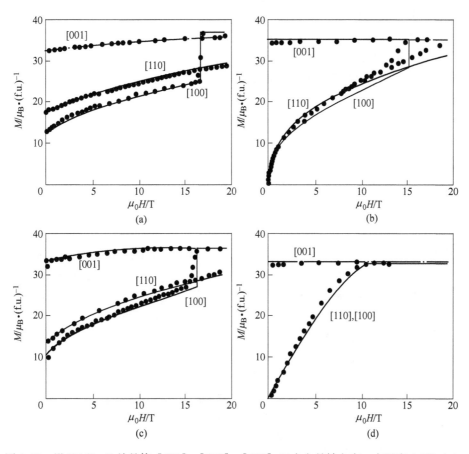

图 4-42 沿 $Nd_2Fe_{14}B$ 单晶体 [001]、[100]、[110] 三个主晶轴方向，在温度 4.2K（a）、
100K（b）、150K（c）和 275K（d）下的磁化曲线实验值（散点）和计算值（实线）[53]
（在 275K 时，计算采用的参数的数值比低温下的相应数值低 15%）

交换和晶场模型可以同样用于其他的 $R_2Fe_{14}B$ 化合物分析研究，如 $Pr_2Fe_{14}B$ 单晶体[73]、$R_2Fe_{14}B$ 单晶体（R = Tb、Dy、Ho、Er 和 Tm）[74]。与 $Nd_2Fe_{14}B$ 不同，$Pr_2Fe_{14}B$ 为易 c 轴，只是在低于 100K 时沿 [100] 方向发生第一类一级磁化异动（Type I FOMP）现象，并且不发生自旋重取向，参见图 4-46[73]。$Tb_2Fe_{14}B$ 和 $Dy_2Fe_{14}B$ 显示出很强的易 c 轴各向异性，而在垂直于 c 轴的平面内没有各向异性，也没有自旋重取向和 FOMP 现象，参见图 4-47[74]。$Ho_2Fe_{14}B$ 化合物，也是易 c 轴，但在垂直于 c 轴的平面内存在各向异性，在温度低于 $T_{sr}(Ho) = 57K$ 时出现自旋重取向现象，在 4.2K 时 Ho^{3+} 离子

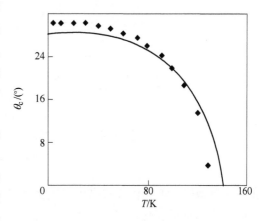

图 4-43 $Nd_2Fe_{14}B$ 的自发磁化强度与 c 轴的夹角 θ_c 随温度变化的实验数据（点）和计算值（曲线）[53]

磁矩偏离 c 轴的角度 $\theta_c(\mathrm{Ho})=23°$，典型磁化曲线参见图 4-48。$\mathrm{Er_2Fe_{14}B}$ 和 $\mathrm{Tm_2Fe_{14}B}$ 化合物都存在自旋重取向现象，转变温度分别为高于 $T_{sr}(\mathrm{Er})=325\mathrm{K}$ 和 $T_{sr}(\mathrm{Tm})=315\mathrm{K}$，当温度高于 T_{sr} 时为易 c 轴各向异性，当温度低于 T_{sr} 时，$\mathrm{R^{3+}}$ 离子的磁矩均在 [100] 和 [110] 形成的平面内（垂直于 c 轴），并位于 [100] 和 [110] 两个晶轴之间，在 4.2K 时磁化曲线参见图 4-49[74]。从图 4-46 ~ 图 4-49 中可以看到，交换和晶场模型成功地拟合了实验数据。

R$_2$Fe$_{14}$B（R = Pr、Nd、Tb、Dy、Ho、Er 和 Tm）交换场系数 $\{n_{\mathrm{RFe}}\}$ 和晶场系数 $\{A_{kq}^\alpha\}$ 被集中列入表 4-17[53,73,74]，采用交换

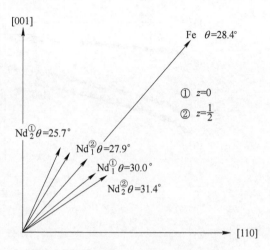

图 4-44 在 4.2K 时 $\mathrm{Nd_2Fe_{14}B}$ 的磁结构的计算结果示意图[53]

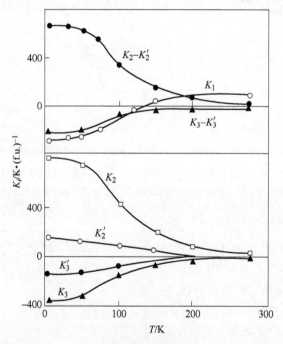

图 4-45 $\mathrm{Nd_2Fe_{14}B}$ 的磁晶各向异性常数 $\{K_i\}$ 随温度变化的实验值[53]

和晶场模型拟合单晶化合物磁化曲线获得的 n_{RFe} 数值略大于采用居里温度获得的 n_{RFe} 数值，但从 Pr 到 Tm 的变化趋势同其他许多金属间化合物相同（参见图 4-24）。两个稀土晶位 4f 和 4g 第二级晶场系数平均值 $<A_{20}>$ 随不同稀土元素 R 的变化见图 4-50，其中 $<A_{20}>$（$\mathrm{Pr_2Fe_{14}B}$）和 $<A_{20}>$（$\mathrm{Yb_2Fe_{14}B}$）比其他 5 个化合物 $\overline{A}_{20}$ 的平均值低 40% 以上，这可能是由于在 $\mathrm{Nd_2Fe_{14}B}$ 结构中 Pr 和 Yb 的 4f 电子磁性的不稳定性造成的[73]。

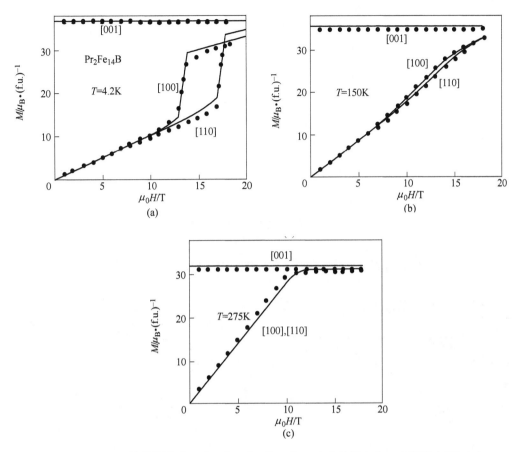

图 4-46 $Pr_2Fe_{14}B$ 单晶体沿 [001]、[100]、[110] 三个主晶轴方向，在温度 4.2K（a）、100K（b）、150K（c）和 275K 的磁化曲线实验值（散点）和计算值（实线）[73]

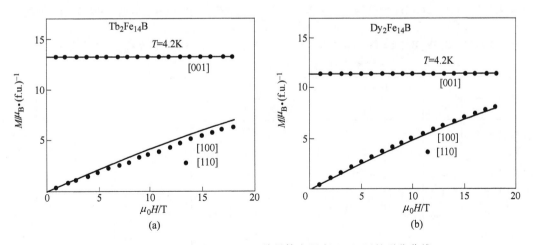

图 4-47 $Tb_2Fe_{14}B$ 和 $Dy_2Fe_{14}B$ 单晶体在温度 4.2K 下的磁化曲线
实验值（散点）和计算值（实线）[74]

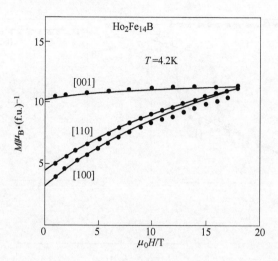

图4-48 $Ho_2Fe_{14}B$ 单晶体在温度4.2K下的磁化曲线实验值（散点）和计算值（实线）[74]

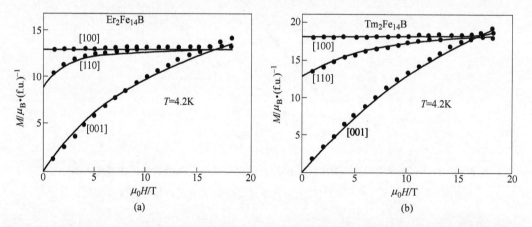

(a)   (b)

图4-49 $R_2Fe_{14}B$ （R = Er、Tm）单晶体在温度4.2K下的磁化曲线实验值（散点）和计算值（实线）[74]

表4-17 $R_2Fe_{14}B$ （R = Pr、Nd、Tb、Dy、Ho、Er、Tm） 的交换场系数 n_{RFe} （单位为 μ_0 ）和
R^{3+} 离子的晶场系数 A_{kq}^{α} （单位为 K/a_0^k ）[53,73,74]

R	4f						4g						
	A_{20}	A_{22}^s	A_{40}	A_{44}^c	A_{60}	A_{64}^c	A_{20}	A_{22}^s	A_{40}	A_{44}^c	A_{60}	A_{64}^c	n_{RFe}
Pr	176	-116	3	-9	-7	-42	179	351	3	8	-7	-4	372
Nd	304	-200	-14.5	43	-2.2	-33	308	600	-12.6	-41	-2.2	-13	307
Tb	304	-200	-15	43	-2	-33	308	605	-13	-41	-2	-13	153
Dy	292	-192	-14	42	-1	-20	296	581	-12	-39	-1	-8	158
Ho	298	-196	-9	26	-1	-19	302	593	-8	-24	-1	-7	162
Er	292	-222	-16	37	-1	-6	296	689	-14	-39	-1	-3	136
Tm	258	-205	-12	35	-2	-27	262	617	-11	-33	-2	-10	137
Yb	151	-100	-7	22	-1	-17	154	303	-6	-20	-1	-6	135

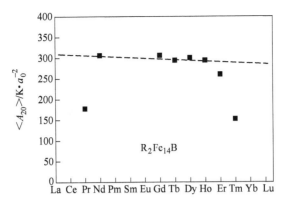

图 4-50 $R_2Fe_{14}B$（R = Pr、Nd、Tb、Dy、Ho、Er 和 Tm）两个稀土晶位 $4f$ 和 $4g$ 第二级晶场系数平均值 $<A_{20}>$ 随不同稀土元素 R 的变化

图 4-51 给出了 $R_2Fe_{14}B$ 磁性相图，它反映了磁晶各向异性随温度的变化[7]。Fe 次晶格（R = Y、La、Gd、Lu）始终呈现单轴各向异性。对于 R 次晶格（参见 4.3.3 节），在室温下（300K 左右）主要 2 级项有贡献，R = Ce、Pr、Nd、Tb、Dy、Ho（$\alpha_J < 0$）化合物为单轴各向异性，R = Sm、Er、Tm（$\alpha_J > 0$）化合物为平面各向异性；在室温下，Yb 化合物（$\alpha_J > 0$）为单轴各向异性，说明此时 Yb 次晶格的磁晶各向异性常数 K_1^{Yb}（<0）的绝对值小于 Fe 次晶格的磁晶各向异性常数 K_1^{Fe}（>0）；在低温下，Yb 化合物为平面各向异性（$T \leqslant 115K$），Nd 化合物（$T \leqslant 135K$）和 Ho 化合物（$T \leqslant 57K$）的磁化强度偏离 c 轴，发生自旋重取向，此时 $Nd_2Fe_{14}B$ 变成锥面易磁化，而 $Ho_2Fe_{14}B$ 则为易平面磁化。同 $RFe_{11}Ti$ 不同，$R_2Fe_{14}B$ 在（001）平面内的各

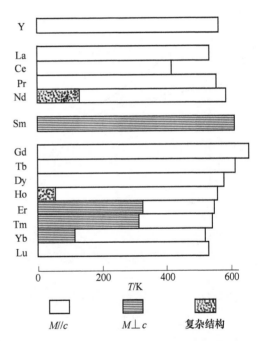

图 4-51 $R_2Fe_{14}B$ 磁结构随温度的变化[7]

向异性不能简单地由第 4 级 Stevens 系数 β_J 决定（参见 4.5.3 节），其原因是 A_{64} 相关的晶场项在低温下对各向异性有很大的贡献。根据实验结果，低温下 $Nd_2Fe_{14}B(\beta_J < 0)$、$Ho_2Fe_{14}B(\beta_J < 0)$、$Er_2Fe_{14}B(\beta_J > 0)$ 和 $Tm_2Fe_{14}B(\beta_J > 0)$ 的 M_s 位于（110）平面内，而 $Pr_2Fe_{14}B(\beta_J < 0)$、$Tb_2Fe_{14}B(\beta_J > 0)$ 和 $Dy_2Fe_{14}B(\beta_J < 0)$ 的 M_s 在（001）平面内几乎没有各向异性。

4.4.4 $R_2Co_{14}B$

在本节中，我们同样采用交换和晶场模型来分析 $R_2Co_{14}B$ 化合物。图 4-52 给出了 $Nd_2Co_{14}B$，$La_2Co_{14}B$ 和 $Gd_2Co_{14}B$ 饱和磁化强度随温度变化实验曲线，图 4-53 给出了 $Nd_2Co_{14}B$，

$La_2Co_{14}B$ 和 $Gd_2Co_{14}B$ 的磁晶各向异性常数随温度变化实验曲线[75]。实验结果表明，$Nd_2Co_{14}B$ 为单轴各向异性（37K $< T <$ 545K），而 $La_2Co_{14}B$ 和 $Gd_2Co_{14}B$ 为平面各向异性[75,76]。也就是说，在具有 $R_2T_{14}B$ 结构化的化合物中 T = Co 次晶格为平面各向异性，而 T = Fe 次晶格为单轴各向异性。

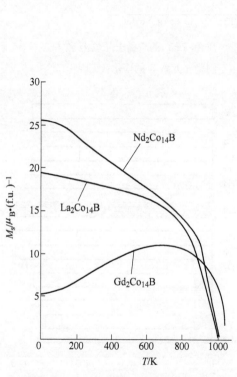

图 4-52　$Nd_2Co_{14}B$，$La_2Co_{14}B$ 和 $Gd_2Co_{14}B$
饱和磁化强度随温度的变化[75]

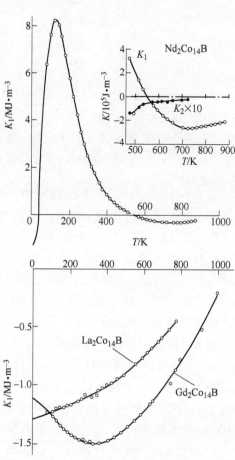

图 4-53　$Nd_2Co_{14}B$，$La_2Co_{14}B$ 和 $Gd_2Co_{14}B$ 磁晶
各向异性常数 K_1 随温度的变化[75]

为了分析 $Nd_2Co_{14}B$ 的交换和晶场相互作用，做了以下几点考虑和假设：（1）利用交换作用模型拟合 $Nd_2Co_{14}B$ 的自发磁化强度随温度的变化曲线，获得 $n_{NdCo} = 302\mu_0$；（2）温度升高时，在 $T = 545K$ 时发生从 c 轴到平面的自旋重取向；（3）在温度 4.2K 下 $Nd_2Co_{14}B$ 单晶体的磁化曲线实验值[75]和在 $T_{sr} = 37K$ 时发生自旋重取向，并且 $T = 4.2K$ 时自发磁化强度与 c 轴夹角 $\theta_c = 12°$。李宏硕（Li Hong shuo）等人[77]因此获得的晶场参数为 $B_{20}(Nd_2Co_{14}B) = -2.5K$（$A_{20} = 348K/a_0^2$），它的绝对值比 $B_{20}(Nd_2Fe_{14}B) = -2.2K$（$A_{20} = 306K/a_0^2$）的绝对值略大；$B_{40}(Nd_2Co_{14}B) = -0.25B_{40}(Nd_2Fe_{14}B) = 2.9 \times 10^{-3}K$（$A_{40} = 3.5K/a_0^4$）；$B_{60}(Nd_2Co_{14}B) = 0.80B_{60}(Nd_2Fe_{14}B) = 1.0 \times 10^{-3}K$（$A_{60} = -1.8K/a_0^6$）；并假设 $B_{kq}^\alpha/B_{k0}^\alpha(Nd_2Co_{14}B) = B_{kq}^\alpha/B_{k0}^\alpha(Nd_2Fe_{14}B)$。闫羽（Yan Yu）、赵铁松（Zhao Tiesong）和金汉民采用类似的模型[78]，分析了 $Pr_2Co_{14}B$ 和 $Nd_2Co_{14}B$ 单晶体的磁化曲线，获得了同李宏硕

等人非常接近的结果，$Pr_2Co_{14}B$ 的晶场系数 $A_{20}=367K/a_0^2$，$A_{40}=15.6K/a_0^4$ 和 $A_{60}=-1.8K/a_0^6$；$Nd_2Co_{14}B$ 的晶场系数 $A_{20}=368K/a_0^2$，$A_{40}=15.5K/a_0^4$ 和 $A_{60}=-1.9K/a_0^6$（注意：两篇文章中的晶场系数定义不同，需要换算，参见 4.2 节）。图 4-54 是 $Pr_2Co_{14}B$ 和 $Nd_2Co_{14}B$ 单晶体在温度 4.2K 和 293K 下的磁化曲线拟合结果[78]。当外加场 $\mu_0H_{cr}=20.4T$ 时，$Nd_2Co_{14}B$ 沿 [100] 方向磁化曲线发生第一类一级磁化异动（Type I FOMP）现象，自发磁化强度从偏向 [001] 方向跳跃到靠近 [100] 方向。

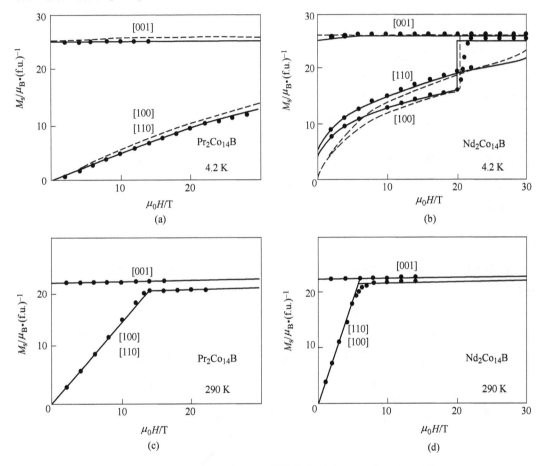

图 4-54　$Pr_2Co_{14}B$ 和 $Nd_2Co_{14}B$ 单晶体在温度 4.2K 和 293K 下的
磁化曲线实验值（散点）和计算值（实线）[78]

图 4-55 给出了 $R_2Co_{14}B$ 磁性相图（数据来自参考文献 [12]），它反映了其磁晶各向异性随温度的变化。$Y_2Co_{14}B$、$La_2Co_{14}B$ 和 $Gd_2Co_{14}B$ 化合物在整个磁有序温度区间为平面各向异性（即 Co 次晶格为平面各向异性）。对于 $Pr_2Co_{14}B$ 化合物（Pr^{3+} 离子 $\alpha_J<0$，$\beta_J<0$，$\gamma_J>0$）（参见表 4-7），将 $\{A_{k0}\}$ 数值代入式（4-96）计算出在温度 0K 时 $K_1^{Pr}>0$、$K_2^{Pr}>0$ 和 $K_3^{Pr}<0$，结合 $K_1^{Co}<0$，再由式（4-80）~式（4-84）确定在一定温度下 $Pr_2Co_{14}B$ 化合物的磁结构。在温度 $T\leqslant660K$ 时，关系式 $K_1^{Co}+K_1^{Pr}+K_2^{Pr}+K_3^{Pr}>0$ 和 $K_1^{Co}+K_1^{Pr}>0$ 成立，$Pr_2Co_{14}B$ 化合物表现为单轴各向异性；当温度 $T>660K$ 时，关系式 $K_1^{Co}+K_1^{Pr}+K_2^{Pr}+K_3^{Pr}<0$ 和 $K_1^{Co}+K_1^{Pr}+2K_2^{Pr}+3K_3^{Pr}<0$ 成立，Co 次晶格的磁晶各向异性占上风，$Pr_2Co_{14}B$ 化合物表现

为平面各向异性（此时主要为 $K_1^{Co} < 0$ 同 K_1^{Pr} > 0 的竞争）。对于 $Nd_2Co_{14}B$ 化合物（Nd^{3+} $\alpha_J < 0$，$\beta_J < 0$，$\gamma_J < 0$），可以计算出 $K_1^{Nd} < 0$、$K_2^{Nd} > 0$ 和 $K_3^{Nd} < 0$，结合 $K_1^{Co} < 0$，再由式（4-80）~式（4-84）确定在一定温度下 $Nd_2Co_{14}B$ 化合物的磁结构。在温度 $T \leqslant$ 37K 时，关系式 $\sin^2\theta = \{ -K_2^{Nd} \pm [(K_2^{Nd})^2 -$ $3(K_1^{Co} + K_1^{Nd})](K_3^{Nd})^{1/2} \}/3K_3^{Nd}$ 成立，Nd_2Co_{14} B 化合物的磁化强度偏离 c 轴；当温度 37K $< T < 545K$ 时，同 Nd_2Co_{14} 化合物相同为单轴各向异性；当温度 $T \geqslant 545K$ 时，Nd_2 $Co_{14}B$ 化合物表现为平面各向异性。Sm_2 $Co_{14}B$ 化合物（Sm^{3+} 离子 $\alpha_J > 0$，J 混合

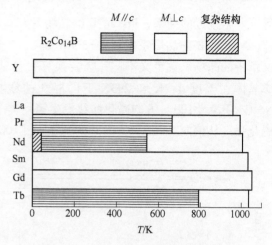

图 4-55　$R_2Co_{14}B$ 磁结构随温度的变化

（数据来自参考文献［12］）

态），$K_1^{Sm} < 0$，在整个磁有序温度区间为平面各向异性。$Tb_2Co_{14}B$ 化合物的情况同 $Pr_2Co_{14}B$ 化合物类似（Tb^{3+} 离子 $\alpha_J < 0$，$\beta_J > 0$，$\gamma_J < 0$），在温度 $T \leqslant 795K$ 时表现为单轴各向异性，当温度 $T > 795K$ 时为平面各向异性。

4.4.5　$R(Fe_{11}Ti)$

在本节中，采用 4.4.1 节中同样的交换和晶场模型首先来分析 $R(Fe_{11}Ti)$（$R \neq Sm$）化合物。

首先采用 $Y(Fe_{11}Ti)$ 多晶取向样品的实验数据来获得 Fe 次晶格的磁性参数。图 4-56 给出了 $Y(Fe_{11}Ti)$ 的饱和磁化强度 M_{Fe}^S 和磁晶各向异性常数 K_1^{Fe} 随温度变化实验曲线[9,79,80]。实验结果表明，$Y(Fe_{11}Ti)$ 为单轴各向异性，也就是说 Fe 次晶格为单轴各向异性。

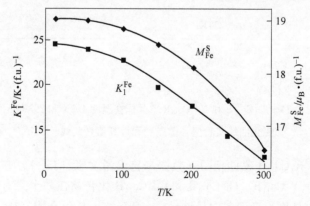

图 4-56　$Y(Fe_{11}Ti)$ 饱和磁化强度 M_s 和磁晶各向异性常数 K_1 随温度的变化[9,79,80]

$R(Fe_{11}Ti)$ 金属间化合物为 $ThMn_{12}$ 结构，R 只有一个晶位 $2a$（参见 3.8.1 节），点对称 $4/mmm$，晶场哈密顿量 H_{cf} 为［参见式（4-90）］：

$$\boldsymbol{H}_{cf} = B_{20}\boldsymbol{O}_{20} + B_{40}\boldsymbol{O}_{40} + B_{44}\boldsymbol{O}_{44} + B_{60}\boldsymbol{O}_{60} + B_{64}\boldsymbol{O}_{64} \tag{4-123}$$

它比 $Nd_2Fe_{14}B$ 结构的晶场哈密顿量简单［参见式（4-116）］，只有 5 个晶场参数（或

晶场系数）。下面交换和晶场模型的应用同在 $Nd_2Fe_{14}B$ 一节相似。

在外加磁场 μ_0H 作最高达 7T 和温度在 4.2～300K 之间 17 个固定温度的条件下，沿 $Dy(Fe_{11}Ti)$ 单晶体 [001]、[100]、[110] 三个主晶轴方向测量磁化曲线，图 4-57 所示给出了 6 个固定温度的磁化曲线[9,58]。实验结果表明，$Dy(Fe_{11}Ti)$ 在垂直于 c 轴的平面内的 [100] 和 [110] 两个方向存在很大的各向异性，随着温度升高而逐渐变小。这种现象，在 $Nd_2Fe_{14}B$ 和 $Nd_2Co_{14}B$ 等其他的金属间化合物中没有观察到。在低温下，在 [001] 和 [110] 方向观察到第二类一级磁化异动（Type Ⅱ FOMP）现象，在 [100] 方向观察

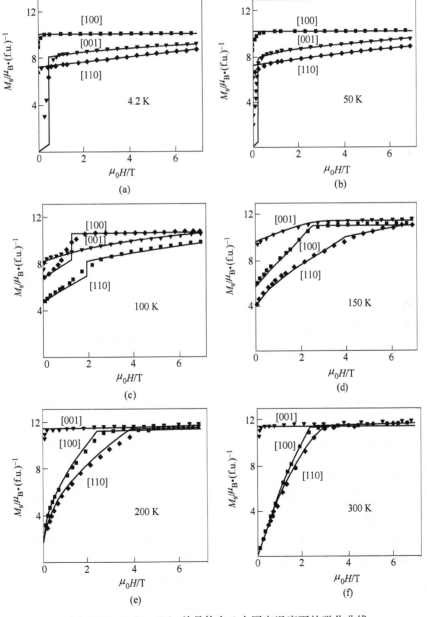

图 4-57 $Dy(Fe_{11}Ti)$ 单晶体在 6 个固定温度下的磁化曲线

实验值（散点）和计算值（实线）[9,58]

到第一类一级磁化异动（Type Ⅰ FOMP）现象。它们分别在 $Nd_2Co_{14}B$（Type Ⅱ FOMP）和 $Nd_2Fe_{14}B$（Type Ⅰ FOMP）金属间化合物中观察到（参见 4.4.4 节和 4.4.3 节）。

从 $Dy(Fe_{11}Ti)$ 在 4.2 ~ 300K 之间 17 个固定温度，沿 [001]、[100]、[110] 三个主晶轴方向测量磁化曲线，还可以推导出自发磁化强度 M_s 的大小和取向随温度的变化（图 4-58）。[9,58] 从中可以看出，当温度 $T \leq 58K$ 时，M_s 沿 [100] 方向；当温度 $T \geq 200K$ 时，M_s 沿 [001] 方向；当 $T = 58K$ 时，在 (010) 平面内发生自旋重取向，M_s 从 [100] 方向跳跃到偏离 c 轴角度 $\theta_c = 42°$，然后 θ_c 角随着温度升高而逐渐减小，在 $T = 200K$ 时 $\theta_c = 0°$。

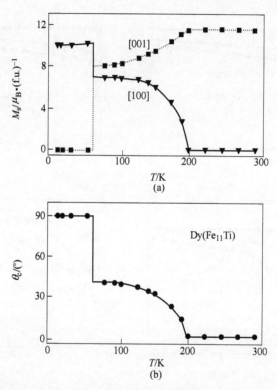

图 4-58 $Dy(Fe_{11}Ti)$ 自发磁化强度 M_s 的大小和取向[9,58]

（散点为实验值、实线为计算值）

（a）M_s 沿 [100] 轴和 [001] 轴的分量；（b）M_s 的方向和 [001] 轴的夹角 θ_c

采用交换和晶场模型，利用 $Y(Fe_{11}Ti)$ 的 M_s 和 K_1 作为 Fe 次晶格的 M_s^{Fe} 和 K_1^{Fe}，对 $Dy(Fe_{11}Ti)$ 的磁化曲线进行拟合（见图 4-57），获得了一组晶场参数 $\{B_{kq}\}$ 和 $\{A_{kq}\}$（见表 4-18）和交换场系数 $n_{DyFe} = 141\mu_0$。[9,58] 这里获得的交换场系数数值，同采用居里温度推导的 $R(Fe_{11}Ti)$（R 为重稀土）的数值很接近（参见 4.1.4 节）。在低温段的情况拟合时，M_s^{Fe} 的数值提高了 5%，这样可以获得更合理的 $Dy(Fe_{11}Ti)$ 自发磁化强度的数值。在 $Dy(Fe_{11}Ti)$ 中 Fe 原子的磁矩比 $Y(Fe_{11}Ti)$ 中 Fe 原子磁矩偏高的现象，在 $R(Fe_{11}Ti)$ 穆斯堡尔数据中也有反映[9,81]。在拟合中还获得了 $Dy(Fe_{11}Ti)$ 自发磁化强度 M_s 偏离 [001] 轴的夹角 θ_c 随温度的变化曲线 [见图 4-58（b）]，与实验值符合非常好。自旋重取向温度的计算值 $T_{sr1}^{cal} = 58K$，$T_{sr2}^{cal} = 197K$，同实验值 $T_{sr1}^{exp} = 58K$，$T_{sr2}^{exp} = 200K$ 基本一致。在拟

合 $T = 300K$ 的磁化曲线时，$\{B_{kq}\}$［或 $\{A_{kq}\}$］减小了 30%。

我们用具体数据来看一看晶场系数同磁晶各向异性的关联，仅以温度 0K 时的情形为例。将表 4-18 的晶场系数 $\{A_{kq}\}$ 或者晶场参数 $\{B_{kq}\}$ 代入关系式（4-96）［其中 $B_{kq} = \theta_k A_{kq}^{\alpha} <r^k>$；$\theta_2 = \alpha_J = -0.6349 \times 10^{-2}$，$\theta_4 = \beta_J = -0.5920 \times 10^{-4}$ 和 $\theta_6 = \gamma_J = 1.035 \times 10^{-6}$（参见表 4-10）；$Dy^{3+}$ $4f$ 壳层的平均半径 $<r^2> = 0.7814a_0^2$，$<r^4> = 1.505a_0^4$，$<r^6> = 6.048a_0^6$，a_0 为玻耳半径[64]］，我们可得到一组各向异性常数 $\{K_i\}$：$K_1^{Dy} = -267K/(f.u.)$，$K_2^{Dy} = 420K/(f.u.)$，$K_1'^{Dy} = -19K/(f.u.)$，$K_2'^{Dy} = -208K/(f.u.)$ 和 $K_3'^{Dy} = -2K/(f.u.)$。再将它们和 Fe 次晶格的 $K_1^{Fe} = -25K/(f.u.)$ 代入 4.3.1 节的不同关系式，满足式（4-81）的条件：$(K_1^{Fe} + K_1^{Dy}) + (K_2^{Dy} + K_2'^{Dy}) + (K_3^{Dy} + K_3'^{Dy}) = -52.7K/(f.u.)$，$(K_1^{Fe} + K_1^{Dy}) + 2(K_2^{Dy} + K_2'^{Dy}) + 3(K_3^{Dy} + K_3'^{Dy}) = -73.6K/(f.u.)$ 和 $K_3^{Dy} + K_3'^{Dy} = -211K/(f.u.)$，均小于 0，所以 $\theta = 90°$，$\varphi = 0°$，即自发磁化强度 M_s 沿 [100] 方向。

表 4-18 $Dy(Fe_{11}Ti)$ 中 Dy^{3+} 离子的晶场参数 $\{B_{kq}\}$ 和晶场系数 $\{A_{kq}\}$（$\alpha = c$）[9,58]

B_{kq}^{α}/K	B_{20}	B_{40}	B_{44}	B_{60}	B_{64}
$2a$ 晶位	0.16	11.0×10^{-4}	-105×10^{-4}	16.0×10^{-6}	4.0×10^{-6}
A_{kq}^{α}（K/a_0^k）	A_{20}	A_{40}	A_{44}	A_{60}	A_{64}
$2a$ 晶位	-32.3	-12.4	118	2.56	0.64

基于 $Dy(Fe_{11}Ti)$ 的晶场分析结果，我们可以延伸分析整个 $R(Fe_{11}Ti)$ 系列[9,58]。基于所有 $R(Fe_{11}Ti)$ 化合物均是 $ThMn_{12}$ 结构，假设它们的晶场系数 $\{A_{kq}\}$ 变化不大，这一点从 $R_2Fe_{14}B$ 化合物的晶场结果中也可以看到。因此，采用以下关系式可以获得 $R(Fe_{11}Ti)$ 化合物的晶场参数 $\{B_{kq}\}$：

$$B_{kq}(R^{3+}) = [\theta_k <r^2>(R^{3+})/\theta_k <r^2>(Dy^{3+})]B_{kq}(Dy^{3+}) \tag{4-124}$$

相关的数值见表 4-19。我们还采用从居里温度推导出来的交换场系数 n_{RFe}（参见4.1.4 节）（注意轻稀土的数值是重稀土的 2 倍左右），$n_{NdFe} = 351\mu_0$ 和 $n_{RFe} = 141\mu_0$（R = Tb、Ho、Er 和 Tm），这样就可以采用同样的模型预测 $RFe_{11}Ti$ 化合物的磁性。

表 4-19 $R(Fe_{11}Ti)$ 中 R^{3+} 离子的晶场参数 $\{B_{kq}\}$ 及其强度项

$B_{kq} <J, \pm J| O_{kq} |J, \pm J>$ （K）

R^{3+}	Nd^{3+}	Tb^{3+}	Dy^{3+}	Ho^{3+}	Er^{3+}	Tm^{3+}
B_{20}	0.231	0.268	0.16	0.0534	-0.0582	-0.222
$B_{40} \times 10^4$	105	-25	11	5.67	-6.96	-23.7
$B_{44} \times 10^4$	-998	238	-105	-54.1	66.5	226
$B_{60} \times 10^6$	-1459	-19.6	16	-17.8	25.5	-62.2
$B_{64} \times 10^6$	-365	-4.9	4	-4.5	6.4	-16
$B_{20} <O_{20}>$	8.31	17.7	16.8	6.41	-6.12	-14.6
$B_{40} <O_{40}>$	15.8	-14.8	18	12.4	-11.4	-14.1
$B_{44} <O_{40}>$	-151	141	-172	-118	109	134
$B_{60} <O_{60}>$	-22.1	-3.27	14.4	-25.6	23	-10.3
$B_{64} <O_{60}>$	-5.5	-0.82	3.6	-6.4	5.7	-2.6

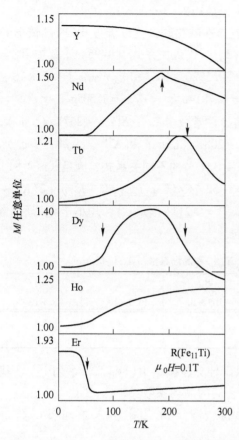

图 4-59 $R(Fe_{11}Ti)$ 多晶粉末各向同性样品
的磁化强度随温度的变化，外加磁场
$\mu_0 H = 0.1T$。箭头标记自旋重取向温度[9,80]

首先看一下实验结果，图 4-59 给出了 $R(Fe_{11}Ti)$ 各向同性样品在外加磁场 $\mu_0 H = 0.1T$ 下的磁化强度随温度的变化，箭头标记出了 $Nd(Fe_{11}Ti)$、$Tb(Fe_{11}Ti)$、$Dy(Fe_{11}Ti)$ 和 $Er(Fe_{11}Ti)$ 出现的自旋重取向[9,80]。采用交换和晶场模型的计算结果见图 4-60，$Nd(Fe_{11}Ti)$、$Tb(Fe_{11}Ti)$ 和 $Er(Fe_{11}Ti)$ 出现的自旋重取向，$Ho(Fe_{11}Ti)$ 没有自旋重取向，同实验结果基本一致，但 $TbFe_{11}Ti$ 的自旋重取向温度的计算值比实验值偏低。在 $T = 4.2K$ 时单胞总能量随自发磁化强度偏离 c 轴角度的能量曲面显示（见图 4-61）[系统总能量定义式参见式（4-66）]，$Nd(Fe_{11}Ti)$ 的自发磁化强度 M_s 偏离 c 轴的夹角为 $\theta_c = 33°$，位于（010）平面；$Ho(Fe_{11}Ti)$ 的自发磁化强度 M_s 偏离 c 轴的夹角为 $\theta_c = 0°$，位于（010）平面；$Er(Fe_{11}Ti)$ 的自发磁化强度 M_s 偏离 c 轴的夹角为 $\theta_c = 22°$，位于（110）平面。对于四方结构，当自发磁化强度 M_s 和 c 轴的夹角为 θ 时，则 M_s 在（001）平面内投影的各向异性由以下关系决定 [参见式（4-83）][62]：

$$K'^R_2 + K'^R_3 \sin^2\theta < 0, \varphi = 0° \quad (4-125)$$

M_s 位于（100）平面

$$K'^R_2 + K'^R_3 \sin^2\theta > 0, \varphi = 45° \quad (4-126)$$

M_s 位于（110）平面

根据关系式（4-96），同时考虑到 $|B_{64} < O_{60} >|/|B_{44} < O_{40} >|$ 小于 5.3%（参见表 4-16），我们有

$$\begin{aligned}
K'^R_2 + K'^R_3 \sin^2\theta &= B_{44} < O_{40} > /8 - (11B_{64} < O_{60} > \sin^2\theta - 10B_{64} < O_{60} >)/16 \\
&\cong B_{44} < O_{40} > /8 \\
&= \beta_J A_{44} < r^4 > < O_{40} > /8
\end{aligned} \quad (4-127)$$

由于 $A_{44} = 118K/a_0^4 > 0$，所以 $\beta_J < 0$ 的化合物 $Nd(Fe_{11}Ti)$、$Dy(Fe_{11}Ti)$ 和 $Ho(Fe_{11}Ti)$ 的 M_s 位于（100）平面，$\beta_J > 0$ 的化合物 $TbFe_{11}Ti$ 和 $ErFe_{11}Ti$ 的 M_s 位于（110）平面。

图 4-62 给出了 $R(Fe_{11}Ti)$ 金属间化合物的磁结构随温度的变化的实验值和采用表 4-19 中参数的计算结果[9,58,80]。我们看到，除 $Tb(Fe_{11}Ti)$ 外，计算值和实验结果基本一致。

从 $Y(Fe_{11}Ti)$ 多晶样品获得的 $K_1^{Fe}(T)$ 和 $M_{Fe}^S(T)$（参见图 4-56）同从 $Y(Fe_{11}Ti)$ 单晶样品获得的 $K_1^{Fe}(T)$ 和 $M_{Fe}^S(T)$ 基本相同[82]。从拟合 $Ho(Fe_{11}Ti)$ 单晶样品磁化曲线获得的晶场系数 $\{A_{kq}\}$[82]，与本节前面从 $Dy(Fe_{11}Ti)$ 单晶样品获得的 $\{A_{kq}\}$ 数值比较接近，$A_{20}(Ho)$ 为 $A_{20}(Dy)$ 的 63%；从拟合 $Tb(Fe_{11}Ti)$ 单晶样品磁化曲线获得的晶场系数

$\{A_{kq}\}^{[82,83]}$，与本节前面从 $Dy(Fe_{11}Ti)$ 单晶样品获得的数据相比差别较大，$A_{20}(Tb)$ 为 $A_{20}(Dy)$ 的 1.5 倍左右。

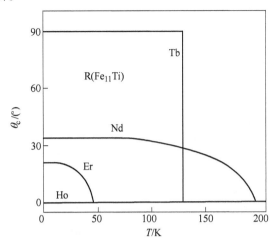

图 4-60　采用表 4-16 中晶场参数 $\{B_{kq}\}$ 计算的 $R(Fe_{11}Ti)$ 的自发磁化强度 M_s 偏离 [001] 轴的夹角 θ_c 随温度的变化[9,58]

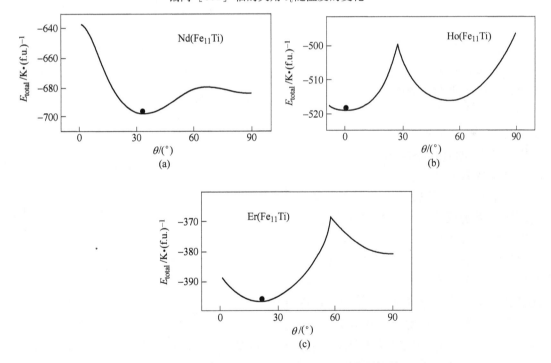

图 4-61　温度为 4.2K 时能量曲面的计算值[9,58]

（a）$Nd(Fe_{11}Ti)$ 在（010）平面；（b）$Ho(Fe_{11}Ti)$ 在（010）平面；（c）$Er(Fe_{11}Ti)$ 在（110）平面

采用表 4-19 的数据计算的 $Tb(Fe_{11}Ti)$ 结果和 $TbFe_{11}Ti$ 多晶样品的实验值不一致。实验数据表明，$Tb(Fe_{11}Ti)$ 在 200K 和 460K 两个温度发生自旋重取向：当温度低于 200K 时，M_s 位于（100）平面（$\varphi = 45°$）；当温度在 200K 和 460K 之间时，$M_s // [100]$；当温度高于 460K 时，$M_s // [001]^{[9,80,81]}$。但后来发表的 $Tb(Fe_{12-x}Ti_x)$ 单晶样品实验数据表

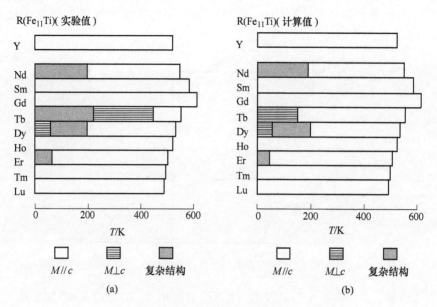

图 4-62　R($Fe_{11}Ti$) 的磁结构随温度的变化[9,58,80]

（a）实验值；（b）采用表 4-16 中晶场参数 $\{B_{kq}\}$ 的计算结果

明，Tb($Fe_{12-x}Ti_x$) 只存在一个自旋重取向，自旋重取向温度 T_{sr} 随着 Ti 含量 x 的增加而减小，$T_{sr}(x=0.8)=396K$，$T_{sr}(x=1.4)=120K$（参见图 4-63）[83,84]。由此也许可以猜测，这里所提到的所谓 Tb($Fe_{11}Ti$) 多晶样品中可能 Ti 的含量不均匀，里面既有低 Ti 相，也有高 Ti 相。

采用 4.2.5 节中关于 Sm^{3+} 混合多重态的交换和晶场模型（注意要考虑激发态），不同研究者拟合了 Sm($Fe_{11}Ti$) 单晶样品的磁化曲线（参见图 4-64），分别获得了一组晶场系数 $\{A_k^q\}$ 和交换场系数 n_{SmFe}（或交换场 B_{SmFe}^{ex}）（参见表 4-20）[9,85,86]。在进行拟合时，忽略了 A_4^4 和 A_6^4 项。从图 4-65 可见，

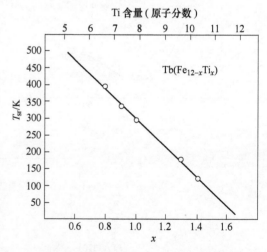

图 4-63　Tb($Fe_{12-x}Ti_x$) 单晶自旋重取向随温度随 Ti 含量的变化[84]

Sm($Fe_{11}Ti$) 具有很强的磁晶各向异性场 $\mu_0 H_a$，在温度 293K 时 $\mu_0 H_a$ 达 10T；在温度 4.2K 时，当外加磁场 $\mu_0 H$ 在 10T 左右时，Sm($Fe_{11}Ti$) 在 [100] 方向出现一级磁化异动（Type Ⅱ FOMP）。采用交流磁化率和奇异点技术（Single Point Detection 或称 SPD）获得的实验结果表明，当温度低于 220K 时，Sm($Fe_{11}Ti$) 出现 Type Ⅱ FOMP[87]。

值得注意，Sm($Fe_{11}Ti$) 的 A_2^0 的数值超过其他 R($Fe_{11}Ti$) 的 A_{20} 的数值的 4 倍（注意 $A_k^0 = A_{k0}$，参见 4.2.3 节）。由于 A_{20} 的数值仅由晶体结构决定，那么基于 Sm($Fe_{11}Ti$) 数据获得的 A_2^0 数值反常，意味着交换和晶场模型对于 Sm^{3+} 混合多重态的分析还有待完善。

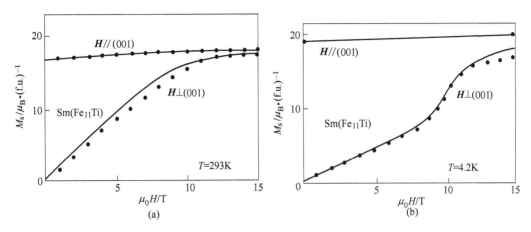

图 4-64　$Sm(Fe_{11}Ti)$ 单晶体在温度 4.2K 和 293K 下的磁化曲线实验值（点）和计算值（线）[9,85,86]

表 4-20　$Sm(Fe_{11}Ti)$ 中 Sm^{3+} 离子的晶场系数 A_k^q、交换场系数 n_{SmFe} 和交换场能 $2\mu_B B_{SmFe}^{ex}$ [9,85~87]

A_2^0 /K·a_0^{-2}	A_4^0 /K·a_0^{-4}	A_6^0 /K·a_0^{-6}	n_{SmFe} /μ_0	$2\mu_B B_{SmFe}^{ex}$ /K	参考文献
-132	4.0	7.0	266	474	[9]、[86]
-143	4.0	6.7	(258)	460	[85]
-145	0	5.7	(258)	460	[87]

注：参考文献 [87] 中的晶场系数定义不同，需要换算，参见 4.2 节。

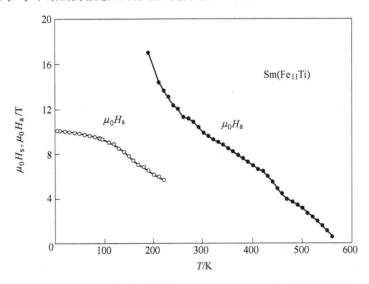

图 4-65　$Sm(Fe_{11}Ti)$ 出现一级磁化异动（Type Ⅱ FOMP）时对应的磁场 $\mu_0 H_s$ 和
磁晶各向异性场 $\mu_0 H_a$ 随温度的变化[87]
（数据由奇异点技术（SPD）测得）

4.4.6　间隙 R-T 化合物

在 R-T 金属间化合物的晶体结构中，存在一些间隙位置。N 和 C 原子进入到这些间隙位置去，形成间隙 R-T 金属间化合物，并对化合物的磁性产生重大影响（参见 4.5 节）。例如，在室温下，Sm_2Fe_{17} 和 $Sm_3(Fe,Ti)_{29}$[155] 为平面各向异性、$NdFe_{11}Ti$ 为弱的单轴各向异性[80]，而 $Sm_2Fe_{17}N_y$[127]、$Sm_2Fe_{17}C_y$[140]、$NdFe_{11}TiN_y$[141]、$NdFe_{11}TiC_y$[117]、$Sm_3(Fe,Ti)_{29}N_y$[156] 和 $Sm_3(Fe,Ti)_{29}C_y$[118] 则表现为很强的单轴各向异性。在本小节中，我们仅介绍一下间隙 R-T 金属间氮化物的晶场相互作用与磁晶各向异性。

4.4.6.1　$Sm_2Fe_{17}N_y$

当 R_2Fe_{17} 吸氮以后，R 次晶格的磁晶各向异性有非常大的变化。在温度 4.2K 时，仅有 $R_2Fe_{17}N_{3-\delta}$(Sm,Er,Tm) 为单轴各向异性[119,127]；然而在室温下，所有 $R_2Fe_{17}N_{3-\delta}$ 表现为平面各向异性，只有 $Sm_2Fe_{17}N_{3-\delta}$ 除外[127]。$Sm_2Fe_{17}N_{3-\delta}$ 呈现出很强的磁晶各向异性场 $\mu_0 H_a$，在 4.2K 时 $\mu_0 H_a = 23T$[120]，在室温时 $\mu_0 H_a = 14T$[121]。

$Sm_2Fe_{17}N_{3-\delta}$ 具有 Th_2Zn_{17} 菱形结构，空间群为 $R\bar{3}m$，R 原子占据具有六角点对称 3m 的 6c 晶位。在 $Sm_2Fe_{17}N_{3-\delta}$ 中 R^{3+} 离子的晶场哈密顿量 H_{cf} 写成（只保留对角项）[122]：

$$H_{cf} = \sum_{k=2,4,6} N_k^0 A_k^0 <r^k> U_0^k \tag{4-128}$$

计算采用的交换和晶场模型其他方程式同前面处理 R_2Co_{17} 化合物时相同（参见 4.5.2 节）。

李宏硕（Li Hong shuo）和 J. M. Cadogan[122] 利用有限的实验数据，利用交换和晶场模型计算 $Sm_2Fe_{17}N_{3-\delta}$ 中稀土离子 Sm^{3+} 的晶场。对 Sm^{3+} 离子，考虑基态（$J = 5/2$）和第一激发态（$J = 7/2$）多重态，二者的能级差 $E(J = 7/2) - E(J = 5/2) = 1438K$，并且自旋轨道耦合参数 $\lambda(Sm^{3+}) = 411.1K$。利用 $Sm_2Fe_{17}N_{3-\delta}$ 和 $Y_2Fe_{17}N_{3-\delta}$ 化合物磁化曲线和穆斯堡尔超精细场实验数据获得了 Fe 次晶格的自发磁化强度 $M_{Fe}^S(T)$ 和磁晶各向异性常数 $K_1^{Fe}(T)$。在 $T = 4.2K$ 时，$Y_2Fe_{17}N_{3-\delta}$ 为易平面各向异性，磁晶各向异性常数 $K_1^{Fe} = -25.7K/(f.u.)$（$-1.3MJ/m^3$），自发磁化强度 $M_{Fe}^S = 35.0\mu_B/(f.u.)$（$\mu_0 M_{Fe}^S(0) = 1.49T$），Fe 原子磁矩 $\mu_{Fe} = 2.06\mu_B$。[122,123] 图 4-66 给出了从 $Y_2Fe_{17}N_{3-\delta}$ 化合物推导出的 Fe 次晶格的磁晶各向异性常数 K_1^{Fe} 随温度的变化[122]。并且，从居里温度推导得到 $n_{SmFe} = 300\mu_0$（参见 4.1.4 节）。采用交换和晶场模型拟合了 $Sm_2Fe_{17}N_{3-\delta}$ 磁晶各向异性场 $\mu_0 H_a$ 随温度的变化（见图 4-67）[122]。表 4-21 列出了 $Sm_2Fe_{17}N_{3-\delta}$ 中 Sm^{3+} 离子的晶场系数 A_{kq}、交换场系数 n_{SmFe} 和交换能 $2\mu_B B_{SmFe}^{ex}$ 的数值。

赵铁松（Zhao T S）[124] 等人采用了不同研究者的实验数据，晶场哈密顿量仅考虑了 A_{20} 和 A_{40} 项；考虑了 Sm^{3+} 基态（$J = 5/2$）、第一激发态（$J = 7/2$）和第二激发态（$J = 9/2$）多重态，并且自旋轨道耦合参数 $\lambda(Sm^{3+}) = 410K$。相应的计算结果，也列入了表 4-21（注意参考文献 [124] 中的晶场系数定义不同，需要换算，参见 4.2 节）。

我们注意到上面两个计算结果很接近，虽然所采用的实验数据不完全相同。这里获得的 $Sm_2Fe_{17}N_{3-\delta}$ 的二级晶场系数 $A_2^0 = -160K/a_0^2$，同 $SmCo_5$ 化合物的 $A_2^0 = -169K/a_0^2$ 很接近（参见表 4-13），是 Sm_2Co_{17} 的 $A_2^0 = -113K/a_0^2$ 的 1.4 倍（参见表 4-15），是 $SmFe_{11}Ti$ 的 $A_2^0 = -132K/a_0^2$ 的 1.2 倍（参见表 4-20）。

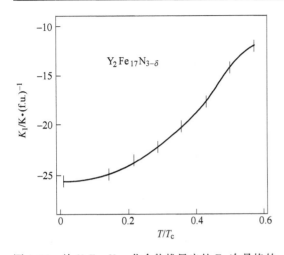

图 4-66 从 $Y_2Fe_{17}N_{3-\delta}$ 化合物推导出的 Fe 次晶格的磁晶各向异性常数 K_1^{Fe} 随温度的变化[122]

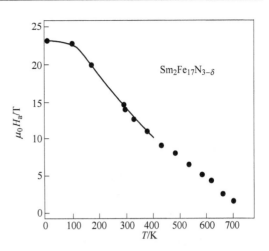

图 4-67 $Sm_2Fe_{17}N_{3-\delta}$ 磁晶各向异性场 μ_0H_a 随温度的变化

（散点为实验数据[120,121]，实线为拟合曲线[122]）

表 4-21 $Sm_2Fe_{17}N_{3-\delta}$ 中 Sm^{3+} 离子的晶场系数 A_{kq}、交换场系数 n_{SmFe} 和交换场能 $2\mu_B B_{SmFe}^{ex}$ [122,124]

A_2^0 /K·a_0^{-2}	A_4^0 /K·a_0^{-4}	A_6^0 /K·a_0^{-6}	n_{SmFe} /μ_0	$2\mu_B B_{SmFe}^{ex}$ /K	参考文献
-160	8.0	-3.0	300	591	[122]
-187	11.0	—	(305)	600	[124]

注：参考文献［124］中的晶场系数定义不同，需要换算，参见 4.2 节。

4.4.6.2 $Nd(Fe_{11}Ti)N_y$

采用处理 $R(Fe_{11}Ti)$（$R \neq Sm$）金属间化合物相同的交换和晶场模型（参见 4.5.5 节）来处理 $Nd(Fe_{11}Ti)N_y$ 氮化物。$Nd(Fe_{11}Ti)N_x$ 化合物具有 $ThMn_{12}$ 四方结构，空间群为 $I4/mmm$，R 只有一个晶位 $2a$，点对称 $4/mmm$（参见 3.8.1 节）。由于实验数据有限，李宏硕（Li Hong shuo）和 J. M. Cadogan 利用交换和晶场模型计算采用了简化形式，Nd^{3+} 离子的晶场哈密顿量 H_{cf} 只保留二级对角项[125]：

$$H_{cf} = \alpha_J A_{20} < r^2 > O_{20} \tag{4-129}$$

利用 $Y(Fe_{11}Ti)N_y$ 化合物的实验数据获得了 Fe 次晶格的自发磁化强度 $M_{Fe}^S(T)$ 和磁晶各向异性常数 $K_1^{Fe}(T)$。在 $T = 1.5K$ 时，磁晶各向异性常数 $K_1^{Fe} = 20K/(f.u.)$，自发磁化强度 $M_{Fe}^S = 21.75\mu_B/(f.u.)$，Fe 原子磁矩 $\mu_{Fe} = 1.98\mu_B$[125,128]。采用交换和晶场模型，设 $Nd(Fe_{11}Ti)N_y$ 的 Nd-Fe 交换作用常数 $n_{NdFe} = 455\mu_0$（比 $Nd(Fe_{11}Ti)$ 的 $n_{NdFe} = 351\mu_0$ 略高）（参见 4.5.5 节）。取晶场系数 $A_{20} = 170K/a_0^2$，计算出 $Nd(Fe_{11}Ti)N_x$ 获得室温下的磁晶各向异性场 $\mu_0H_a^{cal} = 7.2T$[125]。此计算值同实验值 $\mu_0H_a^{exp} = 8T$[128] 非常接近。$Nd(Fe_{11}Ti)N_y$ 晶场系数 A_{20} 绝对值同 $Sm_2Fe_{17}N_{3-\delta}$ 晶场系数 A_{20} 绝对值很接近。

4.4.6.3 $Sm_3(Fe,Ti)_{29}N_y$

李宏硕（Li Hong shuo）和 J. M. Cadogan 利用有限的实验数据，采用上面计算

Nd(Fe$_{11}$Ti)N$_x$化合物晶场相似的交换和晶场模型处理 Sm$_3$(Fe,Ti)$_{29}$N$_y$化合物的晶场相互作用[129]，但仅仅计算出了第二级晶场系数 A_{20}。Sm$_3$(Fe,Ti)$_{29}$N$_y$化合物具有 Nd$_3$(Fe,Ti)$_{29}$N$_y$结构，空间群为 $P2_1/C$，R 原子占据具有 $2/m$ 对称性的 $2a$ 晶位和具有 m 对称性的 $4e$晶位。

首先利用 Y$_3$(Fe,Ti)$_{29}$化合物的实验数据，获得 Fe 次晶格的自发磁化强度 M_{Fe}^S 和磁晶各向异性常数 K_1^{Fe}随温度的变化[130]。然后，通过计算 Nd$_3$(Fe,Ti)$_{29}$ 和 Sm$_3$(Fe,Ti)$_{29}$化合物的磁化曲线，并同它们的第二类一级磁化异动（Type II FOMP）临界场的实验值对比，得到一组 R$_3$(Fe,Ti)$_{29}$化合物的晶场系数 $\{A_{kq}\}$（其中 $A_{20}(2a) = 16K/a_0^2$ 和 $A_{20}(4e) = -25K/a_0^2$）和交换常数 $n_{RFe} = 285\mu_0$[129]。再考虑氮化物的情况，每个 N 原子对晶场系数 A_{20}的贡献用：$\Delta A_{20} = -54K/a_0^2$(Sm$_2Fe_{17}N_{3-\delta}$)[122] 和 $\Delta A_{20} = -100K/a_0^2$(NdFe$_{11}TiN_x$)[125]。由于 Nd$_3(Fe,Ti)_{29}$结构中 $2a$ 晶位 R^{3+} 离子的周边环境对应于 ThMn$_{12}$结构中 $2a$ 的晶位的周边环境，而 Nd$_3$(Fe,Ti)$_{29}$结构中 $4e$ 晶位 R^{3+} 离子的周边环境对应于 Th$_2$Zn$_{17}$结构中 $6c$ 晶位的周边环境[126]，所以有如下关系式[129]：

$$A_{20}(2a) = 16 + (1/2)y(-100)K/a_0^2$$
$$A_{20}(4e) = -25 + (3/4)y(-54)K/a_0^2 \tag{4-130}$$

对于 Sm$_3$(Fe,Ti)$_{29}$N$_y$化合物，可以从式（4-130）推导出当 $y=4$ 时（完全氮化）$A_{20}(2a) = -184K/a_0^2$和 $A_{20}(4e) = -187K/a_0^2$。上面式（4-130）还表明，当 $y>2$ 时 Sm$_3$(Fe,Ti)$_{29}$N$_y$化合物具有单轴各向异性。利用推导出的 A_{20}，可以预测 Sm$_3$(Fe,Ti)$_{29}$N$_4$化合物的室温各向异性场为 11.4T，这与实验值 10.7T[131]和 13T[132]很接近。

4.5　稀土永磁材料的内禀磁性

稀土永磁材料的内禀磁性，是指它们各自含有的最基本的稀土过渡族金属间化合物（或称主相）的内禀磁性。在前面几节，我们讨论了稀土过渡族金属间化合物的磁性和相互作用。在诸多的稀土过渡族金属间化合物中，能成为实用永磁材料的化合物并不多。第一代（SmCo$_5$型或称 1:5 型）、第二代（Sm$_2$Co$_{17}$型或称 2:17 型）和第三代（Nd$_2$Fe$_{14}$B 型或称 2:14:1 型）稀土永磁材料已经广泛应用，但人们期盼的第四代稀土永磁材料迟迟没有到来，尽管人们已发现了一些间隙稀土过渡族化合物并对它们进行了大量的硬磁性研究，例如 Sm$_2$Fe$_{17}$N$_y$和 Sm$_2$Fe$_{17}$C$_y$化合物[26,144~152]、NdFe$_{12-x}$M$_x$N$_y$和 NdFe$_{12-x}$MC$_y$化合物[26,153~155]、Sm$_2$(Fe,M)$_{29}$N$_y$和 Sm$_2$(Fe,M)$_{29}$C$_y$化合物[156~163]。

在本节中我们将重点梳理已经广泛应用的第一代（SmCo$_5$型或称 1:5 型）、第二代（Sm$_2$Co$_{17}$型或称 2:17 型）、第三代（Nd$_2$Fe$_{14}$B 型或称 2:14:1 型）稀土永磁材料家族和典型间隙稀土永磁材料家族的内禀磁性（参见综述文献[7]、[8]、[10]~[14]、[20]、[26]、[65]、[134]、[143]）。

4.5.1　居里温度

居里温度（或称居里点）（磁有序温度类型之一）是铁磁性材料最基本的物理参数之一。一种铁磁材料居里温度的高低，表明磁有序相互作用抗拒晶格热运动的能力的强弱。

由于温度稳定性的需要，希望永磁材料具有足够高的居里温度，且越高越好。

图 4-68 总结了 RCo_5、R_2Co_{17} 和 $R_2Fe_{14}B$ 三代稀土永磁材料各系列化合物的居里温度，作为比较同时还加入了 R_2Fe_{17} 系列化合物的居里温度（参见表 4-24）[8,12,20,65,134,143]。很明显，R_2Co_{17} 系列化合物的居里温度 $T_c = 1078 \sim 1218K（805 \sim 945℃）$ 最高，RCo_5 系列化合物的居里温度 $T_c = 717 \sim 1014K（444 \sim 741℃）$ 次之，上面两个系列中各自的 Ce 化合物的居里温度为最低。第三代稀土永磁材料 $R_2Fe_{14}B$ 系列化合物的居里温度 $T_c = 516 \sim 659K$（$243 \sim 386℃$），大大低于上两代稀土永磁材料。$Nd_2Fe_{14}B$ 的居里温度 $T_c = 586K（313℃）$，比 $SmCo_5$ 的居里温度 $T_c = 1020K（747℃）$ 低 434K（161℃），比 Sm_2Co_{17} 的居里温度 $T_c = 1195K（922℃）$ 低 607K（334℃），所以虽然 Nd-Fe-B 磁体性能优异、成本低廉，应用非常广泛，但在工作温度高于 250℃ 环境下使用受到制约，而 Sm-Co 磁体的工作温度最高可达 550℃[136]。

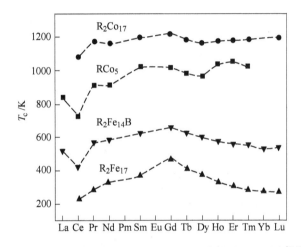

图 4-68　RCo_5、R_2Co_{17}、$R_2Fe_{14}B$ 和 R_2Fe_{17} 系列化合物的居里温度[8,12,20,65,134,143]

我们前面已经讨论，对于稀土永磁材料主相的 R-T 化合物，可以采用 R 晶格和 T 次晶格组合的双晶格模型来分析 R-T 化合物的磁性和相互作用（参见 4.1 节）。R-T 化合物居里温度有三部分来源：T-T 直接交换作用、R-T 间接交换作用和 R-R 间接交换作用。其中 T-T 交换作用最强，为主要贡献；R-R 交换作用最弱，往往可以忽略。R-T 化合物居里温度 T_c 同 T-T 交换作用贡献 T_T、T-R 交换作用贡献 T_{RT} 和 R-R 交换作用贡献 T_R 关系式参见式（4-29）。T_T 可以从相同晶体结构的非磁性稀土元素 Y、La 或 Lu 化合物的居里温度估计。例如 RCo_5 化合物中的 Co-Co 交换作用贡献 T_{Co}，可以采用 $T_c(LaCo_5) = 840K（567℃）$ 来估算；R_2Co_{17} 化合物中的 Co-Co 交换作用贡献 T_{Co}，可以采用 $T_c(Lu_2Co_{17}) = 1196K（923℃）$ 来估算。对于 RCo_5 和 R_2Co_{17} 化合物而言，从 Pr 开始往后，居里温度随不同稀土元素的波动较小，也就是说 RCo_5 和 R_2Co_{17} 化合物的居里温度基本上是由 Co 次晶格贡献的，R 次晶格贡献很小。$Nd_2Fe_{14}B$ 化合物中 Fe-Fe 交换作用贡献 T_{Fe} 可以采用 $T_c(La_2Fe_{14}B) = 516K$（243℃）或者采用 $T_c(Lu_2Fe_{14}B) = 539K（266℃）$ 来估算，两者居里温度的差异与镧系收缩造成的 Fe-Fe 间距变化有必然联系。以 $La_2Fe_{14}B$ 的居里温度作为 Fe-Fe 交换作用的贡献（Nd 更靠近 La），则在 $Nd_2Fe_{14}B$ 中的占有份额 $T_c(La_2Fe_{14}B)/T_c(Nd_2Fe_{14}B) = 88\%$，而 R-Fe

和 R-R 两者交换作用对 $Nd_2Fe_{14}B$ 居里温度的贡献只有 12%。在 RCo_5 系列和 $R_2Fe_{14}B$ 系列化合物中，Ce 化合物偏离了平滑曲线，形成了"V"字的低点，我们将在稍后结合饱和磁化强度中的类似现象（参见图 4-73）讨论 $Ce_2Fe_{14}B$ 的反常内禀磁性。

同 Co 基化合物的高居里温度相比，Fe 基化合物的居里温度要低很多。例如，R_2Co_{17} 系列化合物的居里温度比相同 R 的 R_2Fe_{17} 系列化合物高 700～840K（参见图 4-68）。不过当硼被引入二元 R-Fe 合金所形成的三元 $R_2Fe_{14}B$ 化合物后，其居里温度比 R_2Fe_{17} 增加了 200～300K（参见图 4-68），这使得其中的一些相成为永磁材料开发的对象。引进一些过渡族元素，还可以形成 $ThMn_{12}$ 结构的 $R(Fe_{12-x}T_x)$ 三元化合物（T = Si、Al、Ti、V、Cr、Mo、W、Nb 等）[9,14,62,80] 和 $Nd_3(Fe,Ti)_{29}$ 结构的 $R_3(Fe,T)_{29}$ 化合物（T = Ti、V、Cr、Mn、Mo 等）[27~29]。这些化合物的居里温度提高幅度大于 200K。图 4-69 给出了一些典型 $R(Fe_{12-x}T_x)$ 三元化合物的居里温度[14,62,80]。从图 4-69 可以看出，Ti 和 Nb 两种元素的含量不同，但 $R(Fe_{11}Ti)$ 和 $R(Fe_{11.35}Nb_{0.65})$ 的居里温度数值基本相同[14,62,80]。

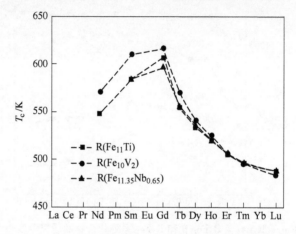

图 4-69　$R(Fe_{11}Ti)$、$R(Fe_{10}V_2)$ 和 $R(Fe_{11.35}Nb_{0.65})$ 系列化合物的居里温度[14,62,80]

在金属间化合物的晶体结构中，存在一些间隙位置（参见第 3 章）。人们已将某些元素的原子引进到这些间隙位置去，并研究了它们对化合物结构和磁性的影响。对于 R-Fe 金属间化合物来说，居里点低的主要原因是由于 Fe-Fe 间距较短，通过引进间隙原子使得晶格膨胀，就能够增强 Fe-Fe 交换作用，提高居里温度（详细讨论参见 4.1.4 节）。原子半径最小的 H 就是最早被引入 $R_2Fe_{14}B$[30,137] 或 R_2Fe_{17}[138] 系列中，发现晶体结构不变，居里温度增加。当人们把更大尺寸的 C 原子[139,140] 或 N 原子[127] 引入 R_2Fe_{17} 系列中，发现晶体结构不变，居里温度大幅度提高。紧接着，将 N 引入 $ThMn_{12}$ 结构化合物 $RFe_{11}Ti$[141]，开辟了 $R(Fe_{12-x}T_x)N_y$（T = Si、Al、Ti、V、Cr、Mo、W、Nb 等）氮化物研究的又一大分支[7,26]。后来，科学家们又发现了 $R_3(Fe,T)_{29}$（T = Ti、V、Cr、Mn、Mo 等）化合物及其间隙化合物[27~29]。图 4-50 给出了 R_2Fe_{17} 系列化合物、$R_2Fe_{17}C_y$ 和 $R_2Fe_{17}N_y$ 间隙化合物的居里温度[26,140,164]。引进间隙原子 C 或 N 使得晶格膨胀，$R_2Fe_{17}C_y$ 和 $R_2Fe_{17}N_y$（$y \approx 2.6$）相对于 R_2Fe_{17} 的体积膨胀率 $\Delta V/V \approx 7\%$，居里温度翻了一倍左右，增加了 381～437K[140,164]。图 4-51 给出了 $R(Fe_{11}Ti)$、$R(Fe_{11}Ti)C_y$ 和 $R(Fe_{11}Ti)N_y$ 化合物的居里温度。[80,117,142] 引进间隙原子 C 或 N 使得晶格膨胀，$R(Fe_{11}Ti)C_y$ 和 $R(Fe_{11}Ti)N_y(y \approx 1)$ 相对于 $R(Fe_{11}Ti)$ 的体积膨胀率 $\Delta V/V = 1.4\% \sim 3.9\%$，居里温度提升高达 200K 左右，提升率 $\Delta T_c/T_c = 40\%$（详细讨论参见 4.1.4 节）。图 4-72 给出了 $R_3(Fe_{1-x}Mo_x)_{29}$ 和 $R_3(Fe_{1-x}Mo_x)_{29}N_y$ 系列化合物的居里温度[29]，化合物中 x 的取值随不同稀土元素稍有不同：Ce 0.039，Nd 0.044，Sm 0.034，Gd 0.026，Tb 0.024，Dy 0.016；化合物中 y 的取值范围：$3.7 < y < 4.0$。$R_3(Fe_{1-x}Mo_x)_{29}N_y$ 间隙化合物相对于 $R_3(Fe_{1-x}Mo_x)_{29}$ 的体积膨胀率 $\Delta V/V \approx 4.6\% \sim 6.6\%$，居里温度提升幅度最高达 360K，正好介于 $R_2Fe_{17}N_y$ 间隙化合物的居里温度提升幅度和 $R(Fe_{11}Ti)N_y$ 间隙化合物的居里温度提升幅度之间，与之对应的是 $R_3(Fe,Mo)_{29}$ 的居里温度介于 R_2Fe_{17} 和 $R(Fe_{11}Ti)$ 之间。

比较图 4-70 ~ 图 4-72，我们可以看到 R_2Fe_{17}、$R(Fe_{11}Ti)$ 和 $R_3(Fe_{1-x}Mo_x)_{29}$ 三个系列化合物各自的居里温度相差不小，但当引入 N 间隙原子而形成的三个系列氮化物的居里温度却相差不大，例如从 $T_c(Sm_2Fe_{17}) = 368K$、$T_c[Sm(Fe_{11}Ti)] = 584K$ 和 $T_c[Sm_3(Fe_{28}Mo)] = 445K$ 分别提高到 $T_c(Sm_2Fe_{17}N_y) = 749K$、$T_c[Sm(Fe_{11}Ti)N_y] = 743K$ 和 $T_c[Sm_3(Fe_{28}Mo)N_y] = 704K$。也就是说，通过引进间隙原子使得晶格膨胀，增大 Fe-Fe 间距，从而提高居里温度似乎有一个上限。实验表明[152]，通过气-固相反应获得的 $Sm_2Fe_{17}N_y$ 化合物，其间隙 N 原子含量 $y = 2 \sim 8$；当 $y > 2$ 时，晶格常数 a 保持不变，晶格常数 c 持续增大，体积膨胀 $\Delta V/V = 6.34\% \sim 7.76\%$。但是，当 $y = 2 \sim 3$ 时，居里温度持平；当 $y > 3$ 时，居里温度下降，$[T_c(y = 6.43) - T_c(y = 2.1)]/T_c(y = 6.43) = 4.5\%$。并且，当 $y = 3$ 时，饱和磁化强度和磁晶各向异性场均达到最佳值。所以，当 $y \approx 3$ 时，$R_2Fe_{17}N_y$ 化合物获得最佳内禀磁性。根据大量实验结果可以类推，当 $y \approx 1$ 时，$R(Fe_{12-x}T_x)N_y$ 化合物获得最佳内禀磁性[26]；当 $y \approx 4$ 时，$R_3(Fe,T)_{29}N_y$ 化合物获得最佳内禀磁性[27~29]。

从上面所有图形可以看到，随稀土元素从 La 到 Lu，R-Fe 化合物的居里温度先是由低变高在 Gd 处达到最大值，然后再由高变低。这种变化趋势，同德吉尼斯（de Gennes）因子 $G = (g_J - 1)^2 J(J + 1)$ 随不同稀土元素 R 的变化图形类似（参见图 4-9），Gd-Fe 化合物的 T_c 展现出最大值 [Gd^{3+} 具有最大的自旋磁矩（参见表 4-2）]。另外，居里温度低的 R-Fe

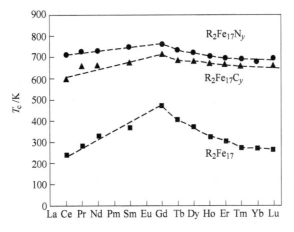

图 4-70　R_2Fe_{17} 系列化合物、$R_2Fe_{17}C_y$ 和 $R_2Fe_{17}N_y(y \approx 2.6)$
系列间隙化合物的居里温度[14,26,164]

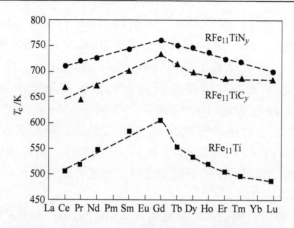

图 4-71 R(Fe₁₁Ti)、R(Fe₁₁Ti)Cᵧ和 R(Fe₁₁Ti)Nᵧ系列
化合物的居里温度[80,117,142]

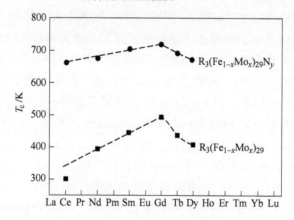

图 4-72 R₃(Fe₁₋ₓMoₓ)₂₉和 R₃(Fe₁₋ₓMoₓ)₂₉Nᵧ系列化合物的居里温度[29]
(化合物中 x 的取值随不同稀土元素稍有不同: Ce-0.039, Nd-0.044, Sm-0.034,
Gd-0.026, Tb-0.024, Dy-0.016; 化合物中 y 的取值范围: 3.7 < y < 4.0)

化合物中, R-Fe 交换作用对居里温度贡献较大; 居里温度相对高的 R-Fe 化合物中, R-Fe 交换作用对居里温度贡献较小。这是因为居里温度升高是由于 Fe-Fe 原子间距增大所致, 这同时也增大了 R-Fe 原子间距, 从而减小了 $4f$-$5d$-$3d$ 间接交换作用, 使得 R-Fe 交换作用对居里温度贡献减小。在 4.1.4 节中, 我们看到交换场系数 n_{RFe} 分成两段: $4f$ 和 $5d$ 电子壳层间距 r_R-r_{4f} 从 Ce 到 Gd 逐渐增大, n_{RFe} 由大变小; 从 Gd 到 Yb 涨落较小, n_{RFe} 基本不变 (参见图 4-24 和图 4-25)。虽然 n_{RFe} 随不同稀土元素变化成 "L" 型, 但居里温度在交换场系数 n_{RFe} 和德吉尼斯因子 G 共同作用下, 使得 R-Fe 化合物的居里温度随不同稀土元素变化成 "人" 字型。

在上面讨论的基础上, 并结合 4.1.4 节, 我们总结一下 R-Fe 和 R-Co 金属间化合物居里温度 T_c 的一些特点:

(1) Fe 次晶格或 Co 次晶格的交换作用贡献 T_{Fe} 或 T_{Co} 是居里温度 T_c 的主要源泉。

(2) RCo₅ 和 R₂Co₁₇ 化合物的居里温度远远高于 R-Fe 化合物的居里温度, 即 T_c(R-Co) ≫ T_c(R-Fe)。

（3）RCo_5和R_2Co_{17}化合物的居里温度随稀土元素变化较小，即$T_c(R\text{-}Co)\approx T_{Co}$。

（4）在一定范围内，R-Fe化合物的居里温度随Fe-Fe原子间距增大而升高，而R-Co化合物的居里温度随Co-Co原子间距增大而降低。

（5）R-Fe化合物的居里温度随不同稀土元素变化成"人"字型，$T_c(Gd\text{-}Fe)$为极大值。

（6）居里温度低的R-Fe化合物中，R-Fe交换作用对居里温度贡献较大；居里温度相对高的R-Fe化合物中，R-Fe交换作用对居里温度贡献较小；

（7）R-R交换作用对居里温度的贡献非常小，一般可以忽略不计。

4.5.2 饱和磁化强度

前面我们已经讨论过，R-T稀土过渡族金属间化合物的磁化强度是R次晶格磁化强度和T次晶格磁化强度的矢量叠加。根据3d过渡金属和稀土元素磁性特征，以及R-T相互作用机理（参见4.1节），只有那些富3d金属Co或Fe和轻稀土元素Ce、Pr、Nd和Sm形成的化合物才具有较高的饱和磁化强度值（轻稀土R磁矩和T磁矩平行排列，重稀土R磁矩和T磁矩反平行排列），从而具有获得高磁能积的潜力。

图4-73给出了RCo_5、R_2Co_{17}和$R_2Fe_{14}B$系列化合物在4.2K时的饱和磁化强度，作为比较同时还加入了R_2Fe_{17}系列化合物的饱和磁化强度（参见表4-24）[8,12,20,65,134,143]。很明显，轻稀土化合物具有高的饱和磁化强度值，而重稀土（特别是对于从Gd到Ho这些大磁矩）稀土化合物的饱和磁化强度值较低。以上四个系列化合物，Nd-T化合物具有最高的饱和磁化强度。通过$LaCo_5$（$M_s=7.1\mu_B/(f.u.)$）计算的Co原子磁矩$\mu_{Co}=1.42\mu_B$，低于由YCo_5（$M_s=8.3\mu_B/(f.u.)$[96]）获得的Co原子磁矩$1.67\mu_B$和金属Co的原子磁矩$1.71\mu_B$（参见表4-1）。通过Y_2Co_{17}（$M_s=28.0\mu_B/(f.u.)$）和Lu_2Co_{17}（$M_s=27.4\mu_B/(f.u.)$）计算的Co原子磁矩μ_{Co}分别为$1.67\mu_B$和$1.61\mu_B$，比较接近金属Co的原子磁矩$1.71\mu_B$。通过Y_2Fe_{17}（$M_s=35.2\mu_B/(f.u.)$）和Lu_2Fe_{17}（$M_s=34.7\mu_B/(f.u.)$）计算的Fe原子磁矩μ_{Fe}分别为$2.07\mu_B$和$2.04\mu_B$，略低于金属Fe的原子磁矩$2.22\mu_B$。对于$R_2Fe_{14}B$化合物，Fe次晶格的饱和磁化强度可以从$La_2Fe_{14}B$（$M_s=30.6\mu_B/(f.u.)$）和$Lu_2Fe_{14}B$（$M_s=28.5\mu_B/$

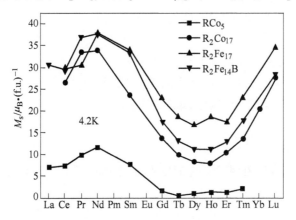

图4-73 温度4.2K下RCo_5、R_2Co_{17}、$R_2Fe_{14}B$和R_2Fe_{17}系列化合物的饱和磁化强度随不同稀土元素的变化[8,12,20,65,134,143]

(f. u.)) 导出，将二者简单平均得到 Fe 次晶格的平均饱和磁化强度为 $29.6\mu_B/$ (f. u.)，Fe 原子的平均磁矩 $\mu_{Fe}=2.11\mu_B$，与金属 Fe 的原子磁矩 $2.22\mu_B$ 很接近（参见表 4-1）。如果假设 $R_2Fe_{14}B$ 中 Fe 次晶格的磁化强度从 La 到 Lu 线性下降，可以获得 $Nd_2Fe_{14}B$ 中 Fe 次晶格的磁化强度为 $30.2\mu_B/$ (f. u.)；而 $Nd_2Fe_{14}B$ 的饱和磁化强度实验值为 $37.7\mu_B/$ (f. u.)，故得到 Nd 次晶格的磁化强度为 $7.5\mu_B/$ (f. u.)，即 Nd 的原子磁矩 $\mu_{Nd}=3.75\mu_B$，这也同 Nd^{3+} 的理论有效磁矩 $3.62\mu_B$ 很接近（参见表 4-4）。

从图 4-73 可以明显看出，在所有系列中 Ce 化合物的饱和磁化强度同 Pr 和 Nd 化合物相比小了很多。同上面讨论 $Nd_2Fe_{14}B$ 类似，同样假设 Fe 次晶格的磁化强度从 La 到 Lu 线性下降，可以获得 $Ce_2Fe_{14}B$ 中 Fe 次晶格的磁化强度为 $30.4\mu_B/$ (f. u.)，高于 $Ce_2Fe_{14}B$ 饱和磁化强度实验值 $29.4\mu_B/$ (f. u.)。由此可以推断，Ce 原子对 $Ce_2Fe_{14}B$ 饱和磁化强度没有贡献，可能 Ce 不再是 +3 价离子（电子组态 $4f^1$，原子磁矩 $2.54\mu_B$），而是 Ce^{4+} 离子（电子组态 $4f^0$，原子磁矩为 0）（参见表 4-4）。在 R_2Co_{17} 系列化合物和 $Nd_2Fe_{14}B$ 系列化合物的居里温度中，Ce 化合物也表现出类似反常情况（参见图 4-68）。在 R-T 金属间化合物的 Ce 元素的这种现象，通常认为 Ce 在化合物中以 +4 价的离子存在[13,109,115,116]。在 RCo_5 和 R_2Co_{17} 系列中 Sm 化合物的饱和磁化强度同 Pr 和 Nd 化合物相比也小了不少，根据 Co 次晶格磁矩和 R^{3+} 离子磁矩（参见图 4-3 和表 4-4）推断，Sm 也偏离了 +3 价离子磁矩的正常值。对于在 R-T 金属间化合物的 Sm 元素的这种现象，是由于 Sm^{3+} 离子除基态 $J=5/2$ 外，还存在 $J=7/2$ 等激发态的缘故[13,88,89,100]。

图 4-74 给出了 $R_2Fe_{14}B$ 中 Fe、Pr 和 Gd 次晶格的磁矩随温度的变化[7]。Pr 次晶格的磁矩与 Fe 次晶格的磁矩方向相同，而 Gd 次晶格的磁矩与 Fe 次晶格的磁矩方向相反。所以 R 次晶格的磁矩和 Fe 次晶格的磁矩叠加后，在温度接近 0K 时 $Pr_2Fe_{14}B$ 的磁化强度为 $37.6\mu_B/$ (f. u.)，而 $Gd_2Fe_{14}B$ 的磁化强度为 $18.0\mu_B/$ (f. u.)。按照上面推算 $Nd_2Fe_{14}B$ 的 Fe 次晶格磁化强度和 Nd 原子磁矩相同的方法，可以得到 $Pr_2Fe_{14}B$ 中 Fe 次晶格的磁化强度为 $30.6\mu_B/$ (f. u.)，Pr 的原子磁矩 $\mu_{Pr}=3.50\mu_B$，这也同 Pr^{3+} 的理论有效磁矩 $3.58\mu_B$ 很接近（参见表 4-4）；$Gd_2Fe_{14}B$ 中 Fe 次晶格的磁化强度为 $29.6\mu_B/$ (f. u.)，Gd 的原子磁矩 $\mu_{Pr}=5.80\mu_B$，低于 Gd^{3+} 的理论有效磁矩 $7.94\mu_B$（参见表 4-4）。

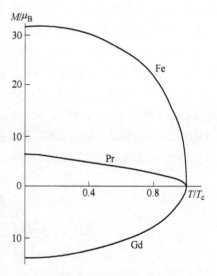

图 4-74 $R_2Fe_{14}B$ 中 Fe、Pr 和 Gd 次晶格的磁矩随温度的变化[7]

图 4-75 给出了 R(Fe$_{11}$Ti)、R(Fe$_{10}$V$_2$) 和 R(Fe$_{11.35}$Nb$_{0.65}$) 系列化合物在 4.2K 时的饱和磁化强度[14,62,80]。Fe 次晶格的磁矩可以从 Lu(Fe$_{11}$Ti)($M_s=17.4\mu_B/$ (f. u.))、Lu(Fe$_{10}$V$_2$)($M_s=15.5\mu_B/$ (f. u.)) 和 Lu(Fe$_{11.35}$Nb$_{0.65}$)($M_s=20.6\mu_B/$ (f. u.)) 获得，导出各自 Fe 原子的平均磁矩 μ_{Fe} 分别 $1.58\mu_B$、$1.55\mu_B$ 和 $1.81\mu_B$，而从相应的 Y 化合物导出的各系列化合物 Fe 原子的平均磁矩 μ_{Fe} 分别 $1.73\mu_B$、$1.62\mu_B$ 和 $1.88\mu_B$，均低于金属铁的原子磁矩 $2.22\mu_B$。图 4-75 中三个系列 $ThMn_{12}$ 结构化合

物中，$R(Fe_{11.35}Nb_{0.65})$ 化合物一个单胞中，不仅 Fe 原子数目最多，而且 Fe 原子磁矩最大，所以对于同一个稀土元素而言，相应的 $R(Fe_{11.35}Nb_{0.65})$ 化合物的饱和磁化强度最高（Sm 化合物为一个例外）。第三元素 V 的含量比 Ti 或 Nb 的含量高出 1 倍多，虽然有利于提高居里温度（参见图 4-69），但由于稀释作用降低了饱和磁化强度。

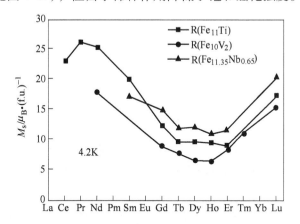

图 4-75　温度 4.2K 下 $R(Fe_{11}Ti)$、$R(Fe_{10}V_2)$ 和 $R(Fe_{11.35}Nb_{0.65})$ 系列化合物的饱和磁化强度随不同稀土元素的变化[14,62,80]

（$R(Fe_{11.35}Nb_{0.65})$ 的数据是温度 1.5K 下实验值[62]，同 4.2K 下的数值应该基本相同，为了简化讨论，这里未作细分）

图 4-76[14,26,164]、图 4-77[26,80,117] 和图 4-78[29] 给出了 R_2Fe_{17}、$R(Fe_{11}Ti)$ 和 $R_3(Fe_{1-x}Mo_x)_{29}$ 三个系列化合物以及各自对应的间隙化合物在温度 4.2K 下饱和磁化强度随不同稀土元素的变化。实验数据表明，间隙 N 原子进入 R-Fe 金属间化合物后，使得晶格膨胀，增大 Fe-Fe 间距，不仅居里温度有大幅度提高（参见图 4-70、图 4-71 和图 4-72），而且磁化强度也有一定幅度的提高。间隙 C 原子进入 R-Fe 金属间化合物后，虽然居里温度有较大幅度提高（参见图 4-70 和图 4-71），但是对磁化强度的影响较小。让我们通过饱和磁化强度的平均值（每一个系列化合物中所有化合物磁化强度算术平均值），看一看间隙稀土氮化物饱和磁化强度增长情况：$R_2Fe_{17}N_y(y\approx2.6)$ 氮化物的饱和磁化强度的平均值比 R_2Fe_{17} 化合物

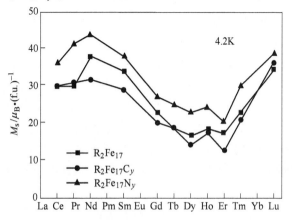

图 4-76　温度 4.2K 下 R_2Fe_{17} 系列化合物、$R_2Fe_{17}C_y$ 和 $R_2Fe_{17}N_y(y\approx2.6)$ 系列间隙化合物饱和磁化强度随不同稀土元素的变化[14,26,164]

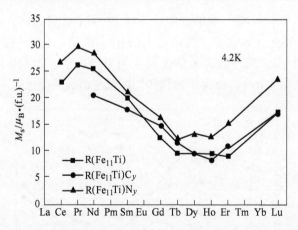

图 4-77 温度 4.2K 下 $R(Fe_{11}Ti)$、$R(Fe_{11}Ti)C_y$ 和 $R(Fe_{11}Ti)N_y(y\approx1)$ 系列化合物的
饱和磁化强度随不同稀土元素的变化[26,80,117]

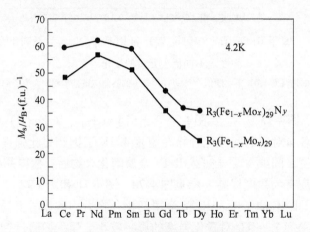

图 4-78 温度 4.2K 下 $R_3(Fe_{1-x}Mo_x)_{29}$ 和 $R_3(Fe_{1-x}Mo_x)_{29}N_y(y\approx4)$ 系列
化合物的饱和磁化强度随不同稀土元素的变化[29]

的饱和磁化强度的平均值增大 $6.5\mu_B/(f.u.)$，相对增长率 23%；通过 Lu_2Fe_{17}（$M_s=34.7\mu_B/(f.u.)$）和 $Lu_2Fe_{17}N_y$（$M_s=39.0\mu_B/(f.u.)$）计算的 Fe 原子磁矩 μ_{Fe} 从 $2.04\mu_B$ 增大到 $2.29\mu_B$。$R(Fe_{11}Ti)N_y(y\approx1)$ 氮化物的饱和磁化强度的平均值比 $R(Fe_{11}Ti)$ 化合物的饱和磁化强度的平均值增大 $3.8\mu_B/(f.u.)$，相对增长率为 23%；通过 $Lu(Fe_{11}Ti)$（$M_s=17.4\mu_B/(f.u.)$）和 $Lu(Fe_{11}Ti)N_y$（$M_s=23.8\mu_B/(f.u.)$）计算的 Fe 原子磁矩 μ_{Fe} 从 $1.58\mu_B$ 增大到 $2.17\mu_B$。$R_3(Fe_{1-x}Mo_x)_{29}N_y$（$y\approx4$）氮化物的饱和磁化强度的平均值比 $R_3(Fe_{1-x}Mo_x)_{29}$ 化合物的饱和磁化强度的平均值增大 $8.4\mu_B/(f.u.)$，相对增长率为 21%。从上面三种氮化物的情况可知，间隙 N 原子进入 R-Fe 金属间化合物后，使得饱和磁化强度提高 20% 左右。

上面我们讨论了温度 4.2K 下稀土永磁材料相关的一些金属间化合物的饱和磁化强度，采用的单位为 $\mu_B/(f.u.)$，以此可以反映微观磁性状态，获得 Fe 或 Co 原子的磁矩和稀土离子 R^{3+} 的磁矩的信息。但是，在实际应用中我们往往更关注室温下的磁性，即现在正在

讨论的饱和磁化强度和下一节要讨论的磁晶各向异性场。在讨论的室温下饱和磁化强度
M_s 时，我们往往采用 Gs（高斯单位制）或 A/m（国际单位制）；但在实际应用中，我们
采用磁极化强度 $J_s = 4\pi M_s$（单位 Gs）或 $J_s = \mu_0 M_s$（单位 T）代替磁化强度 M_s，使得在处
理实际问题时更为方便。

图 4-79 给出了 RCo_5、R_2Co_{17}、$R_2Fe_{14}B$ 和 R_2Fe_{17} 系列化合物的室温饱和磁极化强度
（参见表 4-24）[8,12,20,65,134,143]。从图中可以看出，$Nd_2Fe_{14}B$ 的饱和磁极化强度为最高，这表
明它的磁能积的理论值为最大，因为最大磁能积的理论值上限为 $(BH)_{max} = \mu_0 M_s^2/4$。
$SmCo_5$ 室温下饱和磁极化强度 $\mu_0 M_s = 1.14T$[8]，最大磁能积 $(BH)_{max} \leqslant 259kJ/m^3$
（32.5MGOe）；Sm_2Co_{17} 室温下饱和磁极化强度 $\mu_0 M_s = 1.30T$[7]，最大磁能积 $(BH)_{max} \leqslant$
$311kJ/m^3$（39.1MGOe）；$Nd_2Fe_{14}B$ 室温下饱和磁极化强度 $\mu_0 M_s = 1.60T$[12]，最大磁能积
$(BH)_{max} \leqslant 509kJ/m^3$（64.0MGOe）。$R_2Fe_{14}B$ 系列化合物饱和磁极化强度的详细讨论参见
后面 4.5.4 节。虽然在低温下 Nd_2Fe_{17} 和 $Nd_2Fe_{14}B$ 二者的单胞有几乎相同的饱和磁化强
度（参见图 4-73），并且二者 Fe 原子磁矩相差不大，但是由于 Nd_2Fe_{17} 的居里温度较低，
自发磁化强度随温度升高衰减很快，故在室温下 Nd_2Fe_{17} 的磁极化强度比 $Nd_2Fe_{14}B$ 要低
很多。

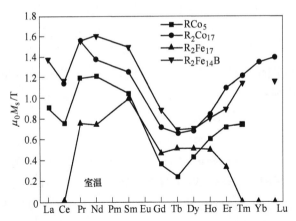

图 4-79　室温下 RCo_5、R_2Co_{17}、$R_2Fe_{14}B$ 和 R_2Fe_{17} 系列化合物的饱和
磁极化强度随不同稀土元素的变化[8,12,20,65,134,143]

图 4-80 给出了 $R(Fe_{11}Ti)$、$R(Fe_{10}V_2)$ 和 $R(Fe_{11.35}Nb_{0.65})$ 系列化合物室温下的饱和
磁极化强度。[14,62,80] 对于 $ThMn_{12}$ 结构的 $R(Fe_{12-x}T_x)$ 三元化合物（T = Si、Al、Ti、V、Cr、
Mo、W、Nb 等）只有 R = Sm 的化合物具有较强的单轴各向异性（参见 4.3 节和 4.4 节），
所以我们在这里看一看 $Sm(Fe_{11}Ti)$、$Sm(Fe_{10}V_2)$ 和 $Sm(Fe_{11.35}Nb_{0.65})$ 化合物室温下的饱
和磁极化强度。$Sm(Fe_{11}Ti)$ 化合物室温下饱和磁极化强度 $\mu_0 M_s = 1.14T$[80]，最大磁能积
$(BH)_{max} \leqslant 259kJ/m^3$（32.5MGOe）；$Sm(Fe_{10}V_2)$ 室温下饱和磁极化强度 $\mu_0 M_s = 0.77T$[14]，
最大磁能积 $(BH)_{max} \leqslant 118kJ/m^3$（14.8MGOe）；$Sm(Fe_{11.35}Nb_{0.65})$ 室温下饱和磁极化强度
$\mu_0 M_s = 1.12T$[62]，最大磁能积 $(BH)_{max} \leqslant 250kJ/m^3$（31.4MGOe）。第三元素 V 的含量比 Ti
或 Nb 的含量高出 1 倍多，虽然有利于提高居里温度（参见图 4-69），但同时也大幅度降
低了饱和磁化强度（同时参见图 4-75 和图 4-80）。所以，对于 $Sm(Fe_{12-x}T_x)$ 化合物，x

小的化合物饱和磁化强度较高，有利于永磁材料开发。虽然 $R(Fe_{11}Ti)(R = Pr、Nd)$ 有较高的室温 $\mu_0 M_s$，但低于 $Nd_2Fe_{14}B$ 的室温 $\mu_0 M_s$，前者只有后者的 86%。

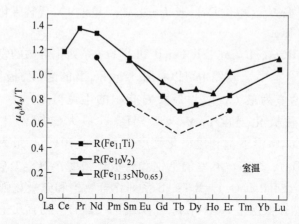

图 4-80　室温下 $R(Fe_{11}Ti)$、$R(Fe_{10}V_2)$ 和 $R(Fe_{11.35}Nb_{0.65})$ 系列化合物的饱和
磁极化强度随不同稀土元素的变化[14,62,80]

图 4-81[14,26,164]、图 4-82[26,80,117] 和图 4-83[29] 给出了 R_2Fe_{17}、$R(Fe_{11}Ti)$ 和 $R_3(Fe_{1-x}Mo_x)_{29}$ 三个系列化合物以及各自对应的间隙 N、C 化合物的室温饱和磁极化强度随不同稀土元素的变化。间隙 N 原子进入 R-Fe 金属间化合物后，不仅使得低温下饱和磁化强度因晶格膨胀而提高 20% 左右（参见图 4-76 ~ 图 4-78，），而且室温磁极化强度也有更大幅度的提高。间隙 C 原子，对磁化强度的影响比 N 原子小。对于 $R_2Fe_{17}N_y(y \approx 2.6)$ 氮化物，虽然 $Nd_2Fe_{17}N_y$ 室温下饱和磁极化强度 $\mu_0 M_s = 1.69T$，高于 $Nd_2Fe_{14}B$ 室温下 $\mu_0 M_s = 1.60T$，但是 $Nd_2Fe_{17}N_y$ 是平面各向异性，不能开发成为永磁材料，而 $Sm_2Fe_{17}N_y$ 是单轴各向异性（参见 4.4.6 节），具有开发成为永磁材料的潜力[127]。$Sm_2Fe_{17}N_y$ 室温下饱和磁极化强度 $\mu_0 M_s = 1.54T$[7]，最大磁能积 $(BH)_{max} \leqslant 472kJ/m^3$（59.3MGOe）。对于 $R(Fe_{11}Ti)N_y(y \approx 1)$ 氮化物，$Nd(Fe_{11}Ti)N_y$ 为单轴各向异性（参见 4.4.6 节），具有开发成为永磁材料的潜力[117]。

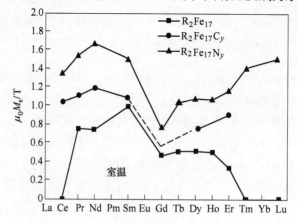

图 4-81　室温下 R_2Fe_{17} 系列化合物、$R_2Fe_{17}C_y$ 和 $R_2Fe_{17}N_y(y \approx 2.6)$ 系列
间隙化合物的饱和磁极化强度随不同稀土元素的变化[14,26,164]

$\mathrm{Nd}(\mathrm{Fe}_{11}\mathrm{Ti})\mathrm{N}_{1.5}$室温下饱和磁极化强度 $\mu_0 M_s = 1.48\mathrm{T}$[165]，最大磁能积 $(BH)_{\max} \leqslant 436\mathrm{kJ/m^3}$ (54.8MGOe)。由于 $\mathrm{R}(\mathrm{Fe}_{11}\mathrm{Ti})(\mathrm{R}=\mathrm{Ce}、\mathrm{Pr})$ 金属间化合物制备较困难，虽然它们也具有单轴各向异性，但也少见对 $\mathrm{R}(\mathrm{Fe}_{11}\mathrm{Ti})\mathrm{N}_y(\mathrm{R}=\mathrm{Ce}、\mathrm{Pr})$ 化合物的永磁性研发。对于 $\mathrm{R}_3(\mathrm{Fe}_{1-x}\mathrm{Mo}_x)_{29}\mathrm{N}_y(y\approx4)$ 氮化物，$\mathrm{Sm}_3(\mathrm{Fe}_{1-x}\mathrm{Mo}_x)_{29}\mathrm{N}_y$ 为单轴各向异性（参见4.4.6节），具有开发成为永磁材料的潜力[29]。$\mathrm{Sm}_3(\mathrm{Fe}_{1-x}\mathrm{Mo}_x)_{29}\mathrm{N}_y$ 室温下饱和磁极化强度 $\mu_0 M_s = 1.34\mathrm{T}$[29]，最大磁能积 $(BH)_{\max} \leqslant 357\mathrm{kJ/m^3}$ (44.9MGOe)。比较 $\mathrm{Sm}_2\mathrm{Fe}_{17}\mathrm{N}_y$、$\mathrm{Nd}(\mathrm{Fe}_{11}\mathrm{Ti})\mathrm{N}_y$ 和 $\mathrm{Sm}_3(\mathrm{Fe}_{1-x}\mathrm{Mo}_x)_{29}\mathrm{N}_y$ 三种氮化物的室温 $\mu_0 M_s$，$\mathrm{Sm}_2\mathrm{Fe}_{17}\mathrm{N}_y$ 为最佳。

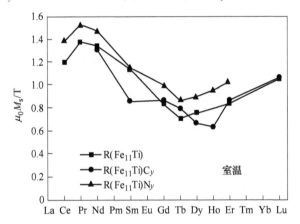

图 4-82　室温下 $\mathrm{R}(\mathrm{Fe}_{11}\mathrm{Ti})$、$\mathrm{R}(\mathrm{Fe}_{11}\mathrm{Ti})\mathrm{C}_y$ 和 $\mathrm{R}(\mathrm{Fe}_{11}\mathrm{Ti})\mathrm{N}_y(y\approx1)$ 系列化合物的饱和
磁极化强度随不同稀土元素的变化[26,80,117]
（其中 $\mathrm{R}(\mathrm{Fe}_{11}\mathrm{Ti})\mathrm{N}_y$ 系列中，$\mathrm{R}=\mathrm{Pr}$，Nd 化合物对应的 N 含量 $y = 1.5$[165]）

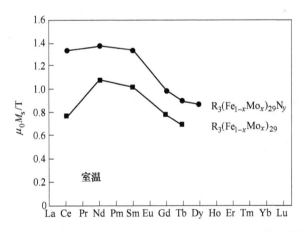

图 4-83　室温下 $\mathrm{R}_3(\mathrm{Fe}_{1-x}\mathrm{Mo}_x)_{29}$ 和 $\mathrm{R}_3(\mathrm{Fe}_{1-x}\mathrm{Mo}_x)_{29}\mathrm{N}_y$ 系列化合物的饱和
磁极化强度随不同稀土元素的变化[29]

上面我们展示和讨论了一些重要稀土永磁材料及其家族的饱和磁化强度。在室温下，虽然有些化合物有很高的饱和磁极化强度，但由于不是单轴各向异性，无法开发成永磁材料。图 4-84 给出了上面讨论过的一些典型单轴磁晶各向异性的化合物在室温下饱和磁极化强度和理论磁能积的分布图。很明显，$\mathrm{Nd}_2\mathrm{Fe}_{14}\mathrm{B}$ 具有最大的室温饱和磁极化强度和最高

的理论磁能积。间隙氮化物的室温饱和磁极化强度和最高的理论磁能积仅次于 $Nd_2Fe_{14}B$，但由于间隙氮化物高温会产生分解，所以不能采用常规烧结工艺制备高密度金属磁体，只能用以制备粘结磁体（参见第 5 章和第 8 章）。

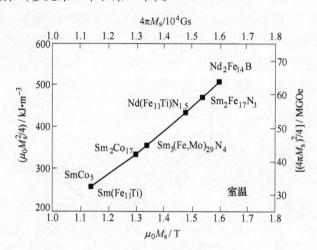

图 4-84　具有单轴磁晶各向异性的化合物在室温下饱和磁极化强度 $\mu_0 M_s$ 和理论最大磁能积 $\mu_0 M_s^2/4$

（图中 $SmCo_5$ 和 $Sm(Fe_{11}Ti)$ 的数据点在同一位置；数据来源参见表 4-22）

4.5.3　磁晶各向异性场

在 4.3.1 节中，我们已经讨论过磁晶各向异性及各向异性场。对于稀土（R）过渡族金属（T）间化合物，R 次晶格和 T 次晶格对磁晶各向异性均有贡献，总的磁晶各向异性是 R 次晶格和 T 次晶格各自的磁晶各向异性之和，前者的贡献来源于晶场相互作用，并且在一般情况下往往占主导地位，而后者的磁晶各向异性仅表现出随温度升高缓慢变化的特点。由于不同稀土离子的 $4f$ 电子数不同，叠加起来的电子云分布不同（参见图 4-26），使得 R 次晶格的磁晶各向异性变化丰富，尤其是随着温度变化表现出的易磁化倾向的突变（参见图 4-35、图 4-40、图 4-51、图 4-55 和图 4-62）。在低温阶段 R 次晶格的各级晶场项均有贡献，主导材料的磁各向异性行为；在中温阶段（包括室温）R 次晶格主要低级（第二级）项起作用，与 T 次晶格竞争丰富了磁各向异性的表现；高温阶段稀土次晶格对磁晶各向异性的贡献消失，只剩下 T 次晶格的作用（参见图 4-27）。在稀土永磁材料应用所关心的室温附近，稀土次晶格各向异性主要由第二级项起作用。在同一种晶体结构的稀土过渡族金属间化合物中，第二级 Stevens 系数 $\alpha_J < 0$ 的 Ce、Pr、Nd、Tb、Dy、Ho（图 4-26 中扁鼓形电子云）形成的化合物，稀土次晶格具有相同的易磁化方向；而 $\alpha_J > 0$ 的 Pm、Sm、Er、Tm、Yb（图 4-26 中长椭球形电子云）组成的化合物，稀土次晶格也具有相同的易磁化方向，但第一类与第二类的稀土次晶格的各向异性行为正好相反。在同一种化合物中，如果前者为单轴各向异性，则后者便为平面各向异性；反之亦反。由于 R 次晶格的第二级、第四级和第六级磁晶各向异性项随温度的变化不同，加之同 T 次晶格磁晶各向异性的叠加，使得 R-T 化合物随着温度的变化呈现出非常丰富的磁结构，如自旋重取向和一级磁化异动（FOMP）转变的反常磁化曲线[9,11,12,21,35,36]（参见 4.4 节）。

磁晶各向异性场是稀土永磁化合物的重要基本磁性之一。只有单轴各向异性且各向异性场高的 R-T 化合物，才有可能开发成为永磁材料；且磁晶各向异性越强，永磁材料的矫顽力就有可能越高（参见第 7 章）。沿着晶体难磁化方向达到饱和磁化的磁场强度，通常被称为磁晶各向异性场，用 H_a（或 $B_a = \mu_0 H_a$）表示。磁晶各向异性场 H_a 和磁晶各向异性常数 $\{K_i\}$ 的关系式参见式（4-77）。

RCo$_5$ 化合物的磁晶各向异性随温度的变化参见表 4-14 和图 4-35[93]。RCo$_5$ 的 Co 次晶格有很强的单轴各向异性（R = Y，参见 4.4.1 节）[63]，RCo$_5$（R = La、Ce、Sm、Gd 和 Er）化合物在整个铁磁状态下呈现单轴各向异性，其他化合物从高温向低温的变化过程中出现自旋重取向。

R$_2$Co$_{17}$ 化合物的晶体结构 Th$_2$Ni$_{17}$ 或 Th$_2$Zn$_{17}$ 是从 RCo$_5$ 化合物的晶体结构 CaCu$_5$ 演变而来（参见 3.4.1 节），虽然它们具有相同的 c 轴，但 R$_2$Co$_{17}$ 化合物中 Co 次晶格的磁晶各向异性与 RCo$_5$ 化合物不同，为易面各向异性（在温度 4.2K 时，Y$_2$Co$_{17}$ 易平面磁晶各向异性场 $\mu_0 H_a = -0.9T$[101]），只有在温度升高到接近居里温度时，R$_2$Co$_{17}$（R = Y、Gd 和 Lu）化合物才从平面各向异性变为单轴各向异性（参见图 4-40）。对于 RCo$_5$ 化合物和 R$_2$Co$_{17}$ 化合物中的 R 晶位，第二级晶场系数均为负值（$A_{20} < 0$）（参见表 4-13 和表 4-15），所以 R$_2$Co$_{17}$（R = Sm、Er 和 Tm）化合物室温下具有单轴各向异性，而 R$_2$Co$_{17}$（R = Pr、Nd、Tb、Dy 和 Ho）化合物室温下具有平面各向异性或出现自旋重取向现象（参见图 4-40）。

在 R$_2$Fe$_{14}$B 中，Fe 次晶格在低于居里温度时均为单轴各向异性（$K_1^{Fe} > 0$）（参见图 4-41），两个不等价稀土晶位的 R^{3+} 离子二级晶场系数均为正值（$A_{20} > 0$）（参见表 4-17），所以 R$_2$Fe$_{14}$B（R = Y、La、Ce、Pr、Nd、Gd、Tb、Dy、Ho、Yb 和 Lu）（$\alpha_J < 0$）化合物在室温下均具有单轴各向异性（$K_1^R > 0$），而 R$_2$Fe$_{14}$B（R = Sm、Er 和 Tm）（$\alpha_J > 0$）化合物在室温下具有平面各向异性（$K_1^R < 0$）或在高温下出现自旋重取向现象（参见 4.3 节和图 4-51）。

在实际应用时，室温磁晶各向异性场更具有参考价值，所以下面主要讨论一些重要稀土永磁材料主相（或称"母体"）的室温磁晶各向异性场。

图 4-85 给出了 4 种典型高磁晶各向异性化合物的室温磁化曲线[8]。这 4 种化合物

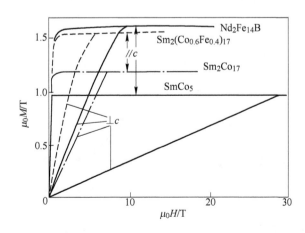

图 4-85 具有强磁晶各向异性的几种实用稀土永磁体在室温下沿易向和难向的磁化曲线[8]

$SmCo_5$、Sm_2Co_{17}、$Sm_2(Co_{0.6}Fe_{0.4})_{17}$ 和 $Nd_2Fe_{14}B$ 已经成为稀土永磁材料非常重要的 "母体"。对每一种化合物，在很低场下磁化强度就在易磁化方向（c 轴）达到饱和，该 c 轴就是在无外磁场的情况下自发磁化强度所沿的方向。相反，在垂直 c 轴的平面里的任何方向（难磁化方向，或难轴），需要非常高的磁场才能使其到达饱和磁化。从图 4-85 给出的曲线，可以推导出四种化合物的磁晶各向异性场 $\mu_0 H_a$ 数值分别为 28T（$SmCo_5$）、6.5T（Sm_2Co_{17}）、5.2T[$Sm_2(Co_{0.6}Fe_{0.4})_{17}$] 和 7.6T（$Nd_2Fe_{14}B$）。

磁晶各向异性场 H_a 和磁晶各向异性常数 $\{K_i\}$ 的关系式为 $H_a = 2(K_1 + 2K_2 + 3K_3)/\mu_0 M_s$（参见式（4-77）），在室温下主要是 K_1 的贡献（从原点开始的难向的磁化曲线绝大部分直线部分），K_2 和 K_3 的贡献几乎没有（如 $SmCo_5$）或很小（如 $Nd_2Fe_{14}B$）（难向的磁化曲线快饱和时的弯曲部分）。如果仅考虑 K_1，其变换关系式 $K_1 = \mu_0 M_s H_a/2 = (\mu_0 M_s)(\mu_0 H_a)/2\mu_0$，从图 4-85 磁化曲线可以看出，$K_1$ 就是易向磁化曲线和难向磁化曲线相交所形成的三角形面积除以 μ_0（如果将磁极化强度 $\mu_0 M_s$ 置换成磁化强度 M_s，或将磁晶各向异性场 $\mu_0 H_a$ 置换成 H_a，则为三角形面积），其物理意义为磁晶各向异性能，单位为 J/m^3 或 GOe。

图 4-86 给出了室温下 RCo_5、R_2Co_{17} 和 $R_2Fe_{14}B$ 各系列中具有单轴各向异性化合物的磁晶各向异性场[8,12,13,20,65,101,134,143]。三个系列化合物相比较，RCo_5 化合物的室温磁晶各向异性场最大。在 RCo_5 化合物中 R^{3+} 离子的二级晶场系数 $A_{20} < 0$，$\alpha_J < 0$ 的 Ce、Pr 和 Ho 次晶格为平面各向异性，但由于其 Co 次晶格有很强的单轴室温磁晶各向异性场，它们对应的化合物 RCo_5（R = Ce、Pr 和 Ho）同 $\alpha_J > 0$ 的 RCo_5（R = Sm 和 Er）一样在室温下表现出单轴各向异性（参见图 4-35）。不同研究结果得到的 $SmCo_5$ 室温磁晶各向异性场实验数据范围较宽（$\mu_0 H_a = 25 \sim 44T$[8]），图 4-86 给出的是最大值 $\mu_0 H_a = 44T$[8,93,94]。由于 R_2Co_{17} 化合物的 Co 次晶格为平面各向异性，而 R^{3+} 离子的二级晶场系数 $A_{20} < 0$，所以只有 R = Sm、Er 和 Yb 的 R_2Co_{17} 化合物室温下具有单轴磁晶各向异性。另外 Ce_2Co_{17} 也具有单轴各向异性（$\mu_0 H_a = 1.4T$），这同 Ce^{3+} 离子应为平面各向异性相矛盾，可能是存在 C^{4+} 离子的缘故，就像 Ce_2Co_{17} 居里温度和饱和磁化强度反常一样（参见前面相关讨论）。$R_2Fe_{14}B$ 化合物的 Fe 次晶格为单轴各向异性，R^{3+} 离子的二级晶场系数 $A_{20} > 0$，所以 $R_2Fe_{14}B$（R = Ce、Pr、Nd、Tb、Dy 和 Ho）化合物在室温下均具有单轴各向异性，其中 $\mu_0 H_a(Nd_2Fe_{14}B) = 7.6T$，

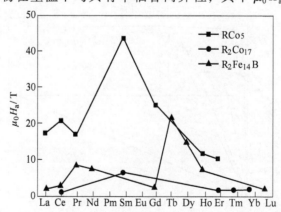

图 4-86　室温下 RCo_5、R_2Co_{17} 和 $R_2Fe_{14}B$ 各系列中具有单轴各向异性
化合物的磁晶各向异性场[8,12,13,20,65,101,134,143]

$Ce_2Fe_{14}B$的μ_0H_a是 $Nd_2Fe_{14}B$ 的 40%，$Pr_2Fe_{14}B$ 的 μ_0H_a 比 $Nd_2Fe_{14}B$ 大 16%，$Tb_2Fe_{14}B$ 的 μ_0H_a接近 $Nd_2Fe_{14}B$ 的 3 倍，$Dy_2Fe_{14}B$ 的 μ_0H_a是 $Nd_2Fe_{14}B$ 的 2 倍。

图 4-87 给出了 $R(Fe_{11}Ti)$、$R(Fe_{10}V_2)$ 和 $R(Fe_{11.35}Nb_{0.65})$ 系列化合物室温下的单轴磁晶各向异性场[14,62,80]。以上三种化合物的 Fe 次晶格均为单轴各向异性，$Y(Fe_{11}Ti)$、$Y(Fe_{10}V_2)$ 和 $Y(Fe_{11.35}Nb_{0.65})$ 室温磁晶各向异性场非常接近（$\mu_0H_a \approx 2.0T$）[14,62,80]。对于 $R(Fe_{11}Ti)$ 化合物，R^{3+}（$R \neq Sm$）离子的二级晶场系数 $A_{20} = -32.3K/a_0^2$ [9,58]，Sm^{3+} 离子的二级晶场系数 $A_{20} = -132K/a_0^2$ [9,86]，后者的绝对值是前者的 4 倍（参见 4.4.5 节），所以 $Sm(Fe_{11}Ti)$ 化合物的室温磁晶各向异性场比其他 $R(Fe_{11}Ti)$ 化合物高很多。$Sm(Fe_{11}Ti)$ 化合物的磁晶各向异性场随温度的变化参见图 4-65。类似 $Sm(Fe_{11}Ti)$ 化合物，$Sm(Fe_{10}V_2)$ 和 $Sm(Fe_{11.35}Nb_{0.65})$ 化合物室温下温磁晶各向异性场也是同一系列化合物中最高的，$Sm(Fe_{11.35}Nb_{0.65})$ 的 μ_0H_a 是接近 $Sm(Fe_{11}Ti)$、$Sm(Fe_{10}V_2)$ 的 μ_0H_a 只有 $Sm(Fe_{11}Ti)$ 的一半左右。

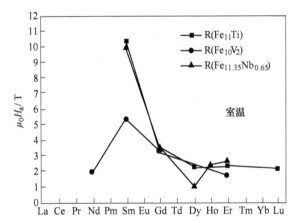

图 4-87　室温下 $R(Fe_{11}Ti)$、$R(Fe_{10}V_2)$ 和 $R(Fe_{11.35}Nb_{0.65})$ 系列化合物的
单轴磁晶各向异性场随不同稀土元素的变化[14,62,80]

间隙 N 原子进入 R_2Fe_{17} 化合物后，虽然提高了居里温度（参见图 4-70）和饱和磁化强度（参见图 4-76），但对 Fe 次晶格的各向异性影响不大，$R_2Fe_{17}N_y$ 的 Fe 次晶格仍为平面各向异性（参见图 4-66）。间隙 N 原子进入 R_2Fe_{17} 化合物后，N 对 R 晶位的磁晶各向异性影响很大。晶场计算结果表明 Sm^{3+} 离子二级晶场系数的 $A_{20} = -160K/a_0^2$ [122]，Sm 次晶格从平面各向异性转变为具有很强的单轴各向异性（参见 4.4.6 节）。$Sm_2Fe_{17}N_y$ 磁晶各向异性场随温度的变化参见图 4-67。$Sm_2Fe_{17}N_y$ 室温磁晶各向异性场 $\mu_0H_a = 14T$，差不多是 $Nd_2Fe_{14}B$ 的 2 倍。

间隙 N 原子进入 $R(Fe_{11}Ti)$ 化合物后形成 $R(Fe_{11}Ti)N_y$ 氮化物，其影响同 $R_2Fe_{17}N_y$ 的情况类似，提高了居里温度（参见图 4-71）和饱和磁化强度（参见图 4-77）。间隙 N 原子不改变 Fe 次晶格的单轴各向异性性质，但减小了 Fe 次晶格的各向异性常数，磁晶各向异性常数 K_1^{Fe}（4.2K）从 25K/（f.u.）[78] 下降至 20K/（f.u）[125]。同样，间隙 N 原子进入 $R(Fe_{11}Ti)$ 化合物后，对 R 晶位的磁晶各向异性影响很大，使 R^{3+} 离子二级晶场系数 A_{20} 的符号从 "－" 变到 "＋"，Nd 次晶格从平面各向异性转变为单轴各向异性，而 Sm 次晶格从单轴各向异性转变为平面各向异性[78,125]（参见4.4.6节）。晶场计算结果表明 Nd^{3+} 离子二级晶场系数的 $A_{20} = 170K/a_0^{2[122]}$，$Nd(Fe_{11}Ti)N_y$ 室温磁晶各向异性场 $\mu_0 H_a = 8T^{[128]}$，同 $Nd_2Fe_{14}B$ 接近。

$Sm_3(Fe_{1-x}Mo_x)_{29}N_y(y \approx 4)$ 氮化物的磁晶各向异性同 $Sm_2Fe_{17}N_y$ 的情况类似，为单轴各向异性[29]。基于 $Sm_3(Fe,Ti)_{29}N_y$ 化合物的晶场计算结果表明，Sm^{3+} 离子二级晶场系数 $A_{20} = -184K/a_0^{2[129]}$（参见4.4.6节），$Sm_3(Fe_{28.01}Mo_{0.99})N_4$ 室温磁晶各向异性场 $\mu_0 H_a = 14.6T^{[29]}$。

近年来，人们对 $TbCu_7$ 结构的 $Sm(Co,M)_7$ 产生了很大的兴趣，由于 $Sm(Co,M)_7$ 化合物的内禀磁性介于 $SmCo_5$ 化合物和 Sm_2Co_{17} 化合物之间，有可能制备出高性能的 $Sm(Co,M)_7$ 永磁体[166]。对于具有 $CaCu_5$ 结构的 $SmCo_5$ 化合物而言，若两个 Co 原子构成的 Co-Co 哑铃对无序替代 Sm 的 1a 晶位，便形成 $TbCu_7$ 型结构的 $SmCo_7$ 化合物（参见3.4.3节）。通常情况下形成不了 $SmCo_7$ 相，但引入一定量的第三元素 M，便可能形成 $TbCu_7$ 型结构的 $Sm(Co,M)_7$ 化合物，如 M = Si、Ti、Cu、Ga、Zr、Ag、Hf 等[167~170]。$Sm(Co,M)_7$ 的居里温度高于 $SmCo_5$ 而低于 Sm_2Co_{17}，饱和磁化强度同 $SmCo_5$ 差不多但小于 Sm_2Co_{17}，磁晶各向异性场低于 $SmCo_5$ 而高于 Sm_2Co_{17}。以 $SmCo_{6.79}Ti_{0.21}$ 为例[168]，其晶格常数 $a = 0.4290nm$，$b = 0.4290nm$，单胞体积 $V = 0.08511nm^3$，密度 $d = 8.20g/cm^3$，饱和磁化强度 $\mu_0 M_s = 1.0T$，磁晶各向异性场 $\mu_0 H_a = 15.6T$。

从上面讨论可以看到，在室温下，$SmCo_5$ 化合物的单轴各向异性场最大，最高可达 Sm_2Co_{17} 的 7 倍、$Nd_2Fe_{14}B$ 的 6 倍。由于稀土金属间化合物的单轴各向异性场是获得稀土永磁材料矫顽力的必要条件，所以只有具有一定大小单轴各向异性场的化合物才有可能开发成为可以实用的永磁材料。

表4-22 总结了一些具有单轴各向异性的稀土过渡族金属间化合物的内禀磁性，包括居里温度 T_c、室温下的饱和磁极化强度 $\mu_0 M_s$、磁晶各向异性场 B_a、Fe 或 Co 次晶格磁晶各向异性常数 K_1^T、化合物的第二级磁晶各向异性常数 K_1 和理论最大磁能积 $\mu_0 M_s^2/4$ [或 $(4\pi M_s)^2/4$]。通过比较可以看出，$SmCo_5$ 具有最大的室温磁晶各向异性场 $\mu_0 H_a$（ > 25T）；Sm_2Co_{17} 具有最高的居里温度 T_c（1193K，或920℃）；$Nd_2Fe_{14}B$ 具有最高的理论最大磁能积（509kJ/m³，或64.0MGOe）。

表4-22 一些具有单轴各向异性的稀土-过渡族金属间化合物的内禀磁性比较

化合物	晶体结构	T_c /K	$\mu_0 M_s$ /T	$\mu_0 H_a$ /T	K_1^T /MJ·m⁻³	K_1 /MJ·m⁻³	$\mu_0 M_s^2/4$ /kJ·m⁻³	$(4\pi M_s)^2/4$ /MGOe	参考文献
$SmCo_5$	$CaCu_5$	1000	1.14	25~44	5.8	11~18	259	32.5	[8]、[63]
Sm_2Co_{17}	Th_2Zn_{17}	1190	1.25	6.5	-0.4	3.2	311	39.1	[7]、[8]
$Nd_2Fe_{14}B$	$Nd_2Fe_{14}B$	586	1.60	7.6	1.1	4.3	509	64.0	[12]、[72]、[171]
$Sm(Fe_{11}Ti)$	Th_2Mn_{12}	584	1.14	10.5	1.0	4.8	259	32.5	[7]、[9]、[14]、[80]
$Sm_2Fe_{17}N_3$	Th_2Zn_{17}	749	1.54	14	-0.89	8.6	472	59.3	[7]、[26]、[122]
$NdFe_{11}TiN_{1.5}$	Th_2Mn_{12}	740	1.48	8	1.6	4.7	436	54.8	[26]、[128]、[165]
$Sm_3(Fe,Mo)_{29}N_4$	$Nd_3(Fe,Ti)_{29}$	750	1.34	12.8	<0	6.8	357	44.9	[29]

4.5.4 (Nd,R)₂(Fe,M)₁₄B 的内禀磁性

在稀土永磁材料家族中，由于成本和性能的优势，基于 $Nd_2Fe_{14}B$ 主相的第三代稀土永磁材料发展最快，应用量最大，使用范围最广。从 1983 年被发现到 2016 年，32 年过去了，仍然表现出强大的生命力。在本节中，我们将重点了解 $Nd_2Fe_{14}B$ 化合物的内禀磁性，并且讨论用其他稀土元素 R 替代 Nd、或者用其他金属元素 M 替代 Fe、或者两者同时替代时，对 $Nd_2Fe_{14}B$ 化合物内禀磁性产生的影响，即讨论 $(Nd,R)_2(Fe,M)_{14}B$ 化合物的内禀磁性。通过弄清楚 $(Nd,R)_2(Fe,M)_{14}B$ 的化合物的内禀磁性，对我们如何设计和获得所需的永磁体的硬磁性会有很大帮助。

4.5.4.1 (Nd,R)₂(Fe,M)₁₄B 的居里温度

在 4.5.1 节中，我们讨论了 $R_2Fe_{14}B$ 化合物和其他稀土金属间化合物的居里温度随不同稀土元素成"人"字形变化，$La_2Fe_{14}B$ 化合物在整个系列化合物中居里温度最低（$T_c = 516K$）（此时稀土元素对居里温度没有贡献），$Gd_2Fe_{14}B$ 在整个系列化合物中居里温度最高（$T_c = 659K$），$Nd_2Fe_{14}B$ 化合物的居里温度居中（$T_c = 586K$）（参见图 4-68）。在 $(Nd,R)_2Fe_{14}B$ 化合物中，稀土元素 R 替代 Nd 对居里温度的影响，可以简单理解为 (Nd,R) 次晶格的贡献为单一 Nd 次晶格和单一 R 次晶格按比例贡献之和。R 元素从无（$x=0$）到全部取代（$x=1$），$(Nd_{1-x}R_x)_2Fe_{14}B$ 化合物的居里温度 T_c 随 x 线性减小（R = Y）或线性增大（R = Gd）[172]。图 4-88 给出了 $(Nd_{1-x}R_x)_2Fe_{14}B$ 化合物的居里温度 T_c 随替代元素 R 的浓度 x 的变化。可以看到，当 R = Ce 时，$(Nd_{1-x}R_x)_2Fe_{14}B$ 的居里温度 T_c 随 x 减小最快。我们可以将 $(Nd_{1-x}R_x)_2Fe_{14}B$ 化合物的居里温度 T_c 随不同 R 元素的变化关系归纳如下：

当 R = La、Ce、Pr、Ho、Er、Tm、Yb 和 Lu 时，$T_c[(Nd,R)_2Fe_{14}B] < T_c(Nd_2Fe_{14}B)$；

当 R = Sm、Gd、Tb 和 Dy 时，$T_c[(Nd,R)_2Fe_{14}B] > T_c(Nd_2Fe_{14}B)$。

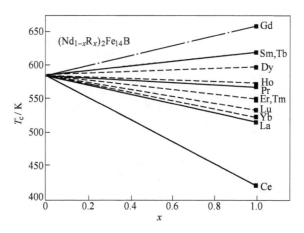

图 4-88　$(Nd_{1-x}R_x)_2Fe_{14}B$ 化合物的居里温度 T_c 随替代元素 R 的浓度 x 的变化

（实线对应轻稀土元素，虚线对应重稀土元素；实验数据源于参考文献 [12]、[171]）

 M 元素替代 Fe 对 $Nd_2Fe_{14-x}M_xB$ 居里温度的影响更为复杂，有可能是简单地稀释 $Nd_2Fe_{14}B$ 中的 Fe 原子浓度，也有可能直接改变了 $3d$ 电子的交换作用，使得（Fe、M）次晶格的交换作用（包括交换作用常数和自旋磁矩大小）对居里温度的贡献发生了变化。除 M = Co 可以全部替代 Fe 以外（图 4-89）[20,173]，其他的元素只能替代少量 Fe（图 4-90）[20,174]。从图 4-89 可知，Co 元素替代可以非常有效地提高居里温度，从 T_c ($x=0$, $Nd_2Fe_{14}B$) = 586K 增加至 T_c ($x=1$, $Nd_2Co_{14}B$) = 997K。图 4-90 给出了 $Nd_2Fe_{14-x}M_xB$ 化合物的约化居里温度 $T_c(x)/T_c(0)$ 随替代元素 M 浓度 x 的变化[174,175]。从图中可以看出，当 M = Co、Ni、Ga、Si 和 Cu 时，居里温度 T_c 随替代元素 M 浓度 x 的增大而升高；当 M = Be、Cr、Al、Ru、V 和 Mn 时，居里温度 T_c 随替代元素 M 浓度 x 的增大而降低。铁磁性元素 Co[197] 和 Ni[199] 替代 Fe 后，晶胞体积减小，Fe-Fe 间距缩小，但居里温度提高，这是由于 Co-Co 和 Ni-Ni 交换作用能高于 Fe-Fe 交换作用能（参见图 4-17，随着原子间距减小，Co-Co 交换作用增强，Fe-Fe 交换作用减小）。元素 Ga 替代 Fe 后[182]，晶胞体积膨胀

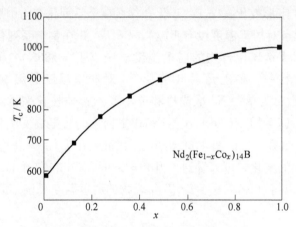

图 4-89 $Nd_2(Fe_{1-x}Co_x)_{14}B$ 化合物的居里温度 T_c
随替代元素 M 浓度 x 的变化[173]

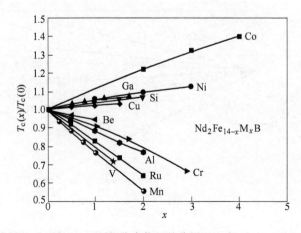

图 4-90 $Nd_2Fe_{14-x}M_xB$ 化合物的约化居里温度 $T_c(x)/T_c(0)$
随替代元素 M 浓度 x 的变化[174,175]

$\Delta V/V = 0.687\%$，使得居里温度提高，$\mathrm{d}T_\mathrm{c}/\mathrm{dlg}V \approx 2910\mathrm{K}$，其效果类似单纯的体积膨胀（参见 4.1.4 节相关讨论）。元素 Si 替代 Fe 后，晶胞体积减小，所以居里温度升高不是由于体积膨胀造成的；中子衍射和穆斯堡尔实验结果分析表明[207]，Si 原子择优取代 $\mathrm{Nd_2Fe_{14}B}$ 结构中的 $4c$ 和 $8j_1$ 晶位的 Fe 原子，使得短距离 Fe-Fe 原子对（弱的交换作用）减少，从而使得整个 Fe 次晶格交换作用增强[182]。元素 Cu 替代 Fe 的效果同 Ga 替代类似[198]，也是晶胞体积膨胀、居里温度升高，但由于 Cu 的原子半径小于 Ga，所以在替代量相同时居里温度增幅要小一些。当 M = Be、Cr、Al、Mn、Ru、V 和 Mn 时，它们的原子半径除 Be 外均比 Fe 大，所以 Be 替代降低居里温度是晶胞缩小和 Fe 次晶格被稀释的双重作用；Cr 替代也使晶胞体积减小[195]，其作用同 Be 替代类似；其他几种替代均使得晶格膨胀，如 Al[195]、Ru[201]、Mn（体积膨胀）[199]，所以主要是稀释作用使得居里温度降低。图 4-90 表明 Mn 替代对居里温度的降低作用最大，从 $T_\mathrm{c}(x=0)=586\mathrm{K}$ 下降至 $T_\mathrm{c}(x=2)=325\mathrm{K}$，$T_\mathrm{c}(x=2)/T_\mathrm{c}(x=0)=0.56$。在元素周期表中 Mn 是 Fe 的近邻，所以 Mn 替代除了稀释作用外，可能还对 3d 电子的能带结构影响较大，不仅降低了居里温度，同时还降低了 3d 电子磁矩（自发磁化强度）（参见图 4-94 和图 4-95）。$\mathrm{Nd_2Fe_{14-x}M_xB}$ 化合物的居里温度 T_c 随替代元素 M 浓度 x 的变化同 $\mathrm{Y_2Fe_{14-x}M_xB}$[176] 的情形类似，从实验上印证了由于 M 原子进入 $\mathrm{Nd_2Fe_{14}B}$ 结构中后改变了 Fe 次晶格的交换作用（对稀土离子影响较小），从而使得居里温度发生变化。

在 $\mathrm{R_2Co_{14}B}$ 系列化合物中，除了 R = Nd 以外，还存在 R = La、Pr、Sm、Gd 和 Tb 五种，Dy 及其往后的重稀土元素均不能成相[12,177]，这可能是由于 Dy 后面的稀土原子半径太小的缘故；对于 R = Ce 也不能成相，可能是由于存在小半径的 $\mathrm{Ce^{4+}}$ 离子。同 $\mathrm{R_2Fe_{14}B}$ 系列化合物类似，$\mathrm{La_2Co_{14}B}$ 化合物在整个系列化合物中居里温度最低（$T_\mathrm{c}=955\mathrm{K}$）（此时仅 Co 次晶格对居里温度有贡献），$\mathrm{Gd_2Co_{14}B}$ 在整个系列化合物中居里温度最高（$T_\mathrm{c}=1050\mathrm{K}$），$\mathrm{Nd_2Co_{14}B}$ 化合物的居里温度居中（$T_\mathrm{c}=1007\mathrm{K}$）。同 $(\mathrm{Nd,R})_2\mathrm{Fe_{14}B}$ 化合物的情形类似，图 4-91 给出了 $(\mathrm{Nd_{1-x}R_x})_2\mathrm{Co_{14}B}$ 化合物的居里温度 T_c 随 x 线性变化的趋势。

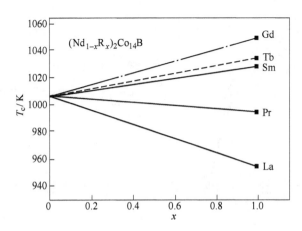

图 4-91 $(\mathrm{Nd_{1-x}R_x})_2\mathrm{Co_{14}B}$ 化合物的居里温度 T_c 随替代元素 R 的浓度 x 的变化

（实验数据源于参考文献 [12]、[177]）

综上，稀土元素 Sm、Gd、Tb 和 Dy 替代 Nd 会提高 (Nd, R)$_2$Fe$_{14}$B 的居里温度，任何其他稀土元素 R 替代 Nd 都会降低 (Nd,R)$_2$Fe$_{14}$B 的居里温度，其中 Gd 替代 Nd 提高的幅度最大、Ce 替代 Nd 降低的幅度最大；金属元素 M 为 Co、Ni、Ga、Cu 和非金属元素 Si 替代 Fe 会提高 Nd$_2$(Fe,M)$_{14}$B 的居里温度，而金属元素 M = Be、Cr、Al、Mn、Ru、V 和 Mn 替代 Fe 则会降低 Nd$_2$(Fe,M)$_{14}$B 的居里温度，其中 Co 替代 Fe 时提高的幅度最大、Mn 替代 Fe 时降低的幅度最大。

4.5.4.2 (Nd,R)$_2$(Fe,M)$_{14}$B 的饱和磁化强度

在 4.5.2 节中，我们讨论了 R$_2$Fe$_{14}$B 化合物和其他稀土金属间化合物的饱和磁化强度，其中 Nd$_2$Fe$_{14}$B 化合物具有最高的室温饱和磁化强度（参见图 4-79 和图 4-84），从而具有最高的理论最大磁能积。在本节中，我们将看一看用其他稀土元素 R 替代 Nd 和/或用其他元素 M 替代 Fe 对 Nd$_2$Fe$_{14}$B 化合物饱和磁化强度产生的影响。

首先让我们看一看 R$_2$Fe$_{14}$B 系列化合物的饱和磁化强度随温度的变化（M_s-T 曲线）（参见图 4-92）[171]，其中图 4-92 (a) 为 R = Y 和轻稀土 Ce、Pr、Nd、Sm 的化合物，图 4-92 (b) 为 R = Gd、Tb、Ho、Er、Tm 重稀土的化合物。从图中可以看出，由于轻稀土原子磁矩和铁原子磁矩平行排列，重稀土原子磁矩和铁原子磁矩反平行排列，所以 R$_2$Fe$_{14}$B (R = Ce、Pr、Nd、Sm) 化合物的饱和磁化强度要比 R$_2$Fe$_{14}$B(R = Gd、Tb、Ho、Er、Tm) 化合物高。除 R = Gd 外，重稀土 R$_2$Fe$_{14}$B 的 M_s-T 曲线在低温区段都呈现出随温度升高而上升的趋势，具有正温度系数。另外，还可以明显看到 Nd$_2$Fe$_{14}$B、Er$_2$Fe$_{14}$B 和 Tm$_2$Fe$_{14}$B 的 M_s-T 曲线在低温下有不平滑（一阶导数不连续）点出现，它们对应自旋重取向发生点，更详细关于自旋重取向的讨论参见 4.4.4 节。R$_2$Fe$_{14}$B 系列化合物的饱和磁化强度在 4.2K 时和室温（300K）的分布情况在 4.5.2 节中做了讨论，同时参见表 4-24。

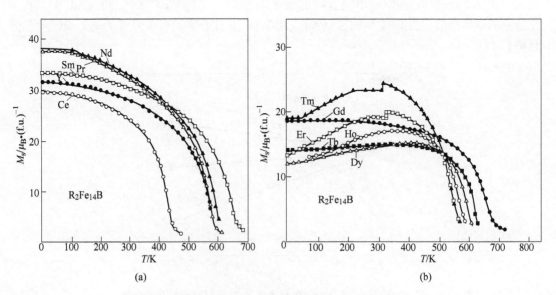

图 4-92 R$_2$Fe$_{14}$B 单晶样品的饱和磁化强度 M_s 随温度的变化[171]

(a) R = 轻稀土的化合物；(b) R = 重稀土的化合物

在（Nd,R）$_2$Fe$_{14}$B 化合物中，我们也可以简单理解为其饱和磁化强度为 Nd$_2$Fe$_{14}$B 分量饱和磁化强度和 R$_2$Fe$_{14}$B 分量饱和磁化强度的叠加。假设 R 元素从无（$x=0$）到全部取代（$x=1$），（Nd$_{1-x}$R$_x$）$_2$Fe$_{14}$B 化合物的室温饱和磁化强度随 x 线性变化如图 4-93 所示。很清楚，（Nd$_{1-x}$R$_x$）$_2$Fe$_{14}$B 化合物中任何稀土原子代替 Nd 原子，其室温饱和磁化强度都会下降。（Nd$_{1-x}$Ce$_x$）$_2$Fe$_{14}$B 化合物的室温饱和磁化强度是所有轻稀土化合物中随 x 的增大而下降最快的。前面我们已经看到了 Ce$_2$Fe$_{14}$B 的居里温度是所有 R$_2$Fe$_{14}$B 化合物中最低的，并且在温度 4.2K 时饱和磁化强度小于其他轻稀土 R$_2$Fe$_{14}$B 化合物，这二者的共同作用使得 Ce$_2$Fe$_{14}$B 的室温饱和磁化强度在所有轻稀土 R$_2$Fe$_{14}$B 中最小。

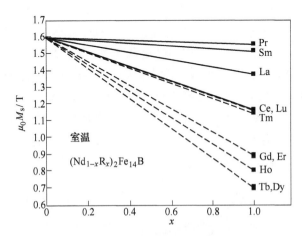

图 4-93 （Nd$_{1-x}$R$_x$）$_2$Fe$_{14}$B 化合物的室温饱和磁化强度 $\mu_0 M_s$ 随替代元素 M 的浓度 x 的变化
（实验数据源于参考文献［12］、［171］）

图 4-94 给出了在温度 4.2K 时 Nd$_2$Fe$_{14-x}$M$_x$B（M = Co、Cu、Si、Be、Mn 和 Ru）化合物的饱和磁化强度随替代元素 M 浓度 x 的变化[174]。由于 Fe 原子在所有金属和合金中具有最大的原子磁矩，所以可以看到所有的 M 元素取代 Fe，Nd$_2$Fe$_{14-x}$M$_x$B 化合物的饱和磁化强度均随 x 增大而下降。但是 M = Co 除外，类似 Fe-Co 合金饱和磁极化强度存在一极大值

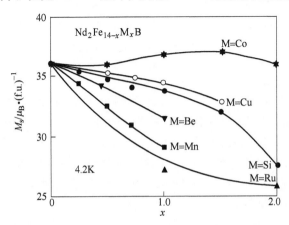

图 4-94 在温度 4.2K 时 Nd$_2$Fe$_{14-x}$M$_x$B 化合物的饱和磁化强度 M_s 随替代元素 M 浓度 x 的变化[174]

（当 Fe:Co = 7:3 时合金的 $\mu_0 M_s$ = 2.64T），M = Co 的 $Nd_2Fe_{14-x}Co_xB$ 化合物在 $x \approx 1.5$ 时的饱和磁化强度达到极大值。在其他替代元素中，Cu 对 M_s 的副作用最小，Ru 的副作用最大。在温度 4.2K 时 $Nd_2Fe_{14-x}M_xB$ 化合物的饱和磁化强度随替代元素 M 浓度 x 的变化同 $Y_2Fe_{14-x}M_xB$[176] 的情形类似，但是 $Y_2Fe_{14-x}Co_xB$ 饱和磁化强度极大值出现在 $x \approx 3.7$，同 $Nd_2Fe_{14-x}Co_xB$ 化合物略有不同。

我们再来看一看，由于不同 M 元素造成居里温度的变化，室温饱和磁化强度随 M 元素的变化同低温下的变化情形是否会不一样。图 4-95 给出了室温下 $Nd_2Fe_{14-x}M_xB$ 化合物的约化饱和磁化强度 $M_s(x)/M_s(0)$ 随替代元素 M 浓度 x 的变化（数据来源：M = Cu[180]、Si[181]、Ga[182]，其他元素[183]）。结果表明，同温度 T = 4.2K 时类似，在室温下除 Co 在 $x \approx 1.5$ 时 $Nd_2Fe_{14-x}Co_xB$ 化合物的室温饱和磁化强度出现很小的极大值外，其他替代元素 M 均使得 $Nd_2Fe_{14-x}M_xB$ 化合物的室温饱和磁化强度随 x 增大而降低，无论居里温度随 x 增大而增大（M = Ni、Ga、Si、Cu）或随 x 增大而降低（M = V、Al、Mn）（参见比较图 4-90）。当 $x > 2$ 时，$Nd_2Fe_{14-x}Co_xB$ 化合物的室温饱和磁化强随 Co 含量 x 线性下降（参见图 4-96）[173]。这种极大值现象，在 $Pr_2(Fe_{1-x}Co_x)_{14}B$ 化合物[178] 和 $Tb_2(Fe_{1-x}Co_x)_{14}B$ 化合物[179] 中也有表现。在高温下（$T > 400K$），$Nd_2Fe_{14-x}Co_xB$ 化合物的饱和磁化强随 Co 含量 x 单调下降（参见图 4-97），不再出现极大值现象[184]。

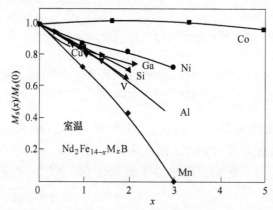

图 4-95　室温下 $Nd_2Fe_{14-x}M_xB$ 化合物的约化饱和磁化强度 $M_s(x)/M_s(0)$
随替代元素 M 浓度 x 的变化

（数据来源：M = Cu[180]、Si[181]、Ga[182]、其他元素[183]）

$La_2Co_{14}B$、$Nd_2Co_{14}B$ 和 $Gd_2Co_{14}B$ 化合物的饱和磁化强度随温度的变化参见图 4-52[75]。我们可以看出 $Nd_2Co_{14}B$ 化合物的饱和磁化强度要远低于 $Nd_2Fe_{14}B$。在 4.2K 时，$Nd_2Fe_{14}B$ 的饱和磁化强度为 M_s = 37.7μ_B/(f.u.)，而 $Nd_2Co_{14}B$ 的饱和磁化强度为 M_s = 25.5μ_B/(f.u)（为 $R_2Co_{14}B$ 系列化合物中最大）；在室温（300K）时，$Nd_2Fe_{14}B$ 的饱和磁化强度为 $\mu_0 M_s$ = 1.60T，而 $Nd_2Co_{14}B$ 的饱和磁化强度为 $\mu_0 M_s$ = 1.16T[75]。同 $(Nd,R)_2Fe_{14}B$ 化合物的情形类似，图 4-98 给出了 $(Nd_{1-x}R_x)_2Co_{14}B$ 化合物室温饱和磁化强度随 x 线性变化。从图中可以看出，所有 M = La、Sm、Gd、Tb 和 Dy 元素替代 Nd 均使得室温饱和磁化强度下降，轻稀土 La 和 Sm 替代带来的下降幅度比重稀土 Gd、Tb 和 Dy 小得多。

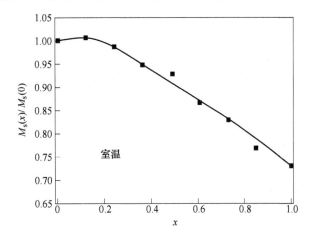

图 4-96　室温下 $Nd_2(Fe_{1-x}Co_x)_{14}B$ 化合物的约化饱和
磁化强度 $M_s(x)/M_s(0)$ 随 Co 浓度 x 的变化[173]

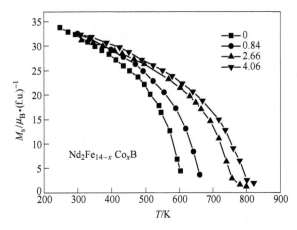

图 4-97　$Nd_2Fe_{14-x}Co_xB$（$x=0$、0.84、2.66 和 4.06）化合物单晶样品的
自发磁化强度随温度的变化[184]

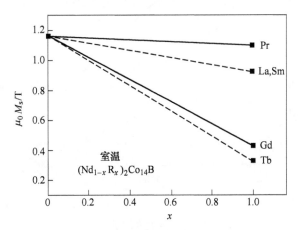

图 4-98　$(Nd_{1-x}R_x)_2Co_{14}B$ 化合物的室温饱和磁化强度 μ_0M_s 随替代元素 R 的浓度 x 的变化
（实验数据源于：La、Nd、Gd 化合物[75]；Pr 化合物[178]；Sm 化合物[185]；Tb 化合物[179]）

综上，无论在室温或低温下，任何稀土元素 R 替代 Nd 都会降低 $(Nd,R)_2Fe_{14}B$ 的饱和磁化强度，其中 Pr 替代 Nd 时降低的幅度最小，Tb 和 Dy 替代 Nd 时降低的幅度最大；除了少量的 Co 元素（Co:Fe≤1:7）替代 Fe 会增大 $Nd_2(Fe,Co)_{14}B$ 的饱和磁化强度，其他任何金属元素或非金属元素 M 取代 Fe 都会降低 $Nd_2(Fe,M)_{14}B$ 的饱和磁化强度。

4.5.4.3 $(Nd,R)_2(Fe,M)_{14}B$ 的磁晶各向异性场

磁晶各向异性是稀土永磁材料内禀磁性的一个重要特征。我们在 4.3 节、4.4 节和 4.5.3 节对 R-T 金属间化合物磁晶各向异性的起源和表现进行了大量的分析和讨论，在本节我们将进一步深入研究 $Nd_2Fe_{14}B$ 的磁晶各向异性场以及用其他稀土元素取代 Nd 或者其他金属元素或非金属元素取代 Fe 对磁晶各向异性场的影响。

图 4-99 给出了 $R_2Fe_{14}B$（R = Y、Ce、Pr、Nd、Gd、Tb、Dy、Ho）单晶的磁晶各向异性场 H_a 随温度的变化[171]。由于 H_a 是由外加磁场 $\mu_0 H = 1.5T$ 下平行于 c 轴（易磁化方向）和垂直于 c 轴（难磁化方向）磁化曲线相似三角形推导获得的[171]，所以 $\mu_0 H_a > 1.5T$ 的数值中基本上是 K_1 的贡献。采用奇异点技术（SPD）测定的磁晶各向异性场数值则包含了 K_1、K_2 和 K_3 的贡献，图 4-100 给出了采用 SDP 测定的 $R_2Fe_{14}B$（R = Y、La、Ce、Pr、Nd、Gd、Ho、Lu）单晶的磁晶各向异性场 $\mu_0 H_a$ 随温度的变化[186]。比较图 4-99 和图 4-100 中的 $Nd_2Fe_{14}B$，磁晶各向异性场数值相差不少，在低温区间（$T < 400K$）图 4-99 中的数值小于图 4-100 中的数值。当 $T = 275K$ 时，图 4-99 中 $\mu_0 H_a(Nd_2Fe_{14}B) = 7.0T$，而图 4-100 中 $\mu_0 H_a(Nd_2Fe_{14}B) = 8.4T$，后者的数值同 $Nd_2Fe_{14}B$ 单晶体在高场下的测量结果更接近（参见图 4-42）[53]。请注意，当 $T < 135K$ 时 $Nd_2Fe_{14}B$ 出现自旋重取向和在 [100] 方向一级磁化异动（Type I FOMP）（参见 4.3.3 节），图 4-100 中 SDP 数值没有将 FOMP 场和磁晶各向异性场作区分。所以，采用单晶样品高场测量磁化曲线和 SPD 测量综合考量后的结

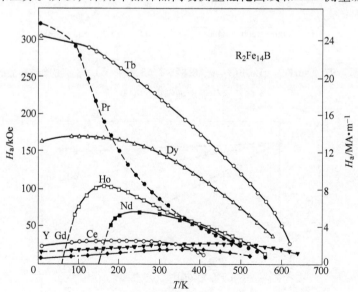

图 4-99　$R_2Fe_{14}B$（R = Y、Ce、Pr、Nd、Gd、Tb、Dy、Ho）单晶体的磁晶各向

异性场 H_a 随温度的变化[171]

（H_a 是由外加磁场 $\mu_0 H = 1.5T$ 下平行于 c 轴

（易磁化方向）和垂直于 c 轴（难磁化方向）磁化曲线推导获得）

果相对比较准确，我们通常选取 $Nd_2Fe_{14}B$ 的室温磁晶各向异性场 $\mu_0 H_a = 7.6T$。

从图 4-99 和图 4-100 中还可以看到，$R_2Fe_{14}B(R = Y$、La 和 $Lu)$ 所表现的 Fe 次晶格的磁晶各向异性场较小，并且从室温到低温，随着温度的降低而变小。图 4-41 给出了 $Y_2Fe_{14}B$ 单晶体在 4.2K 和 300K 磁化曲线和磁晶各向异性常数 K_1 随温度降低而变小的曲线。室温下，$R_2Fe_{14}B(R = Y$、La 和 $Lu)$ 给出的 Fe 次晶格磁晶各向异性场 $\mu_0 H_a \approx 2T$。$Ce_2Fe_{14}B$ 的磁晶各向异性场也较小，同 $R_2Fe_{14}B(R = Y$、La 和 $Lu)$ 比较、扣除 Fe 次晶格的贡献后，Ce 次晶格对磁晶各向异性场 $\mu_0 H_a$ 的贡献为 1T 左右，并且 $Ce_2Fe_{14}B$ 与 $R_2Fe_{14}B$ $(R = Y$、La 和 $Lu)$ 的磁晶各向异性场随温变化的情况类似，这说明在 $Ce_2Fe_{14}B$ 中铈元素基本上以 Ce^{4+} （4f 电子为 0 个）的形式存在。

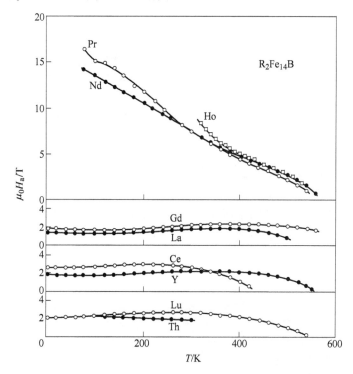

图 4-100　$R_2Fe_{14}B$ 化合物的磁晶各向异性场 $\mu_0 H_a$ 随温度的变化（采用 SPD 方法）[133,186]

$R_2Fe_{14}B$ 化合物中不同 R^{3+} 离子的磁晶各向异性常数 $\{K_i\}$ 比较接近（Pr^{3+} 和 Yb^{3+} 二者相差略大）（参见表 4-17），也就是说，$Nd_2Fe_{14}B$ 晶体结构中稀土晶位的晶场作用大小基本不随稀土元素 R 变化。在 $(Nd$, $R)_2Fe_{14}B$ 化合物中，我们也可以简单理解为其磁晶各向异性为 Nd 次晶格、R 次晶格和 Fe 次晶格磁晶各向异性三者的叠加，并且是单调线性变化。$(Nd_{1-x}Tb_x)_2Fe_{14}B$ 的磁晶各向异性场 H_a 随 x 的变化实验结果，也证实了这种假设[208]。具有单轴各向异性的 $(Nd_{1-x}R_x)_2Fe_{14}B$ 化合物的室温磁晶各向异性场随 x 线性变化如图 4-101 所示。当 R = La、Ce、Gd 和 Lu 时，$(Nd_{1-x}R_x)_2Fe_{14}B$ 化合物的室温磁晶各向异性场随 x 增大而下降；当 R = Ho 时，$(Nd_{1-x}R_x)_2Fe_{14}B$ 化合物的室温磁晶各向异性场几乎不随 x 变化；当 R = Pr、Tb 和 Dy 时，$(Nd_{1-x}R_x)_2Fe_{14}B$ 化合物的室温磁晶各向异性场随 x 增大而增大。Tb 替代使得 $(Nd_{1-x}Tb_x)_2Fe_{14}B$ 化合物的室温磁晶各向异性场是所有化合

物中随 x 的增大而增大最快的；同（$Nd_{1-x}R_x$）$_2Fe_{14}B$（R = La、Gd 和 Lu） 随 x 增大而减小
幅度接近，Ce 替代主要是起稀释 Nd 次晶格的作用而使得（$Nd_{1-x}Ce_x$）$_2Fe_{14}B$ 化合物的室
温磁晶各向异性场减小。

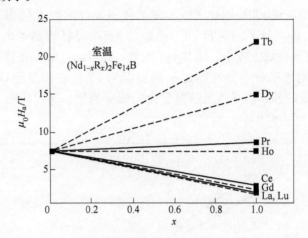

图 4-101 （$Nd_{1-x}R_x$）$_2Fe_{14}B$ 化合物的室温磁晶各向异性场 μ_0H_a 随替代元素 M 的浓度 x 的变化
（实验数据源于参考文献 [12]、[171]）

下面我们讨论金属原子或非金属原子替代 Fe 原子对化合物磁晶各向异性场的作用。
首先我们看一下 Co 原子替代，图 4-102 给出了在温度 300K 下 Y_2（$Fe_{1-x}Co_x$）$_{14}B$ 化合物的
磁晶各向异性常数 K_1 随 Co 含量 x 的变化[20,188]。随着 Co 含量 x 的增大，当 $x = 0.7$ 左右时
Y_2（$Fe_{1-x}Co_x$）$_{14}B$ 化合物的 K_1 从正变负，即从单轴各向异性变为平面各向异性。

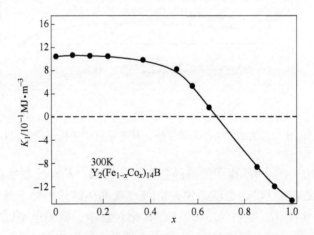

图 4-102 在温度 300K 下 Y_2（$Fe_{1-x}Co_x$）$_{14}B$ 化合物的磁晶
各向异性常数 K_1 随 Co 含量 x 的变化[20,188]

图 4-103 给出了 $Nd_2Fe_{14}B$ 和 $Nd_2Co_{14}B$ 化合物的磁晶各向异性场 μ_0H_a 随温度的变
化[20,189]。当温度大于 140K 左右时，μ_0H_a（$Nd_2Fe_{14}B$） 大于 μ_0H_a（$Nd_2Co_{14}B$），这可能是由
于 $Nd_2Fe_{14}B$ 在温度小于 135K 时出现了自旋重取向（参见 4.4.3 节）。图 4-104 给出了
Pr_2（$Fe_{1-x}Co_x$）$_{14}B$和 Nd_2（$Fe_{1-x}Co_x$）$_{14}B$ 化合物的室温磁晶各向异性场 μ_0H_a 随 Co 含量 x 的变

化（采用 SPD 方法）[20,190]。在 $x \leqslant 0.7$ 时，$Pr_2(Fe_{1-x}Co_x)_{14}B$ 和 $Nd_2(Fe_{1-x}Co_x)_{14}B$ 二者的室温 $\mu_0 H_a$ 随 x 的增大而减小；在 $x > 0.7$ 时，$Pr_2(Fe_{1-x}Co_x)_{14}B$ 的室温 $\mu_0 H_a$ 随 x 的增大而增大，而 $Nd_2(Fe_{1-x}Co_x)_{14}B$ 的室温 $\mu_0 H_a$ 随 x 的增大而继续减小。

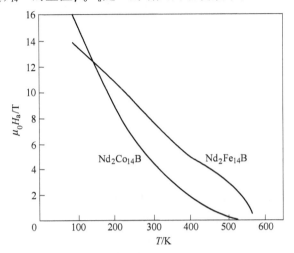

图 4-103　$Nd_2 Fe_{14}B$ 和 $Nd_2 Co_{14}B$ 化合物的磁晶各向异性场 $\mu_0 H_a$
随温度的变化（采用 SPD 方法）[20,189]

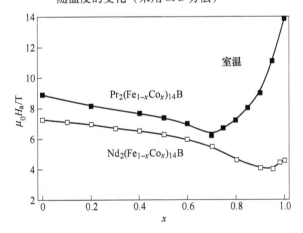

图 4-104　$Pr_2(Fe_{1-x}Co_x)_{14}B$ 和 $Nd_2(Fe_{1-x}Co_x)_{14}B$ 化合物的室温磁晶
各向异性场 $\mu_0 H_a$ 随 Co 含量 x 的变化（采用 SPD 方法）[20,190]

　　下面我们再来看一看其他 M 原子替代 Fe 原子的情形。图 4-105 给出了 $Y_2 Fe_{13} M_1 B$（M = Ga、Si、Al）化合物的磁晶各向异性场 $\mu_0 H_a$ 随温度的变化[174,191]，作为比较图中也显示了 $Y_2 Fe_{14}B$ 磁晶各向异性场 $\mu_0 H_a$ 随温度的变化。前面我们已经提到过，$R_2 Fe_{14}B$（R = Y、La 和 Lu）所表现的 Fe 次晶格的磁晶各向异性场从室温往低温变化，随着温度的降低而变小。但当一个 $Nd_2 Fe_{14}B$ 分子式中的一个 Fe 原子被 M = Ga、Si 或 Al 替代，$Y_2 Fe_{13} MB$ 化合物的磁晶各向异性场 $\mu_0 H_a$ 在低温（如 4.2K）时则有所提高。在室温下（300K），仅有 Si 的替代使得 Fe 次晶格的磁晶各向异性场基本不变，而 Ga 和 Al 的替代均使得 Fe 次晶格的磁晶各向异性场下降。

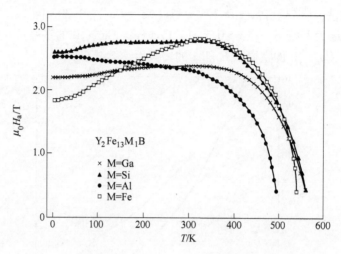

图 4-105　$Y_2Fe_{13}M_1B(M = Ga、Si、Al)$ 化合物的磁晶各向异性场 μ_0H_a
随温度的变化（采用 SPD 方法）[174,191]

由于在温度小于 135K 后，$Nd_2Fe_{14}B$ 化合物发生自旋重取向（参见 4.4.3 节），所以我们没有 $Nd_2Fe_{14-x}M_xB$ 化合物的低温（如 4.2K）下的磁晶各向异性场的数据来分析讨论 M 元素替代对磁晶各向异性的影响。但是，从 $Nd_2Fe_{14-x}M_xB$ 化合物自旋重取向温度和自发磁化强度偏离 c 轴的角度随 x 的变化仍然可以获得一些相关信息。从报道过的实验数据来看，所有的 M 元素替代均使得 $Nd_2Fe_{14-x}M_xB$ 化合物自旋重取向温度降低（单轴各向异性温度向低温移动），自发磁化强度偏离 c 轴的角度减小（参见图 4-108 和图 4-109）。

对于实际应用，了解 $Nd_2Fe_{14-x}M_xB$ 化合物的室温磁晶各向异性场也非常重要。图 4-106 给出了 $Nd_2Fe_{14-x}M_xB$ 化合物的约化室温磁晶各向异性场 $H_a(x)/H_a(0)$ 随 x 的变化（数据来源：$M = Co$[199]、Cu[198]、Ga[182]、Ni[199]、Ru[201]、Mn[199]，其他元素[174]）。$M = Ga、Al$ 化合物在 $x \approx 0.25$ 时、$M = Be$ 化合物在 $x \approx 0.5$ 时室温磁晶各向异性场都有一个极大值，而 $M = Co、Mo、Cu、Ga、Ni、Ru$ 和 Mn 化合物的室温磁晶各向异性场则随 x 的增大而单调下降，其中 Co 原子替代的影响非常小。从图 4-105 可以看到，在温度 300K 时 Ga 和 Al 对 Fe 次晶格磁晶各向异性场 μ_0H_a 降低约 0.5T，而 Si 对 Fe 次晶格磁晶各向异性场影响很小。所以，从图 4-106 可以看到，$M = Si$ 和 Ga 对 $Nd_2Fe_{14-x}M_xB$ 化合物的磁晶各向异性场影响较小，并且 $M = Si$ 和 Ga 使居里温度略有升高（参见图 4-90），说明 Si 和 Ga 替代 Fe 原子对 Nd^{3+} 离子室温二级晶场相互作用影响较小。比较图 4-90 和图 4-106 可以发现，使得居里温度提高的元素替代（$M = Co、Ni、Ga、Si、Cu$）或使得居里温度下降较小的元素替代（$M = Be$）则对室温磁晶各向异性场影响较小；而使得居里温度大幅下降的元素替代（$M = Al、Ru、Mn$）则使得室温磁晶各向异性场下降较大，二者下降的幅度基本一致。总体来看，少量 M 元素替代 Fe，$M = Co、Ni、Ga、Si、Cu、Mo$ 和 Be 对 $Nd_2Fe_{14-x}M_xB$ 化合物的室温磁晶各向异性场影响较小，而 $M = Mn、Ru$ 和 Al 的替代使得 $Nd_2Fe_{14-x}M_xB$ 化合物的室温磁晶各向异性场下降幅度较大。

在 $Nd_2Fe_{14}B$ 化合物中，用其他稀土元素 R 取代 Nd 会导致 Nd 次晶格磁晶各向异性的改变。而用其他金属元素和非金属元素 M 取代 Fe 会导致 Fe 次晶格磁晶各向异性的改变。

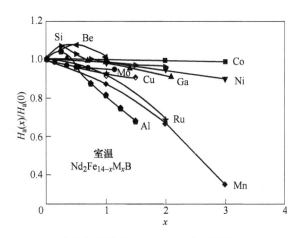

图 4-106　$Nd_2Fe_{14-x}M_xB$ 化合物的约化室温磁晶各向异性场 $H_a(x)/H_a(0)$ 随 x 的变化

（数据来源：$M = Co^{[199]}$、$Cu^{[198]}$、$Ga^{[182]}$、$Ni^{[199]}$、$Ru^{[201]}$、$Mn^{[199]}$，其他元素[174]）

宏观一点讲，两种替代类型都使得 $Nd_2Fe_{14}B$ 磁晶各向异性场 μ_0H_a 发生改变，这一点上面我们已经看得比较清楚；微观一点讲，由于这两种替代分别改变了（R、Nd）次晶格磁晶各向异性常数 $\{K_i^{Nd}\}$（晶场相互作用）和 Fe 次晶格磁晶各向异性常数 K_1^{Fe} 的大小以及它们随温度的变化，所以 $Nd_2Fe_{14}B$ 化合物的自旋重取向温度和自发磁化强度偏离 c 轴的角度也会随替代元素发生改变。

图 4-107 给出了 $(Nd_{1-x}R_x)_2Fe_{14}B$ 化合物的约化自旋重取向温度 $T_{sr}(x)/T_{sr}(0)$ 随替代元素 R 浓度 x 的变化（实验数据来源 $R = Y^{[172]}$、$Ce^{[192]}$、$Pr^{[193]}$、$Sm^{[194]}$、$Gd^{[172]}$、$Tb^{[195]}$、$Dy^{[196]}$、$Ho^{[195]}$ 和 $Er^{[195]}$）。前面我们已经讨论过（参见 4.4.3 节）随着温度降低，当温度 $T_{sr} = 135K$ 时 $Nd_2Fe_{14}B$ 化合物发生自旋重取向，饱和磁化强度 M_s 偏离 c 轴，此时 $K_1 = K_1^{Fe} + K_1^R$ 从正值（>0）变负值（<0）。从图中可知，当 R = Sm 和 Er 时，$Nd_{2-x}R_xFe_{14}B$ 化合物的自旋重取向温度 T_{sr} 随替代元素 R 浓度 x 的增大而升高，这是由于 Sm^{3+} 和 Er^{3+} 的二级 Stevens 系数 $\alpha_J > 0$（同 Nd^{3+} 相反），使得 K_1 从正值变负值（易单轴变成易锥面）的

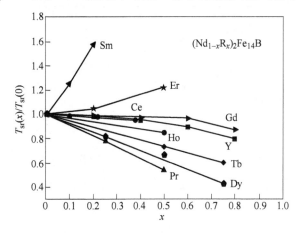

图 4-107　$(Nd_{1-x}R_x)_2Fe_{14}B$ 化合物的约化自旋重取向温度 $T_{sr}(x)/T_{sr}(0)$ 随替代元素 R 浓度 x 的变化

（数据来源 $R = Y^{[172]}$、$Ce^{[192]}$、$Pr^{[193]}$、$Sm^{[194]}$、$Gd^{[172]}$、$Tb^{[195]}$、$Dy^{[196]}$、$Ho^{[195]}$、$Er^{[195]}$）

自旋重取向温度 T_{sr} 提高。而 R = Y、Ce、Pr、Gd、Ho、Tb 和 Dy 时，$Nd_{2-x}R_xFe_{14}B$ 化合物的自旋重取向温度 T_{sr} 随替代元素 R 浓度 x 的增大而降低，其原因是由于 Y、Ce（+4 价，$4f$ 对磁性无贡献）和 Gd 稀释了 Nd 次晶格，K_1^R（<0）的绝对值减小，使得 K_1^{Fe}（>0）占优的温度区间扩大；而 Ce^{3+}、Pr^{3+}、Ho^{3+}、Tb^{3+} 和 Dy^{3+} 二级 Stevens 系数 $\alpha_J < 0$（同 Nd^{3+} 相同），在低温下呈现很强的单轴各向异性，比 Y 和 Gd 稀更加削弱了 K_1^R（<0）的平面各向异性，使得 K_1 从正值变负值（易单轴变成易锥面）的自旋重取向温度 T_{sr} 降低。虽然 $Y_2Fe_{14}B$ 和 $Gd_2Fe_{14}B$ 具有单轴各向异性，没有自旋重取向现象，但从图 4-107 中给出 R = Y 和 Gd 的取代曲线来看，$(Nd_{1-x}R_x)_2Fe_{14}B$ 化合物的约化自旋重取向温度 $T_{sr}(x)$ 随浓度 x 的减小很平缓，不是简单的稀释效应。

图 4-108 给出了 $Nd_2Fe_{14-x}M_xB$ 化合物的自旋重取向温度 $T_{sr}(x)$ 同 $Nd_2Fe_{14}B$ 自旋重取向温度 $T_{sr}(0)$ 的比值 $T_{sr}(x)/T_{sr}(0)$ 随替代元素 M 浓度 x 的变化（实验数据来源：M = Co[197]、Cu[198]、Ni[199]、Si[200]、Ga[182]、Mn[199] 和 Ru[201]）。从图中可以看到，所有的 M 原子替代 Fe 原子，均使得 $Nd_2Fe_{14-x}M_xB$ 化合物的自旋重取向温度 $T_{sr}(x)$ 随替代元素 M 浓度 x 的增大而降低。其原因比较复杂，Buschow 认为[12]这种现象不仅是由于 Fe 次晶格的磁晶各向异性受到 M 原子替代的影响，同时 R 次晶格的磁晶各向异性也受到了 M 原子替代的影响；Burzo 认为[174]这可能是由于 M 原子替代使得 Fe 次晶格总磁矩减小，使得 $4f$-$3d$ 作用减弱，从而使得自旋重取向温度 $T_{sr}(x)$ 向低温移动。我们以 $Nd_2Fe_{14-x}Co_xB$ 为例，看一看 Co 原子替代 Fe 如何影响 $Nd_2Fe_{14-x}Co_xB$ 化合物的磁晶各向异性。首先看一下 Fe-Co 次晶格，$Y_2Fe_{14-x}Co_xB$ 化合物的磁晶各向异性场 H_a 随着温度的降低变化规律[202]：当 $1.5 \leqslant x \leqslant 13$ 时增大，当 $x < 1.5$ 或 $x > 13$ 时减小。然而 $Nd_2Fe_{14-x}Co_xB$ 的自旋重取向温度 $T_{sr}(x)$ 随着 x 增大却单调降低[197]，这说明 Fe-Co 次晶格对 $Nd_2Fe_{14-x}Co_xB$ 的自旋重取向温度 $T_{sr}(x)$ 的影响是次要的。在 4.4.3 节和 4.4.4 节我们分别讨论了 $Nd_2Fe_{14}B$ 和 $Nd_2Co_{14}B$ 的晶场相互作用，将晶场系数 $\{A_{k0}\}$ 数值代入式（4-96）可以计算出在温度 0K 时的磁晶各向异性常数 $\{K_1^{Nd}\}$。对于 $Nd_2Fe_{14}B$ 化合物，$K_1^{Fe} = 16K/(f.u.)$，$K_1^{Nd}(Nd_2Fe_{14}B) = -336K/$

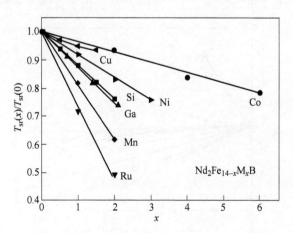

图 4-108　$Nd_2Fe_{14-x}M_xB$ 化合物的约化自旋重取向温度 $T_{sr}(x)/T_{sr}(0)$ 随替代元素 M 的浓度 x 的变化

（数据来源 M = Co[197]、Cu[198]、Ni[199]、Si[200]、Ga[182]、Mn[199] 和 Ru[201]）

(f. u.)，K_2^{Nd}（$Nd_2Fe_{14}B$）= 1049K/（f. u. ）和 K_3^{Nd}（$Nd_2Fe_{14}B$）= − 548K/（f. u. ）；对于 $Nd_2Co_{14}B$ 化合物，K_1^{Co}（$Nd_2Co_{14}B$）= − 28K/（f. u. ），K_1^{Nd}（$Nd_2Co_{14}B$）= − 12. 1K/（f. u. ），K_2^{Nd}（$Nd_2Co_{14}B$）= 695K/（f. u. ）和 K_3^{Nd}（$Nd_2Co_{14}B$）= − 449K/（f. u. ）。所以两种化合物的二级磁晶各向异性常数 K_1（$Nd_2Fe_{14}B$）= K_1^{Fe} + K_1^{Nd} = − 320K/（f. u. ）和 K_1（$Nd_2Co_{14}B$）= K_1^{Co} + K_1^{Nd} = − 40.5K/（f. u. ）。如果假设 K_1（$Nd_2Fe_{14-x}Co_xB$）为 K_1（$Nd_2Fe_{14}B$）和 K_1（$Nd_2Co_{14}B$）的各自含量的加权平均，那么 Co 含量 x 越大，K_1（$Nd_2Fe_{14-x}Co_xB$）的绝对值越小，$Nd_2Fe_{14-x}Co_xB$ 的平面各向异性倾向就越弱，则当温度降低时从易单轴转变为易平面的自旋重取向温度就随着 x 增大而降低。

尽管许多金属或非金属原子 M 替代 Fe 原子，均使得 $Nd_2Fe_{14-x}M_xB$ 化合物的自旋重取向温度降低。但在温度 4.2K 时自发磁化强度偏离 c 轴的角度 θ 值变化却不完全一致[180,202~204]，图 4-109 给出了 $Nd_2(Fe_{0.9}M_{0.1})_{14}B$（M = Co、Ni 和 Ru）化合物的自发磁化强度偏离 c 轴的角度 $θ_c$ 随温度的变化[203]，10% 的 Fe 被 Co、Ni 和 Ru 替代后，在 4.2K 时 $θ_c$ 角的数值减小大于 10°（从 30°减小到 20°以下）；但是，M = Si 的情况则相反，在 4.2K 时 $Nd_2(Fe_{0.843}Si_{0.157})_{14}B$ 的 $θ_c$ 角的数值增大 26°（从 31°增大到 57°）[204]。

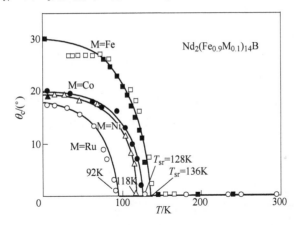

图 4-109　$Nd_2(Fe_{0.9}M_{0.1})_{14}B$（M = Co、Ni、Ru）化合物的
自发磁化强度偏离 c 轴的角度 $θ_c$ 随温度的变化[12,203]

4.5.4.4　（$Pr_{0.41}Nd_{1.27}Tb_{0.28}Dy_{0.04}$）（$Fe_{13.74}Co_{0.26}$）B 的内禀磁性[209]

在前面，我们讨论了（Nd,R）$_2$（Fe,M）$_{14}B$ 化合物的内禀磁性及其与 R 和 M 的关系，在本小节中，我们将以一个实际磁体的例子来讨论分析磁体的内禀磁性[209]。在烧结 Nd-Fe-B 磁体生产中，我们往往采用部分 Pr、Tb 或 Dy 替代部分 Nd，用 Co 等元素代替一点 Fe 制备成实际为（PrNdTbDy）-（FeCo）-B 磁体。Pr 替代 Nd 对 $Nd_2Fe_{14}B$ 化合物的内禀磁性影响较小，除了低温自旋重取向情形不同外，常将这两者看成可互为替代的等价物；Tb 或 Dy 替代 Nd 可以显著提高 $Nd_2Fe_{14}B$ 相的室温磁晶各向异性场、稍微提高居里温度，但降低室温饱和磁化强度；少量的 Co 替代可以提高 $Nd_2Fe_{14}B$ 相的居里温度，却对室温磁晶各向异性场和室温饱和磁化强度影响很小。所以，可以根据工艺水平和应用对性能的需求来设计磁体的成分（详细讨论参见第 8 章）。

一般说来，稀土过渡族化合物（$R_1, R_2, \cdots, R_i, \cdots, R_n$）$_2$（$T_1, T_2, \cdots, T_j, \cdots,$

$T_m)_{14}$B 的内禀特性可以通过同构化合物 $R_{i2}T_{j14}$B 的相关量的值进行推算。我们选择了用于制备高内禀矫顽力、高最大磁能积的一种典型速凝合金片，从电感耦合等离子体（Inductively Coupled Plasma，ICP）发射光谱的分析结果可知，它的成分为 $Pr_{2.79}Nd_{8.68}Tb_{1.90}Dy_{0.28}$（Cu，Al，Ga）$_{0.58}Co_{1.50}Fe_{78.51}B_{5.76}$（原子分数）；基于此合金片制备的烧结磁体的成分基本不变，仅是氧含量从 0.01% 增加到 0.1%。假设所有的 Fe 原子和 Co 原子都形成主相 Nd_2Fe_{14}B 的结构（改善内禀磁性），Cu、Al 和 Ga 都进入富 R 相（优化显微结构，提高矫顽力，详细讨论参见第 8 章），则磁体主相成分可以写成 $(Pr_{0.41}Nd_{1.27}Tb_{0.28}Dy_{0.04})(Fe_{13.74}Co_{0.26})$B，剩余的稀土和氧形成富 R 相和 R 的氧化物相。依据上述各元素在金属间化合物 $(Pr_{0.41}Nd_{1.27}Tb_{0.28}Dy_{0.04})(Fe_{13.74}Co_{0.26})$B 中的比例加权平均，可以推算该磁体主相的内禀磁性。

我们知道，在 $R_2(Fe,Co)_{14}$B 金属间化合物中，居里温度 T_c 主要是由 Fe-Co 次晶格的交换作用决定并受到来自 R-(Fe，Co) 和 R-R 相互作用的影响。根据图 4-89 所示的 $Nd_2(Fe_{1-x}Co_x)$B 居里温度 T_c 和 Co 替代含量 x 的变化关系，可以推导出 $Nd_2(Fe_{13.74}Co_{0.26})$B 的居里温度为 $T_c^{Nd}=T_c[Nd_2(Fe_{13.74}Co_{0.26})B]=602.85K$，也就是说 Co 替代 Fe 后使居里温度升高 $\Delta T_c^{Co}=(602.85-586)K=16.85K$。设若对于 Pr、Tb 和 Dy 次晶格 ΔT_c(Co) 相同，故有 $T_c^{Pr}=T_c[Pr_2(Fe_{13.74}Co_{0.26})B]=T_c(Pr_2Fe_{14}B)+\Delta T_c^{Co}=585.85K$，$T_c^{Tb}=T_c[Tb_2(Fe_{13.74}Co_{0.26})B]=T_c(Tb_2Fe_{14}B)+\Delta T_c^{Co}=636.85K$ 和 $T_c^{Dy}=T_c[Dy_2(Fe_{13.74}Co_{0.26})B]=T_c(Dy_2Fe_{14}B)+\Delta T_c^{Co}=614.85K$（$R_2Fe_{14}$B 化合物居里温度参见表 4-24）。在此基础上，我们可以推算出磁体主相 $(Pr_{0.41}Nd_{1.27}Tb_{0.28}Dy_{0.04})(Fe_{13.74}Co_{0.26})$B 的居里温度 $T_c^{cal}=(0.41/2)T_c^{Pr}+(1.27/2)T_c^{Nd}+(0.28/2)T_c^{Tb}+(0.04/2)T_c^{Dy}=604.37K(331.22℃)$。速凝合金片和烧结磁体的 M-T 热磁曲线测量所得到的居里温度 $T_c^{exp}=607K(334℃)$，它同利用各单一化合物居里温度的推算值 T_c^{cal} 非常接近。可以看出，由于 Pr、Tb、Dy 和 Co 的替代，$Pr_{2.79}Nd_{8.68}Tb_{1.90}Dy_{0.28}$（Cu,Al,Ga）$_{0.58}Co_{1.50}Fe_{78.51}B_{5.76}$ 磁体的居里温度比纯 Nd_2Fe_{14}B 的居里温度 586K(313℃) 高出 21K(21℃)。

采用上面推算居里温度类似的方法，我们通过分析磁体主相（Main Phase）$(Pr_{0.41}Nd_{1.27}Tb_{0.28}Dy_{0.04})(Fe_{13.74}Co_{0.26})$B 的室温饱和磁极化强度 $\mu_0M_s^{MP}$ 来推算 $Pr_{2.79}Nd_{8.68}Tb_{1.90}Dy_{0.28}$（Cu，Al，Ga）$_{0.58}Co_{1.50}Fe_{78.51}B_{5.76}$ 磁体的室温饱和磁极化强度 $\mu_0M_s^{cal}$。根据图 4-96 所示的 $Nd_2(Fe_{1-x}Co_x)_{14}$B 室温饱和磁化强度 M_s 和 Co 替代含量 x 的变化关系，可以推导出 $Nd_2(Fe_{13.74}Co_{0.26})$B 的室温饱和磁化强度比 Nd_2Fe_{14}B 仅提高 0.1%，故可以忽略 Co 替代对饱和磁化强度的影响。利用 R_2Fe_{14}B 各单一稀土化合物的室温饱和磁极化强度数值（参见表 4-24），我们可以推算出磁体主相 $(Pr_{0.41}Nd_{1.27}Tb_{0.28}Dy_{0.04})(Fe_{13.74}Co_{0.26})$B 的室温饱和磁极化强度 $\mu_0M_s^{MP}=1.448T$。烧结磁体的 M-H 磁化曲线测量所得到的室温饱和磁极化强度 $\mu_0M_s^{exp}=1.33T$，推算主相的数值和磁体的实验值之间有一定差距。采用垂直于取向方向的磁体截面金相显微照片，进行二值化定量分析，估计出磁体主相的比例为 94.7%。所以烧结磁体的室温饱和磁极化强度 $\mu_0M_s^{cal}=1.448×94.7%=1.37T$，它同实验值 $\mu_0M_s^{exp}=1.33T$ 基本一致。

根据图 4-106 所示的 $Nd_2(Fe_{14-x}Co_x)$B 室温磁晶各向异性场 μ_0H_a 和 Co 替代含量 x 的变化关系，可以看出 $Nd_2(Fe_{13.74}Co_{0.26})$B 的室温磁晶各向异性场基本不随 Co 含量变化。由 Pr_2Fe_{14}B、Nd_2Fe_{14}B、Tb_2Fe_{14}B 和 Dy_2Fe_{14}B 的室温磁晶各向异性场 μ_0H_a 分别为 8.7T、7.6T、22T 和 15T（参见表 4-24），由此推算磁体主相 $(Pr_{0.41}Nd_{1.27}Tb_{0.28}Dy_{0.04})(Fe_{13.74}Co_{0.26})$B 的

室温磁晶各向异性场 $\mu_0 H_a = 9.99T$。采用平行于取向方向（易轴）和垂直于取向方向（难轴）的起始磁化曲线延长线交点得到的磁晶各向异性场 $\mu_0 H_a = 10.4T$，略高于由成分得到的理论估计值 9.99T，其原因可能是磁体中主相晶粒的错取向对磁体难轴方向起始磁化曲线外推结果有一定的不确定性。

图 4-110 给出了 $Pr_{2.79}Nd_{8.68}Tb_{1.90}Dy_{0.28}(Cu,Al,Ga)_{0.58}Co_{1.50}Fe_{78.51}B_{5.76}$ 烧结磁体的剩余磁极化强度 $\mu_0 M_r$ 随温度的变化，其中插图为自发磁化强度偏离磁体取向方向的角度 θ_c 随温度的变化。从图中可以看到，在温度 $T_{sr} \approx 100K$ 时发生自旋重取向。如果假设一条不发生自旋重取向的平滑 $\mu_0 M_r$-T 曲线（也可认为是自由样品的 $\mu_0 M_r$-T 曲线，类似图 4-92a 中的 M_s-T 曲线），同实验 $\mu_0 M_r$-T 曲线进行比较，可推出推算出自发磁化强度偏离磁体取向方向（c 轴）的角度 θ_c 随温度的变化（这里忽略了磁体中晶粒取向度的影响）。实验数据表明，$Nd_2Fe_{14-x}Co_xB$ 化合物的磁晶各向异性场 $\mu_0 H_a$ 随 Co_x 替代量 x 的增大而减小[202]，但对于我们讨论的磁体主相 $(Pr_{0.41}Nd_{1.27}Tb_{0.28}Dy_{0.04})(Fe_{13.74}Co_{0.26})B$ 而言，Co 替代对 Fe 次晶格的磁晶各向异性影响很小（参见图 4-106），也就是说图 4-110 给出表现出的自旋重取向不同于 $Nd_2Fe_{14-x}Co_xB$ 化合物，主要是 Pr、Tb、Dy 替代 Nd 而造成的。所以，根据 $(Nd_{1-x}R_x)_2Fe_{14}B$ 化合物的自旋重取向温度 $T_{sr}(x)$ 随替代元素 R 浓度 x 的变化（参见图 4-107），我们可以估算出 $(Pr_{0.41}Nd_{1.27}Tb_{0.28}Dy_{0.04})(Fe_{13.74}Co_{0.26})B$ 的自旋重取向温度 $T_{sr}^{cal} \approx 128K$（$Nd_2Fe_{14}B$ 的自旋重取向温度 $T_{sr}(0)$ 为 135K），它同图 4-110 给出实验值有较大差距。从图 4-107 中估算的自发磁化强度偏离磁体取向方向的角度 θ_c 在 5K 时 $\theta_c = 22°$，比 $Nd_2Fe_{14}B$ 减小了 8°。

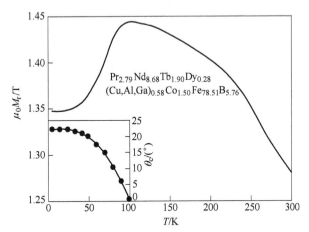

图 4-110　$Pr_{2.79}Nd_{8.68}Tb_{1.90}Dy_{0.28}(Cu, Al, Ga)_{0.58}Co_{1.50}Fe_{78.51}B_{5.76}$ 烧结磁体的
剩余磁极化强度 $\mu_0 M_r$ 随温度的变化

（其中插图为自发磁化强度偏离磁体取向方向（c 轴）的角度 θ_c 随温度的变化
（外加磁场 $H = 0$）。$\mu_0 M_r$-T 曲线为开路样品（1.5mm×1.5mm×1.5mm）测量结果，
由 $T = 293K$ 的闭路测量数据 $\mu_0 M_r = 1.28T$ 校准，中科三环研究院内部数据）

综上，$(Nd_{1-x}R_x)_2Fe_{14}B(R = La、Ce、Gd 和 Lu)$ 化合物的室温磁晶各向异性场随 x 增大而下降；$(Nd_{1-x}Ho_x)_2Fe_{14}B$ 化合物的室温磁晶各向异性场几乎不随 x 变化；$(Nd_{1-x}R_x)_2Fe_{14}B$ $(R = Pr、Tb 和 Dy)$ 化合物的室温磁晶各向异性场随 x 增大而增大，而 $(Nd_{1-x}Tb_x)_2Fe_{14}B$

化合物的室温磁晶各向异性场是所有化合物中随 x 的增大而增大最快的；同 $(Nd_{1-x}R_x)_2Fe_{14}B$ （R = La、Gd 和 Lu）作用相似，Ce 替代主要是起稀释 Nd 次晶格的作用而使得 $(Nd_{1-x}Ce_x)_2Fe_{14}B$ 化合物的室温磁晶各向异性场减小。对于过渡金属原子和其他原子替代 Fe 的效应，少量 M 元素替代 Fe，M = Co、Ni、Ga、Si、Cu、Mo 和 Be 对 $Nd_2Fe_{14-x}M_xB$ 化合物的室温磁晶各向异性场影响较小，而 M = Mn、Ru 和 Al 的替代使得 $Nd_2Fe_{14-x}M_xB$ 化合物的室温磁晶各向异性场下降较大。除了当 R = Sm 和 Er 时，$Nd_{2-x}R_xFe_{14}B$ 化合物的自旋重取向温度 T_{sr} 随替代元素 R 浓度 x 的增大而升高，其他的 R 元素替代 Nd 或 M 元素替代 Fe 均使得 $Nd_2Fe_{14}B$ 化合物的自旋重取向温度 T_{sr} 降低。

表 4-23 总结了过渡金属原子和其他原子 M 的替代效应对 $Nd_2Fe_{14-x}M_xB$ 居里温度（ΔT_c）、自旋重取向温度（ΔT_{sr}）、饱和磁化强度 $M_s(4.2K)$ 和 $M_s(300K)$、磁晶各向异性场 H_a（300K）和内禀矫顽力（ΔH_{cj}）的影响。[20] 表中还给出了 M 原子（Sn 和 Bi 除外）的替代效应对内禀矫顽力的影响。

表 4-23 过渡金属原子和其他原子 M 的替代效应对 $Nd_2Fe_{14-x}M_xB$ 居里温度（ΔT_c）、自旋重取向温度（ΔT_{sr}）、饱和磁化强度 $M_s(4.2K)$ 和 $M_s(300K)$、磁晶各向异性场 $H_a(300K)$ 和内禀矫顽力（ΔH_{cj}）的影响[20]

M	择优占位	ΔT_c	ΔT_{sr}	$\Delta M(4.2K)$	$\Delta M(300K)$	$\Delta H_a(300K)$	ΔH_{cJ}
Sc		+			−	−	
Ti		−					
V		−			−	−	+
Cr	$8j_2$	−	−	−	−	−	+
Mn	$8j_2$	−		−	−	−	+
Co	$16k_2, 8j_1, 4e$	+		−	−	−	+
Ni	$18k_2, 8j_2$	+		−	−	−	
Cu		+				−	
Zr		−			−		+
Nb		−			−	+	+
Mo		−				−	+
Ru		−	−			−	
W							+
Al	$8j_2, 16k_2$	−	−	−	−	+	+
Ga	$8j_1, 4c, 16k_2$	+	−	−	−	+	+
Si	$4c (16k_2)$	+		−	−	+	+
Sn		+					−
Bi		+					−

注："+"表示增大，"−"表示减小。

表 4-24 总结了典型稀土金属间化合物 RCo_5、R_2Co_{17}、R_2Fe_{17}、$Nd_2Fe_{14}B$ 和 $R_2Co_{14}B$ 的晶格常数和内禀磁性参数。在 $CaCu_5$ 结构的 R-Co 化合物中，对于重稀土元素，Co 含量比正分比偏高。在表中，a、c 表示晶胞常数；d_x 表示理论密度；T_c 表示居里温度；T_{sr} 表示自旋重取向温度；M_s 表示磁化强度；μ_0M_s 表示磁极化强度；μ_0H_a 表示磁晶各向异性场；易磁化方向表示磁化强度与 c 轴的夹角。其他一些系列金属间化合物的晶格常数和内禀磁性参数参见如下综述文献，如 $ThMn_{12}$ 结构 R-T 金属间化合物[14]，间隙原子 R-T 金属间化合物[26]。

表 4-24 RCo_5、R_2Co_{17}、R_2Fe_{17}、$R_2Fe_{14}B$ 和 $R_2Co_{14}B$ 的晶格常数和内禀磁性参数

化合物	晶体结构	a /nm	c /nm	d_x /g·cm⁻³	T_c /K	T_{sr} /K	M_s (4.2K) /μ_B·(f.u.)⁻¹	$\mu_0 M_s$ (4.2K) /T	$\mu_0 M_s$ (RT) /T	$\mu_0 H_a$ (4.2K) /T	$\mu_0 H_a$ (RT) /T	易磁化方向 4.2K	易磁化方向 室温	参考文献
RCo_5														
Y	$CaCu_5$	0.4935	0.3955	7.618	940		8.33	1.16	1.06	16	13	0°	0°	[8]、[65]、[93]、[134]、[143]
La		0.5105	0.3996	7.983	840		7.1	0.92	0.91		17.5	0°	0°	[210]
Ce		0.4922	0.4016	8.568	737		7.4	1.02	0.77		21	0°	0°	[210]
Pr		0.5031	0.3985	8.350	920	120	9.9	1.33	1.2		17	>0°	0°	[210]
Nd		0.5033	0.3978	8.355	930	235、295	11.7	1.56	1.22		0.5	90°	0°	[210]
Sm		0.4987	0.3981	8.585	1000		7.8	1.06	1.14		25.0~44.0	0°	0°	[210]
Gd		0.4979	0.3972	8.828	1020		1.6	0.22	0.36		25.3	0°	0°	[210]
$TbCo_{5.1}$		0.4957	0.3979	9.040	980	397、410	0.68	0.09	0.24		—	90°	90°	[210]
$DyCo_{5.2}$		0.4924	0.3986	9.357	970	300、370	1.1	0.15	0.44		—	90°	90°	[210]
$HoCo_{5.5}$		0.4920	0.3979	9.825	960	170	1.49	0.21	0.61		11.9	>0°	0°	[210]
$ErCo_{5.9}$		0.4870	0.4002	10.40	1053		1.28	0.18	0.73		10.4	0°	0°	[210]
$TmCo_{6.0}$		0.4863	0.4017	10.55	1020		2.2	0.31	0.75			0°	0°	[210]
R_2Co_{17}														
Y	Th_2Ni_{17}	0.8341	0.8125	8.003	1180	1030	28.0	1.33	1.30	1.10	1.15	90°	90°	[8]、[65]、[100]、[134]、[143]
Ce	Th_2Zn_{17}	0.8370	1.2193	8.634	1078		26.6	1.26	1.20	1.10	0.85	0°	0°	[110]、[111]
Pr		0.8427	1.2265	8.478	1170	180	33.5	1.55	1.57			26°	90°	[111]、[213]
Nd		0.8407	1.2257	8.568	1155	175	33.9	1.58	1.38		2.0	7.5°	90°	[109]
Sm		0.8379	1.2212	8.739	1190		23.6	1.11	1.25		6.5	0°	0°	[109]
Gd		0.8365	1.2184	8.881	1210	940	13.7	0.65	0.76			90°	90°	[112]

续表 4-24

化合物	晶体结构	a /nm	c /nm	d_x /g·cm^{-3}	T_c /K	T_{sr} /K	M_s(4.2K) /μ_B·(f.u.)$^{-1}$	$\mu_0 M_s$(4.2K) /T	$\mu_0 M_s$(RT) /T	$\mu_0 H_a$(4.2K) /T	$\mu_0 H_a$(RT) /T	易磁化方向 4.2K	易磁化方向 室温	参考文献
Tb	Th$_2$Ni$_{17}$	0.8348	0.8125	8.938	1185		10.0	0.48	0.69	>22.0	12.8	90°	90°	[106]
Dy		0.8328	0.8125	9.029	1165		8.4	0.40	0.74	>14.0	8.6	90°	90°	[106]
Ho		0.8320	0.8113	9.093	1180		8	0.38	0.83	>9.3	2.9	90°	90°	[106]
Er		0.8310	0.8113	9.147	1180		10.5	0.50	1.1	3	3.1	0°	0°	[211]、[212]
Tm					1185		13.6		1.22	7	1.8	0°	0°	[212]
Yb		0.8309	0.8096	9.248	1184		20.5	0.99	1.35	3	1.9	90°	>0°	
Lu		0.829	0.812	9.29	1210	670, 730	27.6	1.33	1.24	0.85	0.31	90°	90°	[106]、[113]、[114]
R$_2$Fe$_{17}$														
Y	Th$_2$Ni$_{17}$	0.8466	0.8300	7.266	327		35.2	1.59	0.84			90°	90°	[65]、[134]、[143]
Ce	Th$_2$Zn$_{17}$	0.8491	1.2409	7.907	225		30	1.35	0			90°	90°	
Pr		0.8585	1.2463	7.710	283		30	1.34	0.76			90°	90°	
Nd		0.8578	1.2462	7.765	326		38	1.67	0.75			90°	90°	
Sm		0.8553	1.2443	7.900	389		34	1.51	1.0			90°	90°	
Gd		0.8538	1.2431	8.023	478		22.9	1.02	0.47			90°	90°	
Tb	Th$_2$Ni$_{17}$	0.8473	0.8323	8.133	410		18.6	0.84	0.52			90°	90°	
Dy		0.8467	0.8312	8.201	370		16.9	0.76	0.52			90°	90°	
Ho		0.8460	0.8277	8.281	335		18.7	0.85	0.51			90°	90°	
Er		0.8435	0.8281	8.356	310		17.5	0.80	0.34			90°	90°	
Tm		0.8406	0.8291	8.426	306	72	23.0	1.06	0			0°	90°	
Yb		0.8414	0.8249	8.507	280				0			90°	90°	
Lu		0.8401	0.8272	8.535	268		34.7	1.60	0			90°	90°	

化合物	晶体结构	a /nm	c /nm	d_x /g·cm^{-3}	T_c /K	T_{sr} /K	M_s (4.2K) /μ_B·(f.u.)$^{-1}$	$\mu_0 M_s$ (4.2K) /T	$\mu_0 M_s$ (RT) /T	$\mu_0 H_a$ (4.2K) /T	$\mu_0 H_a$ (RT) /T	易磁化方向 4.2K	易磁化方向 室温	参考文献
Nd$_2$Fe$_{14}$B														
Y	Nd$_2$Fe$_{14}$B	0.8757	1.2026	6.990	571		31.4	1.59	1.41	1.2	2.0	0°	0°	[12]、[20]、[134] [171]、[205]
La		0.8822	1.2333	7.408	516		30.6	1.50	1.38	1.3	2.0	0°	0°	
Ce		0.8750	1.2090	7.699	422		29.4	1.47	1.17	3.0	3.0	0°	0°	
Pr		0.8792	1.2177	7.543	569		37.6	1.84	1.56	29~32	8.7	0°	0°	
Nd		0.8792	1.2177	7.629	586	135	37.7	1.85	1.60	—	7.6	0°	0°	
Sm		0.8787	1.2105	7.770	620		33.3	1.67	1.52	40	—	90°	90°	
Gd		0.8780	1.2075	7.900	659		17.7	0.89	0.893	1.6	2.5	0°	0°	
Tb		0.8775	1.2070	7.937	620		13.2	0.664	0.703	30.6~40	22.0	0°	0°	
Dy		0.8757	1.1990	8.074	598	58	11.3	0.573	0.712	16.7~23	15.0	0°	0°	
Ho		0.8753	1.1988	8.118	573	320	11.2	0.569	0.807	—	7.5	22°	0°	
Er		0.8734	1.1942	8.219	551	311	12.9	0.655	0.899	16	—	90°	90°	
Tm		0.8728	1.1928	8.264	549	115	18.1	0.925	1.15	17	—	90°	90°	
Yb		0.871	1.192	8.36	524		—	—	—	25	—	90°	0°	
Lu		0.8712	1.1883	8.415	534		28.5	1.46	1.17	2.4	2	0°	0°	
R$_2$Co$_{14}$B														
Y	Nd$_2$Fe$_{14}$B	0.860	1.171	7.77	1015		19.8	1.07	0.85	3.0	3.5	90°	90°	[12]、[20]、[134]
La		0.867	1.201	8.19	955		19.3	1.00	0.93	2.9	3.0	90°	90°	[75]
Pr		0.865	1.187	8.36	995	660	24.8	1.30	1.10	75	13.7	0°	0°	[178]、[185]、[206]
Nd		0.863	1.185	8.41	1007	37, 545	25.7	1.36	1.16	—	5.2	13°	0°	[75]、[206]
Sm		0.861	1.179	8.54	1029		18.1	0.97	0.92	—	—	90°	90°	[185]
Gd		0.861	1.176	8.66	1050		5.36	0.29	0.43	10.7	9.0	90°	90°	[75]
Tb		0.860	1.173	8.81	1035	795	2.20	0.12	0.33	<8.4	14.0	0°	0°	[179]

参 考 文 献

［1］郭贻成，铁磁学［M］. 北京：人民教育出版社，1965.

［2］Morrish A H. The Physical Principles of Magnetism［M］. New York：John Weily & Sons, Inc. , 1965.

［3］戴道生，等. 铁磁学［M］. 北京：科学出版社，1987.

［4］近角聪信. 铁磁性物理（葛世慧译，张寿恭校）［M］. 兰州：兰州大学出版社，2002.

［5］Coey J M D. Magnetism and Magnetic Materials［M］. Cambridge：University Press, 2010.

［6］内山晋，等. 应用磁学［M］. 天津：天津科学技术出版社，1983.

［7］Coey J M D. Introduction. In：Coey J M D ed. Rare-Earth Iron Permanent Magnets［M］. Oxford：Clarendon Press, 1996：1 ~ 57.

［8］Strnat K J. Rare Earth- Cobalt Permanent Magnets［M］. In：Wohlfarth E P and Buschow K H J ed. Ferromagnetic Materials Vol. 4. Elsevier Science Publishers B. V, 1988：131 ~ 209.

［9］Hu Boping Intrinsic Magnetic Properties of the $ThMn_{12}$- structure Compounds $R(Fe_{11}Ti)$ （R = rare earth）［D］. PhD Thesis, Trinity College, University of Dublin, 1990.

［10］周寿增，董清飞. 超强永磁体—稀土铁系永磁材料［M］. 2 版，北京：冶金工业出版社，2004.

［11］Stoner E C. Collective electron ferromagnetism［C］. Proc. Roy. Soc. A, 1938, 65：372.

［12］Buschow K H J. New Developments in Hard Magnetic Materials［J］. Rep. Prog. Phys. , 1991, 54：1123 ~ 1214.

［13］Kirchmayer H R, Poldy C A. Magnetism in Rare earth-3d Intermetallics［J］. J. Magn. Magn. Mat. 1978, 8：1.

［14］Li Hongshuo, Coey J M D. Magnetic Properties of Ternary Rare- earth Transition- metal Compounds［M］. In：Buschow K H J ed. Handbook of Magnetic Materials Vol. 6. Elsevier Science Publishers B. V. , 1991：1 ~ 83.

［15］Williams A R, Moruzzi V L, Malozemoff A P, Terakura K. Generalized Slater- Pauling Curve For Transition-Metal Magnets［J］. IEEE Trans. Magn. 1983, MAG-19：1983 ~ 1988.

［16］Malozemoff A P, Williams A R, Moruzzi V L. "Band-gap theory" of strong ferromagnetism：Application to concentrated crystalline and amorphous Fe-and Co-metalloid alloys［J］. Phys. Rev. B 1984, 29：1620 ~ 1632.

［17］Moruzzi V L, Janak J F, Williams A R. Calculated Electronic Properties of Metals［M］. New York：Pergamon, 1978.

［18］Malozemoff A P, Williams A R, Terakura K, Moruzzi V L, Fukamichi K. Magnetism of Amorphous Metal-Metal Alloys. J. Magn. Magn. Mat. , 1983, 35：192 ~ 198.

［19］Gavigan J P, Givord D, Li H S, Voiron J. 3d Magnetism In R-M and $R_2M_{14}B$ Compounds（M = Fe, Co；R = Rare Earth）［J］. Physica B, 1988, 149：345 ~ 351.

［20］Buschow K H J. Permanent Magnet Materials Based on 3d- rich Ternary Compounds［M］. Wohlfarth E P and Buschow K H J ed. Ferromagnetic Materials Vol. 4. Elsevier Science Publishers B. V. , 1988：1 ~ 129.

［21］Givord D, Li H S, Tasset F. Polarized Neutron Study of the Compounds $Y_2Fe_{14}B$ and $Nd_2Fe_{14}B$［J］. J. Appl. Phys. , 1985, 57：4100 ~ 4102.

［22］Fruchart R, L'Heritier P, P Dalmas de Reotier, Fruchart D, Wolfers P, Coey J M D, Ferreira L P, Guillen R, Vulliet P, Yaouanc A. Mossbauer spectroscopy of $R_2Fe_{14}B$［J］. J. Phys. F：Met. Phys, 1987, 17：483 ~ 501.

[23] Berthier Y, Nassar N, Vadieu T N M R. Investigation of the Cobalt Moment In The Ferromagnetic $Y_2Co_{14}B$ Compound [J]. J. de Phys. 1988, C8: 585~586.

[24] Burzo E, Oswald E, Huang M Q, Boltich E, Wallace W E. Paramagnetic Behavior of $R_2Fe_{14}B$ Systems (R = Pr, Nd, Dy, or Er) [J]. J. Appl. Phys., 1985, 57: 4109~4111.

[25] Givord D, Lemaire R. Magnetic Transition and Anomalous Thermal Expansion in R_2Fe_{17} Compounds [J]. IEEE Trans. Magn. 1974, MAG-10: 109~113.

[26] Sun Hong, Fujii Hironbu. Interstitially Modified Intermetallics of Rare Earth and 3d Elements [M]. In: Buschow K H J ed. Handbook of Magnetic Materials Vol. 9. Elsevier Science Publishers B. V., 1995: 303~404.

[27] Cadogan J M, Li H S, Margarian A, Dunlop J B, Ryan D H, Collocott S J, Davis R L. New rare-earth intermetallic phases $R_3(Fe,M)_{29}X_n$: (R = Ce, Pr, Nd, Sm, Gd; M = Ti, V, Cr, Mn; and X = H, N, C) (invited) [J]. J. Appl. Phys. 1994, 76: 6138~6143.

[28] Yang Fuming, Nasunjilegal B, Wang Jianli, Pan Huayong, Qing Weidong, Zhao Ruwen, Hu Boping, Wang Yizhong, Liu Guichuan, Li Hongshuo, Cadogan J M. Magnetic Properties of a Novel $Sm_3(Fe,Ti)_{29}N_y$ Nitride [J]. J. Appl. Phys., 1994, 76: 1971~1973.

[29] Pan Hongge, Yang Fuming, Chen Yun, Han Xiufeng, Tang Ning, Chen Changpin, Wang Qidong. Magnetic Properties of a New Series of Rare-earth Iron Nitrides $R_3(Fe,Mo)_{29}N_x$(R = Ce, Nd, Sm, Gd, Tb, Dy and Y) [J]. J. Phys.: Condens. Matter., 1997, 9: 2499~2505.

[30] Chaboy Jesu's, Piquer Cristina. Modification of the magnetic properties of the $R_2Fe_{14}B$ series (R = rare earth) driven by hydrogen absorption [J]. Phys. Rev. B, 2002, 66: 104433-1~104433-9.

[31] Felner I, Nowik I. Magnetism and hyperfine interactions of ^{57}Fe, ^{151}Eu, ^{155}Gd, ^{161}Dy, ^{166}Er and ^{170}Yb in RM_4Al_8 compounds (R = rare earth or Y, M = Cr, Mn, Fe, Cu) [J]. Journal of Physics and Chemistry of Solids, 1979, 40: 1035~1044.

[32] Belorizky E, Gavigan J P, Givord D, Li H S. Dependence of the R-R(R = rare earth) Exchange Interactions on the Nature of the R Atom in Intermetallics [J]. Europhys. Lett., 1988, 5: 349~354.

[33] Campbell J F. Indirect exchange for rare earths in metals [J]. J. Phys. F: Met. Phys, 1972, 2: L47.

[34] Moriya T. Spin Polarization in Dilute magnetic Alloys with Particular Reference to Palladium Alloys [J]. Prog. Theor. Phys., 1965, 34: 329.

[35] Campbell J F. Magnetic moments in dilute transition metal alloys [J]. J. Phys. C: Solid State Phys, 1968, 1: 687.

[36] Yamada H, Shimizu M. Electronic structure and magnetic properties of the cubic Laves phase compounds AFe_2(A = Zr, Lu and Hf) [J]. J. Phys. F: Met. Phys., 1986, 16: 1039.

[37] Brooks M S S, Erriksson O, Johansson B. 3d-5d band magnetism in rare earth transition metal intermetallics: $LuFe_2$ [J]. J. Phys.: Condens. Matter., 1989, 1: 5861~5874.

[38] Gschneidner Jr K A. Physical Properties of Rare Earth Metals [J]. Bulletin of Alloy Phase Diagrams 1990, 11: 216.

[39] Belorizky E, Fremy M A, Gavigan J P, et al. Evidence in rare-earth (R)-transition metal (M) intermetallics for a systematic dependence of R-M exchange interactions on the nature of the R atom [J]. J. Appl. Phys., 1987, 61: 3971~3973.

[40] Edmonds A R, The Angular Momentum in Quantum Mechanics [M]. Princeton University Princeton, Princeton, N. J., 1960.

[41] Racah G. Theory of Complex Spectra. II [J]. Phys. Rev. 1942, 62: 438~462.

[42] Racah G. Theory of Complex Spectra. III [J]. Phys. Rev. 1943, 63: 367~382.

[43] Wybourne B G. Spectroscopic Properties of Rare Earths [M]. Interscience Publishers, a division of Jone Wiley & Sons, Inc. , New York, 1965.

[44] Cowan Robert D. The Theory of Atomic Structure and Spectra [M]. University of California Press, USA, 1981.

[45] Weber M J, Bierig R W. Paramagnetic Resonance and Relaxation of Trivalent Rare-Earth Ions in Calcium Fluoride. I. Resonance Spectra and Crystal Fields [J]. Phys. Rev , 1964, 134: A1492 ~ A1503.

[46] Freeman A J, Watson R E. Theoretical Investigation of Some Magnetic and Spectroscopic Properties of Rare-Earth Ions [J]. Phys. Rev. , 1962, 127: 2058 ~ 2075.

[47] Freeman A J, Watson R E. Nonlinear and Linear Shielding of Rare-Earth Crystal-Field Interactions [J]. Phys. Rev. , 1965, 139: A1606 ~ A1615.

[48] Rotenberg M, Bivins R, Metropolis N, Wooten K J. The 3-j and 6-j symbols [M]. MIT Press, Cambridge, Mass. , 1959.

[49] Nielson C W, Koster G F. The Spectrosocopic Coefficients for p^n, d^n and f^n Configurations [M]. MIT Press, Cambridge, Mass. , 1964.

[50] Smit H H A, Thiel R C, Buschow. The Spectrosocopic Coefficients for p^n, d^n and f^n Configurations [J]. J. Phys. F: Metal Phys. 1987, 18: 295.

[51] Cadogan J M, Coey J M D. Crystal Field in $Nd_2Fe_{14}B$ [J]. Phys. Rev. B, 1984, 30: 7326 ~ 7327.

[52] Li Hongshuo, Hu Boping, Cadogan J M, Coey J M D, Gavigan J P. Magnetic Properties of New Ternary $R_6Ga_3Fe_{11}$ Compounds [J]. J. Appl. Phys. , 1990, 67: 4841.

[53] Cadogan J M, Gavigan J P, Givord D, Li Hongshuo. A new approach to the analysis of magnetization measurement in rare-earth/transition-metal compounds: application to $Nd_2Fe_{14}B$. J. Phys [J]. F: Met. Phys. 1988, 18: 779 ~ 787.

[54] Li Hongshuo, Gavigan J P, Cadogan J M, Givord D, Coey J M D. A study of exchange and crystalline e-lectric field interactions in $Nd_2Co_{14}B$: comparison with $Nd_2Fe_{14}B$ [J]. J. Magn. Magn. Mat. , 1988, 72: L241 ~ L246.

[55] Yamada M, Kato H, Yamamoto H, Nakagawa Y. Crystal-field analysis of the magnetization process in a series of $Nd_2Fe_{14}B$-type compounds [J]. Phys. Rev. B, 1988, 38: 620 ~ 633.

[56] Zhao T S, Jin H M, Zhu Y. Evaluation of exchange and crystalline field parameters in $R_2Fe_{14}B$ compounds (R = Tb, Dy, Ho, Er and Tm) [J]. J. Magn. Magn. Mat. , 1989, 79: 159 ~ 166.

[57] Coey J M D, Li Hongshuo, Gavigan J P, Cadogan J M, Hu Boping. The Concerted European Action on Magnets [M]. Edited by Mitchell Ⅳ, Coey J M D, Givord D, Harris I R and Hanitsh R. (Elsevier, London). 76.

[58] Hu Boping, Li Hongshuo, Gavigan J P, Coey J M D. Magnetization of a $Dy(Fe_{11}Ti)$ Single Crystal [J]. Phys. Rev. B, 1990, 41: 2221 ~ 2228.

[59] Li Hongshuo, Hu Boping, Gavigan J P, Coey J M D, Pareti L, Moze O. First Order Magnetization Process in $Sm(Fe_{11}Ti)$ [J]. J. Phys. (Paris). 1988, 49, C8: 541.

[60] March N H, Lambin P, Herman F. Cooperative magnetic properties in single- and two-phase 3d metallic al-loys relevant to exchange and magnetocrystalline anisotropy [J]. J. Magn. Magn. Mat. , 1984, 44: 1.

[61] Asti G, Bolzoni F. Theory of first order magnetization processes: uniaxal anisotropy [J]. J. Magn. Magn. Mat. , 1980, 20: 29.

[62] Hu Boping, Wang Kaiying, Wang Yizhong, et al. Structure and magnetic properties of $RFe_{11.35}Nb_{0.65}$ and $RFe_{11.35}Nb_{0.65}N_y$ (R = Y, Sm, Gd, Tb, Dy, Ho, Er, and Lu) [J]. Phys. Rev. B, 1995, 51: 2905.

[63] Alameda J M, Givord D, Lemaire R, Lu Q. Co energy and magnetization anisotropies in RCo_5 intermetallics between 4.2K and 300K [J]. J. Appl. Phys. , 1981, 52: 2079 ~ 2081.

[64] Freeman A J, Desclaux J P. Dirac-Fock Studies of Some Electronic Properties of Rare earth Ions [J]. J. Magn. Magn. Mat. , 1979, 12: 11.

[65] Wallace W E. Rare-earth transition-metal permanent magnet materials [J]. Prog. Solid State Chem. , 1985, 16: 127 ~ 162.

[66] Stevens K W H. Matrix elements and operator equivalents connected with the magnetic properties of rare earth ions [C]. Proc. Phys. Soc. (London), 1952, 65: 209.

[67] Hutchings M T. Point-charge calculations of energy levels of magnetic ions in crystalline electric fields [J]. Solid State Physics, New York : Academic, 1964, 16: 227.

[68] Rudowicz C. Transformation relations for the conventional O_k^q and normalised O'^q_k Stevens operator equivalents with $k = 1$ to 6 and $-k \leqslant q \leqslant k$ [J]. J. Phys. C: Solid State Phys. , 1985, 18: 1415.

[69] Callen H B, Callen E. The present status of the temperature dependence of magnetocrystalline anisotropy and the l ($l+1$)/2 power law [J]. J. Phys. Chemi. Solid , 1966, 27: 1271.

[70] Coehoorn R J. Supermagnets. In: Long G J and Grandjean ed. Hard Magnetic Materials Vol. 4 [M]. Kluwer, 1991: chapter 8

[71] Buschow K H J, de Mooij D B. Novel Ternary Fe-Rich Rare Earth Intermetallics [G]. In: The Concerted European Action on Magnets. Mitchel IV et al. London: Elsevier, 1988: 63.

[72] Givord D, Li H S, Perrier de la Bathie R. Magnetic Properties of $Y_2Fe_{14}B$ and $Nd_2Fe_{14}B$ Single Cryetal [J]. Solid State Commun. 1984, 51: 857 ~ 860.

[73] Gavigan J P, Li H S, Coey J M D, Cadogan J M, Givord D. Crystal Field Analysis of the Magnetocrystalline Anisotropy in the $R_2Fe_{14}B$ Series of Compounds [J]. J. Phys. Colloques 1988, 49: C8-557 ~ C8-558.

[74] Givord D, Li H S, Cadogan J M, Coey J M D, Gavigan J P, Yamada O, Maruyama H, Sagawa M, Hirosawa S. Analysis of high-field magnetization measurements on $R_2Fe_{14}B$ single crystals (R = Tb, Dy, Ho, Er, and Tm) [J]. J. Appl. Phys. , 1988, 63: 3713 ~ 3715.

[75] Hirosawa S, Tokuhara K, Yamamoto H, Fujimura S, Sagawa M. Magnetization and magnetic anisotropy of $R_2Co_{14}B$ and $Nd_2(Fe_{1-x}Co_x)_{14}$ measured on single crystals [J]. J. Appl. Phys. , 1987, 61: 3571 ~ 3573.

[76] Hiroyoshi H, Yamada M, Saito N, Nakagawa Y, Hirosawa S, Sagawa M. Hifh-field Magnetization and Crystalline Field of $R_2Fe_{14}B$ and $R_2Co_{14}B$ [J]. J. Magn. Magn. Mater. , 1987, 70: 337 ~ 339.

[77] Li H S, Gavigan J P, Cadogan J M, Givord D, Coey J M D. A study of exchange and crystalline electric field interactions in $Nd_2Co_{14}B$: comparison with $Nd_2Fe_{14}B$ [J]. J. Magn. Magn. Mater. , 1988, 72: L241 ~ L246.

[78] Yan Yu, Zhao Tiesong, Jin Hanmin. Exchange and crystalline electric fields and magnetization processes in $Pr_2Co_{14}B$ and $Nd_2Co_{14}B$ [J]. J. Phys. : Condens. Matter. , 1991, 3: 195 ~ 202.

[79] Li Hongshuo, Hu Boping. Determination Of The Second Order Anisotropy Constant K_1 From The Magnetization Curves of Polycrystalline Samples: Application to Y-Fe Rich Compounds [J]. J. de Phys. 1988, C8: 513 ~ 514.

[80] Hu Boping, Li Hongshuo, Gavigan J P, Coey J M D. Intrinsic Magnetic Properties of the Iron-rich $ThMn_{12}$-structure Alloys $R(Fe_{11}Ti)$: R = Y, Nd, Sm, Gd, Tb, Dy, Ho, Er, Tm, Lu [J]. J. Phys. : Condens. Matter. , 1989, 1: 755 ~ 770.

[81] Hu Boping, Li Hongshuo, Coey J M D. An [57]Fe Mössbauer study of rare-earth intermetallic compounds

R($Fe_{11}Ti$) [J]. Hyperfine Interact. , 1989, 45: 233 ~ 240.

[82] Abadiay C, Algarabelyx P A, Garc'ia- Landay B, Ibarray M R, del Moraly A, Kudrevatykhz N V, Markinz P E. Study of the crystal electric field interaction in $RFe_{11}Ti$ single crystals [J]. J. Phys. : Condens. Matter. , 1998, 10: 349 ~ 361.

[83] Wang J L, Garcı'a- Landa B, Marquina C, Ibarra M R. Spin reorientation and crystal-field interaction in $TbFe_{12-x}Ti_x$ single crystals [J]. Phys. Rev. B, 2003, 67: 014417-1-014417-8.

[84] Wu Guangheng, Hu Boping, Gao Shuxia, Li Yangxian, Du Jiang, Tang Chengchun, Jia Kechang, Zhan Wenshan. Growth and spin reorientation transition of $Tb(Fe,Ti)_{12}$ single crystal [J]. Journal of Crystal Growth 1998, 192: 417 ~ 422.

[85] Kaneko T, Yamada M, Ohashi K, Tawara T, Osugi R, Yoshida H, Kido G, Nakagawa Y. In Proceedings of the 10th International 8'orkshop on Rare Earth Magnets and Their Applications [C], Kyoto, Japan (The Society of Nontraditional Metallurgy, Kyoto, Japan) 1989: 191.

[86] Moze O, Caciuffo R, Li Hong shuo, Hu Bo ping, Coey J M D, Osborn R, Taylor A D. Observation of Intermultiplet Transitions in $Sm(Fe_{11}Ti)$ by Inelastic Neutron Scattering [J]. Phys. Rev. B 1990, 42: 1940 ~ 1942.

[87] Kou X C, Zhao T S, Grossinger R, Kirchmayr H R, Li X, de Boer F R. Magnetic phase transitions, magnetocrystalline anisotropy, and crystal-field interactions in the $RF_{11}Ti$ series (where R = Y, Pr, Nd, Sm, Gd, Tb, Dy, Ho, Er, or Tm) [J]. Phys. Rev. B, 1993, 47: 3231 ~ 3242.

[88] Tatsumoto E, Okamoto T, Fujii H, Inoue C. Saturation Magnetic Moment and Crystalline Anisotropy of Single Crystals of Light Rare Earth Cobalt Compounds RCo_5 [J]. J. Phys. (Paris) 1971: 32, C1: 550 ~ 551.

[89] Sankar S G, Rao V U S, Segal E, Wallace W E, Frederick W G D, Garrett H J. Magnetocrystalline anisotropy of $SmCo_5$ and its interpretation on a crystal-field model [J]. Phys. Rev. B 1975, 11: 435 ~ 439.

[90] Radwanski R J. The Rare Earth Contribution to The Magnetocrystalline Anisotropy in RCo_5 Intermetallics [J]. J. Magn. Magn. Mater. , 1986, 62: 120 ~ 126.

[91] Ballou R, Deportes J, Gorges B, Lemaire R, Ousset J C. Anomalous Thermal Variation of the Bulk Anisotropy in $GdCo_5$ [J]. J. Magn. Magn. Mater. , 1986, 54-57: 465 ~ 466.

[92] Ballou R, Deportes J, Lemaire J. Anisotropic Rare Earth-Cobalt Exchange Interactions in RCo_5 Intermetallics [J]. J. Magn. Magn. Mater. , 1987, 70: 306 ~ 308.

[93] Zhao Tiesong, Jin Hanmin, Guo Guanghua, Han Xiufeng, Chen Hong. Magnetic Properties of R Ions in RCo_5 Compounds (R = Pr, Nd, Sm, Gd, Tb, Dy, Ho, and Er) [J]. Phys. Rev. B 1991, 43: 8593 ~ 8598.

[94] Zhao Tiesong, Jin Hanmin, Grössinger R, Kou Xuanchao, Kirchmayr H R. Analysis of the magnetic anisotropy in $SmCo_5$ and $GdCo_5$ [J]. J. Appl. Phys. , 1991, 70: 6134 ~ 6136.

[95] Sucksmith W, Thompson J E. The Magnetic Anisotropy of Cobalt [C]. Proc. Roy. Soc. A, 1954, 225: 362 ~ 375.

[96] Alameda J M, Deportes J, Givord D, Lemaire R, Lu Q. Large Magnetization Anisotropy in Uniaxial YCo_5 Intermetallics [J]. J. Magn. Magn. Mater. , 1980, 15 ~ 18: 1257 ~ 1258.

[97] Williams W G, Bolandt B C, Bowdent Z A, Taylor A D, Culverhouse S, Rainford B D. Observation of intermultiplet transitions in rare-earth metal ions by inelastic neutron scattering [J]. J. Phys. : F. , 1987, 17: L151 ~ L155.

[98] Givord D, Laforest J, Schweizer J, Tasset F. Temperature Dependence of the Samarium Magnetic Form Factor in $SmCo_5$ [J]. J. Appl. Phys. , 1979, 50: 2008 ~ 2010.

[99] Buschow K H J, van Diepen A M, de Wijn H W. Crystal-Field Anisotropy of Sm^{3+} in $SmCo_5$ [J]. Solid State Commun. , 1974, 15: 903 ~ 906.

[100] Han Xiufeng, Jin Hanmin, Wang Zijun, Zhao T S, Sun C C. Analysis of The Magnetic Properties of R_2 Co_{17} (R = Pr, Nd, Sm, Gd, Tb, Dy, Ho, and Er) [J]. Phys. Rev. B 1993, 47: 3248 ~ 3254.

[101] Sinnema S, Franse J J M, Radwanski R J, Menovsky A, de Boer F R. High-field magnetisation studies on the $Ho_2(Co,Fe)_{17}$ intermetallics [J]. J. Phys. F 1987, 17: 233 ~ 242.

[102] Sinnema S. Thesis [D]. Natuurkundig Laboratorium der Universiteit van Amsterdam, The Netherlands, 1988.

[103] Deryagin A V, Kudrevatykh N V, Moskalev V N. [J]. Phys. Met. Metallogr. (USSR) 1982, 54: 49.

[104] Matthaei, Franse J J M, Sinnema S, Radwanski R J. Torque Measurements on Single-Crystalline Y_2Co_{17}, Gd_2Co_{17} and Y_2Fe_{17} [J]. J. Phys. (Paris) Colloq. 1988, 9: C8-533 ~ C8-534.

[105] Verhoef R, Franse J J M, de Boer F R, Heerooms H J M, Matthaei B, Sinnema S. High-Field And Temperature-Dependent Magnetisation Measurments On Some Re_2Co_{17} Single Crystals [J]. IEEE Trans. Magn. 1988, 24: 1948 ~ 1950.

[106] Deryagin A V, Kudrevatykh N V. Magnetic Anisotropy of Single Crystals of Intermetallic R_2Co_{17} (R = Tb, Dy, Ho, Lu) Compounds [J]. Phys. Status Soldi A 1975, 30: K129 ~ K133.

[107] Franse J J M, Radwanski R J, Verhoef R. Non-Linear Magnetic Response of 3d-4f Intermetallics in High Magnetic Fields [J]. J. Magn. Magn. Mater. , 1990, 84: 299 ~ 308.

[108] Kudrevatykh N V, Deryagin A V, Kazakov A A, Reymer V A, Moskalev V N. Fiz. [J]. Met. Metalloved. (USSR) 1978, 45: 1169.

[109] Kou X C, Zhao T S, Grossinger R, de Boer F R. AC-Susceptibility Anomaly and Magnetic Anisotropy of R_2Co_{17} Compounds, with R = Y, Ce, Pr, Nd, Sm, Gd, Tb, Dy, Ho, Er, Tm, and Lu [J]. Phys. Rev. B 1992, 46: 6225 ~ 6235.

[110] Hu S J, Wei X Z, Zeng D C, Liu Z Y, Bruck E, Klaasse J C P, de Boer F R, Buschow K H J. Structure and magnetic properties of $Y_2Co_{17-x}Si_x$ compounds [J]. Physica B. , 1999, 270 : 157 ~ 163.

[111] Chen Haiying, Ho Wenwang, Sankar S G, Wallace W E. Magnetic Anisotropy Phase Diagrams of $R_2(Co_{1-x}Fe_x)_{17}$ Compounds (R = Y, Pr, Sin, Gd, Dy, Er) [J]. J. Magn. Magn. Mater. , 1989, 78: 203 ~ 207.

[112] Wei X Z, Hu S J, Zeng D C, Liu Z Y, Bruck E, Klaasse J C P, de Boer F R, Buschow K H J. Structure and magnetic properties of $Gd_2Co_{17-x}Si_x$ compounds [J]. Physica B. , 1999, 266 : 155 ~ 249.

[113] Tereshina E A, Andreev A V. Crystal structure and magnetic properties of $Lu_2Co_{17-x}Si_x$ single crystals [J]. Intermetallics 2010, 18: 641 ~ 648.

[114] Tereshina E A, Andreev A V. Magnetic properties of $Lu_2Co_{17-x}Si_x$ single crystals [J]. J. Magn. Magn. Mater. , 2008, 320: e132 ~ e135.

[115] Capehart T W, Mishra R K, Meisner G P, Fuerst C D, Herbst J F. Steric variation of the cerium valence in $Ce_2Fe_{14}B$ and related compounds [J]. Appl. Phys. Lett. 1993, 63: 3642 ~ 3644.

[116] Allen J W, Oh S J, Gunnarsson O, Schönhammer K, Maple M B, Torikachvili M S, Lindau I. Electronic structure of cerium and light rare-earth intermetallics [J]. Advances in Physics. 1986: 35, 275 ~ 316.

[117] Hurley D P F, Coey J M D. Gas-phase interstitially modified intermetallics $R(Fe_{11}Ti)Z_{1-\delta}$: I. Magnetic properties of the series $R(Fe_{11}Ti)C_{1-\delta}$: R = Y, Nd, Sm, Gd, Tb, Dy, Ho, Er, Tm, Lu [J]. J. Phys: Condens. Matter. 1992, 4: 5573 ~ 5584.

[118] Hu Boping, Wang Yizhong, Liu Guichuan, Nasunjilegal B, Tang Ning, Yang Fuming, Li Hong shuo, Cadogan J M. Magnetic Properties of $R_3(Fe,Ti)_{29}C_y$ Carbides($R = Nd$, Sm) [J]. J. Phys. : Conden. Matter. 1994, 6: L595 ~ L599.

[119] Hu Boping, Li Hongshuo, Sun Hong, Lawler J F, Coey J M D. Spin Reorientation Transitions in $R_2Fe_{17}N_{3-\delta}$; $R = Er$, Tm [J]. Solid State Commun. 1990, 76: 587 ~ 590.

[120] Miraglia S, Soubeyroux J L, Kolbeck C, Isnard O, Fruchart D. Structural and magnetic properties of ternary nitrides $R_2Fe_{17}N_x$ ($R = Nd$, Sm) [J]. J. Less-Common Metals, 1991, 171: 51 ~ 61.

[121] Katter M, Wecker J, Schultz L. Magnetocrystalline anisotropy of $Sm_2Fe_{17}N_2$ [J]. J. Magn. Magn. Mater. , 1990, 92: L14 ~ L18.

[122] Li H S, Cadogan J M. Exchange and crystal field interactions in $Sm_2Fe_{17}N_{3-\delta}$ [J]. J. Magn. Magn. Mater. , 1992, 103: 53 ~ 57.

[123] Hu Boping, Li Hongshuo, Sun Hong, Coey J M D. An ^{57}Fe Mossbauer Study of a New Series of Rareearth Iron Nitrides: $R_2Fe_{17}N_{3-\delta}$ [J]. J. Phys. : Condens. Mat. 1991, 3: 3983 ~ 3995.

[124] Zhao T S, Kou X C, Grössinger R, Kirchmayr H R. Crystal-field effects of Sm^{3+} ions in $Sm_2Fe_{17}N_x$ [J]. Phys. Rev. B 1991, 44: 2846 ~ 2849.

[125] Li H S, Cadogan J M. Determination of the Leading Crystal-Field Parameter A_{20} in $NdFe_{11}TiN_{1-x}$ [J]. J. Magn. Magn. Mater. , 1992, 109: L153 ~ L158.

[126] Li H S, Cadogan J M, Hu Boping, Yang Fuming, Nasunjilegal B, Margarian A, Dunlopet J B. Crystal Fields in $R_3(Fe,Ti)_{29}N_y$ [J]. J. Magn. Magn. Mater. , 1995, 140 ~ 144: 1037 ~ 1038.

[127] Coey J M D, Sun Hong. Improved Magnetic Properties by Treatment of Iron-Based Rare earth Intermetallic Compounds in Ammonia [J]. J. Magn. Magn. Mater. , 1990, 87: L251.

[128] Yang Yingchang, Zhang Xiaodong, Kong Linshu , Pan Qi, Ge Senlin. New Potential Hard Magnetic Material - $NdTiFe_{11}N_x$ [J]. Solid State Commun. 1991, 78: 317 ~ 320.

[129] Hongshuo Li, Courtois D, Cadogan J M. Exchange and crystal-field interactions in $R_3(Fe,Ti)_{29}$ and $R_3(Fe,Ti)_{29}N_y$ [J]. J. Appl. Phys. 1996, 79: 4622 ~ 4624.

[130] Li Hongshuo, Courtois D, Cadogan J M, Hu Boping, Zhan Wenshan. Magnetic Properties of $Y_3(Fe,Ti)_{29}$ [J]. IEEE Trans. on Magnetics. 1995, 31: 3680 ~ 3682.

[131] Margarian A, Dunlop J B, Collocott S J, Li H S, Cadogan J M, Davis R L. 13th International workshop on RE Magnets and their Applications, Birmingham, UK, 1994.

[132] Hu Boping, Wang Yizhong, Liu Guichuan, Nasunjilegal B, Zhao Ruwen, Yang Fuming, Li Hong shuo, Cadogan J M. A Hard Magnetic Properties Study of a Novel $Sm_3(Fe,Ti)_{29}N_y$ Nitride [J]. J. Phys. : Conden. Matter. 1994, 6: L197 ~ L200.

[133] Buschow K H J. New Permanent Magnet Materials [J]. Materials Science Rep. 1986: 1 ~ 63.

[134] Franse J J M, Radwanski R J. Intrisic Magnetic Properties [M]. In: Coey J M D ed. Rare-Earth Iron Permanent Magnets. Oxford: Clarendon Press, 1996: 58 ~ 158.

[135] Verhoef R, Franse J J M, Menovsky A A, et al. High-field magnetization measurements on $R_2Fe_{14}B$ single crystals [J]. J. Phys. (Paris), 1988, 49: C8 ~ C565.

[136] Chen C H, Walmer M H, Liu S. Thermal stability and the effectiveness of coatings for Sm-Co 2:17 high-temperature magnets at temperatures up to 550°C [J]. IEEE Trans. on Mag, 2004, MAG-40 (4): 2928 ~ 2930.

[137] Cadogan J M, Coey J M D. Hydrogen absorption and desorption in $Nd_2Fe_{14}B$ [J]. Appl. Phys. Lett. , 1986, 48: 442 ~ 444.

[138] Hu Boping, Coey J M D. Effect of Hydrogen on the Curie Temperature of $Nd_2(Fe_{15}M_2)$; $M = Al$, Si,

Co [J]. J. Less-Common Metals, 1988, 142: 295~300.

[139] Gueramian M, Beginge A, Yvon K, et al. Synthesis and magnetic properties of ternary carbides $R_2Fe_{14}C$ (R = Pr, Sm, Gd, Tb, Dy, Ho, Er, Tm, Lu) with $Nd_2Fe_{14}B$ structure type [J]. Solid State Commun. , 1987, 64: 639.

[140] Zhong X P, Radwanski R J, de Boer F R, et al. High-Field Study of $R_2Fe_{17}C$ Compounds [J]. J. Magn. Magn. Mater. , 1990, 83: 143~144.

[141] Yang Y C, Zhang X D, Kong L S, et al. Magnetocrystalline anisotropies of $RTiFe_{11}N_x$ compounds [J]. Appl. Phys. Lett. , 1991, 58: 2042.

[142] Qi Qinian. Mossbauer Studies and Band Structure Calculations for Rare-earth Iron Interstitial Compounds [D]. PhD Thesis, Trinity College, University of Dublin, 1994.

[143] Buschow K H J. Intermetallic compounds of rare-earth and 3d transition metals [J]. Rep. Prog. Phys. , 1977, 40: 1179~1256.

[144] Schultz L, Schnitzke K, Wecker J, Katter M, Kuhrt C. Permanent magnets by mechanical alloying [J]. J Appl. Phys. , 1991, 70: 6339.

[145] Suzuki S, Miura T, Kawasaki M. $Sm_2Fe_{17}N_x$ bonded magnets with high-performance [J]. IEEE Trans. Mag. , 1993, 29: 2815.

[146] Huang M Q, Zhang L Y, Ma B M, Zheng Y, Elbicki J M, Wallacel W E, Sankar S G. Metal-Bonded Sm_2Fe_{17}-N-Type Magnets [J]. J Appl. Phys. , 1991, 70: 6027.

[147] 许建民, 胡伯平, 饶晓雷, 等. 爆炸烧结 $Sm_2Fe_{17}N_y$ 永磁体 [J]. 中国科学通报, 1992, 38: 455.

[148] Ohmori K, Ishikawa T. J. Progress of Sm-Fe-N Anisotropic Magnets [C]. In: Luo Y and Li W. Proc. 19th Int'l. Workshop on REPM & Their Appl.. Beijing: J. Iron Steel Research International Vol. 13, 2006: 221.

[149] Shen B G, Kong L S, Wang F W, et al.. Structure and magnetic properties of $Sm_2Fe_{14}Ga_3C_x$ (x = 0 ~ 2.5) compounds prepared by arc melting [J]. Appl. Phys. Lett, 1993, 63: 2288.

[150] 沈保根, 孔麟书, 王芳卫, 等. $Sm_2(Fe,M)_{17}C_{1.5}$(M = Ga, Si) 化合物的形成和磁性 [J]. 物理学报, 1994, 43: 1.

[151] Kuhrt C O, Donnell K. Katter M, et al. Pressure-assisted zinc bonding of microcrystalline $Sm_2Fe_{17}N_x$ powders [J]. Appl. Phys. Lett, 1992, 60: 3316.

[152] Wei Yunian, Sun Ke, Fen Yuanbing, Zhang Junxian, Hu Boping, Wang Yizhong, Rao Xiao lei, Liu Guichuan. Structural and intrinsic magnetic properties of $Sm_2Fe_{17}N_y$ (y = 2~8) [J]. J. Alloys. Compounds. 1993, 194: 9~12.

[153] Wang Yizhong, Hu Boping, Rao Xiaolei, Liu Guichuan, Yin Lin, Lai Wuyan. Structural and Magnetic Properties of $NdFe_{12-x}Mo_xN_y$ Compounds [J]. J. Appl. Phys. 1993, 73: 6251~6252.

[154] Hu Boping, Wendhausen P A P, Eckert D, Pitshke W, Handstein A, Muller K H. Development of Coercivity on $NdFe_{12-x}Mo_xN_y$ Nitrides with Low Mo Concentration [J]. IEEE Trans. on Magn. 1994: 30, 645~647.

[155] Yang Yingchang, Zhang Xiadong, Ge Senlin, Pan Qi, Kong Linshu, Li Hailin, Yang Jilian, Zhang Baisheng, Ding Yong fan, Ye Chun tang. Magnetic and crystallographic properties of novel Fe-rich rare-earth nitrides of the type $RTiFe_{11}N_{1-\delta}$ [J]. J. Appl. Phys. , 1991, 70: 6001~6005.

[156] Hu Z, Yelon W B. Magnetic and Crystal Structure of the Novel Compound $Nd_3Fe_{29-x}Ti_x$ [J]. J. Appl. Phys. , 1994, 76: 6147.

[157] Li H S, Cadogen J M, Davis R L. Structural properties of a novel magnetic ternary phase: $Nd_3(Fe_{1-x}Ti_x)_{29}$ (0.04≤x≤0.06) [J]. Solid State Commun. , 1994, 90: 487.

[158] Yang Fuming, Nasunjilegal B, Pan Huayong, Wang Jianli, Zhao Ruwen, Hu Boping, Wang Yizhong, Li Hongshuo, Cadogan J M. Magnetic Properties of a Novel $Sm_3(Fe,Ti)_{29}$ Phase [J]. J. Magn. Magn. Mater. 1994, 135: 298 ~ 302.

[159] Yang F M, Nasunjilegal B, Wang J L, et al. Magnetic Properties of a Novel $Sm_3(Fe,Ti)_{29}$ Nitride [J]. J. Appl. Phys. , 1994, 76: 1971.

[160] Hu B P, Wang Y Z, Liu G C, et al. A Hard Magnetic Properties Study of a Novel $Sm_3(Fe,Ti)_{29}N_y$ Nitride [J]. J. Phys. : Condens Matter, 1994, 6: L197.

[161] Hu B P, Liu G C, Wang Y Z, et al. Magnetic Properties of the $Sm_3(Fe,Ti)_{29}C_y$ Carbides (R = Nd, Sm). J. Phys. : Condens. Matter, 1994, 6: L595.

[162] Wang Y Z, Hu B P, Liu G C, et al. Hard Magnetic Properties of the Novel Compound $Sm_3(Fe,Cr)_{29}N_y$ [J]. J. Phys. : Condens Matter, 1997, 9: 2787.

[163] Hu J F, Yang F M, Nasunjilegal B, et al. Hard Magnetic Behaviour and Interparticle Interaction in the $Sm_3(Fe,Ti)_{29}N_y$ Nitride [J]. J. Phys. : Condens Matter, 1994, 6: L411.

[164] Sun H, Coey J M D, Otani Y, Hurley D P F. Magnetic properties of a new series of rare-earth iron nitrides: $R_2Fe_{17}N_y$ (y approximately 2.6) [J]. J Phys. Condensed Matter, 1990, 2: 6465.

[165] Akayama M, Fujii H, Yamamoto K, Tatami K. Physical properties of nitrogenated $RFe_{11}Ti$ intermetallic compounds (R = Ce, Pr and Nd) with $ThMn_{12}$-type structure [J]. J. Magn. Magn. Mater. 1994, 130: 99 ~ 107.

[166] 张晃晔, 张文成. $TbCu_7$ 型 Sm(Co,M)$_7$永磁合金系统之研究进展 [C]. 台湾磁性技术协会会讯, 2009, 50: 40 ~ 48.

[167] Zhou J, Skomski R, Chen C, Hadjipanayis G C, Sellmyer D J. Sm-Co-Cu-Ti high-temperature permanent magnets [J]. Appl. Phys. Lett. 2000, 77: 1514 ~ 1516.

[168] Zhou J, Al-Omari I A, Liu J P, Sellmyer D J. Structure and magnetic properties of $SmCo_{7-x}Ti_x$ with $TbCu_7$-type [J]. Appl. Phys. Lett. 2000, 77: 1514 ~ 1516.

[169] Luo J, Liang J K, Guo Y Q, Liu Q L, Liu F S, Zhang Y, Yang L T, Rao G H. Effects of the doping element on crystal structure and magnetic properties Sm(Co,M)$_7$ compounds (M = Si, Cu, Ti, Zr, and Hf) [J]. Intermetallics. 2005, 13: 710 ~ 716.

[170] Guo Y Q, Li W, Luo J, Feng W C, Liang J K. Structure and magnetic characteristics of novel SmCo-based hard magnetic alloys [J]. J. Magn. Magn. Mater. 2006, 303: e367 ~ e370.

[171] Hirosawa S, Matsuura Y, Yamamoto H, Fujimura S, Sagawa M. Magnetization and magnetic anisotropy of $R_2Fe_{14}B$ measured on single crystals [J]. J. Appl. Phys. , 1986, 59: 873 ~ 879.

[172] Zhang Zhidong, Huang Yingkai, Sun X K, Chuang Y C. Magnetic Properties of (Nd,Y)$_2Fe_{14}B$ and (Nd,Gd)$_2Fe_{14}B$ [J]. J. Less-Common Metals. 1989, 152: 67 ~ 74.

[173] Matsuura Y, Hirosawa S, Yamamoto H, Fujimura S, Sagawa M. Magnetic properties of the $R_2(Fe_{14-x}Co_x)B$ system. Appl. Phys. Lett, 1985, 46: 308 ~ 310.

[174] Burzo E. Permanent magnets based on R-Fe-B and R-Fe-C alloys [J]. Rep. Prog. Phys. 1998, 61: 1099 ~ 1266.

[175] Sagawa M, Hirosawa S, Yamamoto H, et al. Nd-Fe-B permanent-magnet materials [J]. Japanese Journal of Applied Physics. 1987, 26: 785 ~ 800.

[176] Abd-El Aal M M. Magnetic behaviour of $Y_2Fe_{14-x}T_xB$ compounds, where T = Al, Ti, V, Cr, Mn, Co or Ni [J]. J. Magn. Magn. Mater. 1994, 131: 148 ~ 156.

[177] Buschow K H J, de Mooij D B, Sinnema S, Radwanski R J, Franse J J M. Magnetic and Crystallographic Properties of Ternary Rare Earth Compounds of the Type $R_2Co_{14}B$ [J]. J. Magn. Magn. Mater. 1985,

51: 211 ~217.

[178] Pedziwiatr A T, Jiang S Y, Wallace W E. Structure and Magnetism of the $Pr_2Fe_{14-x}Co_xB$ System [J]. J. Magn. Magn. Mater. 1986, 62: 29 ~35.

[179] Pedziwiatr A T, Chen H Y, Wallace W E. Magnetism of the $Tb_2Fe_{14-x}Co_xB$ System [J]. J. Magn. Magn. Mater. 1987, 67: 311 ~315.

[180] Chen S K, Duh J G, Ku H C. Structural and magnetic properties of pseudoternary $Nd_2(Fe_{1-x}Cu_x)_{14}B$ Compounds [J]. J. Appl. Phys., 1988, 63: 2739 ~2741.

[181] Chacon C, Isnard O, Miraglia S. Structural and magnetic properties of $Nd_2Fe_{14-x}Si_xB$ compounds and related hydrides [J]. J. Magn. Magn. Mater. 1999, 283: 320 ~326.

[182] Quan Chengri, Wang Yizhong, Yin Lin, Zhao Jiangao. The Effects of Ga Addition on the Structure and Magnetic Properties of $Nd_2Fe_{14}B$ Compounds [J]. Solid State Commun. 1989, 72: 955 ~957.

[183] Hirosawa S, Matsuura Y, Yamamoto H, et al. Effects of Atomic Replacement on Magnetism in $Nd_2Fe_{14}B$ [J]. Magnetics in Japan, IEEE Translation Journal on. 1985, 1: 982 ~983.

[184] Sagawa M, Hirosawa S, Kokuhara K, Yamamoto H, Fujimura S, Tsubokawa Y, Shimizu R. Dependence of Coercovity on the Aniotropy Field in the $Nd_2Fe_{14}B$-type Sintered Magnets [J]. J. Appl. Phys. 1987, 61: 3559 ~3561.

[185] Shimao M, Idoa H, Kidob G, Ohashi K. Magnetic Properties of $R_2Co_{14}B$ (R = Rare Earth) [J]. IEEE Trans. on Magnetics, 1987, MAG-23: 2722 ~2724.

[186] Grossinger R, Sun X K, Eibler R, Buschow K H J, Kirchmayr H R. The Temperature Dependence of The Anisotropy Field in $R_2Fe_{14}B$ Compounds (R = Y, La, Ce, Pr, Nd, Gd, Ho, Lu) [J]. J. Phys. Colloques 1985, 46: C6-221 ~ C6-224.

[187] Pareti L, Bolzoni F, Solzi M. Magnetocrystalline anisotropy in $Nd_{2-x}Tb_xFe_{14}B$ [J]. J. Less-Common Metals. 1987, 132: L5 ~ L8.

[188] Bolzoni F, Coey J M D, Gavigan J, Givord D, Moze O, Pareti L, Viadieu T. Magnetic properties of $Pr_2(Fe_{1-x}Co_x)_{14}B$ compounds [J]. J. Magn. Magn. Mater. 1987, 65: 123 ~127.

[189] Grössinger R, Krewenka R, Sun X K, Eibler R, Kirchmayr H R, Buschow K H J. Magnetic phase transitions and magnetic anisotropy in $Nd_2Fe_{14-x}Co_xB$ compounds [J]. J. Less-Common Metals. 1986, 124: 165 ~ 172.

[190] Gavigan J P, Li Hongshuo, Coey J M D, Viadieul T, Pareti L, Moze O, Bolzoni F. Magnetic Transitions and Anomalous Behaviour of Praseodymium in $Pr_2(Fe_{1-x}Co_x)_{14}B$ [J]. J. Phys. Colloques 1988, 49: C8-224 ~ C8-577.

[191] Wiesinger G, Grossinger R, Kou X C. 3d-anisoreopy behavior in $Nd_2Fe_{13}MB$ compounds (R = Y, Gd; M = Al, Ga, Si) [J]. J. Magn. Magn. Mater., 1992, 104 ~107: 1431 ~1432.

[192] Susner M A, Conner B S, Saparov B I, McGuire M A, Crumlin E J, Veith G M, Cao H B, Shanavas K V, Parker D S, Chakoumakos B C, Sales B C. Growth and Characterization of Ce-Substituted $Nd_2Fe_{14}{}^{11}B$ Single Crystals [J]. arXiv: 1508.07792 [cond-mat.str-el]. 2015, 1 ~11.

[193] Kim Y B, Kim M J, Jin Hanmin, Kim T K. Spin reorientation and magnetocrystalline anisotropy of $(Nd_{1-x}Pr_x)_2Fe_{14}B$ [J]. J. Magn. Magn. Mater., 1999, 191: 133 ~136.

[194] Yang Yingchang, James W J, Chen Haiying, Sun Hong. Magnetocrystalline Anisotropy of $(Nd_{1-x}Sm_x)_2Fe_{14}B$ and $(Nd_{1-x}Pr_x)_2Fe_{14}B$ [J]. J. Magn. Magn. Mater., 1986, 54 ~57: 895 ~897.

[195] Abache C, Oesterreicher J. Magnetic anisotropies and spin reorientations of $R_2Fe_{14}B$-type compounds [J]. J. Appl. Phys., 1986, 60: 3671 ~3679.

[196] Kim M J, Kim Y B, Kim C S, Kim T K. Spin reorientation and magnetocrystalline anisotropy of

$(Nd_{1-x}Dy_x)_2Fe_{14}B$ [J]. J. Magn. Magn. Mater. , 2001, 224: 49 ~ 54.

[197] Huang M Q, Boltic E B, Wallace W E, Oswald E. Magnetic Characteristics of $R_2(Fe,Co)_{14}B$ Systems (R = Y, Nd and Gd) [J]. J. Magn. Magn. Mater. , 1986, 60: 270 ~ 274.

[198] Kowalczyk A, Wrzeciono A. Structural and Magnetic Characteristics of $R_2Fe_{14-x}Cu_xB$ Systems (R = Y, Nd and Gd) [J]. J. Magn. Magn. Mater. , 1988, 74: 260 ~ 262.

[199] Bolzoni F, Leccabue F, Maze O, Pareti L, Solzi M. Magnetocrystalline Anisotropy of Ni and Mn Substituted $Nd_2Fe_{14}B$ Compounds [J]. J. Appl. Phys. 1987, 67: 373 ~ 377.

[200] Gargula R, Pedziwiatr A T, Bogacz B F, Wrobel S, Bartolome J, Stankiewicz J. Spin Reorientation Studies in $Nd_2Fe_{14-x}Si_xB$ (0 < x ≤2) [J]. ACTA PHYSIC A POLONICA A. 2002, 101: 289 ~ 294.

[201] Pedziwiatr A T, Wallace W E, Burzo E. Magnetic Properties of $Nd_2Fe_{14-x}Ru_xB$ [J]. J. Magn. Magn. Mater. 1986, 61: 173 ~ 176.

[202] Bolzoni F, Leccabue F, Maze O, Pareti L, Solzi M. $3d$ and $4f$ magnetism in $Nd_2Fe_{14-x}Co_xB$ and $Y_2Fe_{14-x}Co_xB$ compounds [J]. J. Appl. Phys. 1987, 61: 5369 ~ 5373.

[203] Yen L S, Chen J C, Ku H C. Spin reorientation in $Nd_2(Fe_{0.9}M_{0.1})_{14}B$ (M = Co, Ni, Ru) [J]. J. Appl. Phys. 1987, 61: 1990 ~ 1994.

[204] 胡伯平, 张寿恭. Si 对 $Nd_2Fe_{14}B$ 四方结构和磁性的影响 [J]. 物理学报, 1987, 36: 1359 ~ 1363.

[205] Tokuhara K, Ohtsu Y, Ono F, Yamada O, Sagawa M, Matsuura Y. Magnetization And Torque Measurements On $Nd_2Fe_{14}B$ Single Crystals [J]. Solid State Commun. 1985, 56: 333 ~ 336.

[206] Kaio H, Yamada M, Kido G, Nakagawa Y, Hirosawa S, Sagawa M. High-Field Magnetization Process and Crystalline Field in $R_2Co_{14}B$ [J]. 1988. Physique Coll. 49: C8-575 ~ C8-576.

[207] Marasinghe G K , Pringle O A , Gary J Long, Yelon W B, Grandjean F. A neutron diffraction and Mössbauer spectral study of the structure and magnetic properties of the $Y_2Fe_{14-x}Si_xB$ solid solutions [J]. J. Appl. Phys. 1994, 78: 2960 ~ 2968.

[208] Yang Fuming, En Ke, Zhao Xichao, de Boer R, Sinnema S. Magnetic Properties of $(Nd,Tb)_{16.7}Fe_{75.5}B_{7.8}$ Compounds [J]. J. Less-Common Met. 1986, 124: 269 ~ 275.

[209] Hu Boping, Niu E, Zhao Yugang, Chen Guoan, Chen Zhian, Jin Guoshun, Zhang Jin, Rao Xiaolei, Wang Zhenxi. Study of sintered Nd-Fe-B magnet with high performance of H_{cJ} (kOe) + $(BH)_{max}$ (MGOe) > 75 [J]. AIP Advances, 2013, 3 (4): 042136.

[210] Andreev A V, Zadvorkin S M. Thermal expansion and spontaneous magnetostriction of RCo_5 intermetallic compounds [J]. Phys. B. , 1991, 172: 517 ~ 525.

[211] Yoshii S, Hagiwara M, de Boer F R, Luo H Z, Wu G H, Yang F M, Kindo K. High-field moment reorientation in Er_2Co_{17} [J]. Phys. Rev. B 2007, 75: 214429.

[212] Narasimhan K S V L, Wallace W E. Magnetic Anisotropy of Substituted R_2Co_{17} Compounds [J]. IEEE Trans. on Magn. 1977: MAG-13, 1333 ~ 1335.

[213] Wei X Z, Hu S J, Zeng D C, Kou X C, Liu Z Y, Bruck E, Klaasse J C P, de Boer F R, Buschow K H J. Structure and magnetic properties of $Ce_2Co_{17-x}Si_x$ compounds [J]. Physica B. , 1999, 262: 306 ~ 311.

第 **5** 章

稀土永磁材料的永磁特性

5.1 稀土永磁材料永磁特性的描述

"永磁材料"顾名思义,即这类材料经磁化后,能长时间保持其磁特性,从而在外磁场 H(通常为电流产生的磁场)取消后依然能对外界产生磁场,对其他物质产生磁相互作用。正如第 1 章图 1-1 所示,$H = 0$ 时永磁材料的磁极化强度 $\mu_0 M$ 不回到零,而是保持一定的剩余磁极化强度 $\mu_0 M_r$,直到反向外磁场 H 的数值增加到与内禀矫顽力 H_{cJ} 对应时,$\mu_0 M$ 降为零,并随着反向磁场继续增大而反向变大。实验发现,永磁材料的磁性并非恒定不变,而是在外界干扰下部分损失,甚至可能完全失去效能,因此永磁材料的磁化状态是一个亚稳态,材料内部存在能长时间维持其磁性能的机制。由化学组分及晶体结构决定的内禀磁性是这个维持机制的必要条件,但由成分和工艺决定的材料相组成及其相互关系——显微结构(有时也称微结构),会更显著地影响这个机制,从而敏感地改变材料的永磁特性。

从本章到第 8 章所涉及的内容,将从磁性能的宏观表现、其他力学和理化特性、磁化与反磁化机理以及磁体制备工艺等方面,阐述不同类别稀土永磁材料的永磁特性与其显微结构的密切关系,揭示显微结构决定永磁性能的相互作用机理,阐述从制备工艺上如何将优异内禀磁性与显微结构有机结合,从而获得优异永磁性能的途径。本章着重介绍业已大规模量产的 1:5 型烧结 Sm-Co、2:17 型烧结 Sm-Co 和烧结 Nd-Fe-B 三代稀土永磁材料的永磁特性,分类比较快淬、HDDR、热压和热变形纳米晶 Nd-Fe-B 的特殊性质,同时也简单介绍继 Nd-Fe-B 发明以后被广泛研究的其他稀土-过渡族金属间化合物(包括间隙化合物)的永磁特性。

5.1.1 稀土永磁材料的磁化过程

图 5-1 是烧结 Nd-Fe-B 磁体(内禀矫顽力 $H_{cJ} = 15\text{kOe}$)和 Nd-Fe-B 快淬粉粘结磁体($H_{cJ} = 9\text{kOe}$)的典型起始磁化曲线,为消除两类磁体饱和磁极化强度 $4\pi M_s$ 差异的影响,

---

注:在实际应用中,除了国际单位制(或米千克秒制)外,我们还常常使用高斯单位制(或厘米克秒制),所以在本章和后面的章节中,上面两种单位制会混合使用。主要物理量的变换关系(国际单位在前,高斯单位在后):磁化强度 $M(\text{A/m}) = (10^3/4\pi)M(\text{Gs})$;磁极化强度 $[J = \mu_0 M,(\text{高斯单位制中 } J = 4\pi M)]$ $J(\text{T}) = J(\text{Gs})/10^4$;磁场强度 $H(\text{A/m}) = (10^3/4\pi)H(\text{Oe})$,或 $\mu_0 H(\text{T}) = B_0(\text{Gs})/10^4$ [高斯单位制中有 $B_0(\text{Gs}) = H(\text{Oe})$];磁感应强度(或称磁通密度)$B(\text{T}) = B(\text{Gs})/10^4$;单位质量的磁矩 $M(\text{J/T} \cdot \text{kg}) = M(\text{emu/g})$。更多的单位换算参见下册附录。

图中将纵轴进行了归一化。显而易见，两类磁体的起始磁化行为极为不同，烧结 Nd-Fe-B 的磁极化强度 $4\pi M$ 随外磁场的增加迅速上升，在 2kOe 时已超过饱和值的 90%，在 4kOe 处趋近饱和；Nd-Fe-B 快淬粉粘结磁体的磁化过程缓慢得多，2kOe 外场下 $4\pi M$ 只有饱和值的 10%，经过一个近线性的缓慢爬升，磁化曲线进入较快速的上升阶段，在 8kOe 附近出现拐点，$4\pi M$ 的增长再一次放缓，在 16kOe 时才趋近饱和。实际上，批量生产的烧结 Nd-Fe-B 磁体的内禀矫顽力 H_{cJ} 可覆盖较宽泛的范围（通常 10 ~ 45kOe）。从本书第 4 章和第 8 章我们可以了解到，磁体中添加了诸多元素以获得优良的永磁特性。磁体主相的内禀磁性存在很大的差异，例如添加少量 Co 提升饱和磁化强度和居里温度，添加 Dy 或 Tb 大幅度提升磁晶各向异性场等，但其起始磁化曲线与图 5-1 的情形没多大差别。同样，不同成分和不同永磁特性的 Nd-Fe-B 快淬粉粘结磁体的起始磁化过程也很相似，且磁化曲线的拐点与 H_{cJ} 存在正相关性，即 H_{cJ} 越大、拐点磁场越高。成分相近的烧结 Nd-Fe-B 磁体和粘结 Nd-Fe-B 磁体表现出迥异的起始磁化行为，而成分和内禀磁性差异较大的烧结 Nd-Fe-B 磁体却有相似的起始磁化曲线，说明制备工艺是决定 Nd-Fe-B 磁体起始磁化行为的主要因素，与不同工艺导致的显微结构密切相关。

图 5-2 是不同热变形温度的热变形 Nd-Fe-B 磁体的起始磁化曲线[1]，看上去它们是图 5-1 中两种行为不同程度的叠加，即低场迅速磁化部分和带拐点的缓慢磁化部分两者的混合。热变形温度越高，低场迅速磁化部分的比例越大。如果将缓慢磁化部分与 Nd-Fe-B 快淬粉粘结磁体相比，可以看出其低场和拐点附近的变化更为平缓，过拐点后的增长更加迅速，趋近饱和的过渡区更狭窄，这个变化与热变形过程致使晶粒长大和易磁化轴取向排列有密切关系。粘结 Nd-Fe-B 磁体磁粉内部的等轴晶粒的尺寸小（约 30 ~ 40nm），且其易磁化轴基本上各向同性，而热变形 Nd-Fe-B 磁体内的片状晶粒的尺寸明显增大（片状晶直径在 200 ~ 600nm 范围，厚度约 60nm），且其易磁化轴绝大部分已取向。由此可以推测，热变形 Nd-Fe-B 磁体的显微结构兼具烧结磁体的大晶粒（微米级）和粘结 Nd-Fe-B 磁体的细晶粒（纳米级）特征。

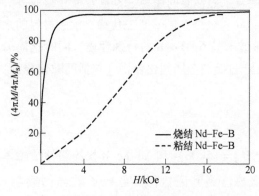

图 5-1 烧结 Nd-Fe-B 和粘结 Nd-Fe-B 磁体
典型的起始磁化曲线

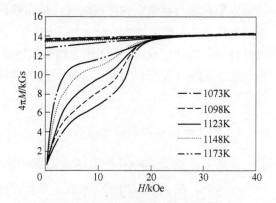

图 5-2 不同热变形温度的热变形 Nd-Fe-B
磁体起始磁化曲线[1]

图 5-1 表明在外加磁化场 $H > 4$kOe 的作用下，烧结 Nd-Fe-B 磁体的 $4\pi M$ 已接近其饱和值，但并不意味着磁体就此被饱和磁化。图 5-3(a) 是内禀矫顽力 $H_{cJ} \approx 18$kOe 磁体在不同强度磁场下的一组磁化曲线和退磁曲线[2]。当磁化场 H 较低的时候（例如 5.1kOe 或

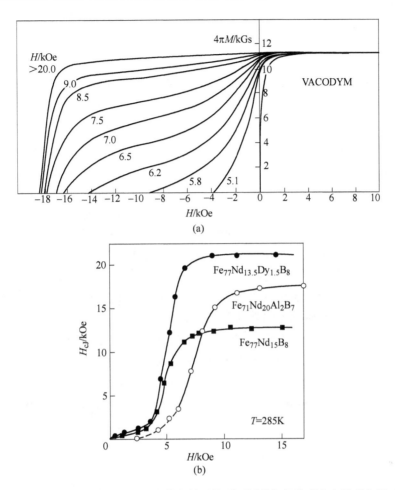

图 5-3 $H_{cJ} \approx 18$kOe 的烧结 Nd-Fe-B 磁体起始磁化到不同外加场的磁化和退磁曲线（a）[2] 及
不同 H_{cJ} 烧结 Nd-Fe-B 磁体内禀矫顽力 H_{cJ}（H）关系曲线（b）[3]

410kA/m），$4\pi M$ 已非常接近饱和磁化强度，但当外场回到 $H = 2$kOe 时 $4\pi M$ 明显降低，对应的剩磁 $4\pi M_r^H$（或 B_r^H）只有饱和磁化强度的 85%，在第二象限 $4\pi M$ 更是迅速下滑，内禀矫顽力 H_{cJ}^H 不到 4kOe。为区分通常所说的剩磁 B_r 或内禀矫顽力 H_{cJ} 与低磁化场 H 所对应的小磁滞回线的剩磁 $4\pi M_r$ 或内禀矫顽力 H_{cJ}，我们用带上标 H 的符号表示后者，即 $B_r^H(4\pi M_r^H)$ 或 H_{cJ}^H。随着外磁场 H 的增加，磁化强度 $4\pi M$ 并无显著提升，而 B_r^H 和 H_{cJ}^H 都逐步提高，且 B_r^H 随 H 增大而上升的趋势明显超前于 H_{cJ}^H；特别在第二象限中，$4\pi M$ 随 H 增大而下降的趋势越来越平缓，退磁曲线包围的面积迅速增加。在 $H = 6.2 \sim 7.5$kOe 之间，部分晶粒磁化饱和，H_{cJ}^H 达到相当高的水平，但大部分晶粒尚未饱和，退磁曲线在反向低场区域下降依然很快；在外加磁化场 $H = 9.04$kOe（或 720kA/m）下，退磁曲线已经很接近外场 $H > 20.0$kOe（或 1600kA/m）时的形状；当外加磁化场 H 达到 20kOe 后，继续增加磁化场不再改变退磁曲线的形状，此时的退磁曲线称为饱和退磁曲线，对应的 B_r^H 和 H_{cJ}^H 饱和值即为我们通常的 B_r 和 H_{cJ}，磁体这才达到饱和磁化状态。图 5-3(b)[3] 更直观地表述了具有不同内禀矫顽力 H_{cJ} 的烧结 Nd-Fe-B 磁体在不同外加磁化场 H 的作用下 H_{cJ}^H 的数值，对无其他添加元素的磁体和添加 Dy 提升 H_{cJ} 的磁体而言，H_{cJ}^H 在 $\mu_0 H = 1T$ 的外场下基本达到饱和，但添加 Al 的磁体在提高 H_{cJ} 的同时，H_{cJ}^H 在更大的外磁场下才开始迅速上升，且陡峭程度降低，H_{cJ}^H 在 $H \approx 15kOe$ 的外磁场作用下才能接近饱和。这些现象表明，Dy 和 Al 提高 H_{cJ} 的作用机理是不一样的。为使磁体饱和磁化，外磁场必须克服磁体内部每一处的杂散场 $H_s = -N_{eff}M^{[4,5]}$，其中 N_{eff} 是与磁体微结构相关的有效退磁因子，N_{eff} 的数值随不同磁体的微观结构变化，一般是 $2^{[5,6]}$ 或者更高（详细讨论参见第 7 章相关部分）。

图 5-4 汇总了不同 B_r 和 H_{cJ} 烧结 Nd-Fe-B 磁体的相对开路磁通与脉冲磁化场的关系[7]，磁体的磁导系数 $P_c = -1.17$（P_c 的定义及讨论参见 5.1.2 节），其中图 5-4（a）为磁体从热退磁状态开始磁化的特征，从永磁特性看，B_r 与 H_{cJ} 的变化是相背的，即 B_r 越高，H_{cJ} 越低。随着 B_r 的降低，相对开路磁通及其趋于饱和的曲线随外磁场增加从高场移向低场，磁体更容易磁化饱和；B_r 最大但 H_{cJ} 最低的磁体（$B_r = 14.0kOe$，$H_{cJ} = 14.83kOe$）需要的饱和磁化场最大，在 25kOe 以上。图 5-4（b）是先将磁体用 60kOe 的脉冲磁场磁化后，加不同大小反向磁场的磁化特征。与图 5-4（a）极为不同的是，H_{cJ} 越高的磁体越难以达到饱和反磁化，因为反磁化场需达到对应的 H_{cJ} 时磁化强度才反转到磁化场方向，饱和反磁化场需在热退磁状态饱和磁化场的基础上加一个 H_{cJ} 值，至少是 H_{cJ} 的两倍。磁体从热退磁状态磁化或从饱和磁化后的状态反向磁化，两者的明显差异表明，磁化过程与磁化历史存在着密切关系。这种现象也体现出磁化状态的亚稳特征。

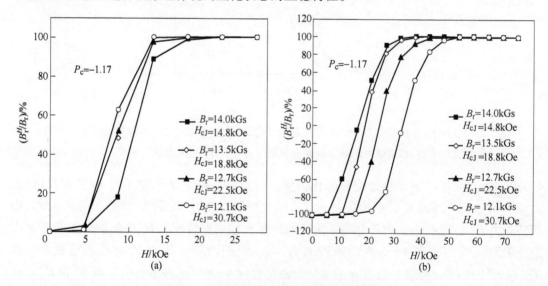

图 5-4 相对开路磁通与脉冲磁化场的关系[7]
(a) 从热退磁状态开始磁化；(b) 磁体用 60kOe 的脉冲磁场磁化后，再反向加场磁化

图 5-5 展示 $H_{cJ} \approx 12kOe$ 的快淬 Nd-Fe-B 磁粉在采用与图 5-3（a）类似的方法测得的磁化和退磁曲线[8]。该图进一步展现出粘结磁体与烧结磁体磁化过程的差异。快淬磁粉的 B_r 差不多只有烧结磁体的一半，强磁场下的退磁曲线也远不及烧结磁体方正，但即使在较低的磁化场下（如 6~8kOe），退磁曲线的隆起度也比较高，不会出现图 5-3 中低场区 $4\pi M$ 快速下降的现象。这个结果表明，低磁化场下磁化的磁粉已经具有一定的实用性，换句话说，即使在远离饱和磁化的状态，粘结 Nd-Fe-B 磁体也可以投入实际应用。实际上，

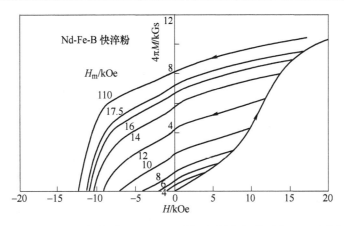

图 5-5　$H_{cJ} \approx 12kOe$ 的快淬 Nd-Fe-B 磁粉不同外加场的磁化和退磁曲线[8]

粘结 Nd-Fe-B 磁体常以多极充磁磁环的形式应用于精密电机，极与极之间的区域难以饱和充磁，但即使如此，粘结磁体仍处于较难退磁的亚稳状态。因此，可利用磁体部分磁化的特点调节气隙磁场分布，或弥补不同批次磁体之间的性能差异，以优化电机的运行特性。

图 5-6 展示不同 H_{cJ} 粘结 Nd-Fe-B 磁体的 B_r^H 和 H_{cJ}^H 磁化饱和趋势。从图 5-6 可看到，尽管 H_{cJ} 只有 7～12kOe，但 B_r^H 和 H_{cJ}^H 在外场高达 25kOe（1987kA/m）时仍保持增长的趋势，尚未饱和。这种现象与图 5-3（b）是很不一样的。从图 5-6 还可以看出，随外磁场增加，H_{cJ}^H 趋近饱和的磁场低于 B_r^H，即在更低的磁化场达到接近饱和的程度。这与图 5-3（a）所显示的行为也正好相反，在烧结 Nd-Fe-B 中 B_r^H 比 H_{cJ}^H 更快地接近饱和。

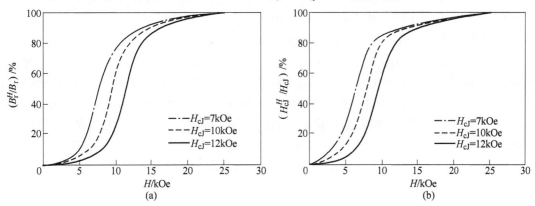

图 5-6　不同 H_{cJ} 粘结 Nd-Fe-B 磁体在不同磁化场下的 B_r^H（a）和 H_{cJ}^H（b）的变化关系

图 5-7 展示热压-热变形磁体三个发展阶段：快淬磁粉、热压实密度磁体和热变形取向磁体的 B_r^H-H 和 H_{cJ}^H-H 曲线，图中同时给出了烧结 Nd-Fe-B 磁体的曲线作为比较。在第 8 章将更详尽地描述这类磁体的制备工艺。由图 5-7 可见，热压过程已显著改变了快淬磁粉 B_r^H 和 H_{cJ}^H 的低场难磁化特征；热变形过程大幅度提高了磁粉内部晶粒的取向度，进一步改善了 B_r^H 的磁化趋势，使其与烧结 Nd-Fe-B 更为接近，只是趋近饱和的过程依然比烧结磁体和缓。热变形磁体的 H_{cJ}^H 的变化特征保持与热压状态相同，即随着磁化场 H 增大，H_{cJ}^H 稳步上升，并逐渐向饱和值趋近，但烧结 Nd-Fe-B 磁体与此不同，H_{cJ}^H 在低场很缓慢地上升，然后跃升到高值并很快趋近饱和。

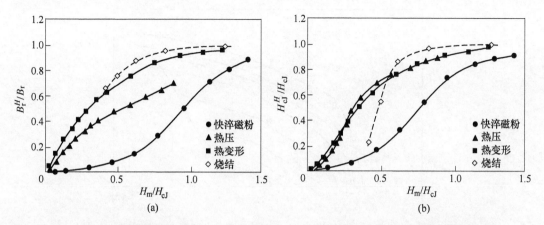

图 5-7　热压-热变形磁体不同阶段：快淬磁粉、热压实密度磁体和热变形取向磁体的
B_r^H/B_r-H/H_{cJ}（a）和 H_{cJ}^H/H_{cJ}-H/H_{cJ}（b）曲线，及其与烧结 Nd-Fe-B 的比较[8]

对在热退磁状态下的烧结 $SmCo_5$ 和 $Sm_2(Co,Cu,Fe,Zr)_{17}$ 磁体施加不同的磁化场，磁体的磁化和退磁曲线族展示在图 5-8 中，其中第一象限最外侧的那条曲线就是与图 5-1 类似的起始磁化曲线。显然，烧结 $SmCo_5$ 磁体的磁化特征（图 5-8（a））与烧结 Nd-Fe-B 磁体非常相似（前者的剩磁 B_r 较低），低磁化场可以很快建立剩磁 B_r^H，并使内禀矫顽力 H_{cJ}^H 达到较高的水平，但退磁曲线方形度很差，实用性很差，只有在磁化场 H 大于 12.5kOe 以后，方形度才得以显著改善。烧结 $Sm_2(Co,Cu,Fe,Zr)_{17}$ 磁体可以分为低 H_{cJ} 磁体和高 H_{cJ} 磁体两种典型类型。低 H_{cJ} 的烧结 $Sm_2(Co,Cu,Fe,Zr)_{17}$ 磁体的磁化和反磁化（退磁）行为（图 5-8（b），$H_{cJ}\approx10$kOe 或 800kA/m）与快淬 Nd-Fe-B 磁粉相似，$H=3.77$kOe 的低场只能将磁体微弱磁化，B_r^H 和 H_{cJ}^H 都很低，当磁化场 H 增加到 6.28kOe 左右时起始磁化曲线进入陡峭上升阶段，H_{cJ}^H 也达到饱和值 H_{cJ} 的 50% 以上，随后 B_r^H 随磁场逐步增长，低至 7.0kOe 的磁化场对应的退磁曲线已达到足够高的内禀矫顽力和方形度，具有一定的实用性。对高 H_{cJ} 的 $Sm_2(Co,Cu,Fe,Zr)_{17}$ 磁体而言（图 5-8（c），$H_{cJ}=35.2$kOe 或 2800kA/m），起始磁化过程比较缓慢，饱和磁化需要较高的外场，退磁曲线的方形度比低 H_{cJ} 磁体差。形象地说，随着磁化场的增加，烧结 $SmCo_5$ 磁体的磁化和退磁曲线倾向于在第二象限横向生长，而烧结 $Sm_2(Co,Cu,Fe,Zr)_{17}$ 是在第一、第二象限几乎同步地在横向和纵向一起生长。

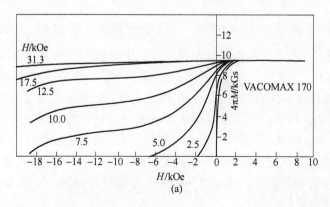

(a)

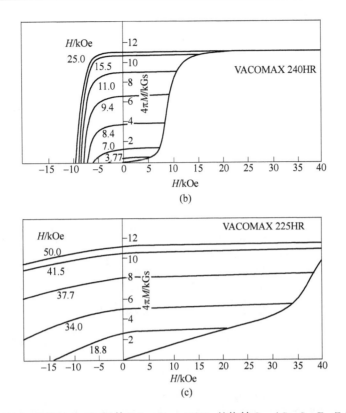

图 5-8 $H_{cJ} \approx 23kOe$ 的烧结 $SmCo_5$ 磁体(a)、$H_{cJ} \approx 10kOe$ 的烧结 $Sm_2(Co,Cu,Fe,Zr)_{17}$ 磁体(b) 和

$H_{cJ} \approx 35kOe$ 的烧结 $Sm_2(Co,Cu,Fe,Zr)_{17}$ 磁体(c) 起始磁化到不同外加场的磁化和退磁曲线[2]

与图 5-6 和图 5-4 类似，图 5-9 和图 5-10 分别展现了烧结 $SmCo_5$ 和 $Sm_2(Co, Cu, Fe, Zr)_{17}$ 磁体 B_r^H 和 H_{cJ}^H 以及相对开路磁通与磁化场 H 的关系。从图 5-9（a）可看到，$SmCo_5$ 的 B_r^H 在低场区几乎线性递增，在 $H = 10kOe$ 以后即转折进入趋近饱和阶段，H_{cJ}^H 的上升比 B_r^H 缓慢得多，但两者即使在外加磁场 $H = 50kOe$ 时仍未达到饱和。对低 H_{cJ} 的 $Sm_2(Co, Cu, Fe, Zr)_{17}$ 磁体而言，H_{cJ}^H 较 B_r^H 更容易达到饱和（图 5-9（b））。从图 5-10 可看到，由热退磁状态开始的 $SmCo_5$ 的开路磁通随磁化场增加几乎线性地增长到趋近饱和状态（图 5-10（a）），与其 B_r^H 随磁化场变化的特征相似，而事先饱和磁化后再反向磁化的行为也与烧结

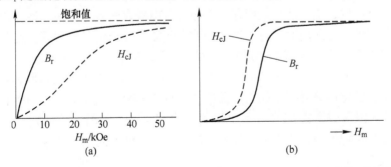

图 5-9 烧结 $SmCo_5$ (a)、$H_{cJ} \approx 11.4kOe$ 烧结 $Sm_2(Co,Cu,Fe,Zr)_{17}$ 磁体（b）的

B_r^H-H 和 H_{cJ}^H-H 曲线[9]

Nd-Fe-B 类似，开路磁通曲线基本上是在热退磁状态的曲线基础上沿磁场平移 H_{cJ}，但趋近饱和过程更加缓慢；对于高和低 H_{cJ} 的 $Sm_2(Co,Cu,Fe,Zr)_{17}$ 磁体而言，无论是从热退磁状态磁化还是饱和磁化后反向磁化，其饱和磁化场几乎不变（比较图 5-10 （a）和 （b））。

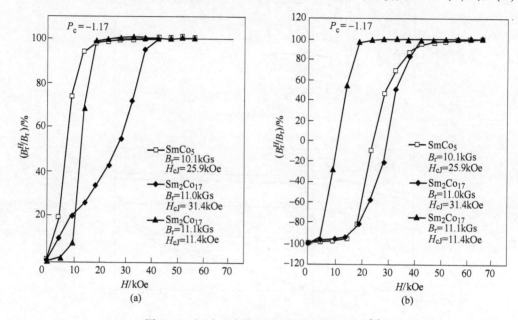

图 5-10　相对开路磁通与脉冲磁化场的关系[7]
（a）从热退磁状态开始磁化；（b）磁体用 60kOe 的脉冲场磁化后，再反向加场磁化

5.1.2　稀土永磁材料的室温永磁特性

　　稀土永磁材料在应用中扮演的是磁场源的角色，也即在外磁场为零、甚至在抵抗外磁场干扰的条件下，向周边提供稳定的恒定磁场或交变磁场（如旋转磁场）。从上一节磁化过程的描述可知，永磁体应处于饱和磁化或趋近饱和磁化的状态（即饱和磁滞回线表现的状态）才能充分反映永磁材料对外提供磁场并抵抗外磁场干扰能力。在应用永磁体时，通常需要永磁体向外提供一个磁场的工作空间或工作区域（也称之为气隙），这样永磁体就得处于开路状态。只要在开路状态，在磁体内部都存在一个与其磁化强度相反、大小正比于磁化强度的磁场，也即退磁场 H_d。图 5-11 （a）是一个条状磁体的磁场分布示意图，从等效磁荷的观点出发，磁体北极表面存在正磁荷，南极表面有负磁荷，磁体外部的磁场从北极出发回到南极，与此同时，正负磁荷必然在磁体内部产生与磁化强度相反的磁场，即退磁场。若引入退磁因子 N 来描述退磁场与磁化强度 M 的关系，即 $H_d = -NM$，$0 < N < 1$（国际单位制），或 $0 < N < 4\pi$（高斯单位制）。退磁因子与磁体的几何形状密切相关，磁化强度方向越细长的磁体退磁因子越小（无穷长磁体 $N=0$），磁化强度方向越扁平的磁体退磁因子越大 [无限薄磁体 $N=1$（国际单位制）或 $N=4\pi$（高斯单位制）]。一般形状磁体内部的退磁场是非均匀的，作为特例如旋转椭球沿旋转轴方向的退磁场是均匀的，而球形磁体的退磁因子为 1/3。设直角坐标系 (x, y, z)，则三个方向的退磁因子 N_x、N_y 和 N_z 存在关系式 $N_x + N_y + N_z = 1$。典型形状磁体的退磁因子参见附录 4。Joseph 对均匀磁化的圆柱磁体（长度为 L，直径为 D）沿长度 L 方向退磁因子 N 与 L/D 的关系进行了研究[13]，

如图5-11（b）所示。当$L/D=1$时（圆柱的长度和直径相同）$N=0.2322$，远小于球体退磁因子$1/3$。当$L/D \leqslant 2$时，退磁因子N随着L/D的增大而快速下降；当$L/D > 2$时，退磁因子N随着L/D的增大而缓慢下降。

稀土永磁体的H_{cJ}通常大于退磁场H_d的最大值M_s（国际单位制）或$4\pi M_s$（高斯单位制），因此磁体不会在退磁场作用下反磁化到第三象限，所以第二象限的退磁曲线足以表征磁体对外提供磁场的特征。

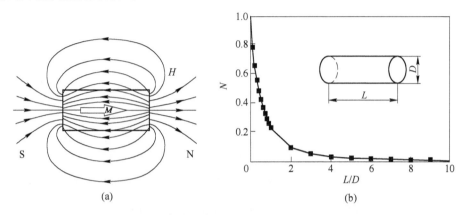

图5-11　空气中条形永磁体的磁力线分布（a）及均匀磁化的圆柱磁体
沿长度L方向退磁因子N与L/D的关系（b）
（数据源于参考文献［13］中圆柱磁体中部横截面退磁因子平均值
（ballistic demagnetizing factor N_b））

图5-12是$H_{cJ}=25.5\mathrm{kOe}$的烧结Nd-Fe-B磁体的退磁曲线，其中的细虚线为磁化强度$4\pi M$与反向磁化场H的关系——$4\pi M$-H曲线，粗实线为磁通密度B与H的关系——B-H曲线。在高斯单位制中根据定义$\boldsymbol{B}=\boldsymbol{H}+4\pi\boldsymbol{M}$，在第二象限的标量表示为$B=H+4\pi M$（$H<0$），也就是说$B$-$H$曲线可以由这个关系从$4\pi M$-$H$曲线计算而获得。在磁体自身退磁场$H_d$的作用下（外加磁场$H=0$），磁体的磁化强度位于退磁曲线上的$A$点，其坐标为$A$（$-NM$，$4\pi M$），注意此处$M$为标量；对应的磁体内部磁通密度为$\boldsymbol{B}=\boldsymbol{H}_d+4\pi\boldsymbol{M}=(4\pi-N)\boldsymbol{M}$，标量式为$B=-NM+4\pi M=(4\pi-N)M$，即图5-12中$B$-$H$曲线上的$P$点（$-NM$，$(4\pi-N)M$）。根据高斯定律，磁密度在磁极表面的法向分量连续，完美取向的稀土永磁体在磁极表面无横向分量，因此磁体取向方向的两个端面的磁通密度$\boldsymbol{B}_{外}=\boldsymbol{B}_{内}$，因为气隙相对磁导率$\mu_r=1$，$\boldsymbol{H}_{外}=\boldsymbol{B}_{外}=\boldsymbol{B}_{内}=(4\pi-N)\boldsymbol{M}$，标量式为$H_{外}=B_{内}=(4\pi-N)M$，这样磁体内部的$B_{内}$可直接转换成磁体的表磁$H_{外}$，也就是$P$点的纵坐标$(4\pi-N)M$。如果作一条连接$P$点和原点的直线，其斜率$k=(4\pi-N)M/(-NM)=1-4\pi/N=P_c$。我们称$P_c=1-4\pi/N$（在国际单位制中$P_c=1-1/N$）为磁导系数，因为通过坐标原点（0，0）和$P(H_p, B_p)$点的直线存在关系式$B=P_cH$。那么退磁因子为$N$的磁体对外产生的磁场，就是这条直线与$B$-$H$曲线交点的纵坐标，实际应用中这条直线称为磁体的工作负载线。如果知道工作点，也可以推导出磁体的退磁因子$N=4\pi/(1-P_c)$［在国际单位制中$N=1/(1-P_c)$］。其实，任何一个永磁体在应用器件中都对应到磁体B-H曲线上的一个工作点P，也就对应了一个磁导系数和一条工作负载线。一些典型形状磁体的磁导系数P_c值参见附录3。在其中附图3-1中圆柱磁体（长度为L，直径为D）沿长度L方向磁导系数P_c随L/D

的变化可以看到，同采用图5-11（b）退磁因子 N 计算的 $P_c - L/D$ 曲线比较，稀土永磁烧结 Sm-Co 磁体和烧结 Nd-Fe-B 磁体的 P_c 实验值基本吻合，而 Alnico 磁体的 P_c 实验值则偏低。所以，在实际应用中，我们可以采用图5-11（b）的曲线来估算圆柱磁体沿长度 L 方向的退磁因子 N 和磁导系数 P_c。例如，当 $L/D = 0.7$ 时，烧结钕铁硼磁体圆柱磁体的磁导系数实验值 $P_c = -2.175$，而 Joseph 的计算值 $P_c = -2.056$（退磁因子 $N = 0.3272$）[13]。

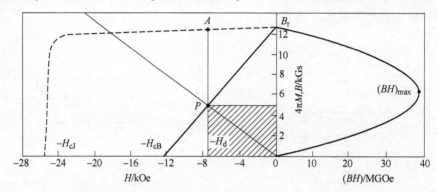

图5-12 稀土永磁体的退磁曲线（$4\pi M$-H 曲线）、B-H 曲线、磁能积曲线和主要永磁参数

根据以上分析，磁体的退磁曲线——$4\pi M$-H 曲线和 B-H 曲线包含了其应用中最重要的一些特征信息，但不同性能磁体的比较以曲线上的特征参数来描述更为方便。与一般的永磁材料一样，稀土永磁材料磁性能有以下主要技术参数：剩磁（剩余磁感应强度 B_r、剩余磁极化强度 J_r 或剩余磁化强度 M_r 均简称剩磁，在高斯单位制中 $B_r = J_r = 4\pi M_r$，在国际单位制中 $B_r = J_r = \mu_0 M_r$）；内禀矫顽力 H_{cJ}；矫顽力 H_{cB} 以及最大磁能积 $(BH)_{max}$。剩磁 B_r 是磁体磁化到饱和并去掉外磁场后在磁化方向保留的剩余磁感应强度，也即图5-12中 B-H 曲线在 $H = 0$ 的纵坐标值，因为 $H = 0$ 时 $4\pi M = B$，所以 $4\pi M$-H 曲线在 $H = 0$ 的纵坐标值也就是 $4\pi M_r = B_r$；内禀矫顽力 H_{cJ} 或矫顽力 H_{cB} 分别是磁体磁化到饱和以后，在反磁化过程中使磁体的磁极化强度 $4\pi M$ 或磁感应强度 B 降低到零所需要的反向磁场，即 $4\pi M$-H 或 B-H 曲线穿过 x 轴时横坐标的绝对值；最大磁能积 $(BH)_{max}$ 是 B-H 曲线上 B 和 H 的乘积绝对值——磁能积 (BH) 中的最大值，图5-12中工作点 P 的阴影矩形面积即磁能积 (BH)，该图右侧是以 (BH) 为横坐标、以 B 为纵坐标的 B-(BH) 曲线，曲线上横坐标的最大值即最大磁能积 $(BH)_{max}$。工作在 P 点的磁体在气隙中产生的磁场能量正比于 (BH) 与磁体体积的乘积，在磁场能量相同的应用中，工作在最大磁能积对应的工作点，磁体体积最小，或在相同的应用中，$(BH)_{max}$ 越大的磁体可提供的磁场能量也越大。因此，在条件允许的情况下，为了充分发挥永磁材料的作用，应尽量使磁体工作在 $(BH)_{max}$ 对应的工作点附近。

由于稀土永磁材料的磁晶各向异性非常强，H_{cJ} 的数值一般会超过 B_r，且在反磁化场加到矫顽力 H_{cB} 甚至内禀矫顽力 H_{cJ} 之前，磁体的磁化强度 $4\pi M$ 基本上呈现线性缓慢下降的趋势，B-H 曲线基本上为一条直线，它的斜率 $\mu_{rec} = B_r/H_{cB}$（亦称为回复磁导率 recoil permeability）。通过求解 $d(BH)/dH = 0$，不难求得最大磁能积 $(BH)_{max}$ 所对应的 B-H 曲线上 (H_m, B_m) 点的条件，即有 $H_m = B_r/2\mu_{rec}$（国际单位制 $\mu_0 H_m = B_r/2\mu_{rec}$），或 $B_m = B_r/2$，故永磁体的最大磁能积为

$$(BH)_{max} = B_r^2/(4\mu_{rec}) = J_r^2/(4\mu_{rec}) = (4\pi M_r)^2/(4\mu_{rec}) \quad \text{（高斯单位制）}$$

$$= B_r^2 / (4\mu_0\mu_{rec}) = J_r^2 / (4\mu_0\mu_{rec}) = \mu_0 M_r^2 / (4\mu_{rec}) \quad （国际单位制） \quad (5\text{-}1a)$$

在理想情况下，$4\pi M_r = 4\pi M_s$，即磁体主相的饱和磁化强度，$\mu_{rec} = 1$（$4\pi M$ 不随反向磁场的增大而下降），则永磁材料的理论最大磁能积为

$$(BH)_{max}^{理论} = \frac{1}{4}(4\pi M_s)^2 \quad （高斯单位制）$$

$$= \frac{1}{4}\mu_0 M_s^2 \quad （国际单位制） \quad (5\text{-}1b)$$

从上式可知，高的最大磁能积 $(BH)_{max}$ 首先必须要求高的剩磁 B_r，并以高的内禀矫顽力 H_{cJ} 为保障，因为 H_{cJ} 必须达到或超过 B_r 值的 $1/2$，才能确保 H_{cB} 大到足以让 B-H 曲线容纳上述最大磁能积矩形。稀土永磁材料，特别是烧结 Nd-Fe-B 磁体被称为"三高"磁体，即它在室温的三个主要永磁性能参数——剩磁 B_r、内禀矫顽力 H_{cJ} 和最大磁能积 $(BH)_{max}$ 都具有很高的数值。考虑到 $4\pi M$-H 曲线在外场接近 H_{cJ} 之前基本接近水平线，H_{cB} 自然会达到高值。这三个主要技术参数一方面取决于主相的内禀磁性参数，另一方面也都是材料的显微结构敏感量。如果通过金相观察，人们得知磁体的主相体积 V_0 在磁体体积 V 中的比例 $v_m = V_0/V$，则可以采用以下公式估算磁体的剩磁[17]：

$$M_r = v_m f M_s \quad (5\text{-}2a)$$

式中，$f = <\cos\theta>$ 被称为各向异性磁体中主相晶粒的取向度因子，简称各向异性磁体的取向度，它反映了磁体中主相晶粒 c 轴（易磁化方向）和磁体取向方向的夹角（偏离角）θ 分布的平均值。我们还可以将式（5-2a）中 $v_m = V_0/V$ 转换成磁体密度 d 和质量 m 的测量值，结合主相密度 d_0 和质量 m_0 的计算值来推算剩磁：

$$M_r = (d/d_0)(m_0/m) f M_s \quad (5\text{-}2b)$$

从式（5-2a）和式（5-2b）中可以看出，如果我们能够通过测量获得磁体的饱和磁化强度 M_s、剩磁 M_r 和其他相关物理参数，尽管缺少磁体中主相晶粒的取向细节，却能推导出磁体中主相晶粒的取向度 f 的数值。取向度 f 可以从理论模型加以推导，还可以从平行和垂直于各向异性磁体的取向方向上所测量的剩磁值进行估算。类式（5-2b）的其他模型可以参见参考文献 [10]。

在计算取向度 $f = <\cos\theta>$ 时，我们可以引进单轴各向异性晶粒的 [001] 方向（c 轴）与取向方向夹角 θ 的分布函数 $P(\theta)$，来分析和讨论磁体中主相晶粒的取向情形。在分析稀土永磁体取向度时，常见的分布函数为高斯分布函数 $P(\theta) = N\exp[-(\theta/\theta_0)^2]$，其中 N 为归一化常数；θ_0 为取向度参数，其值越小取向越好；或者以 $\cos\theta$ 的幂函数作为分布函数，即 $P(\theta) = N\cos^n\theta$，$n$ 为取向度参数[11]，并可忽略室温难磁化面内的各向异性（参见第 4 章磁晶各向异性相关内容）。如果磁体处于取向方向饱和磁化后的剩磁状态，θ 的取值范围为 $0 \sim \pi/2$，取向度可表示成：

$$f = <\cos\theta> = \int_0^{\pi/2} P(\theta)\cos\theta\sin\theta d\theta / \int_0^{\pi/2} P(\theta)\sin\theta d\theta \quad (5\text{-}3)$$

如果磁体处于垂直于取向方向饱和磁化后的剩磁状态，可设定单轴各向异性晶粒的 (001) 平面内 c 轴投影与磁化方向的夹角 ϕ 在 $-\pi/2$ 和 $\pi/2$ 之间均匀分布（不考虑 (001) 平面内各向异性），分布函数 $P(\phi) =$ 常数，相对剩磁因子 g 可表示成：

$$g = <\cos\phi\sin\theta> = \int_{-\pi/2}^{\pi/2}\cos\phi d\phi \int_0^{\pi/2} P(\theta)\sin\theta\sin\theta d\theta / \int_{-\pi/2}^{\pi/2} d\phi \int_0^{\pi/2} P(\theta)\sin\theta d\theta$$

$$= 2/\pi \int_0^{\pi/2} P(\theta)\sin\theta\sin\theta d\theta \Big/ \int_0^{\pi/2} P(\theta)\sin\theta d\theta = 2/\pi <\sin\theta> \tag{5-4}$$

将直观的实验数据与式（5-3）、式（5-4）结合即可推算 θ_0 或 n。人们可以测量磁体的饱和磁化强度 $M'_s = v_m M_s$ 和剩磁 M_r，直接得到 $M_r/M'_s = f = <\cos\theta>$，由式（5-3）计算 θ_0 或 n。例如，实验测得 $f = M_r/M'_s = 0.944$，则对于 $P(\theta) = N\exp\left[-(\theta/\theta_0)^2\right]$ 分布，有 $\theta_0 = 19.5°$（0.34rad）；对于 $P(\theta) = N\cos^n\theta$ 分布，则有 $f = (n+1)/(n+2) = 0.944$，或 $n = 51.6$[11]。当饱和磁化强度不易准确测得时，可分别测量平行于取向方向的剩磁 $M_{r//} = M_r$（即通常所言的剩磁）和垂直于取向方向的剩磁 $M_{r\perp}$，由 $M_{r\perp}/M_{r//} = g/f = 2/\pi <\sin\theta>/<\cos\theta>$，联立式（5-3）和式（5-4）推算 θ_0 或 n。

　　上述分析表明，在一定温度下，永磁材料的三个主要技术参数剩磁、内禀矫顽力和最大磁能积都依赖于材料的内禀参数：饱和磁化强度 M_s 和磁晶各向异性场 H_a。首先，主相的高饱和磁化强度 $4\pi M_s$ 是高性能永磁材料的先决条件之一，只有在高饱和磁化强度的条件下，才能获得高的剩磁和最大磁能积；其次，稀土永磁体的高 H_{cJ} 一方面取决于其主相的高磁晶各向异性场 H_a，磁晶各向异性场高，H_{cJ} 才可能大，另一方面与磁体的显微结构密切相关，特别是第二相的磁性，主相晶粒间以及主相晶粒与第二相间的显微结构关系。这从上一节中不同类稀土永磁材料的磁化行为差异已初见端倪，第 7 章将会详细阐述稀土永磁材料的磁化、反磁化以及矫顽力机制，揭示 H_{cJ} 与主相内禀磁性以及磁体显微结构的密切关系。另外，式（5-2）也指明了提高剩磁的途径，即提高取向度 f，以及尽量提高磁体中主相的体积分数 v_m。

　　除了描述永磁性能的剩磁、内禀矫顽力、矫顽力和最大磁能积四个主要技术参数外，退磁曲线上还有一些重要的磁性参数在实际应用中也需要关注，如回复磁导率 μ_{rec}、膝点磁场强度（knee field strength）H_k 和退磁曲线方形度 SQ（squareness，简称 SQ）等。稀土永磁材料应用的最常见场合的就是永磁电机，在转子旋转一周的过程中，磁极与线圈绕组铁芯的相对位置会发生变化，导致磁导系数 P_c 变化，如图 5-13 所示。此时，磁体的工作负载线从实线绕原点转动到点划线，从而磁体的磁化状态（A 点）和工作点 P 都会移动，分别到 A' 和 P' 点；如果还存在外加的反向磁场 H_{ext}（例如电机启动时，在绕组中感生反电动势，产生瞬间脉冲磁场），磁化强度的负载线 OA 将向 x 轴的负方向平移 H_{ext} 到虚线处，同样会将 A 变到 A_H，并使 P 点移动到 P_H 点，且在 H_{ext} 过高时 P_H 点可能会出现在第三象限。这意味着，气隙场 $B = H + 4\pi M$ 因反磁化场太高而反向（B 从与 M 平行变成与 M 反平行），好在稀土永磁体的 H_{cJ} 一般都足够大，依然能维持其磁化强度 $4\pi M$ 的方向保持不变。

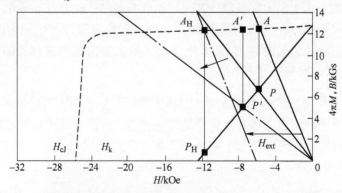

图 5-13　稀土永磁材料的工作负载线的变化及磁化强度和工作点的移动特征

其他磁应用场合也经常伴随着磁体工作点的移动，也即磁体磁化状态的变化（即 A 点的移动和回复）。对一般的永磁材料而言，这种变化会形成一个局部的小磁滞回线，对应的 P 点移动也会在 B-H 曲线附近画出一个小回线（也称回复线），如图 5-14 所示。连接小回线两个端点的直线的斜率可作为小回线的平均斜率，并定义为 B-H 曲线回复起始点的回复磁导率，$\mu_{rec} = \Delta B / \Delta H$。由于永磁材料的磁化状态为亚稳态，磁体的回复与磁化状态密切相关，因此通常而言 B-H 曲线上不同点对应的 μ_{rec} 是不同的。但对于稀土永磁材料（见图 5-3（a）和图 5-8 的饱和退磁曲线），在 $H=0$ 到 H_{cJ} 的很大一段磁场范围内基本上是直线，只要 H_{cJ} 大于 B_r，B-H 曲线也就是一条直线，线上不同点的 μ_{rec} 相等，并等于 B_r / H_{cB}，这

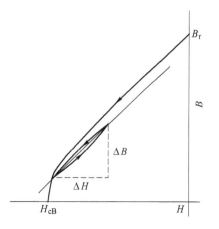

图 5-14 永磁体典型的 B-H 曲线及其某一点的小回线（回复线）

也正是在式（5-1）中将 B_r / H_{cB} 表述成 μ_{rec} 的原因。一般情况下，B-H 退磁曲线上某一点 P（H_P，B_P）的回复磁导率 μ_{rec} 可以定义为 $\mu_{rec} = \mathrm{d}B/\mathrm{d}H(H=H_P)$。根据关系式 $B = H + 4\pi M$，我们容易推导出 $\mathrm{d}B/\mathrm{d}H = 1 + 4\pi \mathrm{d}M/\mathrm{d}H$。随着反向外加磁场 H 的增大（$H > H_P$），$4\pi M$ 缓慢减小直至 $H = H_{cJ}$ 时快速下降并反转。所以在 $|H| < |H_{cB}|$ 时，$\mathrm{d}M/\mathrm{d}H > 0$，即有 $\mathrm{d}B/\mathrm{d}H > 1$。也就是说，回复磁导率 $\mu_{rec} = \Delta B/\Delta(\mu_0 H) > 1$。$4\pi M$ 随反向磁场 H 的增加而下降，且倾斜度越大 μ_{rec} 越大。比较稀土永磁材料的退磁曲线可知，烧结 Nd-Fe-B 和烧结 SmCo$_5$ 的 μ_{rec} 最小，低 H_{cJ} 的烧结 Sm$_2$(Co,Cu,Fe,Zr)$_{17}$ 磁体次之，高 H_{cJ} 的烧结 Sm$_2$(Co,Cu,Fe,Zr)$_{17}$ 磁体的较大，而粘结 Nd-Fe-B 磁体的最大。从式（5-1）可以看到，μ_{rec} 越小磁体的 $(BH)_{max}$ 越高，同为 Nd-Fe-B 磁体，粘结 Nd-Fe-B 由于磁粉内部晶粒的易磁化方向未取向，加上粘结剂和孔隙占据一定的体积，从式（5-2）可知其 B_r 必定远小于烧结 Nd-Fe-B，且 $4\pi M$-H 曲线较大的倾斜度导致大的 μ_{rec}，其 $(BH)_{max}$ 仅为烧结磁体的 1/4。

从上面的讨论中我们可以想象，理想的退磁曲线应是一个矩形（图 5-15 中退磁曲线外围的点划线），随着反磁化场 H 从 0 增加到 H_{cJ}，磁体的磁极化强度 $4\pi M$ 从剩磁 $B_r = 4\pi M_r$ 开始水平无损地移动，直到 $H = H_{cJ}$ 时垂直下降到 $4\pi M = 0$，并反向达到 $4\pi M_r$ 值；随着反磁化场继续增大，$4\pi M$ 保持为 $y = -4\pi M_r$ 的水平线。如果 $H_{cB} = B_r = 4\pi M_r < H_{cJ}$，由此计算出的 B-H 曲线是穿过点（0，B_r）和点（H_{cB}，0）、斜率为 1 的直线，回复磁导率 $\mu_{rec} = 1$。实际退磁曲线（图 5-15 中的细实线）在很宽的退磁场范围内是一条倾斜的直线，在反磁化场 H 将要抵达 H_{cJ} 时开始拐弯，并在 H_{cJ} 附近陡降到零，下降斜率很大，在部分磁体中几乎与 x 轴垂直。为了定量描述实际退磁曲线与理想退磁曲线的偏离程度，人为定义了一个"膝点磁场强度" H_k，即退磁曲线上 $4\pi M = 90\%$（$4\pi M_r$）的点 C 对应的反向磁场绝对值，因为退磁曲线在这里类似于膝部弯曲。退磁曲线的方形度 SQ 定义为 H_k 与 H_{cJ} 的比值，即 $SQ = H_k / H_{cJ}$。可见，H_k 越大意味着 H_k 越接近 H_{cJ}，退磁曲线 $4\pi M$-H 的方形度越好。现实中方形度差可分为三类：一是 $4\pi M$ 随反磁化场增大而减小较快（低场退磁曲线段斜率大），即回复磁导率 μ_{rec}；二是膝点附近退磁曲线曲率半径大，即磁体磁化强度较早开始大幅度下降，且下降的磁场区间较宽；三是过了膝点以后磁化强度下降不够陡峻，磁体内部不同区域 H_{cJ} 分布较宽。三种表现形式反映出磁体退磁的不同特征，对磁化亚稳

态的稳定性会产生不同的影响，膝点是一个关键的转折点。

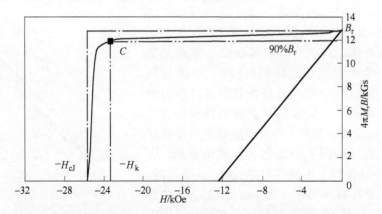

图 5-15 理想的退磁曲线、实际退磁曲线及其膝点磁场强度 H_k

图 5-16 是永磁体在反磁化外场作用下发生磁通不可逆损失的示意图[12]。假设磁体在一个磁性器件之中对应的磁导系数为 P_c，在外磁场为零的时候，磁体在退磁场 $H_d = 4\pi M/(P_c+1)$ 的作用下，工作点在工作负载线 OP 与 $B\text{-}H$ 曲线的交点 P，磁体的磁通密度为 B_P，对应的磁化状态位于 Q 点，直线 OQ 的斜率绝对值为 $P_c' = 4\pi M/H_d = P_c + 1$。如果施加一个与磁化强度反向的外磁场 H，同图 5-13 一样，直线 OQ 向 x 轴的负方向平移 H，Q 点将沿着 $4\pi M$ 曲线移到 OQ 与 $4\pi M\text{-}H$ 曲线的交点，如果 H 足够大，平移后的直线会跨过膝点与

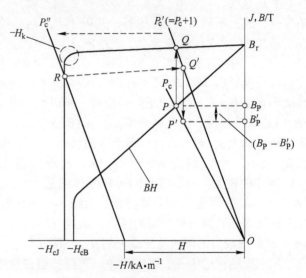

图 5-16 稀土永磁体外磁场减磁（外磁场不可逆损失）示意图[12]

$4\pi M\text{-}H$ 的陡降段相交于 R 点，当 H 再降到零时，磁体的磁化状态会沿着回复曲线（平行于 $4\pi M\text{-}H$ 曲线）从 R 移动到 Q' 点，在相同磁导系数下对应的工作点变为 P'，磁体的磁通密度降为 B_P'，从而产生外磁场减磁，或称为外磁场不可逆损失 $\Delta B_P = B_P' - B_P$。由此可见 H_k 可作为磁体抗外磁场干扰能力的量化指标，对磁体应用起到至关重要的作用。值得注意的是，图 5-16 所展示的变化并不一定意味着 $B\text{-}H$ 曲线在第二象限出现弯折，即 $H_{cJ} < B_r$，如果 H_{cJ} 足够高，$B\text{-}H$ 曲线在第二象限仍是一条直线，但弯折会出现在第三象限，只要 H 大到将直线 OQ 移到 H_k 以下，外磁场不可逆损失就会发生。所以对外场干扰大的应用领域，并不是 H_{cJ} 大到保持 $B\text{-}H$ 为直线、或设计磁路使 P_c 尽量大就足矣，而是要保持 $4\pi M$ 在反磁化场 H 增大过程中下降很小，同时让 H_{cJ} 足够大。

5.1.3 稀土永磁材料永磁特性随温度的变化

在实际应用中，除了上面所述的磁化状态、磁导变化和外磁场等因素外，永磁材料的

永磁特性还会因其他外界条件的干扰而发生变化。这些外界条件有：环境温度、机械冲击、环境侵蚀、放射性辐照等。其中一项最不可忽视的因素就是温度，环境温度的改变对磁性的影响特别普遍和严重[21]。图 5-17 展示 N40UH 档烧结 Nd-Fe-B 磁体从室温到 180℃的退磁曲线和 B-H 曲线[14]。可以看到，磁体的剩磁 B_r 随温度升高而缓慢降低，而内禀矫顽力 H_{cJ} 的下降趋势明显加大；B-H 曲线在 120℃以下还保持着直线状态，而 150℃和 180℃的 B-H 曲线出现膝点，原因是 H_{cJ} 在数值上已经小于 B_r。图 5-18 绘制了四个主要永磁参数：B_r、H_{cJ}、H_{cB} 和（BH）$_{max}$ 与环境温度的关系，为方便比较，前三个参数的纵坐标刻度一致，可以更直观地看到 H_{cJ} 下降远快于 B_r 和 H_{cB} 的情况，H_{cJ} 与 B_r 的交叉点约为 130℃，$T < 130℃$ 时 B_r 与 H_{cB} 几乎同步，回复磁导率 μ_{rec} 从 1.040 缓慢增长到 1.052，而当 $T > 130℃$ 后 H_{cJ} 基本上与 H_{cB} 相等，只是因为 H_{cB} 尚未降到对应 B_r 的 1/2 以下，（BH）$_{max}$ 依然保持连续下降的趋势。为了缓解温度变化对磁性能的影响，生产实践中往往采用人工老化处理的技巧，即在永磁材料充磁后投入应用之前，将磁体在可预期的使用温度以上放置一段时间，以消除高温对磁性能的干扰，以便磁体在使用时性能保持稳定。尽管如此，永磁材料的性能仍不能完全保持绝对恒定。

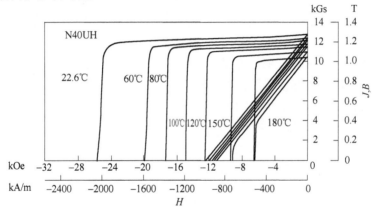

图 5-17 N40UH 档烧结 Nd-Fe-B 磁体从室温到 180℃的退磁曲线和 B-H 曲线[14]

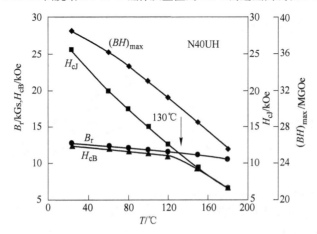

图 5-18 N40UH 档烧结 Nd-Fe-B 磁体 B_r、H_{cJ}、H_{cB} 和（BH）$_{max}$ 与环境温度的关系

为了定量反映温度对永磁性能的影响程度，人们定义了一些与环境温度相关的温度稳定性参数，如剩磁温度系数 α_{Br}、内禀矫顽力温度系数 α_{HcJ}、开路磁通密度的可逆损失（reversible flux losses）L_{rev} 和不可逆损失（irreversible flux losses）L_{irr}、开路磁通密度的可逆温度系数、耐热温度或最高连续工作温度 T_w 等，其中磁通温度系数 α_{Br} 和内禀矫顽力温度系数 α_{HcJ} 是商用永磁体必须提供的性能指标之一。顾名思义，温度系数就是物理量随温度的相对变化率，从参考温度 T_0 到某个高温 T 的温度区间，剩磁温度系数 $\alpha_{Br}(T)$ 的定义如下：

$$\alpha_{Br}(T) = \frac{1}{T - T_0} \times \frac{B_r(T) - B_r(T_0)}{B_r(T_0)} \times 100\% \tag{5-5a}$$

式中，$B_r(T)$ 和 $B_r(T_0)$ 分别是在温度 T 和参考温度点 T_0 的剩磁，通常选择室温或 20℃ 为 T_0。类似地，内禀矫顽力温度系数 $\alpha_{HcJ}(T)$ 定义为：

$$\alpha_{HcJ}(T) = \frac{1}{T - T_0} \times \frac{H_{cJ}(T) - H_{cJ}(T_0)}{H_{cJ}(T_0)} \times 100\% \tag{5-5b}$$

式中，$H_{cJ}(T)$ 和 $H_{cJ}(T_0)$ 分别是在温度 T 和参考温度 T_0 的内禀矫顽力。

磁体通常工作在有气隙的开路状态，开路磁通随温度变化的特征更具有实际意义。当环境温度从室温 T_0 升到某给定温度 T_1 时，开路磁通密度从 $B(T_0)$ 下降到 $B(T_1)$；如果环境温度再回到室温，开路磁通密度一般会回复到比 $B(T_0)$ 更低的 $B'(T_0)$ 值，如图 5-19 (a) 所示，当磁体再处于 T_0 和 T_1 之间时，开路磁通密度将在 $B'(T_0)$ 和 $B(T_1)$ 之间反复，表现出可逆的变化过程。在整个温升过程中，磁体从室温到高温的总磁通密度损失 $L = B(T_1) - B(T_0)$ 可分解为两个部分：可逆磁通密度损失 $L_{rev} = B'(T_0) - B(T_1)$ 和不可逆磁通密度损失 $L_{irr} = B'(T_0) - B(T_0)$，后者简称为不可逆损失，因此有 $L = L_{rev} + L_{irr}$。实际应用中，开路磁通密度的可逆损失以可逆温度系数 $\alpha_B(T)$ 来表征，将式（5-5a）中的剩磁换成开路磁通密度，即可得到：

$$\alpha_B(T) = \frac{1}{T - T_0} \times \frac{B'(T) - B(T_0)}{B(T_0)} \times 100\% \tag{5-6}$$

从后面的分析可以知道，闭路条件下不会因温度变化产生不可逆损失，总剩磁损失就是可逆剩磁损失，因此开路磁通密度的可逆温度系数就是剩磁温度系数，即 $\alpha_B(T) = \alpha_{Br}(T)$。图 5-19 (b) 是可逆、不可逆损失的实例[14]，样品为 $H_{cJ} \approx 10\text{kOe}$、$(BH)_{max} \approx 10\text{MGOe}$ 的粘结 Nd-Fe-B 磁体——长径比 $L/D = 0.7$ 的圆柱体。当磁体样品以 0.5℃/min 的变温速率从 30℃ 升到 60℃ 时，其相对磁通值从 A 降到 B 点，为原值的 96.2%，总

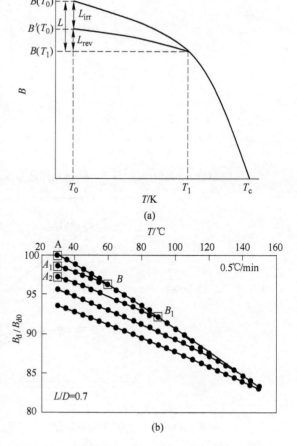

图 5-19 开路磁通密度 B 随温度 T 的变化过程[14]

(a) 示意图；(b) 粘结 Nd-Fe-B 的实例

损失量 −3.8%；当温度以相同速率降回到30℃时，相对磁通值只能回到A_1点，为原值的98.6%，不可逆损失 −1.4%；如果磁体再升到60℃，相对磁通值几乎沿原路从A_1点返回到B点，可逆损失 −2.4%；将磁体温度进一步提升到90℃，相对磁通从B点降到B_1点，为原值的92.1%，总损失量增大到 −7.9%；样品再从90℃回到30℃，相对磁通只能回到A_2点，A_2点比A_1点更低，为原值的97.3%，不可逆损失增大到 −2.7%；磁体再回到90℃，相对磁通量原路返回到B_1点，A_2和B_1之间的可逆损失为 −5.2%。120℃和150℃的可逆、不可逆损失依此类推。

可逆温度系数$\alpha_B(T)$或剩磁温度系数$\alpha_{Br}(T)$仅取决于材料的内禀磁性，即磁性主相的饱和磁化强度与温度的关系$M_s(T)$，通过添加元素来改变$M_s(T)$关系，即可改变磁体的温度系数（参见第4章）。例如在Nd-Fe-B中以部分Co取代Fe，可以显著提高主相的居里温度T_c（参见图4-89），从而使室温附近的$M_s(T)$变得平缓，$\alpha_{Br}(T)$的绝对值会缩小；又比如用Dy部分取代Nd，由于Dy与Fe磁矩之间为亚铁磁性耦合，室温附近$Dy_2Fe_{14}B$的$M_s(T)$曲线呈上升趋势（参见图4-92），可部分补偿$Nd_2Fe_{14}B$的$M_s(T)$随温度下降的程度，$\alpha_{Br}(T)$也会得到改善。内禀矫顽力H_{cJ}及其随温度的变化，是不可逆损失的主要原因，磁体磁化后的热后效或磁粘滞也与不可逆损失密切相关，另外不可逆损失还取决于磁体的工作负载线、磁体的工作环境温度以及磁体暴露在高温环境的持续时间。

不可逆损失的发生可由图5-20加以说明[12]：以$\alpha_{Br}(T) = -0.11\%/℃$的烧结Nd-Fe-B为例，室温（20℃）和140℃的$B\text{-}H$曲线如图5-20的曲线①和曲线②所示，磁导系数为P_1和P_2的工作负载线分别位于140℃的$B\text{-}H$曲线膝点两侧。P_1与曲线①和曲线②分别相交于a和b，对应的磁通密度分别为B_a和B_b，也就是说，当磁体温度从20℃升高到140℃时，磁体的工作点将从a点转到b点，$B_r(20℃) - B_r(140℃)$线段与$B_a - B_b$线近似平行，所以B_a和B_b之比就是曲线①和曲线②的剩磁比，因此$B_b = [1 + \alpha_{Br}(T) \times (T - T_0)]B_a = (1 - 0.11\% \times 120)B_a$，意味着从$B_a$到$B_b$的变化是可逆的，并符合图5-20右侧的$B\text{-}T$关系——以$\alpha_{Br}(T)$为斜率的直线；磁体再从高温冷却到室温时，其磁通密度完全恢复，不可逆损失为零。然而，如果磁体工作在磁导系数为P_2的负载线上，室温工作点是c，高温工作点是d，磁通密度按剩磁温度系数$\alpha_{Br}(T)$直线下降到P_2负载线过$B\text{-}H$曲线的膝点温度后，磁化强度迅速下降使开路磁通随温度更快降低，$B\text{-}T$直线向下弯折，B_d低于低温段$B\text{-}T$直线延长到140℃的对应值；待磁体从高温冷却到室温时，$B\text{-}T$仍以$\alpha_{Br}(T)$为斜率回到B_e值，对应的工作点d不再返回到c点，$B_c - B_e$就是高温不可逆磁通密度损失，或称高温减磁。

比较图5-16所示的外磁场减磁可以看出，图5-20所反映的高温减磁实际上是磁体的退磁场减磁，条件是高温下H_{cJ}降低，致使$B\text{-}H$曲线不再是直线，因此高温减磁的大小取决于稀土磁体的$4\pi M\text{-}H$曲线随温度的变化趋势、使用温度和磁导系数P_c值等因素。作为描述永磁体温度稳定性的一个重要参数，高温减磁通常用相对于室温磁通密度$B(T_0)$的比率来描述，以便不同性能磁体之间的比较，其表达式为：

$$\frac{L_{irr}}{B(T_0)} = \frac{B'(T_0) - B(T_0)}{B(T_0)} \times 100\% \tag{5-7}$$

作为一个有趣的比较，我们可以看一下应用最为广泛的烧结铁氧体永磁材料的低温减磁行为。烧结铁氧体室温下的B_r和H_{cJ}数值相近，与其他永磁材料一样，铁氧体的剩磁温度系数$\alpha_{Br}(T) < 0$，但不同的是铁氧体的内禀矫顽力的温度系数$\alpha_{HcJ}(T) > 0$，因此，当磁

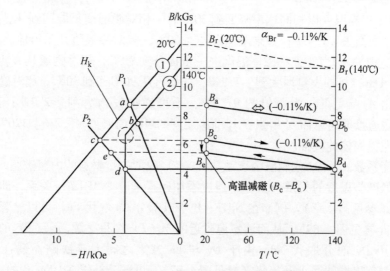

图 5-20 烧结 Nd-Fe-B 磁体产生高温不可逆损失（高减）的示意图[12]

体使用温度降到室温以下时，磁体 B_r 升高但 H_{cJ} 降低，B-H 曲线的膝点向原点移动，室温和低温的 B-H 曲线如图 5-21 的曲线①和曲线②所示。与图 5-20 类似，从室温到低温，负载线 P_1 对应的磁通密度从 B_a 线性升高到 B_b，上升斜率为 $\alpha_{Br}(T) = -0.18\%/℃$，这个变化是可逆变化；$P_2 < P_1$ 的负载线从低温 B-H 曲线②的膝点以下穿过，磁通密度 B_c 起初还沿着斜率为 $\alpha_{Br}(T)$ 的直线增大，当温度下降到膝点与 P_2 线相交后，退磁场造成磁化强度陡降，磁通密度下降到 B_d，待磁体回到室温时，磁通密度按斜率 $\alpha_{Br}(T)$ 进一步降到 B_e，因此降温-回温循环带来低温不可逆损失 $L_{irr} = B_e - B_c$，或称为低温减磁。

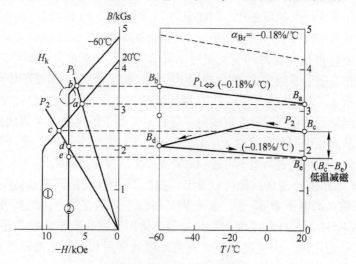

图 5-21 烧结铁氧体的低温减磁现象示意图[12]

值得指出的是，以上所指的不可逆损失均是在短时间（几小时以内）加热与冷却循环中的磁通变化，它仅仅是指磁体开始应用时的不可逆磁通损失，因而也被称为起始不可逆磁通损失。除了起始不可逆磁通损失外，还有长时间不可逆磁通损失，持续时间为几天、几个月甚至数年，这个现象反映的是磁性能的长期老化效应（aging effects）[9]。

图 5-22 展示室温磁性为 $B_r = 12.0\text{kGs}$、$H_{cJ} = 18.2\text{kOe}$，磁导系数 P_c 分别为 -0.5、-1.1 和 -2.0 的烧结 Nd-Fe-B 磁体在 130℃ 干燥空气中的相对不可逆磁通损失随时间的变化特征[15]。可以看到，磁导系数 P_c 分别为 -0.5、-1.1 和 -2.0 的磁体的不可逆损失差异很大，在 2000h 的相对不可逆损失分别为 17.3%、2.2% 和 1.1%。磁导系数 P_c 越小不可逆损失越大（P_c 值与磁体几何尺寸关系参见附录3）。

每条老化曲线都可以明确地分成两个阶段：初始阶段短时间内相对变化较大的起始不可逆磁通损失（通常把磁通在 0.5h 或 1h 的

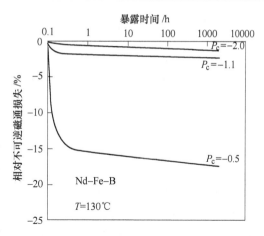

图 5-22　烧结 Nd-Fe-B 磁体相对不可逆磁通损失随时间的典型变化特征[15]

相对不可逆损失确定为起始不可逆损失）和随后非常平缓下行的长期老化不可逆损失。短时间的起始不可逆磁通损失与长时间老化的不可逆磁通损失之和称为总老化损失。起始不可逆损失敏感地依赖于磁导系数 P_c 值：P_c 越小（退磁因子 N 越大），即工作负载线越靠近 x 轴，起始不可逆损失越大；而长时间老化不可逆损失对 P_c 的依赖性较小，它来源于磁化状态的亚稳特性，在室温附近磁化状态可能数百小时仍不能达到平衡态，而在较高温度下（如100℃或150℃）也需要数十小时才可能达到平衡态[9]。这两种不可逆损失均是在高温热扰动下，由磁体的磁畴结构改变所导致的，并非由物质的结构性改变引起的，所以将磁体再充磁即可得到恢复。它们起源于 H_{cJ} 随温度的变化和磁化的热后效（thermal after-effect），后者也称为磁粘滞性（magnetic viscosity）[16]。室温 H_{cJ} 偏低或 $\alpha_{H_{cJ}}$ 绝对值偏大是起始不可逆损失的主要原因，而磁化的热后效是长期不可逆损失的主要原因。当然，以上两种不可逆损失还敏感地依赖于磁体的磁导系数和方形度，尤其是前者。

不可逆损失随工作温度变化的行为，还能为磁体应用提供一些更直观的信息。图 5-23 （a）绘制了 H_{cJ} 分别为 31kOe 和 35kOe 的两款烧结 Nd-Fe-B 磁体的相对不可逆损失与工作

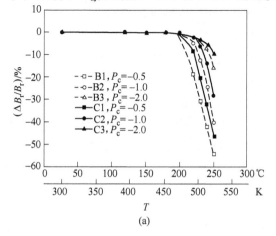

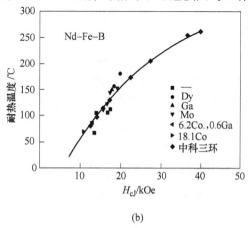

图 5-23　烧结 Nd-Fe-B 磁体不同温度的相对不可逆损失：$H_{cJ} = 31\text{kOe}$(B) 和 $H_{cJ} = 35\text{kOe}$(C)[17]　（a）和烧结 Nd-Fe-B 磁体最高使用温度 T_W 与内禀矫顽力 H_{cJ} 的关系（b）[17,18]

温度的关系曲线[17]（每个温度的暴露时间通常在 0.5h 或 1h 以内）。可见，在温度低于 150℃时不可逆损失 L_{irr} 几乎不可觉察，但一旦出现可观的 L_{irr}，就会随温升而迅速变化，转变温度随 P_c 从 −0.5 到 −2.0 向高温移动，且高 H_{cJ} 磁体的对应温度比低 H_{cJ} 的更高一些。在实际应用中，常将 $P_c = -2$ 的圆柱形磁体（长径比 $L/D = 0.7$）的不可逆损失 $L_{irr} = -5\%$ 对应的温度定义为磁体的长时间工作温度 T_W。Yoshikawa 等人[18]发现，在 H_{cJ} 低于 20kOe 时 T_W 与 H_{cJ} 之间存在很强的线性关联（图 5-23（b））；中科三环[19]系统测量了 H_{cJ} 从 10kOe 到 40kOe 不同档次烧结 Nd-Fe-B 磁体的 T_W，数据表明当 H_{cJ} 高于 20kOe 时 T_W 开始偏离线性，并有趋向饱和的倾向，见图 5-23（b）中的高 H_{cJ} 数据点。T_W 趋向于饱和的现象与磁体主相的居里温度有关，高 H_{cJ} 磁体着眼于主相磁晶各向异性场的提升和微结构的改善，不同磁体的 Co 添加量基本上固定，且含量较低，因此磁体的居里温度也就在 320℃附近，而永磁特性受制于主相的内禀磁性，T_W 不会一味地直线上升，原理上居里温度是 T_W 的理论上限。

图 5-24 汇总了各类永磁体的 T_W 与居里温度的关系。从图 5-24 可见，永磁材料的居里温度越高，磁体的最高使用温度 T_W 越高[20]（见表 1-1 和表 5-7）。

除了室温以上的高温会对磁体产生影响外，低温也可能对磁体带来困扰，特别是 Nd-Fe-B 磁体，如第 4 章图 4-43 所述，$Nd_2Fe_{14}B$ 在 $T_{sr} = 135K$ 存在自旋重取向转变，其易磁化轴从 c 轴逐渐转变为相对于 c 轴倾斜约 30°的锥筒（图 4-43 和图 4-109），使得烧结钕铁硼磁体的剩磁随着温度下降而下降（图 4-110），而非持续增长。所以烧结 Nd-Fe-B 磁体在低温下并非具有更高的剩磁 B_r 和最大磁能积 $(BH)_{max}$。图 5-25

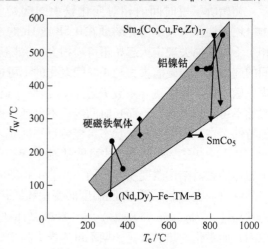

图 5-24　各类永磁材料最高使用温度 T_W
与其居里温度的对应关系[20]

给出了 $Pr_{2.79}Nd_{8.68}Tb_{1.90}Dy_{0.28}(Cu,Al,Ga)_{0.58}Co_{1.50}Fe_{78.51}B_{5.76}$ 烧结磁体的剩磁 B_r、内禀矫顽力 H_{cJ} 和最大磁能积 $(BH)_{max}$ 随温度的变化，可以看到在温度低于自旋重取向温度 $T_{sr} \approx$ 100K 时，B_r 和 $(BH)_{max}$ 随温度的降低而变小（内禀磁性的详细讨论参见 4.5.4.4 节）。比较而言，$Pr_2Fe_{14}B$ 在低温到高温始终保持易磁化轴在 c 轴的状况，所以烧结 Pr-Fe-B 磁体比烧结 Nd-Fe-B 磁体有更佳的低温硬磁性，在极低温应用的场合，如外太空或超导电机，使用烧结 Pr-Fe-B 磁体可以得到更高的气隙磁场，或在相同的磁应用要求下采用更少的磁体，降低磁应用器件的体积和重量，如发往太空的火箭液氢/液氧推进剂传感器、低温自由电子激光器就均采用烧结 Pr-Fe-B 磁体。

5.1.4　稀土永磁材料永磁特性的长时间稳定性

除了上述两种不可逆的磁通损失外，磁体长时间工作甚至长时间放置，周边环境（如温度、湿度、腐蚀性液体等）都可能导致磁体非磁学的物理及化学性质改变，这种改变通常是由表及里造成磁体显微结构（相结构和微结构）缓慢而不可恢复变化，直接影响磁体

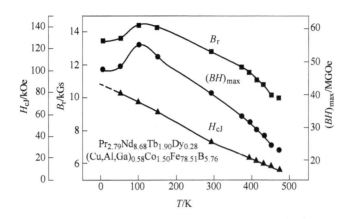

图 5-25　$Pr_{2.79}Nd_{8.68}Tb_{1.90}Dy_{0.28}(Cu,Al,Ga)_{0.58}Co_{1.50}Fe_{78.51}B_{5.76}$ 烧结磁体的剩磁 B_r、

内禀矫顽力 H_{cJ} 和最大磁能积 $(BH)_{max}$ 随温度的变化

（温度 $T \leqslant 150K$ 时，由于开路测量样品很小，其表面效应对 $H=0$ 处退磁曲线有较大影响，所以 B_r 为

图 4-110 数据，由此计算 $(BH)_{max} = (4\pi M_r)^2/(4\mu_{rec})$；中科三环研究院内部数据）

的主要磁性参数剩磁、内禀矫顽力、矫顽力或最大磁能积，甚至导致磁体完全失效，由此造成磁性能的不可恢复损失，因为即使将磁体再充磁，也不可能恢复到长时间放置之前的初始状态。不可恢复损失一般发生在室温或较高的温度，并与图 5-22 中的长时间不可逆损失共存，两者共同影响永磁特性的长时间稳定性。稀土永磁材料的时间稳定性是稀土永磁工作者，尤其是稀土永磁体应用的设计人员必须关心的问题。

5.1.4.1　长时间稳定性的对数规律

在开路条件下，当磁体的内退磁场（退磁场与外加反向磁场之和）足够强的时候，其磁极化强度 J 会越过膝点进入迅速降低的区段，部分晶粒处于退磁状态，此时即使保持外加磁场恒定不变，为了进一步降低局域杂散磁场的能量，退磁状态仍可通过室温或高温热激活而进一步改变，使磁极化强度随时间缓慢下降，这个现象就是前一节指出的磁性能热后效（thermal after-effect）或磁粘滞性（magnetic viscosity）。图 5-26 展示了在恒定反向磁场作用下的磁粘滞测量过程[21]：首先，用一个低的、固定扫场速率 $\Delta H/\Delta t$ 测

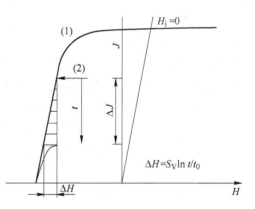

图 5-26　热后效系数 S_V 的测量的过程[21]

（开路测量，$H_i = H - NJ/\mu_o$）

量样品的退磁曲线 $J(H)$；然后用强脉冲磁场重新对测试样品充磁，并且再一次测量退磁曲线（见图中标记（1）），但将外加磁场保持在第二象限某恒定值后（见图中标记（2）横向箭头所指位置），以固定的时间间隔记录磁极化强度随着时间 t 而降低的变化 ΔJ。Néel 曾详细研究了磁体的磁极化强度随时间降低的行为，并证实磁极化强度随时间以对数规律变化[22]。

考虑到稀土永磁体退磁曲线的方形度都非常好，热后效可以通过人为施加一个反向磁场增量 ΔH 来产生，即：

$$\Delta J = - \mu_0 \frac{\Delta H}{N} \quad 或 \quad \Delta M = - \frac{\Delta H}{N} \tag{5-8}$$

式中，ΔJ 为热后效导致的磁极化强度下降值；ΔH 为产生 ΔJ 所需要的等价外加磁场增量；N 为测试样品的退磁因子（参见附录4）。而 Givord[23] 给出了等价热激活磁场 H_{ta}：

$$H_{ta} = S_V \ln \frac{t}{t_0} \tag{5-9}$$

式中，S_V 为热后效（或称磁粘滞）系数；t 为从外加磁场保持恒定开始测量的时间；t_0 为晶格振动的特征时间，$t_0 \approx 10^{-11} \mathrm{s}$[24]。由于上述的磁极化损失 ΔJ 来源于热激活，所以它的等价外加磁场增量就是等价热激活磁场 H_{ta}。于是，磁化强度的降低 ΔM 为：

$$\Delta M = - \frac{1}{N} S_V \ln \frac{t}{t_0} = C - \frac{1}{N} S_V \ln t, \; C = \frac{1}{N} S_V \ln t_0 \; 为一常数 \tag{5-10}$$

上式与 Street 等人[25] 早在 1949 年建立的剩磁随时间按照对数规律变化的理论模型是一致的，它表明磁化强度随时间的变化关系可由磁粘滞系数 S_V 为常数的对数定律来描述。Wohlfarth 等人[26] 已确定的磁粘滞常数 S_V 为：

$$S_V = \frac{kT}{vK} f(H, T) M_S \tag{5-11}$$

式中，kT 表明 S_V 与温度相关（k 为玻耳兹曼常数）；vK（v 是激活体积，K 是各向异性常数）表明 S_V 与材料和它的显微结构相关；$f(H, T)$ 是描述磁化过程特征的复杂函数。有研究指出，在静态磁场和一定温度下，反磁化可以由磁粘滞激活。磁粘滞是在材料的非平衡态中由热波动造成的一种统计学的弛豫现象[27]。

由上可知，在永磁体中，与时间相关的磁通密度损失遵循时间对数规律，磁通密度损失的大小与磁场 H、温度 T、磁体的材料和它的显微结构 vK，以及磁化过程等参数相关。磁体长时间暴露在高温下所附加的仅与时间相关的那部分不可逆损失来源于畴壁爬行的不可逆磁通密度损失。显然，这部分的时间效应仅局限于环境温度引起的不可逆磁通密度损失，当环境中包含力学中的振动、电学中的高频电磁波和电离层中的高能辐射等情况时，磁体同样会发生不可逆的磁通密度损失。下面仅以长期暴露在室温和高温下的 Nd-Fe-B 磁体为例说明稀土永磁材料的长时间效应。

5.1.4.2　室温下的长时间稳定性

Haavisto[28] 研究了在室温、60℃、80℃和120℃等不同温度下，不同内禀矫顽力（H_{cJ} = 15.6 ~ 37.7kOe）和不同磁导系数（P_c = - 0.33、- 1.1 和 - 3.3）烧结 Nd-Fe-B 磁体的磁化损失，每个测量点都是由 3 ~ 6 个相同性能、相同 P_c 样品在同一时间所测量到的数据平均值。图 5-27 展示的是 H_{cJ} = 15.6kOe（1240kA/m）、不同 P_c 值磁体在室温下的相对磁化损失随时间（对数形式）的变化。可以看到，对于所研究的最低 H_{cJ} 磁体而言，在室温环境下即使存放时间长达 10000h（超过一年），不同 P_c 值的样品均没有任何可觉察的磁化损失。

中科三环研究院信赖性实验室进行了类似的测量研究，历时长达 12 年多（4441 天），实验用的烧结 Nd-Fe-B 磁体内禀矫顽力 H_{cJ} = 18kOe（1440kA/m），样品为边长 10.2mm 的无镀层立方体，磁导系数 P_c = - 2，样品数量为 8 件，直接暴露在实验室所处的大气环境

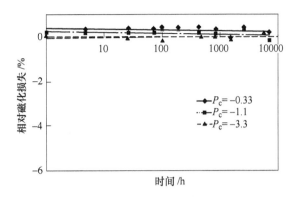

图 5-27　$H_{cJ} = 15.6\text{kOe}$（1240kA/m）、不同 P_c 值的烧结 Nd-Fe-B 磁体在室温下

相对磁化损失随时间（小时，对数形式）的变化[28]

中，环境温度的变化范围在 22～28℃内，12 年内每年进行一次（个别两次）观察和测量。实验结果如表 5-1 和图 5-28 所示，每个实验点都是 8 个样品在同一时间所测量到的磁通量平均值。从图 5-28 可看到，烧结 Nd-Fe-B 磁体的磁化损失曲线较好地遵循理论式（5-10）给出的对数衰减规律，但其数据点需分成两个对数线性段：前 6 年所测量到的相对磁通损失基本不变，在 2208 天（约 6 年）附近出现拐点，此后对数线性段明显地下倾，表明磁通损失增大。从外观看，放置 6 年以后的黑片磁体表面可见锈蚀斑点，意味着磁体表面及其内层已开始氧化或腐蚀，随着时间的推移，其氧化或腐蚀的范围会不断地扩大，性能衰减的速率也明显加大。如果将磁通损失率第二阶段的对数关系直线从目前已测量的 4441 天（12 年零两个月）外推到 10950 天（30 年），也不过 1%；对应 18250 天（50 年）的磁通损失率约 1.3%；2% 对应的时间大约为 54750 天（150 年）。这些外推点在图 5-28 中以圆圈表示。这个结果表明，如果将磁体的使用寿命定义为磁通损失率等于 5% 所对应时间的话，即使磁体处于表面未做耐蚀涂覆的状态，目前被测量的烧结 Nd-Fe-B 磁体仍然有非常长的使用寿命，保守的估计也在 30～50 年以上。通常，较大的长时间磁通损失来源于磁体表面的结构变化（如氧化或其他化学腐蚀），是不可恢复的损失，在各类稀土永磁材料中，烧结 Nd-Fe-B 的这种损失是比较严重的，但经过成分调整和工艺改进，特别是经过表面防护处理，烧结 Nd-Fe-B 磁体的抗氧化性和耐腐蚀性已得到极大的改善。因此，在磁体表面被很好地保护的情况下，对于具有足够高 H_{cJ} 的烧结 Nd-Fe-B 磁体来说，其使用寿命完全可以超过 30 年，甚至 50 年。

表 5-1　12 年来直接暴露在室温空气中的 8 个烧结 Nd-Fe-B 磁体样品的磁通数据

（$H_{cJ} = 18\text{kOe}$（1440kA/m），$P_c = -2$）（中科三环研究院内部资料）

测试日期	天数	温度/℃	样品号								磁通损失平均值/%
			1	2	3	4	5	6	7	8	
2003-6-6	0	—	142.5	141.1	141.5	140.9	142.4	142.8	142.9	140.4	0.00
2004-6-18	377	—	142.6	141.3	141.6	140.9	142.8	142.6	142.0	140.5	0.084
2005-6-10	734	28	142.2	140.8	141.3	140.7	142.4	142.5	142.9	140.4	-0.0112
2005-11-25	901	22	142.7	141.1	141.9	141.3	143.0	143.0	143.3	140.4	-0.217
2006-6-20	1109	24	142.8	141.5	141.9	141.2	142.8	143.0	143.5	140.7	-0.002

测试日期	天数	温度/℃	样 品 号								磁通损失平均值/%
			1	2	3	4	5	6	7	8	
2007-6-21	1475	23	142.6	141.2	141.7	141.0	142.8	142.8	142.0	140.5	-0.250
2008-6-17	1836	24	142.6	141.2	141.6	141.0	142.6	142.9	142.0	140.3	-0.195
2009-6-24	2208	23.5	142.7	141.3	141.6	141.0	142.8	142.9	142.0	140.3	-0.187
2010-6-28	2577	23	142.0	141.0	141.4	140.7	142.4	142.5	142.7	140.1	-0.452
2011-6-17	2931	22.8	142.6	141.0	141.6	140.9	142.6	142.7	142.9	140.2	-0.365
2012-6-29	3308	22.7	142.5	141.1	141.6	140.4	142.6	142.7	142.9	140.2	-0.365
2013-7-16	3690	24.5	142.2	140.6	141.6	140.0	142.0	142.2	142.4	139.7	-0.526
2015-8-7	4441	27.5	141.8	140.5	141.0	140.0	141.8	142.0	142.2	139.6	-0.448

注：1. 2009-6-24（约2208天后）观测，6年后表面可见锈蚀点；

2. 2015-8-7观测，4号和5号样品测试后因磕碰产生边角缺陷。

3. 计算磁通损失的平均值时，将磁通数据按温度系数 -0.09%/℃ 折算到23℃。

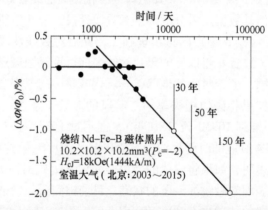

图 5-28 在室温大气环境下，$H_{cJ} = 18kOe$（1440kA/m）烧结 Nd-Fe-B 磁体的磁通损失率随时间变化的对数规律（$P_c = -2$）

（中科三环研究院内部资料）

5.1.4.3 高温下的长时间稳定性

图 5-29 展示了 Haavisto 等人[29]的实验观察到的矫顽力 $H_{cJ} = 15.6kOe$(1240kA/m)、不同 P_c 值的烧结 Nd-Fe-B 磁体在室温、60℃、80℃ 和 120℃ 的相对磁化损失随时间的变化（对数形式）。可以看到，当温度高于室温时，磁体开始表现出可观的长时间磁化损失，相对磁化损失与时间对数呈良好的线性关系，且 P_c 绝对值较低的样品更为突出，随着放置温度的升高，初始磁化损失也明显增大。具体地说，60℃ 的老化曲线显示出 $P_c = -0.33$ 的样品已发生长时间不可逆损失，但起始不可逆损失还是太小，而 $P_c = -1.1$ 和 -3.3 的样品基本上还没有减磁迹象；在 80℃ 时 $P_c = -0.33$ 样品的初始相对磁化损失已达到 -9%，长时间相对磁化损失-时间对数关系的斜率也明显比 60℃ 的大，但 $P_c = -1.1$ 和 -3.3 的样品依然保持原样；放置温度升高到 120℃，$P_c = -0.33$ 样品的初始相对磁化损失已超出 -25%，从而未展示在图 5-29 之中，而 $P_c = -1.1$ 样品的初始相对磁化损失为 -15%，长

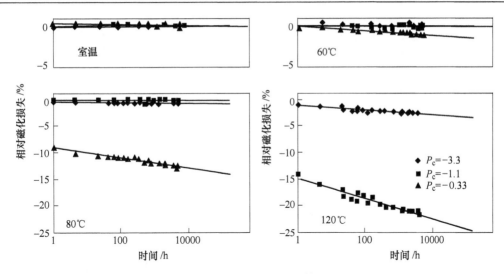

图 5-29 不同 P_c 值的 $H_{cJ} = 15.6$kOe（1240kA/m）磁体在室温、60℃、80℃ 和 120℃ 的
相对磁化损失随时间的变化（对数时间轴）[29]

时间相对磁化损失的斜率是 80℃ 时 $P_c = -0.33$ 样品的两倍，$P_c = -3.3$ 的样品也表现出约 -1% 的初始相对损失，长时间损失也被记录在案。归纳起来，P_c 的绝对值愈小，出现磁化损失的温度愈低，在相同温度下初始磁化损失愈大，且长时间磁化损失的对数曲线斜率绝对值愈大，从而总磁化损失愈大。如果 P_c 值相同，放置温度愈高，初始磁化损失和对数曲线的斜率绝对值愈大，总磁化损失也就愈大。

图 5-30 是不同 P_c 值、$H_{cJ} = 20.1$kOe（1600kA/m）的磁体在 $T = 80℃$、120℃ 和 150℃ 的相对磁化损失随时间的变化（对数时间轴），与图 5-29 不同的是，这一次是将相同 P_c、不同温度的数据汇总在一张图里。可以看到，在 $T = 80℃$ 时，不同 P_c 值的样品已经表现出少量初始磁化损失，且 P_c 绝对值小的样品损失更大一些，但均没有表现出长时间磁化损失，相对于图 5-29 的低 H_{cJ} 磁体而言，H_{cJ} 高出 5kOe 确保了磁体的长时间稳定性。与图 5-29 类似，在 $T = 120℃$ 和 150℃ 的高温环境中，P_c 绝对值较低的磁体初始磁化损失和长时间磁化损失都明显大于 P_c 绝对值较高的磁体，且温度升高使两类损失都大幅增长，在因技术和成本原因不能进一步提升 H_{cJ} 的情况下，将 P_c 绝对值提高可以有效抑制磁化损失，例如 $P_c = -3.3$ 的磁体，在 150℃ 时初始相对磁化损失仅稍大于 -2%，近 10000h 的总的相对磁化损失还不到 3%，而相同温度和时间 $P_c = -1.1$ 磁体的总相对磁化损失高达 10%。图 5-31 比较了不同的高 H_{cJ} 磁体在 150℃ 的长时间相对磁化损失，$P_c = -3.3$、-1.1 和 -0.33。可以看到，在 P_c 绝对值取高值 3.3 时，不同的高矫顽力样品的磁化损失都较低。但随着 P_c 绝对值降低到 1.1，H_{cJ} 较低的样品（$H_{cJ} = 20.1$kOe（1600kA/m））开始出现较大的磁化损失，其初始相对磁化损失超过 -6%，10000h 后的总相对损失在 10% 以上；在 $P_c = -0.33$ 时，这个磁体的初始磁化损失已超过 -15%，以至于不再显示在图中。而高 H_{cJ} 的磁体（$H_{cJ} = 23.9$kOe（1900kA/m）和 $H_{cJ} > 37.7$kOe（3000kA/m）），虽然初始相对磁化损失很小，但随着老化时间的增加也出现磁化损失的增长，并可清晰地看到，H_{cJ} 相对偏低的 $H_{cJ} = 23.9$kOe 磁体有较大的对数曲线斜率，而 H_{cJ} 相对高的 $H_{cJ} > 37.7$kOe 磁体的对数曲线斜率很小。

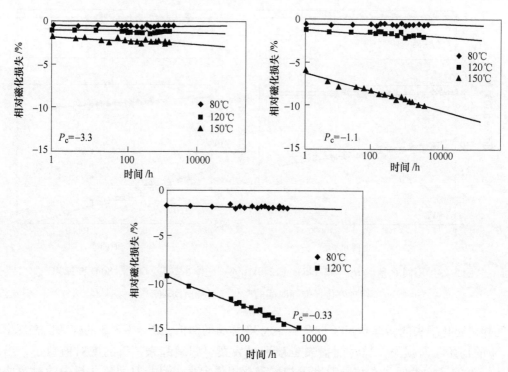

图 5-30 在 $T=80℃$、$120℃$ 和 $150℃$ 老化期间不同 P_c 值的 $H_{cJ}=20.1\mathrm{kOe}$（$1600\mathrm{kA/m}$）磁体的相对磁化损失随时间的变化（对数时间轴）[29]

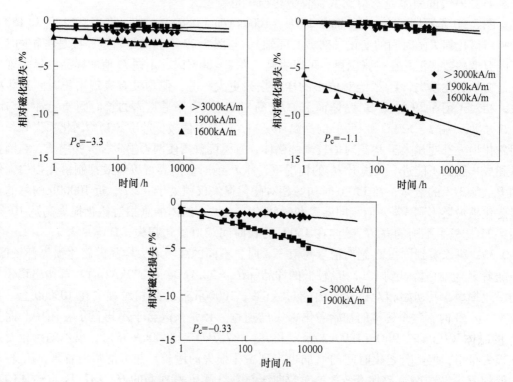

图 5-31 在 $P_c=-3.3$、-1.1 和 -0.33 时不同矫顽力磁体在 $150℃$ 下老化的磁化损失随时间的变化[29]

由不同 H_{cJ}、不同 P_c 磁体在不同温度下相对磁化损失的时间依赖关系可以看出，H_{cJ} 对高温磁化损失有重要影响，H_{cJ} 愈高磁化损失愈低，高温度稳定性要求磁体必须具有高的 H_{cJ}。与此同时，磁导系数 P_c 也能决定磁体的高温长时间磁化损失。另外还可以看到，磁化损失的时间效应可用两个参数来表征：一是老化周期开始的初始磁化损失量 L_0，二是长时间磁化损失的时间对数曲线斜率 S。一旦环境温度超过某一特定值（例如磁体的最高工作温度 T_W），便会出现初始磁化损失和随时间变化的长时间磁化损失（热后效）。在许多情况下，初始磁化损失量可预示后期的长时间损失对数曲线斜率，这是因为磁体的工作点下降到 B-H 曲线的膝点以下，对应的磁化强度也处于 $4\pi M$-H 曲线的膝点以下，热扰动将使磁化强度变得不稳定，不仅出现初始磁化损失，而且还有随时间持续增长的热扰动损失。但在有些情况下，对数曲线的斜率不能从初始磁化损失量来预示，如图 5-31 中的 $P_c = -0.33$ 高 H_{cJ} 磁体，因为 H_{cJ} 都很高，两者在 150℃ 的起始磁化损失都很小，几乎没差别，但长时间变化的曲线斜率明显不同。综合图 5-29、图 5-30 和图 5-31 所展示的信息，可归纳出表 5-2 所列的初始磁化损失 L_0 和长时间磁化损失对数曲线斜率 S。

表 5-2　在不同温度下磁体的初始磁化损失 L_0 和长时间磁化损失对数曲线斜率 S

H_{cJ}		P_c	$L_0/\%$				$S/(\%/\lg t)$（$\times 10^{-4}$）			
kOe	kA/m		60℃	80℃	120℃	150℃	60℃	80℃	120℃	150℃
15.6	1240	−0.33	0	−9.0	−15.0	—	0	−4.0	—	—
		−1.1	0	0	−1.0	—	0	0	−7.6	—
		−3.3	0	0	−1.0	—	−2.0	−0.5	−2.0	—
20.1	1600	−0.33		−1.5	−6.0	< −15		0	−0.6	−1.5
		−1.1		−0.5	−1.0	−9.2		−0.5	−2.0	−6.7
		−3.3		−0.5	−1.0	−1.5		−0.7	−1.0	< −10
23.9	1900	−0.33				−1.0				−6.7
		−1.1				−0.5				−1.7
		−3.3				−0.5				−0.3
>37.7	>3000	−0.33				−1.0				−1.3
		−1.1				−0.5				−1.0
		−3.3				−0.7				−0.3

5.1.5　永磁特性与内禀磁性及显微结构的关系

稀土永磁材料的永磁特性首先取决于材料的化学成分和晶体结构，它们决定了材料硬磁性主相的内禀磁性参数，如第 4 章所述的饱和磁化强度 M_s（或磁极化强度 J_s）、磁晶各向异性场 $\mu_0 H_a$（或磁晶各向异性常数 $\{K_i\}$）和居里温度 T_c 等，是永磁材料获得高性能的前提或必要条件。从式（5-1）可以看到，最大磁能积 $(BH)_{max}$ 与剩磁 M_r 的平方成正比，而式（5-2）表明 B_r 直接正比于 M_s；T_c 决定磁体在 $M_s \neq 0$ 的环境温度 T 的上限，如果 $T > T_c$，材料将失去铁磁性，也就不再是永磁体，即使是在 $T < T_c$ 的条件下，M_s 随温度变化的特征也会直接反映到 B_r 的温度系数 $\alpha_{Br}(T)$ 上，T_c 远高于工作温度 T 有利于平抑 M_s 随温度的变化；高 $(BH)_{max}$ 和高 B_r 又必须以足够高的 H_{cJ} 为前提，以确保磁体的 B-H 退磁曲线为

直线，使磁体的永磁特性能承受外磁场影响和高温热扰动，保持永磁特性的稳定性。第 7 章将揭示，在永磁体的磁化和反磁化机制中，矫顽力理论如何将内禀磁性参数与反磁化唯象参数结合，从而建立高 H_a 与高 H_{cJ} 之间的关联。另外，在第 7 章还会引入磁畴的概念，永磁材料的永磁特性及其变化，都会反映到其磁畴结构及其变化上，反映畴特征的一些典型参数，如相邻磁矩之间交换相互作用的交换常数 A、交换作用有效长度——交换长度 l_{ex}、单位面积畴壁能 γ_w、畴壁宽度 δ_w、单畴临界尺寸 d_C 等，都可以从上述三个内禀参数（M_s、H_a 和 T_c）导出来。因此，稀土永磁体能获得高的永磁性能，大大超越实际应用中的其他类型永磁材料如铝镍钴和硬磁性铁氧体，是与其硬磁性主相同时具备上述三个高内禀磁性参数密不可分的。同时，永磁特性又与磁体的显微结构，即相组成和相与相之间的空间关系密切相关，最典型的实例莫过于烧结、粘结和热压-热变形 Nd-Fe-B 磁体，其主相均为 $Nd_2Fe_{14}B$，但永磁特性各异，5.1.1 ~ 5.1.4 节所述的永磁特性的技术参数：B_r、H_{cJ}、$(BH)_{max}$、μ_{rec}、H_k 或 SQ、α_{Br}、α_{HcJ}、L_{rev}、L_{irr} 和 T_W 等不尽相同，这是由磁体成分和制备工艺决定的，它们都是永磁材料显微结构的敏感参数。其原因在于，永磁材料的磁畴结构及其变化特征与显微结构密切相关，正是优异的显微结构才使得高内禀磁性参数在永磁特性上体现出来。也就是说，内禀磁性是永磁材料高性能的前提，而显微结构是高性能的保障。了解稀土永磁材料的结构参数和反磁化参数与制备工艺之间的关系，对于改善稀土永磁材料的永磁性能是很有帮助的。

概括起来，反映永磁材料永磁特性的参数包括：硬磁性主相的内禀磁性参数、显微结构的结构参数和反磁化过程的唯象参数。它们分别包含[24]：

内禀参数：自发磁化强度 M_s（或饱和磁化强度）、磁晶各向异性场 μ_0H_a（或磁晶各向异性常数 $\{K_i\}$）、居里温度 T_c（参见第 4 章），以及从这些参数导出的畴结构参数，如交换常数 A_{ex}、交换长度 l_{ex}、畴壁能 γ_W、畴壁宽度 δ_W、单畴临界半径 R_C 等（参见第 7 章）[30,31]。

结构参数：硬磁性相（主相）的体积分数 v_m，晶粒易磁化方向相对于取向方向的角度分布 f 等（参见 5.1.2 节）。

反磁化参数：确定反磁化形核的临界体积 v；由个别晶粒自身的退磁场和晶粒间磁偶极相互作用两者所产生的有效退磁因子 N_{eff}；用来表征在反磁化过程中晶粒缺陷对反磁化核形核场降低的唯象参数 α。

5.1.1 ~ 5.1.4 节描述的稀土永磁材料永磁特性，以及将在第 7 章阐述的磁化、反磁化和矫顽力机制及磁体显微结构，大量的实验和理论研究指出，可将稀土永磁材料归结为三大类型的磁硬化机制：第一代 1:5 型烧结 Sm-Co 磁体和第三代烧结 Nd-Fe-B 磁体所属的"形核"型磁硬化机制，第二代 2:17 型烧结 Sm-Co 磁体所属的"钉扎"型磁硬化机制[3]，以及 20 世纪 90 年代发现并开发的具有交换耦合和单畴颗粒特征的纳米晶磁体所属的"磁矩一致转动"型磁硬化机制。"形核"型磁体的硬磁性主相单一，磁体中的晶粒尺寸一般在 5 ~ 15μm 之间，晶粒内部晶体结构完整，基本上无缺陷，主相晶粒由纳米级边界相或微米级三角区夹杂相（统称晶界相）分割包围，晶界相的形状、大小和数量及其成分、晶体结构和磁性对永磁特性起到相当关键的作用。"钉扎"型 2:17 烧结 Sm-Co 磁体的硬磁性主相有两个，其一是作为基体相的 Sm_2Co_{17}，其二是在晶体学上与基体相相干的析出相 $SmCo_5$，基体相晶粒尺寸约为 10 ~ 20μm，纳米级的层状 $SmCo_5$ 析出相镶嵌在基体相内，晶界相对永磁特性所起的作用很小，而晶粒内析出相的特征，包括析出相的形状、大小和数量及其成分、晶体结构和磁性起主导作用。由等轴纳米晶粒组成的快淬或机械合金化 Nd-Fe-B 磁粉粘结磁体是"交换耦合"型的，其平均晶粒尺寸在 20～40nm，小于单畴的临界尺寸 $d_C = 2R_C = 210nm$（参见表 7-1），因而它们是单畴颗粒的集合体。在这些纳米晶磁体中，有的包含富 Nd 相，造成部分晶粒间交换退耦，仅部分晶粒间存在交换耦合；而有的含富 Fe 或富 Fe-Co 相晶粒，因晶粒间无起磁隔离作用的富 Nd 相，硬磁性晶粒与软磁性晶粒间存在交换耦合相互作用，使得软磁性的富 Fe 或富 Fe-Co 晶粒实现磁硬化，并造成富 Fe 或富 Fe-Co 成分的纳米晶复合磁体产生剩磁增强效应。同样，由接近正分成分但略富 Nd 的快淬 Nd-Fe-B 原料粉制备成的纳米晶的热变形 Nd-Fe-B 磁体也是"交换耦合"型的，晶粒呈现盘状结构，其盘轴（c 轴）取向排列，盘径在 200～600nm 范围，盘厚约 60nm，晶粒尺寸已大于 $Nd_2Fe_{14}B$ 相的单畴临界尺寸，因而热变形 Nd-Fe-B 磁体是具有交换耦合的各向异性多畴颗粒集合体，它兼有纳米晶磁体的交换耦合和微米晶磁体多畴的特征，与烧结 Nd-Fe-B 一样，其主相也是唯一的，但晶粒尺寸仅数百纳米，表现出"交换耦合"型和"形核"型两种混合的磁硬化机制。可见，磁体的显微结构（相组成和相结构）的明显差别直接决定了其永磁特性的差异。

稀土永磁材料的永磁特性与其主相的内禀磁性以及材料的显微结构密切相关。了解稀土永磁材料的显微结构在磁硬化过程中的作用，对理解和改进材料的永磁特性是非常有帮助的。随着科学技术的发展，特别是数码技术的发展，精密的宏观、微观和原子尺度观察测量手段相继出现，从第一原理出发的数值计算也日渐成熟，使人们对各类稀土永磁材料的显微结构及其与永磁特性之间的关系的认识越来越清晰，促进了稀土永磁材料制备技术（设备和工艺）的不断改善和关键突破，磁性能得到不断提高。

5.2 烧结 1:5 型 R-Co 磁体的永磁性能

在稀土永磁材料的大家族中，最先被开发并投入实际应用的是具有六方对称 $CaCu_5$ 晶体结构的高单轴各向异性 RCo_5 合金系列，R = Sm、Pr 或 MM——混合稀土，以该合金系列为主相的 1:5 型烧结 R-Co 磁体，随着后继稀土永磁材料的发展而被称为第一代稀土永磁材料。第一代稀土永磁材料，按成分可分为 $SmCo_5$、$(SmPr)Co_5$、$MMCo_5$ 和 $Ce(Co,Cu,Fe)_5$ 等系列；按永磁性能又可分为如下三类：一类是高 H_{cJ} 的，能确保 $\mu_0 H_{cJ} \geq B_r$，B-H 退磁曲线基本上是直线；另一类是低 H_{cJ} 的，从而 $\mu_0 H_{cJ} < B_r$，B-H 退磁曲线存在膝点；第三类是低温度系数的，通过添加合金化元素将其剩磁温度系数 α_{Br} 调整到接近于零[32]。1:5 型 R-Co 有极高的磁晶各向异性场，如表 4-22 所示，$SmCo_5$ 的磁晶各向异性场 $\mu_0 H_a$ 最高可达 44 T，是目前所知的稀土-过渡族化合物中最高的，由合金铸锭直接破碎的粉末已具有很好的永磁性能。1967 年 Strnat 等人[33]采用粉末取向法制备出第一块 $SmCo_5$ 磁体，成为稀土永磁材料的奠基石，其后的 1968 年由 Buschow 等人[34]通过等静压获得相对密度达 95% 的致密 $SmCo_5$ 磁体，1969 年由 Das 等人[35]采用粉末冶金工艺制备了烧结 $SmCo_5$ 磁体，1970 年由 Benz 等人[36]引入了液相烧结工艺，从而使得粉末冶金工艺成为制备稀土永磁材料的主要品种——烧结磁体的主流工艺。

5.2.1　烧结 1:5 型 Sm-Co 磁体

烧结 1:5 型 Sm-Co 磁体是第一代稀土永磁材料的典型代表。根据表 4-22 的数据，$SmCo_5$ 化合物的室温饱和磁化强度 $\mu_0 M_s = 1.14T$，最大磁能积 $(BH)_{max}$ 的理论极限值 $\mu_0 M_s^2/4 = 259kJ/m^3(32.5MGOe)$。商品化 $SmCo_5$ 磁体的永磁性能通常为：$B_r = 0.8 \sim 1.01T(8.0 \sim 10.1kGs)$，$H_{cJ} = 2387 \sim 1512kA/m$（$30 \sim 19kOe$），$H_{cB} = 557.2 \sim 756.2kA/m$（$7.0 \sim 9.5kOe$），$(BH)_{max} = 135.3 \sim 198.9kJ/m^3$（$17.0 \sim 25.0MGOe$），这个数据离理论值还相差很大。在实验室力所能及的极端条件下[37]，采用强磁场取向、等静压和低氧工艺，所制备的 $SmCo_5$ 磁体最高性能达到：$B_r = 1.07T(10.7kGs)$，$H_{cJ} = 1273.6kA/m(16.0kOe)$，$H_{cB} = 851.7kA/m(10.7kOe)$，$(BH)_{max} = 227.6kJ/m^3(28.6MGOe)$，$B_r$ 值已达到理论极限 $\mu_0 M_s$ 的 94%，而 $(BH)_{max}$ 为理论极限值的 88%，根据式（5-1）计算，μ_{rec} 非常接近于 1，其实，如果用 B_r/H_{cB} 来估算的话，μ_{rec} 就等于 1，只是因为式（5-2）中的诸多结构因素，实际 B_r 不得不低于 $\mu_0 M_s$。

针对实际应用的需求，通过成分和工艺调整可制造出不同牌号的烧结 $SmCo_5$ 磁体。目前，生产烧结 Sm-Co 磁体的国外公司主要有美国电子能量公司（EEC）、德国真空冶炼公司（VAC）、日本 TDK 公司和俄罗斯托尼公司，国内的主要生产厂家有宁波宁港永磁材料有限公司（宁港）、西南应用磁学研究所（西磁）、包头稀土研究院（包头稀土院）、四川金川电子器材有限责任公司（宜宾 899）和杭州天女集团稀土永磁有限公司（杭州天女）等，这些厂家的 1:5 型 Sm-Co 烧结磁体的磁性能参数可参见附录中的附表 5-1 ~ 附表 5-4。为说明烧结 $SmCo_5$ 磁体的磁性能及其温度稳定性，表 5-3 和表 5-4 分别列出了德国 VAC 烧结 $SmCo_5$ 磁体主要产品（牌号 VACOMAX 200、170 和 145S）的室温性能参数和温度系数、最高工作温度及磁化场等参数[2]。高 $(BH)_{max}$ 牌号 VACOMAX 200 的最大磁能积为 25MGOe，凭借 $SmCo_5$ 相的高磁晶各向异性场 H_a，H_{cJ} 高达 19 kOe，可见 $SmCo_5$ 是具有优异耐高温特性的一类磁体，从室温到 150℃ 的剩磁温度系数只有 $-0.045\%/℃$，内禀矫顽力的温度系数也不过 $-0.25\%/℃$；高 H_{cJ} 牌号 VACOMAX 145S 的 H_{cJ} 更是高达 30kOe，相同温度范围的 α_{HcJ} 也得到明显改善，只有 $-0.15\%/℃$，但这要以牺牲 B_r 和 $(BH)_{max}$ 为代价。

表 5-3　德国 VAC 公司烧结 $SmCo_5$ 磁体主要产品的室温磁性能参数[2]

牌　号	B_r		H_{cJ}		H_{cB}		$(BH)_{max}$	
	T	kGs	kA/m	kOe	kA/m	kOe	kJ/m³	MGOe
VACOMAX 200	1.01	10.1	1500	19	755	9.5	200	25
VACOMAX 170	0.95	9.5	1800	22.5	720	9.0	180	23
VACOMAX 145S	0.90	9.0	2400	30	660	8.3	160	20

表 5-4　德国 VAC 公司烧结 $SmCo_5$ 磁体主要产品的温度系数、最高工作温度和磁化场[2]

牌　号	α_{Br}	α_{HcJ}	α_{Br}	α_{HcJ}	T_W	磁化场 H_{ext}		d
	20 ~ 100℃		20 ~ 150℃					
	%/℃	%/℃	%/℃	%/℃	℃	kA/m	kOe	g/cm³
VACOMAX 200	−0.040	−0.24	−0.045	−0.25	250	2000	25	8.4
VACOMAX 170	−0.040	−0.21	−0.045	−0.22	250	2000	25	8.4
VACOMAX 145S	−0.040	−0.14	−0.045	−0.15	250	2000	25	8.4

　　图 5-32[2] 展示了 VACOMAX 200 和 145S 在不同温度的第二、第三象限 $J\text{-}H$ 和 $B\text{-}H$ 退磁曲线，可见在低退磁场的区段 $J\text{-}H$ 曲线几乎是水平线，但在远离 H_{cJ} 的较高退磁场区域，J 已开始偏离直线而下降，VACOMAX 200 的 H_k 大约在 17kOe，而对应的 H_{cJ} 约 22kOe，$SQ = H_k/H_{cJ} = 17/22 = 77.3\%$，方形度不甚理想，其结果是在常温下 $B\text{-}H$ 曲线在第三象限出现膝点，强脉冲反向磁场易导致磁场不可逆损失，而在高温下（例如 200℃）$B\text{-}H$ 曲线第二象限便出现膝点，P_c 绝对值较小的工作状态下高温不可逆损失较大；高 H_{cJ} 的 VACOMAX 145S 大幅度推高了内禀矫顽力，$B\text{-}H$ 曲线在 250℃ 仍保持为直线，但回复磁导率 μ_{rec} 略高，此时，高温不可逆损失有所降低，但仍然不可忽视。

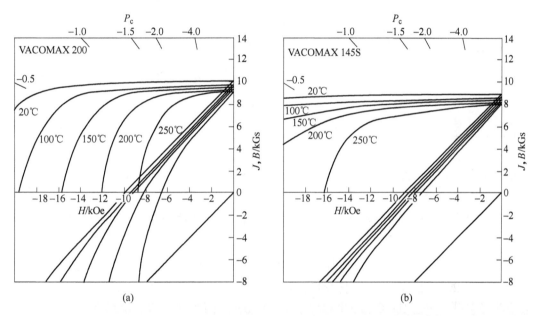

图 5-32　烧结 SmCo₅ 磁体在不同温度下的典型 $J\text{-}H$ 和 $B\text{-}H$ 退磁曲线[2]
（a）VACOMAX 200；（b）VACOMAX 145S

　　图 5-33 是不同 P_c 的 VACOMAX 200 和 145S 磁体的开路不可逆损失与温度的关系曲线。可见，前者出现不可逆损失的温度较低，即使在 $P_c = -4$ 的情况下，120℃ 附近就开始有可觉察的损失，而 $P_c = -0.5$ 的对应温度只有 75℃，这与 $J\text{-}H$ 曲线方形度差有直接关系，好在 H_{cJ} 够高，除了 $P_c = 0$ 以外不可逆损失为 -5% 所对应的温度都超过 250℃；后者出现不可逆损失的温度比前者有所提高，同等条件下的不可逆损失只有前者的一半，即使在 $P_c = 0$ 时，不可逆损失为 -5% 所对应的温度也达到了 250℃，但由于方形度仍较差，不可逆损失的起始温度没有得到明显的改善。然而，由于烧结 SmCo₅ 磁体具有高的居里温度和高的矫顽力，磁体的高温不可逆磁通损失较小，所以这类磁体比较适合高温应用。

　　图 5-34 展示 $P_c = -1$ 的 VACOMAX 170（$H_{cJ} = 22.5$kOe 或 1800kA/m）磁体在 100℃ 和 200℃ 的相对不可逆磁通损失随老化时间的变化规律。为比较，图中同时展示了 $P_c = -1.1$ 的 Sm₂(CoCuFeZr)₁₇ 磁体 VACOMAX 225（$H_{cJ} = 26$kOe 或 2070kA/m）磁体在 100℃、200℃ 和 300℃ 的老化变化规律。从图 5-34 可见，VACOMAX 170（SmCo₅）磁体的起始不可逆磁通损失很小，分别不到 -0.2% 和 -1%；1000h 后的长时间不可逆磁通损失分别不到 -1%

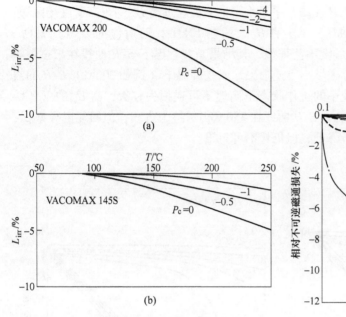

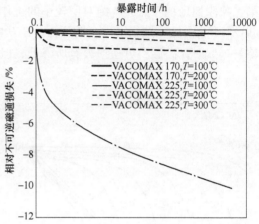

图 5-33 不同 P_c 值烧结 SmCo$_5$ 磁体的开路磁
通不可逆损失与温度的关系曲线[2]
(a) VACOMAX 200；(b) VACOMAX 145S

图 5-34 $P_c = -1$ 的烧结 SmCo$_5$ 磁体
VACOMAX 170 和 $P_c = -1.1$ 的烧结
Sm$_2$(CoCuFeZr)$_{17}$磁体 VACOMAX 225 的
相对不可逆损失随老化时间的变化[16]

和 -1.5%，充分展现出 SmCo$_5$ 磁体磁性的抗温度干扰能力。对于 Sm$_2$(CoCuFeZr)$_{17}$ 磁体（VACOMAX 225）而言，在绝对值略高的 P_c 和相同的放置温度中，比 SmCo$_5$ 磁体有更小的起始不可逆损失，在 100℃ 和 200℃ 均小于 -0.2%，因为它具有更高的 H_{cJ}，在 100℃ 和 200℃ 长达 3000h 的相对不可逆磁通损失分别不到 -0.2% 和 -1.0%。在 300℃，2:17 型烧结 Sm-Co 磁体的起始和长时间不可逆损失都很大，头一个小时就超过 6%，而 1000h 后的总损失率达 -9.5%。从长时间老化曲线的线性区域来看，SmCo$_5$ 比 Sm$_2$(CoCuFeZr)$_{17}$磁体有更小的斜率，也就是说，SmCo$_5$ 磁体长时间老化损失小。这表明，SmCo$_5$ 比 Sm$_2$(CoCuFeZr)$_{17}$ 有更弱的热粘滞效应，所以 SmCo$_5$ 磁体更适合于长时间高稳定性要求的应用[16]。

Mildrum 等人[38]研究了烧结 SmCo$_5$ 永磁体的室温和高温长时间稳定性，特别是老化处理以后的稳定性改善。磁体的永磁性能为 $B_r = 8.5 \sim 9.2$kGs（$0.85 \sim 0.92$T）、$H_{cJ} = 39.7 \sim 40.0$kOe（$3160 \sim 3184$kA/m）、$(BH)_{max} = 16.1 \sim 19.2$MGOe（$128.2 \sim 152.8$kJ/m^3），工作磁导 $P_c = -1$，试验温度为 25℃、150℃、200℃ 和 250℃，试验时间长达 8000h，老化处理的条件是在 $150 \sim 300$℃ 放置 $1 \sim 2$h，表 5-5 列出了老化处理前后 SmCo$_5$ 磁体在 $25 \sim 250$℃ 的起始和长时间总相对不可逆磁通损失。从表 5-5 中的实验数据可看到，同样是在 25℃ 放置 4200h，未作老化处理磁体的磁通不可逆损失为 $-0.18\% \sim -0.40\%$，但经过 $150 \sim 200$℃ 老化处理 1h 后，不可逆损失的仅为 $-0.05\% \sim -0.12\%$；同样，在 150℃ 放置 3000h 后，未老化处理磁体的磁通不可逆损失为 $-2.8\% \sim -5.6\%$，但经过 200℃ 老化 2h 后，磁体的不可逆损失仅为 $-0.15\% \sim -0.38\%$；试验温度升高到 250℃，3000h 后未处理磁体的磁通

不可逆损失为 -8.4%~ -22.2%，而 300℃×2h 老化处理的仅为 -2.14%~ -3.57%。很明显，常温长时间不可逆损失并不大，但随着温度增加，不可逆损失显著增大，而老化处理则显著改善磁体的长时间不可逆损失，在 25℃ 的不可逆损失可降到未处理前的 1/3 以下，而在 150~250℃ 的不可逆损失只是未处理磁体的 20%~25%。实际上，老化处理只是在比长时间使用温度更高的温度下，将磁体的起始不可逆损失事先消除，以确保今后的长时间使用稳定性，比较一下同等试验条件下未老化处理的起始损失和老化处理损失，就可以看到这一点，因此，利用老化处理可明显改善磁体的长时间稳定性。

表 5-5   烧结 SmCo$_5$ 磁体在老化处理前后的不可逆开路磁通损失[38]

试验温度 /℃	试验时间 /h	未老化处理的起始损失 /%	未老化处理的长时间损失 /%	老化处理温度 /℃	老化处理时间 /h	老化处理的损失 /%	老化处理后的损失 /%
25	4200	0.0	0.18~0.40	150	1	2.2~4.4	0.05~0.12
25	4200			200	1	3.1~4.4	0.05~0.12
25	4200			250	1	4.6~7.8	0.00~0.21
150	3000	1.6~3.8	1.2~1.8	200	2	2.7~7.9	0.15~0.38
200	3000	2.9~5.3	0.9~2.3	250	2	4.3~10.7	0.64~0.77
250	3000	4.3~12.1	4.1~10.1	300	2	5.5~13.4	2.14~3.57

李东（Li D）等人[39]研究了不同类型 Sm-Co 磁体的可逆磁通损失，磁体样品为磁导 P_c = -2.5 的圆柱，需要强调的是，尽管几何尺寸相同，但不同样品的 P_c 值实际上存在一定的差异，因为只有椭球体样品内部的磁化强度均匀一致地沿取向方向排列，其他形状样品在磁极边角处的磁化强度矢量会偏离取向方向，且偏离程度与样品磁性能相关，因此 P_c 会因磁性能的差异而有所不同，好在稀土永磁体具有强磁晶各向异性，这种偏离不严重。如图 5-35 所示，当样品温度从室温升至 250℃ 时，2:17 型 Sm-Co 磁体的可逆磁通损失最小，且高 H_{cJ} 与低 H_{cJ} 磁体的差别很小，SmCo$_5$ 磁体的可逆磁通损失比 2:17 型 Sm-Co 磁

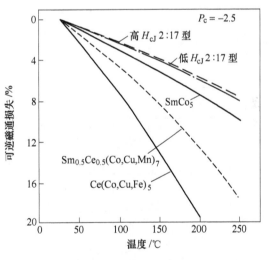

图 5-35 P_c = -2.5 的不同烧结 R-Co
磁体的开路磁通可逆变化[39]

体的大，用一半的 Ce 替代 Sm 后损失进一步加大，而纯 Ce 的 Ce(Co,Cu,Fe)$_5$ 磁体可逆磁通损失最大。因此，与上述不可逆损失极为不同的是，可逆磁通损失与 H_{cJ} 并无关联，而是由磁体的合金成分决定，准确地说，是由硬磁性主相的居里温度 T_c 决定的，2:17 型 Sm-Co 磁体的居里温度最高，1:5 型 Sm-Co 磁体的稍低，通常 Ce 替代 Sm 或 Cu、Mn、Fe 替代 Co 都会不同程度地降低主相的 T_c，致使只含 Ce 的 Ce(Co,Cu,Fe)$_5$ 磁体具有最低的 T_c 和最大的可逆磁通损失（参见表 4-24）。

图 5-36 是与图 5-35 相同的 5 个样品分别在 150℃ 和 250℃ 的长时间磁通损失曲线[39]。柱状样品选择了两种长径比 L/D，以使它们的 P_c 值分别对应 -2.5（图 5-36（a））和 -0.5（图 5-36（b）），其中 $P_c = -2.5$ 是许多电机的工作磁导，而 $P_c = -0.5$ 很接近行波管聚焦磁体的典型状况。由于时间轴是对数坐标，所以将 $t = 0.1h$（也就是 6min）作为时间起始点，尽管时间很短，在低 H_{cJ} 样品或 $P_c = -0.5$ 的样品中已经有了可观的起始不可逆损失。从 $P_c = -2.5$ 和 -0.5 的两组不可逆磁通损失-时间变化再一次看到，起始不可逆磁通损失和长时间不可逆损失主要由内禀矫顽力 H_{cJ} 和工作点磁导 P_c 共同决定。对于工作磁导高的样品（$P_c = -2.5$），无论是在 150℃ 还是在 250℃，高 H_{cJ} 的 1:5 型和 2:17 型磁体的起始不可逆损失和长时间损失都很小，而低 H_{cJ} 2:17 型磁体有显著的起始不可逆磁通损失。在低测试温度（150℃）中磁导数值小的（$P_c = -0.5$）样品，除了低 H_{cJ} 的 2:17 型 Sm-Co 显示大的起始不可逆磁通损失以外，低居里温度 T_c 和偏低 H_{cJ} 的 Ce(Co,Cu,Fe)$_5$ 样品也显示出大的起始不可逆磁通损失，并兼有大的长时间损失，因此其不可逆损失随时间增加而大幅增大。在高测试温度（250℃）中，对于低工作磁导（$P_c = -0.5$）样品，所有磁体的起始不可逆损失和长时间不可逆损失都明显增大，特别是低 H_{cJ} 的 2:17 型 Sm-Co 显示特别大的起始不可逆磁通损失，因其损失超出绘图坐标范围而未显示在图中。

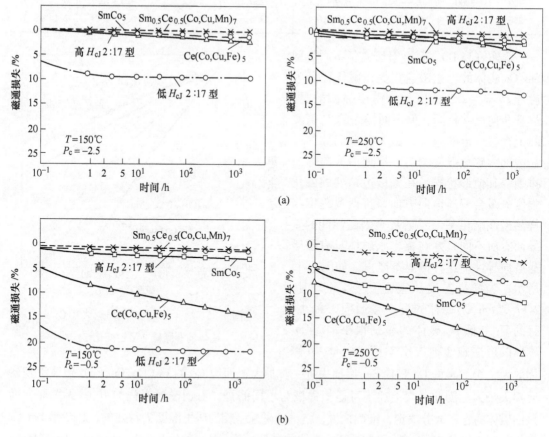

图 5-36　$P_c = -2.5$（a）和 -0.5（b）的不同烧结 R-Co 磁体分别
在 150℃ 和 250℃ 的长时间磁通不可逆损失[39]

5.2.2 低剩磁温度系数 1:5 型 Sm-Co 磁体

由第 4 章图 4-35 的 RCo_5 磁结构相图可知，除了 R = Tb、Dy 以外，其他稀土元素形成的 RCo_5 化合物在室温及其以上温度都能保持单轴易磁化特性，且因为其 Co 次晶格的强单轴各向异性（YCo_5 的室温磁晶各向异性场 $\mu_0 H_a = 13T$），这些化合物的室温 $\mu_0 H_a$ 都在 10T 以上（表4-24），只是 $NdCo_5$ 的情况比较临界，在略低于室温的 280K 存在自旋重取向相变，易磁化轴偏离 c 轴，其室温 $\mu_0 H_a$ 仅 0.5T。因此，除 Nd、Tb 和 Dy 以外的其他 R 原则上都可以部分替代 Sm，形成具有良好单轴各向异性的（Sm,R）Co_5 合金，且完全可以制成性能优良的永磁材料。从上一节的分析可以看到，$SmCo_5$ 已经具有很高的永磁性能和很低的剩磁温度系数，α_{Br}（20 ~ 100℃）= -0.045%/℃，但在航天航空和精密仪器等领域，如行波管、重力传感器和陀螺仪等应用，温度系数绝对值要求越低越好，-0.045%/℃ 的水平还是被认为偏高。为了进一步将 α_{Br}（20 ~ 100℃）的绝对值降低到 0.02%/℃ 或更低，甚至接近于零，就必须利用中重稀土（HR）原子磁矩与 Co 原子磁矩反平行排列的亚铁磁性耦合特性，让室温附近 $M_s(T)$ 随温度呈上升趋势的 $HRCo_5$（$\alpha_{Br} > 0$）补偿 $SmCo_5$ 的 $M_s(T)$ 下降幅度，达到降低 α_{Br} 绝对值的目的。正如图 5-37[37] 所展示的，$GdCo_5$ 和 $ErCo_5$ 分别在 -150 ~ 450℃ 和 -270 ~ 250℃ 保持 $M_s(T)$ 随温度升高而上升的状况，与 $SmCo_5$ 正好互补。因此，用适量重稀土元素 HR = Gd 或 Er 替换 Sm 制成复合（Sm,HR）Co_5 磁体，就可以在一定温度范围实现磁极化强度随温度几乎不变的低剩磁温度系数或低开路磁通可逆温度系数。

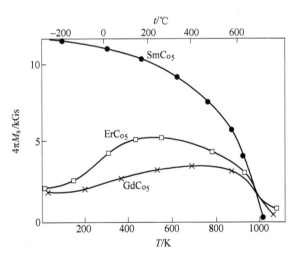

图 5-37 RCo_5（R = Sm、Gd、Er）金属间化合物的 $M_s(T)$ 曲线[37]

图 5-38 是美国 EEC 生产的低温度系数烧结（Sm,HR）Co_5 磁体（牌号 EEC 1:5TC-9）在不同温度下的 $4\pi M$-H 和 B-H 退磁曲线[40]，图 5-39 是根据图 5-38 的数据绘出的永磁参数与温度的关系，从 -100℃ 的低温到 300℃ 的高温，该磁体的 B_r 保持在（6.05 ± 0.05）kGs 的狭窄范围之内，因此在 -100 ~ 300℃ 的宽温区内 B_r 基本上是一个常数，25℃ 到 -100℃ 和 +300℃ 的剩磁温度系数 α_{Br} 分别为 +0.0026%/℃ 和 -0.0037%/℃，而 25℃ 到 150℃ 的 $\alpha_{Br} = 0$；随温度升高，H_{cJ} 从 >28kOe（2200kA/m）单调地下降到 300℃ 的 11.6kOe（928kA/

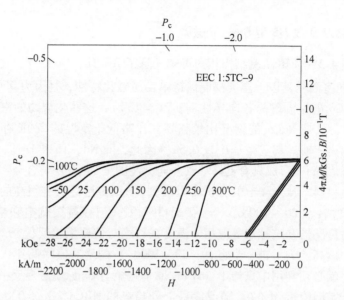

图 5-38 牌号为 EEC 1:5TC-9 的烧结（Sm,HR）Co$_5$ 磁体在不同温度下的 J-H 和 B-H 退磁曲线[40]

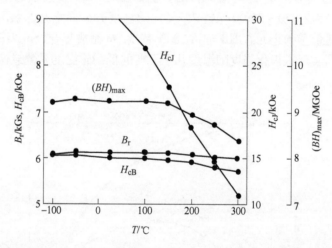

图 5-39 牌号为 EEC 1:5TC-9 的烧结（Sm,HR）Co$_5$ 磁体的永磁参数与温度的关系[40]

m），数值上仍高于 B_r，保证了 B-H 曲线的直线性和 H_{cB} 的温度稳定性，在 $-100 \sim 200$℃ 之间 H_{cB} 维持在 (6.00 ± 0.08)kOe，变化仅 1.3%；$(BH)_{max}$ 从 -100℃ 到 $+150$℃ 为 (9.24 ± 0.04)MGOe，在 200℃ 也只比这个水平低 0.3MGOe。该牌号的磁体在 $-100 \sim +200$℃ 的使用温度范围内磁性能非常稳定。EEC 还生产 EEC 1:5TC-13、EEC 1:5TC-15 和 EEC 1:5TC-18其他三个牌号的 (Sm,R)Co$_5$ 型温度补偿磁体，$(BH)_{max}$ 分别为 13MGOe、15MGOe 和 18MGOe，$-100 \sim +300$℃ 之间 $\alpha_{Br} = -0.02\% \sim -0.04\%/$℃。

5.2.3 Pr、Ce、MM 替代的烧结 1:5 型 R-Co 磁体

如表 4-24 的数据所言，RCo$_5$金属间化合物中 PrCo$_5$具有最高的饱和磁极化强度 $\mu_0 M_s = 1.25$T$(4\pi M_s = 12.5$kGs$)$、较高的磁晶各向异性场 $\mu_0 H_a = 14.5 \sim 18$T$(145 \sim 180$kOe$)$ 和与 SmCo$_5$相近的居里温度，用 Pr 替代部分 Sm 的 (Sm,Pr)Co$_5$磁体可望获得比 SmCo$_5$更高的剩

磁和最大磁能积。实验研究发现，$(Sm,Pr)Co_5$ 磁体的确具有更高的 B_r 和 $(BH)_{max}$，而且稳定性也较好，这使得 $(Sm,Pr)Co_5$ 磁体在工业中获得了广泛应用。图 5-40 是 Pr 置换 Sm 的相对比例对液相烧结 $(Sm,Pr)Co_5$ 磁体永磁性能的影响[41]，可以看出因为 $PrCo_5$ 的 $\mu_0 M_s$ 更高，B_s 和 B_r 随 Pr 含量增加而单调上升，但由于偏低的 $\mu_0 H_a$，使磁体在 $Sm_{0.5}Pr_{0.5}Co_5$ 附近的最大磁能积 $(BH)_{max}$ 和内禀矫顽力 H_{cJ} 达到峰值。实验还发现，高稀土含量烧结液相 $(60\% Sm + 40\% Co)$（质量分数）的添加量对其永磁性能也有重要的影响，因为它改变了磁体中的名义 Co 含量，图 5-41 显示了名义 Co 含量对 $(Sm,Pr)Co_5$ 永磁性能的影响，磁

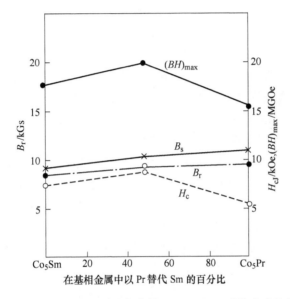

图 5-40 Pr 对 Sm 的相对含量对液相烧结 $(Sm,Pr)Co_5$ 磁体永磁性能的影响[41]

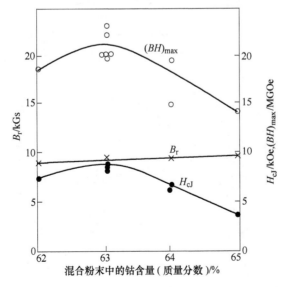

图 5-41 名义 Co 含量对 $(Sm,Pr)Co_5$ 永磁性能的影响[41]

体的 B_r 变化不大,而 $(BH)_{max}$ 和 H_{cJ} 在名义成分为 37% (Sm + Pr) + 63% Co(质量分数) 时达到峰值,具有最佳的永磁性能。研究指出[32],采用液相烧结工艺可大幅提高磁体的永磁性能,例如相同成分的磁体,固相烧结的 B_r = 8.9kGs (0.89T)、H_{cJ} = 1.55kOe (123.4kA/m),$(BH)_{max}$ = 5.4MGOe (42.9kJ/m^3),而液相烧结的 B_r 仍等于 8.9kGs (0.89T),但 H_{cJ} 大幅度提高到 14.5kOe(1154kA/m),H_{cB} 相应达到 8.8kOe(700.5kA/m),在高斯单位制中与 B_r 数值接近,因而 $(BH)_{max}$ 提升了近三倍,达到 20.0MGOe(159.2kJ/m^3),如果采用等静压加液相烧结,可制得更佳的永磁性能,$(BH)_{max}$ = 25.0MGOe (199.0kJ/m^3)。为了降低成本,何文望[42] 研究了混合稀土金属(MM)替代 Sm 的 $(MM_{1-x}Sm_x)Co_5$ 磁体制备工艺和性能,发现 Sm 在稀土总量中的比例 x 对磁体永磁性能有重要的影响,H_{cJ} 随着 Sm 含量 x 增加线性地增加,而 B_r 和 $(BH)_{max}$ 几乎不变。

早在 1965 年,Nesbitt 等人[43,44]就已指出,在 $SmCo_5$ 型磁体中用 Cu 部分替代 Co,可以通过析出硬化来提高磁体的内禀矫顽力 H_{cJ}。从 2.3.1 节中 Sm-Co-Cu 三元相图可看到,$SmCo_5$ 和 $SmCu_5$ 在 800℃ 以上完全互溶,在 800℃ 以下 $Sm(Co_{1-x}Cu_x)_5$ 发生共析分解,Cu 在 Co 中的溶解度逐渐下降,而共析分解温度随 Cu 含量的增加而降低,700℃ 以下在富 $SmCo_5$ 一侧可能有弥散的 $SmCu_5$ 相析出,从而产生析出磁硬化效应(或称为沉淀硬化效应)。Nesbitt 等人还指出,在 Ce-Co-Cu 合金系的基础上,用 Fe 部分替代 Co,并适当降低 Cu 含量,不仅能保持高 H_{cJ},还能提高其 M_s。图 5-42 是 Cu 含量 x 对 $CeCo_{4.5-x}Cu_xFe_{0.5}$ 合金永磁性能的影响[45],可看到,H_{cJ} 随 Cu 含量的增加单调地增长,开始增长较快,而后增长变缓;B_r 随 Cu 含量的增加是先增后降,在 Cu 含量 x = 0.7 处达到最大值,随后缓慢地下降;$(BH)_{max}$ 则在 x = 0.9 处达到最大值。Nesbitt 等人在上述研究的基础上开发了 $Sm(Co,Cu,Fe)_5$、$Ce(Co,Cu,Fe)_5$ 和 $(Ce,Sm)(Co,Cu,Fe)_5$ 系列永磁材料,尽管这些磁体的永磁性能及其温度稳定性都不是太好,但添加 Cu 在 Sm-Co 合金中产生析出磁硬化效应这个发现,为紧接着的第二代稀土永磁材料——2:17 型 $Sm_2(Co,Cu,Fe,Zr)_{17}$ 磁体的发现和开发打下了基础。

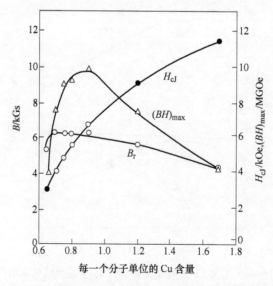

图 5-42　Cu 含量对 $CeCo_{4.5-x}Cu_xFe_{0.5}$ 合金永磁性能的影响[45]

5.3 烧结 2:17 型 Sm-Co 磁体的永磁性能

R_2Co_{17} 金属间化合物的过渡金属含量明显高于 RCo_5，可以期待 R_2Co_{17} 比 RCo_5 有更高的饱和磁极化强度 μ_0M_s 和居里温度 T_c，但也会因 R 含量相对偏低而导致磁晶各向异性场 μ_0H_a 显著下降。正如第 4 章表 4-24 中的内禀磁性参数所示，R_2Co_{17} 在 4.2K 的低温 μ_0M_s 都普遍高于对应的 RCo_5，差异大致在 0.2 ~ 0.4T 左右，T_c 也相应比 RCo_5 高出 130 ~ 340℃，但在室温附近表现出单轴各向异性的只有 R = Y、Ce、Nd、Sm、Ho 和 Er，且大多数化合物的室温 μ_0H_a 只有 1 ~ 2T，唯独 Sm_2Co_{17} 既有高的饱和磁极化强度 $\mu_0M_s = 1.25T(4\pi M_s = 12.5kGs)$，又有足够高的室温单轴各向异性场 $\mu_0H_a = 6.5T$，且居里温度 $T_c = 922℃$，比 $SmCo_5$ 高 175℃，因此 Sm_2Co_{17} 是 2:17 型高磁能积 Sm-Co 磁体主相的不二选择，也是高使用温度稀土永磁体的基础。用 Fe 部分替代 Co 的 $Sm_2(Co_{1-x}Fe_x)_{17}$ 合金饱和磁极化强度 μ_0M_s 进一步提高，$x = 0.7$ 的 $Sm_2(Co_{0.3}Fe_{0.7})_{17}$ 合金 μ_0M_s 高达 1.63T，甚至超过 $Nd_2Fe_{14}B$ 的 1.60T，其最大磁能积的理论极限高达 528.6kJ/m³ (66.4MGOe)。显然，三元的 $Sm_2(Co_{1-x}Fe_x)_{17}$ 合金具备了生产高性能永磁材料的所有内禀磁性条件，但为了真正实现 2:17 型烧结 Sm-Co 磁体的永磁特性，达成优化的显微结构，20 世纪 70 年代许多永磁工作者投入了大量的精力。

5.3.1 常规烧结 2:17 型 Sm-Co 磁体

与烧结 $SmCo_5$ 磁体的生产厂家相同，烧结 $Sm_2(Co,Cu,Fe,Zr)_{17}$ 磁体的国外主要厂家有美国 EEC、德国 VAC、日本的 TDK 和俄罗斯的托尼公司，国内有宁港、西磁、包头稀土院、宜宾 899 和杭州天女等公司，各家公司详细的磁性能牌号和性能指标见附录中的附表 5-1 ~ 附表 5-4。表 5-6 和表 5-7 列出了德国 VAC 公司典型牌号的 2:17 型烧结 Sm-Co 磁体的室温磁性能和温度系数、最高工作温度等参数。与表 5-3 和表 5-4 相比，2:17 型磁体的剩磁和最大磁能积全面超越 1:5 型磁体，且剩磁温度系数和内禀矫顽力温度系数也更优良，只有 1:5 型 VACOMAX 145S 的矫顽力温度系数略好是个例外。从图 5-8 的不同磁化场起始磁化曲线和退磁曲线可知，VAC 的 2:17 型 Sm-Co 磁体分低 $H_{cJ} = 10kOe$ 和高 $H_{cJ} = 26kOe$ 两类，对应所需的饱和磁化场分别为 25kOe 和 46kOe，前者与 1:5 型磁体的要求相当，而后者高出很多，难磁化是高 H_{cJ} 的 $Sm_2(Co,Cu,Fe,Zr)_{17}$ 磁体的典型特征，回报就是最高工作温度 T_W 扩展到 350℃，是高使用温度 1:7 型 Sm-Co 磁体出现之前 T_W 最高的磁体，但 $H_{cJ} = 10kOe$、饱和磁化场 25kOe 的低 H_{cJ} 磁体的 T_W 也达到 300℃，只比高 H_{cJ} 磁体低 50℃，

表 5-6 德国 VAC 公司烧结 $Sm_2(Co,Cu,Fe,Zr)_{17}$ 磁体主要产品的室温磁性能参数[2]

牌 号	B_r		H_{cJ}		H_{cB}		$(BH)_{max}$	
	T	kGs	kA/m	kOe	kA/m	kOe	kJ/m³	MGOe
VACOMAX 240HR	1.12	11.2	800	10	730	9.2	240	30
VACOMAX 225HR	1.10	11.0	2070	26	820	10.3	225	28
VACOMAX 240	1.05	10.5	800	10	720	9.0	210	26
VACOMAX 225	1.04	10.4	2070	26	760	9.6	205	26

表 5-7 德国 VAC 公司烧结 $Sm_2(Co,Cu,Fe,Zr)_{17}$ 磁体的温度系数、最高工作温度和磁化场[2]

牌 号	α_{Br}	α_{HcJ}	α_{Br}	α_{HcJ}	T_W	磁化场 H_{ext}		ρ
	20~100℃		20~150℃					
	%/℃	%/℃	%/℃	%/℃	℃	kA/m	kOe	g/cm³
VACOMAX 240HR	-0.030	-0.15	-0.035	-0.16	300	2000	25	8.4
VACOMAX 225HR	-0.030	-0.18	-0.035	-0.19	350	3650	46	8.4
VACOMAX 240	-0.030	-0.15	-0.035	-0.16	300	2000	25	8.4
VACOMAX 225	-0.030	-0.18	-0.035	-0.19	350	3650	46	8.4

如果不是非这 50℃ 不可的话，大可不必无谓地增加充磁难度。不过，从 H_{cJ} 的巨大差异和 T_W 有限的优势可以推测，2:17 型磁体的高温不可逆损失特征要明显优于 1:5 型磁体，实际上更低的 α_{HcJ} 已经预示了这一点。

图 5-43[2] 是典型的 2:17 型 $Sm_2(Co,Cu,Fe,Zr)_{17}$ 磁体——德国 VAC 公司生产的 VACO-MAX 240HR 和 VACOMAX 220HR 在不同温度的退磁曲线族，与图 5-32 类似，曲线族从习以为常的第二象限延伸到第三象限，原因是在许多应用中磁体会受到外部强退磁场的干扰，磁体工作点延伸到第三象限，而磁体是否存在较大的外磁场不可逆损失，是应用设计必须仔细考虑的因素。与 1:5 型 Sm-Co 磁体相比，图 5-43 中退磁曲线的方形度明显占优，VACOMAX 240HR 的 $H_k \approx 9.0 kOe$，$H_{cJ} \approx 10.2 kOe$，$SQ = H_k/H_{cJ} = 9.0/10.2 \approx 88.2\%$；VACOMAX 225HR 的室温 H_{cJ} 过高，无法直接计算方形度 SQ，从 200℃ 的高温退磁曲线可以估算出 $SQ \approx 11.7/17.6 \approx 66.5\%$，还不如 1:5 型的 VACOMAX 200，但 250℃ 和 300℃ 的情况明显好转，SQ 在 80% 左右。尽管 VACOMAX 240HR 的退磁曲线方形度很好，但其

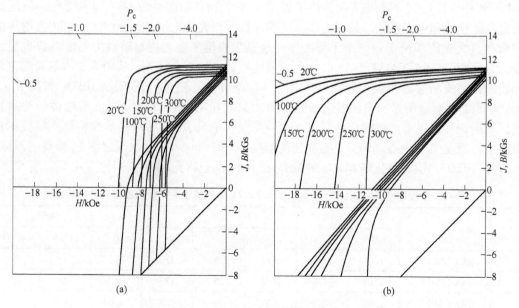

图 5-43 烧结 $Sm_2(Co,Cu,Fe,Zr)_{17}$ 磁体在不同温度下的典型 J-H 和 B-H 退磁曲线[2]
(a) VACOMAX 240HR; (b) VACOMAX 225HR

H_{cJ}偏低，在高斯单位制中其数值甚至低于 B_r，因此 B-H 曲线在第二象限已经出现膝点，这对 P_c 绝对值小的工作负载线极为不利，好在该磁体的内禀矫顽力温度系数小，α_{HcJ} 绝对值低至 $-0.12\%\sim -0.16\%/℃$，所以即使在 300℃ 的高温下，B-H 曲线的膝点位置还不算太高，$P_c = -1.5$ 的负载线仍在膝点以上，$P_c = -1$ 的也刚与膝点接触。相反，VACOMAX 225HR 的高 H_{cJ} 和低 α_{HcJ} 绝对值弥补了方形度较差的不足，从室温到 300℃ 的 B-H 曲线基本上都保持为直线，且回复磁导率的差异也不大，只是到了 300℃ 时 μ_{rec} 有增大的迹象。

图 5-44 是不同 P_c 的 VACOMAX 240HR 和 225HR 磁体的开路不可逆损失与温度的关系曲线，与图 5-33 最大的不同，是无论 P_c 绝对值多小，都有一个温度段的不可逆损失为零，随着 P_c 的绝对值增大，不可逆损失开始出现的温度移向高温端，而一旦不可逆损失出现，它随温度升高就很快加大，这也是方形度高的磁体的典型表现，因为工作负载线已经位于膝点以下，此时方形度高的磁体 $4\pi M$ 会较快地降低。只要 $P_c \neq 0$，VACOMAX 225HR 不可逆损失为零的温度可以非常高，例如对 $P_c = -0.5$ 的磁体这个温度约为 270℃，而 $P_c = -1$ 的对应温度已在 300℃ 以上，这就是 VACOMAX 225HR 使用温度高的明证，而 H_{cJ} 高和 α_{HcJ} 绝对值低才是保障。其他牌号和其他公司生产的 2:17 型 $Sm_2(Co,Cu,Fe,Zr)_{17}$ 磁体的磁性能表可参见附录中附表 5-1。

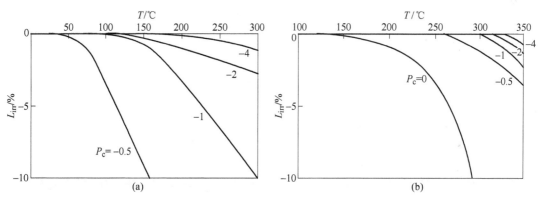

图 5-44 不同 P_c 值烧结 $Sm_2(Co,Cu,Fe,Zr)_{17}$ 磁体的开路磁通不可逆损失与温度的关系曲线[2]
(a) VACOMAX 240HR；(b) VACOMAX 225HR

Ervens 等人[46]比较研究了磁导系数为 $P_c = -1$ 和 -2、内禀矫顽力 H_{cJ} 很接近的高矫顽力 2:17 型 $Sm_2(Co,Cu,Fe,Zr)_{17}$ 磁体和 1:5 型 $SmCo_5$ 磁体的长时间不可逆损失，两种磁体的 H_{cJ} 分别为 24.3kOe 和 25kOe，样品长时间放置的温度为 200℃、300℃ 和 400℃。图 5-45 展示在 200℃ 和 300℃ 长期放置的磁导系数 $P_c = -1$ 磁体的不可逆损失，两者在 200℃ 的相对起始不可逆损失都优于 -4%，经过约 8000h（近一年）的老化实验，相对不可逆磁通损失基本不变，表明这两种 Sm-Co 磁体都能在 200℃ 下长期稳定工作。在 300℃，两种磁体的起始不可逆损失都小于 6%，但长时间损失明显不同，2:17 型 $Sm_2(Co,Cu,Fe,Zr)_{17}$ 磁体的长时间损失很小，表明在 300℃ 下仍然稳定可用，而 $SmCo_5$ 磁体的不可逆损失快速下降，显示不能在 300℃ 下长时间使用。这些结果表明，具有相近的高 H_{cJ} 但磁化、反磁化特征极为不同的两类磁体，其高温长时间稳定性是很不同的。图 5-46 展示在 $P_c = -1$ 时 2:17 型 $Sm_2(Co,Cu,Fe,Zr)_{17}$ 磁体分别在 200℃、300℃、350℃ 和 400℃ 下的长时间不可逆损失。可看到，在磁导系数 $P_c = -1$ 时，高矫顽力 2:17 型 $Sm_2(Co,Cu,Fe,Zr)_{17}$ 磁体可在 200℃、

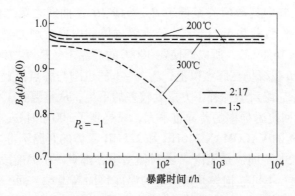

图 5-45 $P_c = -1$ 的 2:17 型 $Sm_2(Co,Cu,Fe,Zr)_{17}$ 和 1:5 型 $SmCo_5$ 磁体
在 200℃和 300℃的长时间不可逆损失[46]

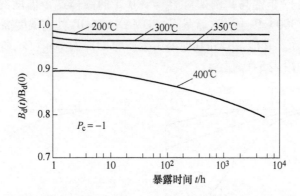

图 5-46 $P_c = -1$ 的 2:17 型 $Sm_2(Co,Cu,Fe,Zr)_{17}$ 磁体在 200℃、300℃、350℃
和 400℃的长时间不可逆损失[46]

300℃和 350℃三个温度下长时间工作，但不能在 400℃下长时间工作。在 200℃、300℃、350℃三个温度下有不同的起始不可逆损失，分别为 -2.0%、-4.0% 和 -5.2%，温度愈高，起始不可逆磁通损失愈大。

图 5-47 展示磁导系数 $P_c = -2$ 和 -1 的高矫顽力 2:17 型 $Sm_2(Co,Cu,Fe,Zr)_{17}$ 磁体和 1:5 型 $SmCo_5$ 磁体在 400℃下老化行为的比较。可清晰地看到，在 400℃下 $P_c = -2$ 和 -1 的 1:5 型 $SmCo_5$ 磁体以及 $P_c = -1$ 的 2:17 型 $Sm_2(Co,Cu,Fe,Zr)_{17}$ 磁体都有大的起始不可逆损

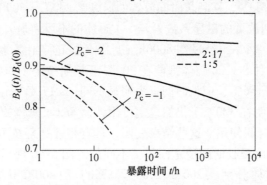

图 5-47 $P_c = -2$ 和 -1 的 2:17 型 $Sm_2(Co,Cu,Fe,Zr)_{17}$ 和 1:5 型 $SmCo_5$ 磁体在 400℃的老化行为[46]

失和长时间不可逆损失，8000h 后总损失量超过 20%，在高温下不能长时间稳定工作，且 1:5 型磁体的长时间损失更严重，不到 100h 的总损失就超过 20%。但磁导系数 $P_c = -2$ 的 2:17 型 $Sm_2(Co,Cu,Fe,Zr)_{17}$ 磁体在 400℃ 仅有 -3% 的起始不可逆损失，经过 8000h 的 400℃ 高温，其长时间总磁通损失也只有 -5%，说明采用高磁导系数有利于磁体在高温下的应用，提高磁体的高温稳定性。

上述结果表明，Sm-Co 磁体有很高的连续工作温度，其中，1:5 型 $SmCo_5$ 磁体可在 250℃ 下长期连续工作，而 2:17 型 $Sm_2(Co,Cu,Fe,Zr)_{17}$ 磁体通常可在 300℃ 下长期连续工作，但在采用绝对值较高的工作磁导时，最高工作温度可延伸到 400℃。经验表明，对于一个连续长时间工作的磁体来说，在比最高工作温度高 10～50℃ 的温度下加热 1～10 h，经常会相当好地消除起始不可逆损失，使得永磁体的长时间工作磁通得到稳定。因此，在条件允许的情况下，人为的预老化可以作为改善磁体热稳定性的一种方法。

5.3.2 高使用温度烧结 2:17 型 Sm-Co 磁体

永磁材料的高温稳定性实际上有两重含义：一个是磁体的剩磁温度系数 α_{Br} 的绝对值小，从室温到高温的宽温度范围内，磁通随温度的变化很小；另一个是磁体的开路磁通不可逆损失小，磁体经过初期的高温环境后，再在室温和高温之间反复工作时，室温磁通可与高温磁通有较大的差别，但室温磁通或高温磁通自身随时间变化要小。有些应用场合对剩磁温度系数更看重，另一些场合则更看重高温不可逆损失。与 5.2.2 节 1:5 型 Sm-Co 磁体类似，2:17 型 $Sm_2(Co,Cu,Fe,Zr)_{17}$ 磁体也可以靠中重稀土置换 Sm 制备出温度补偿磁体，也即低温度系数磁体，表 5-8 是美国 EEC 公司的几个实例，牌号为 TC-×× 磁体的 α_{Br} 与零非常接近。如前所述，永磁材料的最高使用温度 T_W 实际上从属于第二个含义，与磁体具有高的室温内禀矫顽力 H_{cJ} 和低的内禀矫顽力温度系数 α_{HcJ} 密切相关，其共同作用使得磁体在高温下 H_{cJ} 能维持较高的数值，避免 B-H 曲线出现膝点。Kim 研究指出[47]，在成分基本确定的情况下，减小 α_{HcJ} 的绝对值比提高室温 H_{cJ} 能更有效地提高材料的工作温度 T_W。研究还表明，α_{HcJ} 与 $Sm_2(Co,Cu,Fe,Zr)_{17}$ 磁体胞状组织的尺寸有关，胞状组织尺寸越小，α_{HcJ} 的数值越低，而 Sm、Cu 含量越高，$Sm(Co,Cu)_5$ 胞壁相越多，有利于形成细小的胞状组织，降低内禀矫顽力的温度系数。

表 5-8 美国的 EEC 公司的低温度系数 $Sm_2(Co,Cu,Fe,Zr)_{17}$ 磁体的典型牌号和性能[40]

牌 号	B_r		H_{cJ}		H_{cB}		$(BH)_{max}$		α_{Br}	α_{HcJ}
	T	kGs	kA/m	kOe	kA/m	kOe	kJ/m³	MGOe	%/℃	%/℃
EEC 2:17TC-18	0.90	9.0	>1990	>25	652	8.2	147	18.5	-0.02	-0.04
EEC 2:17TC-16	0.83	8.3	>1990	>25	620	7.8	127	16.0	-0.001	-0.03
EEC 2:17TC-15	0.80	8.0	>1990	>25	573	7.2	117	14.5	-0.001	-0.03

为了航天和军工的需要，超高工作温度达 550℃ 的稀土永磁体，以及具有低温度系数且 T_W 达 400℃ 的磁体已研制成功并投放市场。研究开发工作的关键，是在适当改变成分的基础上优化多级热处理工艺，以构建最佳的胞状结构。刘金芳等人[48]研究的 $Sm(Co_{bal}Fe_{0.1}Cu_{0.128}Zr_{0.033})_7$ 磁体室温 H_{cJ} 高达 40kOe(或 3200kA/m)，内禀矫顽力的温度系数

达到 $-0.03\%/℃$，在 $500℃$ 时 H_{cJ} 仍有 $10.8kOe(864kA/m)$，$B\text{-}H$ 曲线依然保持直线，没有出现膝点，所以不可逆损失会很低。刘金芳等人[49]还分别在 $Sm(Co_{bal}Fe_{0.09}Cu_{0.09}Zr_{0.025})_{7.14}$ 和 $Sm(Co_{bal}Fe_{0.09}Cu_{0.09}Zr_{0.027})_{7.26}$ 磁体上实现了高温区 $\alpha_{HcJ} \geq 0$。从他们的研究结果可看到，超高使用温度 2:17 型 Sm-Co 永磁体是朝高 Sm 和 Cu 但低 Fe 含量的方向发展。以他们的研究结果为基础，EEC 公司取得了高使用温度磁体的专利，并推出了包括最高使用温度可达 $550℃$ 的超高使用温度系列 Sm-Co 磁体[50]，表 5-9 列出了它们的永磁参数和最高使用温度[40]。图 5-48（a）是 T_W 高达 $550℃$ 的 EEC 16-T550 磁体在不同温度的退磁曲线，图 5-48（b）是其永磁参数与温度的关系。磁体室温 B_r 为 $8.55kG(0.855T)$，在 $550℃$ 高温为 $5.45kGs(0.545T)$，从室温至 $550℃$ 高温的剩磁温度系数 $\alpha_{Br} = -0.069\%/℃$；H_{cJ} 的室温数值为 $25.44kOe(2035kA/m)$，在 $550℃$ 的高温仍能达到 $6.34kOe(507kA/m)$，在数值上高于 B_r；$B\text{-}H$ 退磁曲线在 $25\sim550℃$ 的整个温度范围内都表现为直线，回复磁导率 μ_{rec} 接近 1，没有出现膝点，这就是该牌号磁体最高工作温度 $T_W = 550℃$ 的保障。

表 5-9　美国的 EEC 公司的高使用温度 $Sm(Co,Cu,Fe,Zr)_{7+x}$ 磁体的典型牌号和性能[40]

牌　号	B_r		H_{cJ}		H_{cB}		$(BH)_{max}$		T_W
	T	kGs	kA/m	kOe	kA/m	kOe	kJ/m³	MGOe	℃
EEC 24-T400	1.02	10.2	>1990	>25	763	9.6	195	24.0	400
EEC 20-T450	0.96	9.6	>1990	>25	724	9.1	175	22.0	450
EEC 20-T500	0.93	9.3	>1990	>25	708	8.9	167	20.0	500
EEC 16-T550	0.85	8.5	>1590	>20	598	7.5	127	16.0	550

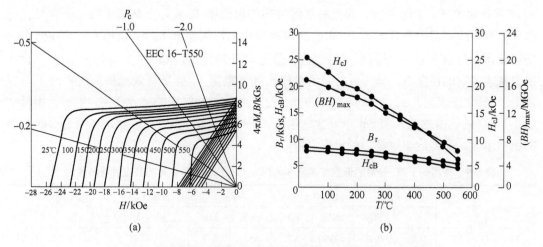

(a)　　　　　　　　　　　　　　(b)

图 5-48　最高使用温度高达 $550℃$ 的 $Sm(Co,Cu,Fe,Zr)_{7+x}$ 磁体的
不同温度的退磁曲线（a）和永磁参数与温度的关系（b）[40]

以高使用温度 Sm-Co 磁体为基础，采用重稀土 Gd 进行温度补偿，美国 EEC 公司研制出最高使用温度 $T_W = 400℃$ 的低温度系数 $(Sm_{1-x}Gd_x)(Co_{0.71}Fe_{0.18}Cu_{0.08}Zr_{0.027})_7(0 \leq x \leq 0.55)$ 永磁体，表 5-10 列出了该类磁体在 $25℃$、$150℃$ 和 $400℃$ 的磁性，随着重稀土 Gd 含量的增加，剩磁 B_r 和最大磁能积 $(BH)_{max}$ 逐渐下降，相应的可逆温度系数 α_{Br} 也从 $x=0$ 的 $-0.037\%/℃$ 逼近 0，在 $x=0.55$ 的时候转变为正温度系数 $+0.002\%/℃$。图 5-49 是低温度

表 5-10　低温度系数、高使用温度（$Sm_{1-x}Gd_x$）（$Co_{0.71}Fe_{0.18}Cu_{0.08}Zr_{0.027}$）$_7$磁体的磁性、
可逆温度系数（ $-50 \sim +150℃$ ）和最高使用温度[50]

磁体牌号	x	B_r/kGs			$(BH)_{max}$/MGOe			α_{Br} /%·℃$^{-1}$	T_W/℃
		25℃	150℃	400℃	25℃	150℃	400℃		
T400-22	0.00	9.6	9.1	8.1	21.9	19.6	14.7	-0.037	400
TC400-20	0.09	9.1	8.7	7.8	19.9	18.0	13.6	-0.034	400
TC400-18	0.19	8.7	8.4	7.6	18.0	16.5	12.7	-0.030	400
TC400-16	0.28	8.3	8.1	7.4	16.5	15.3	12.1	-0.020	400
TC400-14	0.37	7.9	7.7	7.0	14.7	14.0	11.0	-0.015	400
TC400-13	0.46	7.4	7.3	6.8	13.0	12.5	10.3	-0.007	400
TC400-11	0.55	6.9	7.0	6.5	11.5	11.3	9.5	+0.002	400

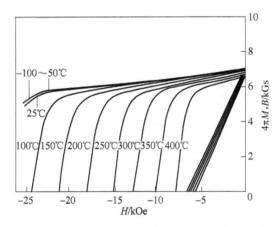

图 5-49　牌号为 TC400-11 的低温度系数和高使用温度 Sm-Co 烧结
磁体的不同温度退磁曲线[50]

系数（$\alpha_{Br} = +0.002\%/℃$）、使用温度 $T_W = 400℃$ 的（$Sm_{0.45}Gd_{0.55}$）（$Co_{0.71}Fe_{0.18}Cu_{0.08}Zr_{0.027}$）$_7$
烧结磁体（牌号 TC400-11）在不同温度的退磁曲线，从 $-100 \sim 400℃$ 的整个温度范围内，
B-H 退磁曲线都是直线，这表明添加 Gd 在退磁曲线的形状上没有造成任何负面影响，但
对降低磁体的可逆温度系数极其有利。

　　磁体要在高温环境中长期工作，意味着其永磁性能和显微结构在高温下基本保持不
变。永磁性能基本不变要求永磁体具有高的居里温度和高的内禀矫顽力，而显微结构基本
不变通常要求永磁体不被氧化或损伤。图 5-50 是具有不同最高使用温度（$250 \sim 550℃$）
的 2:17 型 Sm-Co 烧结磁体在 300℃ 老化实验的磁通不可逆损失随时间的变化[50]。可看到，
最高使用温度为 250℃ 的 T250C-31MGOe 磁体，在 300℃ 放置 28000h 的总磁通不可逆损失
中，起始磁通不可逆损失约 -2%，长时间附加的磁通不可逆损失约 -2%，总磁通不可逆损
失达到 -4%；而最高使用温度为 550℃ 的 T550C-16MGOe 磁体，相同时间的总磁通不可逆损
失不到 -1%，其中起始损失仅 -0.6%，长时间附加损失约 -0.2%。因此，最高使用温度愈
高，起始和长时间附加磁通不可逆损失愈低。另外可看到，同样是 T550C-16MGOe 磁体，

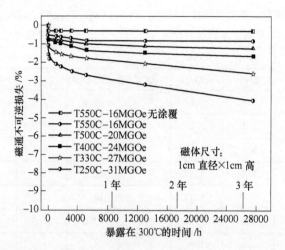

图 5-50   具有不同最高使用温度的 2:17 型 Sm-Co 烧结磁体在 300℃的磁通不可逆损失[51]

增加了表面镀覆层后，近 28000h（三年多）的长时间附加损失几乎为零，仅有不到 - 0.3%的起始损失[51]。

图 5-51 是 T550C-16MGOe 磁体在 500℃空气中的磁通不可逆损失随时间的变化，可见带有 15 μm S-Ni 涂覆层的磁体仅有约 - 2%的起始磁通不可逆损失，长时间附加磁通不可逆损失优于 - 0.3%，总磁通不可逆损失为 - 2.3%；但未涂覆磁体的磁通不可逆损失随时间增加持续快速下降，5000h 后总损失近 - 30%，磁体已不能正常工作。分析表明，在 500℃空气中，未涂覆磁体表面逐步被氧化而退磁，磁体遭受严重的结构性破坏。

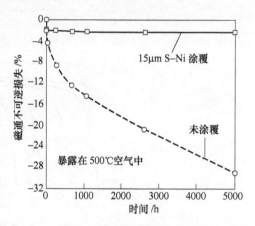

图 5-51   T550C-16MGOe 磁体在 500℃空气中的磁通不可逆损失随时间的变化[51]

5.4   烧结 Nd-Fe-B 磁体的永磁性能

第一、第二代稀土永磁材料的主要成分是 Sm 和 Co，这是一种自然选择，因为在主要的铁磁性过渡金属元素 Fe、Co、Ni 或 Mn 与稀土形成的二元化合物中，只有 RCo_5 和 R_2Co_{17} 在室温附近表现出优异的内禀磁性，其中永磁特性最佳的是 R = Sm 的合金。但 Co 在地壳中的储量低，而且其矿产分布非常集中，例如非洲的刚果，政局动荡会严重影响其供应，是稀缺的战略资源，价格远高于矿产丰富、冶金技术成熟的 Fe。永磁材料工作者一直致力于研究开发 Fe 基的稀土永磁材料。1972 年 Clark 等人发现[52]，在非平衡快淬过程中形成的非晶态 $TbFe_2$，经退火处理后转化成微晶并具有很大的矫顽力。这个发现对 Fe 基永磁材料的研究开发起到重要的启示作用，即可以通过非晶态材料晶化获得新的亚稳相，为探寻高内禀磁性 Fe 基合金并实现其磁硬化开辟了新的路径。自 1980 年起，Croat[53,54] 和 Koon 等人[55] 广泛研究了 R-Fe 系微晶永磁材料，在富 Fe 的 Nd-Fe、Pr-Fe 和 LaTb-Fe-B 微晶合金带上实现了数千奥斯特的内禀矫顽力。1983 年 6 月 Hadjipanayis 等人[56] 报道了 $Pr_{16}Fe_{76}B_5Si_3$ 微晶合金带的永磁性能：$B_r = 7.4kGs$，$H_{cJ} = 14.3kOe$，$(BH)_{max} \approx 12MGOe$。他们认为其磁硬性出自新的膺 RFe_5 相，即具有四方结构的 $R_3Fe_{20}B$ 化合物，居里温度约为 340℃，并指出该相的磁晶各向异性非常强，完全饱和磁化磁场需达到 80kOe。同年 9 月，Sagawa 在北京召开的第七届国际稀土永磁讨论会上宣布，他们成功制备了一种新颖的稀土永磁材料，并在 11 月匹兹堡召开的第二十九届 3M 会上与 Croat 等人分别发表了关于烧结和快淬 Nd-Fe-B 磁体的特邀报告[57,58]，正式宣告了第三代稀土永磁材料 Nd-Fe-B 的诞生。这时业界也意识到 Hadjipanayis 等人的数据十分接近 $Nd_2Fe_{14}B$ 相，同时也发现，其实在 1979 年，苏联的 Chaban 等人已经研究了 Nd-Fe-B 三元系的部分相图[59]，并给出了 $Nd_3Fe_{16}B$ 相，即后来标定的 $Nd_2Fe_{14}B$ 化合物。Sagawa 在回顾 Nd-Fe-B 磁体的发明过程时讲到[60]，烧结 Nd-Fe-B 是"一个人的发明"和"十个人的产业化"，简短而朴实的语言概括了从优异的内禀磁性转化成高剩磁、高矫顽力和高磁能积"三高"磁体的艰辛。

5.4.1 烧结 Nd-Fe-B 磁体的永磁性能分类及规格

基于 $R_2Fe_{14}B$ 化合物优异的内禀磁性（参见第 4 章），以烧结 Nd-Fe-B 磁体为代表的第三代稀土永磁材料，自 1983 年问世以来得到了迅速的发展，已发展成主相为 2:14:1 结构 $(Nd,R)_2(Fe,M)_{14}B$（R = 其他稀土元素，M = 其他过渡金属元素或 Ⅲ、Ⅳ 族金属元素）的稀土永磁材料系列，比 1:5 型和 2:17 型 Sm-Co 磁体的产品线丰富得多。按室温磁性能可分为高磁能积、高矫顽力、超高矫顽力等不同产品；按温度稳定性又可分为一般使用温度、低剩磁温度系数、高使用温度等品种，还有针对特殊耐腐蚀要求的，以及采用 La、Ce 或混合稀土的低成本产品等等。目前实验室水平的 $(BH)_{max}$ 已达到 59.6MGOe（474kJ/m³）[61]，相当于理论极限值 64MGOe 的 93.1%；工业生产的已达 52 ~ 56MGOe（413 ~ 446kJ/m³）。工业生产磁体最高的 H_{cJ} 已达 41kOe（3260kA/m），其连续工作的最高使用温度 T_W 可达 220 ~ 230℃。这些具有最高 $(BH)_{max}$、最高 H_{cJ} 或最高 T_W 的磁体，通过不同的 R 或 M 添加而具有独自的成分，并因为成分和优化工艺条件而具有独到的显微结构特征。

目前，烧结 Nd-Fe-B 磁体的国外厂家主要有日本的日立金属、信越化工和 TDK，以及德国的 VAC 公司，国内的主要企业有北京中科三环高技术股份有限公司（中科三环）、宁波韵升股份有限公司（宁波韵升）、安泰科技股份有限公司（安泰科技）、烟台首钢磁性材料股份有限公司（烟台首钢）等公司，各公司产品的主要磁性能指标见附录中附表 5-5 ~ 附表5-7。随着对中重稀土战略地位的认识日益加深，客户端对磁体低重稀土甚至无重稀土的要求变得十分苛刻，各公司都纷纷推出了相应的产品系列。例如日立金属在传统的标准系列（S-系列）基础上，增加了采用重稀土元素扩散技术 DDMagic® 的 E-系列，以及低 Dy/无 Dy 含量的 F-系列；引领中重稀土晶界扩散技术（GBD）的信越化工也开发了 G-系列产品。图 5-52[12] 分别是日立金属 S-系列（图 5-52(a)）、E-系列（图 5-52(b)）和 F-系列（图 5-52(c)）磁体 B_r 规格与 H_{cJ} 规格的关系。由图可见，不同牌号的性能规格按 H_{cJ} 由低到高进行划分，并加后缀 BH、CH、SH、EH 和 UH 等来对应，同等 H_{cJ} 范围的磁体又根据 B_r 的规格范围加以分割，用数字表示其对应的 $(BH)_{max}$ 中间值。图中的典型特征是，同一个系列产品构成

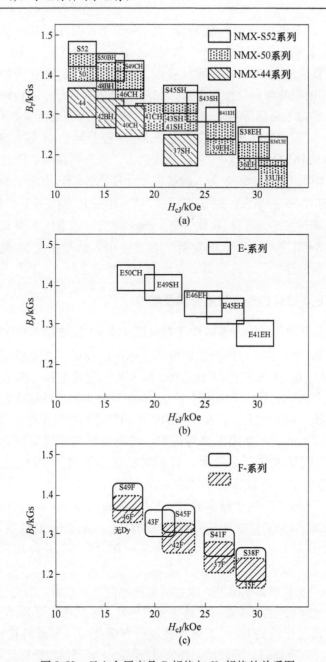

图 5-52 日立金属产品 B_r 规格与 H_{cJ} 规格的关系图

(a) 标准系列（S-系列）；(b) 晶界扩散系列（E-系列）；(c) 低 Dy/无 Dy 系列（F-系列）[12]

H_{cJ} 上升、B_r 下降的近直线关系：同一系列产品的不同牌号磁体基本上是按照同一个工艺流程来制造的，只是中重稀土含量和添加元素存在明显差别，进入磁体主相的元素通常会显著提高其 H_a，同时降低主相的 M_s，而进入边界相的元素会改善微结构和 H_{cJ}，却因增加边界相体积或引入新相而降低主相的体积分数，因此提高 H_{cJ} 的同时不可避免地造成 B_r 和 $(BH)_{max}$ 降低。不同系列产品的直线关系几乎平行，关键工艺技术的进步不断地将这个直线向远离原点的方向推移，Nd-Fe-B 发展初期的一些低性能牌号基本上被淘汰。因此，有人将 $B_r + H_{cJ}$，也就是这个直线关系的截距,看作烧结 Nd-Fe-B 工业水平的综合标志,等价地,也可将 $(BH)_{max} + H_{cJ}$ 作为高性能烧结 Nd-Fe-B 磁体的综合性能指标。S- 系列 $(BH)_{max}$ 最高的 NMX-S52 牌号 $B_r = 14.2 \sim 14.8kGs$,$H_{cJ} \geqslant 11kOe$,$(BH)_{max} = 48 \sim 53MGOe$;同一技术水平下的最高 H_{cJ} 产品 NMX-S36UH,$H_{cJ} \geqslant 30kOe$,对应的 $B_r = 11.6 \sim 12.4kGs$,$(BH)_{max} = 32 \sim 37$ MG-Oe。H_{cJ} 在 20kOe 以上的耐热磁体牌号适应汽车、家电等日益扩大的特殊需求,最高的 H_{cJ} 为 33 ~ 35kOe。E- 系列高磁能积的 NMX-E50CH 牌号 $B_r = 13.9 \sim 14.5kGs$、$H_{cJ} \geqslant 19.5kOe$、$(BH)_{max} = 47 \sim 51MGOe$,高 H_{cJ} 的 NMX-E41EH 牌号 $B_r = 12.4 \sim 13.1kGs$、$H_{cJ} \geqslant 32.0kOe$、$(BH)_{max} = 37 \sim 42MGOe$,整个系列从标准系列向 H_{cJ} 正轴方向移动 2.5 ~ 3.0kOe,只是最高的 $(BH)_{max}$ 没达到 S52 水平。F- 系列旨在用比 S- 系列更低的 Dy 含量(比 S- 系列低 1% ~ 2%),通过现行工艺的优化得到相同的 H_{cJ},并以牺牲部分 B_r 和 $(BH)_{max}$ 为代价,F- 系列保持了标准系列大多数牌号,但最高 $(BH)_{max}$ 的 NMX-S52 和 NMX-S50BH 牌号缺失,且高 H_{cJ} 的 NMX-S36UH 牌号因技术限制也缺失,也就是说,在将 Dy 含量限制在一定程度时,现有技术的优化只能将 H_{cJ} 做到 EH 档的要求,因此可以将 F- 系列看成 S- 系列沿其 $B_r + H_{cJ}$ 值的直线方向错位两档移动,并将最大 H_{cJ} 的两档去掉。各向异性取向的环形磁体也是日立金属产品线中的一个系列,R- 系列,取向方式分径向(辐射取向)和多极两种,前者的易磁化方向即磁环的半径方向,通过充磁夹具可充成不同的极数;后者需根据最终产品的磁极数和磁力线走向来排布取向磁场,不仅充磁夹具要单独设计,取向成形模具的取向场结构也需要针对每一个应用来单独设计。因为取向磁场的强度受限,R- 系列的 $(BH)_{max}$ 都低于相应的 S- 系列,最高 $(BH)_{max}$ 的 NMX-K42R 牌号可以达到 39 ~ 44MGOe,而且 $H_{cJ} \geqslant 14kOe$。

与日本企业的技术工艺线路相比,德国 VAC 有其独到之处,以 VACODYM 为商标的产品分 HR、TP 和 AP 三个大类,分别代表等静压、垂直压和平行压三种不同的取向压制方式,其中 HR 和 TP 类对应的最高 $(BH)_{max}$ 牌号 722HR 和 722TP 性能也达到 N52 系列的水平,但由于采用 IEC 标准对牌号命名和性能分类,对应的参数规格划分与日企有所不同。VACODYM 烧结 Nd-Fe-B 磁体典型牌号的性能表见附录中附表 5-7[2]。中国企业几乎全部沿用住友特殊金属公司 NEOMAX 牌号的规则,按照 H_{cJ} 的高低将磁体分成 N、M、H、SH、UH 和 EH 等不同类型,$(BH)_{max}$ 最高的也能达到 N52 水平,表 5-11 列出了中科三环 SANMAG 牌号中最高水平磁体的性能规格[14]。

表 5-11 中科三环 SANMAG 牌号烧结 Nd-Fe-B 磁体的最高水平牌号及其性能规格[14]

牌　号	B_r/kGs		H_{cB}/kOe	H_{cJ}/kOe	$(BH)_{max}$/MGOe		$(BH)_{max} + H_{cJ}$	
	最小	最大	最小	最大	最小	最大	最小	最大
N54	14.5	15.1	10.5	11	51	55	62	66
N52M	14.2	14.8	12.5	13	49	53	62	66
N50H	13.8	14.5	12.9	16	47	51	63	67
N48SH	13.6	14.2	12.7	19	45	50	64	69
N45UH	13.2	13.8	12.4	25	42	47	67	72
N44EH	13.0	13.6	12.3	29	41	46	70	75
N40EHS	12.5	13.1	11.8	34	37	42	71	76
N35EHC	11.7	12.5	11.1	40	33	38	73	78

5.4.2 高性能烧结 Nd-Fe-B 磁体

对 Nd-Fe-B 系烧结磁体的研究和开发，主要是从高磁能积、高矫顽力、高温度稳定性和高耐腐蚀性等方面展开。有人将高斯单位制下 $(BH)_{max} + H_{cJ} \geqslant 62$ 的烧结 Nd-Fe-B 磁体称作高性能磁体，在第 8 章我们会看到，这是经过 30 多年的发展，几项重要的革新技术如条片浇铸、吸氢破碎、低氧等稳定运用于烧结 Nd-Fe-B 磁体制备过程的成果，而历经近十年开发的晶界扩散技术、纳米技术等已经进一步将 62 提高到 75 和近 80 的水平。烧结 Nd-Fe-B 已经成为最重要的稀土永磁材料，并在相当多的应用领域、特别是低碳经济领域取代了价廉物美、销量巨大的硬磁性铁氧体。

5.4.2.1 高磁能积烧结 Nd-Fe-B 磁体

在高斯单位制中，只要 H_{cJ} 的数值在 B_r 的一半以上，最大磁能积就完全取决于磁体的剩磁 B_r 和回复磁导率 μ_{rec}，如式（5-1）所示，因此高磁能积实际上就是高剩磁。为了达到高剩磁的目的，依据式（5-2），应该尽量提高主相的饱和磁化强度 M_s、提高主相体积比 v_m 和晶粒取向度 f。随着各种先进技术的采用和生产工艺水平的不断提高，烧结 Nd-Fe-B 磁体的 $(BH)_{max}$ 已从 1983 年首次报道的 36.4MGOe(290kJ/m^3) 提高到目前实验室的最高纪录 59.6MGOe(474kJ/m^3) 和工业生产的 52~56MGOe(413~446kJ/m^3)。

图 5-53（a）展示 VAC 公司牌号为 VACODYM 722HR 的高剩磁、高磁能积烧结 Nd-Fe-B 磁体在 20~120℃ 之间不同温度的 J-H 退磁曲线和 B-H 退磁曲线，这是 VAC 利用等静压技术生产的最高剩磁牌号[2]。该牌号磁体典型的室温磁性能分别为：剩磁 B_r = 14.7kGs(1.47T)、内禀矫顽力 H_{cJ} = 12.0kOe(960kA/m)、矫顽力 H_{cB} = 11.4kOe(915kA/m)、最大磁能积 $(BH)_{max}$ = 52.1MGOe(415kJ/m^3)。烧结 Nd-Fe-B 磁体显示出比烧结 SmCo$_5$ 和烧结 Sm$_2$(Co,Cu,Fe,Zr)$_{17}$ 好得多的退磁曲线方形度（比较图 5-32 和图 5-43），回复磁导率 μ_{rec} = 1.03 非常接近于理想状况的数值 1，而且受温度的影响很小。由于在数值上 $H_{cB} < H_{cJ} < B_r$，J-H 曲线和 B-H 曲线在第二象限就出现了膝点，好在 H_{cJ} 还远在 $B_r/2$ 之上，没影响到磁体的 $(BH)_{max}$。图中还显示出，随着温度的升高，H_{cJ} 以比 B_r 快得多的速率下降，计算出的 20~100℃ 剩磁温度系数 α_{Br} = -0.115%/℃，而内禀矫顽力的温度系数 α_{HcJ} = -0.77%/℃，在数值上六倍于前者，因此 B-H 曲线的膝点随着温度的升高快速上移，可以想象此时磁体的起始磁通不可逆损失会非常可观。图 5-53（b）就展示了不同磁导系数 P_c 磁体的起始开路不可逆损失与温度的关系，与图 5-33 的 SmCo$_5$ 磁体和图 5-44 的 Sm$_2$(Co,Cu,Fe,Zr)$_{17}$ 磁体相比，烧结 Nd-Fe-B 在温度不够高的区段不可逆损等于零，不像 SmCo$_5$ 随着温度升高就发生不可逆损失，比 Sm$_2$(Co,Cu,Fe,Zr)$_{17}$ 的非零损失区段也更宽，但一旦越过了不可逆损失非零的转变温度，就会随温度升高而急剧增加，这与烧结 Nd-Fe-B 的优异退磁曲线方形度有极大的关系，当反向外场跨过膝点场 H_k 后，$4\pi M$ 很快就落到零值并迅即反向，当热扰动使 H_k 快速移向低场时，工作负载线在不高的温度就可能越过膝点，带来大的不可逆损失。图 5-53（b）中 P_c = -1 的最高连续工作温度 T_W 不到 70℃，如果将 P_c 的绝对值提升到 2，T_W 可扩展到约 90℃，而 P_c = -0.5 的磁体在 40℃ 就不行了。

将 H_{cJ} 提升到 15.0kOe，适当降低 B_r 到 14.0~14.4 kGs，从而 $(BH)_{max}$ 略低到 47~

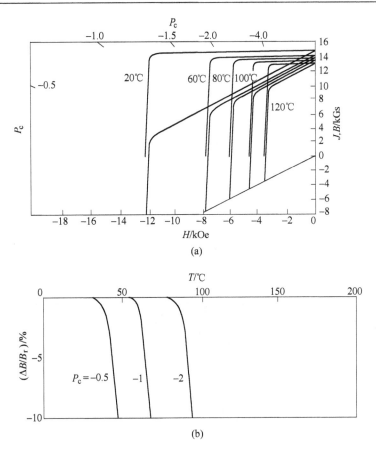

图 5-53　VAC 公司牌号为 VACODYM 722HR 的高剩磁、高磁能积烧结 Nd-Fe-B 磁体

在 20 ~ 120℃不同温度的退磁曲线（a）和开路磁通不可逆损失与温度的关系（b）$(P_c = B/\mu_0 H)^{[2]}$

50MGOe，VACODYM 745HR 的不可逆损失就会显著改善。图 5-54 展示牌号为 VACODYM 745HR 的高剩磁、高磁能积烧结 Nd-Fe-B 磁体在 20 ~ 120℃不同温度下的退磁曲线和在 $P_c = -0.5$、-1 和 -2 时的开路磁通不可逆损失的温度关系。从图 5-54（a）可看到，由于室温 H_{cJ} 提高了 3.0kOe，在 80℃时 $P_c = -1$ 的负载线仍处于 B-H 曲线的膝点以上，可以预期磁体的 T_W 高于 80℃，这也正是图 5-54（b）所显示的。因此，一味地追求室温高 B_r 和高 $(BH)_{max}$，在具有较大温升的应用场合未必能得到持续稳定的高开路磁通，除非将磁路设计到使磁体工作在 P_c 绝对值够大的状态，对应的磁能积不在 $(BH)_{max}$ 点上（即 $P_c = -1$ 附近），不能有效发挥磁体的高磁能积特点。附录中附表 5-7 还比较了等静压 HR 系列、垂直压 TP 系列和平行压 AP 系列的磁性能，在成分和其他工艺条件相同的前提下，不同取向压制方式得到的最终磁体性能是有差别的，主要体现在 $(BH)_{max}$ 上，TP 比 HR 对应磁体的 $(BH)_{max}$ 低 2 ~ 3MGOe，而 AP 比 HR 低 6 ~ 7MGOe。

实验数据表明，未添加其他元素的三元 Nd-Fe-B 磁体温度系数 α_{Br} 和 α_{HcJ} 的绝对值比 Sm-Co 磁体的大很多，加上低 T_c 的局限，它的温度稳定性势必较差。李东等人[62]在烧结 Nd-Fe-B 问世不久，就研究了三元 Nd-Fe-B 磁体 Neomax 35 和添加合金化元素改善 H_{cJ} 的 NEOMAX 30H 在 $-40 ~ +200℃$ 范围内的永磁性能随温度的变化，图 5-55 汇集了 Neomax 35 磁体主要永磁参数与温度的关系，且将高斯单位制的 B_r、H_{cJ} 和 H_{cB} 数值画在同一个坐标系

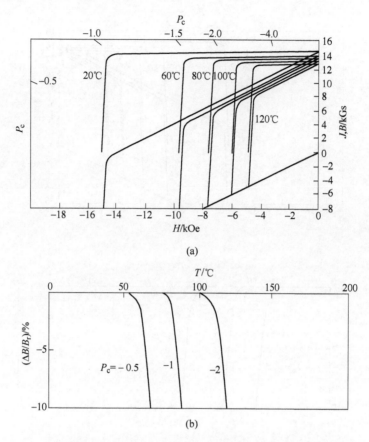

(a)

(b)

图 5-54　VAC 公司牌号为 VACODYM 745HR 的高剩磁、高磁能积烧结 Nd-Fe-B 磁体
在 20～120℃不同温度退磁曲线（a）和开路磁通不可逆损失与温度的关系（b）[2]

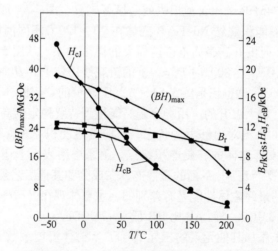

图 5-55　在 -40～200℃范围内三元 Nd-Fe-B 磁体 Neomax 35 永磁性能随温度的变化[62]

内以便比较。可见随着温度的升高，B_r 的下降比较平缓，B_r-T 为凸曲线，温度越高下降越
快，α_{Br} 的绝对值越大。H_{cJ} 的降速比 B_r 快，H_{cJ}-T 为凹曲线，将其外推导到 $T = 250℃$ 时 H_{cJ}

将接近零，永磁特性消失的温度离磁体主相的居里温度 313℃ 还差 62℃，可见高 T_c 只是永磁材料的必要条件，但非充分条件。H_{cJ}-T 曲线与 B_r-T 曲线在 $T \approx 50℃$ 相交，与图 5-18 类似，在 $T < T_c$ 时 H_{cB} 从属于 B_r，比例系数 B_r/H_{cB} 就是回复磁导率 μ_{rec}，当 $T > T_c$ 时 $H_{cB} \approx H_{cJ}$，且在 100℃ 以后低于 $1/2B_r$，致使 $(BH)_{max}$ 以更快的速率下降。图 5-56 展示 H_{cJ} 不同的 Neomax 35 和 Neomax 30H 的不可逆磁通损失随温度的变化，磁体在高温下的放置时间为 1h，当 $P_c = -2$ 时，两种磁体的不可逆磁通损失随温度变化的特征相似，但高 H_{cJ} 磁体不可逆损失开始出现的温度更高，所以在相同温度下磁通不可逆损失更低。$P_c = -3.5$ 的工作点在测试温度范围内远离膝点，开路磁通不可逆损失为零，可

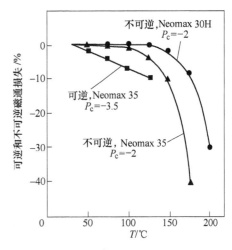

图 5-56 Neomax 35 和 Neomax 30H 的不可逆磁通损失随温度的变化[62]
（高温放置 1h）

逆损失的绝对值随温度升高而线性增大，即 $\Delta(B_d/B_d^0)/\Delta T = $ 常数，开路磁通可逆温度系数在 $-50 \sim +120℃$ 范围内不变。

5.4.2.2 高矫顽力烧结 Nd-Fe-B 磁体

根据图 5-20 所述的磁体开路不可逆损失的原因，只要烧结 Nd-Fe-B 磁体的 H_{cJ} 足够高，就能确保其 B-H 曲线为直线，避免膝点的出现，绝大多数应用就具有可靠的保障。但是，一旦 B-H 曲线出现膝点，当磁性器件运行过程的磁导变化或外磁场的影响将磁体工作点推到膝点以下时，就不可避免地造成磁体的不可逆损失，使器件运转特性劣化，甚至停止运转。对于图 5-17 所示的 SANMAG N40UH 牌号磁体而言，室温 $H_{cJ} = 25.62\text{kOe}$，在数值上是室温 $B_r = 12.73\text{kGs}$ 的两倍，而 H_{cJ} 温度系数 α_{HcJ} 在数值上是 B_r 温度系数 α_{Br} 的 4 倍，如图 5-18 所示，H_{cJ} 随温升下降的速率远大于 B_r 的下降速率，B-H 曲线在 150℃ 已经出现膝点，且随着温度升高膝点迅速向高磁极化强度方向移动，从图 5-18 可以更准确地估算出 H_{cJ} 与 B_r 的交叉点出现在 130℃。为了保证器件在更高温度下的运转可靠性，只能将工作点安置在剩磁和膝点之间，加大磁体和器件的尺寸，增加器件成本。图 5-57 描绘了现行市场上大多数牌号烧结钕铁硼磁体 H_{cJ} 随温度升高而下降的特征，图中的方形框是对应牌号磁体 B_r 的变化范围，目的是为了展示磁体的矫顽力与剩磁相交的范围，图中同时还给出了粘结钕铁硼磁粉 $H_{cJ} \approx 10\text{kOe}$ 和 12kOe 两个典型牌号的数据，以便相互比较。H_{cJ} 与 B_r 的交叉区域即膝点出现的温度区域，它的温度越高，磁体及其应用器件的长时间工作温度就越高。由于不同牌号磁体 H_{cJ} 随温度变化的斜率几乎相同，故推高膝点温度的最有效途径是绝对地提高磁体的室温 H_{cJ}。因此，在许多应用场合，特别是电机和发电机应用，高使用温度和高矫顽力基本上等价，随着风力发电、节能家电和新能源汽车等绿色能源领域的发展，磁体长时间工作温度从 150℃ 提高到 200℃ 和 220℃，室温 H_{cJ} 也从 21kOe 推向 40kOe，远高于烧结 Nd-Fe-B 刚问世的 10kOe。

高矫顽力是在提高磁体的矫顽力的同时，尽量维持剩磁和磁能积不变或少降。从第 7

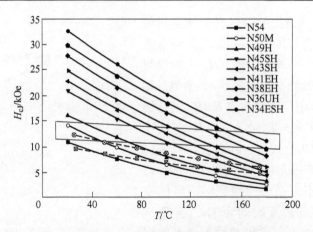

图 5-57 不同牌号烧结钕铁硼磁体 H_{cJ} 的温度依赖关系[14]

（图中方框为剩磁的变化区域，虚线为快淬钕铁硼磁粉的 H_{cJ}）

章中我们会知晓，矫顽力来源于反磁化过程中的反向磁畴形核、转动或畴壁位移产生的阻力。对于磁畴转动来说，阻力的大小正比于材料的磁晶各向异性场，而对于畴壁位移来说，其大小正比于畴壁能的梯度。由此可知，矫顽力的提高可从两个方面入手，一个是提高主相的磁晶各向异性场，另一个是增加畴壁位移的阻力，即增大材料的不均匀性。前者可利用部分重稀土 Dy 或 Tb 来替代 Nd，因为（Nd,R)$_2$Fe$_{14}$B 相的磁晶各向异性场高于纯 Nd$_2$Fe$_{14}$B，或利用合金化元素、双合金或晶界扩散（GBD）工艺降低晶粒表面的缺陷，使得晶粒边界清晰，富 Nd 相分布得更均匀，从而增大晶粒间的退耦程度。后者可通过添加的低熔点金属以湿润晶粒表面或添加高熔点金属以细化晶粒，同时产生新相来替换原先容易腐蚀的富 Nd 相，从而达到提高矫顽力的目的，同时也改善磁体的耐腐蚀性。

图 5-58（a）展示的是 VAC 公司用垂直压生产的牌号为 VACODYM 688TP 的高矫顽力烧结 Nd-Fe-B 磁体在 20～240℃之间的 J-H 和 B-H 曲线[2]。在室温下，典型产品的 B_r = 11.4kGs（1.14T）、H_{cJ} = 36.0kOe（2865kA/m）、H_{cB} = 11.1kOe（885kA/m）、$(BH)_{max}$ = 32.0MGOe（250kJ/m^3），回复磁导率约 1.05。180℃的 B-H 曲线第二象限部分依然是直线，膝点位于第三象限，H_{cJ} 和 H_{cB} 曲线的相遇在 200℃附近，此时膝点会移到第二象限。图 5-58（b）是不同 P_c 磁体的开路磁通不可逆损失与温度的关系，P_c = 0 磁体的不可逆损失从 $T \approx 175$℃开始，-5% 对应的温度约 180℃，而 $P_c = -1$ 的起始温度超过 210℃，不可逆损失为 -5% 的最高的连续工作温度 T_w 达到 225℃。

1988 年 Mildrum 等人[63]利用三种不同磁性能的商品化磁体：Nd-Fe-B、(NdDy)-Fe-B 和 (NdDy)-(FeCo)-B 产品，分别切割加工成三种不同长径比（L/D = 1、0.42、0.2）的圆柱形磁体，在开路状态下对上述磁体在 75℃、100℃、125℃和 150℃四个不同温度进行了大于 5000h 的长期老化实验。表 5-12 给出了它们在 1h 以内的起始不可逆磁通损失，可清楚地看到，对于同一种磁体而言，起始不可逆磁通损失都是随着温度的升高而增大，随着磁导系数 P_c 绝对值的降低而增大；对于不同的磁体，添加 Dy 的 NdDy-Fe-B 起始不可逆磁通损失低于无 Dy 的 Nd-Fe-B，而复合添加 Dy 和 Co 的 NdDy-FeCo-B 起始不可逆磁通损失又明显低于仅添加 Dy 的 NdDy-Fe-B。实验结果还表明，与起始不可逆损失类似，长时间不可逆损失也与试验温度 T 和磁体磁导系数 P_c 密切相关，试验温度越高，损失越大；磁

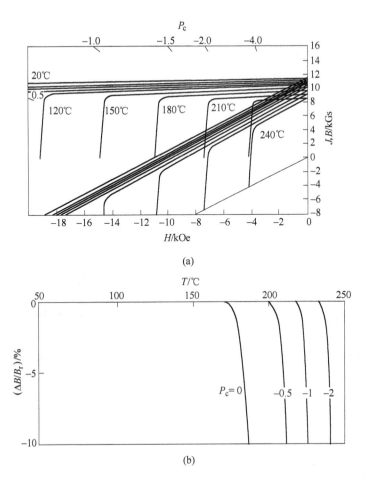

(a)

(b)

图 5-58 VAC 公司牌号为 VACODYM 688TP 的高矫顽力烧结 Nd-Fe-B 磁体在
20~240℃温度范围的退磁曲线（a）和开路磁通不可逆损失（b）[2]

表 5-12 在空气中不同暴露温度和不同磁导系数时开路状态下 1h 内的起始不可逆磁通损失[63]

磁　体	P_c	开路磁通不可逆损失/%			
		75℃	100℃	125℃	150℃
Nd-Fe-B $(BH)_{max} \approx 35\text{MGOe}$	-3.2	0.4~0.5	1.0~2.0	3.0~8.0	12~27
	-1.0	1.6~2.1	9.0~18	22~38	41~57
	-0.5	9.5~14	22~33	37~60	56~66
NdDy-Fe-B $(BH)_{max} \approx 30\text{MGOe}$	-3.2	0.1~0.6	0.4~0.7	1.0~2.2	1.5~10
	-1.0	0.3~0.7	1.0~5.5	2.0~6.3	11~42
	-0.5	0.7~1.5	2.3~20	9.5~30	28~43
NdDy-FeCo-B $(BH)_{max} \approx 30\text{MGOe}$	-3.2	0.24	0.41	0.47	0.55
	-1.0	0.24	0.53	0.75	1.00
	-0.5	0.44	0.89	1.00	3.60

导系数 P_c 的绝对值越小，损失越大。并且，长时间不可逆损失程度还与内禀矫顽力 H_{cJ} 和膝点磁场 H_k 的大小相关，这两个磁性参数越高，则长时间不可逆损失越低。A. G. Clegg 等人[64]对具有高、低矫顽力烧结 Nd-Fe-B 和 Nd-Fe-Co-B 磁体在100℃、时间为200h的短时间热稳定性研究表明，高矫顽力磁体的热稳定性明显好于低矫顽力的，退磁曲线方形度好的磁体具有更好的热稳定性。

5.4.2.3 双高烧结 Nd-Fe-B 磁体

风力发电、新能源汽车和节能家电等低碳经济领域，要求烧结 Nd-Fe-B 磁体兼具高磁能积和高矫顽力的双高特性，也就是要将图5-52中同一系列产品进一步平行地推移到更远离原点的位置，或将表5-11中 $(BH)_{max} + H_{cJ}$ 提升到更高的数值。胡伯平等人[17]研究开发出在高斯单位制中 $(BH)_{max}(MGOe) + H_{cJ}(kOe) > 75$ 的双高烧结 Nd-Fe-B 磁体，适应了新领域应用的要求和原料价格上涨的新形势。

双高烧结 Nd-Fe-B 磁体的名义成分为 $(Pr_{2.8}Nd_{8.7}Tb_{1.9}Dy_{0.3})Fe_{bal}Co_{1.5}(Cu,Al,Ga)_{0.6}B_{5.7}$，采用现有的量产工艺可以获得性能优异的磁体——样品 A，通过各工艺环节的进一步优化（参考第8章8.3.2节）可获得性能优化的磁体——样品 B，再对样品 B 进行 Dy-Fe 合金细粉的晶界扩散处理（GBD）后得到双高磁体——样品 C。图5-59 是样品 C 从室温到220℃不同温度的退磁曲线，其中的室温退磁曲线是采用强脉冲磁场开路测量获得的，其他高温曲线均由闭路测量得出。样品 C 的室温永磁性能参数为：$B_r = 12.8kGs(1.28T)$、$H_{cJ} = 35.2kOe(2.803\ MA/m)$；$(BH)_{max} = 40.4MGOe(321.6kJ/m^3)$，由此可计算出 $(BH)_{max}(MGOe) + H_{cJ}(kOe) = 75.6 > 75$。

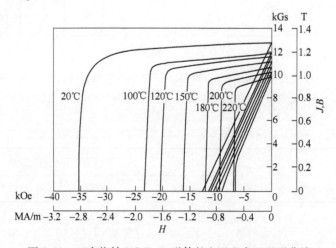

图5-59 双高烧结 Nd-Fe-B 磁体的室温和高温退磁曲线

图5-60（a）和（b）分别展示了样品 A、B 和 C 在室温（20℃）和高温（200℃）的退磁曲线。可以看出，GBD 处理磁体（样品 C）的室温 H_{cJ} 比工艺优化样品 B 增大了约 3.6kOe，且 B_r 和 $(BH)_{max}$ 的下降幅度很小，仅分别为 0.2kGs 和 0.5MGOe，但退磁曲线的方形度略微变差。由于 H_{cJ} 显著提高，在200℃时磁体的 B-H 曲线在第二象限基本上还保持为直线，即使磁导系数 P_c 绝对值很低的工作负载，不可逆损失也几乎可以忽略不计，正如图5-17（a）所示，样品 C 在200℃时 $P_c = -0.5$ 的相对不可逆损失仅 -0.8%，而样品

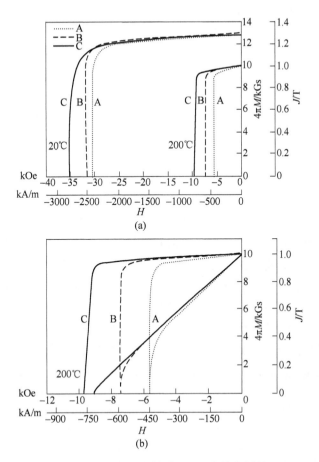

图 5-60 尺寸为 ϕ10.0mm×10.0mm 的量产样品 A、工艺优化样品 B 和 GBD 处理样品 C 的
20℃和200℃退磁曲线（a），横轴刻度放大的200℃退磁曲线（b）[17]

B 的已经达到 -2%。$P_c = -1$ 的样品 C 对应不可逆损失 -5% 的温度为 230℃，此时样品 B 的不可逆损失高居 -12.5%。

图 5-61 是根据图 5-59 的测量数据描绘的样品 C 的 B_r、H_{cJ} 和 $(BH)_{max}$ 与温度 T 的关系曲线。可看到，H_{cJ} 随温度下降的趋势远大于 B_r，H_{cJ}-T 和 B_r-T 曲线在略低于 200℃ 的温度交叉，其后 $H_{cJ} < B_r$，B-H 退磁曲线出现膝点，P_c 绝对值低的工作点将出现不可逆损失。$(BH)_{max}$ 在 200℃ 仍具有 21.35 MGOe 的较高水平。

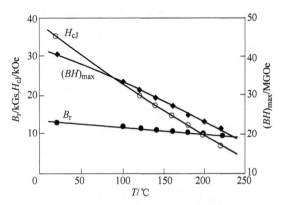

图 5-61 双高烧结 Nd-Fe-B 磁体的永磁
特性参数与温度的关系曲线

5.4.3 低剩磁温度系数烧结 Nd-Fe-B 磁体

在 $SmCo_5$ 和 $Sm_2(Co,Cu,Fe,Zr)_{17}$ 磁体中存在的中重稀土温度补偿效应，在 Nd-Fe-B 磁

体中依然存在，可以对其温度稳定性的改善起到重要作用。从图 4-92（b）所示的中重稀土 $R_2Fe_{14}B$ 单晶样品饱和磁化强度 M_s 随温度 T 的变化曲线[65]可清楚地看到，在室温附近除了 R = Gd 外都呈现出 M_s 随温度 T 升高而上升的特征，具有正的温度系数，但 R = Er 和 Tm 分别在 52℃ 和 42℃ 发生自旋重取向转变，在转变温度以下易磁化方向由 c 轴转到 a-b 平面，对单轴各向异性极为不利，且导致 M_s 陡然下降，仅 $Dy_2Fe_{14}B$ 和 $Ho_2Fe_{14}B$ 保持 c 轴为易磁化方向，适合作为温度补偿型低温度系数磁体的添加元素，零温度系数（$0 \sim 0.03\%/℃$）磁体特别适合于仪器仪表、航空航天和精密传感器。马保民（Ma B M）等人[66]基于上述 $R_2Fe_{14}B$ 单晶实验数据，计算了在 Nd-Fe-B 磁体的通常使用温度范围内（例如 $-50 \sim 200℃$）中重稀土 $R_2Fe_{14}B$ 的 M_s 温度系数 α，其结果见表 5-13，$Dy_2Fe_{14}B$ 和 $Ho_2Fe_{14}B$ 的 α 分别为 $+0.016\%/℃$ 和 $+0.007\%/℃$，而其他均为负温度系数。用线性叠加原理，他们计算了 R 与 Nd 的二元和多元可能组合，制备了如表 5-14 所列成分的低温度系数烧结磁体，温度系数的实测值与计算值有不错的符合度，而实测的归一化磁感应强度随温度的变化曲线也与计算曲线很接近（图 5-62），其中名义成分为 $(Nd_{0.23}Ho_{0.64}Dy_{0.13})_{15}Fe_{79}B_6$ 的磁体（样品 B）永磁性能为：$B_r = 7.7kGs$，$H_{cJ} = 20.6kOe$，$H_{cB} = 7.7kOe$，$(BH)_{max} = 14.8MGOe$，在 $-50 \sim 150℃$ 之间的温度系数为 $-0.029\%/℃$，非常接近于零。图 5-63 是其永磁性能参数随温度的变化关系，可以看到在 $-50 \sim 150℃$ 之间，剩磁 B_r 和内禀矫顽力 H_{cJ} 的变化都是很小的。因此，重稀土的温度补偿作用是很有效的。

表 5-13　中重稀土 $R_2Fe_{14}B$ 的室温饱和磁化强度和 $-50 \sim 200℃$ 之间的自发磁极化强度温度系数[66]

R	$4\pi M_s$/kGs	α（$-50 \sim 200℃$）/% · ℃$^{-1}$	R	$4\pi M_s$/kGs	α（$-50 \sim 200℃$）/% · ℃$^{-1}$
Gd	7.45	-0.053	Ho	7.06	$+0.016$
Tb	5.97	-0.007	Er	7.89	-0.042
Dy	6.16	$+0.007$	Tm	9.81	-0.078

表 5-14　$(Nd, R)_{15}Fe_{79}B_6$ 磁体实测温度系数与计算值的比较[66]

磁体编号	稀土元素成分组合					α（$-50 \sim 150℃$）/% · ℃$^{-1}$	
	Nd	Gd	Dy	Ho	Er	实测值	计算值
A	24			70	6	-0.034	-0.013
B	23		13	64		-0.029	-0.012
C	61	1	7	31		-0.070	-0.061
D	65		35			-0.074	-0.063

由于 $Nd_2Fe_{14}B$ 的居里温度 T_c 只有 313℃，即使通过 Dy 或 Ho 部分替代 Nd 进行温度补偿，但如此低的 T_c 必然导致主相 M_s 在较高的温度区段迅速下降，就像图 5-62 中 150℃ 以上的 M-T 曲线一样。用 Co 替代 Fe，可以显著提升 $Nd_2(Fe,Co)_{14}B$ 的居里温度（参见图 4-89），将较高温区的 M-T 曲线拉平（参见图 4-97），从而显著改善温度系数[57,67,68]，其负面影响是大幅度降低磁体的 H_{cJ}，这是无法用 $Nd_2(Fe_{1-x}Co_x)_{14}B$ 磁晶各向异性场的变化来解释的，因为在室温至 500K 的温度范围内，从 $x = 0$ 到 $x = 0.55$ 主相的 H_a 随 Co 含量 x 变化很小[69]，显然相组成和显微结构的变化才是问题的关键。与高矫顽力磁体的情形一

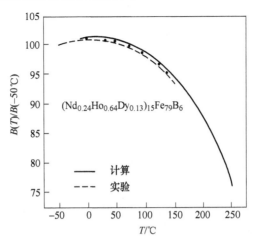

图 5-62 低温度系数烧结 Nd-Fe-B 磁体归一化磁感应强度
随温度变化的实验值曲线与计算曲线的比较[66]
（上述数据归一化于温度为 -50℃ 的磁感应强度值）

样，可以用添加 Dy 的办法来弥补 H_{cJ} 的下降，也对 Nd 基合金的高温度系数进行补偿。周
寿增等人[32]将 $Nd_{15}Fe_{77}B_7$ 中 77%（原子分数）的 Fe 用 11%（原子分数）的 Co 替代，Co 含
量相当于过渡金属总量的 14.1%（原子分数），磁体的 T_c 上升到 400℃ 左右，然后再复合添
加不同比例的 Dy 来提升 H_{cJ}，图 5-64 是烧结 $Nd_{15-x}Dy_xFe_{67}Co_{11}B_7$ 磁体的永磁性能随 Dy 含
量的变化，随着 Dy 含量的增加，内禀矫顽力 H_{cJ} 显著上升，剩磁 B_r 单调下降，而最大磁能
积 $(BH)_{max}$ 先略微上升，在 Dy 含量等于 0.2%（原子分数）时达到最大值，随后快速下
降。当 Dy 加到 3%（原子分数）时 H_{cJ} 达到 16kOe，这对许多应用而言是够用的。

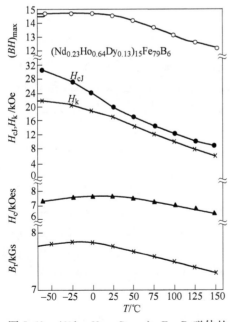

图 5-63 $(Nd_{0.23}Ho_{0.64}Dy_{0.13})_{15}Fe_{79}B_6$ 磁体的
永磁性能随温度的变化关系[66]

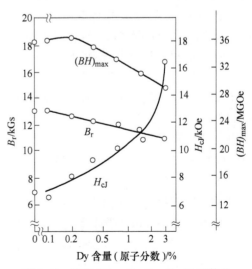

图 5-64 烧结 $Nd_{15-x}Dy_xFe_{67}Co_{11}B_7$ 磁体的
永磁性能随 Dy 含量 x 的变化[32]

图 5-65 展示了由 Endoh 等人[70] 研究的 Dy 和 Tb 部分替代 Nd，以及 Co 部分替代 Fe 的三种烧结 $(Nd_{1-x}R_x)((Fe_{1-y}M_y)_{0.92}B_{0.08})_z$ 磁体在 25℃ 和 150℃ 的退磁曲线，其中合金 (a) 的 Nd 和 Dy 各占一半，即 $x = 0.5$，$y = 0$，$z = 5$，Nd-Dy-Fe-B 在 25～150℃ 之间的磁感温度系数 $\alpha = -0.053\%/℃$，$(BH)_{max} = 19MGOe$，$H_{cJ} > 30kOe$；在此基础上用 Co 替代 10.9%Fe 的合金 (b)，$y = 0.109$，$0.92y = 0.1$，$z = 5.5$，由于居里温度升高，Nd-Dy-Fe-Co-B 磁体在 25～150℃ 之间的磁感温度系数改善到 $\alpha = -0.049\%/℃$；随着 Co 含量的增加，磁体的 $(BH)_{max}$ 没有显著的变化，然而磁体的 H_{cJ} 显著降低，仅为 26kOe；将合金 (b) 中的 Dy 全部换成 Tb 的合金 (c)，温度系数进一步优化到 $\alpha = -0.039\%/℃$，且由于 $Tb_2Fe_{14}B$ 比 $Dy_2Fe_{14}B$ 的室温磁晶各向异性场大 75kOe，磁体的 H_{cJ} 再一次超过 30kOe，150℃ 的 H_{cJ} 接近 20kOe，但 $(BH)_{max}$ 降低到 18.3MGOe，Tb 替代 Nd 的 Nd-Tb-Fe-Co-B 磁体不仅在 150℃ 高温下保持较高的 H_{cJ}、B_r 和 $(BH)_{max}$，而且还具有更低的温度系数。在添加 Dy 或 Tb 基础上，他们将 Co 对 Fe 的替代量提高到过渡金属总量的 23.9%（原子分数），即 $y = 0.239$、$0.92y = 0.22$，再添加少量 Ga 和 W，Co 含量增大了一倍，能显著改善磁体的磁感温度系

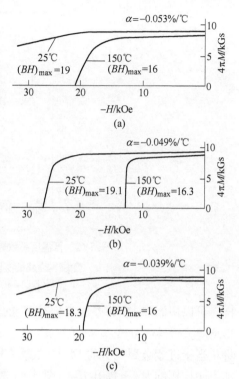

图 5-65 三种烧结 Nd-Fe-B 磁体在 25℃ 和 150℃ 的退磁曲线[70]
（图中 $(BH)_{max}$ 的单位为 MGOe）
(a) $Nd_{0.5}Dy_{0.5}(Fe_{0.92}B_{0.08})_5$；
(b) $Nd_{0.5}Dy_{0.5}(Fe_{0.82}Co_{0.1}B_{0.08})_{5.5}$；
(c) $Nd_{0.5}Tb_{0.5}(Fe_{0.82}Co_{0.1}B_{0.08})_{5.5}$

数，而微量的 Ga 和 W 使磁体在高温下仍然保持较高的内禀矫顽力。图 5-66 是添加 Dy 或 Tb、Co、Ga、W 的四种烧结 $Nd_{1-x}R_x(Fe_{0.68}Co_{0.22}B_{0.08}Ga_{0.01}W_{0.01})_{5.8}$ 磁体在 25℃ 和 150℃ 的退磁曲线，经过上述复合添加以后，在 Dy 的添加量 $x = 0.4$ 时，B_r 的温度系数已降低到 $\alpha = -0.034\%/℃$；进一步将 Dy 提高到 0.5，$\alpha = -0.00\%/℃$，磁体实现了理想的温度补偿，在 25℃ 时 H_{cJ} 约为 30.1kOe（2.4MA/m），$(BH)_{max}$ 约为 15.0MGOe（119.4kJ/m³）。将 Dy 换成 Tb，0.4 的 Tb 可将 α 优化到 $-0.028\%/℃$，当 Tb 为 0.5 时 $\alpha = -0.008\%/℃$，也非常接近零，而磁性能参数都优于相应的含 Dy 磁体，$(BH)_{max}$ 约 15.2 MGOe（120.9kJ/m³），150℃ 的 H_{cJ} 还在 22kOe（1.75MA/m）之上，$(BH)_{max} = 14.6MGOe$（116.2kJ/m³）。

同 5.1.4.3 节一样，Haavisto[28] 研究了添加 Dy 和 Co 对烧结 Nd-Fe-B 高温长时间稳定性的影响。Dy 添加量 4% 的 Nd-Dy-Fe-B 磁体室温 $H_{cJ} = 21.4kOe$（1700kA/m），再适当添加 Co 的 Nd-Dy-Fe-Co-B 磁体室温 H_{cJ} 升高到 23.2 kOe（1850kA/m）。图 5-67 展示在 $T = 120℃$ 长时间放置时，这两种不同 H_{cJ} 的磁体在 P_c 分别等于 -0.33 和 -1.1 的工作点上的相对不可逆损失随时间的变化。没有添加 Co、H_{cJ} 较低的磁体，$P_c = -0.33$ 的起始不可逆损失就已经达到 -3% 以上，8000h 的长时间不可逆损失增至 -9%，不可逆损失与时间对数直线关系的斜率远大于其他情形；工作负载线更靠近 y 轴的话（$P_c = -1.1$），起始和长时

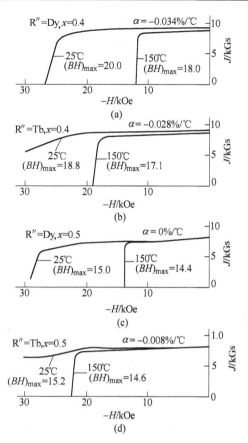

间不可逆损失都大为改善，特别是长时间损失的时间变化非常平坦。无论 $P_c = -1.1$ 还是 -0.33，添加 Co、H_{cJ} 较高的磁体总不可逆损失均小于 -2%，$P_c = -1.1$ 的还不到 -0.5%。可见添加 Co 可有效改善磁体的长时间温度稳定性。

除了通过 Co 替代 Fe 和 Dy、Tb 替代 Nd 显著改善温度系数和热稳定性外，还可在上述替代的基础上同时再添加少量的 Al、Ga、Cu 等低熔点金属或 Nb、W 等难熔金属元素，进一步提高磁体的 H_{cJ} 并改善磁体的温度稳定性，除了图 5-66 添加 Ga 和 W 的例子外，Tokunaga[71] 等人研究了成分为 $(Nd_{0.8}Dy_{0.2})(Fe_{0.86-u}Co_{0.06}B_{0.08}M_u)_{5.5}$（M = Nb 或 Ga）的磁体中 Nb 或 Ga 的添加量对磁性和不可逆损失的影响，其结果列在表 5-15 中。复合添加 Dy、Co、Ga 或 Nb 的磁体，显然 H_{cJ} 随 Nb 添加量的增加而增加，而不可逆磁通损失则随之下降；加 Ga 的磁体在 $u = 0.015$ 时 H_{cJ} 最高，对应的不可逆损失最低。图 5-68 比较了不含 Nb 和 Ga 的磁体和混合添加 Nb 和 Ga、成分为 $(Nd_{0.8}Dy_{0.2})(Fe_{0.835}Co_{0.06}B_{0.08}Nb_{0.015}Ga_{0.01})_{5.5}$ 磁体的不可逆损失与温度的关系，显然后者的不可逆损失出现的温度远高于前者，具有更高的最高工作温度 $T_W = 250℃$，而不含 Ga 和 Nb 的磁体 T_W 略低于 210℃。

图 5-66　四种烧结 Nd-Fe-B 型磁体在 25℃ 和 150℃ 的退磁曲线[70]

（图中 $(BH)_{max}$ 的单位为 MGOe）

（a）$Nd_{0.6}Dy_{0.4}(Fe_{0.68}Co_{0.22}B_{0.08}Ga_{0.01}W_{0.01})_{5.8}$；

（b）$Nd_{0.6}Tb_{0.4}(Fe_{0.68}Co_{0.22}B_{0.08}Ga_{0.01}W_{0.01})_{5.8}$；

（c）$Nd_{0.5}Dy_{0.5}(Fe_{0.68}Co_{0.22}B_{0.08}Ga_{0.01}W_{0.01})_{5.8}$；

（d）$Nd_{0.5}Tb_{0.5}(Fe_{0.68}Co_{0.22}B_{0.08}Ga_{0.01}W_{0.01})_{5.8}$

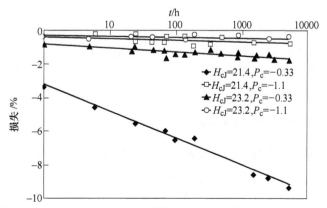

图 5-67　含有 4%Dy、$H_{cJ} = 21.4kOe$ 的磁体和进一步添加 Co、$H_{cJ} = 23.2kOe$ 的磁体在 $T = 120℃$ 放置 8000h 的不可逆损失与 P_c 和时间的关系[28]

表 5-15　$(Nd_{0.8}Dy_{0.2})(Fe_{0.86-u}Co_{0.06}B_{0.08}M_u)_{5.5}$ 磁体的永磁参数和不可逆损失与 Nb 和 Ga 添加量的关系，磁体在高温放置的时间是 0.5h[71]

M	u	B_r /kGs	H_{cJ} /kOe	$(BH)_{max}$ /MGOe	不可逆损失/%		T_2/℃
					200℃	220℃	
无添加	0	11.20	22.5	30.0	−1.6	−6.4	600
Nb	0.003	11.10	20.9	29.7	−5.8	−19.0	600
Nb	0.006	11.05	21.6	29.3	−3.9	−17.8	600
Nb	0.009	10.90	21.8	28.7	−3.1	−13.7	600
Nb	0.012	10.95	22.2	28.9	−3.0	−11.0	600
Nb	0.015	10.85	24.9	28.5	−0.6	−1.8	600
Ga	0.005	11.05	23.3	29.5	−1.4	−2.1	580
Ga	0.010	11.00	26.2	29.4	−1.3	−2.2	600
Ga	0.015	10.80	28.2	28.1	−1.2	−1.8	580
Ga	0.020	10.60	27.2	27.1	−1.6	−2.1	620
Ga	0.025	10.70	24.8	27.6	−2.4	−4.1	620
Ga	0.030	10.50	24.3	26.7	−2.7	−4.3	640

注：T_2 为烧结磁体的二级时效温度，一级时效温度是 900℃。

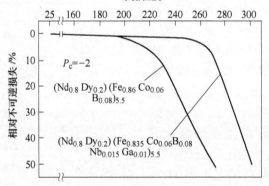

图 5-68　添加 Nb 和 Ga 对磁体开路不可逆磁通损失温度关系的影响[71]

添加少量的 Al、Ga、Cu、Nb、W 等低熔点金属或难熔金属元素，它们进入主相后会对其内禀磁性产生一定的影响（参见 4.5.4 节），但我们通常是通过这种手段来改善磁体的显微结构。

5.4.4　Ce、MM 替代的烧结 Nd-Fe-B 磁体

由于不同稀土元素的价电子特性非常接近，它们往往共生于稀土矿中，需要通过复杂的分离和提纯过程将其各自分开。如图 5-69 所示[72]，通过化学反应去除非稀土成分后，即可获得混合稀土（Mishmetal，简称 MM），显然 MM 中各稀土元素的含量取决于原生矿的形态；经过初级萃取将中重稀土从轻稀土中分离，再进一步萃取可获得 La、Ce 和含 Ce 的 Pr-Nd 合金（Ce-Didymium，简称 Ce-Di）；后者经充分去除 Ce 而得到 Pr-Nd 合金（Didymium，简称 Di），并可进而萃取分离成 Pr 和 Nd。上述分离产物以各稀土元素盐的形态存在，还需将其转换成氧化物，再还原制备成纯金属，不仅生产过程的成本很高，而且湿法冶金造成大量废液，处理不好就会导致严重污染。表 5-16 列出了一种典型 MM 的稀土含量（原子分数）[73]，可见 Ce 几乎占一半，位于次席的 La 也占到近 1/3，而 Nd-Fe-B 永磁体所需的 Pr/Nd 只有 20%。如果能有效地将 La 或 Ce 应用起来，可以大幅度降低磁体成本，显著改善稀土资源的平衡利用。进而，如果能直接应用分离中间产物如 Di 甚至 MM 为原料，还能节省繁复的分离过程，环境污染的治理负担和成本也会大幅下降，磁体成本更低。其实，在 Nd-Fe-B 问世前的 1981

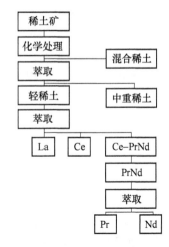

图 5-69 稀土矿分离和提纯示意图[72]

年，Koon 等人[55,74,75]研究非晶态 Fe-B 合金通过添加稀土元素和晶化过程获得永磁特性，就是从 La 和 Tb 开始的，并在快淬及晶化 $(Fe_{0.82}B_{0.18})_{0.9}Tb_{0.05}La_{0.05}$ 合金中实现了突破，磁性能达到：$B_r = 4.8kG$、$H_{cJ} = 10kOe$，这项工作随后发展成为第一批 Nd-Fe-B 专利和文章。随着 Nd-Fe-B 的问世，广泛深入的 La、Ce 和 MM 研究应运而生，对 La 和 Ce 在稀土家族中的特殊性质有了深刻的认识，尤其是 Ce 的变价特性及其对内禀和外禀磁性的影响，成为开发低成本烧结 Nd-Fe-B 磁体的重要指南。虽然 MM 比纯 Nd 价格要低很多，但 $La_2Fe_{14}B$ 和 $Ce_2Fe_{14}B$ 的内禀磁性远不如 $Nd_2Fe_{14}B$，过多 Ce 或 MM 替代 Nd 将严重降低磁体的内禀磁性（参见 4.5.4 节），从而也会严重劣化磁体的永磁性能[76~78]。另外，Ce 或 MM 形成的 R-Fe-B 合金及其粉末比普通 Nd-Fe-B 更易氧化，且烧结温度区间更小[76,78]。因此，按照传统的烧结 Nd-Fe-B 工艺无法制备出高 Ce 或 MM 含量的有实用价值的 R-Fe-B 磁体，它们的商品化进程也就此终止。近年来，由于 Pr、Nd 和 Tb、Dy 的成本压力，使用 Ce 或 MM 替代 Pr-Nd 的工艺技术重新引起重视，采用近年来发展的烧结 Nd-Fe-B 新技术，如元素添加、条片浇铸、双合金和专为此开发的双主相技术等，在合理控制磁体显微结构的前提下，成功地制备出高 Ce 含量、实用化 H_{cJ} 的烧结 R-Fe-B 磁体[79~84]。

表 5-16 一种典型稀土矿的混合稀土（MM）中各元素的原子百分比[73]

TR	Fe	其他	La/TR	Ce/TR	Pr/TR	Nd/TR	Sm/TR	Ce/La-Ce
97.94	1.43	0.63	31.94	48.05	4.55	15.08	0.34	60.07

严长江等人[79]运用现行的烧结 Nd-Fe-B 粉末冶金工艺，即片铸、氢破碎、气流磨粉碎、成形、烧结和热处理等，制备了不同 Ce 含量、名义成分为 $(Di_{1-x}Ce_x)_{27.5}Dy_3Al_{0.1}Cu_{0.1}Fe_{bal}B_1 (x = 0 \sim 0.56\%)$ 的烧结磁体。图 5-70 是这些磁体的室温退磁曲线。可见，B_r 随着 Ce 置换 Di 的量 x 增加而单调下降，仅 $x = 0.08$ 的 Ce 即可造成 H_{cJ} 下降 2.5kOe，在 $x = 0.16 \sim 0.24$ 之间退磁曲线方形度发生了变化，H_{cJ} 有一定的好转，但更高的 Ce 含量又进一步降低 H_{cJ}。图 5-71 和表 5-17 更直观地反映了其永磁性能参数随 Ce 含量 x 的变化关系，在 $x \le 0.16$ 时 B_r 和 H_{cJ} 下降较缓，对应的 $(BH)_{max}$ 也如此；但在 $x = 0.16 \sim 0.24$ 之间 H_{cJ} 反而升高，而 B_r 和 $(BH)_{max}$ 出现跳跃式下降；$x \ge 0.24$ 后 H_{cJ} 的降幅减缓，B_r 和 $(BH)_{max}$ 的降

低趋势略快于低 Ce 情形。进一步的研究指出，$x \geqslant 0.24$ 的磁体在主相边界出现 $CeFe_2$ 相，消耗掉部分 Fe，降低了磁体中主相的比例，但提高了富稀土相的相对含量，造成 B_r 和 $(BH)_{max}$ 的跳跃下降，但 H_{cJ} 和退磁曲线方形度得到改善。$x = 0.16$ 的磁体 $B_r = 12.92\mathrm{kGs}$、$H_{cJ} = 14.99\mathrm{kOe}$、$(BH)_{max} = 40.1\mathrm{MGOe}$，具有足够好的永磁特性和实用价值。

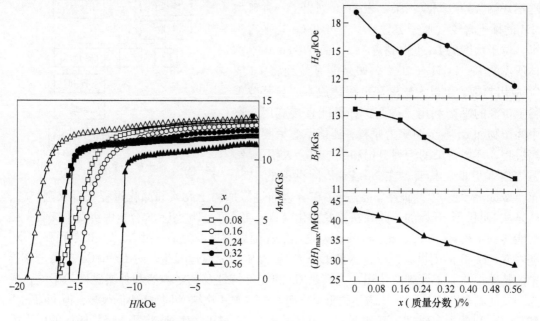

图 5-70　不同 Ce 含量烧结磁体
$(Di_{1-x}Ce_x)_{27.5}Dy_3Al_{0.1}Cu_{0.1}Fe_{bal}B_1$
（质量分数）的室温退磁曲线[79]

图 5-71　烧结磁体 $(Di_{1-x}Ce_x)_{27.5}Dy_3Al_{0.1}Cu_{0.1}Fe_{bal}B_1$
（质量分数）永磁性能参数
随 Ce 含量 x 的变化[79]

表 5-17　烧结磁体 $(Di_{1-x}Ce_x)_{27.5}Dy_3Al_{0.1}Cu_{0.1}Fe_{bal}B_1$（质量分数）
永磁性能参数随 Ce 含量 x 的变化[79]

x	B_r/kGs		H_{cJ}/kOe		$(BH)_{max}$	α_{Br} (20~100℃)	α_{HcJ} (20~100℃)
	20℃	100℃	20℃	100℃	/MGOe	/%·℃$^{-1}$	/%·℃$^{-1}$
0	13.23	12.14	19.21	9.45	42.6	-0.10	-0.64
0.08	13.07	12.01	16.72	7.81	41.8	-0.10	-0.67
0.16	12.92	11.77	14.99	6.94	40.1	-0.11	-0.67
0.24	12.44	11.24	16.72	9.21	36.8	-0.12	-0.56
0.32	12.08	10.79	15.78	8.78	34.3	-0.13	-0.55
0.56	11.33	9.91	11.33	6.11	28.5	-0.16	-0.58

他们还测定了这些磁体从室温至 160℃ 的高温永磁特性参数[80]，图 5-72 是温度为 20℃、100℃、140℃ 和 160℃ 的 B_r 和 H_{cJ} 与 Ce 对 Di 的替代量 x 的关系曲线，图 5-73 是根据这些数据计算的剩磁和内禀矫顽力温度系数 α_{Br} 和 α_{HcJ} 与 x 的关系，表 5-17 也给出了 100℃ 的高温磁特性参数和 20~100℃ 的 α_{Br} 和 α_{HcJ}。可见 α_{Br} 的绝对值随 Ce 含量的增加一路升高，而 α_{HcJ} 的绝对值升高趋势在 $x = 0.24$ 发生回落，随即保持在接近常数的状态，这

同样是 $x = 0.24$ 附近显微结构差异的表现。

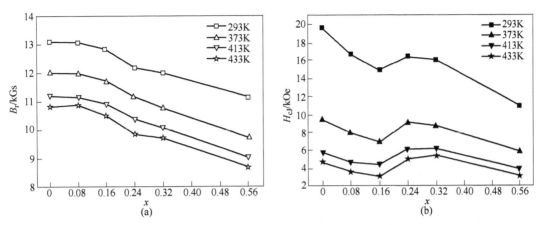

图 5-72 （$Di_{1-x}Ce_x$）$_{27.5}Dy_3Al_{0.1}Cu_{0.1}Fe_{bal}B_1$（质量分数）的高温 B_r（a）和 H_{cJ}（b）随 Ce 含量 x 的变化[80]

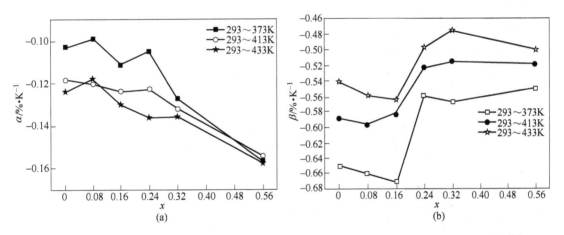

图 5-73 （$Di_{1-x}Ce_x$）$_{27.5}Dy_3Al_{0.1}Cu_{0.1}Fe_{bal}B_1$（质量分数）的高温 α_{Br} 和 α_{HcJ} 随 Ce 含量 x 的变化[80]

朱明刚和李卫等人[81~83]提出了双主相工艺，用速凝薄片技术分别制备 Nd-Fe-B 和（Ce-Nd）-Fe-B 合金，将两种合金的粉末以不同比例混合均匀，再用现行粉末冶金方法制备出与上述名义成分相同的（$Nd_{1-x}Ce_x$）$_{30}$（Fe,TM）$_{69}B_1$（$x = 0.10\% \sim 0.45\%$，质量分数）烧结磁体，磁体性能有显著改善。以名义成分为（（$PrNd$）$_{0.8}Ce_{0.2}$）$_{31}$（Fe,TM）$_{68}B_1$ 的磁体为例[81]，采用单合金方法制备该成分合金 B 的速凝薄片，由此制成磁体的室温退磁曲线为图 5-74 中的 B 线；而采用双主相方法得到的相同名义成分磁体的退磁曲线为 AC 线，其主相 A 合金和 C 合金的名义成分分别为（$PrNd$）$_{31}$（Fe,TM）$_{68}B_1$ 和（（$PrNd$）$_{0.5}Ce_{0.5}$）$_{31}$（Fe,TM）$_{68}B_1$，将 A 合金和 C 合金速凝薄片的氢破碎-气流磨粉以 3:2 的比例混合得到相同的磁体成分。AC 线在 H_{cJ} 和方形度上明显优于 B 线，H_{cJ} 从 7.7kOe 大幅度提高到 12.1kOe，代价仅仅是 B_r 从 13.30kGs 降低 1.05% 而成为 13.16kGs。表 5-18 是运用双主相工艺制备的不同 Ce 含量（$Nd_{1-x}Ce_x$）$_{30}$（Fe,TM）$_{69}B_1$（$x = 0.10\% \sim 0.45\%$，质量分数）烧结磁体的室温永磁特性参数[82]，其中 Ce 替代 30% Nd 的（$Nd_{0.7}Ce_{0.3}$）$_{30}$（Fe,TM）$_{69}B_1$ 磁体的 $B_r = 13.6kGs$、$H_{cJ} = 9.3kOe$、（BH）$_{max} = 43.3MGOe$，除了 H_{cJ} 略微偏低以外，具有相当的实用性。表 5-18 中的方形度参数 H_k/H_{cJ} 都在 0.8 以上，$x = 0.3$ 的达到 0.93，从实用性上讲是很不错的。李卫等人[83] 测量了名义成分为 $(Nd_{0.7}Ce_{0.3})_{30}(Fe,TM)_{69}B_1$ 的磁体在 25℃、65℃和 100℃的退磁曲线，结果表明其方形度在 65℃和 100℃仍能很好地保持（图 5-75），从 25℃到 100℃的剩磁和内禀矫顽力温度系数分别为：α_{Br}（25 ~ 100℃）$= -0.13\%/℃$ 和 α_{HcJ}（25 ~ 100℃）$= -0.68\%/℃$，与不含 Ce 的磁体相近。针对高 Ce 含量磁体 H_{cJ} 偏低的弱点，他们通过适当添加价格相对低廉的其他稀土元素使 H_{cJ} 得以改善，$(PrNd)_{1-x}(Ce,R)_x$-Fe-B 磁体在 $x = 0.50$ 的 H_{cJ} 从 3.32kOe 提高到 11.89kOe，甚至高于表 5-18 中 $x = 0.20$ 的磁

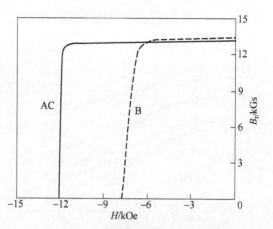

图 5-74　双主相和单合金工艺制备的 $((PrNd)_{0.8}Ce_{0.2})_{31}(Fe,TM)_{68}B_1$ 烧结磁体室温退磁曲线[83]

AC—双主相工艺；B—单合金工艺

体，其 $B_r = 11.59kGs$、$(BH)_{max} = 31.35MGOe$，而更高 Ce 含量的磁体（$x = 0.65$）仍然具有良好的退磁曲线（图 5-76）和永磁特性参数：$B_r = 10.24kGs$、$H_{cJ} = 10.80kOe$、$H_{cB} = 9.53kOe$、$(BH)_{max} = 24.40MGOe$。

表 5-18　$(Nd_{1-x}Ce_x)_{30}(Fe,TM)_{69}B_1$（$x = 0.10\% \sim 0.45\%$，质量分数）的永磁特性参数[82]

x	B_r/kGs	H_{cJ}/kOe	$(BH)_{max}/MGOe$	H_k/H_{cJ}
0.00	14.2	13.1	48.1	0.80
0.10	14.0	12.2	46.6	0.87
0.15	13.8	11.4	45.6	0.95
0.20	13.7	12.0	45.0	0.90
0.30	13.6	9.26	43.3	0.93
0.45	12.4	6.2	33.4	0.90

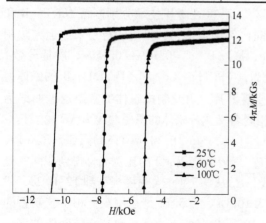

图 5-75　烧结磁体 $(Nd_{0.7}Ce_{0.3})_{30}(Fe,TM)_{69}B_1$ 的室温及高温退磁曲线[83]

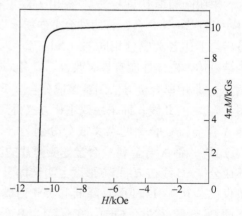

图 5-76　成分为 $(PrNd)_{0.35}(Ce,R)_{0.65}$-Fe-B 的高 Ce 含量烧结磁体的室温退磁曲线[83]

钮萼等人[84]采用包头白云鄂博矿区出产的典型混合稀土合金 MM，按照名义成分 $MM_{15.30}Co_{0.56}Cu_{0.08}B_{6.11}Fe_{bal}$（原子分数）配方制成 A 合金速凝薄带，其 MM 成分为（质量分数）：La = 27.06%，Ce = 51.46%，Pr = 5.22%，Nd = 16.16%，其余杂质为 0.1%。同时又按照名义成分 $(Pr,Nd)_{13.14}Dy_{0.73}Co_{1.00}Cu_{0.10}Al_{0.24}Nb_{0.21}B_{6.05}Fe_{bal}$（原子分数）制成 B 合金速凝薄带，然后将 A 和 B 分别制成平均粒度为 $3\sim5\mu m$ 的粉末，按不同重量比 0∶100、10∶90、20∶80、40∶60、60∶40、80∶20 和 100∶0 将粉末 A 和 B 均匀混合后制成取向烧结磁体。图 5-77 展示了利用上述双合金方法结合速凝薄片工艺等技术，制备出的混合稀土烧结磁体，其室温永磁特性与混合稀土占稀土总量的比例 MM/R（原子分数）的关系。可清楚地看到，H_{cJ} 随 MM/R 增加而下降，并以 MM/R = 42.2%（原子分数）为转折点：在转折点前的第一阶段，H_{cJ} 随 MM/R 增加迅速下降至 5kOe，在转折点后的第二阶段，H_{cJ} 下降缓慢。而 B_r 和 $(BH)_{max}$ 在测量误差范围内基本保持平缓下降，没有明显的转折。这个结果表明，除了 MM 替换 Pr-Nd 造成的内禀磁

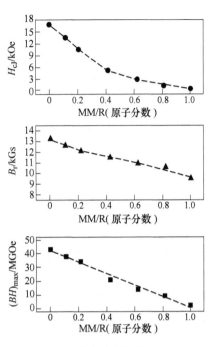

图 5-77 双合金法制备的 MM-Fe-B
烧结磁体的永磁特性参数
与 MM/R 的关系[84]

性下降以外，磁体相组成和显微结构等重要因素也敏感地影响到 H_{cJ}。在 MM/R ≤ 21.5%（原子分数）的范围内，能够得到 $B_r ≥ 12.1kGs$、$H_{cJ} ≥ 10.7kOe$、$(BH)_{max} ≥ 34.0MGOe$ 的优良磁体；而当 MM/R 在 21.5%（原子分数）和 42.2%（原子分数）之间时，磁体 $(BH)_{max}$ 仍能保持在 20.0MGOe 以上，并且具有实用的 H_{cJ}，其性能正好能填补现行烧结 Nd-Fe-B 磁体和各向异性粘结 Nd-Fe-B 磁体之间的空白，具有商品化应用开发的前景。

5.5　粘结稀土永磁体的永磁性能

粘结磁体是由磁粉和粘结剂组成的复合材料，磁粉的永磁特性对磁体性能起决定作用。粘结剂所占的体积以及磁体内部的孔隙会直接影响磁体的剩磁和最大磁能积，因为磁化强度是由单位体积内的总磁矩决定的，剩磁亦同，最大磁能积则正比于剩磁的平方，磁粉的内禀矫顽力原则上不受粘结剂和孔隙的影响。造成磁体性能与磁粉不同的另一个重要原因，为磁粉性能的工艺损失。因为粘结磁体的制备工序绝大多数在大气环境下实施，防氧化措施并不严格，热固性粘结剂固化或热塑性材料的塑化都在 150~300℃ 的高温下进行，磁粉表面会发生不同程度的氧化。如果粉末粒度较细，则比表面积相对较大，剩磁的下降不可忽略，但更为敏感的是内禀矫顽力下降和退磁曲线方形度变差。对于各向异性粘结磁体而言，磁粉易磁化轴的取向度自然是重要因素之一，它不仅关系到剩磁，如式（5-2）和式（5-3）所反映的特征，而且也会影响到磁体的内禀矫顽力（参见第 7 章）和最大磁能积。因此，确保优良并均匀一致的取向度，是制造各向异性粘结磁体的技术关键和

技术难点。在商品化的粘结稀土永磁体中，采用快淬纳米晶合金粉的各向同性粘结 Nd-Fe-B 磁体占绝大多数，约为粘结稀土永磁体总量的 80% 以上，各向异性粘结 Nd-Fe-B、Sm-Fe-N 及其混合杂化磁体占 10% 左右，另 10% 为各向异性粘结 Sm-Co 磁体。除磁粉有不同的选择外，物理或化学性质不同的粘结剂也为粘结磁体增添了多样性。常用的粘结剂有热固性树脂（如环氧树脂、酚醛树脂等）、热塑性树脂（如尼龙、聚苯硫醚等）、橡胶或热塑性弹性体、低熔点金属或合金（如铜、铝、锌及其合金粉末等），它们对应的成形技术也不相同，采用热固性树脂或金属粘结剂的通常采用压缩成形技术，热塑性树脂适合注射和挤出成形，橡胶或热塑性弹性体则用于压延和挤出成形，不同成形技术对应的磁体性能、形状适应性和尺寸及形位公差也有不小差别。

目前，粘结稀土永磁体的国内主要生产企业有上海三环、成都银河、深圳海美格等，日本企业有大同电子、Minebea、爱知制钢、松下、住友金属矿山、日亚化学、Napac 等，还有韩国磁化电子和德国 Kolektor。国内企业以压缩成形各向同性 Nd-Fe-B 磁体为主，上海三环在日本精工-爱普生技术的基础上优化了独一无二的挤出成形技术，并独自开发了耐高温压延和挤出成形柔性 Nd-Fe-B 磁体的技术，成为为数不多的同时拥有压缩、注射、挤出和压延技术制造粘结稀土磁体的厂家。日本企业具备压缩和注射的成熟技术，其中大同电子是与上海三环、成都银河规模相当的全球三大粘结 Nd-Fe-B 厂商之一，爱知制钢专注于各向异性 Nd-Fe-B，Napac 接手了精工-爱普生的各向异性粘结 Sm-Co 磁体技术和业务，住友金属矿山和日亚化学的优势是注射成形各向异性 Sm-Fe-N 及其与 Nd-Fe-B 复合的各向异性磁体。德国 Kolektor 的历史要追溯到 1980 年代初期，老牌德国烧结 Alnico、铁氧体和 Sm-Co 磁体厂 Krupp Widia 首先进入注射成形铁氧体产业，中期又增加了注射和压缩成形 Nd-Fe-B，2009 年工厂转到 Kolektor 名下，依然是德国最具代表性的注射铁氧体和 Nd-Fe-B 制造厂商。表 5-19 是粘结稀土永磁体的典型磁性能，更具体的磁体分类及其性能参数可参见附表 5-8 ~ 附表 5-14。

表 5-19 不同类型的粘结稀土永磁材料及其典型的磁性能

取向	材　　料	制粉技术	磁粉制造商	成形技术	B_r/kGs	H_{cJ}/kOe	$(BH)_{max}$/MGOe
各向同性	Nd-Fe-B	快淬	MQI	压缩	7.6	10.0	12.0
	Nd-Fe-B + Fe$_3$B	快淬	住友特殊金属	压缩	6.4	7.8	7.7
	Nd-Fe-B + α-Fe	快淬	户田工业	压缩	7.8	7.0	9.4
	Sm-Fe-N	快淬	大同电子	压缩	8.0	9.3	13.8
	Sm-Fe-N	快淬	东芝	压缩	8.9	8.2	15.4
	Sm-Fe-N + α-Fe	快淬	TDK	压缩	7.6	8.4	12.1
	Nd-Fe-B	HDDR	三菱金属	压缩	6.2	11.5	8.2
	Sm-Fe-N	HDDR	日立金属	压缩	6.1	11.0	8.0
各向异性	Nd-Fe-B	HDDR	三菱金属	压缩	9.4	13.0	18.0
	Nd-Fe-B	d-HDDR	爱知制钢	压缩	10.9	15.0	25
	Sm-Fe-N	还原扩散	住友金属矿山	注射	7.8	9.0	13.2
	Sm-Fe-N	还原扩散	日亚化学	注射	8.0	10.8	14.4
	Nd-Fe-B + Sm-Fe-N		日亚化学	注射	9.5	13.0	19.0
	Sm-Co	合金热处理	Napac	压缩	8.9	12.0	17.0

5.5.1　Sm-Co 粘结磁体

与烧结 Sm-Co 磁体一样，用于粘结磁体的 Sm-Co 磁粉也分为 1:5 型和 2:17 型两类，其中 1:5 型 Sm-Co 磁粉包括 $SmCo_5$ 和 $(Sm,MM)Co_5$，而 2:17 型磁粉仅有 $Sm_2(Co,Cu,Fe,Zr)_{17}$ 磁粉，两类粉末既可以单独使用，也可以复合使用，但目前使用最多的是 2:17 型磁粉。$SmCo_5$ 和 $(Sm,MM)Co_5$ 粉末的制备过程简单，只要将熔炼合金的铸锭粉碎到合适粒度即可[85]，因为 $SmCo_5$ 相高达 $250\sim440kOe$ 的磁晶各向异性场已足以让其合金具有 15kOe 以上的内禀矫顽力 H_{cJ}，全部采用混合稀土的 $MMCo_5$ 相的 H_a 也有 180kOe。第一块稀土永磁体就是树脂粘结的各向异性磁体，而采用尼龙粘结剂的 $SmCo_5$ 磁体甚至先于各向异性高密度烧结 $SmCo_5$ 磁体投入批量生产。同样的故事也发生在 Nd-Fe-B 和 Sm-Fe-N 磁体的开发过程中，当 Sagawa 发现了 $Nd_2Fe_{14}B$ 三元化合物的高内禀磁特性后，就立即制作了粘结磁体[60]，因为不满足于过低的永磁特性，他们用了近一年的时间开发相应的烧结工艺，而 Sm-Fe-N 至今还只能是粘结磁体。早期的粘结 Sm-Co 产品是将 $2\sim10\mu m$ 的 $SmCo_5$ 磁粉与环氧树脂混合制成的压缩成形磁体[86]，或者与热塑性树脂如氯化聚乙烯（CPE）或乙烯-乙酸乙烯共聚物（EVA）混炼制成注射成形磁体[87,88]。机械破碎和热加工造成的表面和内部缺陷使磁粉和磁体性能极不稳定，需通过热处理、Zn 粉混合热处理或有机表面包覆加以修复，使矫顽力进一步提高并保持磁体的长时间稳定性，这才实现了粘结 $SmCo_5$ 磁体的商品化[89,90]。还原扩散法制成的 $SmCo_5$ 粉经过球磨也可以用来制作粘结磁体，但由于磁性能偏低（$6\sim10MGOe$），市场应用面窄，生产厂家很少。Sm-Co 磁粉最重要的突破，是通过 Cu 的添加使近 Sm_2Co_{17} 正分成分的富 Fe 合金铸锭产生整体硬磁化效应[91~93]，且合金具有均匀的柱状结晶，取向度良好，唯一要做的是对合金追加一道工序——在 800℃ 附近进行脱溶硬化处理来实现高矫顽力，热处理后的合金经机械破碎到 $20\sim100\mu m$ 即可使用，而无需通过取向烧结磁体再破碎来制备高性能各向异性磁粉。另一种变通是将烧结 Sm_2Co_{17} 磁体的加工废料加以合理利用，也有人尝试过利用磁体的切削或研磨加工碎屑，但这些碎屑的磁性能损失过大且难以恢复，无法有效再利用。Strnat[9] 在 1987 年曾总结了当时已经商品化的粘结 Sm-Co 磁体性能及相关的粘结剂类型、成形方式和磁场取向方式，其结果汇总于表 5-20 之中。可以看到，压缩成形磁体的密度明显高于注射成形和挤出成形磁体的密度，磁粉填充率高于其他成形方法，因此其永磁特性最高。未经磁场取向的各向同性磁体 $(BH)_{max}$ 明显低于经磁场取向的各向异性磁体。

表 5-20　利用不同聚合物粘结的商用粘结 Sm-Co 磁体永磁性能和制备工艺的总结[9]

粘结剂	成形方法	取向	B_r /kGs	H_{cB} /kOe	H_{cJ} /kOe	$(BH)_{max}$ /MGOe	密度 /g·cm^{-3}	室温形态
热固性树脂、Sn/Pb 合金	混合 + 压缩	各向同性	3.0~5.0	2.8~4.4	11~20	2.5~5.5	6.0~6.7	刚性（弹性到脆性）
		辐射取向	6.0~8.0	4.9~6.5	9~10	8~12		
		平行压	6.0~7.8	5.5~6.2	10~20	9~12		
		垂直压	6.5~8.2	5.8~6.5	10~20	10~15		
低黏度环氧、硅酮环氧	压缩 + 浸渗	辐射取向	8.0~8.3	6.0~6.8	9~10	12~15	7.0~7.2	刚性（脆性）
		平行压	7.8~8.1	5.8~6.6	10~15	12~15		
		垂直压	8.2~8.9	6.0~6.8	10~15	15~17		

续表 5-20

粘结剂	成形方法	取向	B_r /kGs	H_{cB} /kOe	H_{cJ} /kOe	$(BH)_{max}$ /MGOe	密度 /g·cm^{-3}	室温形态
尼龙、PVC、聚（酰胺-酰亚胺）、聚酯	注射或挤出	各向同性 辐射取向 均匀场	3.2~3.7 5.4~6.6 5.7~6.8	2.5~3.3 4.3~4.9 4.4~5.0	8.5~11 7.5~9.5 7.5~9.5	2.2~2.7 6.0~9.5 7.0~10.5	5.0~5.5	刚性（弹性）
热塑性弹性体（EVA、CPE）	压延	各向同性 平行压	3.0~5.0 4.5~7.5	2.5~4.5 3.0~6.5	6~20 5~15	2~5 5~10	4.5~6.4	柔性到弹性

表 5-21 是日本 Napac 公司的主要粘结 Sm-Co 磁体性能表，所用的磁粉就是精工-爱普生 Shimoda 开发的加 Cu 脱溶（析出）磁硬化 $Sm_2(Co,Cu,Fe,Zr)_{17}$ 合金[93]，这项技术对稀土永磁产业而言是一个重要的贡献，在日本磁性材料工业界被称之为 "諏訪合金"，因为爱普生就坐落在长野县諏訪市。该表中常规牌号最高性能的是 SAM-15 和 SAM-15R，后者为辐射取向磁环，特别适合做小型精密电机，如石英表的秒针驱动机构。SAM-17 是近期开发的更高性能磁体，$(BH)_{max}$ 达到 16~17MGOe 的水平，目前以垂直压的产品为主。图 5-78 是 SAM-15 在不同温度的退磁曲线。与图 5-43（a）所展示的烧结 $Sm_2(Co,Cu,Fe,Zr)_{17}$ 不同的是，退磁曲线方形度并不好，说明取向程度远不及采用粉末冶金工艺对单晶粉末颗粒所达到的水平，B-H 曲线也不是直线，磁体的剩磁因体积比和取向度低而较大幅度地低于烧结磁体，而表磁则因 B-H 曲线的弯曲进一步下降。较差的退磁曲线方形度反而给磁体应用带来了优势，因为 B-H 曲线在高温下不再出现膝点，这就意味着磁体开路磁通不可逆损失的温度依赖关系不会出现像图 5-44（a）那样的突降，而是比较缓慢的下降。

表 5-21　日本 Napac 公司的粘结 Sm-Co 磁体性能参数[94]

牌　号	B_r /kGs	H_{cJ} /kOe	H_{cB} /kOe	$(BH)_{max}$ /MGOe	H_k /kOe	密度 /g·cm^{-3}
SAM-5	3.8~4.4	10~13	3.0~3.5	3.5~5.0	3.5~7.0	6.6~7.2
SAM-17	8.6~8.9	9~12	6.2~6.8	16~17	4.0~7.0	6.6~7.2
SAM-15	7.8~8.1	9~12	5.8~6.4	13~15	4.0~7.0	6.6~7.2
SAM-15R	7.3~8.1	9~12	5.6~6.5	11~15	3.0~7.0	6.6~7.2
SAMLET-10A	6.2~6.8	9~12	5.0~6.2	8.5~10.5	3.5~7.5	5.7~6.1
SAMLET-9R	6.0~6.6	9~12	4.6~5.6	7.5~9.5	3.5~7.5	5.7~6.1

注：1. 成形方式：SAM-×× 为压缩成形，SAMLET-×× 为注射成形。
　　2. 是否取向：SAM-5 为各向同性磁体，其余均为各向异性磁体。
　　3. 取向方式：无标注为垂直取向，A 为平行取向（轴向），R 为辐射取向。
　　4. 可逆温度系数：$\alpha = -0.035\%/℃$，回复磁导率：$\mu_{rec} = 1.05$。
　　5. 饱和磁化场：≥20kOe。

图 5-79（a）是长径比 $L/D = 0.7$ 的圆柱形磁体的开路磁通可逆-不可逆损失数据；作为比较，图 5-79（b）描绘了各向同性粘结 Nd-Fe-B 磁体的可逆-不可逆损失情况。从室温到 150℃，$H_{cJ} = 10~13$kOe 的粘结 Sm-Co 磁体总磁通损失仅为 -7.5%，而不可逆损失仅

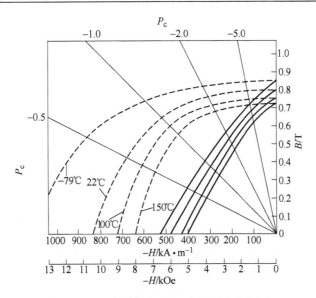

图 5-78 SAM-15 在不同温度的退磁曲线[94]

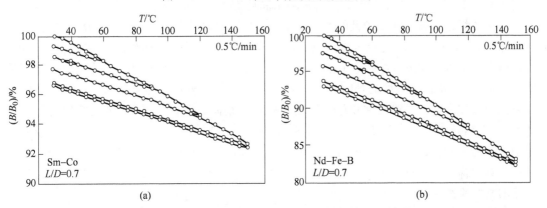

图 5-79 粘结 Sm-Co 和粘结 Nd-Fe-B 磁体在不同温度的可逆-不可逆损失[94]

比 3% 略高一点，可逆温度系数为 $-0.036\%/℃$，可见磁体基本上保留了磁粉的特性。同等条件下，粘结 Nd-Fe-B 的总磁通损失为 -17.5%，是 Sm-Co 磁体的 2.3 倍；不可逆损失为 -6.5%，比 Sm-Co 大一倍；可逆温度系数为 $-0.110\%/℃$，其数值也远大于 Sm-Co 磁体。图 5-80 比较了这两类磁体在 110℃ 的长时间不可逆损失，两者在 1h 内的初始不可逆损失是相当的，但长时间的测试数据表明，Sm-Co 磁体的不可逆损失随时间变化很平缓，

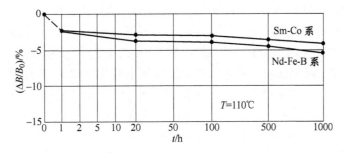

图 5-80 粘结 Sm-Co 和粘结 Nd-Fe-B 磁体的长时间不可逆损失的比较[94]

在1000h不超过-4%，相对而言Nd-Fe-B下降较大，1000h达到-5%以上。因此，粘结Sm-Co磁体在热稳定性方面明显好于粘结Nd-Fe-B，与烧结磁体的情况相似。

5.5.2 各向同性纳米晶 R-Fe 基粘结磁体

表5-19列出了三种快淬Nd-Fe-B磁粉所制作的各向同性粘结磁体磁性能，它们都以$Nd_2Fe_{14}B$为硬磁性主相，同样采用急冷快淬工艺制备纳米晶各向同性合金粉末，但由于总稀土含量和B含量的差异，磁粉的相组成截然不同，因此表现出不同的永磁特性。第一种磁体所用的磁粉即最常用的、美国麦格昆磁公司制造的MQP系列磁粉，其Nd含量接近$Nd_2Fe_{14}B$正分成分的11.76%（原子分数），B含量也与正分成分的5.88%（原子分数）相近，例如MQP-B的名义成分为$Nd_{12}Fe_{82}B_6$（原子分数），相组成为主相$Nd_2Fe_{14}B$和极少量的富Nd共晶相$Nd_{70}Fe_{30}$，磁体的B_r、H_{cJ}和$(BH)_{max}$都很高。第二种磁体的磁粉是住友特殊金属公司开发的SPRAX-Ⅰ和SPRAX-Ⅱ，这种粉末的总稀土含量很低，分别在4%~5%和6%~9%（原子分数），而B含量高达11%~15%（原子分数）。这是一种被称为纳米双相复合磁粉的产品[95]，由荷兰飞利浦公司的Coehoorn等人在1988年发明，磁粉由软磁相Fe_3B基体和镶嵌其中的硬磁相$Nd_2Fe_{14}B$纳米晶粒构成，因硬磁相$Nd_2Fe_{14}B$的含量少，且软磁相基体是饱和磁化强度较低的Fe_3B，磁体的H_{cJ}和B_r都偏低，因而$(BH)_{max}$最低。第三种磁体B_r很高，但H_{cJ}更低，因此$(BH)_{max}$有所增加，但无法达到第一种磁粉的水平。这种粉也是纳米双相复合结构，差别是合金中的Nd和B都低于主相的正分成分，而不是低Nd高B，其硬磁相依然是$Nd_2Fe_{14}B$，但软磁相换成了α-Fe，得益于α-Fe相对于Fe_3B的高饱和磁化强度，磁粉的饱和磁化强度和剩磁都很高，但也因α-Fe更软的磁特性而拉低H_{cJ}，必然导致更大的不可逆损失，而带来的益处是更易磁化，对磁化饱和难度较大的应用领域更有利。这三种磁粉高内禀矫顽力的源头，都是具有纳米尺度的$Nd_2Fe_{14}B$晶粒，在第7章的稀土永磁材料磁化、反磁化机制阐述中，我们会看到Nd-Fe-B磁体H_{cJ}与晶粒尺寸的密切关系。

在表5-19的各向同性磁体一栏中，还有一类磁体使用快淬Sm-Fe-N磁粉，其硬磁相为$Sm_2Fe_{17}N_{3-\delta}$或$TbCu_7$结构的$SmFe_7N_x$。与快淬Nd-Fe-B一样，也是将主相晶粒细化到纳米量级以获得高H_{cJ}，不同的是合金氮化物不能从熔旋快淬直接制取，而是要先获得微米晶的Sm-Fe合金，然后将其氮化成具有优异硬磁特性的磁粉。此工艺流程同样也可以用来制备硬磁/软磁纳米复合磁粉，如α-Fe/$SmFe_7N_x$。由于$Sm_2Fe_{17}N_{3-\delta}$或$SmFe_7N_x$具有与$Nd_2Fe_{14}B$相近的饱和磁化强度，以及高出近一倍的磁晶各向异性场和高出近160℃的居里温度，其永磁特性应全面优于快淬Nd-Fe-B，实验还发现氮化物具有更优秀的耐腐蚀能力，因此粘结Sm-Fe-N磁体是粘结Nd-Fe-B磁体的一个重要补充。

利用快淬工艺可将合金的晶粒纳米化，从而实现高的H_{cJ}；实现合金晶粒纳米化的另一条途径就是被称之为HDDR的氢化-歧化-脱氢-重组工艺[96]。Nd-Fe-B或Sm-Fe合金吸氢后在较高温度发生歧化反应，磁性主相分解成稀土氢化物和Fe-B或纯Fe，再将氢从合金中脱出时会重新组合成硬磁主相。由于形核中心众多，合金中$100\mu m$左右的初始单个大晶粒内可生成大量的纳米晶粒，如果HDDR工艺条件恰当，这些纳米晶粒的c轴还能保持与原来的大晶粒的c轴一致，磁粉成为各向异性磁粉。由于HDDR工艺独特的晶粒细化作用，除了Nd-Fe-B和Sm-Fe合金外，它还被尝试着用在其他各类稀土-过渡族金属间化合物上，如 $ThMn_{12}$ 结构的 $R(Fe,M)_{12}$ 及其氮化物、$Nd_3(Fe,Ti)_{29}$ 结构的 $R_3(Fe,M)_{29}$ 及其氮化物等。

5.5.2.1 接近 $Nd_2Fe_{14}B$ 正分成分的快淬 Nd-Fe-B 粘结磁体

接近 $Nd_2Fe_{14}B$ 主相正分成分的快淬 Nd-Fe-B 磁粉的典型代表，就是美国麦格昆磁公司的 MQP 系列熔旋快淬 Nd-Fe-B 磁粉，习惯上被称为 MQ 粉，以至于其他厂家生产的类似产品都被冠以"MQ 粉"的名头，依然未摆脱 MQP 磁粉长期垄断各向同性粘结 Nd-Fe-B 磁体市场所造成的影响。图 5-81 是 MQP 系列磁粉在 H_{cJ}-B_r 二维空间内的性能分布[97]，表5-22 是这些磁粉的典型磁特性参数规格，其中最常用的是 H_{cJ} 位于 10kOe 附近的 MQP-13-9、MQP-B 和 MQP-B$^+$，以及为耐高温应用准备的 $H_{cJ} \approx 12$kOe 的 MQP-14-12，针对高磁通密度、易磁化的应用，还有 $H_{cJ} \approx 7$kOe 的 MQP-15-7 和 MQP-16-7。MQP-O 粉是 MQP-14-12 的前一代产品，当时的工艺局限导致了较低的剩磁，但从磁粉规格看其 H_{cJ} 略高于 MQP-14-12，目前仍有一些传统应用，因为不方便变更材料而沿用 MQP-O 粉。同样的情形也发生在 MQP-A 粉上，从磁粉编号来看，这应该是第一个商品化的 MQP 磁粉，H_{cJ} 为 17kOe。

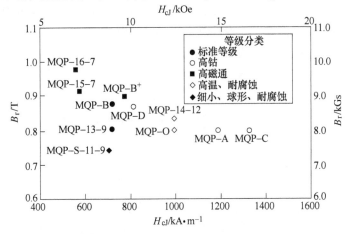

图 5-81 美国麦格昆磁公司的 MQP 系列快淬 Nd-Fe-B 磁粉性能分布[97]

表 5-22 不同牌号 MQP 磁粉的永磁特性参数[97]

牌　号	B_r /kGs	H_{cB} /kOe	H_{cJ} /kOe	$(BH)_{max}$ /MGOe	α_{Br} /%·℃$^{-1}$	α_{HcJ} /%·℃$^{-1}$	T_W /℃	H_m /kOe
MQP-A	7.8~8.2	6.4	13.0~17.0	12.2~14.0	−0.12	−0.4	120~160	>25
MQP-B	8.6~8.95	6.3	8.0~10.0	14.0~15.8	−0.11	−0.4	120~160	>20
MQP-B$^+$	8.95~9.15	6.8	9.0~10.5	15.8~16.8	−0.11	−0.4	120~160	>20
MQP-C	7.8~8.2	6.5	15.0~18.0	12.5~14.0	−0.07	−0.4	120~160	>25
MQP-D	8.55~8.85	6.6	9.0~11.5	14.6~16.0	−0.08	−0.4	120~160	>25
MQP-O	7.85~8.2	6.6	11.0~14.0	12.6~14.0	−0.13	−0.4	140~180	>20
MQP-14-12	8.2~8.5	6.9	11.8~13.2	13.4~15.1	−0.13	−0.4	140~180	>20
MQP-15-7	9.0~9.3	5.5	6.5~8.0	14.5~15.5	−0.11	−0.4	80~120	>20
MQP-16-7	9.6~10.0	5.8	6.5~7.5	15.6~17.2	−0.08	−0.5	80~120	>20
MQP-13-9	7.9~8.2	5.9	8.0~10.0	12.2~13.2	−0.12	−0.4	120~160	>20
MQP-S-11-9	7.3~7.7	5.4	6.5~7.5	9.7~11.4	−0.12	−0.4	110~150	>20

注：H_m 为使 B_r 达到饱和值的 95% 所对应的磁化场。

　　从图 5-1 的起始磁化曲线和图 5-6 的 B_r、H_{cJ} 磁化饱和趋势我们知道，MQP 粉的磁化过程与 H_{cJ} 强关联，图 5-82[98] 更直接地比较了 MQP-A 和 MQP-B 的磁化饱和趋势，并将烧结 Nd-Fe-B 磁体的特征[99] 一并进行比较。当磁化场为 15kOe 时，MQP-B 粉的饱和度为 75%，MQP-A 粉仅 30% 出头，对应的烧结磁体却已经基本饱和；即使磁化场升高到 20kOe，MQP-B 的磁化率也才达到 90%，MQP-A 还停在 65%；如果应用环境有限，只能提供 10kOe 磁化场的话，MQP-A 磁化率只有 10%，MQP-B 也只到 30%，而烧结 Nd-Fe-B 磁体则在 90% 以上，且含 Dy 的高 H_{cJ} 磁体反而更易磁化。表 5-23 是 H_{cJ} 相差仅 0.9kOe 的两批 MQP-B 粉的磁化饱和趋势[100]。可见，在 10kOe 和 15kOe 的常规磁化场下，高 H_{cJ} 磁体的磁通饱和度比低 H_{cJ} 磁体低 3%~4%，直到 30~35kOe 附近才趋近饱和，如此高的磁化场对绝大多数多极充磁环或装配后再充磁的应用而言很难实现，因此麦格昆磁一直致力于提高磁粉的易充磁性，并在易磁化和温度稳定性上平衡优化。MQP-C 和 MQP-D 是高 Co 含量磁粉，T_c 高达 470℃，其剩磁温度系数从 MQP-B 的 −0.13%/℃ 显著改善到 −0.07%/℃，且退磁曲线的方形度也有所提升。图 5-81 中的 MQP-S-11-9 是采用雾化法制备的球形粉，特别适合制作注射成形磁体，但 $(BH)_{max}$ 偏低，仅 11MGOe。表 5-22 中的数据暗含着一个有趣的现象，注意 MQP-B 和 MQP-B$^+$ 的 B_r 上限分别为 8.95kGs 和 9.15kGs，这两种磁粉的 Co 含量约为 5%（质量分数），相当于置换 Fe 的比例为 7%（原子分数），根据 Fuerst 等人[101] 有关 $Nd_2(Fe_{1-x}Co_x)_{14}B$ 内禀磁性的数据，$x = 0.07$ 样品的饱和磁化强度 $4\pi M_S$ 只比 $x = 0$ 的高 5%，也即 16.8kGs，晶粒间无磁相互作用的各向同性磁粉的剩磁 $B_r = 1/2 \times (4\pi M_S) = 8.4$kGs，显然磁粉的实际剩磁高于这个理论估算值，说明磁粉内部相邻晶粒间存在磁交换作用导致的剩磁增强效应。

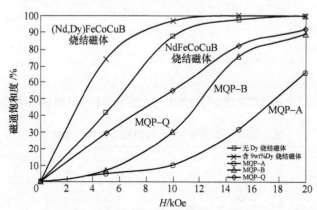

图 5-82　不同类型烧结和粘结 Nd-Fe-B 磁体的磁化饱和趋势比较[98,99]

表 5-23　H_{cJ} = 9.5kOe 和 10.4kOe 的两批 MQP-B 磁粉的磁化率随外磁场的变化[100]

H_{ext}/kOe 　 磁化率/%	10	15	20	25	30	35
H_{cJ} = 9.5kOe	30	73	90	96	100	100
H_{cJ} = 10.4kOe	26	70	89	95	98	100
差　异	4	3	1	1	2	0

表 5-24 是中科三环分别以商标 SANMAG-P、SANMAG-I 和 SANMAG-E 命名的压缩成形、注射成形和挤出成形粘结 Nd-Fe-B 磁体的性能规格。比较表 5-24 和表 5-22 可以看到，磁体基本上保持了磁粉的特性，特别是 H_{cJ} 和 α_{Br}，磁体加工工艺会使 H_{cJ} 部分损失，但依然在磁粉的规格范围以内；与退磁曲线纵轴相关的参数如 B_r、H_{cB} 和 $(BH)_{max}$ 都低于磁粉，这是由于粘结剂和孔隙率直接影响磁体密度的结果。压缩成形磁体的密度通常在 5.9 ~ 6.2g/cm³ 之间，是磁粉密度 7.6 的 78%~82%，一些极端情况下可以达到 6.3 ~ 6.4g/cm³，相对密度也不过 83%~84% 的磁粉密度；采用尼龙作粘结剂的注射成形磁体密度仅 5.5 ~ 5.8g/cm³，而采用聚苯硫醚（PPS）的 SANMAG-I*R 磁体密度更低，这主要是粘结剂的体积效应，PPS 对磁粉的容纳量比尼龙更低；挤出成形磁体依然采用尼龙，但添加量少于注射磁体，高性能的 SANMAG-E11 密度可与压缩成形磁体媲美，因而磁性能也相当，但磁体在长度上基本无限制，且横截面几何尺寸一致，几乎没有压缩成形磁体的锥度公差，特别适合于长尺寸、圆筒度要求高的应用。粘结磁体的回复磁导率 $\mu_{rec} = 1.2$，比烧结 Nd-Fe-B 的 1.02 大得多，磁粉的各向同性特征使退磁曲线的方形度远不及取向磁体，μ_{rec} 值偏大是自然的。

表 5-24 中科三环的压缩成形（SANMAG-P）、注射成形（SANMAG-I）和挤出成形（SANMAG-E）粘结 Nd-Fe-B 磁体的性能规格[14]

牌 号	B_r /kGs	H_{cB} /kOe	H_{cJ} /kOe	$(BH)_{max}$ /MGOe	μ_{rec}	α_{Br} /% · ℃⁻¹	d /g · cm⁻³
SANMAG-P8	6.0 ~ 6.6	4.6 ~ 5.4	8.0 ~ 10.0	7.5 ~ 8.5	1.2	−0.12	5.9 ~ 6.3
SANMAG-P10	6.6 ~ 7.0	5.0 ~ 5.5	8.0 ~ 10.0	8.5 ~ 10.0	1.2	−0.10	5.9 ~ 6.3
SANMAG-P12	7.0 ~ 7.6	5.3 ~ 5.9	8.0 ~ 10.0	10.0 ~ 12.0	1.2	−0.10	6.0 ~ 6.4
SANMAG-P8H	6.3 ~ 6.9	5.0 ~ 6.0	11.0 ~ 14.0	8.0 ~ 9.5	1.2	−0.13	6.0 ~ 6.4
SANMAG-P13L	7.5 ~ 8.0	4.5 ~ 5.2	6.0 ~ 8.0	10.0 ~ 12.5	1.2	−0.10	6.0 ~ 6.4
SANMAG-I8	6.1 ~ 6.6	4.75 ~ 5.25	8.0 ~ 10.0	7.5 ~ 8.5	1.2	−0.10	5.5 ~ 5.8
SANMAG-I7R	5.1 ~ 5.7	4.0 ~ 4.7	8.0 ~ 10.0	5.5 ~ 7.0	1.2	−0.10	5.1 ~ 5.6
SANMAG-I6HR	5.0 ~ 5.5	4.0 ~ 4.5	10.7 ~ 14.0	4.5 ~ 6.0	1.2	−0.13	5.0 ~ 5.5
SANMAG-E8	6.0 ~ 6.6	4.75 ~ 5.6	8.0 ~ 10.0	7.5 ~ 8.5	1.2	−0.10	5.6 ~ 5.9
SANMAG-E11	6.5 ~ 7.3	5.1 ~ 5.8	8.0 ~ 10.0	8.5 ~ 11.0	1.2	−0.10	5.8 ~ 6.1

图 5-83 是 SANMAG-P12 磁体从室温到 180℃ 不同温度的退磁曲线及其主要磁特性参数与温度的关系。就各向同性磁体而言，退磁曲线的方形度是很不错的，B-H 曲线也能维持很好的直线关系，即使在 100℃ 以上，H_{cJ} 的数值已经小于 B_r 的时候也如此（参看图 5-83(b)），在室温至 180℃ 的温区内，H_{cB} 始终低于 H_{cJ}，B-H 曲线的膝点很不明显，意味着 P_c 较小的应用也不用担心过高的高温不可逆损失，如图 5-84 所示[97]，$P_c = -2$ 的磁体（长径比 $L/D = 0.7$ 的圆柱体）在 80℃ 和 125℃ 的起始不可逆损失分别为 2% 和 3.2%，在 80℃ 的长时间附加损失很小，而在 125℃ 长时间放置的磁体不可逆损失随时间逐渐增大，1000h 后达到 5%。当长时间放置的温度升高到 180℃ 时，起始不可逆损失就达到 9% ~ 9.5%[102]，100h 后绝对值升到 13.7%（图 5-85），而耐高温磁粉 MQP-14-12 制备的磁体起始不可逆损失不到 3%，100h 后为 5%，耐高温磁粉名至实归。

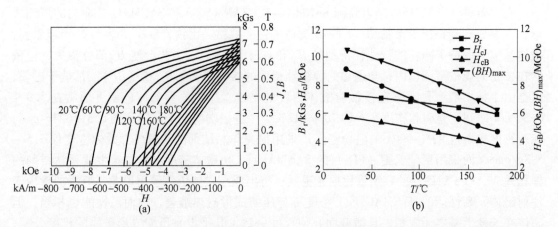

图 5-83 SANMAG-P12 磁体在不同温度的退磁曲线（a）和磁特性参数的温度依赖关系（b）[14]

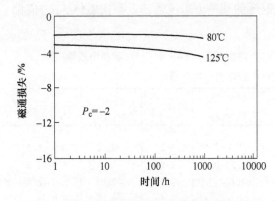

图 5-84 MQP-B⁺ 磁粉制备的压缩成形磁体在 80℃
和 125℃ 的磁通不可逆损失[97]

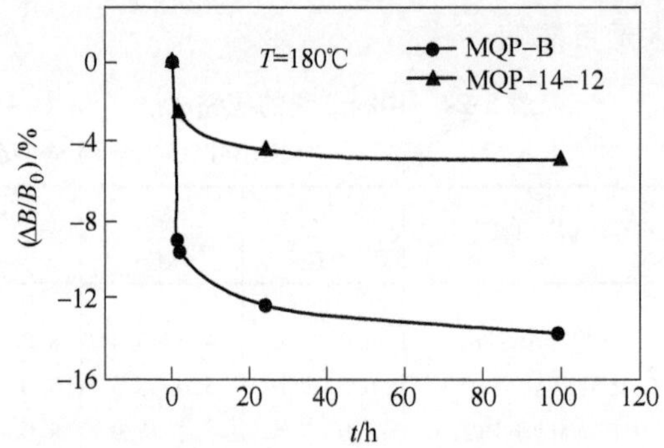

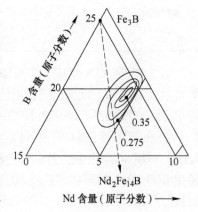

图 5-85 用 MQP-B 和 MQP-14-12 磁粉制备的粘结
磁体在 180℃ 高温的老化不可逆损失[102]

5.5.2.2 低稀土含量快淬 Nd-Fe-B 粘结磁体

1989 年 Coehoorn 等人[95]发表了低 Nd、高 B 的快淬纳米双相复合磁粉的性能，如图 5-86 的低 Nd、富 B 区 Nd-Fe-B 三元相图所示，在 Nd 含量（原子分数）仅 3%~5%（约 MQP 系列磁粉的 1/3）、B 含量（原子分数）17%~21% 的成分区内，H_{cJ} 可达到 2.75~3.6kOe。H_{cJ} 最大值 3.6kOe 对应的成分为 $Nd_{4.5}Fe_{77}B_{18.5}$，相对于 Fe_3B 和 $Nd_2Fe_{14}B$ 的连线（图 5-86 中的虚线）而言偏向于富 B 一侧，$(BH)_{max} = 11.9MGOe$，$B_r = 12kGs$ 高于 MQP 所有牌号，$M_r/M_s \approx 0.75$，而无相互作用各向同性磁粉的理论期望值 0.5，说明磁粉有剩磁增强效应。研究指出，磁粉的相组成为硬磁相 $Nd_2Fe_{14}B$ 和软磁相 Fe_3B，以高 H_{cJ} 的成分 $Nd_{4.5}Fe_{77}B_{18.5}$（原子分数）估算，硬磁相和软磁相的分子数比约为 1:8.3，体积比约 1:1.7，

图 5-86 Nd-Fe-B 三元相图和间隔
0.025T 的等 H_{cJ} 线[95]
（Nd: 0~11%，B: 15%~26%，原子分数）

可见这种磁粉以软磁相为主，H_{cJ} 应该更低才对。Kneller 等人[103]提出了交换弹簧模型，认为相邻的纳米晶硬磁相和软磁相内的磁矩之间存在交换相互作用，从而高 H_{cJ} 硬磁相的磁矩可维持相邻软磁相磁矩平行排列的倾向，直到硬磁相自身的磁矩反转，但外磁场依然会迫使软磁相的磁矩在很大程度上随动，仿佛弹簧一般，因此被称为"交换弹簧"。除了软磁相和硬磁相之间的交换作用外，硬磁相晶粒之间也存在交换作用，它会在磁化场降到零的时候促使相邻晶粒磁矩彼此靠近，从而偏离易磁化轴，使磁矩的立体角分布比半球分布窄，在原磁化方向的平均值，也即剩磁，大于饱和磁矩的 1/2，这就是"剩磁增强效应"。1992 年金清裕和等人[104]发表了添加 Dy、Co 和 Ga 增加 H_{cJ} 的研究工作，$Nd_{4.5}Fe_{73}Co_3Ga_1B_{18.5}$ 和 $Nd_{3.5}Dy_1Fe_{73}Co_3Ga_1B_{18.5}$ 快淬磁粉的 H_{cJ} 分别为 3.9kOe 和 4.4kOe，$B_r = 7.8kG$ 和 8.0kG，$(BH)_{max} = 6.9MGOe$ 和 7.6MGOe。从内禀磁性的变化趋势来分析，应该期待加 Dy 磁粉 H_{cJ} 提高但 B_r 下降才对，而实验数据表明两者都上升，意味着 Dy 置换 Nd 后强化了纳米晶的交换相互作用和剩磁增强效应。随后，他们发现[105]添加 Cr 可以大幅度提高 H_{cJ}，但也会降低 B_r，最佳性能对应的成分是 $Nd_{4.5}Fe_{71}Co_3Cr_3B_{18.5}$ 和 $Nd_{5.5}Fe_{70}Co_3Cr_3B_{18.5}$，其 H_{cJ} 分别等于 6.4kOe 和 7.66kOe，B_r 分别为 9.8kGs 和 8.6kGs；另一个重要特征是交换作用改善了内禀矫顽力的温度系数 α_{HcJ}，实测数据为 $-0.32\%/℃$，仅是 MQP 系列的 80%。在此基础上，他们进一步优化成分和工艺，先后开发了 SPRAX-Ⅰ 和 SPRAX-Ⅱ 两代低稀土含量快淬纳米晶 Nd-Fe-B 磁粉，其性能见表 5-25。SPRAX-Ⅰ 脱胎于上述添加 Co 和 Cr 的研究成果，由于 Fe_3B 的 T_c 比 $Nd_2Fe_{14}B$ 高 200℃ 左右，磁粉的剩磁温度系数 α_{Br} 优于 MQP，但由于磁晶各向异性小的 Fe_3B 相比例大，交换弹簧效应大幅度提高了回复磁导率，$\mu_{rec} = 2.67$。SPRAX-Ⅱ 进一步提高 Nd 含量（原子分数）到 6%~9%，B 含量（原子分数）降低到 11%~15%，硬磁相的体积比也相应增加，结合 Ti 和 C 等元素的添加，使 H_{cJ} 覆盖了与 MQP 磁粉相同的范围，但整体上 B_r 和 $(BH)_{max}$ 还不及 MQP 磁粉，不过胜在稀土总量少，不仅在成本上占优，而且在抗腐蚀能力上也有显著改善，实验表明，不涂装压缩成形磁体在 80℃×90%RH 放置 200h 的单位面积氧化增重在 $1.0×10^{-3}g/cm^2$ 以下，而 MQP 粉制备的磁体为 $(2.5~3.0)×10^{-3}g/cm^2$。SPRAX-Ⅱ-B 与 MQP-13-9 接近，B_r 略高，H_{cJ} 偏低，$(BH)_{max}$ 低 2% 左右；SPRAX-Ⅱ-C 与 MQP-14-12 的 H_{cJ} 相当，仍输在 B_r 和 $(BH)_{max}$；高 B_r 的 SPRAX-Ⅱ-D 性能不及 MQP-B，SPRAX-Ⅱ-E 与 MQP-15-7 相近。用同样的工艺分别制备 SPRAX-Ⅱ-B 和 MQP-13-9 磁粉对应的粘结磁体，结果表明其性能具有较好的可比性，B_r 高 3.6%、H_{cJ} 低 11.4%、H_{cB} 低 8.2%、$(BH)_{max}$ 低 2.4%。

表 5-25　住友特殊金属与麦格昆磁低稀土快淬 Nd-Fe-B 磁粉 SPRAX 与 MQP 的性能比较[97,105]

磁粉牌号	B_r/kGs	H_{cB}/kOe	H_{cJ}/kOe	$(BH)_{max}/MGOe$	$d/g·cm^{-3}$
SPRAX-Ⅰ	7.4~8.6	6.09	11.8~12.56	4.46~5.03	7.5
SPRAX-Ⅱ-B	8.30	5.69	8.41	12.67	7.5
SPRAX-Ⅱ-C	7.78	6.43	12.98	12.69	7.5
SPRAX-Ⅱ-D	8.64	6.04	9.56	14.01	7.5
SPRAX-Ⅱ-E	9.02	4.62	6.03	12.16	7.5
MQP-15-7	9.0~9.3		6.5~8.0	14.5~15.5	7.6
MQP-16-7	9.6~10.0	5.8	6.5~7.5	15.6~17.2	7.6

　　MQP 系列磁粉中的低 H_{cJ} 牌号 MQP-15-7 和 MQP-16-7 的稀土总量（原子分数）分别在 10.3% 和 9.5% 左右，在一定程度上低于 $Nd_2Fe_{14}B$ 正分成分的 11.76%（原子分数），B 含量（原子分数）略低于正分成分的 5.88%，多出来的 Fe 应该以 α-Fe 软磁相的形式存在，因此这两种磁粉实际上也是硬磁相和软磁相共存的"交换弹簧"磁体，B_r 明显高于主相饱和磁化强度的 1/2。为了方便比较，表 5-25 中也列入了 MQP-15-7 和 MQP-16-7 的性能。麦格昆磁的 Panchanathan[106] 进一步降低稀土含量，开发出 α-Fe 和 $Nd_2Fe_{14}B$ 纳米晶复合磁粉：$H_{cJ} \approx 4kOe$ 的 MQP-Q 粉，典型成分为 $Nd_8Fe_{86}B_6$，外加磁场 12kOe 的磁化饱和率超过 70%（图 5-82），优于以 Fe_3B 为基的 $Fe_3B/Nd_2Fe_{14}B$ 纳米复合体系，而同等条件下 MQP-B 和 MQP-B$^+$ 只有 50% 的饱和磁化率。采用 MQP-Q 粉的粘结磁体与 MQP-B 磁体比较（表 5-26），B_r 略高，与 MQP-B$^+$ 的相当，但低 H_{cJ} 导致其回复磁导率偏高，$\mu_{rec} = 1.67$，将 $(BH)_{max}$ 降低到 MQP-B 磁体的 70%，$P_c = -2$ 的圆柱磁体（$L/D = 0.7$）在 120℃ 放置 1h 的开路磁通不可逆损失高达 -16.1%，而 MQP-B 磁体仅 4.5%。他们认为 MQP-Q 粉的 $H_{cJ} = 4kOe$ 能满足许多现实的应用，特别适合难以磁化的场合，比如微型步进电机，其转子为 $\phi4 \sim 6mm$ 的 8 极充磁磁环。MQP-Q 粉的硬伤是过低的 H_{cJ} 会造成较大的不可逆损失，$P_c = -7$ 或更高的工作负载线才能使磁体长时间工作在 100℃，幸运的是这个 P_c 正好与步进电机设计匹配。Nishio 等人[107] 通过实验发现，适当添加 Nb 替换 Fe 可显著提升 H_{cJ}，将不可逆损失改善到接近 MQP-B 的状态，但依然保持较好的磁化特性。从表 5-26 的数据可以看到，随着 Nb 的增加，H_{cJ} 线性上升、B_r 线性下降，$P_c = -2$ 磁体在 120℃ 放置 1h 的开路磁通不可逆损失从 -16.1% 优化到 -3.4%。为了进一步改善磁粉的特性，他们在固定 Nb 含量（原子分数）为 2% 的情况下研究了 Nd 含量的影响，得到优化成分为 $Nd_{6.5}Fe_{85.5}B_6Nb_2$ 的磁粉，用该磁粉制备了 $\phi23mm \times \phi20.9mm \times 11.8mm$ 的外侧 48 极磁环，图 5-87（a）显示的总磁通与磁化电流的关系表明，它的磁化饱和趋势略逊于 MQP-Q 磁体，但在磁化电流为 10.5kA 时就很接近了，而同等磁化电流下 MQP-B 磁体的总磁通要低 10% 以上；磁体的不可逆损失随温度的变化见图 5-87（b），优化成分磁体的不可逆损失数据与 MQP-B 相当，相对于 MQP-Q 磁体而言缩减了一半。户田工业的浜野正昭等人[108] 研究开发了类似的 α-Fe/$Nd_2Fe_{14}B$ 快淬纳米复合体系，磁粉成分在 $Nd_8Fe_{78-x}Co_8Nb_xB_6$（原子分数）附近，最佳性能的磁粉成分为 $Nd_8Fe_{75}Co_8Nb_{2.5}B_{6.5}$，其 $(BH)_{max} = 19.35MGOe$、$B_r = 10.9kGs$、$H_{cJ} = 6.76kOe$，典型成分磁粉的压缩成形磁体性能见表 5-27，显然这套数据比表 5-26 更优秀，$(BH)_{max}$ 和方形度参数 H_k/H_{cJ} 与 MQP-B 磁体的基本一样，但与其他纳米复合体系一样具有高 B_r、低 H_{cJ} 的特征，图 5-88 是 $P_c = -2$ 的 Nd-7%（原子分数）和 Nd-8%（原子分数）系列磁体在 100℃ 的高温不可逆损失与时间的关系，尽管 H_{cJ} 偏低，Nd-8%（原子分数）系列与 MQP-B 磁体的高温不可逆损失几乎一样，Nd-7%（原子分数）系列的不可逆损失明显高于其他磁体，但磁体再充磁后的不可恢复损失都在 -1% 左右，Nd-7%（原子分数）系列的氧化程度略低一些，这是其较低稀土含量所具有的优势。

表 5-26　麦格昆磁添加 Nb 的低稀土快淬 Nd-Fe-B 磁体性能[107]

成分（原子分数）	B_r /kGs	H_{cJ} /kOe	$(BH)_{max}$ /MGOe	d /g·cm^{-3}	不可逆损失 /%
$Nd_8Fe_{86}B_6$（MQP-Q）	7.1	3.90	6.79	5.9	-16.1
$Nd_8Fe_{85}B_6Nb_1$	6.7	4.27	6.28	5.9	-9.8

续表 5-26

成分（原子分数）	B_r /kGs	H_{cJ} /kOe	$(BH)_{max}$ /MGOe	d /g·cm^{-3}	不可逆损失 /%
$Nd_8Fe_{84}B_6Nb_2$	6.4	4.65	5.53	6.0	−7.9
$Nd_8Fe_{83}B_6Nb_3$	6.0	5.28	4.65	5.9	−3.4
$Nd_{12}Fe_{82}B_6$（MQP-B）	6.9	9.05	9.8	5.9	−4.5

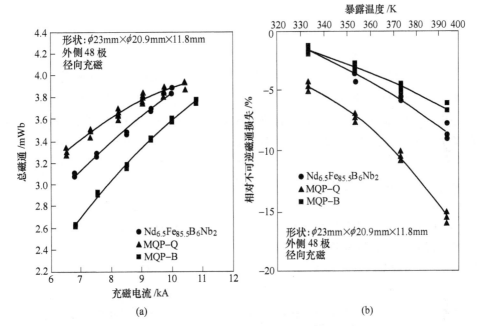

(a)   (b)

图 5-87　不同 H_{cJ} 的 MQP 磁粉制成的粘结多极磁环的
磁化饱和趋势（a）和 不同温度的高温减磁（b）[107]

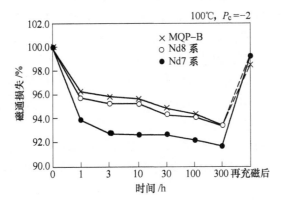

图 5-88　$Nd_7Fe_{79-x}Co_8Nb_xB_6$、$Nd_8Fe_{78-x}Co_8Nb_xB_6$ 和 MQP-B 粘结磁体的
长时间高温减磁及其再充磁后的磁通恢复[108]

表 5-27　户田工业的纳米复合磁粉制成的压缩成形粘结磁体性能[108]

成分（原子分数）	B_r /kGs	H_{cJ} /kOe	$(BH)_{max}$ /MGOe	H_k/H_{cJ} /%	α_{Br} /(%/℃)	α_{HcJ} /(%/℃)
$Nd_8Fe_{76}Co_8Nb_{1.5}B_{6.5}$	7.76	6.12	9.39	23.6		
$Nd_8Fe_{76.5}Co_8Nb_{1.0}Cu_{0.5}B_6$	7.65	5.54	9.04	25.3	-0.04	-0.42
$Nd_8Fe_{75.5}Co_8Nb_{2.0}Cu_{0.5}B_6$	8.10	4.85	9.20	25.2		
$Nd_{12}Fe_{82}B_6$（MQP-B）	6.90	8.67	9.12	26.2	-0.08	-0.33

5.5.2.3　各向同性快淬 Sm-Fe-N 粘结磁体

$Sm_2Fe_{17}N_{3-\delta}$ 间隙化合物[109,110]具有与 $Nd_2Fe_{14}B$ 极为接近的饱和磁化强度、3 倍于 $Nd_2Fe_{14}B$ 的磁晶各向异性场和高出 160℃ 左右的居里温度，且具有更优良的耐腐蚀性，是继 Nd-Fe-B 发明以来最具有市场价值的新一代稀土永磁材料。遗憾的是，高氮含量化合物只能通过合金与氮气或氨气的固-气相反应生成，在 650℃ 以上即分解，无法通过传统烧结工艺制成充分取向的实密度磁体，只能制成粘结磁体。自 Sm-Fe-N 发明以来，主要的研究开发工作都集中在采用微米级单晶细粉的各向异性磁体方面[111,112]，因为只有晶粒细化到微米水平才能在 Sm-Fe-N 中实现高 H_{cJ}，但也有一些相关工作延伸到各向同性 Sm-Fe-N 粘结磁体。1991 年德国西门子的 Katter 等人[113]用与快淬 Nd-Fe-B 相同的熔旋快淬法制备出 Sm_2Fe_{17} 纳米晶合金粉，经氮化处理转化为 $Sm_2Fe_{17}N_{3-\delta}$ 硬磁粉末，其永磁特性参数达到：$B_r = 7.3kGs$、$H_{cJ} = 20.99kOe$、$(BH)_{max} = 8.24MGOe$；同时，他们还以名义成分 $Sm_{10.6}Fe_{89.4}$ 的快淬合金经氮化制备出 $TbCu_7$ 结构的 $SmFe_9N_x$ 磁粉：$B_r = 8.6kGs$、$H_{cJ} = 6.16kOe$、$(BH)_{max} = 8.75MGOe$；与 Th_2Zn_{17} 结构的 $Sm_2Fe_{17}N_{3-\delta}$ 相比，B_r 和 $(BH)_{max}$ 更高，但 H_{cJ} 不足 1/3。这项工作开启了各向同性快淬 Sm-Fe-N 磁体的研究开发和产业化，其中最有成效的是日本大同电子，他们推出了商品名为 NITROQUENCH©、以 $(Sm,Zr)(Fe,Co)_7N_x$ 为硬磁主相的各向同性粘结 Sm-Fe-N 磁体[114,115]，其次是东芝和 TDK。

在日本旭化成发明 Sm-Fe-N 的人山恭彦转到大同特殊钢技术开发研究所后，致力于将各向同性快淬 Sm-Fe-N 磁粉及其粘结磁体产业化[116~118]，他们系统研究了 $Sm_x(Fe,Co)_{100-x}$ 熔旋快淬合金的相组成和结晶状态，及其与 Sm 含量和快淬、热处理条件的关系，以名义成分为 $Sm_{0.92}(Fe_{0.85}Co_{0.15})_{90.8}$ 的快淬粉氮化物制备的粘结磁体性能达到：$B_r = 8.2kGs$、$H_{cJ} = 8.47kOe$、$(BH)_{max} = 14.60MGOe$[117]。他们进一步研究了添加少量 Ga、Al、Zr、Hf、Nb、Ti 等元素对磁性能的影响，最终确定 Sm-Zr-Fe-Co-N 组合体系[118]。表 5-28[114,115]列出了大同电子的三款压缩成形和一款注射成形粘结 Sm-Fe-N 磁体的性能参数，其中的 SP-13（高 H_c）为高 H_{cJ} 磁体的典型数据，并与采用 MQP 最高性能和高 H_{cJ} 磁粉的粘结 Nd-Fe-B 磁体 NP-12L、NP-8SR 进行了比较。数据表明，压缩成形粘结 Sm-Fe-N 磁体 SP-14 的 H_{cJ} 与 Nd-Fe-B 磁体 NP-12L 相当，SP-14L 除了 H_{cJ} 略低以外，其他参数与 SP-14 几乎一样；SP-14 和 SP-14L 的 B_r 和 $(BH)_{max}$ 正好高出 NP-12L 一头，构成高低性能牌号相互衔接的关系。由于 T_c 高 160℃，SP-14 和 SP-14L 的剩磁温度系数明显优于 NP-12L。SP-

13（高 H_c）的 H_{cJ} 位于 NP-8SR 的规格上限，而 B_r、H_{cB} 和 $(BH)_{max}$ 都全面超越 NP-8SR，可逆温度系数也占优势，是一款非常适应于高温应用的粘结磁体。

表 5-28　大同电子粘结 Sm-Fe-N 磁体（SP-）的性能及其与粘结
Nd-Fe-B 磁体（NP-）的比较[114,115]

牌　号		B_r /kGs	H_{cB} /kOe	H_{cJ} /kOe	$(BH)_{max}$ /MGOe	α_{Br} /%·℃$^{-1}$
NITROQUENCH-P	SP-14	7.5 ~ 8.2	5.7 ~ 6.5	8.5 ~ 10.0	12.4 ~ 14.0	-0.04 ~ -0.07
NITROQUENCH-P	SP-14L	7.5 ~ 8.3	5.7 ~ 6.4	7.0 ~ 8.5	12.4 ~ 14.0	-0.05 ~ -0.07
NITROQUENCH-P	SP-13（高 H_c）	7.59	6.65	13.2	12.8	-0.05
NEOQUENCH-P	NP-12L	7.2 ~ 7.7	5.7 ~ 6.4	9.0 ~ 10.5	11.0 ~ 12.5	-0.10
NEOQUENCH-P	NP-8SR	6.0 ~ 6.8	5.2 ~ 6.1	10.5 ~ 13.5	8.2 ~ 9.7	-0.13
NITROQUENCH-P	SPI-10L	7.25	5.1	7.1	9.9	-0.05
NEOQUENCH-P	NPI-12L	6.4 ~ 7.2	5.0 ~ 5.8	8.0 ~ 10.0	8.5 ~ 9.5	-0.10

图 5-89 是 SP-14、SP-13（高 H_c）和 NP-12L 的相对磁化强度随外磁场的变化曲线。可看到，尽管 SP-14 和 NP-12L 的 H_{cJ} 相当，但 SP-14 的低场磁化饱和度明显低于 NP-12L，而 $H_{cJ} = 13.2$kOe 的 SP-13（高 H_c）更低，相反 SP-14L（图中未展示）的情况略好于 SP-14，但依然不如 H_{cJ} 更高的 NP-12L。三者在外加磁场 H 为 37.7kOe（3000kA/m）时磁化强度才彼此接近，都趋近饱和。因此，粘结 Sm-Fe-N 磁体更难磁化饱和。

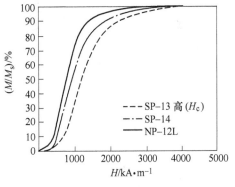

图 5-89　典型的压缩成形粘结 Sm-Fe-N 和
Nd-Fe-B 磁体的相对磁化强度
随外磁场的变化[115]

图 5-90 是 SP-14、SP-14L、SP-13（高 H_c）和 NP-12L 的室温退磁曲线，从 B-H 曲线来看，所有磁体在 P_c 绝对值较大的工作负载下与 SP-14 的表现不分高低，而 NP-12 的 $4\pi M$-H 曲线更平缓，回复磁导率 μ_{rec} 更小一些，SP-13（高 H_c）的最为平坦。图 5-91 是 SP-14、SP-13（高 H_c）和 NP-12L 从室温到 180℃ 高温的可逆、不可逆磁通变化率曲线，可见 SP-14 和 NP-12 的总磁通损失随温度的变化关系十分接近，但从高温回到室温并再次升到同样温度的磁通可逆变化趋势截然不同，SP-14 的变化明显比 NP-12L 平缓，可逆温度系数的数值更小（参见表 5-28），但 SP-14 的不可逆损失比 NP-12L 大一截。SP-13（高 H_c）的总磁通损失有了大幅度改善，可逆温度系数与 SP-14 一样，所以真正降低的是不可逆损失这一部分，不过仍然未达到 NP-12L 的水平。

图 5-92 是 SP-14、SP-13（高 H_c）和 NP-12L 在 120℃ 空气中放置 2000h 后的高温减磁与放置时间的关系曲线，与图 5-91 的信息相称，NP-12L 的起始不可逆损失最小，SP-14 是 NP-12L 的三倍以上，SP-13（高 H_c）是 SP-14 的一半。随着时间的推移，显示出 SP-14 和 SP-13（高 H_c）长时间减磁率低的优势，SP-13（高 H_c）从 1300h 开始高温减磁优于 NP-12L，SP-14 在 2000h 已经与 NP-12L 接近。图 5-93 是粘结 Sm-Fe-N 和 Nd-Fe-B 磁体在 70℃

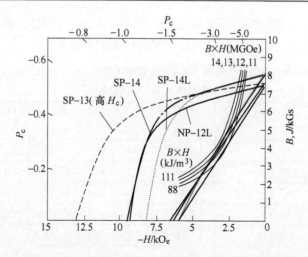

图 5-90 典型的压缩成形粘结 Sm-Fe-N 和 Nd-Fe-B 磁体的室温退磁曲线[115]

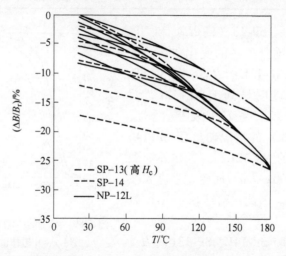

图 5-91 典型的压缩成形粘结 Sm-Fe-N 和 Nd-Fe-B 磁体的可逆、不可逆损失曲线[115]

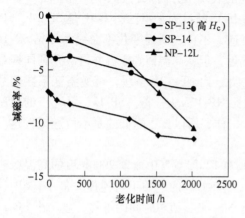

图 5-92 粘结 Sm-Fe-N 和 Nd-Fe-B 磁体
在 120℃空气中的长时间减磁率[115]

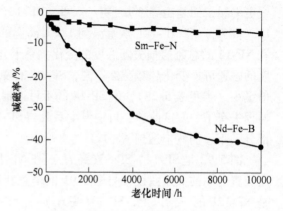

图 5-93 粘结 Sm-Fe-N 和 Nd-Fe-B 磁体
在 70℃水中长时间放置的减磁率[118]

的水中长时间放置后的磁通损失，尽管图 5-91 和图 5-92 揭示出 Sm-Fe-N 的起始不可逆损失较 Nd-Fe-B 大，但经老化处理消除了起始不可逆损失后，Sm-Fe-N 在严酷条件下的长时间减磁要小很多，且随时间的变化非常稳定，因此 Sm-Fe-N 的耐腐蚀性和抗氧化性远远超越 Nd-Fe-B。图 5-94 是在 80℃×95% RH 的湿热条件下试验 10 天后，不涂装磁体的表面锈蚀情况照片，显然 Nd-Fe-B 磁体表面已经锈迹斑斑，几乎覆盖整个磁体表面，而 Sm-Fe-N 磁体只有少数的锈点，这是 Sm-Fe-N 良好耐蚀性的直观表现。

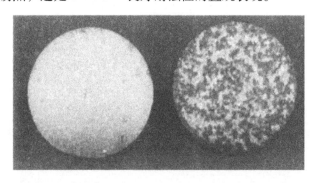

图 5-94　不涂装的压缩成形 Sm-Fe-N 和 Nd-Fe-B 磁体湿热试验后的锈蚀状况[118]

(试验条件：80℃×95% RH，10 天)

在大同电子开发 Sm-Zr-Fe-Co 快淬合金氮化物磁体之前的 1996 年，东芝研发中心的 Sakurada 等人[119]就揭示出，用部分 Zr 替代稀土 R 可方便地获得单相 $TbCu_7$ 结构的 RFe_7（R = Nd,Sm）快淬合金，并可将单胞晶格常数比 c/a 从不含 Zr 的 0.84 ~ 0.85 提高到 0.87，使合金的饱和磁化强度直线上升，再用 Co 部分替代 Fe 使（R,Zr）$(Fe,Co)_9$（R = Nd,Sm）相的室温饱和磁化强度高达 17kGs，这是迄今为止所报道的稀土-过渡族金属间化合物的最高值。经过氮化处理后，（Sm,Zr）$(Fe,Co)_9N_x$ 磁粉的 B_r = 10.8 kGs、H_{cJ} = 6.3kOe、$(BH)_{max}$ = 18.0MGOe。1999 年同一机构的 Kawashima 等人[120]在合金中添加少量的 B，进一步将磁粉性能提高到：B_r = 10.0kGs、H_{cJ} = 9.55kOe、$(BH)_{max}$ = 19.60MGOe；2003 年[121]这个纪录又被打破，$(Sm_{0.7}Zr_{0.3})(Fe_{0.8}Co_{0.2})_9B_{0.1}N_x$ 磁粉的 B_r = 10.7kGs、H_{cJ} = 9.8kOe、$(BH)_{max}$ = 22.6MGOe。图 5-95 是该粉末从室温到 200℃ 的退磁曲线，由此可计算出剩磁温度系数 α_{Br} = -0.034%/℃，不到 MQP 磁粉的一半，内禀矫顽力的温度系数 α_{HcJ} = -0.40%/℃，与 MQP 磁粉相当。将磁粉在高温环境放置 1h 后，用 VSM 测量磁粉的 $(BH)_{max}$ 与未受热磁粉的数值比，图 5-96 表明 SmZr-FeCo-B-N 磁粉的抗氧化性远比 Nd-Fe-B 好，到 300℃ 时仍基本保持性能不变，完全能承受注射或挤出成形磁体制备工艺，而 Nd-Fe-B 只能坚持到 200℃ 左右。由此制备的压缩成形粘结磁体的 $(BH)_{max}$ = 15.4MGOe，是表 5-19 中数值最大的各向同性稀土粘结磁体。

与快淬双相纳米晶 Nd-Fe-B 复合磁粉的研究开发工作类似，也可以建立快淬双相纳米晶 Sm-Fe-N 复合氮化物，且后者更为方便，因为无需特别引入 B。实际上，在比东芝的相关工作还早一年的 1995 年，TDK 材料研究中心的 Yoneyama 等人[123]就发现，在 Sm 含量偏低的情况下，添加 Zr 和 Co 所制备的 $TbCu_7$ 结构纳米晶（R,Zr）$(Fe,Co)_7N_x$ 氮化物具有更加优秀的永磁特性，B_r = 9.4kGs、H_{cJ} = 9.55kOe、$(BH)_{max}$ = 14.83MGOe，显微结构研究表明磁粉的相组成为 20 ~ 30nm 的（R,Zr）$(Fe,Co)_7N_x$ 和 α-Fe。他们系统研究了 α-Fe 相

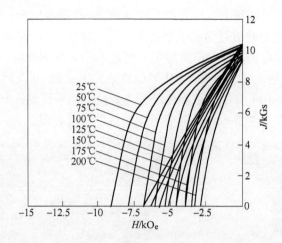

图 5-95　$(Sm_{0.7}Zr_{0.3})(Fe_{0.8}Co_{0.2})_9B_{0.1}N_x$ 磁粉不同温度的退磁曲线[122]

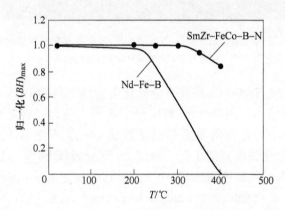

图 5-96　$SmZr$-$FeCo$-B-N_x 和 Nd-Fe-B 磁粉在不同温度放置 1h 后的 $(BH)_{max}$[122]

比例（或 Sm 的成分）、Co 含量、快淬条件和退火温度、氮化时间等重要因素对磁粉性能的影响[124]，使 TDK 将牌号为 NanoREC 的粘结磁体投放市场[125]。图 5-97 是 α-Fe 含量分别为

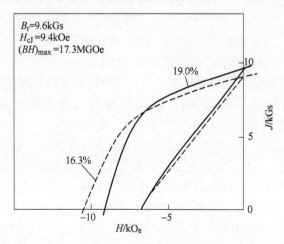

图 5-97　不同 α-Fe 含量的 NanoREC 磁粉的室温退磁曲线[125]

16.3%和19.0%的 NanoREC 磁粉的退磁曲线，典型永磁参数为 $B_r = 9.6\text{kGs}$、$H_{cJ} = 9.4\text{kOe}$、$(BH)_{max} = 17.3\text{MGOe}$，由此派生出的压缩成形磁体牌号和性能参数见表5-29，粘结磁体从室温到150℃的退磁曲线见图5-98，相应的 $\alpha_{Br} = -0.07\%/℃$、$\alpha_{HcJ} = -0.40\%/℃$。TDK 还推出了由该类磁粉制造的挤出成形柔性粘结磁体，性能也一并列在表5-29中。

表5-29　TDK 压缩成形和挤出成形粘结 Sm-Fe-N 磁体的牌号、磁性和密度[125]

牌　号	B_r/kGs	H_{cJ}/kOe	$(BH)_{max}/\text{MGOe}$	$d/\text{g·cm}^{-3}$
NBS8H	6.4	9.5	8.0	5.7
NBS8B	6.8	7.5	8.8	5.7
NBS5（厚度≥0.5mm）	5.0	9.0	5.0	
NBS4（厚度≤0.5mm）	4.4	9.0	4.0	

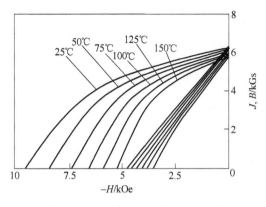

图5-98　经 2T 磁场充磁的压缩成形磁体的室温和高温退磁曲线[125]

5.5.2.4　各向同性 HDDR 的 R-Fe 基粘结磁体

1989年三菱材料株式会社的 Takeshita 等人[96]发表了关于用氢化-歧化-脱附-重组的方法在 Nd-Fe-B 合金粉末中实现高矫顽力的工作，这个方法被称作 HDDR 方法，即 Hydrogenation-Disproportionation-Desorption-Recombination 的字头。他们用 HDDR 工艺制备出晶粒尺寸约300nm 的 Nd-Fe-B 粉末，由于晶粒尺寸接近 $Nd_2Fe_{14}B$ 的单畴临界尺寸240nm，磁粉的 H_{cJ} 很高，晶粒易磁化轴的空间分布紊乱，尽管存在部分取向的迹象，但整体上磁粉具有各向同性的特征，永磁参数的典型数值为：$4\pi M_s = 9.5\text{kGs}$、$B_r = 7.7\text{kGs}$、$H_{cJ} = 9.4\text{kOe}$、$(BH)_{max} = 12.2\text{MGOe}$。他们系统研究了 B 含量、Nd 含量的变化对磁粉性能的影响[126]，图5-99是 $Nd_{14.5}Fe_{85.5-x}B_x$（$x = 5.5$、6.5和8.0）粘结磁体的室温退磁曲线，可见高 B 含量有利于获得高 H_{cJ}，但会导致 B_r 下降，但 B 含量偏低也不利于高 B_r 和高 H_{cJ}，当 $x = 5.5 \sim 6.0$ 时性能较为平衡。

图5-100显示出将 B 含量固定为6的时候，$Nd_yFe_{94-y}B_6$（$y = 11 \sim 14$）粘结磁体磁性能随 Nd 含量 y 的变化特征，在 $y = 12$ 附近性能存在突变：当 y 进一步降低时，饱和磁化强度 $4\pi M_s$ 迅速上升，但 B_r 和 H_{cJ} 都急剧下降，因此 $(BH)_{max}$ 也不能幸免，合金的优化成分为 $Nd_{12.5}Fe_{81.5}B_{6.0}$，相对于烧结磁体而言更接近主相的正分成分 $Nd_{11.77}Fe_{82.35}B_{5.88}$，Nd 含量略高于 MQP-B 快淬磁粉。用适量的 Co 替代 Fe，可以有效提升 B_r 和 $(BH)_{max}$，

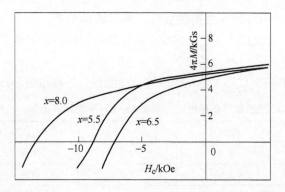

图 5-99 $Nd_{14.5}Fe_{85.5-x}B_x$ ($x=5.5$、6.5 和 8.0) 粘结磁体的室温退磁曲线[126]

$Nd_{12.5}Fe_{76.1}Co_{5.5}B_{5.9}$ 的 磁 粉 性 能 为:$4\pi M_s = 9.6kGs$、$B_r = 7.8kGs$、$H_{cJ} = 10.2kOe$、$H_{cB} = 5.7kOe$、$(BH)_{max} = 11.8MGOe$,密度 $\rho = 6.2g/cm^3$ 的 粘结磁体性能为:$4\pi M_S = 7.6kGs$、$B_r = 6.2kGs$、$H_{cJ} = 11.5kOe$、$H_{cB} = 5.1kOe$、$(BH)_{max} = 8.2MGOe$。

　　Sm_2Fe_{17} 合金也可以通过 HDDR 方法从微米晶粒转化为纳米晶粒,再经过氮化处理成为 $H_{cJ} > 8kOe$ 的 $Sm_2Fe_{17}N_{3-\delta}$ 磁粉,而未经 HDDR 处理的粗晶粒粉末的 $H_{cJ} < 0.5kOe$。日本东北大学的 Nakamura 等人[127~129]最早将他们在 Nd-Fe-B 体系里的 HDDR 工作经验移植到 Sm-Fe-N 领域,将 Sm_2Fe_{17} 合金晶粒细化成直径 50 ~ 500nm 的胞状纳米晶粒,在 775℃ 氮化处理后实现了 8.7kOe 的内禀矫顽力。周寿增等人[130]通过 Cr 或 Ga 的添加大幅度提升磁粉的 H_{cJ},$Sm_2(Fe_{0.95}Cr_{0.05})_{17}N_{3-\delta}$ 和 $Sm_2(Fe_{0.983}Ga_{0.017})_{17}N_{3-\delta}$ 的 H_{cJ} 分别达到 20kOe 和 25kOe。Tobise 等人[131]发现,在 Sm-Fe 合金中添加少量 Ti 和 B 可以有效消除 Sm_2Fe_{17} 合金中的 α-Fe,各向同性 $Sm_{9.4}Fe_{86.9}BTi_2N_x$ 磁粉的永磁特性达到:$B_r = 7.6kGs$、$H_{cJ} = 11kOe$、$(BH)_{max} = 11.06MGOe$。在研究磁粉和粘结磁体的热稳定性及抗氧化性时他们还发现,Ti 和 B 有非常积极的作用[132],磁粉在 120℃ 放置 300h 后性能基本上还能保持在这个水平,氧含量只略微增高;粘结磁体在 25 ~ 100℃ 温区的剩磁温度系数 $\alpha_{Br} = -0.06\%/℃$,内禀矫顽力的温度系数 $\alpha_{HcJ} = -0.43\%/℃$。图 5-101 展示 $P_c = -2$ 的 Sm-Fe-Ti-B-N 和 Sm-Fe-N 粘结磁体暴露在 100℃ 时的不可逆损失随时间的变化关系[132]。Sm-Fe-Ti-B-N 磁体

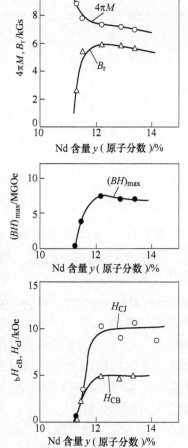

图 5-100 $Nd_yFe_{94-y}B_6$ ($y=11\sim14$) 粘结磁体的磁特性参数与 Nd 成分 y 的关系[126]

在 100℃ 放置 2h 和 300h 的开路磁通不可逆损失分别为 -2.1% 和 -2.5%,300h 的长时间损失仅为 0.5%。很明显,它与普通的 Sm-Fe-N 和高 H_{cJ} 的 Sm-Fe-N($H_{cJ} = 16kOe$)比较具

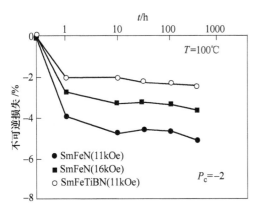

图 5-101　Sm- Fe- Ti- B- N 和 Sm- Fe- N 粘结
磁体的不可逆损失与时间的关系[132]

5.5.3　各向异性 R- Fe 基粘结磁体

相对于通常的 $(BH)_{max} = 40MGOe$ 的烧结 Nd-Fe-B 磁体而言，材料成分和成本相当的各向同性粘结 Nd-Fe-B 磁体的 $(BH)_{max}$ 却很低（见表 5-19），所以在发挥粘结磁体各项优点的前提下，各向异性粘结磁体责无旁贷地要承担填补其间性能空白的重任。Takeshita 等人[137] 在推出 HDDR 技术的时候，很快就关注到在含 Co 的 Nd-(Fe,Co)-B 中少量添加 Zr、Hf 和 Ga 并严格控制反应条件，可以制备出各向异性 Nd-Fe-B 磁粉，在取向磁场下成形的粘结磁体性能明显高于无取向磁体。随后他们又系统研究了 Co 替代 Fe 对 $Nd_{12.6}Fe_{81.4-x}Co_xB_{6.0}$ 各向异性效应的影响[138]，实验表明：在 $x = 5.8 \sim 17.4$ 的成分区内，磁场成形粘结磁体的 B_r 比无取向磁体约高 1.5kGs，$(BH)_{max}$ 高 5MGOe（图 5-102）。Nakamura 等人[139,140] 的研究表明，上述添加元素对磁粉产生各向异性并不是必要条件。2000 年爱知制钢的 Mishima 等人[141,142] 通过合理控制温度和氢气压强随时间变化的动态 HDDR 过程（d- HDDR），实现了高 H_{cJ} 各向异性 Nd-Fe-B 磁粉的批量生

有明显优化的开路磁通不可逆损失。

HDDR 方法同样被应用于其他类型的稀土-过渡族金属间化合物。Okada[133] 和 Tatsuki[134] 将 HDDR 应用于 $Sm(Fe,M)_{12}$，制备出 $H_{cJ} = 6.0kOe$ 的各向同性 $SmFe_{10}TiV$ 磁粉，Tatsuki 还在 $Nd_{1.3}Fe_{10}VMoN_x$ 氮化物中实现了 $H_{cJ} = 5.8kOe$，通过 Co 的添加，Sugimoto 等人[135] 使 $Nd_{1.6}(Fe_{0.9}Co_{0.1})_{10}V_2N_x$ 的 H_{cJ} 达到 8.3kOe。Book 等人[136] 则研究了 3:29 型 $Sm_3(Fe,V)_{29}$ 化合物经 HDDR 处理以后的永磁特性，H_{cJ} 达到 7.3kOe。

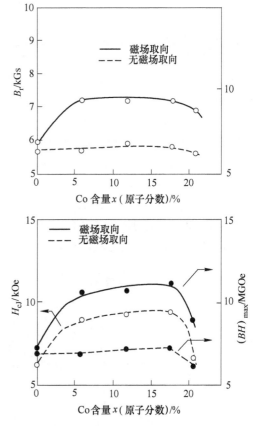

图 5-102　$Nd_{12.6}Fe_{81.4-x}Co_xB_{6.0}$（$x = 0 \sim 20\%$（原子分数））粘结磁体的 B_r 和 H_{cJ}
与 Co 含量 x 的关系[138]

产，并将 d- HDDR 方法生产的各向异性 Nd-Fe-B 磁粉及磁场取向粘结磁体推向了市场，商品名为 MAGFINE。2003 年三菱材料的 Morimoto 等人[143] 以厚度 0.3 ~ 0.4 mm 的条片浇铸 Nd-Fe-B 合金为 HDDR 处理的原料，有效替换了传统的高温长时间均匀化处理书本模铸

锭，制备出的各向同性 Nd-Fe-B 磁粉退磁曲线方形度有明显改善。根据这个研究结果，他们通过高温退火增大条片铸锭中的 $Nd_2Fe_{14}B$ 晶粒，并以这些条片铸锭作为原料制备出 Nd-Fe-B 型高性能各向异性的 HDDR 磁粉[144]。针对各向异性粘结磁体制备技术的瓶颈——磁粉充分取向，爱知制钢又致力于压缩和注射成形技术的开发，最终实现了高性能 MAGFINE 磁体的量产化。

Fe-基高性能各向异性磁粉的另一个当然选择，就是如 5.5.2.3 节所述的 $Sm_2Fe_{17}N_{3-\delta}$ 单晶粉末[109,110]，制备方法是将熔融合金锭粗破碎后进行氮化处理，再研磨到约 $1\mu m$ 的细粉以获得优异的硬磁特性。从稀土平衡应用和磁粉制备的经济性考虑，住友金属矿山的 Kawamoto 等人[145] 开发了以 Sm_2O_3 和 Fe 粉为原料的还原扩散方法，直接制备 Sm_2Fe_{17} 合金粉末，再经氮化处理和球磨成为 $Sm_2Fe_{17}N_{3-\delta}$ 磁粉，其典型的性能参数为：$B_r = 14.0kGs$、$H_{cJ} = 11.3kOe$、$(BH)_{max} = 40.6MGOe$。同一研究组的 Yoshizawa 等人[146] 开发了采用这类磁粉的注射成形磁体技术，磁体性能为 $B_r = 7.7kGs$、$H_{cJ} = 7.8kOe$、$(BH)_{max} = 12.9MGOe$。住友金属矿山量产化磁体的牌号为 Wellmax。日亚化学工业株式会社也开发了自己的还原扩散工艺[147]，不同的是他们的原材料是硫酸钐和硫酸亚铁溶液，经碱中和沉淀并焙烧后变成 Sm/Fe 混合氧化物，再经过类似的还原扩散和氮化成为 $Sm_2Fe_{17}N_{3-\delta}$ 近球形单晶粉末，平均粒度约 $3\mu m$，粒度分布狭窄，非常有利于注射成形。

5.5.3.1　各向异性 HDDR 纳米晶 Nd-Fe-B 粘结磁体

三菱材料株式会社中央研究所的武下拓夫（T. Takeshita）和中山亮冶（R. Nakayama）发现的 Co 对各向异性的重要作用，在图 5-102 中得到了充分的体现[138]，磁场取向粘结磁体的 B_r 和 $(BH)_{max}$ 明显高出不取向磁体，H_{cJ} 与磁粉取向与否关系不大，但随着 Co 含量的增大而有所上升。以此为基础，他们研究了众多元素 M 添加进 $Nd_{12.6}Fe_{69.3}Co_{11.6}M_{0.5}B_{6.0}$ 的 HDDR 磁粉各向异性特征[148]，图 5-103 列出了各元素取向和不取向磁体的 B_r、H_{cJ} 和 $(BH)_{max}$，除了 M = Ti、Cu 和 Ge 外，其他 M 都会对磁粉的各向异性作出一定贡献，其中以 M = Ga、Zr、Nb、Hf 和 Ta 对 B_r 增长的贡献最大，而 M = Al、Si 和 Ga 的 $H_{cJ} > 10kOe$。表 5-30 列出了提升 B_r 的元素的优化含量及其对应的粘结磁体性能，针对 $(BH)_{max}$ 最高的

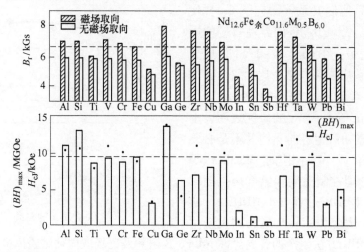

图 5-103　$Nd_{12.6}Fe_{69.3}Co_{11.6}M_{0.5}B_{6.0}$ 取向和不取向粘结磁体的磁性能[148]

表 5-30 HDDR 处理的 $Nd_{12.6}Fe_{69.8-x}Co_{11.6}M_xB_{6.0}$ 磁粉制备的各向异性粘结磁体磁性能[148]

M	x	B_r/kGs	H_{cB}/kOe	H_{cJ}/kOe	$(BH)_{max}$/MGOe
Ga	1.0	8.7	7.1	13.0	16.2
Zr	0.1	9.1	6.4	8.3	18.0
Nb	0.3	8.9	5.8	7.0	16.6
Hf	0.1	9.1	6.3	8.4	16.9
Ta	0.3	8.7	5.8	7.2	16.0

含 Zr 合金, 他们又混合添加 Ga 来改善 H_{cJ}, 图 5-104 是 Nd-Fe-Co-Zr-Ga-B 粘结磁体的退磁曲线, 其 $H_{cJ} = 13.7$kOe, $(BH)_{max} = 18.1$MGOe。HDDR 处理的各向异性粘结 Nd-Fe-B 磁体室温至 100℃ 的剩磁温度系数 $\alpha_{Br} = -0.1\%/℃$, 内禀矫顽力温度系数 $\alpha_{HcJ} = -0.53\%/℃$, 其绝对值大于快淬各向同性粘结 Nd-Fe-B 磁体在相同温度区间的 $\alpha_{HcJ} = -0.4\%/℃$, 但优于烧结 Nd-Fe-B 的 $\alpha_{HcJ} = -0.7\%/℃$。同一研究机构的 Morimoto 等人[149] 在 HD 和 DR 工序之间增加了一道氩气处理环节, 使磁体性能得到进一步优化, 用成分为 $Nd_{12.6}Fe_{63.1}Co_{17.4}Zr_{0.1}Ga_{0.3}B_{6.5}$ 的磁粉制备的粘结磁体 $B_r = 10.6$kGs、$H_{cJ} = 12.5$kOe、$H_{cB} = 8.2$kOe, $(BH)_{max} = 24.3$MGOe, 磁体密度为 6.2g/cm³。

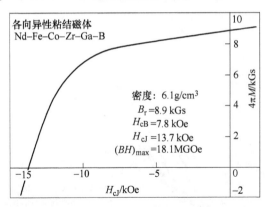

图 5-104 Nd-Fe-Co-Zr-Ga-B 粘结磁体的室温退磁曲线[138]

在采用 HDDR 制备高性能 Nd-Fe-B 磁粉和粘结磁体的产业化进程中, 爱知制钢做了非常突出的工作。表 5-31 是爱知制钢的 MAGFINE 磁粉及压缩和注射成形磁体的性能规格[150], 其中压缩成形磁体的压制条件为: 取向磁场 25kOe、成形温度 120℃、成形压强 0.9MPa, 样块尺寸为 7mm×7mm×7mm, 密度为 6.3g/cm³。环形磁体受到模具设计的制约, 取向场只能到 15kOe, 成形压强也偏低, 因此磁体密度和取向度都达不到上述状态, 为了估算环形磁体的磁性能, 将成形条件调整如下: 取向磁场 15kOe、成形温度 120℃、成形压强 0.1MPa, 样块尺寸为 14mm×14mm×14mm, 磁体密度不超过 6.2g/cm³。用这样的样块来模拟环形磁体的磁性能, 实测结果表明, $(BH)_{max}$ 比表中数据小 2MGOe, B_r 则低 0.5~0.6kGs。图 5-105 是不同牌号压缩成形环形磁体的充磁率曲线, 同时还绘出了还原扩散法制备的 Sm-Fe-N 磁体 Wellmax-S3-12M 的充磁率, 与图 5-4 的烧结 Nd-Fe-B 和图 5-6 的各向同性粘结 Nd-Fe-B 相比, MAGFINE 更加难以磁化饱和, 饱和磁化场需达到 35kOe,

且与磁粉的 H_{cJ} 关系不大，H_{cJ} 主要影响低场磁化的饱和度，相同磁场中低 H_{cJ} 的磁粉和磁体更易磁化一些。

表 5-31 爱知制钢的 MAGFINE 磁粉及其压缩、注射成形磁体的性能[150]

磁粉或磁体		B_r /kGs	H_{cJ} /kOe	$(BH)_{max}$ /MGOe	α_{Br} /%·℃$^{-1}$	α_{HcJ} /%·℃$^{-1}$
磁粉	MF15P	13.2	14.0	38.0		
	MF18P	12.5	17.0	35.0		
压缩磁体	MF14C	9.8	14.0	22.0	-0.11	-0.56
	MF16C	9.5	16.0	20.0	-0.11	-0.47
	MF18C	9.5	18.0	19.5	-0.11	-0.46
注射磁体	MF15P + 尼龙	8.2	13.7	15.1	-0.12	-0.58
	MF18P + 尼龙	8.0	16.7	14.5	-0.12	-0.58
	MF15P + PPS	6.8	14.0	10.6	-0.12	-0.58
	MF18P + PPS	6.7	16.7	10.2	-0.12	-0.58

注：1. MF16C 和 MF18C 温度系数的测量温区是室温至 150℃，其余牌号皆为室温至 120℃。

2. 测试样块尺寸为 7mm×7mm×7mm，在 120℃ 和 25kOe 取向场下以 0.9MPa 的压强压制而成。

3. 环形磁体因取向场和压强低而性能偏低，$(BH)_{max}$ 比表中数据小 2MGOe，B_r 小 0.5kGs。测试样块尺寸 14mm×14mm×14mm，在 120℃ 和 15kOe 取向场下以 0.1MPa 的压强压制而成，以模拟环形磁体的状况。

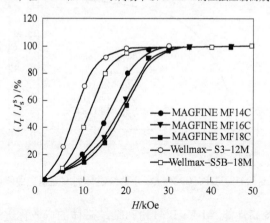

图 5-105 MAGFINE 采用压缩成形制备的环形磁体的剩磁 J_r 的磁化饱和趋势[150]

（与之比较的有 Wellmax 磁体（Sm-Fe-N））

图 5-106 是不同牌号压缩成形磁体的室温退磁曲线，图中还绘出了各向同性粘结 Nd-Fe-B 磁体的曲线以便比较，可见 B_r 和 H_{cJ} 比各向同性磁体大很多，但退磁曲线方形度不如各向同性磁体，B-H 曲线斜率所反映的回复磁导率略大于各向同性粘结 Nd-Fe-B，与烧结 Nd-Fe-B 比就更是自叹不如，这反映出磁粉晶粒尺寸分布很宽，且磁粉和磁体的取向程度还有很大的改善空间。图 5-107 是 MF14C 和 MF18C 两款压缩成形磁体不同温度的退磁曲线，根据高温磁特性参数计算出的剩磁和内禀矫顽力温度系数列在表 5-31 中，可见 α_{Br} 与烧结和各向同性粘结 Nd-Fe-B 相当，但 α_{HcJ} 数值普遍大于各向同性粘结 Nd-Fe-B 磁体、小于烧结 Nd-Fe-B 磁体，这个结果与三菱材料的观察一样。H_{cJ} 大的磁体在相同温度区间内

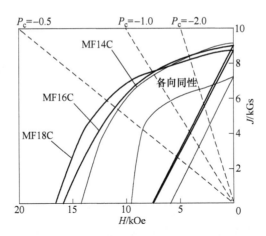

图 5-106 MAGFINE 压缩成形的环形磁体的室温退磁曲线及其与 MQP 磁体的比较[150]

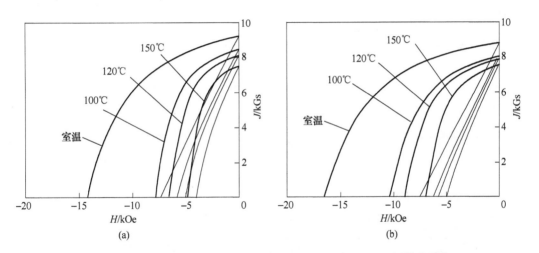

(a)　　　　　　　　　　　　(b)

图 5-107 MAGFINE MF14C（a）和 MAGFINE MF18C（b）压缩成形的
环形磁体在不同温度下的退磁曲线[150]

略好一些，但注射成形磁体由于制备过程中性能的工艺损失，尤其是 H_{cJ} 下降，α_{HcJ} 数值偏大。从图 5-107 可以看出，由于方形度较差，高温 B-H 退磁曲线反倒没有明显的膝点，只是有一些弯曲，这个特征在不可逆损失上有一定的补偿作用。

　　图 5-108 分别是 MF14C 和 MF18C 两种牌号的可逆和不可逆损失。图 5-109 分别是 MF14C 和 MF18C 两种牌号的长时间高温减磁，与图 5-19 和图 5-91 的各向同性粘结 Nd-Fe-B 及 Sm-Fe-N 相比，尽管 H_{cJ} 高一个档次，MF14C 在 150℃ 的不可逆损失仍然明显偏大，1000h 的高温减磁在 25% 以上，更高 H_{cJ} 的 MF18C 的情况好于 Sm-Fe-N，但长时间高温减磁也大于 10%，还是不如各向同性快淬 Nd-Fe-B。高温减磁过大一直是 MAGFINE 的缺陷，受烧结 Nd-Fe-B 晶界扩散技术的启发，爱知制钢发展了磁粉表面涂覆扩散 NdCuAl 合金的技术，结合防护性涂覆，改善后的新 MAGFINE 扣除起始不可逆损失后的长时间高温减磁达到了快淬 Nd-Fe-B 的水平（图 5-110（a）），而 80℃ × 95% RH 湿热环境下不涂装磁体的高减甚至优于快淬 Nd-Fe-B 磁体（图 5-110（b））[151]。

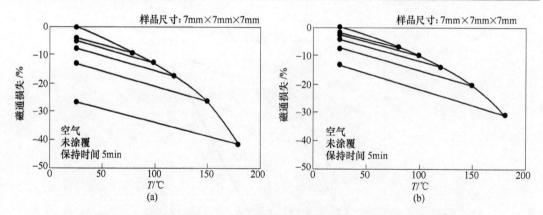

图 5-108 MAGFINE MF14C（a）和 MAGFINE MF18C（b）压缩成形磁体暴露
在空气中不同温度的磁通可逆和不可逆损失[150]

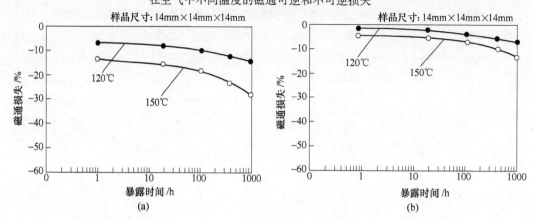

图 5-109 MAGFINE MF14C（a）和 MAGFINE MF18C（b）压缩成形的环形磁体
暴露在不同温度下的长时间磁通不可逆损失[150]

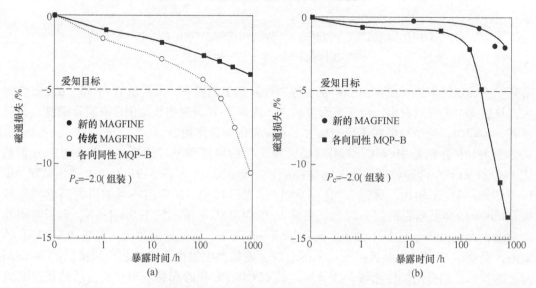

图 5-110 改善后 MAGFINE 压缩成形的环形磁体与快淬 Nd-Fe-B 的长时间磁通不可逆损失的比较[151]
（a）150℃空气；（b）80℃×95%RH 湿热环境（不涂装）

5.5.3.2 各向异性 Sm-Fe-N 粘结磁体

基于原材料成本和大规模生产的优势，日本住友金属矿山的还原扩散 Sm-Fe-N 磁粉主导着各向异性粘结 Sm-Fe-N 磁体的原材料市场。考虑到高 H_{cJ} 磁粉的平均粒度在 $1\mu m$ 左右，不适合压缩成形，他们干脆将细粉制成适合注射成形的 Wellmax 系列颗粒料。图 5-111 是该系列颗粒料的密度和 $(BH)_{max}$ 分布状况[152]，表 5-32 是不同牌号颗粒料对应的磁粉、粘结剂和 $(BH)_{max}$ 规格范围。磁粉的 $(BH)_{max}$ 覆盖 Sm-Fe-N、Nd-Fe-B、Sm_2Co_{17}，以及 Sm-Fe-N 分别与铁氧体或 Nd-Fe-B 混合杂化的区域。其中，全部采用 Sm-Fe-N 磁粉的 S3 系列又细分为 9M、10M、12M、13M 和 14M 五个档次，对应不同的密度、H_{cJ} 和 B_r，具体磁特性参数见表 5-33，S3（MA）是不可逆损失大幅度改善后的新牌号。图 5-105 中包含了 $L/D = 0.7$ 的圆柱形 Wellmax-S3-12M 磁体的充磁率趋势，显然 Sm-Fe-N 比 HDDR 的 Nd-Fe-B 更易充磁饱和，15kOe 的充磁场就能达到 90% 以上的充磁率，而 20kOe 就接近饱和了。

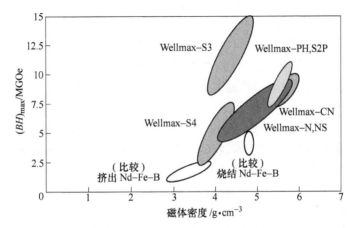

图 5-111 住友金属矿山 Wellmax 系列粘结磁体颗粒料的密度和 $(BH)_{max}$ 的分布[152]

表 5-32 不同牌号 Wellmax 颗粒料的基本特性[152]

牌 号	磁 粉	易磁化轴取向	粘结剂	$(BH)_{max}$ /MGOe	d /g·cm^{-3}
Wellmax-S1			磁粉	36 ~ 39	7.6
Wellmax-S3	Sm-Fe-N		尼龙 PA12	8.5 ~ 16.4	3.8 ~ 4.9
Wellmax-S3（MA）			尼龙 PA12	10 ~ 13	3.8 ~ 4.9
Wellmax-S4	Sm-Fe-N + 铁氧体	各向异性	尼龙 PA12	2.5 ~ 7.4	3.6 ~ 4.3
Wellmax-S5	Sm-Fe-N + Nd-Fe-B		尼龙 PA12	17.5 ~ 19.0	5.4 ~ 5.6
Wellmax-S5P			聚苯硫醚 PPS	10 ~ 13	
Wellmax-N	Nd-Fe-B	各向同性	尼龙 PA12	3.5 ~ 8.6	4.1 ~ 5.9
Wellmax-NS			聚苯硫醚 PPS	3.6 ~ 7.0	4.2 ~ 5.3
Wellmax-CN			环氧树脂-压缩	7.0 ~ 10.0	5.8 ~ 6.2
Wellmax-PH	Sm_2Co_{17}	各向异性	尼龙 PA12	9.5 ~ 11.0	5.5 ~ 5.8
Wellmax-S2P			聚苯硫醚 PPS	7.5 ~ 9.0	5.3 ~ 5.7

表 5-33 采用 Sm-Fe-N 磁粉的 Wellmax-S3 及 S5 系列不同档次注射成形磁体的基本特性[152]

Wellmax 系列	S3-9M	S3-10M	S3-12M	S3-13M	S3-14M	S5B-18M
B_r/kGs	6.0 ~ 6.5	6.3 ~ 6.8	7.0 ~ 7.5	7.3 ~ 7.8	7.6 ~ 8.1	9.0 ~ 9.5
H_{cB}/kOe	5.4 ~ 5.9	5.5 ~ 6.1	5.8 ~ 6.4	6.0 ~ 6.5	6.1 ~ 6.7	7.0 ~ 7.5
H_{cJ}/kOe	9.1 ~ 10.3	9.0 ~ 10.1	8.7 ~ 9.8	8.5 ~ 9.7	8.3 ~ 9.5	12.0 ~ 13.0
$(BH)_{max}$/MGOe	8.5 ~ 9.4	9.5 ~ 10.4	11.5 ~ 12.4	12.5 ~ 13.4	13.5 ~ 14.4	17.5 ~ 19.0
d/g · cm^{-3}	4.0 ~ 4.2	4.1 ~ 4.3	4.4 ~ 4.6	4.6 ~ 4.8	4.7 ~ 4.9	5.4 ~ 5.6
α_{Br}/% · ℃$^{-1}$			− 0.07			− 0.13
α_{HcJ}/% · ℃$^{-1}$			− 0.5			− 0.56
μ_{rec}/Gs · Oe^{-1}			1.1			1.1

图 5-112 是 Wellmax-S3-10M、12M 和 14M 的室温退磁曲线，与不同牌号烧结 Nd-Fe-B 类似，高 B_r 需以 H_{cJ} 的降低为代价，B-H 曲线的回复磁导率 $\mu_{rec}=1.1$，介于烧结和各向同性粘结 Nd-Fe-B 之间，与 HDDR 的 Nd-Fe-B 相比具有优势。值得注意的是，Wellmax-S3-14M 由于 H_{cJ} 过低，B-H 曲线在反向磁场为 5kOe 时已经开始偏离直线下弯，工作负载线过低会引发较大的不可逆损失。图 5-113 是 Wellmax-S3-12M 从 − 40℃ 到 + 150℃ 不同温度的退磁曲线，其剩磁和内禀矫顽力的温度系数分别为 $\alpha_{Br} = -0.07\%/℃$ 和 $\alpha_{HcJ} = -0.5\%/℃$，这个数值比各向同性 Sm-Fe-N 略差，但优于 d-HDDR 的 Nd-Fe-B，特别是 α_{Br}，毕竟 T_c 要高出 160℃。因为 α_{HcJ} 的绝对值数倍于 α_{Br}，加上 H_{cJ} 并不高，B-H 在 80℃ 就呈现明显的弯曲，在同等温度下不如 MAGFINE MF18C。图 5-114 则呈现了 Wellmax-S3-12M 起始不可逆损失与放置温度的关系，对应 5% 不可逆损失的温度约为 125℃，相当于 MAGFINE MF18C 的水平，明显优于其同等 H_{cJ} 的 MF14C（参见图 5-108）。综合考察温度系数和起始不可逆损失，再加上更强的耐蚀性和抗氧化性，Sm-Fe-N 的高温磁特性全面超越 Nd-Fe-B，只是由于粉末粒度过细，粘结磁体密度偏低，在磁性能上输给 Nd-Fe-B。

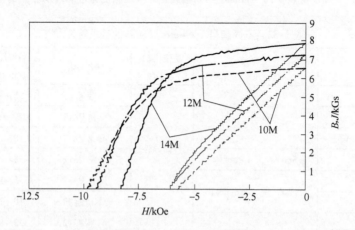

图 5-112 Wellmax-S3 系列 Sm-Fe-N 注射成形颗粒料的退磁曲线[152]

在 HDDR 的 Nd-Fe-B 市场的主要供应者是爱知制钢，但还原扩散 Sm-Fe-N 粉有两家：日亚化学与住友金属矿山。图 5-115 是日亚化学 Sm-Fe-N 注射成形颗粒料的性能分布[153]，

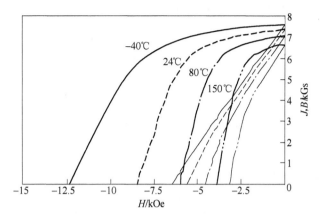

图 5-113　Sm-Fe-N 注射成形颗粒料 Wellmax-S3-12M 不同温度的退磁曲线[152]

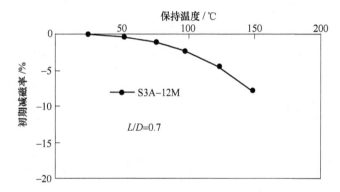

图 5-114　Sm-Fe-N 注射成形颗粒料 Wellmax-S3-12M 不同温度的起始不可逆损失[152]

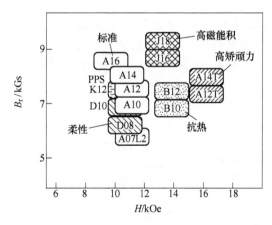

图 5-115　日亚化学 Sm-Fe-N 注射成形颗粒料的性能分布[153]

表 5-34 是各牌号对应的磁性能参数。A 系列为采用尼龙 12 的标准系列，具有良好的耐腐蚀性、循环使用性和一体成形性；AT 系列与 A 系列类似，不同的是磁粉的 H_{cJ} 高达 15kOe，磁体具有良好的温度耐受性；B 系列采用高 H_{cJ} 磁粉和热变形温度更高的尼龙 6，粘结剂的耐热温度可以达到 150℃，弥补了 PA12 耐热性较差的缺陷，由于热加工温度偏

高，磁粉表面采用了特殊的防护处理，但相对于 AT 系列而言 H_{cJ} 仍有不小的工艺损失；D 系列的粘结剂是热塑性弹性体 TPEE，可供注射和挤出成形加工，磁体具有柔韧性；K 系列则使用聚苯硫醚 PPS 作粘结剂，PPS 除了高达 290℃ 的熔点外，还具有优异的耐水性和耐溶剂性，可在高温潮湿、热水和热油的恶劣环境下长期使用，为了补偿更大的加工工艺损失，它也采用高 H_{cJ} 的 Sm-Fe-N 磁粉。

表 5-34　日亚化学 Sm-Fe-N 注射成形颗粒料的性能参数[153]

系列	树脂	牌号	B_r /kGs	H_{cJ} /kOe	H_{cB} /kOe	$(BH)_{max}$ /MGOe	α_{Br} /% · ℃$^{-1}$	α_{HcJ} /% · ℃$^{-1}$	d /g · cm^{-3}	热变形温度 /℃
A	PA12	A07L2	5.7	11.8	5.3	7.8			3.9	
		A10	6.8	11.8	5.9	10.7			4.5	
		A12	7.4	11.7	6.5	12.6	−0.06	−0.45	4.8	121
		A14	7.8	10.9	6.8	14.0	−0.07	−0.44	4.9	147
		A16	8.4	9.3	6.8	16.0			5.0	
AT	PA12	A12T	7.4	15.4	6.7	12.9	−0.07	−0.39	4.8	135
		A14T	7.7	15.0	7.0	13.9	−0.07	−0.39	4.9	147
B	PA6	B10	6.7	12.8	6.2	10.7	−0.07	−0.39	4.4	169
		B12	7.3	12.5	6.6	12.6	−0.07	−0.40	4.7	169
D	TPEE	D08	6.2	11.0	5.7	9.1			4.2	柔性磁体
		D10	6.8	11.6	6.0	10.9			4.5	柔性磁体
K	PPS	K12	7.2	10.4	5.5	11.5	−0.10	−0.43	5.1	~260
J	PA12	J16	8.4	13.6	7.3	16.2			5.2	
		J18	9.0	13.2	7.7	18.4			5.6	

图 5-116 是 A 系列、B 系列磁体的长时间高温减磁曲线，并与粘结 Sm-Co 磁体进行了比较，A 系列在 125℃ 和 150℃ 的起始不可逆损失分别为 −4.3% 和 −7.2%，B 系列将这个数字减少了近一半；A 系列 1000h 的附加长时间高温减磁分别为 −4% 和 −4.5%，而 B 系列只有 −1% 和 −2%，可见 B 系列在长时间耐蚀性方面有显著改善，甚至超过了粘结 Sm-Co 磁体。

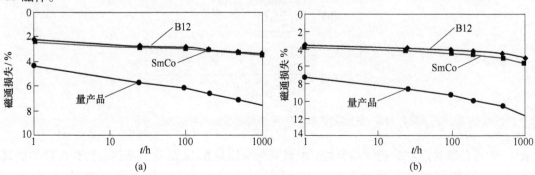

图 5-116　日亚化学 Sm-Fe-N 注射成形颗粒料的长时间不可逆损失[153]
(a) 125℃；(b) 150℃

5.5.3.3 杂化磁粉粘结磁体

HDDR 处理的 Nd-Fe-B 磁粉典型的粉末粒度为 $30 \sim 200 \mu m$，而还原扩散法制备的 Sm-Fe-N 磁粉为 $2 \sim 5 \mu m$，熔炼合金制备的 Sm-Fe-N 更是细到 $1 \mu m$。比较表 5-32 中住友金属矿山的 Wellmax-S3 系列和 N 系列可以看到，同样采用尼龙 12 为粘结剂，粗粉末 Nd-Fe-B 颗粒料的磁体最高密度为 $5.9 g/cm^3$，而细粉末的 Sm-Fe-N 磁体只有 $4.9 g/cm^3$，因此粉末粒度过细妨碍后者获得更高的磁性能。将粗细粉末按一定比例混合，可以制成杂化磁体，有效提升粘结磁体的磁粉填充比和磁性能，实际上表 5-32 的 Wellmax-S5、S5P 和图 5-115 及表 5-34 的 J 系列就是 Nd-Fe-B 和 Sm-Fe-N 的混合杂化磁体。图 5-117 是 $\phi10mm \times 7mm$ 圆柱样品的外形和扫描电镜照片[153]，$3 \mu m$ 的 Sm-Fe-N 细粉可以密实地填充 $30 \sim 200 \mu m$ 的 Nd-Fe-B 粗颗粒孔隙，有效缩小了 Nd-Fe-B 磁体的孔隙率，并将粗粉进行了分割包围，日亚化学发现这种分割包围使 J 系列磁体的电阻率比采用纯 Nd-Fe-B 的提升了近百倍，达到 $10^1 \Omega \cdot cm$ 的量级，对减少磁体的涡流损耗十分有利。从表 5-33 和表 5-34 的磁体性能参数看，最高密度 $5.6 g/cm^3$ 已经达到纯 Nd-Fe-B 的 95%，$(BH)_{max}$ 为 $18.4 \sim 19.0 MGOe$，相对于纯 Sm-Fe-N 而言提高了 2.4MGOe，已经接近压缩成环形磁体的最高水平 20MGOe。

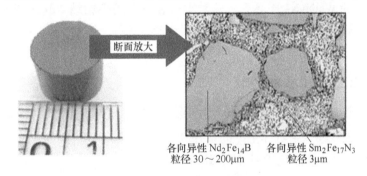

各向异性 $Nd_2Fe_{14}B$ 粒径 $30 \sim 200 \mu m$ 　各向异性 $Sm_2Fe_{17}N_3$ 粒径 $3 \mu m$

图 5-117　$\phi10mm \times 7mm$ 圆柱形 Nd-Fe-B/Sm-Fe-N 杂化磁体样品的外形和扫描电镜照片[153]

图 5-118 是日亚化学 J 系列杂化磁体与 A 系列 Sm-Fe-N 和通常 Nd-Fe-B 磁体的退磁曲线比较，杂化磁体 J18 的 B_r 超过纯 Nd-Fe-B 磁体和纯 Sm-Fe-N 的 A16，H_{cJ} 位于 Nd-Fe-B 和 Sm-Fe-N 之间，退磁曲线没有明显的高低 H_{cJ} 曲线数学叠加应有的弯曲台阶，说明高 H_{cJ} 的 Nd-Fe-B 磁粉对低 H_{cJ} 的 Sm-Fe-N 反磁化有一定的维持作用，杂化磁体的 μ_{rec} 与 Nd-Fe-B 相比略有改善。图 5-119 是上述三种磁体的高温减磁曲线，J18 的高 H_{cJ} 使其初始相对不可

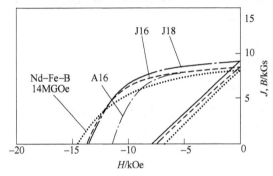

图 5-118　日亚化学 J 系列杂化磁体与 A 系列 Sm-Fe-N 和通常 Nd-Fe-B 磁体的退磁曲线[153]

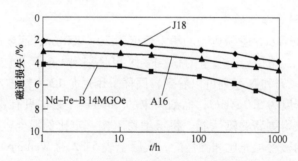

图 5-119　日亚化学 J 系列杂化磁体与 A 系列 Sm-Fe-N 和
通常 Nd-Fe-B 磁体的长时间热减磁[153]

逆损失的数值比 A16 小 1%，比常规 Nd-Fe-B 小 2%；J18 的长时间高减变化趋势与 A16 相同，比 Nd-Fe-B 平缓，Sm-Fe-N 更优良的耐蚀性以及对磁体孔隙率的削减作用得以体现。

　　还有一类常见的杂化磁体是将微米量级的铁氧体粉末与稀土永磁粉末混合，例如表 5-32 和图 5-111 中的 Wellmax-S4 系列，这种混合在各向同性粘结 Nd-Fe-B 中也极为常见，用来弥补粘结铁氧体性能上的严重不足，也可以降低纯稀土磁粉的成本压力，优化磁体的性价比。

5.5.4　其他稀土过渡族化合物磁粉

　　从 $SmCo_5$ 以来人们所发现和研究的各种富含过渡族元素的稀土过渡族金属间化合物中，被成功用于大规模烧结磁体生产的只有 RCo_5、R_2Co_{17} 和 $R_2Fe_{14}B$ 三大类，也就是通常的三代稀土永磁体。其他化合物如：$TbCu_7$ 型 $Sm(Co,M)_7$[197~199]，$ThMn_{12}$ 型 $Sm(Fe,M)_{12}$[200~202]（$M = Ti$、V、Cr、Zr、Nb、Mo、W 或 Si），Nd_5Fe_{17} 型 $Sm_5(Fe,Ti)_{17}$[203] 以及 3:29 型等，及其由 $Sm_2Fe_{17}N_{3-\delta}$ 开始的多种间隙化合物，因为主相高温分解或缺乏高 H_{cJ} 所需的相组成和显微结构，导致无法采用常规粉末冶金工艺稳定生产高性能、优质取向的实密度烧结磁体。粘结磁体的工艺对主相稳定性和高 H_{cJ} 显微结构的要求没那么苛刻，只要能将主相晶粒做到接近单畴临界尺寸（即纳米晶粒），由主相 H_a 决定的 H_{cJ} 就有基本保障，而磁粉的显微结构稳定性和抗氧化性只要在高分子材料加工温度下足够维持即可，所以许多研究工作都尝试着用这些化合物制备粘结磁体用磁粉。下面将就这些典型化合物粉末或快淬薄带的永磁特性作进一步阐述。

5.5.4.1　$TbCu_7$ 型 $Sm(Co,M)_7$ 化合物

　　$TbCu_7$ 型 $SmCo_7$ 高温相是由 Co-Co 哑铃对无序替代 Sm_2Co_{17} 中的 Sm 后所形成的一种无序结构，在 1300℃ 以下是亚稳定相，可分解为 $CaCu_5$ 型 $SmCo_5$ 相和 Th_2Zn_{17} 型 Sm_2Co_{17} 相，但通过添加第三元 $M = Ti$、V、Zr、Nb、Hf、Ta 或 Si 等可改善相稳定性[154~156]，还能提高相的磁晶各向异性场或居里温度，从而能改善 $Sm(Co,M)_7$ 高温相的永磁性能。迄今为止最能耐受高温的磁体就是脱溶析出型 $Sm(Co,Cu,Fe,Zr)_7$ 磁体，即 5.3.2 节中描述的耐高温磁体，它具有最高的工作温度（$T_w = 500℃$）和最低的温度系数（α_{Br} 接近于 0）[47,48]，但它有制备工艺复杂和费时的缺点，采用"纳米晶 + 退火"的方法来制备 $Sm(Co,M)_7$ 就

克服了这两个缺点[154,157~159]。

Venkatesan 等人[159]用"球磨 + 退火"的方法制备了 Sm(Co, Fe, Zr, Ti)$_7$ 化合物,并详细研究了在室温至 500℃ 的永磁性能。图 5-120 是经球磨退火后的 1:7 型 SmCo$_{6.6-x}$(Fe/Zr)$_x$Ti$_{0.4}$ 粉末的室温磁滞回线,其 $\mu_0 H_{cJ}$ 都超过 2T,其中 SmCo$_{6.4}$Zr$_{0.4}$Ti$_{0.4}$ 和 SmCo$_{6.4}$Fe$_{0.1}$Zr$_{0.1}$Ti$_{0.4}$ 的 $\mu_0 H_{cJ}$ 高达 2.5T。退磁曲线平滑连续,没有明显的台阶式突变,$B_r/B_S > 0.65$,表明磁粉的晶粒细小,晶粒间存在交换耦合作用;退磁曲线方形度很好,表明晶粒尺寸一致均匀。利用 Scherrer 公式,从 X 射线衍射峰的宽度估计出磁粉的晶粒尺寸约为 50nm。图 5-121 是这些磁粉从室温到 500℃ 的 H_{cJ} 与温度的关系,从室温至 500℃ 的内禀矫顽力温度系数 α_{HcJ} 处于 $-0.15\%\sim-0.18\%/℃$ 之间,优于 2:17 型 Sm-Co 烧结磁体的 $-0.25\%/℃$。熔旋快淬法是一种既简单又经济的纳米晶制备技术,Du 等人[155]利用快淬法制备了复合添加 Zr、C 和 Fe 的纳米晶快淬薄带 Sm(Co$_{1-x}$Fe$_x$)$_{6.8}$Zr$_{0.2}$C$_{0.06}$ ($x = 0\sim0.5$),图 5-122 是其室温永磁性能随 Fe 含量的变化曲线,可以清楚地看到,用原子磁矩较大的 Fe 替代 Co 可显著提高薄带的 B_r,进而提高 $(BH)_{max}$,代价就是 H_{cJ} 单调下降,$x = 0.25$ 的综合性能最佳:$B_r = 8.4kGs$、$H_{cJ} = 8.5kOe$ 和 $(BH)_{max} = 13.7MGOe$。Chang 等人[156]认为,在上述化合物中 C 原子通常进入晶体结构的间隙位置,可以引发多个形核中心,有效细化晶粒。同时,C 也会促成晶粒尺寸 5~10nm 的 fcc-Co 软磁相生成。除了增强硬磁相纳米晶粒之间的交换耦合效应外,还能诱发硬磁-软磁相之间的交换耦合,从而较大幅提高磁粉的饱和磁化强度,以及由此决定的 B_r 和 $(BH)_{max}$。图 5-123 是他们制备的快淬 SmCo$_{7-x}$Hf$_x$C$_y$ 薄带的室温 B_r 和 H_{cJ} 随 C 含量的变化曲线[160],随着 C 含量的增加,B_r 明显增大,但当 C 含量超过 0.12 时会产生较多的 2:17 相和非磁性 Sm$_2$C$_3$ 相,薄带的整体永磁性能反而下降,最佳永磁性能的合金薄带成分为 SmCo$_{6.8}$Hf$_{0.2}$C$_{0.12}$,其永磁参数为:$B_r = 6.9kGs$、$H_{cJ} = 11.8kOe$、$(BH)_{max} = 10.6MGOe$、$\alpha_{Br} = -0.02\%/℃$、$\alpha_{HcJ} = -0.31\%/℃$。表 5-35 汇总了不同元素 M 的 TbCu$_7$ 型 SmCo$_{7-x}$M$_x$ 金属间化合物的永磁性能,数据表明复合添加微量过渡族金属 M 和 C 能明显提高化合物的 H_{cJ},TbCu$_7$ 型 Sm-Co 永磁特性的研究和开发很可能朝这个方向发展。

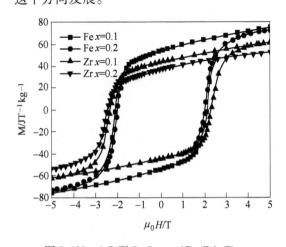

图 5-120　1:7 型 SmCo$_{6.6-x}$(Fe/Zr)$_x$Ti$_{0.4}$

"球磨 + 退火"磁粉的室温磁滞回线[159]

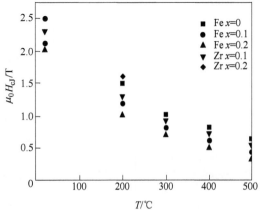

图 5-121　SmCo$_{6.6-x}$(Fe/Zr)$_x$Ti$_{0.4}$ "球磨 + 退火"

磁粉 H_{cJ} 与温度的关系[159]

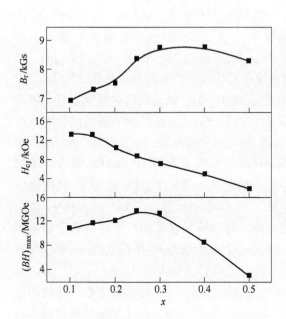

图 5-122　快淬 $Sm(Co_{1-x}Fe_x)_{6.8}Zr_{0.2}C_{0.06}$ 薄带的
室温永磁性能随 Fe 含量的变化曲线[155]

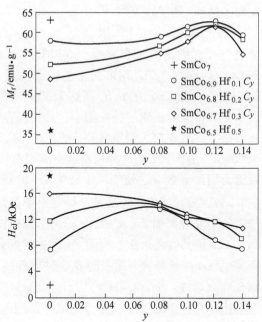

图 5-123　快淬 $SmCo_{7-x}Hf_xC_y$ 薄带的室温剩磁和
矫顽力随 C 含量的变化曲线[160]

表 5-35　添加不同过渡族元素 M 或 C 的 $TbCu_7$ 型的 $SmCo_{7-x}M_x$ 金属间化合物的永磁性能参数

成　分	工　艺	H_{cJ} /kOe	M_r /J·$T^{-1}kg^{-1}$	$(BH)_{max}$ /MGOe	文献
$SmCo_{6.6}Ti_{0.4}$	球磨	25.0	49.6	7.9	[161]
$SmCo_{6.8}V_{0.1}$	快淬	6.2	57.8	—	[162]
$SmCo_{6.8}V_{0.2}$	快淬	9.2	55.3	8.0	[162]
$SmCo_{6.7}V_{0.3}$	快淬	11.5	50.0		[162]
$SmCo_{6.7}Cr_{0.3}$	快淬	3.8	54.0	5.9	[163]
$SmCo_{6.6}Mo_{0.4}$	快淬	7.5	46.7	5.1	[163]
$SmCo_{6.6}Nb_{0.4}$	快淬	28.0	51.4	—	[164]
$SmCo_{6.7}Ta_{0.3}$	快淬	9.8	28.0		[165]
$SmCo_{6.75}Al_{0.4}$	快淬	3.0	47.8		[166]
$SmCo_{5.9}Si_{1.1}$	快淬	5.8	45.3	4.2	[166]
$SmCo_{5.9}Si_{0.7}$	快淬	7.5	53.0	—	[166]
$SmCo_{6.5}Ge_{0.5}$	快淬	7.5	52.4	6.6	[167]
$SmCo_{6.7}Ge_{0.3}C_{0.1}$	快淬	11.5	53.0	6.4	[167]
$SmCo_{6.95}C_{0.05}$	快淬	37.0	28.5	—	[168]
$SmCo_{6.6}V_{0.1}C_{0.1}$	快淬	13.5	58.7	9.3	[162]
$SmCo_{6.5}Zr_{0.5}C_{0.5}$	快淬	9.2	0.71	8.6	[169]
$SmCo_{6.8}Hf_{0.1}C_{0.1}$	快淬	11.8	61.6	10.0	[170]
$SmCo_{6.4}Zr_{0.3}Si_{0.3}C_{0.2}$	快淬	20.0	0.53	6.5	[171]
$SmCo_{5.1}Fe_{1.7}Zr_{0.2}C_{0.06}$	快淬	5.8	45.3	4.2	[172]

5.5.4.2 ThMn$_{12}$型 Sm(Fe,M)$_{12}$化合物

Sm-Fe 二元平衡相图中有三个金属间化合物相：SmFe$_2$、SmFe$_3$ 和 Sm$_2$Fe$_{17}$（参见表 2-3），但没有 SmFe$_5$ 和 SmFe$_{12}$ 相。通过适量添加第三元 Ti，Cadieu 等人[173,174]于 1984～1985 年在溅射法制备的 Sm-Fe-Ti 薄膜中观测到 SmFe$_5$ 相，并制备出具有高 H_{cJ} 的 Sm-Fe-Ti 薄膜[175]。1987 年，Ohashi 等人[176]详细研究三元 Sm-Fe-Ti 系合金的结构和磁性，发现名义成分为 SmFe$_{11}$Ti 的化合物是一个具有四方晶体结构的新相，并具备高饱和磁化强度和磁晶各向异性场[176]。在三元的 ThMn$_{12}$型 R(Fe,M)$_{12}$（M = Ti、V、Cr、Zr、Nb、Mo、W 或 Si）金属间化合物中，除了 R = Tb 外，所有的 R(Fe,M)$_{12}$ 都呈现单轴易磁化特性，但仅 R = Sm 的 Sm(Fe,M)$_{12}$ 显示足够强的磁晶各向异性场，例如 SmFe$_{11}$Ti 的室温磁晶各向异性场 H_a = 105kOe（参见表 4-22）。Sm(Fe,M)$_{12}$ 作为继 Nd-Fe-B 以来极有可能成为永磁体的候选材料，在 20 世纪 80 年代末和 90 年代吸引人们进行了大量研究。但遗憾的是，采用传统粉末冶金工艺制备的烧结磁体 H_{cJ} 不超过 2kOe[177]，而采用快淬 + 退火[177~179]和机械合金化 + 退火[178]的工艺制备 SmFe$_{11}$Ti 的 H_{cJ} 仍低于 6kOe，添加第四元后 H_{cJ} 得到增强，例如快淬 + 退火的 Sm$_8$Fe$_{75.5}$Ga$_{0.5}$Ti$_8$V$_8$ 合金带 H_{cJ} 达到 10.7kOe[180]。

图 5-124 展示了快淬 Sm$_8$Fe$_{76}$Ti$_7$ZrV$_8$ 合金带在 800℃退火 1h 的起始磁化曲线和磁滞回线，起始磁化曲线上升缓慢，与快淬 Nd-Fe-B 的磁化行为类似，由于合金带中晶粒的随机取向特点，它的剩磁较低，依据材料的晶格常数 a = 0.8573 nm 和 c = 0.4826 nm 计算的理论密度 ρ = 7.644g/cm^3，可推算出剩磁 B_r = 4.8kGs。

5.5.4.3 Nd$_5$Fe$_{17}$型 Sm$_5$(Fe,Ti)$_{17}$化合物

与 Sm(Fe,M)$_{12}$ 相类似，在二元系 Sm-Fe 相图中不存在的 Nd$_5$Fe$_{17}$型 Sm$_5$Fe$_{17}$ 相，Ohashi 等人[176]通过添加第三元 Ti 实现了 Sm$_5$(Fe,Ti)$_{17}$ 相的合成（见 2.6.4 节）。由于 Nd$_5$Fe$_{17}$型单胞的结构复杂，Sm$_5$(Fe,Ti)$_{17}$ 相的形成动力很低，只能通过合金铸锭在 600℃长时间退火（典型的时间为 50 天）而获得，高温短时间均匀化的可能性不存在，因为 Sm$_5$(Fe,Ti)$_{17}$ 相在 800℃发生分解。针对这种亚稳特性，Schnitzke 等人[181,182]采用机械合金化或快淬并辅助退火的方法获得了微晶 Sm$_5$(Fe,Ti)$_{17}$ 相。图 5-125 是用成分为 Sm$_{20}$Fe$_{70}$Ti$_{10}$ 和 Sm$_{26}$Fe$_{64}$Ti$_{10}$ 的磁粉制备的粘结磁体的室温退磁曲线，磁粉是用机械合金化方法结合 725℃退火 30min

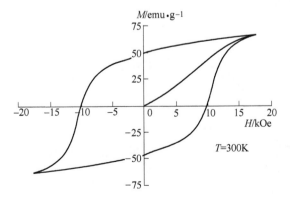

图 5-124 快淬 Sm$_8$Fe$_{76}$Ti$_7$ZrV$_8$ 合金带
在 800℃退火 1h 的磁滞回线[177]

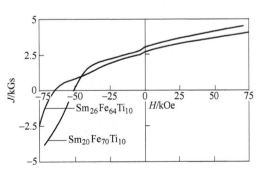

图 5-125 机械合金化 Sm$_{20}$Fe$_{70}$Ti$_{10}$ 和 Sm$_{26}$Fe$_{64}$Ti$_{10}$
磁粉制备的粘结磁体室温退磁曲线[182]

得到的，两种磁体都具有超高的 H_{cJ}，达到 40kOe 和 50kOe 的水平，但因 B_r 太低很难实现高 $(BH)_{max}$。

5.5.4.4　其他间隙氮化物

1990 年 Coey 等人[109]和 Iriyama 等人[111]率先发现 $Sm_2Fe_{17}N_3$，并引发了固-气相反应制备各类稀土过渡族合金氮化物的研究。同年，杨应昌等人发现了 $NdFe_{11}TiN$[183,184]，1991 年 Katter 等人发现了 1:7 型 Sm-Fe-N[113]，1994 年杨伏明等人[185]又以 Collcott 等人[186]发现的 $Nd_3(Fe,Ti)_{29}$ 相为基础成功制备了 $Sm_3(Fe,Ti)_{29}N_x$。同时，间隙原子还可扩展到 C 和 H，如 $Sm_2Fe_{17}C_3$ 碳化物[187]和 $Sm_2Fe_{17}H_3$ 氢化物[188]。$Sm_2Fe_{17}H_3$ 为平面各向异性，不具备永磁材料所需的必要条件，而 $Sm_2Fe_{17}C_3$ 碳化物的室温饱和磁化强度低于 $Sm_2Fe_{17}N_3$ 氮化物[184]，不如氮化物有吸引力。除了前面介绍的已经量产化的 Th_2Zn_{17} 和 $TbCu_7$ 结构 Sm-Fe 合金氮化物以外，人们对 $ThMn_{12}$ 结构的 $Nd(Fe,M)_{12}$ 以及 3:29 型 $Sm_3(Fe,M)_{29}$ 合金的间隙氮化物永磁特性都开展了广泛深入的研究，因为它们都具有强单轴磁晶各向异性，内禀磁性并不逊于 $Sm_2Fe_{17}N_{3-\delta}$，且 $NdFe_{12-x}M_xN_\delta$ 不使用资源相对稀缺的稀土元素 Sm，很值得量产推广。

$NdFe_{12-x}M_xN_\delta$（$x=0.5\sim3$，M = Ti、V、Mo 等）间隙化合物的制备，普遍采用合金熔炼、均匀化处理、粗破碎、气-固相氮化反应和球磨等工序，制备出平均粒度为 $1\mu m$ 的单晶颗粒，以展现合金的高 H_{cJ}，利用此方法所制备的单晶磁粉可用来制造各向异性粘结磁体。如图 5-126 的室温磁滞回线所示[189]，采用这个方法制备的 $NdFe_{10.5}Mo_{1.5}N_x$ 磁粉，在球磨 20h 和 90h 后，磁粉的 H_{cJ} 随着球磨时间的增加而明显增大，但也使得磁粉的饱和磁化强度、剩磁以及退磁曲线方向度变差，原因是细粉氧化。要使这类磁粉实用化，粉末表

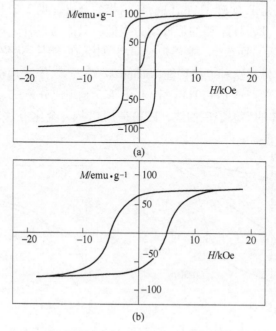

图 5-126　$NdFe_{10.5}Mo_{1.5}N_x$ 磁粉的室温磁滞回线[189]

(a) 球磨 20h；(b) 球磨 90h

面防氧化处理是必须的。采用粒径约 $1 \sim 2\mu m$ 的 $NdFe_{10.5}Mo_{1.5}N_x$ 磁粉制备的各向异性压缩磁体的室温和 $T = 1.5K$ 低温永磁性能参数分别为：$B_r = 10.2kGs$、$H_{cJ} = 6.0kOe$、$(BH)_{max} = 21.2MGOe$ 和 $B_r = 12.4kGs$、$H_{cJ} = 38.3kOe$、$(BH)_{max} = 32.1MGOe$[190]。

烧结 Nd-Fe-B 制备工艺中广泛运用的速凝薄片技术也被借鉴到 $NdFe_{12-x}M_x$ 合金的制备，韩景智等人[191]将 $Nd(Fe,Mo)_{12}$ 合金速凝薄片不破碎而直接氮化，发现速凝薄片会在氮化过程中自然粉碎，免去了耗时耗能的长时间时效和机械破碎过程，氮化后的粉末再进行细磨，成功制备出高性能的各向异性 1:12 型 $NdFe_{10.5}Mo_{1.5}N_{1.0}$ 磁粉，其室温磁滞回线展示于图 5-127 中，永磁性能参数为：$B_r = 10.8kGs$、$H_{cJ} = 5.03kOe$、$(BH)_{max} = 18.1MGOe$。

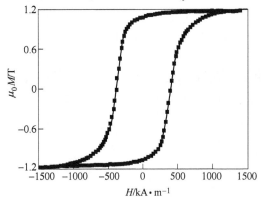

图 5-127　采用速凝薄片法制备的各向异性 $NdFe_{10.5}Mo_{1.5}N_{1.0}$ 粉的室温磁滞回线[191]

张晓东等人[192]采用机械合金化 + 氮化方法制备了 $Nd_{10}Fe_{78}Mo_{12}N_x$ 和 $Nd_{10}Fe_{83}Mo_7N_x$ 各向同性磁粉，图 5-128 是在最大外场为 28kOe 的室温磁滞回线，前者的 $H_{cJ} = 13kOe$，这是 1:12 型 Nd-Fe-M-N 磁粉的最高纪录。图 5-129 是 $NdFe_{10.5}Mo_{1.5}N_x$ 速凝薄片各向异性磁粉和机械合金化的各向同性磁粉的 H_{cJ} 温度依赖关系曲线[191]，作为比较也列入了烧结 Nd-Fe-B 的数据，可见 $NdFe_{10.5}Mo_{1.5}N_x$ 磁粉 H_{cJ} 随温度升高而下降的速率明显低于 Nd-Fe-B，α_{HcJ} 更有优势，$NdFe_{10.5}Mo_{1.5}N_x$ 磁粉的温度稳定性更好。Pr 与 Nd 有非常相近的磁学特性，在烧结 Nd-Fe-B 中经常将两者互换或混合使用，Mao 等人[193]也将 Pr 应用于 1:12 型间隙化合物，采用氩弧熔炼、均匀化处理、破碎、气-固相反应和球磨等工序制备出单晶 $PrFe_{10.5}V_{1.5}N_x$ 磁粉，其室温永磁性能为：$B_r = 10.91kGs$、$H_{cJ} = 3.3kOe$、$(BH)_{max} = 16.0MGOe$，在 1.5K 时的低温永磁性能为：$B_r = 12.3kGs$、$H_{cJ} = 20.0kOe$、$(BH)_{max} = 28.8MGOe$。

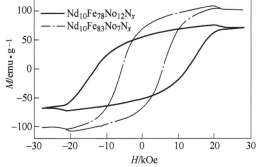

图 5-128　$Nd_{10}Fe_{78}Mo_{12}N_x$ 和 $Nd_{10}Fe_{83}Mo_7N_x$ 在最大外场为 28kOe 的室温磁滞回线[192]

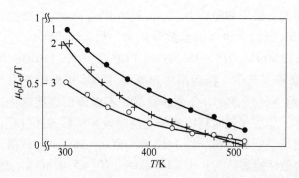

图 5-129　$NdFe_{10.5}Mo_{1.5}N_x$ 磁粉和烧结 Nd-Fe-B 的矫顽力的温度关系[191]

1—各向同性粉；2—$Nd_2Fe_{14}B$ 磁体；3—各向异性粉

$Sm_3(Fe,Ti)_{29}N_x$ 氮化物的制备方法与 $Sm_2Fe_{17}N_{3-\delta}$ 和 $NdFe_{12-x}M_xN_\delta$ 十分相近。图 5-130 （a）是 $Sm_3(Fe_{0.933}Ti_{0.067})_{29}N_y$ 磁粉的饱和磁化强度和永磁性能参数随球磨时间的变化关

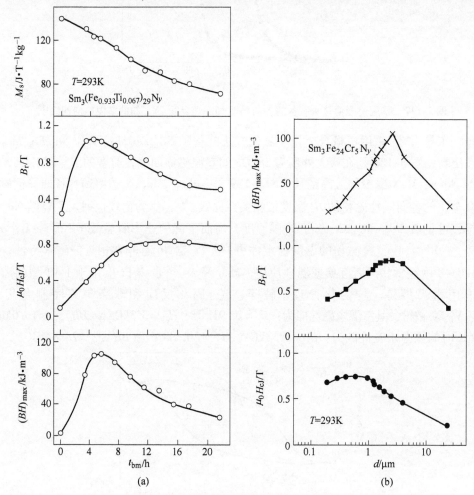

(a)

(b)

图 5-130　$Sm_3(Fe_{0.933}Ti_{0.067})_{29}N_y$ 粉的磁化强度和永磁性能随球磨时间的变化关系[194]　（a）与 $Sm_3Fe_{24}Cr_5N_y$ 粉室温 B_r、μ_0H_{cJ} 和 $(BH)_{max}$ 随平均颗粒尺寸 d 的变化关系[198]　（b）

系[185]，可以看到磁粉的饱和磁化强度随研磨时间的增长而单调下降，H_{cJ}随着球磨时间的增加首先线性地增大，8h 以后达到饱和水平，球磨时间超过 18h 后反而下降；B_r在研磨初期快速增长，4.5h 到达极大值，随后基本呈线性下降；$(BH)_{max}$的变化趋势与B_r同步。B_r和$(BH)_{max}$在达到极大值后的线性下降，原因是随着研磨时间的推移，磁粉粒度减小、比表面增大，磁粉表面损伤、应力和氧化都更加严重[191]。胡伯平等人[195~197]和王亦忠等人[198~200]分别对$Sm_3(Fe,Ti)_{29}N_y$、$Sm_3(Fe,Cr)_{29}N_y$和$Sm_3(Fe,Cr)_{29}C_y$进行了详细的永磁性能研究，也观察到类似的现象，图 5-130（b）给出了$Sm_3(Fe,Cr)_{29}N_y$氮化物磁粉的室温永磁性能参数随平均颗粒尺寸 d 的变化关系，可见磁粉的H_{cJ}完全依赖于磁粉粒度：粒度越小H_{cJ}越大，但低于 $1\mu m$ 的粒度会使H_{cJ}下降。

5.6　热压和热变形 Nd-Fe-B 磁体的永磁性能

热压和热变形 Nd-Fe-B 磁体几乎是与烧结 Nd-Fe-B 磁体同时研究和开发成功的[201]。1985 年美国通用汽车公司（GM）研究中心的 Lee 等人[202,203]报道，利用热压技术在 700℃氩气环境下对快淬 Nd-Fe-B 磁粉进行压制，可得到实密度的各向同性磁体，后来被称之为 MQ-Ⅱ 磁体；如果再将各向同性实密度磁体进行热变形加工，即在 700℃以上将 MQ-Ⅱ 磁体热镦到原高度的 50% 以下，就可以在镦压方向使易磁化轴达到 75% 以上的取向度，制成实密度各向异性热变形磁体，这种磁体被称作 MQ-Ⅲ。图 5-131 展示了高淬速（过淬）$Nd_{0.13}(Fe_{0.95}B_{0.05})_{0.87}$快淬粉、MQ-Ⅱ 磁体和 MQ-Ⅲ 磁体的退磁曲线，其中压制方向（//）和垂直于压制方向（⊥）所测得的曲线之间的差异，可以反映出磁体的取向程度，显然 MQ-Ⅱ 在两个方向测量的差异不大，但依然有一些取向，而 MQ-Ⅲ 显示出强烈的取向特征，压制方向（//）的退磁曲线已很接近烧结 Nd-Fe-B 磁体的方形，而垂直于压制方向（⊥）方向保持的较大剩磁表明了取向不充分的状况。由于热压和热变形温度不算高，作用时间也不长，快淬 Nd-Fe-B 磁粉的细晶粒（纳米或亚微米）结构基本上得以保持，

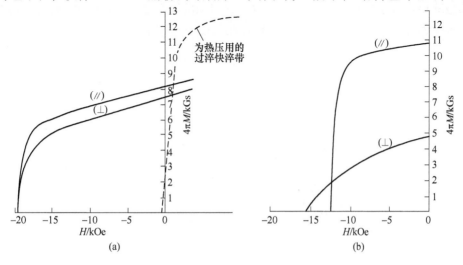

图 5-131　高淬速快淬粉和 MQ-Ⅱ（a）、MQ-Ⅲ（b）在压制方向（//）
和垂直方向（⊥）的退磁曲线[202]

因此 MQ-Ⅱ 和 MQ-Ⅲ 磁体仍具有很高的 H_{cJ}，特别是 MQ-Ⅱ 的 H_{cJ} 只比原粉低 1～2kOe。之后很长一段时间，GM 公司都在生产 MQ-Ⅱ 和 MQ-Ⅲ 磁体，直到 21 世纪初，他们将快淬 Nd-Fe-B 磁粉的生产转到天津，MQ-Ⅱ 和 MQ-Ⅲ 生产线移到墨西哥后不久即停产。在热压和热变形技术的研究开发过程中，日本大同制钢所属的大同电子株式会社与 GM 所属的麦格昆磁公司（MQI）保持着密切的合作关系，这种关系并没有因 MQI 几次易主而改变，他们在 1991 年将自主品牌的 NEOQUENCH-H 和 NEOQUENCH-D 产品推向市场，分别对应 MQ-Ⅱ 和 MQ-Ⅲ，至今仍在大批量生产，1992 年又将热压-背挤出方式生产的辐射取向磁环市场化，商品名为 NEOQUENCH-DR，这是精密永磁电机非常需要的关键零部件，具有广阔的发展前景。

5.6.1　热压 Nd-Fe-B 磁体

图 5-132 展示了热压 Nd-Fe-B 磁体的起始磁化曲线以及不同磁化场 H_m 对应的退磁曲线[8]。这组曲线与图 5-5 中的快淬 Nd-Fe-B 磁粉曲线极为相似，说明 MQ-Ⅱ 磁体基本上保留了原粉的磁学特性，所不同的是低场起始磁化部分比快淬磁粉上升得更快，磁导率更高，在 5kOe 附近出现一个转折，在 H_m 接近磁体 H_{cJ} 的时候回到与快淬磁粉相似的状态。图 5-2 表明，不同热变形温度对应不同程度的高磁导率曲线段，热变形温度越高，高磁导率段比例越大，热压磁体有类似的表现。表 5-36 列出了麦格昆磁公司的 MQ-Ⅱ 系列产品的牌号和磁性能参数[97]，与表 5-22 的快淬 Nd-Fe-B 磁粉 MQP 系列产品及其参数比较可以看出，两者的 $(BH)_{max}$ 设置基本相同，MQ-Ⅱ 中只缺 15 这一档，对应的 B_r 差异也不大。考虑到实密度磁体的高温应用以及制备 MQ-Ⅲ 的 H_{cJ} 过程损失，MQ-Ⅱ 磁体的 H_{cJ} 都很高，得益于快淬工艺导致的纳米晶结构，不含 Dy 的磁体 H_{cJ} 就可达到 23kOe，而仅添加 2.6% Dy 就能得到 25kOe 的内禀矫顽力，高 H_{cJ} 的代价是需要很高的磁场才能将磁体饱和充磁，充磁饱和度达到 95% 的磁场 H_{sat} 都在 30kOe 以上，$H_{cJ}=25kOe$ 的 H_{sat} 高达 41.5kOe，这对磁环多极充磁而言是很难实现的。热压磁体的剩磁温度系数 α_{Br} 好于快淬磁粉，内禀矫顽力的温度系数 α_{HcJ} 绝对值比快淬粉大，不过依然远小于烧结 Nd-Fe-B 的 0.7%/℃。

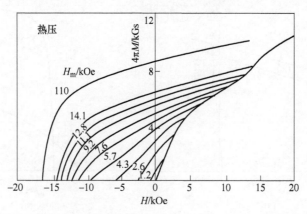

图 5-132　外加磁场平行于压力方向的热压 Nd-Fe-B 磁体的初始磁化和退磁曲线[8]
（曲线上的数字是对样品施加的磁化场 H_m）

表 5-36 麦格昆磁公司的 MQ-Ⅱ系列产品的磁性能参数[97]

牌 号	B_r /kGs	H_{cB} /kOe	H_{cJ} /kOe	$(BH)_{max}$ /MGOe	α_{Br} /%·℃$^{-1}$	α_{HcJ} /%·℃$^{-1}$	$w(Dy)$ /%	H_{sat} /kOe
MQⅡ-16-125	8.5	7.5	18	16	−0.10	−0.52	0.0	32.0
MQⅡ-14-150	8.0	7.1	22	14	−0.09	−0.48	0.0	31.0
MQⅡ-14-175	8.0	7.2	23	14	−0.10	−0.52	0.0	38.0
MQⅡ-13-200	7.7	6.9	25	13	−0.09	−0.44	2.6	41.5

注：1. 牌号命名：第一节数字为 $(BH)_{max}$（MGOe），第二节为 B-H 保持直线的温度（℃）。

2. 温度系数对应的温度区间为室温至 100℃。

3. H_{sat} 为使磁体达到 90% 充磁饱和度所需的外磁场。

图 5-133 是 MQⅡ-16-125 和 MQⅡ-13-200 的室温和高温退磁曲线，与图 5-83 的各向同性粘结 Nd-Fe-B 磁体相比，方形度更好一些，回复磁导率 $\mu_{rec} \approx 1.12 \sim 1.13$，小于各向同性粘结 Nd-Fe-B 的 $1.18 \sim 1.22$，MQⅡ-16-125 的 B-H 曲线在 125℃时仍为直线，而 MQⅡ-13-200 在 175℃时仍如此，高温不可逆损失会很小。

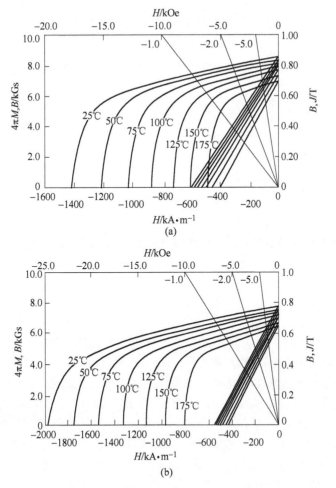

图 5-133 MQⅡ-16-125（a）和 MQⅡ-13-200（b）的室温和高温退磁曲线[97]

图 5-134 是上述两个牌号磁体的起始不可逆损失与磁导系数 P_c 绝对值和放置温度的关系。这里又一次见证了 P_c 绝对值越小、不可逆损失越大的关联关系，如图 5-134（a）所示，低 H_{cJ} 的 MQ II-16-125 磁体在 $P_c = -2$ 时 110℃ 开始出现不可逆损失，到 175℃ 时约为 -1.5%，但 $P_c = -0.5$ 的在 60℃ 即表现出不可逆损失，-5% 对应温度大于 170℃；而高 H_{cJ} 的 MQ II-13-200 磁体无论处于哪一个 P_c，175℃ 以下的不可逆损失都几乎为零（图 5-134（b），右上角略有痕迹）。大同电子的 NEOQUENCH-H 有三个牌号：NH-14L、NH-14 和 NH-14H，$(BH)_{max}$ 的规格为 $13 \sim 15$MGOe，H_{cJ} 的规格分别为 $8 \sim 10$kOe、$11 \sim 16$kOe 和 $17 \sim 20$kOe，因为大同电子热压或热变形磁体的原料——快淬 Nd-Fe-B 磁粉来自 MQI，所以性能规格与 MQ-II 系列相近，但后者并无更低 H_{cJ} 的品种。

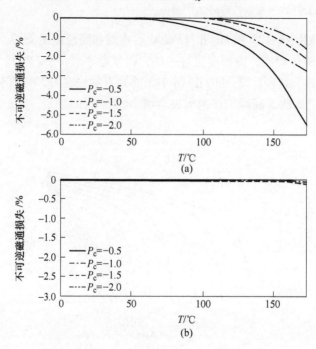

图 5-134　不同磁导系数 P_c 的 MQ II-16-125（a）和 MQ II-13-200（b）的
起始不可逆损失与温度的关系[97]

5.6.2 热变形 Nd-Fe-B 磁体

热变形 Nd-Fe-B 磁体（MQ-III）是在热压 Nd-Fe-B 磁体（MQ-II）基础上进一步热变形做成的。为了说明 MQ-II 与 MQ-III 关系，除了图 5-131 外，图 5-135[203] 更准确地将热变形量（磁体在受压方向的高度缩减率）与磁体性能参数关联起来。图中高度缩减率为零的就是 MQ-II。随着高度缩减率的增加，$(BH)_{max}$ 和 B_r 单调上升，但高度缩减率过了 50% 以后上升就不显著了，在 70% 左右接近饱和，而 H_{cJ} 一直呈线性下降的趋势。因此，热变形的塑性形变率控制在 $60\% \sim 70\%$ 是恰当的。R. W. Lee 最早发表的 MQ-III 磁体性能达到：$B_r = 13.5$kGs，$H_{cJ} = 11$kOe，$(BH)_{max} = 40$MGOe[202,203]。图 5-136 是热变形 Nd-Fe-B 磁体沿着压力方向所测量的起始磁化曲线以及不同磁化场下的退磁曲线[8]，它们既显著区别于快淬磁粉，也与热压磁体明显不同，由于磁体中的晶粒有很高的取向度，热变形磁体的饱和

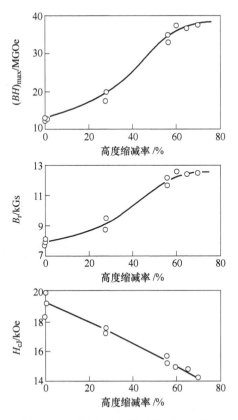

图 5-135 热压-热变形磁体（MQ-Ⅲ）
磁性能与高度缩减率的关系[203]

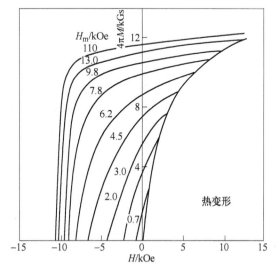

图 5-136 外加磁场平行于压力方向的热变形
Nd-Fe-B 磁体的起始磁化曲线和退磁曲线[8]
（每条曲线上的数字是退磁前施加到
样品上的最大外场 H_m）

退磁曲线的方形度极大提高，从而增大了剩磁和最大磁能积，但内禀矫顽力大幅度下降。与热压磁体一样，在磁化场较低的区域，热变形磁体的起始磁化率很高，但高磁化率部分的比例很大，以至于平台式的转折区几乎消失了。不饱和磁化的退磁行为与图 5-3 的烧结 Nd-Fe-B 差别很大，与图 5-132 更相似，只是所有的退磁曲线方形度都更好。图5-7汇总了不同类型 Nd-Fe-B 磁体的 B_r^H 和 H_{cJ}^H 随约化磁化场 H_m/H_{cJ} 变化的曲线[8]，反映出快淬 Nd-Fe-B 带、热压 Nd-Fe-B 磁体、热变形 Nd-Fe-B 磁体和烧结 Nd-Fe-B 各自的充磁饱和过程，特别是饱和退磁曲线极为相似的 MQ-Ⅲ 和烧结 Nd-Fe-B 磁体，其充磁饱和过程是很不同的，这与两者的晶粒尺寸差异密切相关。

　　热变形磁体的取向度并不充分，限制了高磁能积磁体的制备，解决此问题需要另辟蹊径。各向同性快淬 Nd-Fe-B 磁粉可以将 Nd 含量降到主相的正分成分以下，使磁粉中生成一些软磁相，如 α-Fe（低稀土、低硼）或 Fe$_3$B（低稀土、高硼），通过硬磁-软磁相之间的交换耦合作用提升磁粉的 B_r 和 $(BH)_{max}$。这个思路在 MQ-Ⅲ 工艺过程中遇到障碍，就是富 Nd 相缺失而无法实现热变形过程的晶粒取向，李东等人[204]采用了变通的办法，那就是用两种快淬 Nd-Fe-B 粉混合进行热压和热变形，其中之一仍是低稀土含量的高剩磁磁粉，而另一种则是稀土含量略高、含有少量富 Nd 相的磁粉，两种粉混合后的稀土总量仍低于正分成分，以保证热变形磁体处于 $Nd_2Fe_{14}B/\alpha\text{-}Fe$ 交换弹簧状态，$(BH)_{max}$ 提高到 40~45MGOe。Liu 等人[205]利用他们创新的射频快速感应热致密技术（RF rapid inductive hot compaction technology），用稀土含量略高的快淬 Nd-Fe-B 与 $\alpha\text{-}Fe$、Fe_3B 或 Fe-Co 等软磁相混合热压和热变形，成功制备了多种致密的各向异性双相纳米晶复合块状磁体，例如 $Nd_2Fe_{14}B/\alpha\text{-}Fe$、$Nd_2Fe_{14}B/Fe_3B$ 和 $Nd_2Fe_{14}B/Fe\text{-}Co$ 等，$(BH)_{max}$ 达到 40~50MGOe，$H_{cJ} \approx$ 11kOe。他们发现，软磁相粉末的粒度可以大到数十微米，且磁体的主相晶粒取向度得到明显改善，在采用粉末包覆技术后，$(BH)_{max}$ 可进一步提高到 45~55MGOe。图 5-137（a）是 95%（质量分数）的 $Nd_{13.5}Fe_{80}Ga_{0.5}B_6$ 快淬粉和 5%（质量分数）的 $\alpha\text{-}Fe$ 粉混合制备磁体的退磁曲线，其中 $Nd_{13.5}Fe_{80}Ga_{0.5}B_6$ 快淬粉的磁性能为：$B_r \approx 8kGs$，$H_{cJ} \approx 17kOe$，$(BH)_{max} \approx 15MGOe$，$\alpha\text{-}Fe$ 粉是粒度为 3~5μm 的商品粉，磁体性能为：$B_r = 14.56kGs$，$H_{cJ} =$ 11.13kOe，$H_{cB} = 9.86kOe$，$H_k = 8.30kOe$，$(BH)_{max} = 47.83MGOe$；图 5-137（b）是 97% 的 $Nd_{14}Fe_{79.5}Ga_{0.5}B_6$ 和 3% 的 Fe-Co 粉混合制备磁体的退磁曲线，Fe-Co 粉是粒度为 10~50μm 的商品粉，磁体性能比前者高，$B_r = 14.78kGs$，$H_{cJ} = 12.70kOe$，$H_{cB} = 10.94kOe$，$H_k = 9.18kOe$，$(BH)_{max} = 50.6MGOe$。为了加大硬磁相与软磁相晶粒间相互接触的界面，需要降低软磁相的粒度并增加粉末的弥散度，利用溅射、脉冲激光沉积 PLD、化学镀和电镀等涂覆技术将软磁相包覆 Nd-Fe-B 快淬粉，可以很好地达到此目的。例如对

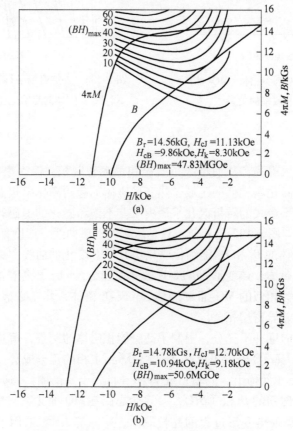

图 5-137　致密的双相纳米晶复合各向异性块状磁体的室温退磁曲线[205]

（a）$Nd_{13.5}Fe_{80}Ga_{0.5}B_6/\alpha\text{-}Fe$（95%/5%，质量分数）；（b）$Nd_4Fe_{79.5}Ga_{0.5}B_6/Fe\text{-}Co$（97%/3%，质量分数）

$Nd_{14}Fe_{79.5}Ga_{0.5}B_6$ 溅射涂覆 Fe-Co，室温磁性能可达到：$B_r = 15.08kGs$，$H_{cJ} = 14.49kOe$，$H_{cB} = 13.22kOe$，$H_k = 12.83kOe$，$(BH)_{max} = 55.01$ MGOe，全面超越图 5-137 的磁体，且方形度 $H_k/H_{cJ} = 0.97$ 也远优于软磁相粗粉混合的方法。李东等人[206] 系统研究了 $Nd_{14}Fe_{79.5}Ga_{0.5}B_6$ 与 Fe-Co 混合比例对永磁特性的影响，如图 5-138 所示，随着 Fe-Co 含量的增加，B_r 单调上升，而 H_{cJ} 单调下降，$(BH)_{max}$ 在 Fe-Co 为 3% 时到达最高值 50.6MGOe，也就是图 5-137（b）对应的情形。

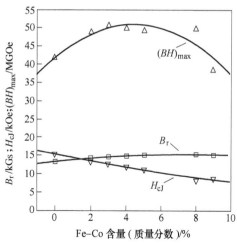

图 5-138 致密的双相纳米晶复合各向异性块状磁体 $Nd_{14}Fe_{79.5}Ga_{0.5}B_6$/Fe-Co 的永磁性能参数与软磁相 Fe-Co 含量的关系[206]

针对烧结 Nd-Fe-B 所开发的晶界扩散技术（GBD）也被应用于 MQ-Ⅲ 的性能改善。H. Sepehri-Amin 等人[207] 将热变形磁体浸入在 600℃ 熔融的 $Nd_{70}Cu_{30}$ 合金中，并放置 120min，磁体的 H_{cJ} 从 15kOe($\mu_0 H_{cJ} = 1.5T$) 跃升到 23kOe($\mu_0 H_{cJ} = 2.3T$)，但 B_r 从 13.5kG(1.35T) 降低到 11.1kG(1.11T)，$(BH)_{max}$ 因此变成 28.7MGOe($228kJ/m^3$)，而 GBD 处理前的磁体 $(BH)_{max} = 42.7MGO(340kJ/m^3)$。微结构和磁畴观察分析揭示，GBD 处理使磁体晶界相变厚，且其中的铁磁性元素含量减少，使畴壁脱钉扎的磁场显著提升，这是 H_{cJ} 提高的主要原因。T. Akiya 等人则发现[208,209]，GBD 处理使磁体在 c 轴方向膨胀，相对变化率达到 11.2%，这与 GBD 几乎不改变烧结 Nd-Fe-B 的厚度完全不同，膨胀同时造成晶粒的部分转动，破坏了 MQ-Ⅲ 主相晶粒的取向度，加上主相之外的相体积增大，使磁体的 B_r 和 $(BH)_{max}$ 明显下降。为解决这个问题，他们在 GBD 处理的过程中对磁体高度方向加以约束，在 H_{cJ} 提升水平相近的前提下，B_r 只降低了 2.6%，$(BH)_{max}$ 则降低 4.5%，磁体性能达到：$B_r = 13.6kGs(1.36T)$、$H_{cJ} = 20kOe(\mu_0 H_{cJ} = 2.0T)$、$(BH)_{max} = 45.0MGOe(358kJ/m^3)$。张铁桥等人[210] 对 GBD 处理后的 MQ-Ⅲ 磁体进行第二次热变形处理（Second Deformation，SD），结果表明二次热变形会显著改善磁体的取向度，从而大幅度改善 GBD 处理造成的剩磁和最大磁能积劣化行为。图 5-139 给出了 MQ-Ⅲ 磁体、GBD 处理的 MQ-Ⅲ 磁体及其二次

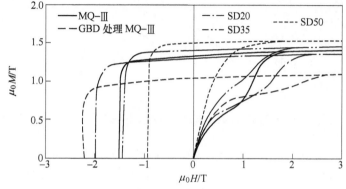

图 5-139 GBD 处理前后的热变形磁体 MQ-Ⅲ 以及不同压缩比二次热变形磁体的室温起始磁化和退磁曲线[210]

变形不同压缩比磁体的起始磁化和退磁曲线，其中 SD20 样品的变形率为 20%、SD35 为 35%、SD50 为 50%。除了可清晰看到 GBD 处理大幅度提高 H_{cJ} 同时明显降低 B_r 的情形外，还可以识别出不同压缩比的二次热变形磁体 B_r 恢复、H_{cJ} 下降的规律，以及起始磁化特征的变化。表 5-37 归纳了这些磁体的室温永磁特性和 H_{cJ} 温度系数 α_{HcJ}，其中二次变形率高达 50% 的磁体，$(BH)_{max} = 51.6 MGOe(411 kJ/m^3)$。

表 5-37 MQ-Ⅲ磁体、GBD 处理后的磁体及其不同压缩比的二次热变形磁体的室温永磁特性和 H_{cJ} 温度系数 α_{HcJ}[210]

样 品	B_r /kGs	H_{cJ} /kOe	$(BH)_{max}$ /MGOe	$(BH)_{max} +$ H_{cJ}	α_{HcJ} /% · ℃$^{-1}$
MQ-Ⅲ	13.2	15.0	42.1	57.1	− 0.59
GBD 处理的 MQ-Ⅲ	10.4	22.0	26.5	48.5	− 0.48
SD20（二次变形率 20%）	13.0	19.7	40.5	60.2	− 0.53
SD35（二次变形率 35%）	14.0	14.7	46.6	61.3	− 0.59
SD50（二次变形率 50%）	14.9	9.5	51.6	61.1	− 0.64

5.6.3 背挤出辐射取向 Nd-Fe-B 环形磁体

背挤出辐射取向 Nd-Fe-B 环形磁体是利用热压-热变形的取向原理，将厚壁的热压环形磁体压制变形成外径相近、内径显著减薄的杯形磁体，杯壁是在底部热变形取向后通过压头和阴模之间的开口从压头背面挤出来的，杯底形成的平行于压力方向取向（即轴向取向）转变成杯壁的半径方向取向，机械加工去掉杯底后，就得到辐射取向环形磁体。图 5-140[211] 示意性地绘出了压制前后阴模、上压头、下压头和磁体的关系，外径略小于 D_0、内径 D_{i1} 的厚壁环背挤压成外径 D_0、内径 D_{i2} 的薄壁环。

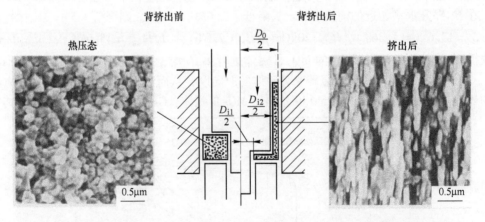

图 5-140 背挤出辐射取向磁环的压制过程示意图和热变形前后的磁体显微结构[211]

在背挤出过程中，热压磁体内 200～300nm 的各向同性等轴晶粒转变为背挤出磁体的扁平晶粒，晶粒厚度 ≈ 100nm，横向延展到 1μm，晶粒厚度方向即易磁化轴方向。图 5-141 是背挤出辐射环 $(BH)_{max}$ 与塑性变形率的关系曲线，变形率由杯内环面积与厚壁圆环的底面积之比来衡量，即图 5-140 中的 $(D_{i2}^2 - D_{i1}^2)/(D_0^2 - D_{i1}^2)$，这个关系与图 5-135 的

（BH）$_{max}$ 曲线很相像，只是数值约偏低 5MGOe，说明背挤出辐射取向磁环的取向程度不如块状磁体充分。与制备辐射取向磁环的粉末冶金方法相比，热压-背挤出方法最大的优点在于摆脱了对辐射取向磁场的依赖，突破了尺寸上的制约，特别是小内径和大高度的制约，另外也避免了前者因 $Nd_2Fe_{14}B$ 杨氏模量各向异性所导致的烧结开裂行为。

图 5-142 比较了烧结和背挤出辐射取向磁环的（BH）$_{max}$ 与外径的关系，由于取向场不够大，外径小于 40mm 的烧结磁环（BH）$_{max}$ 明显偏低，而背挤出磁环的（BH）$_{max}$ 几乎不受外径影响，且整体上背挤出的（BH）$_{max}$ 高于烧结磁体。热压-背挤出磁体的主要缺点，是沿磁环高度方向取向度不一致[208]，特别是杯口附近因取向不充分导致性能偏低，如图 5-143（a）所示，ϕ139mm$\times\phi$127mm$\times$100mm 的大型背挤出磁环，从杯口向下 30mm 这一段

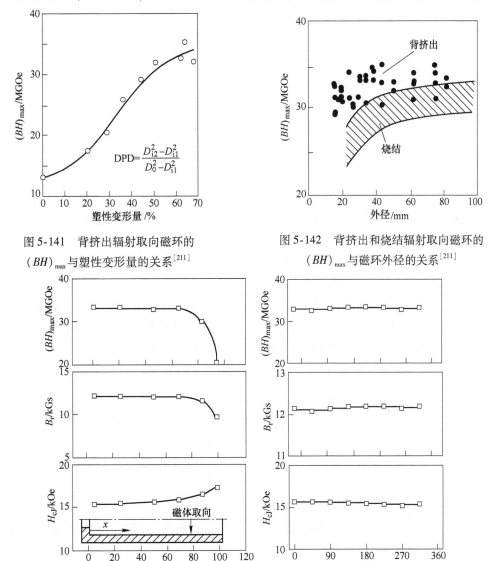

图 5-141　背挤出辐射取向磁环的
（BH）$_{max}$ 与塑性变形量的关系[211]

图 5-142　背挤出和烧结辐射取向磁环的
（BH）$_{max}$ 与磁环外径的关系[211]

图 5-143　ϕ139mm$\times\phi$127mm$\times$100mm 大型磁环的性能均匀性[212]

（a）高度方向；（b）圆周方向

的 $(BH)_{max}$ 比整体低，杯口处 $(BH)_{max}$ 仅 20MGOe，几乎没什么取向度，其余部分的 B_r 和 $(BH)_{max}$ 都很均匀，只是越靠近杯口 H_{cJ} 越高。图 5-143（b）表明，沿圆周方向磁体的性能均匀性非常好。

大同电子背挤出辐射取向磁环产品 NEOQUENCH-DR 的牌号和规格见表 5-38[213]，与烧结 Nd-Fe-B 类似，这些产品按 H_{cJ} 的高低分为 SHR、HR 和 R 三档，R 代表辐射取向，$(BH)_{max}$ 则有 31、35 和 43 三档，其中 HR 档和 R 档均不含 Dy，43SHR 的 Dy 含量（质量分数）约 1.1%~1.7%，35SHR 的为 1.8%~2.6%，比相同最高使用温度的烧结 Nd-Fe-B 少 2%~2.5%，这就是背挤出磁环的材料成本优势。

表 5-38　大同电子背挤出辐射取向磁环的产品牌号和规格[213]

牌　号	B_r /kGs	H_{cB} /kOe	H_{cJ} /kOe	$(BH)_{max}$ /MGOe	d /g·cm^{-3}	H_{sat} /kOe
ND-43SHR	13.0~13.6	10.5~12.1	18.0~21.5	40.0~45.0	7.7	30
ND-35SHR	12.2~12.8	11.1~11.9	18.0~22.6	34.0~38.0	7.7	30
ND-31SHR	10.8~11.8	10.2~11.1	20.0~25.0	29.0~33.0	7.7	30
ND-35HR	12.2~12.8	10.9~11.8	14.0~18.0	34.0~38.0	7.6	25
ND-31HR	11.4~12.2	10.4~11.2	14.0~18.0	30.0~34.0	7.6	25
ND-43R	13.0~13.6	10.5~12.1	11.3~14.6	40.0~45.0	7.6	25
ND-39R	12.8~13.2	11.1~12.1	13.0~16.0	38.0~42.0	7.6	25

注：μ_{rec} = 1.05，T_c = 360℃，α_{Br} = -0.10%/℃，α_{HcJ} = -0.50%/℃。

图 5-144 是 ND-31HR 和 ND-31SHR 的 B_r 的磁化饱和趋势，与表 5-38 中饱和充磁场 H_{sat} 数值设定相匹配。背挤出辐射取向磁环产品饱和充磁场比图 5-7 的烧结 Nd-Fe-B 要高出不少，特别是高 H_{cJ} 的 SHR 牌号。图 5-145 是不同牌号 ND 磁体的起始不可逆损失与温度的关系，显然 H_{cJ} 越大、起始不可逆损失越小，-5% 的不可逆损失对应的温度分别为：43R 100℃、35HR 130℃、SHR 150℃，其中 43SHR 略低一点。

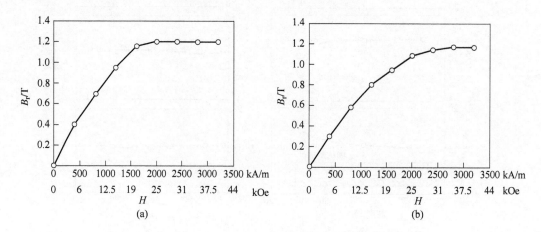

图 5-144　ND-31HR（a）和 ND-31SHR（b）的充磁饱和趋势[213]

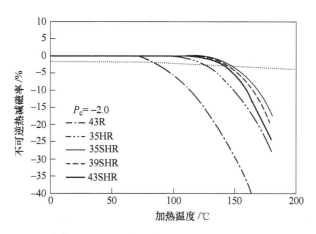

图 5-145　不同牌号 ND 磁体的起始磁通不可逆损失与温度的关系[213]

图 5-146 比较了烧结 Sm_2Co_{17}、烧结 Nd-Fe-B、热压 Nd-Fe-B 和热压-热变形 Nd-Fe-B 的起始不可逆损失与温度的关系[201]，同等 H_{cJ} 的热变形磁体不可逆损失明显低于烧结 Nd-Fe-B 的水平，而各向同性热压磁体 NEOQUENCH-H 的起始不可逆损失是 Nd-Fe-B 家族中最小的。图 5-147 是 ND-31HR 和 ND-31SHR 在 150℃和 180℃的长时间高温减磁，$P_c = -2$ 的 ND-31HR 的磁体在 150℃时起始不可逆损失超过 15%，1000h 的长时间高温减磁也接近 −10%，经过 1000h 长时间高温老化的总的不可逆损失约为 −25%；而 ND-31SHR 的总损失几乎为零，即使在 180℃的总的不可逆损失也低于 −5%，但烧结 Nd-Fe-B 磁体要达到这样的水平，H_{cJ} 需在 30kOe 以上。

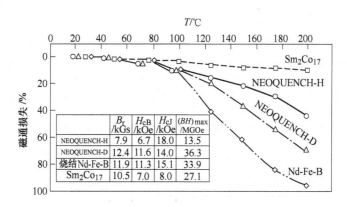

	B_r /kGs	H_{cB} /kOe	H_{cJ} /kOe	$(BH)_{max}$ /MGOe
NEOQUENCH-H	7.9	6.7	18.0	13.5
NEOQUENCH-D	12.4	11.6	14.0	36.3
烧结Nd-Fe-B	11.9	11.3	15.1	33.9
Sm_2Co_{17}	10.5	7.0	8.0	27.1

图 5-146　烧结 Sm_2Co_{17}、烧结 Nd-Fe-B、热压 Nd-Fe-B 和热压-热变形 Nd-Fe-B 的起始磁通不可逆损失与温度的关系[201]

以上全面系统地介绍了目前市场上出现的所有稀土永磁材料，除了第一代、第二代 Sm-Co 类型和第三代 Nd-Fe-B 类型烧结磁体外，还有用上述三代稀土永磁材料和后来研发的稀土过渡族金属间隙化合物为原料的粘结磁体，以及以快淬 Nd-Fe-B 粉为原料制备的热压和热变形（背挤出辐射取向）磁体。各种致密（包括烧结和热压/热变形）稀土永磁体和粘结稀土永磁体的永磁性能及其温度特性被分别总结于表 5-39 和表 5-40 中。从表 5-39

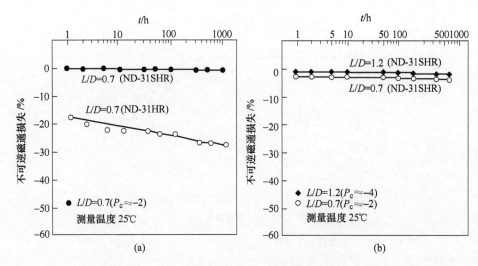

图 5-147 ND-31HR 和 ND-31SHR 的长时间高温减磁[213]

(a) 150℃；(b) 180℃

可看到，三代稀土永磁材料的烧结磁体的内禀矫顽力都可以超过 2.5T，但在最大磁能积方面，它们的最大值有显著的差异，第一代的最低（25MGOe，200kJ/m³），第三代的最高（55MGOe，424kJ/m³），基本上一代比一代高；在温度稳定性方面，三代稀土永磁材料的差异更加显著，前二代的明显好于第三代，第三代最高使用温度仅 220℃ 左右，但前两代可在 250～350℃ 温度范围内长期工作，高使用温度的 2:17 型 Sm-Co 烧结磁体甚至可在 550℃ 温度长期工作。从表 5-40 可看到，用前两代 Sm-Co 永磁材料制备的粘结磁体的品种极少，目前市场上所见的粘结磁体的品种主要是以第三代稀土永磁材料为原料的各种 Nd-Fe-B 粘结磁体，也有部分品种来自以间隙化合物为原料的 Sm-Fe-N 粘结磁体。

表 5-39 烧结和背挤出稀土永磁体的永磁性能、温度稳定性和使用温度

永磁体类型	$(BH)_{max}$		B_r		H_{cJ}		剩磁温度系数 /%·K⁻¹ (100℃)	矫顽力温度系数 /%·K⁻¹ (100℃)	使用温度 T_w /℃
	kJ/m³	MGOe	mT	kGs	kA/m	kOe			
烧结 1:5 型 Sm-Co 磁体	72～152	9.0～19.0	610～870	6.1～8.7	960～2400	12.0～30.0	-0.001～-0.045	-0.02～-0.24	250～300
烧结 2:17 型 Sm-Co 磁体	116～256	14.5～32.0	800～1120	8.0～11.2	480～2070	6.0～26.0	-0.001～-0.032	-0.03～-0.18	300～350
烧结 Nd-Fe-B 磁体	264～440	33.0～55.0	1180～1510	11.8～15.1	880～2960	11.0～37.0	-0.115	-0.77～-0.73	50～80
热挤出辐射取向 Nd-Fe-B 磁体	232～360	29.0～45.0	1080～1360	10.8～13.6	1412～2000	11.3～25.0	-0.10	-0.50	100～180

表 5-40 粘结稀土永磁体永磁性能

取向	材料名称	制粉技术	成形方法	B_r /kGs	H_{cJ} /kOe	$(BH)_{max}$ /MGOe
各向同性	Nd-Fe-B	快淬	压缩	7.6	10.0	12.0
	Nd-Fe-B + Fe_3B	快淬	压缩	6.4	7.8	7.7
	Nd-Fe-B	HDDR	压缩	6.2	11.5	8.2
	Sm-Fe-N	快淬	压缩	7.6~8.9	9.3~8.2	12.1~15.4
	Sm-Fe-N	HDDR	压缩	6.1	11.0	8.0
各向异性	Nd-Fe-B	HDDR	压缩	9.4~10.9	15.0~13.0	18.0~25.0
	Sm-Fe-N	还原扩散	注射	7.8~8.0	10.8~9.0	13.2~14.4
	Nd-Fe-B + Sm-Fe-N		注射	9.5	13.0	19.0
	Sm-Co	合金热处理	压缩	8.9	12.0	17.0

参 考 文 献

[1] Morita T. Effect of methods to improve coercivity on temperature dependence in Nd-Fe-B magnets [J]. 電気製鋼, 2011, 82: 5~10 (日文).

[2] Vacuumschemelze (VAC). 稀土永磁体目录, 2003.

[3] Kronmüller H. Micromagnetic background of hard magnetic- materials [G]// Long G J, Grandjean F ed. Supermagnets-Hard Magneic Materials. The Netherlands: Kluwer Academic, 1991: 461~498.

[4] Kronmüller H. Micromagnetism in hard magnetic materials [J]. J. Magn. Magn. Mater. , 1978, 7: 341~350.

[5] Alder E, Hamann P. A contribution to the understanding of coercivity and its temperature dependence in sintered $SmCo_5$ and $Nd_2Fe_{14}B$ magnets [C]. In: Proc. 4th Inter. Symposium on Magnetic Anisotropy and Coercivity in RE-TM Alloys, Ed. K. J. Strnat, University of Dayton, 1985: 747~760.

[6] Blank R, Rodewald W, Schleede B. Microscopic model for the enhancement of reversed magnetic fields in RE magnets [C]. In: Proc. 10th International Workshop on RE magnets and Their Applications, Ed. Shinjo T, The Society of Non-Traditional Technology, Tokyo, 1989: 353~361.

[7] Magnetization Behaviour of Permanent Magnets [OL]. Technical Report 62517 ed. 1.0, Internatioanl Electrotechnical Commission (IEC), TC68, 2009 IEC Geneva, Switzerland, www. iec. ch.

[8] Pinkerton F E, Van Wingerden D J. Magnetization process in rapidly solidified neodymium-iron-boron permanent magnet materials [J]. J. Appl. Phys. , 1986, 60: 3685.

[9] Strnat K J. Rare Earth-Cobalt Permanent Magnets [M]. In: Ferromagnetic Materials, Vol. 4. Wohlfarth E P and Buschow K H J ed. Elsevier Science Publishers B. V, 1988: 131~209.

[10] 周寿增, 董清飞. 超强永磁体—稀土铁系永磁材料 [M]. 2 版. 北京: 冶金工业出版社, 2010.

[11] Searle C W, Divis V, Hutchens R D. Magnetically determined particle alignment factors of sintered rare-earth cobalt permanent magnets [J]. J. Appl. Phys. , 1982, 53: 2395~2397.

[12] 日立金属永磁体目录 (2015).

[13] Joseph R I. Ballistic Demagnetizing Factor in Uniformly Magnetized Cylinders [J]. J. Appl. Phys. , 1966, 37: 4639~4643

[14] 中科三环稀土永磁体目录.

[15] Rodewald W. Magnetization and aging of sintered Nd-Fe-B magnets [J]. J. Less-Common Metals, 1985,

111: 77 ~ 81.

[16] Hilzinger R, Rodewald W. Magnetic materials: fundamentals, products, properties, applications [M]. Vacuumschmelze Publicis, Germany, 2013: 400 ~ 442.

[17] Hu Boping, Niu E, Zhao Yugang, Chen Guoan, Chen Zhian, Jin Guoshun, Zhang Jin, Rao Xiaolei, Wang Zhenxi. Study of sintered Nd-Fe-B magnet with high performance of H_{cJ}(kOe) + $(BH)_{max}$(MGOe) > 75 [J]. AIP Advances, 2013, 3 (4): 042136.

[18] Yoshikawa N, Kasai Y, Watanabe T, et al. Effect of additive elements on magnetic properties and irreversible loss of hot-worked Nd-Fe-Co-B magnets [J]. J. Appl. Phys., 1991, 69: 6049.

[19] 中科三环内部资料.

[20] Rodewald W. Rare-earth Transition-metal Magnets [M]. In: Handbook of Magnetism and Advanced Magnetic Materials, Vol. 4 Eds. Kronmuller H, Parkin S. Weley, Chichester, 2007: 1969 ~ 2004.

[21] 钟文定. 铁磁学（中册）[M]. 北京：科学出版社，1987.

[22] Néel L. Le trainage magnetique [J]. J. Physique et adium, 1951, 12: 339 (in French).

[23] Givord D, Rossignol M F. Villas-Boas V, Gonzalez J M. In: 14th International Workshop on Rare-earth Magnets and their Applications, Paulo, Brasil, September 1996.

[24] Givord D, Rossignol M F. Coercivity [M]. In: Rare-Earth Iron Permanent Magnets, ed. J. M. D. Coey. Clarendon Press, Oxford, 1996: 218 ~ 285.

[25] Street R, Wooley J C. A study of magnetic viscosity [J]. Proc Plays Soc, 1949, A62: 562.

[26] Wohlfarth E P. The coefficient of magnetic viscosity. J Phys. F: Metal Phys. 1984 (14): L155.

[27] Skomski R, Coey J M D. Permanent Magnetism, Studies in Condensed Matter Physics, ed. J. M. D. Coey, D. R. Tilley (Institute of Physics Publishing, London, 1999).

[28] Haavisto M. Studes on the time-dependent demagnetization of sintered NdFeB permanent magnets. Thesis for the degree of Doctor of Science in Technology at Tampere University of Technology in 2013, Tampere, Finland.

[29] Haavisto M, Paju M. Temperature Stability and Flux Losses Over Time in Sintered Nd-Fe-B Permanent Magnets [J]. IEEE Trans. Magn., 2009, MAG-45: 5277.

[30] Gutfleisch O. Controlling the properties of high energy density permanent magnetic materials by different processing routes [J]. J. Phys. D: Appl. Phys. 2000, R157 ~ R172.

[31] Coey J M D. Introduction [M]. In: Coey J M D ed. Rare-Earth Iron Permanent Magnets. Oxford: Clarendon Press, 1996: 1 ~ 57.

[32] 周寿增. 稀土永磁材料及其应用 [M]. 北京：冶金工业出版社，1995：423.

[33] Strnat K J, Hoffer G, Olsen J C, et al. A Family of New Cobalt-Base Permanent Magnet Materials [J]. J. Appl. Phys., 1967, 38: 1001.

[34] Buschow K H J, Luiten W, Naastepa P A, et al. Magnet material with a $(BH)_{max}$ of 18.5 million gauss oersteds [J]. Philips Tech. Rev., 1968, 29: 336.

[35] Das D. Twenty million energy product samarium-cobalt magnet [J]. IEEE Trans Magn., 1969, MAG-5: 214.

[36] Benz M G, Martin D L. Cobalt-samarium permanent magnets prepared by liquid phase sintering [J]. Appl. Phys. Lett., 1970, 17: 176.

[37] Narasimhan K S V L. Higher energy product rare earth-cobalt permanent magnets [C]. In: Proc. 5th Int'l workshop on REPM, 1981: 629.

[38] Mildrum H F, Hartings M F, Wong K D, Strnat K J. An investigation of the aging of thermally prestabilized sintered samarium-cobalt magnets [J]. IEEE Trans., 1974, MAG-10: 723.

[39] Li D, Mildrum H F, Strnat K J. Thermal stability of five sintered rare-earth-cobalt magnet types [J]. J.

Appl. Phys. , 1988, 63: 3984.

[40] EEC 网页: www. electronenergy. com.

[41] Velicescu M. Development and production of rare earth-cobalt permanent magnet alloys [C]. In: Proc. 6th Int'l workshop on REPM, 1982: 341.

[42] 何文望. Development and research on permanent magnets [M]. Proc. 6th Int'l workshop on REPM, 1982: 511.

[43] Nesbitt E A, Willens R H, Sherwood R C, Buehler E, Wernik T H. New permanent magnet materials [J]. Appl. Phys. Lett. , 1968, 12: 361.

[44] Nesbitt E A, Willens R H, Sherwood R C, Buehler E, Wernik T H. New permanent magnet materials containing rare-earth metal [J]. J. Appl. Phys. , 1969, 40: 1259.

[45] Nesbitt E A, et al. Rare Earth Permanet Magnets, 1973: 113.

[46] Ervens W. in: Tech. Mitteilungen Krupp, Forschungsberichte, Vol. 40, No. 3 (Krupp Gemeinschaftsbetriebe, Fachbucherei, D-4300 Essen, FRG) pp. 99-107, ISSN 0494-9382.

[47] Kim A S. Design of high temperature permanent magnets [J]. J Appl Phys, 1997, 81 (8): 5609.

[48] Liu J F, Zhang Y, Dimitrov D, Hadjipanayis G C. Microstructure and high temperature magnetic properties of $Sm(CoCuFeZr)_z$ ($z = 6.7 \sim 9.1$) permanent magnets [J]. J Appl Phys, 1999, 85 (5): 2800.

[49] Liu J F, Ding Y, Hadjipanayis G C. Effect of iron on the high temperature magnetic properties and microstructure of $Sm(CoFeCuZr)_z$ permanent magnets [J]. J Appl Phys, 1999, 85 (3): 1670.

[50] Liu J F, Payal V, Michael W. Overview of Recent Progress in Sm-Co Based Magnets [C]. In: Luo Y and Li W. Proc. 19th Int'l. Workshop on REPM & Their Appl. , Beijing: J. Iron Steel Research International Vol. 13, 2006: 319.

[51] Liu J F, Chen C, Talnagi J, Wu S X, Harmer M. Thermal Stability and Radiation Resistance of Sm-Co Based Permanent Magnets [C]. Proceedings of Space Nuclear conference , Boston. Massachusetts, June 24 ~ 28. 2007, 2036.

[52] Clark A E, Belson H S. Giant Room-Temperature Magnetostrictions in $TbFe_2$ and $DyFe_2$ [J]. Phys. Rev. B, 1972, 5: 3642.

[53] Croat J J. Preparation and coercive force of melt-spun Pr-Fe alloys [J] . Appl. Phys. Lett. , 1980, 37: 1096.

[54] Croat J J. Observation of large room-temperature coercivity in melt-spun $Nd_{0.4}Fe_{0.6}$ [J]. Appl. Phys. Lett. , 1981, 39: 357.

[55] Koon N C, Das B N. Magnetic properties of amorphous and crystallized $(Fe_{0.82}B_{0.18})_{0.9}Tb_{0.05}La_{0.05}$ [J]. Appl. Phys. Lett. , 1981, 39: 840.

[56] Hadjipanayis G C, Hazelton R C, Lawless K R. New iron-rare-earth based permanent magnet materials [J]. Appl. Phys. Lett. , 1983, 43: 797.

[57] Sagawa M, Fujimura S, Togawa M , et al. New material for permanent magnets on a base of Nd and Fe [J]. J. Appl. Phys. , 1984, 55: 2083.

[58] Croat J J, Herbest J F, Lee R W , et al. Pr-Fe and Nd-Fe-based materials: A new class of high-performance permanent magnets [J]. J. Appl. Phys. , 1984, 55: 2078.

[59] Chaban N F, et al. Dopov. Akad. Nauk. URSR. sera Fiz-Mat. Tekh. Nauki, 1979, 10: 873.

[60] 佐川真人, 浜野正昭. 图解稀土类磁石 [M]. 日刊工业新闻社.

[61] Hirosawa S. BM News, 2006, 35: 135.

[62] Li D, Mildrum H F, Strnat K J. Permanent magnet properties of sintered Nd-Fe-B between − 40 and +200℃ [J]. J. Appl. Phys. , 1985, 57: 4140.

[63] Mildrum H F, Umana G M. Elevated temperature behavior of Nd-Fe-B type Magnets [J]. IEEE Trans. Magn. , 1988, MAG-24: 1623.

[64] Clegg A G, Coulson I M, Hilton G. Temperature stability of NdFeB and NdlFeBCo magnets [J]. IEEE Trans. Magn. , 1990, MAG-26: 1942.

[65] Hirosawa S, Matsuura Y, Yamamoto H, Fujimura S, Sagawa M, Yamauchi H. Single Crystal Measurements of Anisotropy Constants of $R_2Fe_{14}B$ (R = Y, Ce, Pr, Nd, Gd, Tb, Dy and Ho)[J]. Japn. J. Appl. Phys. , 1985, 24: L803-L805.

[66] Ma B M, Narasimhan K S V L, Hurt J C. NdFeB Magnets with Zero Temperature Coefficient of Induction [J]. IEEE Trans. Magn, 1986, MAG-22: 1081 ~ 1083.

[67] Arai S, Shibata T. Highly Heat-Resistant Nd-Fe-Co-B System Permanent Magnets [J]. IEEE Trans. On Magn. , 1985, MAG-21: 1952 ~ 1954.

[68] Mizoguchi T, Sakai I, Niu H, Inomata K. Nd-Fe-B-Co-Al based permanent magnets with improved magnetic properties and temperature characteristics [J]. IEEE Trans. On Magn. , 1986, MAG-22: 919 ~ 921.

[69] Hirosawa S, Tokuhara K, Yamamoto H, Fujimura S, Sagawa M, Yamauchi H. Magnetization and magnetic anisotropy of $R_2Co_{14}B$ and $Nd_2(Fe_{1-x}Co_x)_{14}B$ measured on single crystals [J]. J. Appl. Phys. , 1987, 61: 3571 ~ 3573.

[70] Endoh M, Tokunaga M. Nd-Fe-B based sintered magnets with low temperature coefficients [C]. Proc. 10th Int. Workshop on Rare Earth Magnets and Their Application, Tokyo, Japan: 1989: 449.

[71] Tokunaga M, Koqure H, Endoh M, et al.. Improvement of thermal stability of Nd-Dy-Fe-Co-B sintered magnets by additions of Al, Nb and Ga [J]. IEEE Trans. magn. , 1987, MAG-23: 2287.

[72] Okada M, Sugimoto S, Ishizaka C, Tanaka T, Homma M. Didymium-Fe-B sintered permanent magnets [J]. J. Appl. Phys. , 1985, 57: 4146.

[73] Yamasaki J, Soeda H, Yanagida M, Mohri K, Teshima N, Kohmoto O, Yoneyama T, Yamaguchi N. Misch Metal-Fe-B Melt Spun Magnets with 8MGOe Energy Product [J]. IEEE Trans. Magn. , 1986, MAG-22: 763 ~ 765.

[74] Koon N C, Williams C M, Das B N. A new class of melt quenched amorphous magnetic alloys (Abstract) [J]. J. Appl. Phys. , 1981, 52: 2535.

[75] Koon N C, Das B N, Geohegan J A, Forester D W. Rare-earth Transition Metal Exchange Interactions in Amorphous $(Fe_{0.82}B_{0.18})_{0.9}R_xLa_{0.1-x}$ Alloys [J]. Jour. Appl. Phys. , 1982, 53: 2333 ~ 2334.

[76] Gong W, Hadjipanayis G C. Misch-metal-iron based magnets [J]. J. Appl. Phys. , 1988, 63: 3513.

[77] Okada M, Sugimoto S, Ishizaka C, Tanaka T, Homma M. Didymium-Fe-B sintered permanent-magnets [J]. J. Appl. Phys. , 1985, 57: 4146.

[78] Li D, Bogatin Y. Effect of composition on the magnetic properties of $(Ce_{1-x}Nd_x)_{13.5}(Fe_{1-y-z}Co_ySi_z)_{80}B_{6.5}$ sintered magnets [J]. J. Appl. Phys. , 1991, 69: 5515.

[79] Yan C J, Guo S A, Chen R J, Lee D, Yan A R. Effect of Ce on the Magnetic Properties and Microstructure of Sintered Didymium-Fe-B Magnets [J]. IEEE Trans. magn. , 2014, MAG-50: 2102605.

[80] Yan C J, Guo S, Chen L, Chen R J, Liu J, Lee D, Yan A R. Enhanced temperature stability of coercivity in sintered permanent magnet by substitution of Ce for didymium [J]. IEEE Trans. Mag. , 2016, MAG-52: 2100404.

[81] Zhu M G, Han R, Li W, Huang S L, Zheng D W, Song L W, Shi X N. An Enhanced Coercivity for (CeNdPr)-Fe-B Sintered Magnet Prepared by Structure Design [J]. IEEE Trans. magn. , 2015, MAG-51: 2104604.

[82] Zhu M G, Li W, Wang J D, Zheng L Y, Li Y F, Zhang K, Feng H B, Liu T. Influence of Ce Content on

the Rectangularity of Demagnetization Curves and Magnetic Properties of Re- Fe- B Magnets Sintered by Double Main Phase Alloy Method [J]. IEEE Trans. on Magn. , 2014, MAG-50: 1000103.

[83] Li W, Li A H, Feng H B, Huang S L, Wang J D, Zhu M G. The Study on Grain- Boundary Microstructure of Sintered (Ce,Nd)-Fe- B Magnets [J]. IEEE Trans. magn. , 2015, MAG-51: 2103603.

[84] Niu E, Chen Z A, Chen G A , Zhao Y G, Zhang J, Rao X L, Hu B P, Wang Z X. Achievement of high coercivity in sintered R- Fe- B magnets based on misch- metal by dual alloy method [J]. J. Appl. Phys. , 2014, 115: 113912.

[85] Velge W A J J, Buschow K H. Magnetic and Crystallographic Properties of Some Rare Earth Cobalt Compounds with $CaZn_5$ Structure [J]. J. Appl. Phys. , 1968, 39: 1717.

[86] Tayler R J, Wainwright D P. In: Proc. 12th RE Research Conf. , ed. C. E. Lundin (University of Denver, CO. , USA), 1976: 364.

[87] Kamino K, Yamane T. In: Proc. 12th RE Research Conf. , ed. C. E. Lundin (University of Denver, CO. , USA) 1976: 377.

[88] Suzuki S, Okonogi I, Kasai K. In: Proc. 3rd Int. Workshop on RE-Co PM and their Applications, San Diego, ed. Strnat K J (University of Dayton, OH, USA) 1978: 438.

[89] Suzuki T, Yamane T, Kamino K, Hasegawa Y, Hamano M, Yajima S. In: Proc. 4th Int. Workshop on RE-Co PM and their Applications, Hakone (Society of Non- Traditional Technology Tokyo 105, Japan), eds. Kaneko H and Kurino T, 1979: 325.

[90] Satoh K, Oka K, Ishii J, Satoh T. Thermoplstic resin- bonded Sm- Co magnet [J]. IEEE Trans. Magn. , 1985, MAG-21: 1979 ~ 1981 .

[91] Strnat K J, Wong K M D, Blaettner H. In: Proc. 12th RE Research Conf. , ed. C. E. Lundin (University of Denver, CO. , USA) 1976: 31.

[92] Strnat K J, Kleman A J, Blaettner H. In: Proc. 12th RE Research Conf. , ed. C. E. Lundin (University of Denver, CO. , USA) 1976: 387.

[93] Shimoda T, Kasai K, Teraishi T. In: Proc. 4th Int. Workshop on RE-Co PM and their Applications, Hakone (Society of Non- Traditional Technology Tokyo 105, Japan), eds. Kaneko H and Kurino T, 1979: 335.

[94] Napac 粘结稀土永磁体样本 .

[95] Coehoorn R, Mooij D B, de Waard C. Novel permanent magnetic- materials made by rapid quenching [J]. J. de Phys. Collgue, C, 1988, C8: 669 ~ 670.

[96] Takeshita T, Nakayama R. Magnetic properties and microstructrues of the Nd-Fe- B magnet powder produced by hydrogen treatment [C]. In: Proc. 10th Inter. Workshop on REPM and Their Applications, Kyoto, 1989, Society of Non- Traditional Technology, Tokyo, 1989: 551.

[97] 美国麦格昆磁的产品目录和网页 .

[98] Panchanathan V. Proceedings of the 16th International Workshop on Rare- Earth Magnets and Their Applications, Sendai, Japan, 2000: 431.

[99] Kim A, Camp F E. Proceedings of the 15th International Workshop on Rare- Earth Magnets and Their Applications, Dresden, Germany, 1998: 55.

[100] Panchanathan V, Sparwasser K. Recent Development in Bonded Nd- Fe- B Magnets and Applications, 671.

[101] Fuerst C D, Herbst J F, Alson E A. Magnetic Propeties of $Nd_2(Co_xFe_{1-x})_{14}B$ Alloys [J]. J. Magn. Magn. Mater. , 1986, 54 ~ 57: 567 ~ 569.

[102] Campbell P, Brown D N, Chen Z M, Guschl P C, Miller D J, Ma B M. $R_2Fe_{14}B$- Type Isotropic Powders

For Bonded Magnets. MQI 内部资料.

[103] Kneller E F, Hawig R. The exchange-spring magnet: A new material principles for permanent magnets [J]. IEEE Trans. Magn., 1991, MAG-27: 3588~3600.

[104] 金清裕和, 广泽哲 [G]. 第 16 回日本应用磁气学会讲演概要集, 1992: 456.

[105] Hirosawa S, Kanekiyo H. In: Proc. of the 13th International Workshop on Rare-Earth Magnets and Their Applications, Birmingham, U. K., 1994: 87.

[106] Panchanathan V. Studies on low rare-earth Nd-Fe-B compositions [J]. IEEE Trans. Magn., 1995, MAG-31: 3605~3607.

[107] Nishio T, Koyama S, Kasai Y, Panchanathan V. Low rare-earth Nd-Fe-B bonded magnets with improved irreversible flux loss [J]. J. Appl. Phys., 1997, 81: 4447~4449.

[108] Hamano M, Yamasaki M, Mizuguchi H, Yamamoto H, Inoue A [J]. ibid., 1998, 1: 199.

[109] Coey J M D, Sun Hong. Improved Magnetic Properties by Treatment of Iron-Based Rare earth Intermetallic Compounds in Ammonia [J]. J. Magn. Magn. Mater., 1990, 87: L251.

[110] 今井秀秋、入山恭彦. 日本, 2703281 [P]. 1987.

[111] Iriyama T, Kobayashi K, Imaoka N, Fukuda T, Kato H, Nakagawa Y. Effect of nitrogen-content on magnetic-properties of $Sm_2Fe_{17}N_x$ $(0 < x < 6)$ [J]. IEEE Trans. Magn., 1992, 28: 2326~2331.

[112] Ishikawa T, Iseki T, Yokosawa K, Kawamoto A, Kaneko I, Ohmori K. In: Proc. 16th Inter. Workshop on REPM and Their Applications, Sendai, 2000: 745.

[113] Katter M, Wecker J, Schultz L. Structural and hard magnetic properties of rapidly solidified Sm-Fe-N [J]. J. Appl. Phys., 1991, 70: 3188~3196.

[114] 森井浩一、長谷川文昭. Sm-Fe-N 系等方性ボンド磁石の磁気特性資料 [J]. 電気製鋼, 2008, 79: 149.

[115] 高保磁力 Sm-Fe-N 等方性ボンド磁石 [J]. 電気製鋼, 2011, 82: 89.

[116] Iriyama T, Omatsuzawa R, Nishio T, Okuchi N, Fujida Y, Iriyama T, Omatsuzawa R, Nishio T, et al. Hard magnetic properties of quenched Sm-Fe-N powders [C]. In: Proc. 2nd Inter. Conf. on Processing Mater. for Properties, 2000: 243~248.

[117] Omatsuzawa R, Murashige K, Iriyama T. Structure and magnetic properties of SmFeN prepared by rapidly-quenching method [J]. 電気製鋼, 2002, 73: 235~242.

[118] 大松泽亮、入山恭彦. Development of Sm-Fe-N Isotropic Bonded Magnet [J]. 電気製鋼, 2005, 76: 209.

[119] Sakurada S, Tsutai A, Hirai T, Yanagida Y, Sahashi M, Abe S, Kaneko T. Structural and magnetic properties of rapidly quenched $(R, Zr)(Fe, Co)_{10}N_x$ $(R = Nd, Sm)$ [J]. J. Appl. Phys., 1996, 79: 4611~4613.

[120] Kawashima F, Sakurada S, Sawa T, Arai T, Tsutai A, Sahashi M. Magnetic properties and microstructure of rapidly quenched SmZrFeCoN magnets [J]. IEEE Trans. Magn., 1999, 35: 3289~3291.

[121] Sakurada S, Nakagawa K, Kawashima F, Sawa T, Arai T, Tsutai A, Sahashi M. Isotropic Sm-Zr-Fe-Co-B-N Bonded Magnets with High $(BH)_{max}$ [C]. In: Proc. 17th International Workshop on Rare-Earth Magnets and Their Applications, H. Kaneko, M. Homma and M. Okada, Sendai, The Japan Institute of Metals, 2000: 719~726.

[122] Sakurada S, Tsutai A, Arai T. Development of isotropic bonded magnets with $(BH)_{max}$ of 120 kJ/m³ [J]. J. Jpn. Soc. Powder Powder Metallurgy, 2003, 50: 626~632.

[123] Yoneyama T, Yamamoto T, Hidaka T. Magnetic properties of rapidly quenched high remanence Zr added Sm-Fe-N isotropic powder [J]. Appl. Phys. Lett., 1995, 67: 3197~3199.

［124］ Yamamoto T, Hidaka T, Yoneyama T, Nishio H, Fukuno A. Magnetic properties of rapidly quenched (Sm,Zr)(Fe,Co)$_7$-N+α-Fe ［J］. Materials Transaction, JIM, 1996, 37: 1232~1237.

［125］ Fukuno A. SmFeN 系ナノコンポジット磁石（NanoREC）［N］. BM News 1999: 15~19.

［126］ Nakayama R, Takeshita T, Itakura M, Kuwano N, Oki K. Magnetic properties and microstructures of the Nd-Fe-B magnet powder produced by hydrogen treatment ［J］. J Appl Phys, 1991, 70: 3770.

［127］ Nakamura H, Kurihara K, Tazuki T, Sugimoto S, Okada M, Honma M. In: Proc. 15th Meet of the Japan Applied Magnetic Society, Japan Applied Magnetic Society, Tokyo, 1991: 379.

［128］ Nakamura H, Sugimoto S, Okada M, Homma M. High-coercivity Sm$_2$Fe$_{17}$N$_x$ powders produced by HDDR and nitriding processes ［J］. Mater. Chem. Phys., 1992, 32: 280~285.

［129］ Sugimoto S, Nakamura H, Okada M, Homma M. In: Proc. of the 12th Int. Workshop on REPM and their applications, Canberra, Australia, 1992: 372.

［130］ Zhou S Z, Yang J, Zhang M C, Ma D Q, Li F B, Wang R. In: Proc. of the 12th Int. Workshop on REPM and their applications, Canberra, Australia, 1992: 44.

［131］ Tobise M, Shindoh M, Okajima H, Iwasaki K, Tokunaga M, Liu Z, Hiraga K. Structure and magnetic properties of Sm-Fe-Ti-B-N powders produced by HDDR and nitriding processes ［C］. In: Proc. of the 15th Int. Workshop on REPM and Their Applications, Dresden, Germany, ed. Schultz L and Muller K H, 1998: 517.

［132］ Tobise M, Shindoh M, Okajima H, Iwasaki K, Tokunaga M, Liu Z, Hiraga K. Thermal stability and oxidation resistance of HDDR processed Sm-Fe-Ti-B-N bonded magnets ［J］. IEEE Trans. Magn., 1999, MAG-35: 3259~3261.

［133］ Okada M, Sugimoto S, Homma M. In: Ferrites Proc. 6th Int. Conf. on Ferrites (ICF6). Tokyo and Kyoto, Japan (The Japan Society of Powder and Powder Metallurgy, Tokyo), 1992: 1087.

［134］ Tatsuki T, Nakamura H, Sugimoto S, Okada M, Homma M. J. Magn. Soc. Jpn. 1993, 17: 165 （日文）

［135］ Sugimoto S, Tatsuki T, Nakamura H, Okada M, Homma M. In: M. Homma, et al. ed. Advanced Materials'93, 1/B: Magnetic, Fullerene, Dielectric, Ferroelectric, Diamond and Related Materials ［J］. Trans. Mat. Res. Soc. Jpn., Vol. 14B, Elsevier Science B. V., 1994: 1041.

［136］ Book D, Nakamura H, Sugimoto S, Kagotani T, Okada M, Homma M. Mater. Trans. JIM 1996, 37: 1228.

［137］ Takeshita T, Nakayama R. Magnetic properties and microstructrues of the Nd-Fe-B magnet powder produced by hydrogen treatment-Ⅲ ［C］. In: Proc. 11th Inter. Workshop on REPM and Their Applications, Pittsburgh, 1990: 49~71.

［138］ Takeshita T, Nakayama R. In: Proc. 12th Inter. Workshop on REPM and Their Applications, 1992: 670.

［139］ Nakamura H, Suefuji R, Sugimoto S. Effects of HDDR treatment conditions on magnetic properties of Nd-Fe-B anisotropic powders ［J］. J. Appl. Phys., 1994, 76: 6828.

［140］ 中山亮治，石井义成，森本耕一郎. Magnetic propertis of anisotropic (Nd,Dy)-Fe-Co-B magnet powders produced by the HDDR process ［J］. 日本应用磁気学会誌, 1998, 22: 361.

［141］ Mishima C, Hamada Y, Mitarai N, Honkura Y. Magnetic properties of NdFeB anisotropic magnet powder produced by the d-HDDR method ［C］. In: 16th Inter. Workshop on Rare-Earth Magnets and Their Applications, 2000: 873.

［142］ 本藏义信，三屿千里，御手洗浩成. d-HDDR 法确立高性能 NdFeB 各向异性粉开发 ［J］. 日本金属学会会报, 2000, 39: 284.

［143］ Morimoto K, Niizuma E, Nakayama R, Igarashi K. Influence of original alloy microstructure on magnetic properties of isotropic HDDR-treated Nd-Fe-B powder [J]. J. Magn. Magn. Mater. , 2003, 263: 201.

[144] Morimoto K, Kato K, Igarashi K, Nakayama R. Magnetic properties of anisotropic Nd-Fe-B HDDR powders prepared from strip cast alloys [J]. J. Alloys and Comp. , 2004, 366: 274.

[145] Kawamoto A, Ishikawa T, Yasuda S, Takeya K, Ishizaka K, Iseki T , Ohmori K. $Sm_2Fe_{17}N_3$ magnetic powder made by reduction and diffusion method [J]. IEEE Trans. Magn. , 1999, MAG-35: 3322 ~ 3324.

[146] Yoshizawa S, Ishikawa T, Kaneko I, Hayashi S, Kawamoto A, Ohmori K. Injection molded anisotropic magnet using reduction and diffusion method [J]. IEEE Trans. Magn. , 1999, MAG-35: 3340 ~ 3342.

[147] 久米道也，多田秀一，富本高弘. 第 23 回日本应用磁气学会学術講演概要集，1999: 370.

[148] 中山亮治，武下拓夫. 日本应用磁気学会第 71 回研究会资料，1991: 25.

[149] Morimoto K, Nakayama R, Mori K, Igarashi K, Ishii Y, Itakura M, Kuwano N, Oki K. Anisotropic $Nd_2Fe_{14}B$ based magnetic powder with high remanence produced by modified HDDR process [J]. IEEE Trans. Mag. , 1999, MAG-35: 3253 ~ 3255.

[150] 爱知制钢 MAGFINE 技术数据手册，2011.

[151] 爱知制钢内部资料，2014.

[152] 住友金属矿山样本和网站.

[153] 日亚化学网站。

[154] 张晃韦、张文成. $TbFe_7$ 型 $Sm(Co,M)_7$ 合金系统之研究进展 [J]. 台湾磁性技术协会会讯，2009，50: 40.

[155] Du X B, Zhang H W, Rong C B, Zhang J A, Zhang S Y, Shen B G, Yan Y, Jin H M. Magnetic properties and coercivity mechanism of melt-spun $Sm(Co_{1-x}Fe_x)_{6.8}Zr_{0.2}C_{0.06}$ ribbons with $TbCu_7$ structure [J]. J. Magn. Magn. Mater. , 2004, 281: 255.

[156] Chang H W, Huang S T, Chang C W, Chiu C H, Chang W C, Sun A C, Yao Y D. Magnetic properties phase evolution, and microstructure of melt spun $SmCo_{7-x}Hf_xC_y$ ($x = 0 \sim 0.5$; $y = 0 \sim 0.14$) ribbons [J]. J. Appl. Phys. , 2007, 101: 09K508.

[157] Hegde H, Qian X R, Ahn J G, Cadieu F J. High-temperature magnetic properties of $TbCu_7$-type SmCo-based films [J]. J. Appl. Phys. , 1996, 79: 5961.

[158] Zhou J, Al-Omari I A, Liu J P, Sellmyer D J. Structure and magnetic properties of $SmCo_{7-x}Ti_x$ with $TbCu_7$-type structure [J]. J. Appl. Phys. , 2000, 87: 5299.

[159] Venkatesan M, Rhen F M F, Gunning R, Coey J M D. Effect of Fe, Cu, Zr, and Ti on the magnetic properties of SmCo-1:7 magnets [J]. IEEE Trans. Magn. , 2002, MAG-38: 2919.

[160] Chang H W, Huang S T, Chang C W, Chang W C, Sun A C, Yao Y D. Effect of C addition on the magnetic properties, phase evolution, and microstructure of melt spun $SmCo_{7-x}Hf_x$ ($x = 0.1 \sim 0.3$) ribbons [J]. Solid State Comm. , 2008, 147: 69.

[161] Jiang C B, Venkatesan M, Gallagher K, Coey J M D. Magnetic and structural properties of $SmCo_{7-x}Ti_x$ magnets [J]. J. Magn. Magn. Mater. , 2001, 236: 49.

[162] Hsieh C C, Chang H W, Chang C W, Guo Z H, Yang C C, Chang W C. Crystal structure and magnetic properties of melt spun $Sm(Co,V)_7$ ribbons [J]. J. Appl. Phys. , 2009, 105: 07A705.

[163] Hsieh C C, Chang H W, Guo Z H, Chang C W, Zhao X G, Chang W C. Crystal structure and magnetic properties of melt spun $SmCo_{7-x}M_x$ (M = Ta, Cr, and Mo; $x = 0 \sim 0.6$) ribbons [J]. J. Appl. Phys. , 2010, 107: 09A738.

[164] 张东涛，潘利军，岳明，张久兴. $SmCo_7$ 块状态纳米晶烧结磁体的制备和性能 [J]. 材料研究学报，2007, 21: 581.

[165] Guo Z H, Hsieh C C, Chang H W, Zhu M G, Pan W, Li A H, Chang W C, Li W. Enhancement of co-ercivity for melt-spun $SmCo_{7-x}Ta_x$ ribbons with Ta addition [J]. J. Appl. Phys. , 2010, 107: 09A705.

[166] Hsieh C C, Shih C W, Liu Z, Chang W C, Chang H W, Sun A C, Shaw C C. Magnetic properties and crystal structure of melt-spun $Sm(Co, M)_7$ (M = Al and Si) ribbons [J]. J. Appl. Phys. , 2010, 107: 09A705.

[167] Hsieh C C, Chang H W, Zhao X G, Sun A C, Chang W C. Effect of Ge on the magnetic properties and crystal structure of melt spun $SmCo_{7-x}Ge_x$ ribbons [J]. J. Appl. Phys. , 2011, 109: 07A730.

[168] Aich S, Ravindran V K, Shield J E. Highly coercive rapidly solidified Sm-Co alloys [J]. J. Appl. Phys. , 2006, 99: 08B521.

[169] Yan A R, Sun Z G, Zhang W Y, Zhang H W, Shen B G. Magnetic properties, domain structure, and microstructure of anisotropic $SmCo_{6.5}Zr_{0.5}$ ribbons with C addition [J]. J. Mater. Res. , 2001, 16: 629.

[170] Chang H W, Huang S T, Chang C W, Chiu C H, Chen I W, Chang W C, Sun A C, Yao Y D. Effect of additives on the magnetic properties and microstructure of melt spun $SmCo_{6.9}Hf_{0.1}M_{0.1}$ (M = B, C, Nb, Si, Ti) ribbons [J]. J Alloys Comp, 2008, 455: 506.

[171] Feng D Y, Liu Z W, Zheng Z G, Zhong X C, Zhang G Q. Hard Magnetic Properties and Thermal Stability for $TbCu_7$-Type $SmCo_{6.4}Si_{0.3}Zr_{0.3}$ Alloys With Sm Substituted by Various Rare-Earth Elements [J]. IEEE Trans. Mag. , 2015, MAG-51: 2100604.

[172] Du X B, Zhang H W, Rong C B, Zhang J A, Zhang S Y, Shen B G, Yan Y, Jin H M. Magnetic prop-erties and coercivity mechanism of melt-spun $Sm(Co_{1-x}Fe_x)_{6.8}Zr_{0.2}C_{0.06}$ ribbons with $TbCu_7$ structure [J]. J. Magn. Magn. Mater. 2004, 281: 255.

[173] Cadieu F J, Cheung T D, Wickramasekara L, Aly S H. Magnetic properties of a metastable Sm-Fe phase synthesized by selectively thermalized sputtering [J]. J. Appl. Phys. , 1984, 55: 2611.

[174] Cadieu F J, Cheung T D, Wickramasekara L. Magnetic properties of Sm-Ti-Fe and Sm-Co based films [J]. J. Appl. Phys. , 1985, 57: 4161.

[175] Cheung T D, Wickramasekara L, Cadieu F J. Magnetic properties of Ti stabilized $Sm(Co,Fe)_5$ phases di-rectly synthesized by selectively thermalized sputtering [J]. J. Magn. Magn. Mater. , 1986, 54 ~ 57: 1641.

[176] Ohashi K, Yokoyama T, Osugi R, Tawara Y. The magnetic and structural properties of R-Ti-Fe ternary compounds [J]. IEEE Trans. Mag. , 1987, MAG-23: 3101.

[177] Strzeszcwski J, Wang Y Z, Singleton E W, Hadjipanayis G C. High coercivity in $Sm(FeT)_{12}$ type magnets [J]. IEEE Trans. Mag. , 1989, MAG-25: 3309.

[178] Pinkerton F E, Van Wingerden D J. Magnetic hardening of $SmFe_{10}V_2$ by melt-spinning [J]. IEEE Trans. Mag. , 1989, MAG-25: 3306.

[179] Schultz L, Wecker J. Coercivity in $ThMn_{12}$-type magnets [J]. J. Appl. Phys. , 1988, 64: 5711.

[180] Wang Y Z, Hadjipanays G C. Magnetic properties of Sm-Fe-Ti-V alloys [J]. J. Magn. Magn. Ma-ter. 1990, 87: 375.

[181] Schnitzke K, Schultz L, Wecker J, Katter M. Sm-Fe-Ti magnets with room-temperature coercivities above 50 kOe [J]. Appl. Phys. Lett. , 1990, 56: 587.

[182] Schultz L, Schnitzke K, Wecker J, Katter M, Kuhrt C. Permanent magnets by mechanical alloying [J]. J. Appl. Phys. , 1991, 70: 6339.

[183] Yang Y C, Ge S L, Zhang X D, Kong L S, Pan Q. In: Proceedings of the Sixth International Symposium on Magnetic Anisotropy and Coercivity in Rare Earth Transition Metal Alloys, edited by S. G. Sankar (Carnegie Mellon University Press, Pittsburgh, 1990), 190.

[184] Sun Hong, Fujii Hironbu. Interstitially Modified Intermetallics of Rare Earth and 3d Elements [M]. In: Buschow K H J ed. Handbook of Magnetic Materials Vol. 9. Elsevier Science Publishers B. V., 1995: 303~404.

[185] Yang F M, Nasunjilegal B, Wang J L, Pan H Y, Qing W D, et al.. Magnetic properties of novel $Sm_3(Fe,Ti)_{29}N_x$ nitride [J]. J. Appl. Phys., 1994, 76: 1971.

[186] Collocott S J, Day R K, Dunlop J B. In: 7th Inter. Symposium on mag. anisotropy and coercivity in rare earth transition metal alloys, Canberra, Australia, 1992: 437.

[187] Sun H, Orani Y, Coey J M D. Gas-phase carbonation of R_2Fe_{17} [J]. J. Magn. Magn. Mater., 1992, 104-107: 1439.

[188] Tereshina E A, Drulis H, Skourski Y, Tereshina I. Strong room-temperature easy-axis anisotropy in $Tb_2Fe_{17}H_3$: An exception among R_2Fe_{17} hydrides [J]. Phys. Rev. B, 2013, 87: 214425.

[189] Yang Y C, Liu Z X, Zhang X D, Cheng B P, Ge S L. Magnetic properties of anisotropic $Nd(Fe,Mo)_{12}N_x$ powders [J]. J. Appl. Phys., 1994, 76: 1745.

[190] Yang J B, Mao W H, Cheng B P, Yang Y C, et al.. Magnetic properties and magnetic domain structure of $NdFe_{10.5}Mo_{1.5}$ and $NdFe_{10.5}Mo_{1.5}N_x$ [J]. Appl. Phys. Lett., 1997, 71: 3290.

[191] Han J Z, Liu S Q, Xing M Y, Lin Z, Kong X P, Yang J B, Wang C S, Du H L, Yang Y C. Preparation of anisotropic $Nd(Fe,Mo)_{12}N_{1.0}$ magnetic materials by stripcasting technique and direct nitrogenation for the strips [J]. J. Appl. Phys., 2011, 109: 07A738.

[192] Zhang X D, Cheng B P, Yang Y C. High coercivity in mechanically milled $ThMn_{12}$-type Nd-Fe-Mo nitrides [J]. Appl. Phys. Lett., 2000, 77: 4022.

[193] Mao W H, Cheng B P, Yang J B, Pei X D, Yang Y C. Synthesis and characterization of hard magnetic materials: $PrFe_{10.5}V_{1.5}N_x$ [J]. Appl. Phys. Lett., 2004, 95: 7474.

[194] Givord D, Tenaud P, Viadieu T. Analysis of hysteresis loops in NdFeB sintered magnets [J]. J. Appl. Phys., 1986, 60: 3263.

[195] Hu B P, Liu G C, Wang Y Z, Nasunjilegal B, Zhao R W, Yang F M, Li H S, Cadogan J M. A hard magnetic property study of a novel $Sm_3(Fe,Ti)_{29}N_y$ [J]. J. Phys.: Condens. Mater, 1994, 6: L197.

[196] Hu J F, Yang F M, Nasunjilegal B, Zhao R W, Pan H Y, Wang Z X, Hu B P, Wang Y Z, Liu G C. Hard magnetic behavior and interparticle interaction in the $Sm_3(Fe,Ti)_{29}N_y$ nitride [J]. J. Phys.: Condens. Mater, 1994, 6: L411.

[197] Nasunjilegal B, Yang F M, Tang N, Qin W D, Wang J L, Zhu J J, Gao H Q, Hu B P, Wang Y Z, Li H S. Novel permanent magnetic material: $Sm_3(Fe,Ti)_{29}N_y$ [J]. J. Alloys and Comp., 1995, 222: 57.

[198] Wang Y Z, Hu B P, Liu G C, Li H S, Han X F, Yang C P. Hard magnetic properties of the novel compound $Sm_3(Fe,Cr)_{29}N_y$ [J]. J. Phys.: Condens. Mater, 1997, 9: 2287.

[199] Wang Y Z, Hu B P, Liu G C, Li H S, Han X F, Yang C P. Hard magnetic properties of the novel compound $Sm_3(Fe,Cr)_{29}C_y$ [J]. J. Phys.: Condens. Mater, 1997, 9: 2793.

[200] Wang Y Z, Hu B P, Liu G C, Li H S, Han X F, Yang C P, Hu J F. Hard magnetic properties of interstitial compound $Sm_3(Fe,Cr)_{29}X_y$ (X = N, C) [J]. J. Alloys and Comp., 1998, 281: 72.

[201] 葛西靖正，渡辺輝夫，柴田重喜，V. Panchanathan, J. J. Croat. MQ2 and MQ3 magnets—Improvements in production technology and properties [J]. 電気製鋼，1991: 241~251 (日文).

[202] Lee R W. Hot-pressed neodymium-iron-boron magnets [J]. Appl. Phys. Lett. 1985, 46: 790.

[203] Lee R W, Brewer E, Schaffei N. Processing of neodymium-iron-boron melt-spun ribbons to fully dense magnets [J]. IEEE Trans. magn., 1985, MAG-20: 1584.

［204］ Lee D, Hilton J S, Chen C H, Huang M Q, Zhang Y, Hadjipanayis G C, Liu S. IEEE Trans. Magn. , 2004, 40: 2904.

［205］ Liu S, Lee D, Huang M Q, Higgins A, Shen Y H, He Y S, Chen C. Research and development of bulk anisotropic nanograin composite rare earth permanent magnets ［J］. J. of Iron and Steel Research Inter. , 2006, 13: 123 ~ 135.

［206］ Lee D, Bauser S, Higgins A, Chen C, Liu S, Huang M Q, Peng Y G, Laughlin D E. Bulk anisotropic composite rare earth magnets ［J］. J. Appl. Phys. , 2006, 99: 08B516.

［207］ Sepehri-Amin H, Ohkubo T, Nagashima S, Yano M, Shoji T, Kato A, Schrefl T, Hono K. High-coercivity ultrafine-grained anisotropic Nd-Fe-B magnets processed by hot deformation and the Nd-Cu grain boundary diffusion process, Acta Mater 61, 2013: 6622 ~ 6634.

［208］ Akiya T, Liu J, Sepehri-Amin H, Ohkubo T, Hioki K, Hattori A, Hono K. Low temperature diffusion process using rare earth-Cu eutectic alloys for hot deformed Nd-Fe-B bulk magnets, J. Appl. Phys. 2014, 115: 17A766-1 ~ 3.

［209］ Akiya T, Liu J, Sepehri-Amin H, Ohkubo T, Hioki K, Hattori A, Hono K. High coercivity hot-deformed Nd-Fe-B permanent magnets processed by Nd-Cu eutectic diffusion under expansion constraint, Scr. Mater 81 (2014) 48 ~ 51.

［210］ Zhang T Q, Chen F G, Wang J, Zhang L T, Zou Z Q, Wang Z H, Lu F X, Hu B P. Improvement of magnetic performance of hot-deformed Nd-Fe-B magnets by secondary deformation process after Nd-Cu eutectic diffusion, Acta Materialia, 2016 (118): 374 ~ 382.

［211］ 吉川紀夫, 山田日吉, 葛西靖正. Application of MQ Ring Magnets to AC-Servomotor ［J］. 電気製鋼, 1992: 226 ~ 234 (日文).

［212］ 吉川紀夫, 山田日吉, 葛西靖正. A Huge Nd-Fe-B Ring Magnet for EV Driving Motor ［J］. 電気製鋼, 1995: 219 ~ 225 (日文).

［213］ 大同电子 NEOQUENCH-DR 产品目录和公司网页.

索　引